Analysis in Beispielen und Gegenbeispielen

Jürgen Appell

Analysis in Beispielen und Gegenbeispielen

Eine Einführung in die Theorie reeller Funktionen

2. Auflage

Jürgen Appell
LS Mathematik III
Universität Würzburg, Institut Mathematik
Würzburg, Deutschland

ISBN 978-3-662-63432-5   ISBN 978-3-662-63433-2   (eBook)
https://doi.org/10.1007/978-3-662-63433-2

Die Deutsche Nationalbibliothek verzeichnet diese Publikation in der Deutschen Nationalbibliografie;
detaillierte bibliografische Daten sind im Internet über http://dnb.d-nb.de abrufbar.

Planung/Lektorat: Annika Denkert
Springer Spektrum ist ein Imprint der eingetragenen Gesellschaft Springer-Verlag GmbH, DE und ist
ein Teil von Springer Nature.
Die Anschrift der Gesellschaft ist: Heidelberger Platz 3, 14197 Berlin, Germany

Für Eurydike und Iphigenie

Inhaltsverzeichnis

Vorwort

Dieses Buch soll die Lektüre eines üblichen Analysisbuches nicht ersetzen, sondern ergänzen. In der Tat, nähme die Leserin[1] außer diesem keines der vielen hervorragenden Analysisbücher auf dem deutschsprachigen Markt mehr in die Hand, hätte es seinen Zweck verfehlt.

Ziel dieses Buches ist es *nicht*, den gesamten Stoff einer mehrsemestrigen Analysisvorlesung abzudecken, sondern einige Aspekte der Analysis von Funktionen einer oder mehrerer Variabler vorzustellen. Eine Besonderheit liegt hierbei darin, dass wir – wie der Titel schon suggeriert – den Schwerpunkt nicht so sehr auf die (zweifellos sehr schöne) Theorie legen, dafür aber sehr großzügig mit *Beispielen und Gegenbeispielen* sind. Dem liegt die Erfahrung zugrunde, dass gerade Beispiele oft geeigneter sind, den „Kern" eines mathematischen Satzes freizulegen, während das Bemühen um größtmögliche Allgemeinheit diesen Kern häufig eher verdunkelt als erhellt. Um es mit einem bekannten englischen Didaktikerspruch auszudrücken:

Only wimps treat the most general case – real teachers tackle examples!

Auch bei der Definition eines neuen Begriffs ist es übrigens oft ratsam, diesen nicht gleich in voller Allgemeinheit „vom Himmel fallen zu lassen", sondern zunächst durch Beispiele vorzubereiten. Und hat man diesen Begriff dann formal sauber eingeführt, sollten wiederum einige Beispiele und Gegenbeispiele folgen. Drei konkrete Beispiele mögen dies illustrieren.

Betrachten wir etwa den bekannten Satz, dass eine stetige reellwertige Funktion auf einem kompakten Intervall beschränkt ist und sowohl ein Maximum als auch ein Minimum besitzt. Dieses auch im Hinblick auf Anwendungen äußerst wichtige Ergebnis kann man viel besser würdigen, wenn man im Anschluss an den Beweis eine Reihe von Gegenbeispielen diskutiert, in denen entweder auf die Stetigkeit der Funktion oder auf die Abgeschlossenheit oder Beschränktheit des Intervalls verzichtet wird, und damit zeigt, dass die Funktion dann entweder unbeschränkt sein kann oder, selbst wenn sie beschränkt ist, kein Maximum oder Minimum zu haben braucht. Allein diese harmlose Betrachtung liefert insgesamt sechs Gegenbeispiele, die man als Beispiel 1.55–1.60 im ersten Kapitel wiederfindet.

Als zweites Beispiel erwähnen wir den bekannten Satz von Schwarz, nach dem die gemischten zweiten partiellen Ableitungen einer reellwertigen C^2-Funktion in der Ebene übereinstimmen. Natürlich könnte man diesen Satz in einer Analysis-Vorlesung einfach „eiskalt" aufschreiben und beweisen, mit dem wahrscheinlichen Ergebnis, eine frustrierte Hörerschar nach Hause zu entlassen. Viel besser ist es doch, zuerst die zweiten Ableitungen einiger glatter Funktionen auszurechnen und dann festzustellen: „Bei den gemischten zweiten partiellen Ableitungen kommt ja immer dasselbe heraus – steckt dahinter vielleicht ein allgemeines Prinzip?" Nach dem Beweis des entsprechenden Satzes fragen dann gute Studentinnen möglicherweise noch, ob die Voraussetzung C^2 wirklich nötig ist,[2] oder ob der Satz vielleicht auch für allgemeinere Funktionen gilt.

---

[1]Der einfacheren Lesbarkeit halber werden im folgenden nur weibliche Formen gewählt; selbstverständlich sind die entsprechenden männlichen Formen auch gemeint.

[2]Bekanntlich ist sie es nicht.

Diese Frage kann man dann immer noch behandeln, aber es wäre fatal, gleich mit der größtmöglichen Allgemeinheit zu beginnen.

Schließlich erwähnen wir ein Beispiel aus der Theorie der unendlichen Reihen, obwohl diese nicht Gegenstand dieses Buches sind. Ein erstaunliches Ergebnis aus dieser Theorie besagt, dass man bei einer konvergenten reellen Zahlenreihe, die nicht absolut konvergiert, durch geeignete Umordnungen jede beliebige reelle Zahl als Grenzwert erreichen kann. Anstatt den Beweis in voller Allgemeinheit zu führen,[3] ist es sicher ratsam, die Idee anhand der alternierenden harmonischen Reihe vorzuführen. Auch hier gilt, dass es *immer* besser ist, vom Speziellen zum Allgemeinen fortzuschreiten statt umgekehrt.

Gelangt man im Laufe einer Analysis-Vorlesung schließlich zu komplizierteren Ergebnissen als den erwähnten, etwa für Funktionen mehrerer Variabler, sind Beispiele und Gegenbeispiele dann natürlich noch wichtiger, und wir werden wie gesagt nicht daran sparen.

Dieses Buch unterscheidet sich von klassischen Analysisbüchern also in dreifacher Hinsicht. Erstens sprechen wir nicht alle Themen an, die üblicherweise in Analysisbüchern vorkommen (z.B. Folgen und Reihen), sondern wir beschränken uns auf das *Studium reeller Funktionen*. Zweitens diskutieren wir aus Platzgründen nur die *wichtigsten Ergebnisse*[4] über Funktionen, damit eben genügend Platz für Beispiele und Gegenbeispiele bleibt. Und drittens räumen wir auch *Anwendungen und Übungsaufgaben* viel mehr Platz ein als üblich, um der Zielsetzung des Buches gerecht zu werden.[5]

Erfahrene Leserinnen werden durch den Titel vielleicht an das klassische Buch *Counterexamples in Analysis* von Gelbaum und Olmstedt erinnert. In der Tat haben wir mehrere Beispiele – sofern sie nicht ohnehin zur „Folklore" gehören – diesem hervorragenden Buch entnommen. Trotzdem unterscheidet sich unser Buch wesentlich von jenem, da dort so gut wie keine Theorie besprochen wird, sondern wirklich nur interessante Beispiele aufgelistet werden.

Man könnte einwenden, dass die Unterscheidung von Beispielen und Gegenbeispielen künstlich ist, da sie in Wirklichkeit dasselbe sind – beide beweisen (sogar konstruktiv!) die Existenz eines Objektes mit gewissen erwünschten oder unerwünschten Eigenschaften. Trotzdem unterscheiden wir zwischen diesen beiden Begriffen, denn ihre Zielsetzung ist ja verschieden: Beispiele dienen im allgemeinen dazu, ein wahres schon bewiesenes Ergebnis zu illustrieren, Gegenbeispiele dazu, eine naheliegende aber falsche Vermutung zu widerlegen, bevor man sich vergeblich mit einem Beweis abmüht.

Dieses Buch besteht aus 6 annähernd gleich großen Kapiteln. Im ersten Kapitel diskutieren wir stetige, im zweiten Kapitel differenzierbare und im dritten Kapitel integrierbare Funktionen einer reellen Variablen. Hier werden die üblichen Begriffe eingeführt und grundlegende Ergebnisse bewiesen, wie man sie in jedem Analysisbuch findet.

---

[3]Der übliche Beweis ist ohnehin sehr langweilig, da er im wesentlichen in einer „Abarbeitung der Reihenterme per Hand" besteht.

[4]Was wichtig ist und was nicht, hängt natürlich weitgehend vom Geschmack des Autors ab; daher ist es müßig, über diesen Punkt zu streiten.

[5]Wie sehr wir in diesem Buch Beispielen und Gegenbeispielen den Vorzug vor abstrakter Theorie geben, sieht man etwa daran, dass die ersten drei Kapitel nur etwa 30 Definitionen und 50 Sätze enthalten, aber 140 Beispiele und mehr als 200 Übungsaufgaben.

Besondere Aufmerksamkeit widmen wir dabei nicht nur der Vermittlung der wichtigsten Sätze über Stetigkeit, Differenzierbarkeit, Integrierbarkeit sowie der Beziehungen zwischen diesen, sondern auch Fragen wie diesen: Ist die Summe zweier monotoner Funktionen monoton? Hat die Differenz zweier Funktionen mit der Zwischenwerteigenschaft wieder die Zwischenwerteigenschaft? Besitzt das Produkt zweier Funktionen mit Stammfunktion auch eine Stammfunktion? Ist die Komposition zweier integrierbarer Funktionen integrierbar?[6]

Das vierte Kapitel geht schon etwas über den üblichen Analysisstoff hinaus und ist „merkwürdigen" Teilmengen der reellen Achse und zugehörigen Funktionen gewidmet. Beim Studium solcher Merkwürdigkeiten lernt man über das Wesen der Reellen Analysis mehr als durch die Berechnung abenteuerlicher Integrale oder endlose Kurvendiskussionen. Dieses Kapitel kann man bei der ersten Lektüre übrigens getrost weglassen, da es weitgehend unabhängig von den anderen ist. Schließlich behandeln wir im fünften und sechsten Kapitel Funktionen mehrerer Variabler ausführlich; hier treten viele neue Phänomene zutage, die bei Funktionen einer Variablen „verborgen" bleiben.

Zum Verständnis des Buches genügen gute Kenntnisse über die fundamentalen Begriffe der Elementarmathematik (Mengen, Aussagen, Relationen, Funktionen), wie sie in vielen Einführungskursen im ersten Semester angeboten werden. Außerdem sollte man mit den Eigenschaften der üblichen Zahlenmengen ($\mathbb{N}$, $\mathbb{Z}$, $\mathbb{Q}$, $\mathbb{R}$) vertraut sein. Was genau wir an Kenntnissen voraussetzen, werden wir noch in der anschließenden Einleitung kurz zusammenfassen und im Anhang am Schluss ausführlicher aufschreiben.

An dieser Stelle ist eine selbstkritische Bemerkung angebracht. In fast allen Sätzen haben wir uns um vollständige Beweise aller Behauptungen bemüht. Eine Ausnahme bilden einige Ergebnisse im Zusammenhang mit dem Lebesgue-Maß und Lebesgue-Integral, etwa Satz 3.47 aus dem dritten und Satz 4.22 aus dem vierten Kapitel. Manche Leserin mag vielleicht kritisieren, dass wir das Lebesgue-Maß zu „naiv-intuitiv" benutzen und das Lebesgue-Integral überhaupt nicht eingeführt haben. Das ist richtig, aber diese Ungenauigkeit erspart uns ein weiteres Kapitel und viele Seiten mühsamer Erklärungen. Zugunsten des „roten Fadens" haben wir darauf verzichtet.

Über die Betonung von Beispielen hinaus ist ein weiteres Merkmal des Buches – wie schon erwähnt – die große Anzahl von Übungsaufgaben zu jedem Kapitel. Insgesamt enthält das Buch etwa 400 Übungsaufgaben; es kann also durchaus auch als Aufgabensammlung zur Prüfungsvorbereitung dienen. Praktisch jeder Autor eines solchen Buches weist darauf hin, dass man Mathematik nur durch viel eigenes Üben erlernen kann: In der Tat, Klavierspielen lernt man ja auch nicht dadurch, dass man einem Pianisten beim Üben zuschaut. Wir haben übrigens – einem modischen Trend entgegenwirkend – mit Bedacht darauf verzichtet, Lösungshinweise oder gar vollständige Lösungen anzubieten. Hier sind wir dem schönen französischen Didaktikermotto gefolgt:

Solution lue – exercice foutu!

In der Tat, gerade bei Studienanfängern ist erfahrungsgemäß die Gefahr groß, dass sie aus Mangel an „Sitzfleisch" nach einigen vergeblichen Bemühungen an einer Aufgabe

---

[6]Die Antwort auf alle vier Fragen ist übrigens negativ, wie die Beispiele 1.41, 1.67, 3.27 und 3.54 zeigen.

zu früh die Flinte ins Korn werfen und hinten bei der Musterlösung nachschlagen, was den Effekt der Aufgabe im allgemeinen zunichtemacht. Die meisten Übungsaufgaben wird die hinreichend interessierte Studentin in nicht allzu langer Zeit selbst ohne große Schwierigkeiten lösen können.

Schon beim flüchtigen Durchblättern sieht man, dass das Buch – jedenfalls in den ersten 3 Kapiteln – auch zahlreiche Skizzen von Funktionsgraphen enthält. Solche Skizzen in ein Buch aufzunehmen hat Vor- und Nachteile. Natürlich gilt bei einer mathematischen Konstruktion wie auch sonst im Leben:

Ein Bild sagt mehr als tausend Worte!

Eigentlich kann es didaktisch durchaus sinnvoll sein, überhaupt keine Bilder zu zeichnen, weil die Leserin durch das Entstehen solcher Bilder – zuerst im Kopf, dann auf dem Papier – viel lernt. Auf Drängen erfahrener und wohlmeinender Kollegen haben wir uns dann allerdings doch entschlossen, der Leserin entgegenzukommen und mehrere Bilder fertig anzubieten.

Es ist dem Autor eine besondere Freude, den Kollegen Günter Köhler, Martin Väth und Dirk Werner für die sorgfältige Durchsicht einer vorläufigen Fassung des Manuskripts herzlich zu danken, durch die Fehler ausgemerzt und Ungereimtheiten beseitigt werden konnten. Frau Agnes Herrmann und Herrn Clemens Heine vom Springer-Verlag danke ich für die ausgesprochen harmonische Zusammenarbeit.

Würzburg, Oktober 2008   Jürgen Appell

Vorwort zur zweiten Auflage

In dieser Neuauflage wurden im wesentlichen nur einige kleine Fehler korrigiert und Ungenauigkeiten präzisiert. Einer Anregung von Frau Annika Denkert und Frau Carola Lerch (Springer Heidelberg) folgend haben wir am Schluss eine Liste der wichtigsten und überraschendsten Beispiele zusammengestellt. Außerdem haben wir die insgesamt 231 Beispiele grau unterlegt, um noch einmal ihre prominente Bedeutung zu betonen.

Dem Autor ist es gleichermaßen ein Bedürfnis und eine Freude, Herrn Simon Reinwand für viele anregende Gespräche und sein stetes Interesse an diesem Buch zu danken. Das Motto

The central role of examples in teaching and learning mathematics has long been acknowledged. It is impossible to consider teaching and learning mathematics without consideration of specific examples. Examples are said to be an important component of expert knowledge.

von Rina Zazkis und Egan J. Chernoff hat auch Simon sich zu eigen gemacht.

Würzburg, März 2021   Jürgen Appell

Einleitung

Wie schon im Vorwort erwähnt, beginnen wir in diesem Buch nicht bei den Wurzeln, sondern setzen die Leserin mitten in den Stamm der Analysis, von wo aus sie viele interessante Äste und Zweige in Eigenarbeit erklimmen kann. Vorausgesetzt wird dabei eine gute Kenntnis der folgenden Gebiete:

- **Zahlen und Zahlenmengen:** Wie üblich bezeichnen wir mit $\mathbb{N}$ die Menge der natürlichen Zahlen, mit $\mathbb{Z}$ die Menge der ganzen Zahlen, mit $\mathbb{Q}$ die Menge der rationalen Zahlen und mit $\mathbb{R}$ die Menge der reellen Zahlen; komplexe Zahlen kommen in diesem Buch nicht vor. Wir setzen voraus, dass die Leserin die grundlegenden Eigenschaften dieser Zahlenmengen kennt: $\mathbb{N}$, $\mathbb{Z}$ und $\mathbb{Q}$ sind *abzählbar unendlich*, $\mathbb{R}$ ist dagegen *überabzählbar unendlich*, und sowohl $\mathbb{Q}$ als auch $\mathbb{R}$ sind *geordnete Körper*. Besonders wichtige Teilmengen von $\mathbb{R}$ sind *beschränkte Intervalle* der Form $[a, b]$, $[a, b)$, $(a, b]$ und (a, b) sowie *unbeschränkte Intervalle* der Form $[a, \infty)$, (a, ∞), $(-\infty, b]$ und $(-\infty, b)$.

- **Vollständige Induktion:** Dies ist bekanntlich das wichtigste (und strenggenommen das einzig zulässige) Verfahren, eine Aussage zu beweisen, die sich auf die Menge $\mathbb{N}$ der natürlichen Zahlen bezieht. Bekanntlich besteht das Verfahren darin, dass man die Aussage zunächst für die Zahl 1 beweist und anschließend zeigt, dass sie auch für $n + 1$ gilt, wann immer sie für n gilt. Äquivalent hierzu ist die (erheblich einsichtigere) Aussage, dass jede nichtleere Menge natürlicher Zahlen ein kleinstes Element besitzt.

- **Mengen und Abbildungen:** Wir erinnern daran, dass eine Abbildung (oder Funktion) $f : M \to N$ zwischen zwei Mengen *injektiv* heißt, falls aus $x_1 \neq x_2$ stets $f(x_1) \neq f(x_2)$ folgt, *surjektiv*, falls jedes Element $y \in N$ als Bild $y = f(x)$ eines geeigneten Elements $x \in M$ auftritt, und *bijektiv*, falls f sowohl injektiv als auch surjektiv ist. Existiert zwischen zwei Mengen M und N eine bijektive Abbildung, so nennt man diese Mengen *gleichmächtig*. Speziell sind abzählbare Mengen (wie Teilmengen von $\mathbb{Q}$) entweder endlich oder gleichmächtig zu $\mathbb{N}$.

- **Spezielle Funktionen:** Schon im Mathematikunterricht an Schulen betrachtet man elementare Funktionen wie z.B. *Polynome*, die *Exponentialfunktion*, die *Logarithmusfunktion* sowie die *Sinus-* und *Cosinusfunktion*. Grundkenntnisse über diese und alle anderen Funktionen, die wir in einer Tabelle im Anschluss an Satz 1.18 im ersten Kapitel zusammengestellt haben, setzen wir voraus, ebenso die Fähigkeit der Leserin, die Graphen dieser Funktionen skizzieren zu können.

- **Äquivalenz- und Ordnungsrelationen.** *Äquivalenzklassenbildung* ist ein Standardverfahren nicht nur in der Analysis, sondern in der ganzen Mathematik, und wir werden dieses Verfahren an manchen Stellen benötigen. *Ordnungsrelationen* betrachten wir dagegen nicht in voller Allgemeinheit, sondern nur das Standardbeispiel der $\leq$-Relation zwischen reellen Zahlen und die Inklusion $\subseteq$ zwischen Mengen.

- **Vollständigkeit:** Die Definition des *Supremums*, *Infimums*, *Maximums* und *Minimums* einer beschränkten Zahlenmenge wird als bekannt vorausgesetzt. Die Menge $\mathbb{R}$ zeichnet sich dadurch aus, dass sie *ordnungsvollständig* ist, d.h. jede beschränkte Menge reeller Zahlen hat ein Supremum und ein Infimum.[1] In $\mathbb{Q}$ ist das falsch, denn beispielsweise hat die beschränkte Menge $\{x \in \mathbb{Q} : x^2 < 2\}$ weder ein Infimum noch ein Supremum in $\mathbb{Q}$.

- **Zahlenfolgen:** Eine gewisse Vertrautheit mit *monotonen Folgen*, *beschränkten Folgen*, *konvergenten Folgen* und *Cauchy-Folgen* in $\mathbb{R}$ setzen wir ebenfalls voraus. Die Menge $\mathbb{R}$ hat wieder die bemerkenswerte Eigenschaft, dass in ihr jede Cauchy-Folge konvergiert.[2] In $\mathbb{Q}$ ist dies wieder nicht so; z.B. konvergieren die beiden rationalen Cauchy-Folgen $(a_n)_n$ und $(b_n)_n$ mit

$$a_n := \left(1 + \frac{1}{n}\right)^n, \qquad b_n := 1 + \frac{1}{1!} + \frac{1}{2!} + \frac{1}{3!} + \ldots + \frac{1}{n!}$$

  bekanntlich beide gegen die irrationale Eulersche Zahl e.

- **Zahlenreihen:** Die wichtigsten Konvergenzkriterien (*Majoranten-* und *Minorantenkriterium*, *Quotientenkriterium*, *Wurzelkriterium* usw.) für Reihen der Form

$$\sum_{k=1}^{\infty} a_k = a_1 + a_2 + a_3 + \ldots$$

  dürften den meisten Leserinnen bekannt sein. Bei speziellen Reihen kann man sogar den Grenzwert berechnen, etwa bei der *geometrischen Reihe*, d.h. für $a_k = q^k$ mit $q \in (-1, 1)$, die den Grenzwert $q/(1-q)$ besitzt. Nur solche geometrischen Reihen und wenige andere werden wir in diesem Buch benötigen, etwa bei der Aufsummierung von Intervalllängen im vierten Kapitel.

- **Spezielle Zahlen:** Außer der disjunkten Zerlegung der Menge $\mathbb{R}$ in die *rationalen Zahlen* und *irrationalen Zahlen* ist bekanntlich auch die in *algebraische Zahlen*[3] und *transzendente Zahlen* wichtig. Prominente Beispiele sind die algebraischen Zahlen $\sqrt{2}$ und $\sqrt{3}$ sowie die transzendenten Zahlen e und π.

- **Matrizen:** Wir benötigen nur ganz spezielle Matrizen, nämlich 2×2-Matrizen

$$A = \begin{pmatrix} a & b \\ c & d \end{pmatrix}$$

  mit reellen Einträgen a, b, c und d. Insbesondere werden wir das wichtige Ergebnis benutzen, dass eine solche Matrix genau dann invertierbar ist, wenn ihre *Determinante* $\det A = ad - bc$ von Null verschieden ist. Auch die *Eigenwerte* einer solchen Matrix (d.h. die Lösungen λ der quadratischen Polynomgleichung $\lambda^2 - (a+d)\lambda + ad - bc = 0$) werden im fünften Kapitel eine wichtige Rolle spielen.

---

[1]Das ist genau der Grund dafür, warum man in der Menge der reellen Zahlen Analysis treibt und nicht in der Menge der rationalen Zahlen, die doch eigentlich viel einfacher zu handhaben sind.

[2]Diese Eigenschaft wird üblicherweise *metrische Vollständigkeit* genannt; sie ist bekanntlich zur Ordnungsvollständigkeit aus dem letzten Punkt äquivalent, was nicht offensichtlich ist.

[3]Eine reelle Zahl heißt algebraisch, falls sie Nullstelle eines Polynoms mit ganzzahligen Koeffizienten ist; z.B. ist $\sqrt{2}$ Nullstelle des Polynoms $p(x) = x^2 - 2$. Dagegen gibt es kein Polynom mit ganzzahligen Koeffizienten, welches bei e oder π die reelle Achse schneidet.

Wer sich über die genannten Gebiete noch einmal genauer informieren will, findet die wichtigsten Begriffe und Ergebnisse im Anhang.

Alle Definitionen, Sätze und Beispiele werden nicht getrennt numeriert, sondern ohne Unterscheidung fortlaufend. Das ist zwar unlogisch, weil es dann z.B. im ersten Kapitel zwar eine Definition 1.1 und eine Definition 1.3 gibt, nicht aber eine Definition 1.2. Andererseits erlaubt es eine solche Zählung, beim Zurückblättern leichter eine zitierte Stelle zu finden.

Die Bezeichnungen und Benennungen in diesem Buch folgen allgemein üblicher Praxis. Das Ende einer Definition kennzeichnen wir mit □, das Ende eines Beweises mit ■, das Ende eines Beispiels mit ♡. Alle mathematischen Bezeichnungen werden im Text selbst eingeführt und können im Symbolverzeichnis hinten nachgeschlagen werden.

Hinter dem Symbolverzeichnis findet die Leserin auch ein ausführliches Stichwortverzeichnis. Außerdem stellen wir eine kurze Liste von (hauptsächlich deutschsprachigen) Analysisbüchern zusammen, die als gute Grundlage für ein Analysisstudium dienen können und durch dieses Buch sinnvoll ergänzt werden.

Schließlich haben wir noch eine Aufstellung der wichtigsten und überraschendsten Gegenbeispiele ("Best of") hinzugefügt. Daher muss die geneigte Leserin z.B. auf der Suche nach zwei Funktionen mit der Zwischenwerteigenschaft, deren Summe nicht die Zwischenwerteigenschaft besitzt, nicht ein ganzes Kapitel durchblättern. Wer einen ersten Eindruck dieses Buches haben möchte, kann diesen schon durch die Lektüre nur dieser Liste gewinnen.

Kapitel 1. Stetige Funktionen

In diesem Kapitel betrachten wir stetige reellwertige Funktionen auf Teilmengen der reellen Achse $\mathbb{R}$. Zunächst untersuchen wir, was Stetigkeit bedeutet, und auf welche Weise eine Funktion überhaupt unstetig sein kann. Funktionen mit besonderem Stetigkeitsverhalten sind monotone Funktionen und, etwas allgemeiner, Funktionen von beschränkter Variation, denen wir uns im zweiten Abschnitt widmen. Anschließend zeigen wir, dass man sehr viel mehr sagen kann, falls der Definitionsbereich einer stetigen Funktion ein abgeschlossenes beschränktes Intervall $[a, b]$ ist; in diesem Fall ist nämlich auch das Bild ein solches Intervall. Schließlich diskutieren wir noch den Begriff der gleichmäßigen Stetigkeit einer Funktion auf einer Menge $M \subseteq \mathbb{R}$; wir werden insbesondere zeigen, dass im Falle $M = [a, b]$ Stetigkeit und gleichmäßige Stetigkeit auf M äquivalent sind, ein Ergebnis, welches wir in den folgenden Kapiteln noch mehrmals ausnutzen werden.

1.1. Grenzwerte und Stetigkeit. In diesem Abschnitt beginnen wir das Studium stetiger Funktionen. Hierfür benötigen wir den Begriff des Grenzwerts, und hierfür wiederum einige topologische Grundbegriffe über Teilmengen reeller Zahlen. Wir sammeln alle nötigen Begriffe in einer Definition:

Definition 1.1. Sei $M \subseteq \mathbb{R}$. Ein Punkt $x_0 \in \mathbb{R}$ heißt *Häufungspunkt von M*, falls $(M \setminus \{x_0\}) \cap (x_0 - \delta, x_0 + \delta) \neq \emptyset$ für jedes $\delta > 0$ gilt, d.h. jedes noch so kleine Intervall um x_0 enthält noch andere Punkte (sogar unendlich viele andere Punkte) von M. Ist $x_0 \in M$ kein Häufungspunkt von M, so heißt x_0 *isolierter Punkt von M*; in diesem Fall gibt es also ein $\delta > 0$ derart, dass $(x_0 - \delta, x_0 + \delta) \cap M = \{x_0\}$ ist. Die Menge aller Punkte von M, vereinigt mit der Menge aller Häufungspunkte von M, wird mit $\overline{M}$ bezeichnet und *Abschluss* (oder auch *abgeschlossene Hülle*) von M genannt.

Ist $X \supseteq M$ eine Obermenge von M, so sagt man, M *liege dicht in X*, falls $\overline{M} = X$ gilt. Beispielsweise liegt sowohl die Menge $M = \mathbb{Q}$ der rationalen als auch die Menge $M = \mathbb{R} \setminus \mathbb{Q}$ der irrationalen Zahlen dicht in $X = \mathbb{R}$.

Ein Punkt $x_0 \in M$ heißt *innerer Punkt von M*, falls es ein $\delta > 0$ mit $(x_0 - \delta, x_0 + \delta) \subseteq M$ gibt, d.h. zusammen mit x_0 enthält M ein ganzes (hinreichend kleines) Intervall um x_0. Die Menge aller inneren Punkte von M wird mit M^o bezeichnet und *Inneres* (oder auch *offener Kern*) von M genannt.

Schließlich nennt man die Menge $\partial M := \overline{M} \setminus M^o$ den *Rand* von M. Die Größe des Randes gibt also ein Maß dafür, wie „weit auseinander" der Abschluss und das Innere einer Menge liegen. $\qquad \square$

Wir machen einige Kommentare zu dieser Definition. Zunächst sieht man, dass ein innerer Punkt von M stets zu M selbst gehören muss, während ein Häufungspunkt von M außerhalb von M liegen kann.[1] Nach Definition gilt immer $M^o \subseteq M \subseteq \overline{M}$, wobei die Inklusionen echt sein können. Im Falle $M^o = M$ (d.h. jeder Punkt von M ist

---

[1]Die Vorstellung ist dann, dass ein Häufungspunkt zwar nicht in M, aber „unendlich dicht an M" liegt.

© Springer-Verlag GmbH Deutschland, ein Teil von Springer Nature 2021
J. Appell, *Analysis in Beispielen und Gegenbeispielen*,
https://doi.org/10.1007/978-3-662-63433-2_1

innerer Punkt von M) nennt man M eine *offene Menge*, im Falle $M = \overline{M}$ (d.h. jeder Häufungspunkt von M gehört zu M) eine *abgeschlossene Menge*.

Hauptgegenstand dieses Buches sind reellwertige Funktionen auf Teilmengen der reellen Achse $\mathbb{R}$. Der weitaus wichtigste Typ solcher Teilmengen sind *Intervalle* der Form

$$(1.1) \qquad [a,b],\ [a,b),\ (a,b],\ (a,b),\ [a,\infty),\ (a,\infty),\ (-\infty,b],(-\infty,b),\ (-\infty,\infty),$$

wobei das letzte Intervall einfach ganz $\mathbb{R}$ bedeutet. Das erste, fünfte und siebte Intervall in (1.1) bezeichnet man als *abgeschlossen*, das vierte, sechste und achte dagegen als *offen*.[2] Wann immer das Symbol ∞ in einem Intervall auftaucht, bezeichnet man dieses als *unbeschränkt*, sonst als *beschränkt*. Um sinnlose Spezialfälle auszuschließen, werden wir fast immer annehmen, dass in den ersten vier Intervalltypen in (1.1) $a < b$ gilt; in diesem Fall nennt man das Intervall *nichtentartet*. Schließlich sagen wir noch, dass zwei Intervalle I und J (wie üblich) *disjunkt* heißen, falls $I \cap J = \emptyset$ gilt, und *nicht überlappend* heißen, falls $I^o \cap J^o = \emptyset$ gilt.

Die Begriffe „Abschluss", „Inneres" und „Rand" wecken gewisse geometrische Vorstellungen, die allerdings in die Irre führen können. Es stimmt zwar, dass diese Vorstellungen z.B. bei Intervallen zutreffend sind: Im Falle $M = [a,b]$, $M = [a,b)$, $M = (a,b]$ oder $M = (a,b)$ gilt tatsächlich, wie erwartet,

$$\overline{M} = [a,b], \qquad M^o = (a,b), \qquad \partial M = \{a,b\}.$$

Aber wenn M sehr verschieden von einem Intervall ist, versagt diese Vorstellung. So bekommen wir z.B. für $M = \mathbb{Q}$ oder $M = \mathbb{R} \setminus \mathbb{Q}$

$$\overline{M} = \mathbb{R}, \qquad M^o = \emptyset, \qquad \partial M = \mathbb{R},$$

d.h. eine Menge kann durchaus echt in ihrem Rand enthalten sein. Zu beachten ist ferner, dass eine Menge, die gar keine Häufungspunkte enthält, stets trivialerweise abgeschlossen ist; Beispiele hierfür sind endliche Mengen sowie die Mengen $\mathbb{N}$ und $\mathbb{Z}$. Da diese Mengen auch keine inneren Punkte enthalten, stimmen sie mit ihren Rändern überein.

Und noch eine Warnung gilt es auszusprechen: Die Begriffe „abgeschlossen" und „offen" sind *keine logischen Gegensätze*.[3] Dies sieht man schon daran, dass es Mengen gibt, die *sowohl offen als auch abgeschlossen* sind (z.B. $\mathbb{R}$ und $\emptyset$),[4] aber auch Mengen, die *weder offen noch abgeschlossen sind* (z.B. $[a,b)$ und $(a,b]$). Allerdings sind diese Begriffe *mengentheoretisch komplementär* in folgendem Sinn: Ist $M \subseteq \mathbb{R}$ offen, so ist $\mathbb{R} \setminus M$ abgeschlossenen, und ist $M \subseteq \mathbb{R}$ abgeschlossen, so ist $\mathbb{R} \setminus M$ offen.[5]

---

[2]Diese Sprechweise kollidiert zum Glück nicht mit der Definition oben, da die genannten abgeschlossenen bzw. offenen Intervalle tatsächlich abgeschlossene bzw. offene Mengen im Sinne von Definition 1.1 sind. Das letzte Intervall in (1.1), also die ganze reelle Achse, ist übrigens sowohl abgeschlossen als auch offen. Für Intervalle der Form $(a,b]$ und $[a,b)$ hat sich der etwas unglückliche Name *halboffen* (oder *halbabgeschlossen*) eingebürgert.

[3]In der Alltagssprache sind sie es: Eine Tür ist entweder offen oder geschlossen.

[4]Es ist eine wichtige Eigenschaft der reellen Achse, dass dies die einzigen beiden Mengen sind, die sowohl offen als auch abgeschlossen sind; sie sind daher auch die einzigen Mengen mit leerem Rand.

[5]Man kann dies so interpretieren, dass es genausoviele offene wie abgeschlossene Teilmengen der reellen Achse gibt, s. Aufgabe 1.3.

Aus gegebenen offenen bzw. abgeschlossenen Mengen kann man mittels Vereinigungs- und Durchschnittbildung viele weitere erzeugen. Hierbei ist allerdings Vorsicht geboten: So sind zwar beliebige Vereinigungen offener Mengen wieder offen, aber i.a. nur endliche Durchschnitte. Durch Übergang zum Komplement erhält man, dass zwar beliebige Durchschnitte abgeschlossener Mengen wieder abgeschlossen sind, aber i.a. nur endliche Vereinigungen. Hierzu ein kleines Beispiel.

Beispiel 1.2. Die unendlich vielen Mengen

$$O_1 := (-1, 1), \ O_2 := (-1/2, 1/2), \ldots, \ O_n := (-1/n, 1/n), \ldots$$

sind alle offen, aber ihr Durchschnitt

$$M := \bigcap_{n=1}^{\infty} O_n = \{0\}$$

ist es nicht (weil 0 kein innerer Punkt von M ist). Die unendlich vielen Mengen

$$A_1 := \mathbb{R} \setminus O_1 = (-\infty, -1] \cup [1, \infty), \ A_2 := \mathbb{R} \setminus O_2 = (-\infty, -1/2] \cup [1/2, \infty), \ldots,$$

$$A_n := \mathbb{R} \setminus O_n = (-\infty, -1/n] \cup [1/n, \infty), \ldots$$

sind alle abgeschlossen, aber ihre Vereinigung

$$M := \bigcup_{n=1}^{\infty} A_n = \bigcup_{n=1}^{\infty} (\mathbb{R} \setminus O_n) = \mathbb{R} \setminus \bigcap_{n=1}^{\infty} O_n = \mathbb{R} \setminus \{0\}$$

ist es nicht (weil 0 ein Häufungspunkt von M ist, der nicht zu M gehört). $\heartsuit$

Auch bei der Vertauschung von Durchschnitt und Vereinigung mit den Mengenoperationen $M \mapsto \overline{M}$ und $M \mapsto M^o$ muss man aufpassen: So gelten zwar immer die Gleichheiten

$$(1.2) \qquad \overline{M \cup N} = \overline{M} \cup \overline{N}, \qquad (M \cap N)^o = M^o \cap N^o,$$

aber i.a. nur die Inklusionen

$$(1.3) \qquad \overline{M \cap N} \subseteq \overline{M} \cap \overline{N}, \qquad (M \cup N)^o \supseteq M^o \cup N^o.$$

Als einfaches (und gleichzeitig „extremes") Beispiel für strikte Inklusionen in (1.3) können die Mengen $M := \mathbb{Q}$ der rationalen und $N := \mathbb{R} \setminus \mathbb{Q}$ der irrationalen Zahlen dienen; hier gilt

$$\overline{M \cap N} = \overline{\emptyset} = \emptyset, \qquad \overline{M} \cap \overline{N} = \mathbb{R} \cap \mathbb{R} = \mathbb{R}$$

sowie

$$(M \cup N)^o = \mathbb{R}^o = \mathbb{R}, \qquad M^o \cup N^o = \emptyset \cup \emptyset = \emptyset.$$

Nun sind wir bereit für die erste wichtige Definition, nämlich die des Grenzwerts einer Funktion in einem Punkt. Es ist kaum übertrieben zu sagen, dass der Grenzwertbegriff einer der wichtigsten der Analysis ist. Wir führen zunächst einseitige Grenzwerte einer Funktion in einem Punkt ein:

Definition 1.3. Seien $M \subseteq \mathbb{R}$ und $f : M \to \mathbb{R}$ eine Funktion. Man sagt, dass f in einem Punkt $x_0 \in \mathbb{R}$ den *linksseitigen Grenzwert* $L^- \in \mathbb{R}$ hat, wenn man zu jedem $\varepsilon > 0$ ein $\delta > 0$ finden kann[6] derart, dass aus $x_0 - \delta < x < x_0$ stets $|f(x) - L^-| < \varepsilon$ folgt. Entsprechend sagt man, dass f in einem Punkt x_0 den *rechtsseitigen Grenzwert* $L^+ \in \mathbb{R}$ hat, wenn man zu jedem $\varepsilon > 0$ ein $\delta > 0$ finden kann derart, dass aus $x_0 < x < x_0 + \delta$ stets $|f(x) - L^+| < \varepsilon$ folgt. Für diese einseitigen Grenzwerte sind die Schreibweisen

$$(1.4) \qquad\qquad L^- = \lim_{x \to x_0-} f(x), \qquad L^+ = \lim_{x \to x_0+} f(x)$$

oder

$$(1.5) \qquad\qquad L^- = \lim_{\substack{x \to x_0 \\ x < x_0}} f(x), \qquad L^+ = \lim_{\substack{x \to x_0 \\ x > x_0}} f(x)$$

üblich.[7] Im Falle $L^- = L^+$ schreibt man einfach

$$(1.6) \qquad\qquad\qquad L = \lim_{x \to x_0} f(x)$$

für diesen gemeinsamen Wert und nennt L den *Grenzwert* von f in x_0. $\qquad\qquad\square$

Geometrisch gesprochen bedeutet dies, dass der Graph

$$\Gamma(f) := \{(x, f(x)) : x \in M\}$$

von f sich bei Annäherung von x an x_0 von links [bzw. von rechts] dem Punkt $(x_0, L^-) \in \mathbb{R}^2$ [bzw. dem Punkt $(x_0, L^+) \in \mathbb{R}^2$] *tendenziell nähert.*

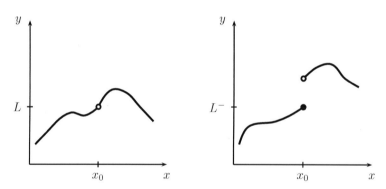

Abbildung 1.1: Grenzwert und einseitiger Grenzwert

---

[6]Puristen könnten hier einwenden, dass man bei Verwendung dieser Sprechweise auch einen konkreten Weg zum „Auffinden" einer solchen Zahl δ angeben müsste, d.h. einen Algorithmus, der zur expliziten Bestimmung des Wertes von δ führt. Aber die von uns hier und im folgenden benutzte Sprechweise „man findet ein δ" ist natürlich nur synonym zur Sprechweise „es existiert ein δ" zu verstehen. Hier kommt also lediglich die Doppeldeutigkeit des Wortes „Existenz" in der Mathematik zum Vorschein.

[7]Außer diesen findet man auch noch die Schreibweise $f(x_0-)$ für den linksseitigen und $f(x_0+)$ für den rechtsseitigen Grenzwert in manchen Büchern. Diese Schreibweise ist schön kurz, birgt aber beim flüchtigen Lesen die Gefahr der Verwechslung mit dem Funktionswert $f(x_0)$ in sich.

Man beachte jedoch, dass der Grenzwert von f in einem Punkt x_0 auch dann existieren kann, wenn f in x_0 überhaupt nicht definiert ist! Daher haben wir in Definition 1.3 auch nicht $x_0 \in M$ verlangt, sondern nur $x_0 \in \mathbb{R}$. Allerdings ist Definition 1.3 nur dann interessant, wenn x_0 wenigstens ein Häufungspunkt von M ist. Wäre x_0 nämlich ein isolierter Punkt von M, so könnten wir ein $\delta > 0$ finden derart, dass das Intervall $(x_0 - \delta, x_0 + \delta)$ lediglich x_0 enthält, aber sonst keine Punkte von M; die angegebene Bedingung wäre dann leer.

In der Definition 1.5 unten, in der wir die Stetigkeit von f in x_0 einführen, ist das anders: Dort *muss* f auch in x_0 definiert sein. Vor dieser Definition betrachten wir jedoch ein einfaches Beispiel:

Beispiel 1.4. Die *Signumfunktion* (oder *Vorzeichenfunktion*) $\mathrm{sgn} : \mathbb{R} \setminus \{0\} \to \mathbb{R}$ ist definiert durch

$$(1.7) \qquad \mathrm{sgn}\, x := \frac{x}{|x|} = \left\{ \begin{array}{ll} -1 & \text{für} \quad x < 0, \\ 1 & \text{für} \quad x > 0. \end{array} \right.$$

Diese Funktion hat in $x_0 = 0$ den linksseitigen Grenzwert $L^- = -1$ und den rechtsseitigen Grenzwert $L^+ = 1$, ist aber in 0 selbst nicht definiert. $\heartsuit$

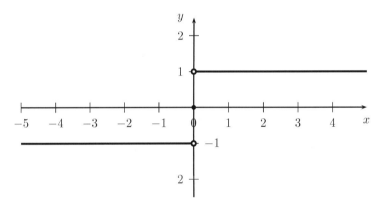

Abbildung 1.2: Grenzwert und einseitiger Grenzwert

Die nächste Definition führt einen der wichtigsten Begriffe der Analysis ein; hier müssen wir tatsächlich $x_0 \in M$ fordern:

Definition 1.5. Seien $M \subseteq \mathbb{R}$, $x_0 \in M$ und $f : M \to \mathbb{R}$ eine Funktion. Dann heißt f *stetig in x_0*, falls der Grenzwert (1.6) von f in x_0 existiert und mit dem Funktionswert $f(x_0)$ übereinstimmt. Ist f in jedem Punkt $x_0 \in M$ stetig, so heißt f *stetig auf M*. Die Menge aller auf M stetigen Funktionen bezeichnen wir mit $C(M)$. $\square$

Schreiben wir diese Bedingung mittels der ε-δ-Definition für die einseitigen Grenzwerte (1.4) auf und beachten wir dabei, dass $L^- = L^+ = f(x_0)$ ist, so erhalten wir folgendes: *Eine Funktion f ist stetig in x_0, wenn es zu jedem $\varepsilon > 0$ ein $\delta > 0$ gibt derart, dass* *aus* $|x - x_0| < \delta$ *stets* $|f(x) - f(x_0)| < \varepsilon$ *folgt.* In dieser Form wird die Definition der Stetigkeit im allgemeinen in der Literatur gegeben.[8]

Wir können diese ε-δ-Bedingung folgendermaßen anhand des Graphen der Funktion f interpretieren: Zu jedem zu $(x_0, f(x_0))$ symmetrischen horizontalen Streifen vorgegebener Höhe 2ε können wir einen ebenfalls zu $(x_0, f(x_0))$ symmetrischen vertikalen Streifen geeigneter Breite 2δ finden derart, dass der Graph von f vollständig im Rechteck $[x_0 - \delta, x_0 + \delta] \times [f(x_0) - \varepsilon, f(x_0) + \varepsilon]$ verläuft, in welchem sich die beiden Streifen schneiden (s. Abbildung 1.3). Umgekehrt bedeutet die Unstetigkeit von f in x_0, dass wir einen zu $(x_0, f(x_0))$ symmetrischen horizontalen Streifen geeigneter Höhe 2ε finden können derart, dass der Graph von f das entsprechende Rechteck verlässt, egal wie schmal wir die Breite 2δ dieses Rechtecks wählen.

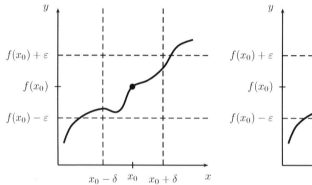

Abbildung 1.3: Stetigkeit   Abbildung 1.4: Unstetigkeit

Zusammenfassend können wir feststellen, dass die Stetigkeit einer Funktion f in einem Punkt x_0 das Erfülltsein von insgesamt vier Bedingungen bedeutet:

- Der linksseitige Grenzwert in (1.4) existiert.

- Der rechtsseitige Grenzwert in (1.4) existiert.

- Der Funktionswert $f(x_0)$ existiert.

- Alle diese drei Zahlen stimmen überein.

Umgekehrt bedeutet die *Unstetigkeit* von f in x_0 also, dass – wenn wir die Existenz von $f(x_0)$ mal voraussetzen – mindestens die erste, zweite oder vierte Bedingung in dieser Liste verletzt ist. Daher kann eine Funktion auf viele verschiedene Arten unstetig sein, was zu folgender Klassifikation führt:

Definition 1.6. Man sagt, dass eine Funktion f in einem Punkt x_0 eine *Unstetigkeitsstelle 0. Art* (oder *hebbare Unstetigkeit*) hat, falls der Grenzwert (1.6) und der

---

[8]Suggestiv formuliert bedeutet dies folgendes: Wir können $|f(x) - f(x_0)|$ *so klein machen wie gewünscht*, wenn wir nur $|x - x_0|$ *so klein machen wie nötig*.

Funktionswert $f(x_0)$ existieren, aber verschieden sind. Weiter nennt man x_0 eine *Un-stetigkeitsstelle 1. Art* (oder einen *Sprung*) von f, falls beide einseitigen Grenzwerte in (1.4) existieren, aber verschieden sind. Schließlich nennt man x_0 eine *Unstetigkeitsstelle 2. Art* (oder *wesentliche Unstetigkeit*) von f, falls der linksseitige Grenzwert oder der rechtsseitige Grenzwert in (1.4) nicht existieren.   □

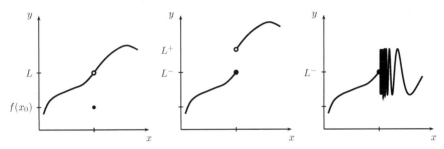

Abbildung 1.5: Klassifizierung von Unstetigkeit

Zur Illustration dieser Klassifizierung bringen wir eine Liste unstetiger Funktionen, auf die wir im folgenden immer wieder zurückgreifen werden. Nach dem Muster der Abbildungen 1.5 – 1.7 kann (und sollte) die Leserin leicht selbst eine Zeichnung zu den Beispielen 1.7 – 1.9 anfertigen.

Beispiel 1.7. Eine Funktion $f : \mathbb{R} \to \mathbb{R}$ sei definiert durch

$$(1.8) \qquad f(x) := \begin{cases} 0 & \text{für } x \neq 0, \\ 1 & \text{für } x = 0. \end{cases}$$

Diese Funktion ist nur in 0 unstetig mit einer Unstetigkeitsstelle 0. Art. In der Tat, sowohl der rechtsseitige als auch der linksseitige Grenzwert in 0 existieren hier und sind gleich, allerdings verschieden vom Funktionswert $f(0)$.   ♡

Beispiel 1.8. Die schon in Beispiel 1.4 betrachtete Signumfunktion kann in 0 fortgesetzt (und damit auf ganz $\mathbb{R}$ definiert) werden, indem man

$$(1.9) \qquad \operatorname{sgn} x := \begin{cases} -1 & \text{für } x < 0, \\ 0 & \text{für } x = 0, \\ 1 & \text{für } x > 0 \end{cases}$$

setzt. Diese Funktion ist nur in 0 unstetig mit einer Unstetigkeitsstelle 1. Art. Linksseitiger Grenzwert, rechtsseitiger Grenzwert und Funktionswert in 0 sind alle voneinander verschieden.   ♡

Beispiel 1.9. Die *Relaisfunktion*[9] (oder *Heaviside-Funktion*[10]) $\operatorname{rel} : \mathbb{R} \to \mathbb{R}$ ist definiert durch

$$(1.10) \qquad \operatorname{rel} x := \begin{cases} 0 & \text{für } x \leq 0, \\ 1 & \text{für } x > 0. \end{cases}$$

---

[9]Diese Funktion heißt deswegen so, weil man sich dabei einen Schalter vorstellen kann, der im Zeitpunkt Null von „Aus" ($= 0$) auf „An" ($= 1$) springt.
[10]nach Oliver Heaviside (1850-1925).

Auch diese Funktion ist nur in 0 unstetig mit einer Unstetigkeitsstelle 1. Art. Im Unterschied zu Beispiel 1.8 stimmt hier der linksseitige Grenzwert in 0 mit dem Funktionswert überein.   ♡

Beispiel 1.10. Die *Ganzteilfunktion* ent : $\mathbb{R} \to \mathbb{R}$ ist definiert durch[11]

(1.11) $$\text{ent } x := \max\{k \in \mathbb{Z} : k \le x\},$$

d.h. ent x ist die größte ganze Zahl „links" von x, und insbesondere erhält man ent x für $x > 0$ durch „Weglassen der Stellen hinter dem Komma".[12] Für $x_0 \in \mathbb{Z}$ gilt also

$$\lim_{x \to x_0-} \text{ent } x = x_0 - 1, \qquad \lim_{x \to x_0+} \text{ent } x = \text{ent } x_0 = x_0.$$

Die Ganzteilfunktion ist also in jedem Punkt $x \in \mathbb{Z}$ unstetig mit einer Unstetigkeitsstelle 1. Art,[13] auf $\mathbb{R} \setminus \mathbb{Z}$ dagegen stetig.   ♡

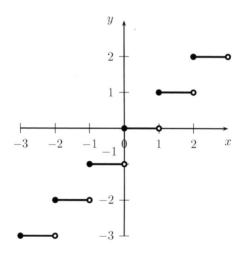

Abbildung 1.6: Die Ganzteilfunktion

Beispiel 1.11. Die *Dirichlet-Funktion*[14] $f : \mathbb{R} \to \mathbb{R}$ ist definiert durch

(1.12) $$f(x) := \begin{cases} 1 & \text{für } x \in \mathbb{Q}, \\ 0 & \text{für } x \in \mathbb{R} \setminus \mathbb{Q}. \end{cases}$$

---

[11]Das Symbol „ent" soll an das englische Wort *entire* oder das französische Wort *entier* erinnern. In der Literatur wird statt ent x auch manchmal die Schreibweise $[x]$ verwendet.

[12]Bei negativen Zahlen ist Vorsicht geboten: z.B. gilt zwar ent $\pi = 3$, aber ent $(-\pi) = -4$.

[13]Bei einer Unstetigkeitsstelle 1. Art in x_0 wird die Differenz zwischen rechts- und linksseitigem Grenzwert aus naheliegenden Gründen die *Sprunghöhe* von f in x_0 genannt; die Ganzteilfunktion hat also in jeder ganzen Zahl einen Sprung der Sprunghöhe 1.

[14]nach Peter Gustav Lejeune Dirichlet (1805-1859).

Da in jeder beliebigen Umgebung einer rationalen Zahl unendlich viele irrationale Zahlen liegen, und umgekehrt auch in jeder beliebigen Umgebung einer irrationalen Zahl unendlich viele rationale Zahlen liegen, existiert in *keinem einzigen Punkt* $x \in \mathbb{R}$ der rechts- oder linksseitige Grenzwert. Dies bedeutet, dass f nicht nur in „extrem vielen" (nämlich allen) Punkten unstetig ist, sondern dort auch „extrem unstetig" (nämlich von 2. Art).[15]   ♡

Der Graph der Dirichlet-Funktion kann natürlich nur grob skizziert werden (s. Abbildung 1.7); man kann sich ihn in der Form zweier horizontaler „Staubspuren" vorstellen, die eine auf der x-Achse, die andere parallel dazu im Abstand 1 darüber:

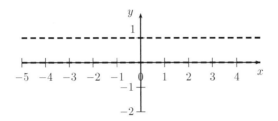

Abbildung 1.7: Die Funktion (1.12) (angedeutet)

Im folgenden Beispiel ist das Skizzieren des Graphen noch schwieriger; wir ermuntern die Leserin trotzdem, es zu versuchen.

Beispiel 1.12. Die *modifizierte Dirichlet-Funktion*[16] $f : \mathbb{R} \to \mathbb{R}$ ist definiert durch

$$(1.13) \qquad f(x) := \begin{cases} 1/q & \text{für} \quad x = p/q \in \mathbb{Q}, \\ 0 & \text{für} \quad x \in \mathbb{R} \setminus \mathbb{Q}. \end{cases}$$

In einem rationalen Punkt $x = p/q$ mit $p \in \mathbb{Z}$ und $q \in \mathbb{N}$ (wobei der Bruch natürlich als vollständig gekürzt vorausgesetzt wird) erhält man $f(x)$ also einfach dadurch, dass man den Zähler auf 1 setzt.

Das Unstetigkeitsverhalten dieser Funktion ist erheblich subtiler als das der Funktion aus Beispiel 1.11. Man kann nämlich zeigen, dass f in jedem rationalen Punkt unstetig und in jedem irrationalen Punkt stetig ist.

Um dies einzusehen, sei zunächst $x_0 = p_0/q_0$ rational, also $f(x_0) = 1/q_0$, und $0 < \varepsilon \leq 1/q_0$. Da in jeder Umgebung von x_0 unendlich viele irrationale Punkte x liegen, ist auf keiner noch so kleinen δ-Umgebung von x_0 die Abschätzung $|f(x_0)| = |f(x) - f(x_0)| < \varepsilon$ erfüllbar. Dies zeigt, dass f in x_0 unstetig ist.

Sei nun x_0 irrational, also $f(x_0) = 0$, und $\varepsilon > 0$. Wir müssen die Existenz eines $\delta > 0$ beweisen derart, dass aus $|x - x_0| < \delta$ stets $|f(x)| = |f(x) - f(x_0)| < \varepsilon$ folgt. Wir fixieren zunächst ein solches beliebiges δ und betrachten die Menge M_δ aller $x \in (x_0 - \delta, x_0 + \delta)$,

---

[15]Mit anderen Worten liefert dieses Beispiel das „schlimmste Unstetigkeitsverhalten", welches eine Funktion überhaupt an den Tag legen kann. Es gibt spezielle Klassen von Funktionen, die nicht so „bösartig" sein können, vgl. etwa die Sätze 1.28 und 1.29 unten.

[16]Im Studentenjargon wird diese Funktion auch gern „Dirichlet light" genannt, da sie nicht so ein bösartiges Unstetigkeitsverhalten hat wie die in Beispiel 1.11.

für die das *nicht* erfüllt ist, d.h. für die $|f(x)| \geq \varepsilon$ gilt. Nach Definition von f kann keine einzige *irrationale* Zahl x zu M_δ gehören, denn für diese gilt ja $f(x) = 0$. Aber eine *rationale* Zahl $x = p/q$ kann auch nur dann zu M_δ gehören, wenn $|f(x)| = |1/q| \geq \varepsilon$ ist, also $|q| \leq 1/\varepsilon$, und *das sind im Intervall $(x_0 - \delta, x_0 + \delta)$ nur endlich viele!* Diese endlich vielen rationalen Punkte x können wir aber durch Verkleinerung von δ „von x_0 trennen", d.h. wir können ein positives $\delta' < \delta$ so wählen, dass $(x_0 - \delta', x_0 + \delta') \cap M_\delta = \emptyset$ gilt. Aus $|x - x_0| < \delta'$ folgt dann immer $|f(x) - f(x_0)| < \varepsilon$, und dies ist gerade die Stetigkeit von f in x_0.   ♡

Beispiel 1.13. Die *charakteristische Funktion* $\chi_M : \mathbb{R} \to \mathbb{R}$ einer beliebigen nichtleeren Teilmenge $M \subseteq \mathbb{R}$ ist definiert durch

$$(1.14) \qquad\qquad \chi_M(x) := \begin{cases} 1 & \text{für} \quad x \in M, \\ 0 & \text{für} \quad x \in \mathbb{R} \setminus M. \end{cases}$$

Diese Funktion haben wir schon in vorherigen Beispielen kennengelernt, z.B. ist die Funktion aus Beispiel 1.7 genau die charakteristische Funktion der einpunktigen Menge $\{0\}$, die Relaisfunktion aus Beispiel 1.9 genau die charakteristische Funktion der Halbachse $(0, \infty)$ und die Dirichlet-Funktion aus Beispiel 1.11 genau die charakteristische Funktion der Menge $\mathbb{Q}$. Auf den Zusammenhang zwischen einer Menge M und der Menge der Unstetigkeitspunkte von χ_M werden wir im Anschluss an Definition 1.20 unten noch einmal zurückkommen.   ♡

Wir betrachten nun noch drei recht „exotische" Beispiele, auf welche wir im folgenden noch öfter zurückkommen werden.

Beispiel 1.14. Sei $f : \mathbb{R} \to \mathbb{R}$ definiert durch[17]

$$(1.15) \qquad\qquad f(x) := \begin{cases} \sin\dfrac{1}{x} & \text{für} \quad x \neq 0, \\ 0 & \text{für} \quad x = 0. \end{cases}$$

Der Graph von f hat in der Nähe von 0 ein pathologisches Verhalten: Er schwingt in jeder Nullumgebung unendlich oft zwischen -1 und 1 hin und her, und insbesondere hat f in jedem Intervall $(-\delta, \delta)$ $(\delta > 0)$ unendlich viele Nullstellen, Maxima und Minima.[18] Aus der Tatsache, dass f in jedem Maximum den Wert 1 und in jedem Minimum den Wert -1 annimmt, können wir schließen, dass f in 0 eine Unstetigkeitsstelle 2. Art

---

[17]Wie in der Einleitung erwähnt, setzen wir hier voraus, dass die Leserin mit der Definition und den Eigenschaften der Sinusfunktion vertraut ist und auch deren Graphen skizzieren kann.

[18]Genauer gilt, dass f in jedem Punkt der Form $x_k = 1/k\pi$ $(k \neq 0)$ eine Nullstelle, in jedem Punkt der Form $x_k = 2/(\pi + 4k\pi)$ ein Maximum und in jedem Punkt der Form $x_k = 2/(-\pi + 4k\pi)$ ein Minimum besitzt, wobei k eine beliebige ganze Zahl sei.

besitzt; in allen anderen Punkten ist f stetig, wie wir noch zeigen werden.   ♡

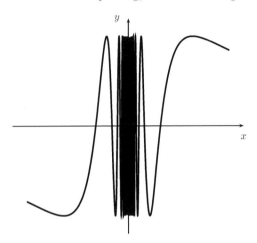

Abbildung 1.8: Die Funktion (1.15) (angedeutet)

In Beispiel 1.14 ist f überall stetig außer in 0, wo eine wesentliche Unstetigkeitsstelle vorliegt. Das folgende Beispiel ist hierzu in gewissem Sinne komplementär:

Beispiel 1.15. Sei $f : \mathbb{R} \to \mathbb{R}$ definiert durch

(1.16)
$$f(x) := \begin{cases} x & \text{für } x \in \mathbb{Q}, \\ -x & \text{für } x \in \mathbb{R} \setminus \mathbb{Q}. \end{cases}$$

Dann verhält sich f in jedem Punkt $x \neq 0$ wie die Dirichlet-Funktion aus Beispiel 1.11, hat dort also eine Unstetigkeitsstelle 2. Art. Im Nullpunkt ist f allerdings stetig, denn wählt man $\delta := \varepsilon$ in der Definition der Stetigkeit, so folgt aus $|x| < \delta$ natürlich $|f(x)| = |x| < \varepsilon$.   ♡

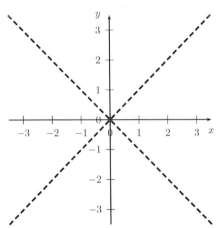

Abbildung 1.9: Die Funktion (1.16) (angedeutet)

Im folgenden Beispiel ändern wir die Funktion aus Beispiel 1.14 etwas ab, um sie in 0 stetig zu „machen":

Beispiel 1.16. Sei $f : \mathbb{R} \to \mathbb{R}$ definiert durch

$$(1.17) \qquad f(x) := \begin{cases} x \sin \dfrac{1}{x} & \text{für} \quad x \neq 0, \\ 0 & \text{für} \quad x = 0. \end{cases}$$

Diese Funktion ist – im Unterschied zu der aus Beispiel 1.14 – in 0 stetig! In der Tat, da stets $|\sin t| \leq 1$ gilt, bekommen wir für $x \neq 0$ die Abschätzung

$$|f(x)| = |x| \, \left| \sin \frac{1}{x} \right| \leq |x|.$$

Zu $\varepsilon > 0$ können wir also $\delta := \varepsilon$ wählen und erhalten dann aus $|x| < \delta$ stets $|f(x)| < \varepsilon$. Man kann sich auch schön geometrisch klarmachen, warum diese Funktion in 0 stetig ist: Ihr Graph schwingt in jeder Nullumgebung immer noch unendlich oft hin und her, aber nicht mehr – wie die unstetige Funktion aus Beispiel 1.14 – zwischen den beiden waagrechten Geraden auf der Höhe -1 und 1, sondern zwischen den beiden Winkelhalbierenden des Koordinatensystems. Dies „zwingt" den Graphen von f dazu, sich bei Annäherung $x \to 0$ dem Nullpunkt $(0,0)$ zu nähern.[19]   ♡

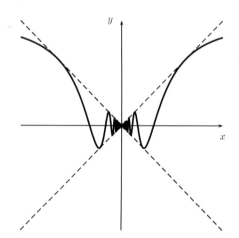

Abbildung 1.10: Die Funktion (1.17) (angedeutet)

Zwei Funktionen können wir bekanntlich auf viele verschiedene Arten miteinander kombinieren: Wir können sie zum Beispiel addieren, subtrahieren, multiplizieren und dividieren.[20] Darüberhinaus können wir aber auch die *Komposition* (oder *Verknüpfung*

---

[19]Diesem und dem vorigen Beispiel 1.15 liegt ein allgemeines Prinzip zugrunde, welches in Aufgabe 1.9 beschrieben wird.

[20]Dies geschieht auf naheliegende Weise, nämlich „punktweise": Beispielsweise ist die Funktion $f + g$ an der Stelle x definiert durch $(f + g)(x) := f(x) + g(x)$, und ähnlich für $f - g$, $f \cdot g$ und f/g.

oder *Hintereinanderausführung*) $g \circ f$ betrachten, die durch $(g \circ f)(x) := g(f(x))$ erklärt ist.[21] Die nächsten beiden Sätze zeigen, dass sich die Stetigkeit zweier Funktionen f und g auf alle diese Kombinationen übertragen. Dies ist natürlich genau das, was man erwartet; für andere Eigenschaften ist dies allerdings keineswegs so, wie etwa die Beispiele 1.41, 1.47, 1.67, 1.76 in diesem Kapitel sowie viele weitere Beispiele in den folgenden Kapiteln zeigen.

Satz 1.17. *Seien $M \subseteq \mathbb{R}$ und $x_0 \in M$. Sind dann zwei Funktionen $f, g : M \to \mathbb{R}$ stetig in x_0, so sind auch die Funktionen $f + g$, $f - g$, $f \cdot g$ und (falls definiert!) f/g stetig in x_0.*

Beweis: Sei $\varepsilon > 0$. Wegen der Stetigkeit von f in x_0 finden wir dann ein $\delta_f > 0$ so, dass $|f(x) - f(x_0)| < \varepsilon$ für $|x - x_0| < \delta_f$ gilt, und wegen der Stetigkeit von g in x_0 finden wir ebenso ein $\delta_g > 0$ so, dass $|g(x) - g(x_0)| < \varepsilon$ für $|x - x_0| < \delta_g$ gilt. Setzen wir also $\delta := \min\{\delta_f, \delta_g\}$, so folgt aus $|x - x_0| < \delta$ sowohl $|x - x_0| < \delta_f$ als auch $|x - x_0| < \delta_g$, mithin

$$(1.18) \qquad \begin{aligned} |(f + g)(x) - (f + g)(x_0)| &= |f(x) + g(x) - f(x_0) - g(x_0)| \\ &\leq |f(x) - f(x_0)| + |g(x) - g(x_0)| < \varepsilon + \varepsilon = 2\varepsilon. \end{aligned}$$

Die bedeutet aber gerade, dass die Summenfunktion $f + g$ in x_0 stetig ist.[22]

Der Beweis für die Differenzfunktion $f - g$ geht ähnlich, der Beweis für die Produktfunktion $f \cdot g$ ist ein wenig trickreicher. Wie oben wählen wir $\delta_f > 0$ und $\delta_g > 0$ so, dass $|f(x) - f(x_0)| < \varepsilon$ für $|x - x_0| < \delta_f$ und $|g(x) - g(x_0)| < \varepsilon$ für $|x - x_0| < \delta_g$ gilt, und setzen wieder $\delta := \min\{\delta_f, \delta_g\}$. Dann folgt aus $|x - x_0| < \delta$ diesmal

$$(1.19) \qquad \begin{aligned} |(f \cdot g)(x) - (f \cdot g)(x_0)| &= |f(x)g(x) - f(x_0)g(x_0)| \\ &= |f(x)g(x) - f(x_0)g(x) + f(x_0)g(x) - f(x_0)g(x_0)| \\ &\leq |f(x) - f(x_0)|\,|g(x)| + |f(x_0)|\,|g(x) - g(x_0)| < \varepsilon|g(x)| + |f(x_0)|\varepsilon. \end{aligned}$$

Nun folgt aus der Dreiecksungleichung, dass $|g(x)| \leq |g(x) - g(x_0)| + |g(x_0)| < \varepsilon + |g(x_0)|$ für $|x - x_0| < \delta$ ist, also können wir (1.19) weiter abschätzen durch

$$|(f \cdot g)(x) - (f \cdot g)(x_0)| < \varepsilon(\varepsilon + |g(x_0)|) + |f(x_0)|\varepsilon = \varepsilon\left(\varepsilon + |g(x_0)| + |f(x_0)|\right),$$

und hieraus folgt die Stetigkeit von $f \cdot g$ in x_0. Den Beweis für die Quotientenfunktion f/g überlassen wir der Leserin (Aufgabe 1.10). ∎

Satz 1.18. *Seien $M; N \subseteq \mathbb{R}$ und $x_0 \in M$. Ist dann eine Funktion $f : M \to \mathbb{R}$ stetig in x_0 und eine Funktion $g : N \to \mathbb{R}$ mit $f(M) \subseteq N$ stetig in $f(x_0)$, so ist auch die Funktion $g \circ f : M \to \mathbb{R}$ stetig in x_0.*

Beweis: Nach Voraussetzung finden wir zu $\varepsilon > 0$ ein $\eta > 0$ derart, dass aus $|y - f(x_0)| < \eta$ stets $|g(y) - g(f(x_0))| < \varepsilon$ folgt, und zu diesem $\eta > 0$ wiederum ein $\delta > 0$ derart, dass

---

[21]Hierbei setzen wir voraus, dass der Wertebereich von f im Definitionsbreich von g enthalten ist.

[22]Vielleicht stört es die eine oder andere Leserin, dass zum Schluss der Abschätzung (1.18) 2ε statt ε steht. Dies hat aber keine Bedeutung, denn mit ε kann man natürlich auch 2ε (oder allgemein $c\varepsilon$ mit einer *von ε unabhängigen* Konstanten $c > 0$) beliebig klein „machen". Wer in (1.18) lieber ein ε stehen haben möchte, muss vorher $|f(x) - f(x_0)| < \varepsilon/2$ und $|g(x) - g(x_0)| < \varepsilon/2$ fordern.

aus $|x - x_0| < \delta$ stets $|f(x) - f(x_0)| < \eta$ folgt. Kombinieren wir diese beiden Ergebnisse (mit $y := f(x)$), so sehen wir, dass aus $|x - x_0| < \delta$ stets $|g(f(x)) - g(f(x_0))| < \varepsilon$ folgt, und dies ist gerade die Stetigkeit von $g \circ f$ in x_0. ∎

Satz 1.17 besagt insbesondere, dass die Menge $C(M)$ aller stetigen Funktionen $f :$ $M \to \mathbb{R}$ (s. Definition 1.5) einen *Vektorraum* bildet.[23] Die Sätze 1.17 und 1.18 erlauben es uns außerdem, aus Funktionen, deren Stetigkeit offensichtlich ist, sofort eine Vielzahl weiterer Funktionen herzuleiten, deren Stetigkeit nicht so offensichtlich ist. Beispielsweise ist völlig klar, dass die *identische Abbildung* (oder *Identität*)

$$(1.20) \qquad\qquad id : \mathbb{R} \to \mathbb{R}, \qquad id(x) := x$$

auf ganz $\mathbb{R}$ stetig ist (man wähle $\delta := \varepsilon$). Nach Satz 1.17 sind damit auch alle *Polynomfunktionen*

$$(1.21) \qquad p(x) := a_n x^n + a_{n-1} x^{n-1} + \ldots + a_2 x^2 + a_1 x + a_0 \qquad (a_n \neq 0)$$

auf ganz $\mathbb{R}$ stetig, weil sich diese Funktionen durch Addition und Multiplikation aus der Identität (1.20) und konstanten Funktionen zusammensetzen lassen.

Außerdem folgt aus Satz 1.18 beispielsweise, dass mit f auch die Funktion $|f|$ stetig ist,[24] denn sie ist ja nichts anderes als die Komposition $g \circ f$ von f mit der überall stetigen Funktion $g(y) := |y|$.

Ohne Beweis bemerken wir, dass auch die folgenden Funktionen, die wir immer wieder benutzen werden, auf ihren jeweiligen Definitionsbereichen überall stetig sind:

- die Potenzfunktion $x \mapsto x^k$ für $k \in \mathbb{Z}$ auf $\mathbb{R}$ ($k \geq 0$) bzw. $\mathbb{R} \setminus \{0\}$ ($k < 0$);

- die Betragsfunktion $x \mapsto |x|$ auf $\mathbb{R}$;

- die Exponentialfunktion $x \mapsto \exp x$ ($= e^x$) auf $\mathbb{R}$;

- die Logarithmusfunktion $x \mapsto \log x$ ($= \exp^{-1}(x)$) auf $(0, \infty)$;

- die allgemeine Potenzfunktion[25] $x \mapsto x^\alpha$ ($= e^{\alpha \log x}$) für $\alpha \in \mathbb{R}$ auf $(0, \infty)$;

- die allgemeine Exponentialfunktion $x \mapsto a^x$ ($= e^{x \log a}$) für $a > 0$ auf $\mathbb{R}$;

- die Sinusfunktion $x \mapsto \sin x$ auf $\mathbb{R}$;

- die Cosinusfunktion $x \mapsto \cos x$ auf $\mathbb{R}$;

- die Tangensfunktion $x \mapsto \tan x$ ($= \sin x / \cos x$) auf $\mathbb{R} \setminus \{\frac{\pi}{2} + k\pi : k \in \mathbb{Z}\}$;

- die Cotangensfunktion $x \mapsto \cot x$ ($= \cos x / \sin x$) auf $\mathbb{R} \setminus \{k\pi : k \in \mathbb{Z}\}$;

---

[23]Neben der Tatsache, dass mit f und g auch die Summe $f + g$, die Differenz $f - g$ und skalare Vielfache λf wieder in $C(M)$ liegen, sind hier noch einige Vektorraumaxiome zu erfüllen, die man in der Linearen Algebra kennenlernt. Die Menge $C(M)$ wird dann als Unterraum des Vektorraums aller reellwertigen Funktionen auf M angesehen.

[24]Diese Funktion ist natürlich punktweise durch $|f|(x) := |f(x)|$ definiert; ihr Graph entsteht geometrisch gesprochen durch „Hochklappen" der negativen Anteile an der x-Achse.

[25]Für manche Werte des Exponenten α kann man diese Funktion auch auf die negative Halbachse ausdehnen.

- die Arcussinusfunktion[26] $x \mapsto \arcsin x \ (= \sin^{-1}(x))$ auf $[-1, 1]$;

- die Arcuscosinusfunktion[27] $x \mapsto \arccos x \ (= \cos^{-1}(x))$ auf $[-1, 1]$;

- die Arcustangensfunktion[28] $x \mapsto \arctan x \ (= \tan^{-1}(x))$ auf $\mathbb{R}$;

- die Arcuscotangensfunktion[29] $x \mapsto \operatorname{arccot} x \ (= \cot^{-1}(x))$ auf $\mathbb{R}$;

- die Hyperbelsinusfunktion $x \mapsto \sinh x \ (= \frac{1}{2}(e^x - e^{-x}))$ auf $\mathbb{R}$;

- die Hyperbelcosinusfunktion $x \mapsto \cosh x \ (= \frac{1}{2}(e^x + e^{-x}))$ auf $\mathbb{R}$;

- die Hyperbeltangensfunktion $x \mapsto \tanh x \ (= \sinh x / \cosh x)$ auf $\mathbb{R}$;

- die Hyperbelcotangensfunktion $x \mapsto \coth x \ (= \cosh x / \sinh x)$ auf $\mathbb{R} \setminus \{0\}$.

Aus diesem Katalog stetiger Funktionen können wir mittels der Sätze 1.17 und 1.18 wieder viele neue Funktionen als stetig erkennen. Beispielsweise folgt daraus, dass die Funktion f aus Beispiel 1.14, die sich ja im Nullpunkt sehr pathologisch verhält, in allen anderen Punkten der reellen Achse tatsächlich stetig ist. In der Tat, sie ist auf $\mathbb{R} \setminus \{0\}$ Komposition der stetigen Potenzfunktion $x \mapsto 1/x$ und der stetigen Sinusfunktion $y \mapsto \sin y$ und damit nach Satz 1.18 auf $\mathbb{R} \setminus \{0\}$ stetig.

Aus Satz 1.17 folgt natürlich auch, dass jede *rationale Funktion*, d.h. Funktion f der Form

$$(1.22) \qquad\qquad f(x) = \frac{p(x)}{q(x)} \qquad (q(x) \neq 0)$$

in jedem Punkt stetig ist, in dem sie definiert ist; hierbei sind p und q Polynomfunktionen der Form (1.21). Da das Nennerpolynom q nur höchstens so viele Nullstellen haben kann, wie sein Grad angibt, besteht der Definitionsbereich einer rationalen Funktion also aus allen reellen Zahlen bis eventuell auf endlich viele.

Etwas salopp kann man sagen, dass die „meisten" Funktionen der Analysis nicht rational sind; zum Beispiel ist nur die erste Funktion in der Liste oben rational. Die Nicht-Rationalität einer Funktion sauber zu begründen erfordert allerdings manchmal etwas Überlegung. Beispielsweise ist die Wurzelfunktion $x \mapsto \sqrt{x}$ nicht rational, weil sie nur für $x \geq 0$ definiert ist. Dass auch die Funktion $x \mapsto \sqrt{x^2 + 1}$ nicht rational ist,

---

[26]Da die Sinusfunktion das abgeschlossene Intervall $[-\pi/2, \pi/2]$ bijektiv auf das abgeschlossene Intervall $[-1, 1]$ abbildet, betrachtet man nur dort die Umkehrfunktion, d.h. die Arcussinusfunktion hat dieses Intervall als Wertebereich.

[27]Da die Cosinusfunktion das abgeschlossene Intervall $[0, \pi]$ bijektiv auf das abgeschlossene Intervall $[-1, 1]$ abbildet, betrachtet man nur dort die Umkehrfunktion, d.h. die Arcuscosinusfunktion hat dieses Intervall als Wertebereich.

[28]Da die Tangensfunktion das offene Intervall $(-\pi/2, \pi/2)$ bijektiv auf die reelle Achse abbildet, betrachtet man nur dort die Umkehrfunktion, d.h. die Arcustangensfunktion hat dieses Intervall als Wertebereich.

[29]Da die Cotangensfunktion das offene Intervall $(0, \pi)$ bijektiv auf die reelle Achse abbildet, betrachtet man nur dort die Umkehrfunktion, d.h. die Arcustangensfunktion hat dieses Intervall als Wertebereich.

kann man folgendermaßen einsehen. Angenommen, diese Funktion hat eine Darstellung
wie in (1.22), dann gilt auch

$$(1.23) \qquad \frac{\sqrt{x^2+1}}{x} = \frac{p(x)}{xq(x)} \qquad (x \neq 0, q(x) \neq 0).$$

Dann bekommen wir einerseits[30]

$$\lim_{x \to \infty} \frac{p(x)}{xq(x)} = \lim_{x \to \infty} \frac{\sqrt{x^2+1}}{x} = 1,$$

woraus folgt, dass die Polynome $x \mapsto p(x)$ und $x \mapsto xq(x)$ denselben Grad und denselben Führungskoeffizienten haben. Dies impliziert aber andererseits, dass auch

$$\lim_{x \to -\infty} \frac{\sqrt{x^2+1}}{x} = \lim_{x \to -\infty} \frac{p(x)}{xq(x)} = 1$$

gilt, was offensichtlich ein Widerspruch ist. Daher war unsere Annahme falsch, d.h. die Funktion $x \mapsto \sqrt{x^2+1}$ ist nicht rational.

Wir kehren zurück zu stetigen Funktionen. Der nächste Satz wird in der Literatur oft als *Permanenzprinzip* bezeichnet. Er zeigt, dass eine stetige Funktion, die in einem Punkt positiv [bzw. negativ] ist, auch noch „in der Nähe dieses Punktes" positiv [bzw. negativ] bleibt:

Satz 1.19. *Seien* $M \subseteq \mathbb{R}$, $x_0 \in M^o$ *und* $f : M \to \mathbb{R}$ *stetig in* x_0 *mit* $f(x_0) > 0$ *[bzw.* $f(x_0) < 0$]. *Dann existiert ein* $\delta > 0$ *derart, dass die Abschätzung* $f(x) > 0$ *[bzw.* $f(x) < 0$] *auch für* $x \in (x_0 - \delta, x_0 + \delta)$ *gilt.*

Beweis: Gelte o.B.d.A.[31] $f(x_0) > 0$. Dann ist $\varepsilon := f(x_0)/2 > 0$, und wegen der Stetigkeit von f in x_0 finden wir zu diesem ε ein $\delta > 0$ so, dass $|f(x) - f(x_0)| < \varepsilon$ ausfällt für $|x - x_0| < \delta$. Aus $f(x_0) - f(x) \leq |f(x) - f(x_0)|$ folgt aber $f(x) - f(x_0) \geq -|f(x) - f(x_0)| > -\varepsilon$, also

$$f(x) = f(x) - f(x_0) + f(x_0) > -\varepsilon + f(x_0) = -\varepsilon + 2\varepsilon = \varepsilon > 0,$$

und dies war gerade die Behauptung. Im Falle $f(x_0) < 0$ ersetzen wir f durch die Funktion $-f$ und benutzen das soeben Bewiesene. ∎

Satz 1.19 entspricht genau unserer Vorstellung stetiger Funktionen: Eine stetige Funktion, die in einem Punkt positiv oder negativ ist, kann nicht „sofort" das Vorzeichen wechseln, sondern „benötigt dafür eine gewisse Zeit". Natürlich gilt ein entsprechendes Ergebnis im Falle $f(x_0) = 0$ nicht, denn eine stetige Funktion kann sehr wohl in einem Punkt Null sein und „daneben sofort positiv oder negativ werden".

---

[30]Solche sog. *uneigentlichen Grenzwerte* für $x \to \infty$ oder $x \to -\infty$ werden wir erst später einführen: bis dahin genügt die intuitive Vorstellung eines asymptotischen Verhaltens für „sehr große" (positive oder negative) x.

[31]Die Abkürzung o.B.d.A. ist mathematischer Slang und bedeutet „ohne Beschränkung der Allgemeinheit." Man muss bei ihrer Verwendung natürlich darauf achten, dass die zusätzliche Annahme, die man zur Vereinfachung macht, wirklich nicht die Allgemeinheit der Beweiskraft einschränkt. Im vorliegenden Fall wird dies durch den letzten Satz des Beweises sichergestellt.

1.2. Unstetigkeitsmengen. Wir kehren nun noch einmal zur Klassifikation der Unstetigkeitsstellen aus Definition 1.6 zurück und führen eine nützliche Bezeichnungsweise ein:

Definition 1.20. Für $f : M \to \mathbb{R}$ setzen wir

$$(1.24) \qquad U(f) := \{x \in M : f \text{ ist in } x \text{ unstetig}\}$$

sowie etwas genauer für $k = 0, 1, 2$

$$(1.25) \qquad U_k(f) := \{x \in M : f \text{ hat in } x \text{ eine Unstetigkeitsstelle } k\text{-ter Art}\}.$$

Es gilt also

$$(1.26) \qquad U(f) = U_0(f) \cup U_1(f) \cup U_2(f),$$

wobei die Vereinigung in (1.26) disjunkt ist. □

Zur Illustration der Unstetigkeitsmengen (1.25) kehren wir noch einmal zu unserer Liste unstetiger Funktionen oben zurück. In Beispiel 1.7 ist $U(f) = U_0(f) = \{0\}$, in Beispiel 1.8 und Beispiel 1.9 ist $U(f) = U_1(f) = \{0\}$, in Beispiel 1.10 ist $U(f) = U_1(f) = \mathbb{Z}$, in Beispiel 1.11 ist $U(f) = U_2(f) = \mathbb{R}$, in Beispiel 1.12 ist $U(f) = U_2(f) = \mathbb{Q}$, in Beispiel 1.14 ist $U(f) = U_2(f) = \{0\}$ und in Beispiel 1.15 ist $U(f) = U_2(f) = \mathbb{R} \setminus \{0\}$.

Es ist auch instruktiv, das Unstetigkeitsverhalten der charakteristischen Funktion aus Beispiel 1.13 zu untersuchen. Im Falle der Funktion aus Beispiel 1.2 gilt

$$(1.27) \qquad U(\chi_{\{0\}}) = \{0\},$$

also $U(\chi_M) = M$. Ändern wir die Relaisfunktion aus Beispiel 1.9 dahingehend ab, dass wir sie auch in Null auf 1 setzen, so erhalten wir die charakteristische Funktion $\chi_{[0,\infty)}$, die

$$(1.28) \qquad U(\chi_{[0,\infty)}) = \{0\}$$

erfüllt, also $U(\chi_M) \subset M$. Schließlich bekommen wir im Falle der Dirichlet-Funktion aus Beispiel 1.11

$$(1.29) \qquad U(\chi_{\mathbb{Q}}) = \mathbb{R},$$

also $U(\chi_M) \supset M$. Man könnte also vermuten, dass die Mengen $U(\chi_M)$ und M im allgemeinen nichts miteinander zu tun haben. Es gibt allerdings doch einen Zusammenhang, nämlich die Gleichheit

$$(1.30) \qquad U(\chi_M) = \partial M,$$

d.h. *die charakteristische Funktion einer Menge M ist genau in den Randpunkten von M unstetig* (s. Aufgabe 1.24). Für $M = \{0\}$, $M = [0, \infty)$ und $M = \mathbb{Q}$ bekommen wir so genau die Gleichheiten (1.27), (1.28) und (1.29).

Mittels der Beispiele 1.7 – 1.15 kann man weitere Funktionen mit vorgegebenem Unstetigkeitsverhalten erzeugen, und zwar durch „Überlagerung" einfacherer Funktionen. Hierzu bringen wir ein einfaches Beispiel.

Beispiel 1.21. Wir wollen wissen, ob eine Funktion $f : \mathbb{R} \to \mathbb{R}$ mit

$$(1.31) \qquad\qquad U_0(f) = \{1/\pi\}, \quad U_1(f) = \mathbb{N}, \quad U_2(f) = \{0\}$$

existiert. Die (positive) Antwort erhält man, indem man zunächst drei Funktionen f_0, f_1 und f_2 konstruiert, die jeweils eine der Bedingungen aus (1.31) erfüllen, und dann $f := f_0 + f_1 + f_2$ setzt. So erfüllt $f_0(x) := \chi_{\{1/\pi\}}(x)$ die Bedingung $U(f_0) = U_0(f_0) = \{1/\pi\}$, die Funktion $f_1(x) := \operatorname{ent} x$ für $x > 0$ und $f_1(x) \equiv 0$ für $x \le 0$ die Bedingung $U(f_1) = U_1(f_1) = \mathbb{N}$, und die Funktion f_2 aus Beispiel 1.14 die Bedingung $U(f_2) = U_2(f_2) = \{0\}$. Ausgerechnet hat $f = f_0 + f_1 + f_2$ dann die Form

$$f(x) := \begin{cases} \sin\frac{1}{x} & \text{für } x < 0, \\ 0 & \text{für } x = 0, \\ \sin\frac{1}{x} & \text{für } 0 < x < \frac{1}{\pi}, \\ 1 & \text{für } x = \frac{1}{\pi}, \\ \operatorname{ent} x + \sin\frac{1}{x} & \text{für } x > \frac{1}{\pi}, \end{cases}$$

und diese Funktion hat tatsächlich genau das vorgeschriebene Unstetigkeitsverhalten.

$\heartsuit$

Im Hinblick auf dieses Beispiel stellt sich die folgende Frage:

- *Kann man das Unstetigkeitsverhalten einer Funktion beliebig vorschreiben?*

Mit anderen Worten, kann man zu gegebenem $U \subseteq \mathbb{R}$ stets eine Funktion $f : \mathbb{R} \to \mathbb{R}$ mit $U(f) = U$ konstruieren, oder muss die Menge U spezielle Eigenschaften haben?

Diese Frage lässt sich tatsächlich vollständig und sogar recht einfach beantworten. Hierfür benötigen wir einen neuen Begriff:

Definition 1.22. Eine Menge $M \subseteq \mathbb{R}$ heißt F_σ-*Menge*, falls sie sich als abzählbare Vereinigung abgeschlossener Mengen darstellen lässt.[32] $\square$

In den folgenden Beispielen 1.23 und 1.24 betrachten wir einige „typische" F_σ-Mengen:

Beispiel 1.23. Jede abzählbar unendliche Menge $M = \{x_1, x_2, x_3, \ldots\}$ (z.B. $M = \mathbb{Q}$) ist eine F_σ-Menge, weil man sie als abzählbare Vereinigung der einpunktigen abgeschlossenen Mengen $\{x_n\}$ ($n = 1, 2, 3, \ldots$) darstellen kann. Dagegen ist die Menge $\mathbb{R} \setminus \mathbb{Q}$ der irrationalen Zahlen *keine* F_σ-Menge; dies werden wir am Schluss von Beispiel 4.7 in Kapitel 4 sehr elegant beweisen.

Trivialerweise ist jede abgeschlossene Menge eine F_σ-Menge. Aber auch offene und halboffene Intervalle sind F_σ-Mengen; so können wir z.B. das Intervall (a, b) in der Form

$$(a, b) = \bigcup_{n=1}^{\infty} \left[a + \tfrac{1}{n}, b - \tfrac{1}{n} \right]$$

---

[32] Wir erinnern daran, dass zwar beliebige Durchschnitte abgeschlossener Mengen wieder abgeschlossen sind, aber bei Vereinigungen gilt dies im allgemeinen nur für endlich viele Mengen, vgl. Beispiel 1.2. Eine F_σ-Menge muss also nicht abgeschlossen sein. In der Schreibweise F_σ soll das F für das französische Wort *fermé* (= abgeschlossen) stehen, während das σ an das Wort *Summe* (= Vereinigung) erinnern soll.

darstellen, und ähnlich auch die Intervalle $[a, b)$ und $(a, b]$. ♡

Man kann leicht zeigen (Aufgabe 1.16), dass abzählbare Vereinigungen und endliche Durchschnitte von F_σ-Mengen wieder F_σ-Mengen sind. Mittels dieser Beobachtung und der Mengen aus Beispiel 1.23 kann man viele weitere F_σ-Mengen konstruieren:

Beispiel 1.24. Sei $M = O \cap A$ Durchschnitt einer offenen Menge $O \subseteq \mathbb{R}$ und einer abgeschlossenen Menge $A \subseteq \mathbb{R}$. Aus Aufgabe 1.17 und der Bemerkung oben können wir folgern, dass dann sowohl M als auch $\mathbb{R} \setminus M$ eine F_σ-Menge ist.

Man kann fragen, ob die Umkehrung auch gilt, d.h.: Sei M eine F_σ-Menge, deren Komplement $\mathbb{R} \setminus M$ auch eine F_σ-Menge ist; können wir M dann als Durchschnitt einer offenen und einer abgeschlossenen Menge darstellen? Die Antwort ist negativ, wie das folgende Beispiel zeigt. Sei $M := \mathbb{R} \setminus \{1, \frac{1}{2}, \frac{1}{3}, \frac{1}{4}, \ldots\}$. Da

$$\mathbb{R} \setminus M = \{1, \tfrac{1}{2}, \tfrac{1}{3}, \tfrac{1}{4}, \ldots\} = (0, \infty) \cap \{0, 1, \tfrac{1}{2}, \tfrac{1}{3}, \tfrac{1}{4}, \ldots\}$$

gilt, ist $\mathbb{R} \setminus M$ als Durchschnitt einer offenen und einer abgeschlossenen Menge darstellbar. Nach dem eben Bewiesenen sind mithin sowohl $\mathbb{R} \setminus M$ als auch M selbst F_σ-Mengen. Allerdings ist M im Gegensatz zu $\mathbb{R} \setminus M$ *nicht* als Durchschnitt einer offenen und einer abgeschlossenen Menge darstellbar. Angenommen, es gälte $M = O \cap A$ mit einer offenen Menge O und einer abgeschlossenen Menge A. Dann wäre

$$\{1, \tfrac{1}{2}, \tfrac{1}{3}, \tfrac{1}{4}, \ldots\} = \mathbb{R} \setminus M = (\mathbb{R} \setminus O) \cup (\mathbb{R} \setminus A),$$

wobei $\mathbb{R} \setminus O$ abgeschlossen und $\mathbb{R} \setminus A$ offen ist. Aus $\mathbb{R} \setminus A \subseteq \mathbb{R} \setminus M$ folgt aber $\mathbb{R} \setminus A = \emptyset$, weil $\mathbb{R} \setminus M$ keine inneren Punkte enthält, mithin $\mathbb{R} \setminus O = \mathbb{R} \setminus M$. Das ist aber ein Widerspruch, denn $\mathbb{R} \setminus M$ ist keine abgeschlossene Menge. ♡

Ausgerüstet mit dem Begriff der F_σ-Menge können wir jetzt die oben gestellte Frage beantworten, inwieweit man die Unstetigkeitsmenge (1.24) einer Funktion vorschreiben kann:

Satz 1.25. *Die Unstetigkeitsmenge* (1.24) *einer Funktion* $f : \mathbb{R} \to \mathbb{R}$ *ist stets eine* F_σ-*Menge.*

Beweis: Für jedes $n \in \mathbb{N}$ betrachten wir die Menge

(1.32)
$$A_n := \{x \in \mathbb{R} : \text{ für jedes } \delta > 0 \text{ existieren}$$
$$y, z \in (x - \delta, x + \delta) \text{ mit } |f(y) - f(z)| \geq 1/n\}.$$

Dann ist f genau dann in $x \in \mathbb{R}$ stetig, wenn x in keiner der Mengen A_n liegt, d.h. es gilt

(1.33)
$$U(f) = \bigcup_{n=1}^{\infty} A_n.$$

Wir zeigen, dass die Mengen $\mathbb{R} \setminus A_n$ offen und daher die Mengen A_n abgeschlossen sind. Sei dazu $n \in \mathbb{N}$ fest und $x \in \mathbb{R} \setminus A_n$. Dann finden wir ein $\delta > 0$ derart, dass für alle Elemente $y, z \in (x - 2\delta, x + 2\delta)$ die Abschätzung $|f(y) - f(z)| < 1/n$ gilt. Für beliebiges $x' \in (x - \delta, x + \delta)$ ist dann $(x' - \delta, x' + \delta) \subset (x - 2\delta, x + 2\delta)$, d.h. für $y, z \in (x' - \delta, x' + \delta)$

gilt ebenfalls die Abschätzung $|f(y) - f(z)| < 1/n$. Dies zeigt, dass x innerer Punkt von $\mathbb{R} \setminus A_n$ ist, und damit ist die Abgeschlossenheit von A_n bewiesen.

Damit haben wir $U(f)$ in (1.33) als abzählbare Vereinigung abgeschlossener Mengen dargestellt, und hieraus folgt die Behauptung.   ■

Satz 1.25 hat bemerkenswerte Konsequenzen. Beispielsweise folgt aus diesem Satz in Verbindung mit dem in Beispiel 1.23 Gesagten, dass es keine Funktion $f : \mathbb{R} \to \mathbb{R}$ geben kann, die in jedem rationalen Punkt stetig und in jedem irrationalen Punkt unstetig ist, also eine Art komplementäres Beispiel zu Beispiel 1.12.

Interessanterweise kann man Satz 1.25 in gewisser Weise umkehren: *Zu jeder F_σ-Menge* $U \subseteq \mathbb{R}$ *gibt es eine Funktion* $f : \mathbb{R} \to \mathbb{R}$ *mit* $U(f) = U$, s. Aufgabe 4.19 im vierten Kapitel. Man kann also sagen, dass F_σ-Mengen genau „die" Unstetigkeitsmengen reeller Funktionen sind.

Der nächste Satz zeigt, dass es nicht „zu viele" Unstetigkeitspunkte einer Funktion $f :$ $\mathbb{R} \to \mathbb{R}$ gibt, an denen f wenigstens einen der einseitigen Grenzwerte (1.4) besitzt. Man kann das auch umgekehrt interpretieren: Eine Funktion, die (wie die Dirichlet-Funktion aus Beispiel 1.11) an „sehr vielen" Punkten unstetig ist, hat dort „typischerweise" Unstetigkeitsstellen 2. Art.

Satz 1.26. *Für $f : \mathbb{R} \to \mathbb{R}$ sei*

$$(1.34) \qquad\qquad L^+(f) := \{x_0 \in \mathbb{R} : \lim_{x \to x_0+} f(x) \text{ existiert}\}$$

und

$$(1.35) \qquad\qquad L^-(f) := \{x_0 \in \mathbb{R} : \lim_{x \to x_0-} f(x) \text{ existiert}\}.$$

Dann sind die Mengen $L^+(f) \cap U(f)$ und $L^-(f) \cap U(f)$ beide abzählbar.

Beweis: Sei A_n definiert wie in (1.32); wegen (1.33) müssen wir zeigen, dass die Menge

$$L^+(f) \cap \bigcup_{n=1}^{\infty} A_n$$

abzählbar ist. Da die Vereinigungsmenge über $n \in \mathbb{N}$ genommen wird, genügt es zu beweisen, dass $L^+(f) \cap A_n$ für jedes n abzählbar ist.

Sei also $x_0 \in L^+(f) \cap A_n$. Nach Definition des rechtsseitigen Grenzwerts finden wir ein $\delta > 0$ derart, dass

$$|f(x) - \lim_{t \to x_0+} f(t)| < \frac{1}{2n}$$

ausfällt für $x_0 < x < x_0 + \delta$. Für beliebige $y, z \in (x_0, x_0 + \delta)$ bekommen wir dann

$$|f(y) - f(z)| \le |f(y) - \lim_{t \to x_0+} f(t)| + |\lim_{t \to x_0+} f(t) - f(z)| < \frac{1}{2n} + \frac{1}{2n} = \frac{1}{n},$$

also $(x_0, x_0 + \delta) \cap A_n = \emptyset$ nach Definition (1.32). Dies zeigt, dass jedes $x_0 \in L^+(f) \cap A_n$ linker Randpunkt eines offenen Intervalls $I(x_0)$ ist, welches disjunkt zu $L^+(f) \cap A_n$ ist. Aus $x_0, x_0' \in L^+(f) \cap A_n$ mit $x_0 \ne x_0'$ folgt hierbei $I(x_0) \cap I(x_0') = \emptyset$. Damit ist die

Menge $\{I(x_0) : x_0 \in L^+(f) \cap A_n\}$ abzählbar, also auch die Menge $L^+(f) \cap A_n$ selbst.

∎

Betrachten wir unsere Beispielliste oben im Lichte von Satz 1.26. Hierzu stellen wir die Unstetigkeitsmengen und die Mengen $L^+(f)$ und $L^-(f)$ in einer Tabelle zusammen; da in allen diesen Beispielen $L^+(f) = L^-(f)$ gilt, fassen wir diese Menge als $L^\pm(f)$ zusammen.

	$U_0(f)$	$U_1(f)$	$U_2(f)$	$U(f)$	$L^\pm(f)$	$U(f) \cap L^\pm(f)$
Beispiel 1.7	$\{0\}$	$\emptyset$	$\emptyset$	$\{0\}$	$\mathbb{R}$	$\{0\}$
Beispiel 1.8	$\emptyset$	$\{0\}$	$\emptyset$	$\{0\}$	$\mathbb{R}$	$\{0\}$
Beispiel 1.9	$\emptyset$	$\{0\}$	$\emptyset$	$\{0\}$	$\mathbb{R}$	$\{0\}$
Beispiel 1.10	$\emptyset$	$\mathbb{Z}$	$\emptyset$	$\mathbb{Z}$	$\mathbb{R}$	$\mathbb{Z}$
Beispiel 1.11	$\emptyset$	$\emptyset$	$\mathbb{R}$	$\mathbb{R}$	$\emptyset$	$\emptyset$
Beispiel 1.12	$\emptyset$	$\emptyset$	$\mathbb{Q}$	$\mathbb{Q}$	$\mathbb{R} \setminus \mathbb{Q}$	$\emptyset$
Beispiel 1.14	$\emptyset$	$\emptyset$	$\{0\}$	$\{0\}$	$\mathbb{R} \setminus \{0\}$	$\emptyset$
Beispiel 1.15	$\emptyset$	$\emptyset$	$\mathbb{R} \setminus \{0\}$	$\mathbb{R} \setminus \{0\}$	$\{0\}$	$\emptyset$

Tab. 1.1: Unstetigkeitsmengen einiger Funktionen

Wie man an der Tabelle sieht, können die Mengen in der Spalte für $U(f)$ und $L^\pm(f)$ durchaus überabzählbar sein, aber der Durchschnitt $U(f) \cap L^\pm(f)$ in der letzten Spalte ist immer höchstens abzählbar.

1.3. Monotone Funktionen. Monotone Funktionen bilden neben den stetigen Funktionen eine sehr wichtige Klasse reeller Funktionen. In diesem Abschnitt betrachten wir monotone und verschiedene damit zusammenhängende Funktionen.

Definition 1.27. Sei $M \subseteq \mathbb{R}$.[33] Dann heißt $f : M \to \mathbb{R}$ *monoton wachsend* [bzw. *monoton fallend* bzw. *streng monoton wachsend* bzw. *streng monoton fallend*], falls aus $x_1, x_2 \in M$ und $x_1 < x_2$ stets $f(x_1) \leq f(x_2)$ [bzw. $f(x_1) \geq f(x_2)$ bzw. $f(x_1) < f(x_2)$ bzw. $f(x_1) > f(x_2)$] folgt. Ist f monoton wachsend oder fallend, so nennen wir f einfach *monoton*, und ist f streng monoton wachsend oder fallend, so nennen wir f

---

[33]Bei der Betrachtung monotoner Funktionen ist M fast immer ein Intervall; dies kann ein beliebiges offenes, halboffenes oder abgeschlossenes Intervall sein, aber auch ein unbeschränktes Intervall oder die ganze reelle Achse. Um solche Gegenbeispiele wie (1.43) möglich zu machen, lassen wir hier aber beliebige Teilmengen der reellen Achse als Definitionsbereich zu.

einfach *streng monoton*. Die Menge aller auf M monotonen Funktionen bezeichnen wir mit $Mon(M)$.   ☐

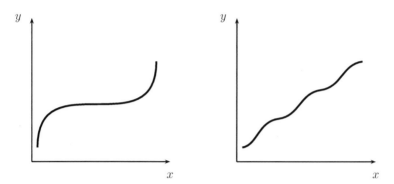

Abbildung 1.11: Monotone und streng monotone Funktionen

Beispielsweise sind die Funktionen aus den Beispielen 1.8 – 1.10 monoton wachsend, allerdings nicht streng monoton wachsend, Die charakteristische Funktion χ_M aus Beispiel 1.13 ist monoton wachsend, wenn M ein Intervall der Form $[a,\infty)$ oder (a,∞) ist, und monoton fallend, wenn M ein Intervall der Form $(-\infty,b]$ oder $(-\infty,b)$ ist. Alle anderen Funktionen aus der Beispielliste oben haben keinerlei Monotonieverhalten.

Man beachte, dass eine streng monotone Funktion stets injektiv ist: Aus $x_1 \neq x_2$ (o.B.d.A. $x_1 < x_2$) folgt ja $f(x_1) < f(x_2)$ oder $f(x_1) > f(x_2)$, je nachdem ob f streng monoton wächst oder fällt, in jedem Fall also $f(x_1) \neq f(x_2)$.

Natürlich muss eine monotone Funktion keineswegs stetig sein, wie einfache Beispiele zeigen. Allerdings zeigen die beiden folgenden wichtigen Sätze, dass eine monotone Funktion nicht „zu unstetig" ist:

Satz 1.28. *Eine monotone Funktion hat höchstens Unstetigkeitsstellen 1. Art, also Sprünge. Insbesondere ist jede surjektive monotone Funktion $f : \mathbb{R} \to \mathbb{R}$ stetig.*

Beweis: Sei (o.B.d.A.) $f : \mathbb{R} \to \mathbb{R}$ monoton wachsend, und sei $x_0 \in \mathbb{R}$ fest; wir zeigen, dass der linksseitige Grenzwert von f in x_0 existiert. Dazu betrachten wir die Menge $M := \{f(x) : x < x_0\}$. Diese Menge ist trivialerweise nichtleer, und sie ist wegen der Monotonie von f von oben (z.B. durch $f(x_0)$) beschränkt; daher existiert das Supremum[34] $s := \sup M$.

Sei $\varepsilon > 0$. Nach Definition des Supremums finden wir ein $\delta > 0$ derart, dass $s - \varepsilon < f(x_0 - \delta) \leq s$ gilt. Da f monoton wächst, erfüllen alle Punkte $x \in (x_0 - \delta, x_0)$ dann aber ebenfalls die Abschätzung $s - \varepsilon < f(x) \leq s$. Aus $x_0 - \delta < x < x_0$ folgt also $|f(x) - s| < \varepsilon$, und dies bedeutet nichts anderes, als dass s der linksseitige Grenzwert von f in x_0 ist.

Entsprechend zeigt man, dass das Infimum der Menge $M = \{f(x) : x > x_0\}$ mit dem rechtsseitigen Grenzwert von f in x_0 übereinstimmt, und damit ist die Aussage

---

[34]An dieser Stelle benutzen wir die *Vollständigkeit* der Menge der reellen Zahlen; dies werden wir noch öfter tun, z.B. im Beweis von Satz 1.63 unten.

für monoton wachsendes f bewiesen. Ist f monoton fallend, so geht man von f zu $-f$ über und wiederholt diese Argumentation. Damit haben wir gezeigt, dass eine monotone Funktion keine Unstetigkeitsstellen 2. Art haben kann; dass sie auch keine Unstetigkeitsstellen 0. Art haben kann, ist klar.

Ist $f : \mathbb{R} \to \mathbb{R}$ monoton, so kann f also nur Sprünge haben; ist f zusätzlich noch surjektiv, so schließt dies Sprünge aus, und daher hat f gar keine Unstetigkeitsstellen, ist also überall stetig. ∎

Satz 1.28 zeigt, dass die Unstetigkeiten einer monotonen Funktion nicht „zu heftig" ausfallen können, denn es gilt $U(f) = U_1(f)$. Der folgende Satz 1.29 zeigt überdies, dass eine monotone Funktion an nicht „zu vielen Stellen" unstetig ist:

Satz 1.29. *Eine monotone Funktion hat höchstens abzählbar viele Unstetigkeitsstellen.*

Beweis: Sei (o.B.d.A.) $f : \mathbb{R} \to \mathbb{R}$ wieder monoton wachsend, und sei $x_0 \in U(f)$ eine Unstetigkeitsstelle von f. Nach dem eben Bewiesenen muss dann

$$(1.36) \qquad\qquad \lim_{x \to x_0-} f(x) < \lim_{x \to x_0+} f(x)$$

gelten, d.h. f springt in x_0 nach oben, wobei die Differenz der beiden Zahlen in (1.36) die Sprunghöhe von f in x_0 angibt. Wir definieren eine Abbildung $r : U(f) \to \mathbb{Q}$, indem wir eine *beliebige* rationale Zahl $r(x_0)$ zwischen den beiden einseitigen Grenzwerten in (1.36) auswählen. Wegen der Monotonie von f folgt dann aus $x_1 < x_2$ stets $r(x_1) < r(x_2)$, d.h. die Abbildung r ist streng monoton wachsend und daher insbesondere injektiv. Damit kann ihr Definitionsbereich $U(f)$ aber keine höhere Mächtigkeit haben als ihr Wertebereich $\mathbb{Q}$, d.h. $U(f)$ ist endlich oder abzählbar unendlich. ∎

Man beachte, dass wir Satz 1.29 auch durch Kombination von Satz 1.26 und Satz 1.28 hätten beweisen können: Nach Satz 1.28 hat eine monotone Funktion ja in jedem Punkt sowohl einen rechts- als auch einen linksseitigen Grenzwert (d.h. mit der Bezeichnungsweise (1.34) und (1.35) gilt $L^+(f) = L^-(f) = \mathbb{R}$), und nach Satz 1.26 ist $U(f) \cap L^+(f) = U(f) \cap L^-(f) = U(f)$ höchstens abzählbar.

Aus den Sätzen 1.28 und 1.29 folgt insbesondere, dass wir bei der Suche nach Unstetigkeitsstellen 2. Art (wie in den Beispielen 1.11, 1.12, 1.14 und 1.15) nicht unter den monotonen Funktionen suchen dürfen. Das Beispiel der Ganzteilfunktion aus Beispiel 1.10 zeigt, dass eine monotone Funktion $f : \mathbb{R} \to \mathbb{R}$ tatsächlich unendlich viele Unstetigkeitsstellen haben kann. Im folgenden Beispiel betrachten wir eine monoton wachsende Funktion, die sogar auf einem beschränkten Intervall unendlich viele Unstetigkeitsstellen hat.

Beispiel 1.30. Sei $f : [0, 1] \to \mathbb{R}$ definiert durch

$$(1.37) \qquad\qquad f(x) := \begin{cases} \dfrac{1}{\text{ent}\,(1/x)} & \text{für} \quad 0 < x \le 1, \\ 0 & \text{für} \quad x = 0. \end{cases}$$

Diese Funktion ist monoton steigend, denn aus $0 < x_1 < x_2$ folgt $1/x_1 \ge 1/x_2$, also auch $\text{ent}\,(1/x_1) \ge \text{ent}\,(1/x_2)$ und somit $1/\text{ent}\,(1/x_1) \le 1/\text{ent}\,(1/x_2)$. Allerdings ist f

nicht streng monoton steigend, denn für alle $x \in (1/(n+1), 1/n]$ gilt $n \leq 1/x < n+1$, also $f(x) \equiv 1/n$. Dies zeigt auch, dass

$$\lim_{x \to 0+} f(x) = 0$$

gilt, d.h. f ist in 0 stetig. In jedem Punkt der Form $x_n := 1/n$ gilt dagegen

$$\lim_{x \to x_n-} f(x) = \frac{1}{n+1}, \qquad \lim_{x \to x_n+} f(x) = \frac{1}{n} = f(x_n),$$

d.h. f hat dort einen Sprung der Sprunghöhe $1/n(n+1)$. Daher gilt $U(f) = U_1(f) = \{x_1, x_2, x_3, \ldots\}$ in diesem Beispiel. $\heartsuit$

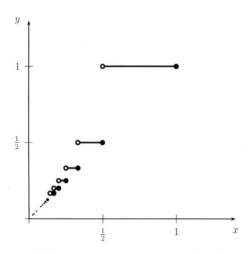

Abbildung 1.12: Die Funktion (1.37)

Der folgende Satz liefert eine gewisse Umkehrung von Satz 1.29 (vgl. auch Aufgabe 1.18 und Aufgabe 4.19):

Satz 1.31. *Zu jeder abzählbaren Menge $U \subset \mathbb{R}$ gibt es eine monotone Funktion f mit $U(f) = U$.*

Beweis: Sei $U = \{u_1, u_2, u_3, \ldots\}$ eine abzählbare Menge.[35] Wir definieren zunächst Funktionen $f_k : \mathbb{R} \to \mathbb{R}$ für $k = 1, 2, 3, \ldots$ durch

$$f_k(x) := \begin{cases} -\dfrac{1}{k^2} & \text{für} \quad x < u_k, \\[2mm] 0 & \text{für} \quad x = u_k, \\[2mm] \dfrac{1}{k^2} & \text{für} \quad x > u_k \end{cases}$$

und setzen dann

$$(1.38) \qquad\qquad f(x) := \sum_{k=1}^{\infty} f_k(x) \qquad (x \in \mathbb{R}).$$

---

[35]Im Falle, dass U endlich ist, vereinfachen sich die folgenden Überlegungen sogar noch: z.B. wird die Reihe in (1.38) dann eine endliche Summe.

Da $|f_k(x)| \leq k^{-2}$ für alle $x \in \mathbb{R}$ gilt, konvergiert die Reihe in (1.38) gleichmäßig auf $\mathbb{R}$ (s. Abschnitt A.5 im Anhang), und da jede der Funktionen f_k auf $\mathbb{R}$ monoton wachsend ist, ist es auch f. Wir behaupten, dass $U(f) = U$ gilt.

Um dies einzusehen, sei zunächst $x \notin U$. Dann ist jede der Summenfunktionen $f_1 + f_2 + \ldots + f_n$ stetig in x, also wegen der gleichmäßigen Konvergenz von (1.38) auch die Grenzfunktion f. Sei nun umgekehrt $x \in U$, d.h. $x = u_n$ für ein geeignetes n. Dann ist die Funktion $f - f_n$ zwar wieder, wie eben gezeigt, stetig in x, aber die Funktion f_n ist es nicht. Daher ist auch $f = (f - f_n) + f_n$ unstetig in x. ∎

Wir haben die Monotonie einer Funktion in Definition 1.27 auf einer beliebigen Menge erklärt. Nun wollen wir auf zwei verschiedene Weisen eine Art „Lokalisation" der Monotonie einführen und untersuchen.

Definition 1.32. Sei $I \subseteq \mathbb{R}$ ein Intervall. Ein Punkt $x_0 \in I^\circ$ heiße *Zunahmepunkt* [bzw. *Abnahmepunkt*] einer Funktion $f : I \to \mathbb{R}$, falls es ein $\delta > 0$ gibt derart, dass aus $x_0 - \delta < x < x_0$ stets $f(x) \leq f(x_0)$ [bzw. $f(x) \geq f(x_0)$] und aus $x_0 < x < x_0 + \delta$ stets $f(x_0) \leq f(x)$ [bzw. $f(x_0) \geq f(x)$] folgt.

Des weiteren nennen wir eine Funktion $f : I \to \mathbb{R}$ *in $x_0 \in I^\circ$ monoton wachsend* [bzw. *monoton fallend*], falls es ein $\delta > 0$ gibt derart, dass f auf dem Intervall $[x_0 - \delta, x_0 + \delta] \cap I$ monoton wächst [bzw. monoton fällt]. □

Man muss die beiden in Definition 1.32 eingeführten Begriffe sehr sorgfältig voneinander unterscheiden. Der zweite Begriff ist ja offensichtlich stärker als der erste, d.h. aus dem monotonen Wachstum [bzw. Fallen] von f in x_0 folgt, dass x_0 ein Zunahmepunkt [bzw. Abnahmepunkt] für f ist. Die Umkehrung ist allerdings falsch, wie Aufgabe 1.35 zeigt.

Für $M \subseteq \mathbb{R}$ und $f : M \to \mathbb{R}$ betrachten wir jetzt die Struktur der „Zunahmemenge"

$$(1.39) \qquad ZP(f) := \{x \in M : x \text{ ist ein Zunahmepunkt für } f\}$$

und der „Abnahmemenge"

$$(1.40) \qquad AP(f) := \{x \in M : x \text{ ist ein Abnahmepunkt für } f\}$$

Beispielsweise gelten für die Sinusfunktion $f(x) = \sin x$ die Beziehungen

$$ZP(f) = \bigcup_{k \in \mathbb{Z}} \left(-\frac{\pi}{2} + 2k\pi, \frac{\pi}{2} + 2k\pi \right), \qquad AP(f) = \bigcup_{k \in \mathbb{Z}} \left(\frac{\pi}{2} + 2k\pi, \frac{3\pi}{2} + 2k\pi \right),$$

für die Exponentialfunktion $f(x) = \exp x$ die Beziehungen $ZP(f) = \mathbb{R}$ sowie $AP(f) = \emptyset$, und für die Quadratfunktion $f(x) = x^2$ die Beziehungen $ZP(f) = (0, \infty)$ sowie $AP(f) = (-\infty, 0)$. Das drastische Beispiel 1.15 zeigt, dass eine Funktion $f : \mathbb{R} \to \mathbb{R}$ bijektiv sein kann, obwohl für sie $ZP(f) = AP(f) = \emptyset$ gilt und sie daher in keinem Punkt monoton ist. Man könnte vermuten, dass eine Funktion, die in keinem Punkt monoton ist, „äußerst unstetig" sein muss; diese Vermutung wird aber durch Beispiel 1.34 unten widerlegt.

Vor diesem Beispiel beweisen wir noch eine Eigenschaft der Mengen (1.39) und (1.40), die sie mit der Unstetigkeitsmenge (1.24) gemeinsam haben:

Satz 1.33. *Die Zunahmemenge* (1.39) *und Abnahmemenge* (1.40) *einer stetigen Funktion* $f : \mathbb{R} \to \mathbb{R}$ *sind stets* F_σ*-Mengen.*

Beweis: Der Beweis ähnelt dem von Satz 1.25. Für jedes $n \in \mathbb{N}$ betrachten wir die Mengen

$$A_n := \{x \in \mathbb{R} : \text{ für alle } y \in (x - 1/n, x) \text{ gilt } f(y) \le f(x)\}$$

und

$$B_n := \{x \in \mathbb{R} : \text{ für alle } z \in (x, x + 1/n) \text{ gilt } f(z) \ge f(x)\}.$$

Dann sind alle Mengen A_n und B_n abgeschlossen, also auch ihr Durchschnitt $A_n \cap B_n$. Aber x ist genau dann ein Zunahmepunkt von f, wenn x in mindestens einer der Mengen $A_n \cap B_n$ liegt. Mit anderen Worten bedeutet dies, dass

$$ZP(f) = \bigcup_{n=1}^{\infty}(A_n \cap B_n)$$

gilt, und hieraus folgt die Behauptung für die Menge $ZP(f)$. Der Beweis für die Menge $AP(f)$ verläuft analog. ∎

Satz 1.33 hat ähnlich bemerkenswerte Konsequenzen wie Satz 1.25. Beispielsweise folgt aus diesem Satz in Verbindung mit Beispiel 1.23, dass es keine Funktion $f : \mathbb{R} \to \mathbb{R}$ geben kann mit $ZP(f) = \mathbb{R} \setminus \mathbb{Q}$ oder $AP(f) = \mathbb{R} \setminus \mathbb{Q}$.

Die Funktion aus Beispiel 1.15 ist in keinem Punkt monoton, und sie ist auch in fast keinem Punkt (außer in 0) stetig. Eine Funktion, die überall monoton, aber in keinem Punkt stetig ist, kann es nach Satz 1.29 nicht geben. Erstaunlicherweise gibt es jedoch Funktionen $f : \mathbb{R} \to \mathbb{R}$, die überall stetig, aber in keinem Punkt (im Sinne der Definition 1.32) monoton sind! Wir konstruieren im nächsten Beispiel 1.34 eine solche Funktion, auf die wir im nächsten Kapitel in anderem Zusammenhang noch einmal zurückkommen werden; dieses Beispiel ist das bei weitem komplizierteste dieses Kapitels:[36]

Beispiel 1.34. Wir beginnen mit einer Funktion $f_1 : \mathbb{R} \to \mathbb{R}$, die wir auf $[-1/2, 1/2]$ durch $f_1(x) := |x|$ definieren und dann periodisch (mit Periode 1) auf ganz $\mathbb{R}$ fortsetzen, d.h. durch $f_1(x + k) := f_1(x)$ für jedes $k \in \mathbb{Z}$. Für $n = 2, 3, 4, \ldots$ setzen wir anschließend

$$f_n(x) := \frac{f_1(4^{n-1}x)}{4^{n-1}};$$

dann ist f_n eine stetige periodische Funktion (mit Periode $4^{-(n-1)}$), die der Abschätzung $|f_n(x)| \le 2^{-(2n-1)}$ genügt.[37] Nun definieren wir $f : \mathbb{R} \to \mathbb{R}$ durch

$$(1.41) \qquad f(x) := \sum_{n=1}^{\infty} f_n(x) = \sum_{n=1}^{\infty} \frac{f_1(4^{n-1}x)}{4^{n-1}}.$$

---

[36]Solche Funktionen wie die in Beispiel 1.34 konstruierte Funktion werden in der Literatur nach Karl Weierstraß (1815-1897) oft als *Weierstraß-Funktionen* bezeichnet. Mathematikhistoriker behaupten, dass speziell die Funktion (1.41) auf den japanischen Mathematiker Teiji Takagi (1875-1960) oder den holländischen Mathematiker Bartel Leendert van der Waerden (1903-1996) zurückgehe.

[37]Man kann sich f_n als „Sägezahnkurve" vorstellen, deren „Zähne" mit wachsendem n immer kleiner werden.

Wegen der oben angegebenen Abschätzung für $|f_n(x)|$ ist die Reihe auf ganz $\mathbb{R}$ gleichmäßig konvergent, und die resultierende Funktion f in (1.41) daher stetig (s. Abschnitt A.5 im Anhang).

Wir zeigen jetzt, dass f in keinem Punkt $x_0 \in \mathbb{R}$ monoton wachsend oder fallend ist. O.B.d.A. können wir voraussetzen, dass x_0 die spezielle Form $x_0 = k4^{-m}$ mit $k \in \mathbb{Z}$ und $m \in \mathbb{N}$ ist, denn die Menge dieser Punkte liegt dicht in $\mathbb{R}$. In diesem Fall gilt $f_n(x_0) = 0$ für $n > m$, also

$$(1.42) \qquad f(x_0) = \sum_{n=1}^{m} f_n(x_0) = \sum_{n=1}^{m} \frac{f_1(4^{n-1} x_0)}{4^{n-1}}.$$

Für $m \in \mathbb{N}$ sei $h_m := 4^{-(2m+1)}$; dann gilt für $n > 2m+1$ stets $f_n(x_0 + h_m) = 0$. Zusammen mit (1.42) folgt hieraus

$$f(x_0 + h_m) - f(x_0) = \sum_{n=1}^{2m+1} [f_n(x_0 + h_m) - f_n(x_0)]$$

$$= \sum_{n=1}^{m} [f_n(x_0 + h_m) - f_n(x_0)] + \sum_{n=m+1}^{2m+1} [f_n(x_0 + h_m) - f_n(x_0)]$$

$$\geq -m h_m + (m+1) h_m = h_m > 0.$$

Entsprechend kann man zeigen, dass

$$f(x_0 - h_m) - f(x_0) \geq -m h_m + (m+1) h_m = h_m > 0$$

gilt. Dies zeigt, dass f in x_0 weder monoton wachsen noch monoton fallen kann, und damit ist die Behauptung bewiesen.   ♡

Der Vollständigkeit halber bringen wir noch eine Definition, auf die wir z.B. im vierten Kapitel noch häufiger zurückgreifen werden.

Definition 1.35. Seien $M, N \subseteq \mathbb{R}$ und $f : M \to N$ eine Funktion. Dann heißt f ein *Homöomorphismus*, falls f bijektiv und stetig mit einer stetigen Inversen $f^{-1} : N \to M$ ist. Zwei Mengen $M, N \subseteq \mathbb{R}$ heißen *homöomorph*, falls es zwischen ihnen einen Homöomorphismus gibt.   □

Homöomorphe Mengen sind mithin solche, die man durch bijektive stetige Abbildungen ineinander „deformieren" kann, die sich also vom Standpunkt der Stetigkeit nicht sehr voneinander unterscheiden. Wir werden später noch sehen, dass es gewisse Eigenschaften gibt, die unter Homöomorphismen erhalten bleiben; z.B. folgt aus Satz 1.53 unten, dass das Intervall $[0, 1]$ nicht homöomorph etwa zum Intervall $[1, \infty)$ sein kann. Dies liegt allerdings *nicht* daran, dass das Intervall $[0, 1]$ beschränkt und das Intervall $[1, \infty)$ unbeschränkt ist, sondern vielmehr an der zusätzlichen *Abgeschlossenheit* des Intervalls $[0, 1]$. Ein beschränktes (nicht abgeschlossenes) und ein unbeschränktes Intervall können nämlich durchaus zueinander homöomorph sein; beispielsweise ist $f : (0, 1] \to [1, \infty)$ mit $f(x) := 1/x$ ein Homöomorphismus.

Im Zusammenhang mit Definition 1.35 stellen sich zwei Fragen:

- *Warum müssen wir die Stetigkeit der Umkehrabbildung f^{-1} fordern?*

- *Muss ein Homöomorphismus zwischen zwei Mengen immer streng monoton sein, wie es unsere Anschauung suggeriert?*

Die Antwort auf die erste Frage ist einfach: Wir müssen die Stetigkeit der Umkehrabbildung f^{-1} fordern, weil sie nicht aus der Bijektivität und Stetigkeit von f folgt.[38] Hier ist ein Beispiel:

Beispiel 1.36. Sei $f : \mathbb{N} \cup \{0\} \to \{\frac{1}{n} : n \in \mathbb{N}\} \cup \{0\}$ definiert durch $f(0) := 0$ und $f(n) := 1/n$ für $n \in \mathbb{N}$. Dann ist f trivialerweise bijektiv und auch stetig, aber die Umkehrfunktion ist wegen

$$\lim_{n \to \infty} f^{-1}\left(\tfrac{1}{n}\right) = \lim_{n \to \infty} n = \infty$$

nicht stetig in 0.   ♡

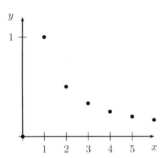

Abbildung 1.13: Die Funktion aus Beispiel 1.36

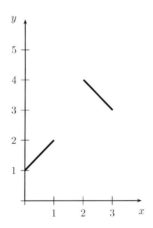

Abbildung 1.14: Die Funktion (1.43)

---

[38]Wer sich schon einmal mit Linearer Algebra befasst hat, weiß, dass dies für die Linearität einer Abbildung anders ist: Falls X und Y Vektorräume sind und $f : X \to Y$ bijektiv und linear ist, so bekommen wir die Linearität der Umkehrabbildung $f^{-1} : Y \to X$ sozusagen „geschenkt". Auch die Monotonie einer bijektiven Abbildung „vererbt" sich auf ihre Umkehrabbildung, aber i.a. eben *nicht* die Stetigkeit. Eine erfreuliche Ausnahme bildet Satz 1.37 unten.

Die Antwort auf die zweite Frage ist subtiler, denn unsere geometrische Intuition führt uns hier in die Irre. Beispielsweise sind die beiden Mengen $M := [0,1] \cup [2,3]$ und $N := [1,2] \cup [3,4]$ homöomorph, und durch

$$(1.43) \qquad f(x) := \begin{cases} 1+x & \text{für } 0 \leq x \leq 1, \\ 6-x & \text{für } 2 \leq x \leq 3 \end{cases}$$

ist ein Homöomorphismus zwischen M und N gegeben, der *nicht monoton* ist. Der Grund hierfür liegt einfach darin, dass der Definitionsbereich von f hier kein Intervall ist, denn auf Intervallen gilt das, was unsere Anschauung nahelegt:

Satz 1.37. *Seien I und J Intervalle und sei $f : I \to J$ eine Funktion. Dann gilt:*

(a) *Ist f bijektiv und stetig, so ist f streng monoton.*

(b) *Ist f surjektiv und streng monoton, so ist f bijektiv und $f^{-1} : J \to I$ ist stetig, f also ein Homöomorphismus.*

Beweis: Wir führen den Beweis für den Fall $I = J = \mathbb{R}$; der Beweis für allgemeine Intervalle ist derselbe.

(a) Seien also $a, b \in \mathbb{R}$ mit $a < b$ fest gewählt; wegen der Injektivität von f gilt dann $f(a) \neq f(b)$, wobei wir o.B.d.A. $f(a) < f(b)$ annehmen. Wir behaupten, dass f auf dem Intervall $[a,b]$ streng monoton wächst; wegen der Beliebigkeit dieses Intervalls ist die erste Behauptung dann bewiesen.

Angenommen, es gibt ein $x \in (a,b)$ mit $f(x) < f(a)$ oder $f(x) > f(b)$. Aus dem sog. Zwischenwertsatz für stetige Funktionen (den wir unten als Satz 1.63 erst später beweisen werden, aber hier schon benutzen) folgt dann im ersten Fall die Existenz eines $\xi \in (x,b)$ mit $f(\xi) = f(a)$, und im zweiten Fall die Existenz eines $\xi \in (a,x)$ mit $f(\xi) = f(b)$. In jedem Fall widerspricht dies der Injektivität von f, und daher gilt $f(a) < f(x) < f(b)$ für alle $x \in (a,b)$. Wenden wir diese Argumentation auf zwei Intervalle $[a,x_1]$ und $[x_2,b]$ mit $a < x_1 < x_2 < b$ an, so erhalten wir $f(a) < f(x_1) < f(x_2) < f(b)$ wie behauptet.

(b) Aus der strengen Monotonie von f folgt, dass f injektiv ist. Die Stetigkeit, die wir hier ja gar nicht voraussetzen mussten, folgt aus Satz 1.28. Damit ist bewiesen, dass f bijektiv und stetig ist. Aus der strengen Monotonie von f folgt aber auch die von f^{-1}; damit liefert die Anwendung des soeben Bewiesenen auf f^{-1} die Behauptung. $\blacksquare$

Eine typische Anwendung von Satz 1.37 betrifft die Potenzfunktion $x \mapsto x^n$ für *ungerades* n mit der Wurzelfunktion $y \mapsto \sqrt[n]{y}$ als Umkehrfunktion. Satz 1.37 gilt aber auch für (beschränkte oder unbeschränkte) Intervalle; so ist z.B. die Potenzfunktion $x \mapsto x^n$ für *gerades* n ein Homöomorphismus von $[0,\infty)$ auf sich mit der Wurzelfunktion $y \mapsto \sqrt[n]{y}$ als Umkehrfunktion. Weitere Beispiele sind die Exponentialfunktion $\exp : \mathbb{R} \to (0,\infty)$, die Sinusfunktion $\sin : [-\pi/2, \pi/2] \to [-1,1]$, die Cosinusfunktion $\cos : [0,\pi] \to [-1,1]$, die Tangensfunktion $\tan : (-\pi/2, \pi/2) \to \mathbb{R}$ und die Cotangensfunktion $\cot : (0,\pi) \to \mathbb{R}$. Die jeweiligen Umkehrfunktionen sind die Logarithmusfunktion $\log : (0,\infty) \to \mathbb{R}$ bzw. die Arcussinusfunktion $\arcsin : [-1,1] \to [-\pi/2, \pi/2]$ bzw. die Arcuscosinusfunktion $\arccos : [-1,1] \to [0,\pi]$ bzw. die Arcustangensfunktion $\arctan : \mathbb{R} \to (-\pi/2, \pi/2)$ bzw. die Arcuscotangensfunktion $\text{arccot} : \mathbb{R} \to (0,\pi)$.

Eine weitere Anwendung von Satz 1.37 besteht darin, dass er es erlaubt, zwei Mengen als *nicht homöomorph* zu erkennen; wir werden darauf im nächsten Abschnitt (nach Satz 1.63) noch eingehen.

Im Falle eines Homöomorphismus' $f : \mathbb{R} \to \mathbb{R}$ haben wir außer der (durch Satz 1.37 gerechtfertigten) Monotonievorstellung noch die Vorstellung, dass f für „sehr große positive x-Werte sehr weit nach oben gehen muss" und für „sehr große negative x-Werte sehr weit nach unten gehen muss" (oder umgekehrt). Als einfaches Modell für eine solche Funktion ist es legitim, sich $f(x) = x^3$ bzw. $f(x) = -x^3$ vorzustellen.

Zur Präzisierung dieser anschaulichen Vorstellung bedarf es einer neuen Definition. In Definition 1.3 haben wir den Grenzwert einer Funktion f in einem Punkt x_0 als reelle Zahl definiert. Nun erweitern wir diese Definition, indem wir sog. *uneigentliche Grenzwerte* einführen:[39]

Definition 1.38. Sei $M \subset \mathbb{R}$, $x_0 \in \mathbb{R}$ ein Häufungspunkt von M, der nicht zu M gehört, und $f : M \to \mathbb{R}$ eine Funktion. Wir definieren sogenannte *uneigentliche Grenzwerte* von f in x_0 und bei $\pm\infty$ folgendermaßen. Die Schreibweisen

$$(1.44) \qquad \lim_{x \to x_0} f(x) = \infty, \qquad \lim_{x \to x_0} f(x) = -\infty$$

bedeuten, dass es zu jedem $\omega > 0$ ein $\delta > 0$ gibt derart, dass aus $|x - x_0| < \delta$ stets $f(x) > \omega$ bzw. $f(x) < -\omega$ folgt. Weiter bedeuten (für $L \in \mathbb{R}$) die Schreibweisen

$$(1.45) \qquad \lim_{x \to \infty} f(x) = L, \qquad \lim_{x \to -\infty} f(x) = L,$$

dass es zu jedem $\varepsilon > 0$ ein $\eta > 0$ gibt derart, dass aus $x > \eta$ bzw. $x < -\eta$ stets $|f(x) - L| < \varepsilon$ folgt. Schließlich bedeuten die Schreibweisen

$$(1.46) \qquad \lim_{x \to \infty} f(x) = \infty, \qquad \lim_{x \to -\infty} f(x) = -\infty$$

dass es zu jedem $\omega > 0$ ein $\eta > 0$ gibt derart, dass aus $x > \eta$ stets $f(x) > \omega$ bzw. aus $x < -\eta$ stets $f(x) < -\omega$ folgt. Die Schreibweisen

$$(1.47) \qquad \lim_{x \to \infty} f(x) = -\infty, \qquad \lim_{x \to -\infty} f(x) = \infty$$

werden analog definiert.[40] $\square$

Man kann in (1.44) natürlich auch einseitige Grenzwerte in x_0 betrachten. Wir fassen im nächsten Beispiel das (einseitige) Grenzwertverhalten dreier bekannter Funktionen in einem Punkt $x_0 \in \mathbb{R}$ zusammen.

Beispiel 1.39. Es gelten die uneigentlichen Grenzwertbeziehungen

$$\lim_{x \to 0+} \frac{1}{x} = \infty, \qquad \lim_{x \to 0+} \log x = -\infty, \qquad \lim_{x \to \pi/2-} \tan x = \infty.$$

---

[39]Unglücklicherweise benutzt man auch für die uneigentlichen Grenzwerte in Definition 1.38 das Limessymbol „lim": eigentlich müsste man hierfür ein neues Symbol einführen.

[40]Es ist hilfreich, sich die positiven Zahlen ε und δ hier als „sehr klein" vorzustellen, die positiven Zahlen ω und η dagegen als „sehr groß".

Das asymptotische Verhalten der angegebenen Funktionen bei $x_0 = 0$ bzw. $x_0 = \pi/2$ kann man der Abbildung 1.15 entnehmen. $\heartsuit$

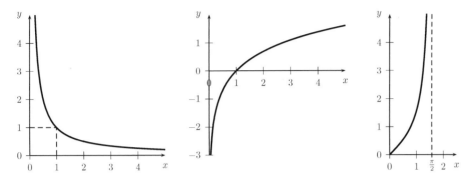

Abbildung 1.15: Drei Beispiele uneigentlicher Grenzwerte

Wir empfehlen der Leserin, sich auch einige uneigentliche Grenzwerte im Falle $x \to \pm\infty$ anhand einer Skizze klarzumachen, etwa für die Funktionen

$$\lim_{x \to \infty} \exp x = \infty, \qquad \lim_{x \to -\infty} \exp x = 0,$$

$$\lim_{x \to \infty} \arctan x = \frac{\pi}{2} \qquad \lim_{x \to -\infty} \arctan x = -\frac{\pi}{2}.$$

Dagegen hat z.B. $f(x) = \sin x$ keinen uneigentlichen Grenzwert für $x \to \infty$ oder $x \to -\infty$. Ist

$$(1.48) \qquad p(x) = a_n x^n + a_{n-1} x^{n-1} + \ldots + a_2 x^2 + a_1 x + a_0 \qquad (a_n \neq 0)$$

ein Polynom n-ten Grades mit *ungeradem* n, so erfüllt p die beiden Bedingungen in (1.46), falls $a_n > 0$ ist, und die beiden Bedingungen in (1.47), falls $a_n < 0$ ist. Im Falle eines *geraden* n $(n \geq 2)$ erfüllt p dagegen eine der beiden Bedingungen

$$(1.49) \qquad \lim_{x \to \infty} p(x) = \lim_{x \to -\infty} p(x) = \infty, \qquad \lim_{x \to \infty} p(x) = \lim_{x \to -\infty} p(x) = -\infty,$$

je nachdem, ob $a_n > 0$ oder $a_n < 0$ ist.[41] $\heartsuit$

Das Grenzwertverhalten des Polynoms (1.48) hängt also (außer von seinem Grad) nur vom Führungskoeffizienten a_n ab, während die „Terme niedrigerer Ordnung" keine Rolle spielen. Beispielsweise erfüllen die Polynome $p(x) = x^5 + 2x^3$, $p(x) = 5x^5 - 3x^2 + 17$

---

[41]An dieser Stelle sollte die Leserin nun noch einmal die Diskussion der Funktion $x \mapsto \sqrt{x^2 + 1}$ in (1.23) präzisieren.

und $p(x) = 4x^5 + 11x^4 - 6x^3 - 3x^2 + 12x - 57$ alle drei die beiden Bedingungen aus (1.46). Dies gibt Anlass zu der folgenden Definition:

Definition 1.40. Eine Funktion $f : \mathbb{R} \to \mathbb{R}$ heißt *koerzitiv*, falls sie entweder beide Bedingungen aus (1.46) oder beide Bedingungen aus (1.47) erfüllt. $\square$

Als Standardbeispiel einer koerzitiven Funktion kann also jedes Polynom vom ungeraden Grad dienen. Dagegen sind Polynome vom geraden Grad nicht koerzitiv. Als Folgerung aus dem sog. Zwischenwertsatz (Satz 1.63 unten) erhalten wir sofort das wichtige Ergebnis, dass eine *stetige* koerzitive Funktion stets eine Nullstelle hat, vgl. auch Aufgabe 1.31.

In der folgenden Tabelle vergleichen wir vier wichtige Eigenschaften einer Funktion $f : \mathbb{R} \to \mathbb{R}$, nämlich Surjektivität, Stetigkeit, Monotonie und Koerzitivität, indem wir Beispiele angeben, in denen f die aufgeführten Eigenschaften besitzt:

	nicht surjektiv	*nicht stetig*	*nicht monoton*	*nicht koerzitiv*
surjektiv	——	Beispiel 1.15	Beispiel 1.15	Beispiel 1.15
stetig	$f(x) = \exp x$	——	$f(x) = \sin x$	$f(x) = \sin x$
monoton	$f(x) = \exp x$	$f(x) = \operatorname{sgn} x$	——	$f(x) = \operatorname{sgn} x$
koerzitiv	$f(x) = \operatorname{ent} x$	$f(x) = \operatorname{ent} x$	$f(x) = x^3 - x$	——

Tab. 1.2: Beispiele und Gegenbeispiele

Diese Tabelle zeigt, dass keine der vier angegebenen Eigenschaft eine der anderen impliziert. Wenn wir allerdings zwei dieser Eigenschaften kombinieren, kann sie durchaus eine dritte implizieren. Beispielsweise haben wir schon in Satz 1.28 bewiesen, dass aus Surjektivität *und* Monotonie zusammen Stetigkeit folgt. Weitere Kombinationen dieser Art sind in Aufgabe 1.32 zusammengestellt.

Nun wollen wir noch untersuchen, ob ein zu Satz 1.17 und Satz 1.18 paralleles Ergebnis für monotone Funktionen gilt, d.h. ob sich die Monotonie zweier Funktionen f und g auf die Funktionen $f + g$, $f - g$, $f \cdot g$, f / g (falls das definiert ist) und $g \circ f$ überträgt. Leider ist die Situation hier nicht so einfach wie im Falle der Stetigkeit. Es ist relativ leicht zu beweisen, dass die Summe $f + g$ und die Komposition $g \circ f$ zweier monoton wachsender Funktionen f und g wieder monoton wächst, und entsprechend für monoton fallende Funktionen f und g. Außerdem ist $g \circ f$ monoton fallend, falls f monoton wächst und g monoton fällt oder umgekehrt. Das einfache Beispiel der Funktionen $f(x) = g(x) = x$ auf $\mathbb{R}$ zeigt, dass im Unterschied zur Summe das Produkt zweier monoton wachsender Funktionen nicht monoton wachsend sein muss.

Interessant (aber eigentlich offensichtlich) ist, dass auch die Differenz zweier monoton wachsender Funktionen (oder, was dasselbe ist, die Summe einer monoton wachsenden und einer monoton fallenden Funktion) keinerlei Monotonieeigenschaften mehr haben muss:

Beispiel 1.41. Seien $f, g : [0,1] \to \mathbb{R}$ definiert durch $f(x) := x^2$ und $g(x) := 1 - x$. Dann ist f monoton wachsend und g monoton fallend auf $[0,1]$, aber wegen $(f+g)(0) = (f+g)(1) = 1$ und $(f+g)(1/2) = 3/4$ ist $f + g$ nicht monoton. $\quad\heartsuit$

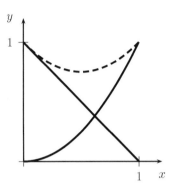

Abbildung 1.16: Die Funktion aus Beispiel 1.41

Beispiel 1.41 zeigt, dass die Menge $Mon(M)$ (im Unterschied etwa zur Menge $C(M)$) *keinen Vektorraum bildet.* Daher stellt sich die Frage, ob man den kleinsten (bzgl. der Inklusion) Vektorraum beschreiben kann, der die Menge $Mon(M)$ enthält.[42] Dies ist tatsächlich möglich und führt auf eine wichtige neue Funktionenklasse.

Definition 1.42. Eine *Zerlegung* des Intervalls $[a, b]$ ist ein Menge[43]

$$(1.50) \qquad\qquad Z = \{t_0, t_1, \ldots, t_{m-1}, t_m\}$$

mit $a = t_0 < t_1 < \ldots < t_{m-1} < t_m = b$, wobei m eine beliebige natürliche Zahl sein kann. Die Menge aller Zerlegungen von $[a, b]$ bezeichnen wir mit $\mathcal{Z}([a, b])$. $\quad\square$

Definition 1.43. Sind $f : [a, b] \to \mathbb{R}$ eine Funktion und $Z = \{t_0, t_1, \ldots, t_{m-1}, t_m\}$ eine Zerlegung von $[a, b]$, so schreiben wir im folgenden

$$(1.51) \qquad\qquad Var(f; Z, [a, b]) := \sum_{j=1}^{m} |f(t_j) - f(t_{j-1})|$$

und nennen die nichtnegative reelle Zahl

$$(1.52) \qquad\qquad Var(f; [a, b]) := \sup \{Var(f; Z, [a, b]) : Z \in \mathcal{Z}([a, b])\}$$

die *Gesamtvariation* (oder *Totalvariation* oder einfach nur *Variation*) *von f auf $[a, b]$.* Ist diese Zahl endlich, so heißt f *von beschränkter Variation auf $[a, b]$.* Die Menge aller

---

[42]Der (eindeutig bestimmte) kleinste Vektorraum, der eine gegebene Menge X enthält, wird im allgemeinen die *lineare Hülle* von X genannt und mit span X bezeichnet.

[43]In der Literatur wird eine Zerlegung manchmal auch als Vektor $Z = (t_0, t_1, \ldots, t_{m-1}, t_m)$ geschrieben, da es auf die Reihenfolge der Elemente von Z ankommt.

Funktionen $f : [a, b] \to \mathbb{R}$ von beschränkter Variation auf $[a, b]$ bezeichnen wir mit $BV([a, b])$.   □

Es ist legitim, sich eine Funktion $f \in BV([a, b])$ als „nicht zu stark oszillierend" vorzustellen. Beispielsweise ist jede monotone Funktion von beschränkter Variation: Ist nämlich f (o.B.d.A.) monoton wachsend, so können wir wegen $f(t_j) \geq f(t_{j-1})$ die Betragstriche hinter dem Summenzeichen in (1.51) weglassen und bekommen einfach

$$(1.53) \qquad Var(f; Z, [a, b]) = \sum_{j=1}^{m} (f(t_j) - f(t_{j-1})) = f(b) - f(a),$$

also auch $Var(f; [a, b]) = f(b) - f(a)$. Ist f monoton fallend auf $[a, b]$, so ergibt sich analog $Var(f; [a, b]) = f(a) - f(b)$.

Der nächste Satz zeigt, dass eine Art „schwache Umkehrung" dieses Ergebnisses gilt: Obwohl eine Funktion $f \in BV([a, b])$ natürlich nicht monoton sein muss, lässt sie sich aber stets als *Differenz* zweier monoton wachsender Funktionen darstellen:[44]

Satz 1.44. *Jede Funktion $f \in BV([a, b])$ lässt sich in der Form $f = g + h$ mit einer monoton wachsenden Funktion g und einer monoton fallenden Funktion h darstellen.*

Beweis: Wir ordnen der Funktion f eine neue Funktion $v_f : [a, b] \to \mathbb{R}$ zu, die wir durch

$$(1.54) \qquad\qquad v_f(x) := Var(f; [a, x]),$$

definieren und *Variationsfunktion* zu f nennen. Diese Funktion ist monoton wachsend mit

$$v_f(a) = 0, \qquad v_f(b) = Var(f; [a, b]).$$

Wir setzen $g := v_f$ und $h := f - v_f$ und müssen nur noch zeigen, dass h monoton fällt. Für $a \leq x_1 < x_2 \leq b$ bekommen wir aber

$$f(x_2) - f(x_1) \leq Var(f; [x_1, x_2]) = v_f(x_2) - v_f(x_1),$$

mithin $h(x_2) = f(x_2) - v_f(x_2) \leq f(x_1) - v_f(x_1) = h(x_1)$ wie behauptet.   ■

Sei $f : [a, b] \to \mathbb{R}$ eine Funktion mit der Eigenschaft, dass man $[a, b]$ so in endlich viele disjunkte Teilintervalle zerlegen kann, dass f auf jedem dieser Teilintervalle monoton ist.[45] Man sieht leicht, dass auch eine solche Funktion auf $[a, b]$ von beschränkter Variation ist. Man könnte fragen, ob eine gewisse Umkehrung im folgenden sehr schwachen Sinne gilt:

- *Sei $f : [a, b] \to \mathbb{R}$ von beschränkter Variation auf $[a, b]$. Gibt es dann ein Teilintervall $[c, d] \subseteq [a, b]$, auf dem f monoton ist? Oder hat f wenigstens Zunahmeoder Abnahmepunkte im Sinne der Definition 1.32?*

---

[44]Dies beantwortet übrigens auch die nach Beispiel 1.41 gestellte Frage nach dem von den monotonen Funktionen erzeugten Vektorraum: Es gilt $\text{span}\,Mon([a, b]) = BV([a, b])$. Der äußerst wichtige Satz 1.44 wird in der Literatur manchmal als *Satz von Jordan* bezeichnet, nach Camille Jordan (1838-1922).

[45]Solche Funktionen werden als *stückweise monoton* bezeichnet; beispielsweise ist die Sinusfunktion auf $[0, 2\pi]$ zwar nicht monoton, aber stückweise monoton.

Das folgende Beispiel zeigt, dass die Antwort auf diese beiden Fragen negativ ist:

Beispiel 1.45. Sei $(0,1) \cap \mathbb{Q} = \{r_1, r_2, r_3, \ldots\}$ eine Abzählung der rationalen Zahlen zwischen 0 und 1. Wir definieren eine Funktion $f : [0,1] \to \mathbb{R}$ durch

$$f(x) := \begin{cases} 2^{-k} & \text{für } x = r_k, \\ 0 & \text{sonst.} \end{cases}$$

Wir behaupten, dass $Var(f; [0,1]) = 2$ gilt, also insbesondere $f \in BV([0,1])$. Zunächst konstruieren wir eine spezielle Zerlegung, die zeigt, dass $Var(f; [0,1])$ nicht kleiner als 2 sein kann. Für festes $n \in \mathbb{N}$ ordnen wir dazu die ersten n Zahlen $r_1, r_2, r_3, \ldots, r_n$ der Größe nach und benennen sie um in $t_1, t_3, t_5, \ldots, t_{2n-1}$; insbesondere gilt dann $0 < t_1 < t_3 < t_5 < \ldots < t_{2n-1} < 1$. Ergänzt durch $t_0 := 0$ und $t_{2n} := 1$ bilden diese Punkte dann eine Zerlegung $Z_0 = \{t_0, t_1, t_3, \ldots, t_{2n-1}, t_{2n}\}$ des Intervalls $[0,1]$. Für $k = 1, 2, \ldots, n-1$ wählen wir weitere Punkte $t_{2k} \in (t_{2k-1}, t_{2k+1}) \setminus \mathbb{Q}$. Für die Zerlegung $Z = \{t_0, t_1, t_2, \ldots, t_{2n-2}, t_{2n-1}, t_{2n}\} \in \mathcal{Z}([0,1])$ bekommen wir dann

$$\sum_{j=1}^{2n} |f(s_j) - f(s_{j-1})| = 2 \sum_{j=1}^{2n} 2^{-j} = \frac{1 - \left(\frac{1}{2}\right)^{2n}}{1 - \frac{1}{2}} = 2 \left[1 - \left(\tfrac{1}{2}\right)^{2n}\right].$$

Da wir den letzten Ausdruck durch genügend große Wahl von n beliebig nahe an 2 heranbringen können, haben wir gezeigt, dass f auf $[0,1]$ mindestens die Gesamtvariation 2 hat.

Nun beweisen wir, dass andererseits $Var(f; Z, [0,1]) \leq 2$ für beliebige Zerlegungen $Z \in \mathcal{Z}([0,1])$ gilt, also auch $Var(f; [0,1]) \leq 2$. Sei also $Z = \{t_0, t_1, \ldots, t_m\}$ eine beliebige Zerlegung des Intervalls $[0,1]$. Zu $k = 1, 2, \ldots, m-1$ finden wir einen (eindeutig bestimmten) Index $j = j(k)$ mit $r_k \in [t_{j-1}, t_j)$. Für dieses j erhalten wir

$$|f(t_j) - f(t_{j-1})| + |f(t_{j+1}) - f(t_j)|$$

$$\leq \sup_{t_{j-1} \leq x \leq t_j} f(x) - \inf_{t_{j-1} \leq x \leq t_j} f(x) + \sup_{t_j \leq x \leq t_{j+1}} f(x) - \inf_{t_j \leq x \leq t_{j+1}} f(x)$$

$$\leq 2 \sum_{k=1}^{m-1} 2^{-k} = 4 \left(\frac{1}{2} - \frac{1}{2^m}\right) \leq 2$$

gilt, wobei wir beim Gleichheitszeichen das Ergebnis aus Beispiel A.6 im Anhang für $q = 1/2$ benutzt haben. Wir haben damit gezeigt, dass $Var(f; [0,1]) \leq 2$ ist, also sogar $Var(f; [0,1]) = 2$.

Dass die Zunahmemenge (1.39) und Abnahmemenge (1.40) von f beide leer sind, folgt aus der Tatsache, dass $\mathbb{Q}$ dicht in $\mathbb{R}$ liegt. $\heartsuit$

Nun interessiert uns die Frage, ob es einen Zusammenhang zwischen Funktionen beschränkter Variation und stetigen Funktionen gibt. Natürlich muss eine Funktion $f \in BV([a,b])$ nicht stetig sein; hierfür reicht es ja schon, eine unstetige monotone Funktion anzugeben. Das Umgekehrte gilt aber auch nicht: Es gibt stetige Funktionen, die nicht von beschränkter Variation sind! Im Hinblick auf unsere Überlegungen hinsichtlich der „Oszillationsheftigkeit" scheint die Funktion aus Beispiel 1.16 hierfür eine gute Kandidatin zu sein; dies ist in der Tat so:

Beispiel 1.46. Sei $f : [0,1] \to \mathbb{R}$ die Einschränkung der Funktion aus Beispiel 1.16 auf das Intervall $[0,1]$, also

$$(1.55) \qquad f(x) := \begin{cases} x \sin \dfrac{1}{x} & \text{für } 0 < x \leq 1, \\ 0 & \text{für } x = 0. \end{cases}$$

Wir wissen schon, dass f überall stetig ist. Um zu zeigen, dass f auf $[0,1]$ nicht von beschränkter Variation ist, müssen wir Zerlegungen $\{t_0, t_1, \ldots, t_{m-1}, t_m\}$ mit der Eigenschaft finden, dass die Summe in (1.51) möglichst groß wird. Wir wählen also eine Zerlegung so, dass t_{j-1} und t_j immer abwechselnd an einem Minimum und einem Maximum von f liegen, d.h.

$$t_0 := 0, \; t_1 := \frac{2}{(2m-1)\pi}, \; t_2 := \frac{2}{(2m-3)\pi}, \ldots, \; t_{m-2} := \frac{2}{5\pi}, \; t_{m-1} := \frac{2}{3\pi}, \; t_m := 1.$$

Dann gilt in der Tat $|f(t_j) - f(t_{j-1})| \geq 2t_{j-1}$ für $j = 2, 3, \ldots, m-1$, also wird die Summe in (1.51) größer als jede vorgegebene positive Schranke, wenn wir nur m groß genug wählen.[46]   ♡

An dieser Stelle stellen wir die Frage, ob mit zwei Funktionen von beschränkter Variation f und g auch deren Summe $f + g$, Produkt $f \cdot g$ und Komposition $g \circ f$ wieder von beschränkter Variation sind, d.h. ob zu Satz 1.17 und Satz 1.18 analoge Ergebnisse gelten. Für die Summe und das Produkt ist die Antwort positiv, wie man unschwer beweisen kann (Aufgabe 1.41). Für die Komposition ist dies allerdings falsch:

Beispiel 1.47. Sei $f : [0,1] \to \mathbb{R}$ definiert durch

$$(1.56) \qquad f(x) := \begin{cases} x^2 \sin^2 \dfrac{1}{x} & \text{für } x \neq 0, \\ 0 & \text{für } x = 0. \end{cases}$$

Mit einem einfachen Kriterium werden wir im nächsten Kapitel zeigen (s. die Bemerkungen im Anschluss an Satz 2.28), dass f auf $[0,1]$ von beschränkter Variation ist. Definieren wir nun $g : [0,1] \to [0,1]$ durch $g(y) := \sqrt{y}$, so ist g als monoton wachsende Funktion ebenfalls von beschränkter Variation. Andererseits ist $g \circ f$ die Funktion

$$(1.57) \qquad f(x) := \begin{cases} |x| \left| \sin \dfrac{1}{x} \right| & \text{für } 0 < x \leq 1, \\ 0 & \text{für } x = 0, \end{cases}$$

von der man genauso wie in Beispiel 1.46 zeigen kann, dass sie auf $[0,1]$ nicht von beschränkter Variation ist.   ♡

Im Hinblick auf Beispiel 1.46 stellt sich die Frage, ob es vielleicht *spezielle* stetige Funktionen gibt, die sich einfach beschreiben lassen und die von beschränkter Variation sind. Eine wichtige solche Klasse führen wir in der folgenden Definition ein:

---

[46]Der Grund hierfür ist die Divergenz der harmonischen Reihe, s. Beispiel A.16 im Anhang. Wir werden dies noch einmal ausführlicher im Beweis von Satz 4.40 im vierten Kapitel begründen.

Definition 1.48. Sei $M \subseteq \mathbb{R}$ ein Intervall. Wir sagen, dass eine Funktion $f : M \to \mathbb{R}$ einer *Lipschitzbedingung*[47] genügt (oder *Lipschitz-stetig auf M ist*), falls es eine Zahl $L > 0$ (*Lipschitzkonstante* genannt) gibt derart, dass

$$(1.58) \qquad |f(x_1) - f(x_2)| \le L|x_1 - x_2| \qquad (x_1, x_2 \in M)$$

gilt. Die Menge aller auf M Lipschitz-stetigen Funktionen bezeichnen wir mit $Lip(M)$. $\square$

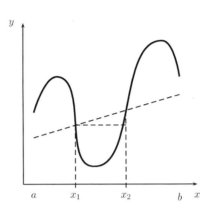

Abbildung 1.17: Zur Lipschitzbedingung (1.58)

Geometrisch bedeutet die Lipschitzbedingung (1.58), dass die *Sekantensteigungen* des Graphen von f von oben durch L beschränkt sind: Fixiert man zwei beliebige verschiedene Punkte $(x_1, f(x_1))$ und $(x_2, f(x_2))$ auf dem Graphen von f und verbindet sie durch eine Strecke, so kann die Steigung dieser Strecke nicht kleiner als $-L$ und nicht größer als L sein.[48]

Der folgende Satz 1.49 zeigt, dass die Funktionenklasse $Lip([a, b])$ (im Gegensatz zu $C([a, b])$) tatsächlich eine Teilklasse von $BV([a, b])$ ist. Nach dem (fast trivialen) Beweis dieses Satzes bringen wir ein Beispiel und ein Gegenbeispiel zur Lipschitz-Stetigkeit.

Satz 1.49. *Jede Funktion* $f \in Lip([a, b])$ *ist von beschränkter Variation auf* $[a, b]$.

Beweis: Gilt eine Abschätzung der Form (1.58), so erhalten wir speziell für die Summe in (1.51)

$$\sum_{j=1}^{m} |f(t_j) - f(t_{j-1})| \le \sum_{j=1}^{m} L|t_j - t_{j-1}| = L \sum_{j=1}^{m} (t_j - t_{j-1}) = L(b - a),$$

woraus die Behauptung unmittelbar folgt. $\blacksquare$

Beispiel 1.50. Sei $A \subset \mathbb{R}$ eine beliebige (nichtleere) *abgeschlossene* Menge, und sei $f : \mathbb{R} \to \mathbb{R}$ definiert durch[49]

$$(1.59) \qquad f(x) = \mathrm{dist}\,(x, A) := \inf\{|x - a| : a \in A\}.$$

---

[47]nach Rudolf Lipschitz (1832-1903).

[48]Aus diesem Grund werden Lipschitz-stetige Funktionen auch manchmal als *dehnungsbeschränkt* bezeichnet.

[49]Diese Funktion wird *Distanzfunktion* der Menge A genannt.

Da A abgeschlossen ist, gilt $f(x) = 0$ genau für $x \in A$. Wir behaupten, dass f auf ganz $\mathbb{R}$ einer Lipschitzbedingung mit der Lipschitzkonstanten $L = 1$ genügt, dass also

$$(1.60) \qquad |f(x_1) - f(x_2)| = |\text{dist}\,(x_1, A) - \text{dist}\,(x_2, A)| \le |x_1 - x_2| \qquad (x_1, x_2 \in \mathbb{R})$$

gilt. In der Tat, nach Definition des Infimums können wir zu $\varepsilon > 0$ ein $a \in A$ finden mit $\text{dist}\,(x_2, A) \le |x_2 - a| \le \text{dist}\,(x_2, A) + \varepsilon$. Kombinieren wir dies mit der trivialen Abschätzung $\text{dist}\,(x_1, A) \le |x_1 - a|$, so erhalten wir

$$f(x_1) - f(x_2) = \text{dist}\,(x_1, A) - \text{dist}\,(x_2, A) \le |x_1 - a| + \varepsilon - |x_2 - a| \le |x_1 - x_2| + \varepsilon.$$

Da $\varepsilon > 0$ beliebig gewählt war, folgt hieraus die Abschätzung $f(x_1) - f(x_2) \le |x_1 - x_2|$. Durch Vertauschen von x_1 und x_2 erhält man dasselbe für $f(x_2) - f(x_1)$, mithin (1.60). ♡

Beispiel 1.51. Um eine stetige Funktion zu konstruieren, die nicht Lipschitz-stetig ist, beachten wir, dass eine solche Funktion unbeschränkte Sekantensteigungen aufweisen muss, also „irgendwo sehr steil" sein muss. Eine gute Kandidatin hierfür ist die Wurzelfunktion $f(x) := \sqrt{x}$ auf dem Intervall $[0, 1]$, denn deren Graph läuft ja bei 0 tatsächlich „senkrecht" ein. Angenommen, es gäbe ein $L > 0$ derart, dass f eine Abschätzung der Form (1.58) für alle $x_1, x_2 \in [0, 1]$ erfüllt. Wählen wir dann $x_2 = 0$ (also auch $f(x_2) = 0$) und $x_1 = \delta > 0$ (also $f(x_1) = \sqrt{\delta}$), so bekommen wir aus (1.58)

$$L \ge \frac{|f(x_1) - f(x_2)|}{|x_1 - x_2|} = \frac{f(x_1)}{x_1} = \frac{\sqrt{\delta}}{\delta} = \frac{1}{\sqrt{\delta}}.$$

Wenn wir aber hier δ genügend klein wählen (genauer: kleiner als $1/L^2$), so erhalten wir einen Widerspruch. Daher kann f auf $[0, 1]$ keiner Lipschitzbedingung genügen. ♡

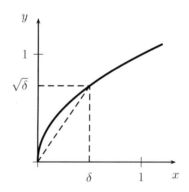

Abbildung 1.18: Eine Funktion $f \in C([0, 1]) \setminus Lip([0, 1])$

Eine nützliche Verallgemeinerung der Funktionenklasse $Lip(M)$ werden wir in Aufgabe 1.48 einführen und diskutieren.

1.4. Stetige Funktionen auf Intervallen. Betrachten wir stetige Funktionen nicht auf beliebigen Definitionsbereichen $M \subseteq \mathbb{R}$, sondern auf abgeschlossenen beschränkten

Intervallen $[a, b]$, so können wir viel mehr über solche Funktionen sagen. Im folgenden nennen wir eine abgeschlossene beschränkte Teilmenge M von $\mathbb{R}$ *kompakt*.[50] In diesem Abschnitt betrachten wir also ausschließlich stetige Funktionen auf kompakten Intervallen.

Einige Ergebnisse über solche Funktionen lassen sich besonders einfach mittels Zahlenfolgen beweisen. Obwohl Folgen nicht Gegenstand dieses Buches sind, rufen wir an dieser Stelle einige Ergebnisse über Zahlenfolgen ins Gedächtnis der Leserin.

Bekanntlich[51] heißt eine reelle Zahlenfolge $(x_n)_n$ *konvergent*, falls es ein $x_* \in \mathbb{R}$ gibt derart, dass man zu jedem $\varepsilon > 0$ einen Index $n_0 \in \mathbb{N}$ angeben kann mit der Eigenschaft, dass $|x_n - x_*| < \varepsilon$ ausfällt für $n \geq n_*$. Die Zahl x_* heißt dann der *Grenzwert* der Folge $(x_n)_n$; er ist stets eindeutig bestimmt. Eine Folge $(x_n)_n$ heißt *beschränkt*, falls es ein $c > 0$ gibt derart, dass $|x_n| \leq c$ für alle $n \in \mathbb{N}$ gilt, d.h. alle Folgenglieder liegen im Intervall $[-c, c]$.

Man sieht leicht, dass jede konvergente Folge beschränkt ist. Die Umkehrung gilt nicht, wie das einfache Beispiel der Folge (A.26) aus dem Anhang zeigt. Allerdings kann man aus jeder beschränkten Folge $(x_n)_n$ eine *konvergente Teilfolge* auswählen, d.h. eine Folge $(x_{n_m})_m$, die einen Grenzwert besitzt und deren Indizes eine streng monoton wachsende Folge natürlicher Zahlen bilden.[52]

Die nächsten beiden Sätze sind von fundamentaler Bedeutung in der Analysis. Vor ihrer Formulierung führen wir noch eine wichtige Funktionenklasse ein:

Definition 1.52. Sei $M \subseteq \mathbb{R}$ und $f : M \to \mathbb{R}$ eine Funktion. Dann heißt f *auf M beschränkt*, falls es ein $c > 0$ gibt derart, dass $|f(x)| \leq c$ für alle $x \in M$ gilt.[53] Die Menge aller auf M beschränkten Funktionen bezeichnen wir mit $B(M)$. $\qquad\square$

Man sieht leicht, dass mit f und g auch $f + g$, $f \cdot g$, $g \circ f$, $|f|$ und f^2 beschränkt sind. Außerdem ist klar, dass jede Funktion beschränkter Variation (und damit auch jede monotone oder Lipschitz-stetige Funktion) auf einem Intervall I beschränkt ist, d.h. es gilt die Inklusion

$$(1.61) \qquad\qquad BV(I) \subseteq B(I)$$

für beliebige Intervalle $I \subseteq \mathbb{R}$. Für stetige Funktionen ist dies allerdings nicht richtig, d.h. $C(I)$ ist i.a. *nicht* in $B(I)$ enthalten, wie die einfachen Beispiele $f(x) = x$ auf $I = \mathbb{R}$

---

[50]Wir weisen ausdrücklich darauf hin, dass dies nicht die übliche Definition der Kompaktheit ist. Diese ist erheblich technischer und kann in allgemeinen metrischen Räumen (sogar topologischen Räumen) gegeben werden. Dass diese Definition in der Menge der reellen Zahlen mit unserer übereinstimmt, ist dann ein *Satz*; dieses Ergebnis wird in der Literatur als *Satz von Heine-Borel* bezeichnet, nach Eduard Heine (1821-1881) und Emile Borel (1871-1956). Benutzt man die allgemeine Definition der Kompaktheit, so wird übrigens der Beweis von Satz 1.74 unten überraschend einfach; der Preis hierfür ist aber eben die Kompliziertheit dieser Definition.

[51]Diese Definitionen und Ergebnisse sowie viele Beispiele hierzu kann man in jedem der im Literaturverzeichnis angegebenen Bücher finden, eine Kurzfassung auch im Anhang dieses Buches.

[52]Dieses Ergebnis wird meist als *Satz von Bolzano-Weierstraß* bezeichnet, nach Bernard Bolzano (1781-1848) und Karl Weierstraß (1815-1897). Man vergleiche hierzu auch die Bemerkungen im Anschluss an Tabelle A.2 im Anhang.

[53]Geometrisch bedeutet dies, dass der Graph von f vollständig im horizontalen Streifen der Breite $2c$ liegt, der symmetrisch zur x-Achse verläuft.

oder $f(x) = 1/x$ auf $I = (0, 1]$ zeigen.[54] Eine erfreuliche Ausnahme bildet allerdings der Fall des *kompakten* Intervalls $I = [a, b]$, wie der folgende Satz zeigt:

Satz 1.53. *Jede stetige Funktion $f : [a, b] \to \mathbb{R}$ ist beschränkt.*

Beweis: Wir nehmen an, f sei nicht beschränkt. Dann finden wir ein $x_1 \in [a, b]$ mit $|f(x_1)| > 1$, ein $x_2 \in [a, b]$ mit $|f(x_2)| > 2$ und allgemein für jedes $n \in \mathbb{N}$ ein $x_n \in [a, b]$ mit $|f(x_n)| > n$. Da alle Elemente x_n im Intervall $[a, b]$ liegen, gibt es nach dem eben erwähnten Satz von Bolzano-Weierstraß eine Teilfolge $(x_{n_m})_m$ von $(x_n)_n$, die gegen ein $x_* \in [a, b]$ konvergiert.[55]

Aus Satz A.20 im Anhang folgt dann, dass auch die Folge der Funktionswerte $(f(x_{n_m}))_m$ konvergiert, und zwar gegen $f(x_*)$. Nach dem oben Festgestellten ist $(f(x_{n_m}))_m$ als konvergente Folge beschränkt. Dies widerspricht aber der zu Beginn des Beweises erhaltenen Abschätzung $|f(x_{n_m})| > n_m$, denn die Folge der Indizes n_m ist natürlich unbeschränkt. Mithin war unsere Annahme falsch, d.h. f ist tatsächlich auf $[a, b]$ beschränkt.   ∎

Aus Satz 1.53 folgt insbesondere, dass die beiden reellen Zahlen

$$(1.62) \qquad m := \inf \{f(x) : a \le x \le b\}, \qquad M := \sup \{f(x) : a \le x \le b\},$$

existieren, denn die Bildmenge $f([a, b])$ ist ja sowohl von unten als auch von oben beschränkt (und natürlich nichtleer).[56] Der nächste Satz zeigt, dass das Infimum und Supremum in (1.62) sogar *angenommen* werden, d.h. ein Minimum bzw. Maximum sind:

Satz 1.54. *Jede stetige Funktion $f : [a, b] \to \mathbb{R}$ hat ein Minimum und ein Maximum auf $[a, b]$, d.h. es existieren ein $x_* \in [a, b]$ und ein $x^* \in [a, b]$ mit*

$$(1.63) \qquad f(x_*) = \min \{f(x) : a \le x \le b\}, \qquad f(x^*) = \max \{f(x) : a \le x \le b\}.$$

Beweis: Aus Satz 1.53 wissen wir schon, dass die beiden Zahlen m und M in (1.62) existieren. Wir nehmen an, M ist zwar ein Supremum, aber kein Maximum; dann gilt einerseits $f(x) < M$ für alle $x \in [a, b]$, aber die Funktionswerte $f(x)$ kommen M andererseits trotzdem „beliebig nahe".[57] Wir definieren eine neue Funktion $g : [a, b] \to \mathbb{R}$ durch

$$g(x) := \frac{1}{M - f(x)}.$$

Da der Nenner wegen $f(x) < M$ stets positiv bleibt, ist die Funktion g auf $[a, b]$ wohldefiniert und sogar stetig. Nach Satz 1.53 ist sie also auf $[a, b]$ beschränkt. Andererseits wird der Nenner von g aber beliebig klein, Widerspruch.

Der Beweis für das Infimum in (1.62) geht analog, indem man die durch

$$h(x) := \frac{1}{f(x) - m}$$

---

[54]In den folgenden Beispielen 1.55 und 1.56 werden wir eine Verfeinerung dieser Beispiele betrachten.

[55]Die Tatsache, dass der Grenzwert in $[a, b]$ liegt, folgt aus der *Abgeschlossenheit* dieses Intervalls.

[56]Hier benutzen wir wieder die Vollständigkeit der Menge der reellen Zahlen!

[57]Präzise ausgedrückt heißt dies, dass wir zu jedem $\varepsilon > 0$ ein $x_\varepsilon \in [a, b]$ finden können so, dass $M - \varepsilon \le f(x_\varepsilon) < M$ gilt.

definierte Funktion $h : [a, b] \to \mathbb{R}$ betrachtet, die ebenfalls auf $[a, b]$ stetig, aber unbeschränkt ist, falls $f(x) > m$ für alle $x \in [a, b]$ gilt.   ∎

Die Sätze 1.53 und 1.54 bedeuten insbesondere, dass *eine stetige Funktion f jedes kompakte Intervall $[a, b]$ wieder auf eine kompakte Menge abbildet*. In der Tat, aus Satz 1.53 folgt zunächst die Beschränktheit von $f([a, b])$, und aus Satz 1.54 folgt zusätzlich die Abgeschlossenheit.

In den überaus wichtigen Sätzen 1.53 und 1.54 haben wir drei Voraussetzungen getroffen: Die Funktion f ist stetig, ihr Definitionsintervall ist abgeschlossen, und es ist beschränkt. Wir geben nun eine Reihe von Gegenbeispielen, die zeigen, dass diese Sätze nicht mehr gelten, wenn wir auch nur eine der genannten Voraussetzungen fallenlassen. Dies sind die im Vorwort angekündigten Beispiele.

Beispiel 1.55. Sei $M \subseteq \mathbb{R}$ nicht abgeschlossen, und sei x_0 ein Häufungspunkt von M, der nicht zu M gehört. Dann ist die durch

$$f(x) := \frac{1}{x - x_0}$$

definierte Funktion $f : M \to \mathbb{R}$ zwar stetig, aber nicht beschränkt auf M.   ♡

Beispiel 1.56. Sei $M \subseteq \mathbb{R}$ nicht beschränkt. Dann ist die identische Abbildung (1.20) zwar stetig, aber nicht beschränkt auf M.   ♡

Aus den Beispielen 1.55 und 1.56 folgt übrigens die folgende recht interessante „Umkehrung" von Satz 1.53: Sei $M \subseteq \mathbb{R}$ eine beliebige Menge mit der Eigenschaft, dass *jede* stetige Funktion $f : M \to \mathbb{R}$ beschränkt ist; dann ist M kompakt.

Beispiel 1.57. Sei $M \subseteq \mathbb{R}$ beschränkt, aber nicht abgeschlossen (also nicht kompakt), und sei x_0 ein Häufungspunkt von M, der nicht zu M gehört. Dann ist die durch

$$f(x) := -|x - x_0|$$

definierte Funktion $f : M \to \mathbb{R}$ zwar stetig und beschränkt auf M, hat aber kein Maximum auf M.   ♡

Beispiel 1.58. Sei $M \subseteq \mathbb{R}$ nicht beschränkt. Dann ist die durch

$$f(x) := \frac{x^2}{x^2 + 1}$$

definierte Funktion $f : M \to \mathbb{R}$ zwar stetig und (wegen $0 \leq x \leq 1$) beschränkt auf M, hat aber kein Maximum auf M.   ♡

Beispiel 1.59. Die durch

$$f(x) := \begin{cases} \dfrac{1}{x} & \text{für} \quad 0 < x \leq 1, \\ 0 & \text{für} \quad x = 0 \end{cases}$$

definierte Funktion $f : [0,1] \to \mathbb{R}$ ist auf dem kompakten Intervall $[0,1]$ unbeschränkt. (Natürlich ist f unstetig auf diesem Intervall.)   ♡

Beispiel 1.60. Die durch

$$f(x) := \begin{cases} x & \text{für } 0 < x < 1, \\ \dfrac{1}{2} & \text{für } x = 0 \text{ oder } x = 1 \end{cases}$$

definierte Funktion $f : [0,1] \to \mathbb{R}$ ist auf dem kompakten Intervall $[0,1]$ beschränkt, hat aber weder ein Maximum noch ein Minimum. (Natürlich ist f unstetig auf diesem Intervall.)   ♡

Die einfachen Beispiele 1.55 – 1.60 zeigen, dass die Voraussetzungen der Sätze 1.53 und 1.54 unverzichtbar sind. Wir bringen im Zusammenhang mit diesen Sätzen nun noch zwei raffiniertere Beispiele, die aus der modifizierten Dirichlet-Funktion (Beispiel 1.12) abgeleitet sind.

Beispiel 1.61. Sei $f : [0,1] \to \mathbb{R}$ definiert durch

$$f(x) := \begin{cases} q & \text{für } x = p/q \in [0,1] \cap \mathbb{Q}, \\ 0 & \text{für } x \in [0,1] \setminus \mathbb{Q}. \end{cases}$$

Dann ist f auf keinem Intervall $[a,b] \subseteq [0,1]$ beschränkt. (Natürlich ist f auch auf keinem solchen Intervall stetig.)   ♡

Beispiel 1.62. Sei $f : [0,1] \to \mathbb{R}$ definiert durch

$$f(x) := \begin{cases} (-1)^q \dfrac{q}{q+1} & \text{für } x = p/q \in [0,1] \cap \mathbb{Q}, \\ 0 & \text{für } x \in [0,1] \setminus \mathbb{Q}. \end{cases}$$

Dann ist f auf $[0,1]$ beschränkt (nämlich von unten durch -1 und von oben durch 1), hat aber auf keinem Intervall $[a,b] \subseteq [0,1]$ ein Minimum oder Maximum. (Natürlich ist f auch auf keinem solchen Intervall stetig.)   ♡

Der wichtigste Satz über stetige Funktionen ist, vor allem im Hinblick auf seine zahlreichen Anwendungen, der sog. *Zwischenwertsatz*, den wir jetzt behandeln wollen. Ihm liegt folgende Frage zugrunde:

- *Sei $f : [a,b] \to \mathbb{R}$ eine stetige Funktion mit $f(a) < 0$ und $f(b) > 0$, d.h. f ist „zu Beginn" negativ und „am Schluss" positiv; hat f dann eine Nullstelle in $[a,b]$?*

Unsere Anschauung sagt „ja", aber das ersetzt natürlich nicht einen präzisen Beweis. Wir formulieren diesen Zwischenwertsatz in etwas allgemeinerer Form:

Satz 1.63. *Sei $f : [a,b] \to \mathbb{R}$ stetig. Dann gibt es zu jeder reellen Zahl η zwischen $f(a)$ und $f(b)$ ein $\xi \in [a,b]$ mit $f(\xi) = \eta$, d.h. alle „Zwischenwerte" zwischen $f(a)$ und $f(b)$ sind Funktionswerte.*

Beweis: Gelte o.B.d.A. $f(a) < f(b)$ und $f(a) < \eta < f(b)$. Wir betrachten die Menge

(1.64) $$M := \{x : a \le x \le b,\ f(x) < \eta\}.$$

Diese Menge ist nichtleer (wegen $a \in M$) und von oben beschränkt (durch b), also existiert ihr Supremum $\xi := \sup M$. Wir unterscheiden die drei Fälle $f(\xi) < \eta$, $f(\xi) > \eta$ und $f(\xi) = \eta$ und zeigen, dass die ersten beiden Fälle nicht auftreten können.

Angenommen, es gilt $f(\xi) < \eta$, also insbesondere $\xi \in M$. Dann erfüllt die durch $g(x) := \eta - f(x)$ definierte stetige Funktion die Bedingung $g(\xi) > 0$. Nach dem Permanenzprinzip (Satz 1.19) finden wir dann ein $\delta > 0$ so, dass $g(x) > 0$, also $f(x) < \eta$, auch noch für $x \in (\xi, \xi + \delta)$ gilt, im Widerspruch zur Eigenschaft von ξ, obere Schranke von M zu sein.[58]

Nun nehmen wir an, es gelte $f(\xi) > \eta$, also insbesondere $\xi \notin M$. Dann erfüllt die durch $h(x) := f(x) - \eta$ definierte stetige Funktion die Bedingung $h(\xi) > 0$. Wieder nach dem Permanenzprinzip finden wir dann ein $\delta > 0$ so, dass $h(x) > 0$, also $f(x) > \eta$, auch noch für $x \in (\xi - \delta, \xi)$ gilt, im Widerspruch zur Eigenschaft von ξ, *kleinste* obere Schranke von M zu sein.[59]

Da beide Annahmen $f(\xi) > \eta$ und $f(\xi) < \eta$ zum Widerspruch führten, muss $f(\xi) = \eta$ sein. Im Falle $f(b) < f(a)$ und $f(b) < \eta < f(a)$ betrachtet man statt (1.64) die Menge

(1.65) $$M := \{x : a \le x \le b,\ f(x) > \eta\}$$

und zeigt entsprechend, dass $\xi := \inf M$ die Bedingung $f(\xi) = \eta$ erfüllt.   ■

Wir können die Aussage von Satz 1.63 (im Falle $f(a) < f(b)$) etwas kompakter als Inklusion

(1.66) $$f([a,b]) \supseteq [f(a), f(b)]$$

schreiben. Einfache Beispiele zeigen, dass die Inklusion in (1.66) echt sein kann, d.h. man kann i.a. nicht erwarten, dass sogar die Gleichheit $f([a,b]) = [f(a), f(b)]$ gilt. Diese ist nur für spezielle stetige Funktionen richtig, z.B. für monoton wachsende (vgl. auch Aufgabe 1.25).

Der Zwischenwertsatz besagt, dass *stetige Funktionen Intervalle auf Intervalle abbilden*. Kombinieren wir dies mit der Bemerkung im Anschluss an den Beweis von Satz 1.54, so bedeutet es insbesondere, dass *eine stetige Funktion f jedes kompakte Intervall $[a,b]$ wieder auf ein kompaktes Intervall abbildet*, nämlich auf das Intervall $[m, M]$ mit m und M gemäß (1.62).

Dies gibt uns übrigens eine Methode an die Hand, mit der wir zeigen können, dass zwei gegebene Mengen $M, N \subseteq \mathbb{R}$ *nicht* homöomorph sein können (s. Definition 1.35), ja dass es nicht einmal eine stetige surjektive Funktion $f : M \to N$ geben kann. Wir geben eine kleine Liste von Beispielen solcher Mengen, weitere findet man in Aufgabe 1.64. In dieser Liste bezeichnet f jeweils einen hypothetischen Homöomorphismus zwischen den angegebenen Mengen M und N:

---

[58]Der theoretisch noch mögliche Fall $\xi = b$ kann nicht eintreten, denn dann wäre $f(b) = f(\xi) < \eta$ im Widerspruch zur Wahl von η.

[59]Der theoretisch noch mögliche Fall $\xi = a$ kann nicht eintreten, denn dann wäre $f(a) = f(\xi) > \eta$ im Widerspruch zur Wahl von η.

- $M = [0,1]$ kann nicht homöomorph zu $N = \{0,1\}$ sein, denn M ist ein Intervall, aber N nicht.

- $M = [0,1)$ kann nicht homöomorph zu $N = (0,1)$ sein, denn entfernen wir aus M den Punkt 0, so bleibt $M \setminus \{0\} = (0,1)$ ein Intervall, aber $f(M \setminus \{0\}) = N \setminus \{f(0)\} = (0, f(0)) \cup (f(0), 1)$ ist kein Intervall mehr.

- $M = [0,1]$ kann nicht homöomorph zu $N = [0,1)$ sein, denn entfernen wir aus M die Punkte 0 und 1, so bleibt $M \setminus \{0,1\} = (0,1)$ ein Intervall, aber $f(M \setminus \{0,1\}) = N \setminus \{f(0), f(1)\} = [0,1) \setminus \{f(0), f(1)\}$ ist kein Intervall mehr. Alternativ können wir die Tatsache benutzen, dass M kompakt ist, N aber nicht.

- $M = [0,1]$ kann nicht homöomorph zu $N = [0, \infty)$ sein, denn das Bild $f(M) = f([0,1])$ von M unter f muss nach Satz 1.53 beschränkt sein.

- $M = [0,1]$ kann nicht homöomorph zu $N = \mathbb{N}$ sein, denn N ist kein Intervall. Alternativ können wir wieder die Tatsache benutzen, dass M kompakt ist, N aber nicht.

Übrigens können wir die Nicht-Homöomorphie der angegebenen Mengenpaare M und N auch unter Benutzung von Satz 1.37 zeigen. Gäbe es beispielsweise eine stetige bijektive Funktion $f : [0,1] \to [0,1)$, so müsste diese nach Satz 1.37 streng monoton wachsen oder fallen. Man macht sich aber leicht klar, dass f wegen der Bijektivität im ersten Fall der Bedingung $f(1) = \max \{f(x) : 0 \leq x \leq 1\} = \max [0,1)$ und im zweiten Fall der Bedingung $f(0) = \max \{f(x) : 0 \leq x \leq 1\} = \max [0,1)$ genügen müsste, aber das Intervall $[0,1)$ hat kein Maximum.

Wir kehren zurück zu Satz 1.63. Dieser Satz kann wieder als eines der zahlreichen Ergebnisse der Analysis dienen, in dessen Beweis die *Vollständigkeit* von $\mathbb{R}$ benutzt wird.[60] Bekanntlich ist die Menge $\mathbb{Q}$ nicht vollständig, und das folgende Beispiel zeigt in der Tat, dass der Zwischenwertsatz in $\mathbb{Q}$ nicht gilt!

Beispiel 1.64. Wir definieren eine rationale Funktion $f : [0,2] \cap \mathbb{Q} \to \mathbb{Q}$ durch

$$(1.67) \qquad\qquad\qquad f(x) := x^2 - 2.$$

Da $x^2 - 2$ für jedes rationale x wieder rational ist, bildet f tatsächlich $\mathbb{Q}$ in sich ab. Als Polynomfunktion ist f stetig, und es gilt $f(0) = -2 < 0$ und $f(2) = 2 > 0$. Gälte der Zwischenwertsatz auch hier, so gäbe es ein $\xi \in [0,2] \cap \mathbb{Q}$ mit $f(\xi) = 0$. Aber die einzige positive Nullstelle von f ist die irrationale Zahl $\sqrt{2}$. $\qquad\qquad \heartsuit$

Wir nehmen Satz 1.63 zum Anlass, eine neue Funktionenklasse einzuführen:

Definition 1.65. Sei $I \subseteq \mathbb{R}$ ein Intervall. Wir sagen, dass eine Funktion $f : I \to \mathbb{R}$ die *Zwischenwerteigenschaft* auf I besitzt, falls es zu jedem Intervall $[a,b] \subseteq I$ und jedem

---

[60] Hier benutzen wir sie bei der Definition von ξ als Supremum der Menge (1.64) bzw. als Infimum der Menge (1.65).

η zwischen $f(a)$ und $f(b)$ ein $\xi \in [a, b]$ mit $f(\xi) = \eta$ gibt. Die Menge aller Funktionen auf I, die die Zwischenwerteigenschaft besitzen, bezeichnen wir mit $Zw(I)$.   □

Satz 1.63 zeigt also, dass die Inklusion $C([a, b]) \subseteq Zw([a, b])$ gilt. Man könnte vermuten, dass die stetigen Funktionen gerade die mit der Zwischenwerteigenschaft sind, weil unsere geometrische Intuition das nahelegt.[61] Interessanterweise ist dies aber *falsch*:

Beispiel 1.66. Sei f definiert wie in Beispiel 1.14. Dann ist f in 0 unstetig, hat aber auf jedem Intervall $[a, b]$ (auch auf denen, die 0 enthalten!) die Zwischenwerteigenschaft.[62] Es gilt also z.B. $f \in Zw([-1, 1]) \setminus C([-1, 1])$.   ♡

Es ist völlig klar, dass eine Funktion, die die Zwischenwerteigenschaft besitzt, keine *Sprünge* machen kann. Daher ist es kein Zufall, dass die Funktion aus Beispiel 1.66 nur eine Unstetigkeitsstelle 2. Art hat. Übrigens ist Beispiel 1.66 typisch, aber noch recht harmlos. Es gibt nämlich Funktionen $f \in Zw([a, b])$, die in überabzählbar vielen Punkten $x \in [a, b]$ unstetig sind (s. Aufgabe 4.6 im vierten Kapitel)!

Es ist interessant, weitere Zusatzvoraussetzungen anzugeben, unter denen eine Funktion mit der Zwischenwerteigenschaft sogar stetig ist. Einige solche Zusatzvoraussetzungen findet man in den Aufgaben 1.43, 1.56, 1.59 und 1.60. Die Funktion aus Beispiel 1.66 kann demnach keine dieser Zusatzeigenschaften besitzen.

Und auf noch einen interessanten Aspekt im Zusammenhang mit der Zwischenwerteigenschaft wollen wir hinweisen. Man kann zeigen (s. Aufgabe 1.53 und Aufgabe 1.54), dass für $f : \mathbb{R} \to \mathbb{R}$ die drei Aussagen

(a) f hat die Zwischenwerteigenschaft;

(b) für jedes Intervall $I \subseteq \mathbb{R}$ ist $f(I)$ ein Intervall;

(c) für jedes abgeschlossene Intervall $I \subseteq \mathbb{R}$ ist $f(I)$ ein Intervall

äquivalent sind. Erstaunlicherweise ist die Aussage

(d) für jedes offene Intervall $I \subseteq \mathbb{R}$ ist $f(I)$ ein Intervall

dagegen nur eine Folge jeder der drei Aussagen (a) – (c), jedoch nicht dazu äquivalent, wie das Gegenbeispiel in Aufgabe 1.55 zeigt.

An dieser Stelle wollen wir die verschiedenen Funktionenklassen, die wir in diesem Kapitel schon betrachtet haben, in einer Tabelle zusammenfassen. In den folgenden Kapiteln werden wir diese Tabelle noch erweitern.

---

[61]In der Schule benutzt man manchmal die dieser Intuition zugrundeliegende „Pseudodefinition" von Stetigkeit: Eine Funktion ist stetig, wenn man an der Tafel „ihren Graphen ohne Absetzen der Kreide durchzeichnen kann". Das ist aber gerade *nicht* die Charakterisierung der Stetigkeit, sondern die der Zwischenwerteigenschaft, und Beispiel 1.66 zeigt, dass das nicht dasselbe ist!

[62]Hier ist es übrigens unerheblich, dass wir $f(0) := 0$ gesetzt haben; auch wenn wir $f(0) := c$ für ein beliebiges anderes $c \in [-1, 1]$ setzen, hat f immer noch die Zwischenwerteigenschaft. Für eine nähere Untersuchung dieses Phänomens betrachte man Aufgabe 3.25.

$$B(I)$$
$$\cup$$
$$Lip(I) \quad \subset \quad C(I) \quad \subset \quad Zw(I)$$
$$\cap \qquad\qquad \cup$$
$$Mon(I) \quad \subset \quad BV(I) \quad \supset \quad BV(I) \cap Zw(I)$$

Tab. 1.3: Beziehungen zwischen Funktionenklassen über $I = [a, b]$

Alle in dieser Tabelle auftretenden Inklusionen sind strikt: Beispiel 1.66 liefert eine Funktion $f \in Zw([-1, 1]) \setminus C([-1, 1])$ und gleichzeitig eine Funktion $f \in B([-1, 1]) \setminus C([-1, 1])$, Beispiel 1.51 eine Funktion $f \in C([0, 1]) \setminus Lip([0, 1])$ und gleichzeitig eine Funktion $f \in BV([0, 1]) \setminus Lip([0, 1])$, Beispiel 1.41 eine Funktion $f \in BV([0, 1]) \setminus Mon([0, 1])$, und Beispiel 1.46 eine Funktion $f \in C([0, 1]) \setminus BV([0, 1])$.

Die Inklusion $BV([0, 1]) \cap Zw([0, 1]) \subseteq C([0, 1])$ überlassen wir der Leserin als Aufgabe 1.43; alle anderen Inklusionen haben wir schon bewiesen.

Wie wir in Satz 1.44 gezeigt haben, ist der von den monotonen Funktionen (die selbst keinen Vektorraum bilden) erzeugte Vektorraum span $Mon([a, b])$ genau der Raum $BV([a, b])$. Wir stellen dieselben zwei Fragen für die Menge $Zw([a, b])$:

- *Ist auch $Zw([a, b])$ ein Vektorraum?*

- *Falls nicht, kann man den davon erzeugten Vektorraum span $Zw([a, b])$ beschreiben?*

Das nächste Beispiel zeigt zunächst, dass die Antwort auf die erste Frage negativ ist:

Beispiel 1.67. Sei f definiert wie in Beispiel 1.14, und sei $g : \mathbb{R} \to \mathbb{R}$ definiert durch

$$g(x) := \begin{cases} \sin \dfrac{1}{x} & \text{für} \quad x \neq 0, \\ 1 & \text{für} \quad x = 0. \end{cases}$$

Dann haben sowohl f als auch g die Zwischenwerteigenschaft auf $\mathbb{R}$, aber die Differenzfunktion $g - f$ ist genau die Funktion aus Beispiel 1.7, die die Zwischenwerteigenschaft (z.B.) auf $[-1, 1]$ nicht besitzt. $\heartsuit$

Natürlich können solche Funktionen $f, g \in Zw(\mathbb{R})$ wie in Beispiel 1.67, deren Summe oder Differenz nicht zu $Zw(\mathbb{R})$ gehört, nicht auf ganz $\mathbb{R}$ stetig sein.

Damit wird die zweite Frage interessant: Wie sieht span $Zw([a, b])$ aus? Da die Menge $Zw([a, b])$ eine der größten in Tabelle 1.3 ist, wird man erwarten, dass auch der Vektorraum span $Zw([a, b])$ ziemlich groß sein wird. Die Antwort ist trotzdem ebenso dramatisch wie unerwartet: Der Vektorraum span $Zw([a, b])$ enthält *alle Funktionen* $f : [a, b] \to \mathbb{R}$! [63]

---

[63] Es gilt sogar: Jede beliebige Funktion lässt sich als Summe *zweier* Funktionen mit der Zwischenwerteigenschaft darstellen. Dieses überraschende Ergebnis können wir erst viel später beweisen, nämlich in Abschnitt 4.4.

Als wichtige Folgerung des Zwischenwertsatzes behandeln wir nun noch einen sog. *Fixpunktsatz*.[64]

Satz 1.68. *Sei* $f : [a, b] \to [a, b]$ *stetig. Dann hat* f *einen Fixpunkt, d.h. ein* $\xi \in [a, b]$ *mit* $f(\xi) = \xi$.

Beweis: Wir definieren eine Funktion[65] $g : [a, b] \to \mathbb{R}$ durch $g(x) := x - f(x)$. Dann ist g stetig, und es gilt $g(a) = a - f(a) \leq 0$ sowie $g(b) = b - f(b) \geq 0$, beides wegen $f([a, b]) \subseteq [a, b]$. Nach Satz 1.63 gibt es ein $\xi \in [a, b]$ mit $g(\xi) = 0$, also $f(\xi) = \xi$. ∎

Wir haben den Fixpunktsatz 1.68 aus dem Zwischenwertsatz 1.63 bewiesen. Es ist nicht überraschend, dass man auch umgekehrt den Zwischenwertsatz 1.63 aus dem Fixpunktsatz 1.68 beweisen kann (Aufgabe 1.61); diese beiden Sätze sind also *äquivalent*.

Man kann fragen, ob der Fixpunktsatz auch für allgemeinere Funktionenklassen als die der stetigen Funktionen gilt. Der Beweis zeigt, dass wir in Satz 1.68 die Klasse $C([a, b])$ durch die größere Klasse $Zw([a, b])$ ersetzen können, denn wir haben ja nur die Zwischenwerteigenschaft von f (und damit g) benutzt. Erstaunlicherweise ist Satz 1.68 auch für *monoton wachsende* Funktionen richtig, obwohl diese natürlich nicht mehr die Zwischenwerteigenschaft haben müssen:

Satz 1.69. *Sei* $f : [a, b] \to [a, b]$ *monoton wachsend. Dann hat* f *einen Fixpunkt* $\xi \in [a, b]$.

Beweis: Wir können nicht mehr den Beweis von Satz 1.68 (oder Satz 1.63) imitieren, da wir dort die Zwischenwerteigenschaft (bzw. das Permanenzprinzip) benutzt haben. Trotzdem können wir eine gewisse Variante des Beweises von Satz 1.63 benutzen. Wie dort definieren wir eine Menge M analog zu (1.65) durch

$$(1.68) \qquad M := \{x : a \leq x \leq b, \, f(x) > x\}$$

und zeigen, dass $\xi := \sup M$ Fixpunkt von f ist.

Angenommen, es gilt $f(\xi) < \xi$. Dann wählen wir $0 < \delta < \xi - f(\xi)$ und bekommen $f(\xi - \delta) \leq f(\xi) < \xi - \delta$, also $\xi - \delta \notin M$. Da wir $\delta \in (0, \xi - f(\xi))$ beliebig wählen konnten, widerspricht dies aber der Tatsache, dass ξ die kleinste obere Schranke von M ist.

Nun nehmen wir an, es gelte $f(\xi) > \xi$. Dann wählen wir $0 < \delta < f(\xi) - \xi$ und bekommen $f(\xi + \delta) \geq f(\xi) > \xi + \delta$, also $\xi + \delta \in M$. Dies widerspricht aber wiederum der Tatsache, dass ξ obere Schranke von M ist.

Da beide Annahmen $f(\xi) < \xi$ und $f(\xi) > \xi$ zum Widerspruch führten, muss $f(\xi) = \xi$ gelten, d.h. ξ ist Fixpunkt von f. ∎

Die geometrische Idee hinter Satz 1.69 (bzw. Satz 1.68) kann man sich am besten dadurch klarmachen, dass man versucht, eine *fixpunktfreie* monoton steigende (bzw.

---

[64]Dieser Satz gilt auch in höheren Dimensionen und ist als *Fixpunktsatz von Brouwer*, nach Luitzen Egbert Jan Brouwer (1881-1966), bekannt. Allerdings ist der Beweis in höheren Dimensionen weitaus komplizierter als im hier behandelten eindimensionalen (skalaren) Fall.

[65]Diese Funktion muss natürlich das Intervall $[a, b]$ nicht mehr in sich abbilden; für die gegebene Funktion f ist das eine wichtige Voraussetzung, ohne die Satz 1.68 falsch wird, wie etwa das einfache Beispiel $f(x) := x + 1$ zeigt.

stetige) Funktion $f : [0,1] \to [0,1]$ zu konstruieren. Zunächst muss $f(0) > 0$ sein, sonst wäre ja $\xi = 0$ Fixpunkt. Wenn man dann oberhalb der Diagonalen den Graphen weiterzeichnet, kann man nicht vermeiden, dass man diese Diagonale irgendwo trifft. „Schlimmstenfalls" ist dies im letzten Punkt $x = 1$ der Fall, der dann Fixpunkt ist (s. Abbildung 1.19).

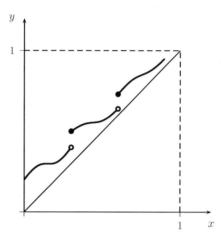

Abbildung 1.19: Versuch einer fixpunktfreien Funktion

Das einfache Beispiel der durch

$$f(x) := \begin{cases} 1 & \text{für } 0 \le x < 1, \\ 0 & \text{für } x = 1 \end{cases}$$

definierten Funktion $f : [0,1] \to [0,1]$ zeigt übrigens, dass Satz 1.69 für *monoton fallende* Funktionen nicht gilt. Wir haben hier also eine Art „Asymmetrie" zwischen monoton wachsenden und fallenden Funktionen vor uns.

1.5. Gleichmäßige Stetigkeit. Im letzten Abschnitt haben wir gesehen, dass eine stetige Funktion auf einem *kompakten* (d.h. abgeschlossenen und beschränkten) Intervall $[a, b]$ sehr schöne Eigenschaften hat, die sie im Falle eines nicht abgeschlossenen oder unbeschränkten Definitionsbereichs nicht hat. Es gibt eine weitere schöne Eigenschaft, die wir in diesem Abschnitt diskutieren wollen.

Dazu gehen wir noch einmal zurück zum Anfang, nämlich zur Definition der Stetigkeit einer Funktion f auf einer Menge M (Definition 1.5), d.h. in jedem Punkt x dieser Menge. Zur Wiederholung schreiben wir noch einmal die präzise Definition auf:[66]

- Eine Funktion $f : M \to \mathbb{R}$ heißt *stetig auf* M, falls es zu jedem $\varepsilon > 0$ und jedem $x \in M$ ein $\delta > 0$ gibt derart, dass aus $y \in M$ und $|x-y| < \delta$ stets $|f(x)-f(y)| < \varepsilon$ folgt.

---

[66]Die Leserin sollte sich nicht daran stören, dass wir im Unterschied zur Definition am Beginn hier den „festen" Punkt, an dem die Stetigkeit getestet werden soll, mit x statt mit x_0 und den „laufenden" Punkt mit y statt mit x bezeichnen. Dies machen wir, um die Definition der einfachen Stetigkeit auf M mit der der gleichmäßigen Stetigkeit auf M besser vergleichen zu können.

Wichtig an dieser Definition ist, dass das δ, welches wir in Abhängigkeit von ε finden können, *im allgemeinen auch vom Punkt x abhängt*, an welchem die Stetigkeit von f nachzuweisen ist. In manchen Fällen gelingt es aber sogar, zu gegebenem ε ein „universelles" δ zu finden, welches dann eben *nicht* von x abhängt. In diesem Fall spricht man von *gleichmäßiger Stetigkeit* von f auf M:

- Eine Funktion $f : M \to \mathbb{R}$ heißt *gleichmäßig stetig auf M*, falls es zu jedem $\varepsilon > 0$ ein $\delta > 0$ gibt derart, dass aus $x, y \in M$ und $|x - y| < \delta$ stets $|f(x) - f(y)| < \varepsilon$ folgt.

Wir schreiben im folgenden $UC(M)$ für die Menge aller auf M gleichmäßig stetigen Funktionen.[67] Man beachte, dass es sinnlos wäre, von gleichmäßiger Stetigkeit *in einem Punkt* zu sprechen, denn gleichmäßige Stetigkeit ist immer eine Eigenschaft einer Funktion *auf einer Menge*. Es ist auch klar, dass sich die gleichmäßige Stetigkeit einer Funktion auf M auf jede Teilmenge $N \subseteq M$ vererbt.

Natürlich ist die zweite Definition stärker als die erste, d.h. es gilt die Inklusion $UC(M) \subseteq C(M)$. Damit stellt sich die Frage, ob es vielleicht Mengen M gibt, für die die Mengen $UC(M)$ und $C(M)$ sogar gleich sind. Überraschenderweise gibt es tatsächlich solche Mengen, nämlich die kompakten Intervalle $[a, b]$! Vor der Formulierung und dem Beweis eines entsprechenden Satzes betrachten wir einige einfache Beispiele.

Beispiel 1.70. Sei $id : \mathbb{R} \to \mathbb{R}$ die identische Abbildung (1.20). Da wir zu $\varepsilon > 0$ einfach $\delta := \varepsilon$ wählen können und dies nur von ε abhängt, ist f auf ganz $\mathbb{R}$ gleichmäßig stetig.

$\heartsuit$

Beispiel 1.71. Sei $f : \mathbb{R} \to \mathbb{R}$ definiert durch $f(x) := x^2$. Wir wissen, dass f auf $\mathbb{R}$ stetig ist; nun zeigen wir, dass f zwar auf beschränkten Intervallen $[a, b] \subset \mathbb{R}$ gleichmäßig stetig ist, *nicht* aber auf ganz $\mathbb{R}$.

In der Tat, zum Beweis der gleichmäßigen Stetigkeit von f muss ja aus $|x - y| < \delta$ stets $|x^2 - y^2| = |x + y|\,|x - y| < \varepsilon$ folgen, also $|x - y| < \varepsilon/|x + y|$. Da die Punkte y hierbei über eine Umgebung von x laufen, muss $\delta < \varepsilon/2|x|$ sein. In der Tat, wählen wir *für fixiertes x* beispielsweise $\delta := \varepsilon/(2|x| + 1)$, so folgt aus $|x - y| < \delta$ stets

$$(1.69) \qquad |x^2 - y^2| = |x - y|\,|x + y| < \delta|x + y| = \frac{\varepsilon|x + y|}{2|x| + 1} \leq \varepsilon.$$

Wenn aber auch das x „frei laufen darf", funktioniert diese Rechnung nicht mehr. In der Tat, nehmen wir an, f wäre gleichmäßig stetig auf ganz $\mathbb{R}$, so können wir zu $\varepsilon := 1$ ein (von x und y unabhängiges) $\delta > 0$ finden derart, dass stets

$$(1.70) \qquad |x^2 - y^2| < 1 \qquad (x, y \in \mathbb{R})$$

gilt, wann immer $|x - y| < \delta$ ist. Die Idee ist nun, die beiden Punkte x und y so groß zu wählen, dass sie zwar weniger als δ voneinander entfernt liegen, ihre Funktionswerte aber weiter voneinander entfernt sind als 1. O.B.d.A. können wir $\delta \leq 2$ voraussetzen. Wählen wir nun

$$x := \frac{1}{\delta} - \frac{\delta}{4}, \qquad y := \frac{1}{\delta} + \frac{\delta}{4},$$

---

[67]Die Abkürzung UC steht für die englische Bezeichnung *uniformly continuous* für *gleichmäßig stetig*.

so erhalten wir einerseits $|x - y| = \delta/2 < \delta$, wegen $|x + y| = 2/\delta$ andererseits aber

$$|x^2 - y^2| = |x - y|\,|x + y| = \frac{\delta}{2}\frac{2}{\delta} = 1,$$

im Widerspruch zu (1.70).   ♡

Der Trick in Beispiel 1.71 besteht natürlich darin, dass die Funktion f wegen der Unbeschränktheit ihres Definitionsbereichs genügend „Platz" hat, um ihren Graphen beliebig steil anwachsen zu lassen. Im nächsten Beispiel nutzen wir dasselbe Phänomen auf einem beschränkten Intervall aus:

Beispiel 1.72. Sei $f : (0, 1] \to \mathbb{R}$ definiert durch $f(x) := 1/x$. Wir wissen, dass f auf $(0, 1]$ stetig ist, und zeigen nun, dass f gleichwohl dort *nicht* gleichmäßig stetig ist.

In der Tat, sei wieder $\varepsilon := 1$. Angenommen, f ist gleichmäßig stetig auf $(0, 1]$; dann können wir wieder ein (von x und y unabhängiges) $\delta > 0$ finden derart, dass stets

$$(1.71) \qquad\qquad \left|\frac{1}{x} - \frac{1}{y}\right| < 1 \qquad (0 < x, y \leq 1)$$

gilt, wann immer $|x - y| < \delta$ ist. Die Idee ist nun, die beiden Punkte x und y so nah an 0 zu wählen, dass sie zwar weniger als δ voneinander entfernt liegen, ihre Funktionswerte aber weiter voneinander entfernt sind als 1. O.B.d.A. können wir $\delta \leq 1$ voraussetzen. Eine kurze Rechnung zeigt, dass etwa $x := \delta/2$ und $y := \delta$ das Verlangte leisten, denn dann gilt zwar einerseits $|x - y| = \delta/2 < \delta$, aber andererseits

$$\left|\frac{1}{x} - \frac{1}{y}\right| = \left|\frac{2}{\delta} - \frac{1}{\delta}\right| = \frac{1}{\delta} \geq 1,$$

im Widerspruch zu (1.71).   ♡

Man könnte vermuten, dass die Nicht-Gleichmäßigkeit der Stetigkeit der Funktion f aus Beispiel 1.72 an der „Steilheit" des Graphen bei 0 liegt. Auch die Wurzelfunktion, die wir schon in Beispiel 1.51 betrachtet haben, wird in der Nähe von 0 „beliebig steil", d.h. man hat den Eindruck, dass man das δ in der Stetigkeitsdefinition bei Annäherung von rechts an den Nullpunkt immer kleiner wählen muss. Dies legt die Vermutung nahe, dass auch die Wurzelfunktion auf $[0, 1]$ *nicht* gleichmäßig stetig ist. Diese Vermutung ist allerdings falsch:

Beispiel 1.73. Sei $f : [0, 1] \to \mathbb{R}$ die durch $f(x) := \sqrt{x}$ definierte Wurzelfunktion. Wir wissen, dass f auf $[0, 1]$ stetig ist, und zeigen nun, dass f dort sogar gleichmäßig stetig ist, obwohl der Graph von f bei 0 auch „unendlich steil" wird.[68]

Sei o.B.d.A. $0 \leq y < x \leq 1$; dann folgt aus $\sqrt{x}\sqrt{y} \geq y$ sofort $-2\sqrt{x}\sqrt{y} \leq -2y$ und damit nach Addition von x und y auf beiden Seiten die Abschätzung

$$\left(\sqrt{x} - \sqrt{y}\right)^2 = x - 2\sqrt{x}\sqrt{y} + y \leq x - 2y + y = x - y,$$

---

[68]Eine präzise Begründung für diese intuitiv-geometrische Aussage werden im nächsten Kapitel im Zusammenhang mit Differenzierbarkeit geben. Als Orientierung kann aber jetzt schon die Tatsache dienen, dass f, wie in Beispiel 1.51 gezeigt wurde, auf $[0.1]$ keiner Lipschitzbedingung genügt; hierin kommt ja auch die „unbeschränkte Steilheit" des Graphen bei 0 zum Ausdruck.

und daher wegen der Monotonie der Wurzelfunktion

$$(1.72) \qquad |f(x) - f(y)| = \sqrt{x} - \sqrt{y} \leq \sqrt{x - y}.$$

Wählen wir zu $\varepsilon > 0$ also $\delta < \varepsilon^2$, so folgt aus $|x - y| < \delta$ nach (1.72) stets $|f(x) - f(y)| < \varepsilon$, und das war gerade die Behauptung. $\heartsuit$

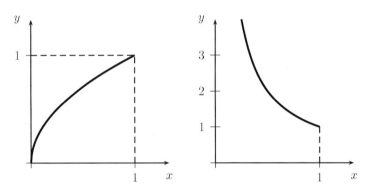

Abbildung 1.20: Zwei in Null „beliebig steile" Funktionen

Wir kommen nun zum angekündigten Satz, der zeigt, warum die gleichmäßige Stetigkeit einer stetigen Funktion eher eine Folge ihres Definitionsbereichs als ihrer analytischen Form ist:

Satz 1.74. *Sei $f : [a, b] \to \mathbb{R}$ stetig. Dann ist f auf $[a, b]$ sogar gleichmäßig stetig.*

Beweis: Der Beweis verläuft ähnlich wie der von Satz 1.53. Wir nehmen an, f sei nicht gleichmäßig stetig auf $[a, b]$. Dann existiert ein $\varepsilon_0 > 0$ derart, dass wir für jedes $\delta > 0$ Punkte $x, y \in [a, b]$ finden können, die einerseits $|x - y| < \delta$ und andererseits $|f(x) - f(y)| \geq \varepsilon_0$ erfüllen.

Speziell finden wir Punkte $x_1, y_1 \in [a, b]$ mit $|x_1 - y_1| < 1$ und $|f(x_1) - f(y_1)| \geq \varepsilon_0$, Punkte $x_2, y_2 \in [a, b]$ mit $|x_2 - y_2| < 1/2$ und $|f(x_2) - f(y_2)| \geq \varepsilon_0$, und allgemein für jedes $n \in \mathbb{N}$ Punkte $x_n, y_n \in [a, b]$ mit $|x_n - y_n| < 1/n$ und $|f(x_n) - f(y_n)| \geq \varepsilon_0$. Da alle Elemente x_n und y_n im Intervall $[a, b]$ liegen, können wir nach dem Satz von Bolzano-Weierstraß (s. Abschnitt A.3 im Anhang) eine Teilfolge $(x_{n_m})_m$ von $(x_n)_n$ finden, die gegen ein $x_* \in [a, b]$ konvergiert. Wegen $|x_{n_m} - y_{n_m}| < 1/n_m$ konvergiert die entsprechende Teilfolge $(y_{n_m})_m$ von $(y_n)_n$ dann auch gegen x_*.

Aus Satz A.20 im Anhang und der Stetigkeit von f folgt dann die Konvergenz beider Folgen $(f(x_{n_m}))_m$ und $(f(y_{n_m}))_m$ gegen $f(x_*)$. Dies widerspricht aber der Tatsache, dass $|f(x_{n_m}) - f(y_{n_m})| \geq \varepsilon_0 > 0$ gilt. Mithin war unsere Annahme falsch, d.h. f ist tatsächlich auf $[a, b]$ gleichmäßig stetig. $\blacksquare$

Satz 1.74 erklärt auch sehr schön den Unterschied der Beispiele 1.71 – 1.73: Verantwortlich für die gleichmäßige Stetigkeit von f in Beispiel 1.73 ist die Kompaktheit des Definitionsbereichs $[0, 1]$, während weder der Definitionsbereich $\mathbb{R}$ in Beispiel 1.71 noch der Definitionsbereich $(0, 1]$ in Beispiel 1.72 kompakt ist. Ein weiteres schönes Beispiel liefert die Funktion f aus Beispiel 1.16: Da sie auf dem kompakten Intervall $[0,1]$ stetig ist, ist sie dort sogar gleichmäßig stetig, obwohl ihr Graph in der Nähe von Null „beliebig steil" wird.

Solche Funktionen, deren Graphen „beliebig steil" werden, haben uns ja schon als Beispiele für Funktionen gedient, die keiner Lipschitzbedingung genügen (s. Definition 1.48). Der folgende Satz zeigt, dass die Lipschitz-Stetigkeit einer Funktion auf M hinreichend für ihre gleichmäßige Stetigkeit auf M ist, und dies sogar für beliebiges M:

Satz 1.75. *Eine Funktion* $f : M \to \mathbb{R}$ *erfülle auf* M *eine Lipschitzbedingung. Dann ist* f *auf* M *gleichmäßig stetig.*

Beweis: Der Beweis ist geradezu trivial: Erfüllt f eine Lipschitzbedingung der Form (1.58), so kann man zu gegebenem $\varepsilon > 0$ einfach $\delta := \varepsilon/L$ wählen.   ∎

Wie Beispiel 1.73 zeigt, lässt sich Satz 1.75 nicht umkehren: Es gibt gleichmäßig stetige Funktionen, die nicht Lipschitz-stetig sind. Es gelten für beliebiges $M \subseteq \mathbb{R}$ also die Inklusionen

$$Lip(M) \subseteq UC(M) \subseteq C(M),$$

und auf kompakten Intervallen speziell

$$Lip([a,b]) \subset UC([a,b]) = C([a,b]).$$

Wir diskutieren nun noch kurz die Übertragbarkeit der gleichmäßigen Stetigkeit auf Summen und Produkte. Seien dazu $f, g : M \to \mathbb{R}$ zwei auf $M \subseteq \mathbb{R}$ gleichmäßig stetige Funktionen. Es ist leicht zu sehen, dass dann die Summe $f + g$ ebenfalls gleichmäßig stetig auf M ist. Im Unterschied zur einfachen Stetigkeit (s. Satz 1.17) überträgt sich allerdings die gleichmäßige Stetigkeit *nicht* auf das Produkt:

Beispiel 1.76. Sei $f : \mathbb{R} \to \mathbb{R}$ die identische Abbildung wie in Beispiel 1.70, die auf ganz $\mathbb{R}$ gleichmäßig stetig ist. Ihr Quadrat $f \cdot f$ ist allerdings, wie wir in Beispiel 1.71 gesehen haben, auf $\mathbb{R}$ nicht gleichmäßig stetig.   ♡

Satz 1.74 hat sehr viele nützliche Anwendungen, von denen wir einige in den folgenden Kapiteln betrachten werden. An dieser Stelle wollen wir eine Anwendung dieses Satzes auf Funktionen beschränkter Variation diskutieren, die wir in Definition 1.43 eingeführt haben. Nach Definition der Gesamtvariation (1.52) einer Funktion $f \in BV([a,b])$ können wir zu jedem $\varepsilon > 0$ eine Zerlegung $Z \in \mathcal{Z}([a,b])$ finden mit

$$(1.73) \qquad Var(f;[a,b]) - \varepsilon \leq Var(f;Z,[a,b]) \leq Var(f;[a,b]),$$

wobei $Var(f;Z,[a,b])$ gemäß (1.51) definiert ist. Man könnte vermuten, dass man sogar ein $\delta > 0$ finden kann derart, dass (1.73) überhaupt für *jede* Zerlegung $Z = \{t_0, t_1, \ldots, t_m\}$ gilt, solange diese Zerlegung nur „fein genug" ist, d.h.

$$(1.74) \qquad \max\{t_j - t_{j-1} : j = 1, 2, \ldots, m\} \leq \delta$$

erfüllt. Dies ist wegen (1.53) für *monotone* Funktionen richtig, aber auch für *stetige* Funktionen beschränkter Variation, wie der folgende Satz zeigt:

Satz 1.77. *Sei $f \in BV([a,b]) \cap C([a,b])$. Dann gibt es zu jedem $\varepsilon > 0$ ein $\delta > 0$ mit der Eigenschaft, dass für beliebige Zerlegungen $Z = \{t_0, t_1, \ldots, t_m\}$ mit (1.74) die Bedingung (1.73) erfüllt ist.*

Beweis: Sei $\varepsilon > 0$. Zunächst wählen wir eine Zerlegung $Z_0 = \{\tau_0, \tau_1, \ldots, \tau_p\} \in \mathcal{Z}([a,b])$, die der Abschätzung

$$(1.75) \qquad Var(f; Z_0, [a,b]) \geq Var(f; [a,b]) - \frac{\varepsilon}{2}$$

genügt, was nach Definition der Gesamtvariation (1.52) stets möglich ist. Als stetige Funktion auf $[a,b]$ ist f nach Satz 1.74 dort gleichmäßig stetig; wir können also ein $\delta > 0$ mit der Eigenschaft finden, dass aus $|s - t| \leq \delta$ stets

$$|f(s) - f(t)| \leq \frac{\varepsilon}{4(p-1)}$$

folgt. Sei nun $Z = \{t_0, t_1, \ldots, t_m\}$ eine beliebige Zerlegung, die die Feinheitsbedingung (1.74) erfüllt. Wir betrachten dann die Zerlegung $Z \cup \{\tau_i\}$, die durch Hinzufügen eines Punktes τ_i aus Z_0 zu Z entsteht; gilt hierbei $t_{j-1} < \tau_i < t_j$ für ein $j \in \{1, 2, \ldots, m\}$, so hat diese erweiterte Zerlegung die Form

$$Z \cup \{\tau_i\} = \{t_0, t_1, \ldots, t_{j-1}, \tau_i, t_j, \ldots, t_{m-1}, t_m\}.$$

Weiterhin gilt

$$Var(f; Z \cup \{\tau_i\}, [a,b])$$

$$= \sum_{k=1}^{j-1} |f(t_k) - f(t_{k-1})| + |f(\tau_i) - f(t_{j-1})| + |f(t_j) - f(\tau_i)| + \sum_{k=j+1}^{m} |f(t_k) - f(t_{k-1})|$$

$$= Var(f; Z, [a,b]) + |f(\tau_i) - f(t_{j-1})| + |f(t_j) - f(\tau_i)| - |f(t_j) - f(t_{j-1})|$$

$$\leq Var(f; Z, [a,b]) + |f(\tau_i) - f(t_{j-1})| + |f(t_j) - f(\tau_i)|$$

$$\leq Var(f; Z, [a,b]) + 2\frac{\varepsilon}{4(p-1)} = Var(f; Z, [a,b]) + \frac{\varepsilon}{2(p-1)}.$$

Dies zeigt, dass der Ausdruck $Var(f; Z, [a,b])$ durch Hinzufügen eines Punktes aus Z_0, der nicht schon zu Z gehört, höchstens um $\varepsilon/2(p-1)$ größer wird. Da aber nicht mehr als $p - 1$ Punkte aus Z_0 verschieden von den Punkten aus Z sein können (nämlich die Punkte $\tau_1, \tau_2, \ldots, \tau_{p-1}$), gilt

$$Var(f; Z \cup Z_0, [a,b]) - Var(f; Z, [a,b]) \leq (p-1)\frac{\varepsilon}{2(p-1)} = \frac{\varepsilon}{2}$$

und somit nach (1.75)

$$Var(f; Z, [a,b]) \geq Var(f; Z \cup Z_0, [a,b]) - \frac{\varepsilon}{2}$$

$$\geq Var(f; Z_0, [a,b]) - \frac{\varepsilon}{2} \geq Var(f; [a,b]) - \varepsilon$$

wie behauptet.   ■

Satz 1.77 bedeutet, dass bei einer *stetigen* Funktion beschränkter Variation f jede hinreichend feine Zerlegung eine gute Approximation an die Gesamtvariation von f liefert. Bezeichnen wir mit $BV_0([a,b])$ die Menge aller Funktionen $f \in BV([a,b])$, die die in Satz 1.77 angegebene Eigenschaft besitzen, so können wir die Aussage dieses Satzes als Inklusion

$$(1.76) \qquad\qquad BV([a,b]) \cap C([a,b]) \subseteq BV_0([a,b]) \subseteq BV([a,b])$$

schreiben. Das nächste Beispiel zeigt, dass beide Inklusionen in (1.76) strikt sind:

Beispiel 1.78. Sei $f : [0,2] \to \mathbb{R}$ die charakteristische Funktion $\chi_{[1,2]}$ des Intervalls $[1,2]$. Als monotone Funktion ist f von beschränkter Variation mit $Var(f;[0,2]) = 1$. Aber für *jede* Zerlegung $Z \in \mathcal{Z}([0,2])$ ist ebenfalls $Var(f;Z,[0,2]) = 1$, weil keine Zerlegung den Sprung bei $x_0 = 1$ „ignorieren" kann. Daher gilt für diese Funktion $f \in BV_0([0,2]) \setminus C([0,2])$.

Sei andererseits $f : [0,2] \to \mathbb{R}$ die charakteristische Funktion $\chi_{\{1\}}$ der einpunktigen Menge $\{1\}$. Dann ist f wiederum von beschränkter Variation mit $Var(f;[0,2]) = 2$. Diesmal gibt es aber beliebig feine Zerlegungen Z (d.h. solche, die (1.74) für beliebig kleines $\delta > 0$ erfüllen), die den Sprung bei $x_0 = 1$ „ignorieren", weil $1 \notin Z$ gilt. Für solche Zerlegungen ist natürlich $Var(f;Z,[0,2]) = 0$, und daher gilt $f \in BV([0,2]) \setminus BV_0([0,2])$. ♡

Zum Schluss dieses Kapitels stellen wir in einer Tabelle diejenigen Eigenschaften zusammen, die sich von zwei Funktionen f und g auf daraus zusammengesetzte Funktionen übertragen. Eine wesentlich erweiterte Fassung dieser Tabelle findet die Leserin am Schluss des dritten Kapitels. Als Definitionsbereich für die Funktionen f und g haben wir in der Regel ein kompaktes Intervall $[a,b]$ gewählt; nur bei der gleichmäßigen Stetigkeit haben wir stattdessen die unbeschränkte Menge $\mathbb{R}$ gewählt, da wir andernfalls wegen Satz 1.74 nur die erste Zeile reproduziert hätten.

f, g	$\lvert f \rvert$	f^2	$f + g$	$f \cdot g$	$g \circ f$
$C([a,b])$	ja	ja	ja	ja	ja
$Lip([a,b])$	ja	ja	ja	ja	ja
$B([a,b])$	ja	ja	ja	ja	ja
$Zw([a,b])$	ja	ja	nein	nein	ja
$Mon([a,b])$	nein	nein	nein	nein	ja
$BV([a,b])$	ja	ja	ja	ja	nein
$UC(\mathbb{R})$	ja	nein	ja	nein	ja

Tab. 1.4: Operationen auf einigen Funktionenklassen

Wie man sieht, bieten die drei Funktionenklassen $C([a,b])$, $Lip([a,b])$ und $B([a,b])$ keinerlei Überraschungen: Die Stetigkeit, Lipschitz-Stetigkeit und Beschränktheit zweier Funktionen „vererben" sich auf alle in der ersten Zeile genannten Operationen. Überdies haben wir schon fast jedes „ja" in dieser Tabelle begründet, außer demjenigen, welches behauptet, dass die Komposition zweier Funktionen mit der Zwischenwerteigenschaft wieder die Zwischenwerteigenschaft besitzt.

Dies sieht man wie folgt ein. Seien $f : [a,b] \to [c,d]$ und $g : [c,d] \to \mathbb{R}$ zwei Funktionen mit der Zwischenwerteigenschaft mit (o.B.d.A.) $g(f(a)) < g(f(b))$, und sei $g(f(a)) < \zeta < g(f(b))$. Wegen $g \in Zw([c,d])$ gibt es dann ein η zwischen $f(a)$ und $f(b)$ derart, dass $g(\eta) = \zeta$ ist, und wegen $f \in Zw([a,b])$ gibt es weiterhin ein $\xi \in [a,b]$ derart, dass $f(\xi) = \eta$, also $g(f(\xi)) = \zeta$ ist.

Die interessanteren Einträge dieser Tabelle sind natürlich diejenigen, bei denen „nein" steht; wir fassen noch einmal die Begründungen hierfür zusammen. Dass aus $f, g \in Zw([a,b])$ nicht $f + g \in Zw([a,b])$ folgt, zeigt Beispiel 1.67, während Beipiel 1.41 zeigt, dass $f, g \in Mon([a,b])$ nicht $f + g \in Mon([a,b])$ impliziert. Beispiele für $f \in Mon([a,b])$ mit $|f| \notin Mon([a,b])$ und $f^2 \notin Mon([a,b])$ zu finden ist trivial. Die etwas überraschende Tatsache, dass die Komposition aus der Klasse $BV([a,b])$ herausführen kann, wird durch Beispiel 1.47 belegt. Schließlich zeigt Beispiel 1.76, dass das Quadrat einer Funktion $f \in UC(\mathbb{R})$ nicht in $UC(\mathbb{R})$ liegen muss, und daher erst recht nicht das Produkt zweier Funktionen $f, g \in UC(\mathbb{R})$.

Es fehlt noch der Nachweis der Tatsache, dass das Produkt zweier Funktionen $f, g \in Zw([a,b])$ nicht wieder in $Zw([a,b])$ liegen muss. Dies erledigen wir im folgenden

Beispiel 1.79. In Beispiel 1.67 haben wir die Tatsache benutzt, dass die Summe der beiden durch

$$f(x) := \begin{cases} \sin\dfrac{1}{x} & \text{für } x \neq 0, \\ 0 & \text{für } x = 0, \end{cases} \qquad g(x) := \begin{cases} -\sin\dfrac{1}{x} & \text{für } x \neq 0, \\ 1 & \text{für } x = 0, \end{cases}$$

definierten Funktionen $f, g \in Zw([-1,1])$ nicht mehr die Zwischenwerteigenschaft besitzt. Hieraus können wir aber leicht ein entsprechendes Gegenbeispiel für das Produkt konstruieren, nämlich durch „Exponenzieren". Definieren wir also $F := e^f$ und $G := e^g$, d.h.

$$F(x) := \begin{cases} \exp\left(\sin\dfrac{1}{x}\right) & \text{für } x \neq 0, \\ 1 & \text{für } x = 0, \end{cases} \qquad G(x) := \begin{cases} \exp\left(-\sin\dfrac{1}{x}\right) & \text{für } x \neq 0, \\ e & \text{für } x = 0, \end{cases}$$

so gilt $F, G \in Zw([-1,1])$, aber $F \cdot G \notin Zw([-1,1])$.   ♡

Übrigens kann man diese Überlegung in gewissem Sinne auch umkehren. Im Anschluss an Beispiel 1.67 hatten wir das erstaunliche Ergebnis erwähnt, dass *jede* Funktion $f : [a,b] \to \mathbb{R}$ als Summe $f = g + h$ zweier Funktionen $f, g \in Zw([a,b])$ darstellbar ist.[69] Hieraus folgt (wiederum durch Exponenzieren), dass jede Funktion $F : [a,b] \to \mathbb{R} \setminus \{0\}$ *ohne Vorzeichenwechsel* auch als Produkt $F = G \cdot H$ zweier Funktionen $F, G \in$

---

[69]Den Beweis sind wir schuldig geblieben; wir werden ihn wie angekündigt am Ende von Kapitel 4 nachholen.

$Zw([a,b])$ darstellbar ist. Hierzu müssen wir nämlich nur das soeben erwähnte Ergebnis im Falle $F > 0$ auf $f := \log F$ und im Falle $F < 0$ auf $f := \log(-F)$ anwenden.

Interessanterweise ist dies bei Funktionen, die auf ihrem Definitionsbereich ihr Vorzeichen wechseln, im allgemeinen falsch; dies soll das letzte Beispiel dieses Kapitels sein:

Beispiel 1.80. Sei $f : [-1,1] \to \mathbb{R}$ definiert durch

$$f(x) := \begin{cases} -1 & \text{für } -1 \leq x \leq 0, \\ 1 & \text{für } 0 < x \leq 1. \end{cases}$$

Angenommen, es gibt zwei Funktionen $g, h \in Zw([-1,1])$ mit $f = g \cdot h$. Dann muss entweder g oder h auf $(-1,1)$ den Wert 0 annehmen, und damit müsste auch f an derselben Stelle verschwinden, ein Widerspruch. ♡

1.6. Aufgaben zu Kapitel 1. Über die folgenden Aufgaben zu diesem Kapitel hinaus findet man weitere Aufgaben z.B. in [5-11,13,14,16].

Aufgabe 1.1. Beweisen Sie die Gleichheiten (1.2) und Inklusionen (1.3).

Aufgabe 1.2. Eine Menge $M \subseteq \mathbb{R}$ heißt *perfekt*, falls sie keine isolierten Punkte besitzt, d.h. jeder Punkt $x \in M$ ist Häufungspunkt von M. Finden Sie eine Menge M, die (a) sowohl abgeschlossen als auch perfekt, (b) abgeschlossen, aber nicht perfekt, (c) perfekt, aber nicht abgeschlossen, (d) weder abgeschlossen noch perfekt ist.

Aufgabe 1.3. Beweisen Sie, dass eine Menge $M \subseteq \mathbb{R}$ genau dann offen ist, wenn ihr Komplement $\mathbb{R} \setminus M$ abgeschlossen ist.

Aufgabe 1.4. Untersuchen Sie, für welche Werte von $a, b \in \mathbb{R}$ die folgenden Funktionen im Nullpunkt stetig sind:

(a) $f(x) := \begin{cases} ax + b & \text{für } x < 0, \\ 1 & \text{für } x \geq 0, \end{cases}$ (b) $f(x) := \begin{cases} ax^2 - bx & \text{für } x < 0, \\ \dfrac{\sin x}{x^2 + 1} & \text{für } x \geq 0, \end{cases}$

(c) $f(x) := \begin{cases} ae^{bx} & \text{für } x < 0, \\ 1 + x & \text{für } x \geq 0, \end{cases}$ (d) $f(x) := \begin{cases} \log(ax^2 + 2) & \text{für } x < 0, \\ bx & \text{für } x \geq 0. \end{cases}$

Aufgabe 1.5. Sei $c > 0$ und $I := [-c,c]$ ein zum Nullpunkt symmetrisches Intervall. Eine Funktion $f : I \to \mathbb{R}$ heißt *gerade* (bzw. *ungerade*), falls $f(-x) = f(x)$ (bzw. $f(-x) = -f(x)$) für alle $x \in I$ gilt. Welche Polynome sind gerade bzw. ungerade Funktionen? Geben Sie Beispiele für gerade bzw. ungerade Funktionen $f : \mathbb{R} \to \mathbb{R}$, die keine Polynome sind.

Aufgabe 1.6. Sei $c > 0$ und $f : [-c,c] \to \mathbb{R}$ gerade oder ungerade. Zeigen Sie, dass aus der Stetigkeit von f auf $[0,c]$ dann die Stetigkeit von f auf $[-c,c]$ folgt.

Aufgabe 1.7. Sei $f : \mathbb{R} \to \mathbb{R}$ eine Funktion, die die Bedingung $f(x+y) = f(x) + f(y)$ erfüllt und in 0 stetig ist. Beweisen Sie, dass f dann auf ganz $\mathbb{R}$ stetig ist und die Form $f(x) = ax$ mit festem $a \in \mathbb{R}$ hat, also *linear* ist.

Aufgabe 1.8. Finden Sie zwei Funktionen $f, g : \mathbb{R} \to \mathbb{R}$ mit folgenden Eigenschaften:

$$\lim_{x \to x_0} f(x) = y_0, \qquad \lim_{y \to y_0} g(y) = z_0, \qquad \lim_{x \to x_0} g(f(x)) \neq z_0.$$

Warum muss in diesem Beispiel mindestens eine der Funktionen f oder g unstetig sein? Zeigen Sie weiter, dass ein solches Beispiel nicht möglich ist, falls $f^{-1}(\{y_0\}) = \{x_0\}$ gilt, d.h. falls $x = x_0$ der einzige Punkt ist, an dem $f(x) = y_0$ gilt.

Aufgabe 1.9. Sei $g \in B([a,b])$, $x_0 \in [a,b]$ und $f(x) := (x - x_0)g(x)$. Zeigen Sie, dass f dann in x_0 stetig ist. Betrachten Sie unter diesem Gesichtspunkt noch einmal die Beispiele 1.15 und 1.16.

Aufgabe 1.10. Seien $f, g : \mathbb{R} \to \mathbb{R}$ stetig in $x_0 \in \mathbb{R}$, und sei $g(x_0) \neq 0$. Zeigen Sie, dass dann f/g in der Nähe von x_0 wohldefiniert und in x_0 stetig ist.

Aufgabe 1.11. Für $\alpha, \beta \in \mathbb{R}$ sei $f_{\alpha,\beta} : [0,1] \to \mathbb{R}$ definiert durch

$$f_{\alpha,\beta}(x) := \begin{cases} x^\alpha \sin \dfrac{1}{x^\beta} & \text{für} \quad 0 < x \leq 1, \\ 0 & \text{für} \quad x = 0. \end{cases}$$

(vgl. die Beispiele 1.14 und 1.16). Für welche α und β ist diese Funktion stetig in 0?

Aufgabe 1.12. Beweisen Sie, dass jede stetige Abbildung $f : \mathbb{R} \to \mathbb{R}$ kompakte Mengen in kompakte Mengen überführt.

Aufgabe 1.13. Zeigen Sie, dass eine stetige Abbildung $f : \mathbb{R} \to \mathbb{R}$ nicht notwendigerweise abgeschlossene Mengen in abgeschlossene Mengen oder offene Mengen in offene Mengen überführt.

Aufgabe 1.14. Sei $f : \mathbb{R} \to \mathbb{R}$ stetig. Beweisen Sie, dass dann $f^{-1}(A)$ für jedes abgeschlossene $A \subseteq \mathbb{R}$ abgeschlossen und $f^{-1}(O)$ für jedes offene $O \subseteq \mathbb{R}$ offen ist.

Aufgabe 1.15. Seien $f, g : [a,b] \to \mathbb{R}$ zwei stetige Funktionen mit $f(a) = g(b)$ und $f(b) = g(a)$. Zeigen Sie, dass dann die *Koinzidenzmenge* $M := \{x \in [a,b] : f(x) = g(x)\}$ nichtleer und kompakt ist.

Aufgabe 1.16. Beweisen Sie, dass abzählbare Vereinigungen und endliche Durchschnitte von F_σ-Mengen wieder F_σ-Mengen sind. Sind auch unendliche Durchschnitte von F_σ-Mengen wieder F_σ-Mengen?

Aufgabe 1.17. Zeigen Sie, dass man jede offene Menge $U \subseteq \mathbb{R}$ als abzählbare Vereinigung von Intervallen (a,b) mit $a, b \in \mathbb{Q}$ darstellen kann.

Aufgabe 1.18. Folgern Sie aus Aufgabe 1.17, dass es zu jeder offenen Menge $U \subseteq \mathbb{R}$ eine Funktion $f : \mathbb{R} \to \mathbb{R}$ gibt mit $U(f) = U$.

Aufgabe 1.19. Sei M eine beliebige abgeschlossene Menge, und sei $f : \mathbb{R} \to \mathbb{R}$ definiert durch

$$f(x) := \begin{cases} 1 & \text{für } x \in (M^o \cap \mathbb{Q}) \cup \partial M, \\ 0 & \text{sonst.} \end{cases}$$

Zeigen Sie, dass $U(f) = M$ gilt.

Aufgabe 1.20. Sei $M = A_1 \cup A_2 \cup A_3 \cup \ldots$ $(A_1, A_2, A_3, \ldots$ abgeschlossen) eine beliebige F_σ-Menge, wobei $A_1 \subseteq A_2 \subseteq A_3 \subseteq \ldots$ gelte. Wir definieren Mengen $B_1, B_2, B_3, \ldots$ durch

$$B_n := [(A_n \setminus A_{n-1}) \setminus (A_n \setminus A_{n-1})^o] \cup [(A_n \setminus A_{n-1})^o \cap \mathbb{Q}] \qquad (n = 1, 2, 3, \ldots),$$

wobei $A_0 := \emptyset$ sei. Sei $f : \mathbb{R} \to \mathbb{R}$ definiert durch

$$f(x) := \begin{cases} 2^{-n} & \text{für } x \in B_n, \\ 0 & \text{sonst.} \end{cases}$$

Zeigen Sie, dass $U(f) = M$ gilt. Wie sehen die Mengen B_n und die Funktion f im Falle $M := \{x_1, x_2, x_3, \ldots\}$ und $A_n := \{x_1, x_2, x_3, \ldots, x_n\}$ bzw. im Falle $M := (a, b)$ und $A_n := [a + 1/n, b - 1/n]$ aus?

Aufgabe 1.21. Sei $f : \mathbb{R} \to \mathbb{R}$ definiert durch

$$f(x) := \sum_{n=1}^{\infty} \frac{\text{ent}\,(nx)}{n!}.$$

Bestimmen Sie die Unstetigkeitsmenge $U(f)$.

Aufgabe 1.22. Die durch

$$f(x) := \sum_{n=1}^{\infty} \frac{nx - \text{ent}\,(nx)}{n^2}$$

definierte Funktion $f : \mathbb{R} \to \mathbb{R}$ wird *Riemann-Funktion* genannt. Bestimmen Sie die Unstetigkeitsmenge $U(f)$ dieser Funktion.

Aufgabe 1.23. Seien $f, g : [a, b] \to \mathbb{R}$ zwei stetige Funktionen. Zeigen Sie, dass dann auch die durch

$$(f \vee g)(x) := \max\{f(x), g(x)\}, \qquad (f \wedge g)(x) := \min\{f(x), g(x)\}$$

definierten Funktionen $f \vee g$ und $f \wedge g$ stetig auf $[a, b]$ sind. Gilt dasselbe auch für Monotonie statt Stetigkeit?

Aufgabe 1.24. Beweisen Sie die Gleichheit (1.30).

Aufgabe 1.25. Beweisen Sie, dass eine Funktion $f : \mathbb{R} \to \mathbb{R}$ genau dann monoton ist, wenn für alle $a, b \in \mathbb{R}$ mit $a < b$ die Gleichheit $f([a, b]) = [f(a), f(b)]$ gilt.

Aufgabe 1.26. Beweisen Sie, dass es keine monotone Funktion $f : \mathbb{R} \to \mathbb{R}$ mit $f(\mathbb{R}) = \mathbb{R} \setminus \mathbb{Q}$ geben kann.

Aufgabe 1.27. Finden Sie Funktionen $f, g : \mathbb{R} \to \mathbb{R}$ mit den angegebenen Eigenschaften, oder begründen Sie, warum es solche Funktionen nicht geben kann:

(a) f und g sind monoton wachsend mit $g(x) \neq 0$, aber f/g ist nicht monoton;

(b) f ist monoton wachsend und g ist monoton fallend, aber $f \cdot g$ ist nicht monoton;

(c) f und g sind monoton, aber $f - g$ ist nicht monoton;

(d) f und g sind monoton, aber $g \circ f$ ist nicht monoton.

Aufgabe 1.28. Sei $f : \mathbb{R} \to \mathbb{R}$ stetig. Beweisen Sie, dass die Mengen $ZP(f)$ und $AP(f)$ (s. (1.39) und (1.40)) dann perfekt sind (vgl. Aufgabe 1.2).

Aufgabe 1.29. Sei $f : \mathbb{R} \to \mathbb{R}$ stetig, und sei $\mathbb{R} \setminus ZP(f)$ (oder $\mathbb{R} \setminus AP(f)$) abzählbar (s. (1.39) und (1.40)). Beweisen Sie, dass f dann monoton ist.

Aufgabe 1.30. Offensichtlich enthält die Menge $Mon([a, b])$ aller auf $[a, b]$ monotonen Funktionen sowohl einen eindimensionalen Vektorraum (nämlich den aller konstanten Funktionen $f(x) := c$ mit $c \in \mathbb{R}$) als auch einen zweidimensionalen Vektorraum (nämlich den aller affinen Funktionen $f(x) := cx + d$ mit $c, d \in \mathbb{R}$). Enthält $Mon([a, b])$ auch einen dreidimensionalen Vektorraum?

Aufgabe 1.31. Beweisen Sie, dass eine stetige koerzitive Funktion $f : \mathbb{R} \to \mathbb{R}$ stets surjektiv ist.

Aufgabe 1.32. Finden Sie Funktionen $f : \mathbb{R} \to \mathbb{R}$ mit den angegebenen Eigenschaften, oder begründen Sie, warum es eine solche Funktion nicht geben kann:

(a) eine surjektive monotone Funktion, die nicht stetig ist;

(b) eine surjektive stetige Funktion, die nicht monoton ist;

(c) eine surjektive monotone Funktion, die nicht koerzitiv ist;

(d) eine surjektive stetige Funktion, die nicht monoton ist;

(e) eine surjektive koerzitive Funktion, die nicht stetig ist;

(f) eine surjektive koerzitive Funktion, die nicht monoton ist;

(g) eine stetige monotone Funktion, die nicht surjektiv ist;

(h) eine stetige koerzitive Funktion, die nicht monoton ist;

(i) eine stetige monotone Funktion, die nicht koerzitiv ist;

(j) eine stetige koerzitive Funktion, die nicht surjektiv ist;

(k) eine monotone koerzitive Funktion, die nicht stetig ist;

(l) eine monotone koerzitive Funktion, die nicht surjektiv ist.

Aufgabe 1.33. Ist eine Funktion $f : \mathbb{R} \to \mathbb{R}$ genau dann monoton wachsend, wenn $ZP(f) = \mathbb{R}$ gilt?

Aufgabe 1.34. Gibt es eine Funktion $f : \mathbb{R} \to \mathbb{R}$ mit $ZP(f) = \mathbb{Q}$?

Aufgabe 1.35. Sei $f : \mathbb{R} \to \mathbb{R}$ definiert durch

$$f(x) := \begin{cases} \left| x \sin \frac{1}{x} \right| & \text{für} \quad x > 0, \\ 0 & \text{für} \quad x = 0, \\ -\left| x \sin \frac{1}{x} \right| & \text{für} \quad x < 0. \end{cases}$$

Zeigen Sie, dass f in 0 nicht monoton wächst, obwohl $0 \in ZP(f)$ gilt.

Aufgabe 1.36. Sei $f : (0, \infty) \to \mathbb{R}$ monoton und $a_n := f(n)$ für $n \in \mathbb{N}$. Beweisen Sie, dass aus der Konvergenz der Folge $(a_n)_n$ dann die Existenz des uneigentlichen Grenzwerts

$$L_\infty := \lim_{x \to \infty} f(x)$$

folgt. Ist dies auch für nichtmonotone Funktionen so?

Aufgabe 1.37. Sei $f : \mathbb{R} \to \mathbb{R}$ eine gegebene Funktion und $g : \mathbb{R} \setminus \{0\} \to \mathbb{R}$ definiert durch $g(x) := f(1/x)$. Sind dann die beiden Gleichheiten

$$\lim_{x \to \infty} f(x) = \lim_{x \to 0+} g(x), \qquad \lim_{x \to -\infty} f(x) = \lim_{x \to 0-} g(x)$$

richtig?

Aufgabe 1.38. Untersuchen Sie, ob die folgenden uneigentlichen Grenzwerte existieren:

(a) $\displaystyle \lim_{x \to \infty} \left(\sqrt{4x^2 + 2x - 1} - 2x \right)$, (b) $\displaystyle \lim_{x \to \infty} \sqrt{x} \left(\sqrt{x+1} - \sqrt{x} \right)$, (c) $\displaystyle \lim_{x \to \infty} \frac{(-1)^{\text{ent}x}}{x}$.

Aufgabe 1.39. Untersuchen Sie, ob die folgenden uneigentlichen Grenzwerte existieren:

(a) $\displaystyle \lim_{x \to \infty} \frac{x^4 - 2x^3 + 1}{2x^5 + x^3 + x}$, (b) $\displaystyle \lim_{x \to \infty} \frac{\left(2 - \dfrac{3}{\sqrt{x}} \right)^3 \left(1 + \dfrac{1}{x} \right)^x - 1}{1 + \dfrac{1}{2^x} - \dfrac{2}{\sqrt[4]{x}}}$, (c) $\displaystyle \lim_{x \to \infty} \frac{(-1)^{\text{ent}x}}{\log x}$.

Aufgabe 1.40. Für $f : \mathbb{R} \to \mathbb{R}$ sei

$$L^\infty(f) := \{ x_0 \in \mathbb{R} : \lim_{x \to x_0} f(x) = \infty \}.$$

Beweisen Sie, dass die Menge $L^\infty(f)$ abzählbar ist (vgl. Satz 1.26).

Aufgabe 1.41. Zeigen Sie, dass aus $f, g \in BV([a, b])$ auch $f \pm g \in BV([a, b])$ und $f \cdot g \in BV([a, b])$ folgt.

Aufgabe 1.42. Gelte $f \in BV([a, b])$ mit $f([a, b]) \subseteq [c, d]$ und $g \in Lip([c, d])$. Beweisen Sie, dass dann $g \circ f \in BV([a, b])$ ist.

Aufgabe 1.43. Sei $f : [a, b] \to \mathbb{R}$ von beschränkter Variation mit der Zwischenwerteigenschaft. Zeigen Sie, dass f dann stetig ist.

Aufgabe 1.44. Sei v_f die Variationsfunktion (1.54) einer Funktion $f \in BV([a, b])$. Beweisen Sie, dass v_f genau dann stetig ist, wenn f stetig ist.

Aufgabe 1.45. Beweisen Sie, dass die Variationsfunktion (1.54) einer Funktion $f \in BV([a, b])$ die kleinste Funktion $v : [a, b] \to \mathbb{R}$ ist, für die $v(a) = 0$ gilt und sowohl $v - f$ als auch $v + f$ monoton wachsen.

Aufgabe 1.46. Sei $f \in C([a, b])$. Zeigen Sie, dass dann $Var(|f|; [a, b]) = Var(f; [a, b])$ ist. Gilt dies auch ohne die Stetigkeitsvoraussetzung an f?

Aufgabe 1.47. Seien $A, B \subset \mathbb{R}$ zwei disjunkte abgeschlossene Mengen. Konstruieren Sie mit Hilfe der Distanzfunktion aus Beispiel 1.50 eine stetige Funktion $\varphi : \mathbb{R} \to \mathbb{R}$, die auf A identisch 0 und auf B identisch 1 ist. Illustrieren Sie dies anhand des Beispiels $A = [a, b]$ und $B = [c, d]$ mit $b < c$.

Aufgabe 1.48. Sei $I \subseteq \mathbb{R}$ ein Intervall und $\alpha > 0$. Wir sagen, dass eine Funktion $f : I \to \mathbb{R}$ einer *Lipschitzbedingung der Ordnung* α genügt (oder α-*Lipschitz-stetig* oder *Hölder-stetig* auf I ist), falls es eine Zahl $L > 0$ gibt derart, dass

$$|f(x_1) - f(x_2)| \leq L|x_1 - x_2|^{\alpha} \qquad (x_1, x_2 \in I)$$

(vgl. Definition 1.48 für $\alpha = 1$) gilt. Die Menge aller α-Lipschitz-stetigen Funktionen auf I bezeichnen wir mit $Lip_{\alpha}(I)$.

(a) Zeigen Sie, dass $Lip_{\alpha}(I)$ für $\alpha > 1$ nur konstante Funktionen enthält.

(b) Beweisen Sie die Inklusion $Lip_{\alpha}(I) \supseteq Lip_{\beta}(I)$ für $\alpha \leq \beta$.

(c) Zeigen Sie, dass die durch $f_{\alpha}(x) := x^{\alpha}$ definierte Funktion f_{α} zu $Lip_{\alpha}([0, 1])$ gehört, aber nicht zu $Lip_{\beta}([0, 1])$ für $\beta > \alpha$.

Aufgabe 1.49. Zeigen Sie, dass es eine Funktion $f \in Lip_{1/2}([0, 1])$ (s. Aufgabe 1.48) gibt, die nicht zu $BV([0, 1])$ gehört. Vergleichen Sie dies mit Satz 1.49.

Aufgabe 1.50. Sei $f : [0, 1] \to \mathbb{R}$ definiert durch

$$f(x) := \begin{cases} \dfrac{1}{\log(x/2)} & \text{für} \quad 0 < x \leq 1, \\ 0 & \text{für} \quad x = 0. \end{cases}$$

Zeigen Sie, dass f in $C([0, 1])$ liegt, aber für kein $\alpha > 0$ in $Lip_{\alpha}([0, 1])$ (s. Aufgabe 1.48).

Aufgabe 1.51. Sei $f : \mathbb{R} \to \mathbb{R}$ stetig mit

$$\lim_{x \to -\infty} f(x) = \lim_{x \to \infty} f(x) = 0.$$

Beweisen Sie, dass f ein globales Maximum oder ein globales Minimum auf $\mathbb{R}$ hat. Konstruieren Sie eine solche Funktion, die zwar ein globales Maximum, aber kein globales Minimum auf $\mathbb{R}$ besitzt.

Aufgabe 1.52. Zeigen Sie, dass eine Funktion $f : \mathbb{R} \to \mathbb{R}$ genau dann monoton ist, wenn das Urbild $f^{-1}(I)$ jedes Intervalls $I \subseteq \mathbb{R}$ wieder ein Intervall ist.

Aufgabe 1.53. Zeigen Sie, dass eine Funktion $f : \mathbb{R} \to \mathbb{R}$ genau dann die Zwischenwerteigenschaft besitzt, wenn das Bild $f(I)$ jedes Intervalls $I \subseteq \mathbb{R}$ wieder ein Intervall ist.

Aufgabe 1.54. Zeigen Sie, dass eine Funktion $f : \mathbb{R} \to \mathbb{R}$ genau dann die Zwischenwerteigenschaft hat, wenn sie abgeschlossene Intervalle in Intervalle überführt.

Aufgabe 1.55. Sei $f : \mathbb{R} \to \mathbb{R}$ definiert durch

$$
f(x) := \begin{cases} 0 & \text{für } x < 0, \\ 1 & \text{für } x = 0, \\ \sin \dfrac{1}{x} & \text{für } x > 0. \end{cases}
$$

Zeigen Sie, dass f offene Intervalle in Intervalle überführt, aber nicht die Zwischenwerteigenschaft hat.

Aufgabe 1.56. Beweisen Sie, dass eine Funktion $f : \mathbb{R} \to \mathbb{R}$ genau dann stetig ist, wenn f die Zwischenwerteigenschaft besitzt und das Urbild $f^{-1}(y) = \{x \in \mathbb{R} : f(x) = y\}$ jedes Punktes $y \in \mathbb{R}$ abgeschlossen ist. Betrachten Sie unter diesem Gesichtspunkt noch einmal das Beispiel 1.66.

Aufgabe 1.57. Sei $f : \mathbb{R} \to \mathbb{R}$ eine Funktion, die die Zwischenwerteigenschaft besitzt, aber nicht stetig ist. Zeigen Sie, dass es dann ein nichtentartetes Intervall $[a, b] \subset \mathbb{R}$ gibt derart, dass das Urbild $f^{-1}(y) = \{x \in \mathbb{R} : f(x) = y\}$ jedes Punktes $y \in [a, b]$ unendlich ist. Betrachten Sie unter diesem Gesichtspunkt noch einmal das Beispiel 1.66.

Aufgabe 1.58. Sei $f \in Zw([a, b])$. Zeigen Sie, dass dann $U(|f|) = U(f)$ gilt. Zeigen Sie ferner, dass dies für Funktionen ohne die Zwischenwerteigenschaft im allgemeinen falsch ist.

Aufgabe 1.59. Beweisen Sie, dass jede *injektive* Funktion $f \in Zw([a, b])$ stetig ist. Betrachten Sie unter diesem Gesichtspunkt noch einmal die Beispiele 1.7 – 1.15.

Aufgabe 1.60. Beweisen Sie, dass jede Funktion $f \in Zw(\mathbb{R})$ mit $U_2(f) = \emptyset$ stetig ist. Betrachten Sie unter diesem Gesichtspunkt noch einmal die Beispiele 1.7 – 1.15 und vergleichen Sie dies auch mit Aufgabe 1.43.

Aufgabe 1.61. Beweisen Sie Satz 1.63 mit Hilfe von Satz 1.68.

Aufgabe 1.62. Zeigen Sie, dass ein Homöomorphismus $f : \mathbb{R} \to \mathbb{R}$ abgeschlossene Mengen in abgeschlossene Mengen und offene Mengen in offene Mengen überführt (vgl. Aufgabe 1.13).

Aufgabe 1.63. Ist jeder Homöomorphismus $f : \mathbb{R} \to \mathbb{R}$ koerzitiv?

Aufgabe 1.64. Untersuchen Sie, welche der folgenden Mengen $M, N \subseteq \mathbb{R}$ jeweils homöomorph sind:

(a) $M = (0,1)$ und $N = (1, \infty)$;   (b) $M = (-\infty, 1)$ und $N = (1, \infty)$;

(c) $M = (-1, 1)$ und $N = \mathbb{R}$;   (d) $M = (0, \infty)$ und $N = \mathbb{R}$;

(e) $M = [0, 1)$ und $N = \mathbb{R}$;   (f) $M = [0, 1]$ und $N = [1, 4]$.

Aufgabe 1.65. Zeigen Sie anhand eines Beispiels, dass aus der Stetigkeit von $|f|$ nicht die von f folgt. Beachten Sie hierbei Aufgabe 1.58.

Aufgabe 1.66. Konstruieren Sie ein bijektive Funktion $f : [0, 1] \to (0, 1]$. Warum kann eine solche Funktion nicht stetig sein?

Aufgabe 1.67. Untersuchen Sie, ob die folgenden Aussagen richtig oder falsch sind:

(a) Jede koerzitive surjektive Funktion hat die Zwischenwerteigenschaft.

(b) Jede koerzitive Funktion mit der Zwischenwerteigenschaft ist surjektiv.

(c) Jede surjektive Funktion mit der Zwischenwerteigenschaft ist koerzitiv.

Aufgabe 1.68. Ist $f : \mathbb{R} \to \mathbb{R}$ eine Funktion, so definieren wir f^2 und f^3 punktweise durch $f^2(x) := f(x)^2$ bzw. $f^3(x) := f(x)^3$. Untersuchen Sie ob die folgenden Aussagen richtig oder falsch sind:

(a) Aus der Stetigkeit von f folgt die von f^2.

(b) Aus der Stetigkeit von f^2 folgt die von f.

(c) Aus der Stetigkeit von f folgt die von f^3.

(d) Aus der Stetigkeit von f^3 folgt die von f.

Aufgabe 1.69. Sei $f : (0, \infty) \to [0, \infty)$ definiert durch

$$f(x) := \begin{cases} x & \text{für } x \notin \mathbb{N}, \\ x - 1 & \text{für } x \in \mathbb{N}. \end{cases}$$

Zeigen Sie, dass f bijektiv ist, und geben Sie die Umkehrabbildung an. Gibt es auch eine *stetige* bijektive Abbildung von $(0, \infty)$ auf $[0, \infty)$?

Aufgabe 1.70. Zeigen Sie durch direkte Anwendung der Definition, dass die durch $f(x) := x/(1 + x^2)$ definierte Funktion auf $\mathbb{R}$ gleichmäßig stetig ist.

Aufgabe 1.71. Beweisen Sie, dass die durch $f(x) := 1/x$ definierte Funktion f auf jedem Intervall $[a, \infty)$ $(a > 0)$ gleichmäßig stetig ist, und vergleichen Sie dies mit Beispiel 1.72.

Aufgabe 1.72. Sei $f : (a, b) \to \mathbb{R}$ stetig. Beweisen Sie die Äquivalenz der folgenden beiden Aussagen:

(a) f ist gleichmäßig stetig auf (a, b);

(b) die einseitigen Grenzwerte $\lim_{x \to a+} f(x)$ und $\lim_{x \to b-} f(x)$ existieren, d.h. f lässt sich stetig auf $[a, b]$ fortsetzen.

Kommentieren Sie im Hinblick auf dieses Ergebnisses noch einmal die Beispiele 1.71 und 1.72.

Aufgabe 1.73. Sei $f : (a, b] \to \mathbb{R}$ auf $(a, b]$ gleichmäßig stetig. Sei weiter $(x_n)_n$ eine Folge in $(a, b]$, die gegen a konvergiert. Zeigen Sie, dass $(f(x_n))_n$ dann eine Cauchyfolge ist. Gilt dies auch, falls f nur stetig auf $(a, b]$ ist?

Aufgabe 1.74. Sei $f : \mathbb{R} \to \mathbb{R}$ auf $\mathbb{R}$ gleichmäßig stetig und positiv. Ist dann auch die durch $g(x) := \sqrt{f(x)}$ definierte Funktion gleichmäßig stetig auf $\mathbb{R}$?

Aufgabe 1.75. Beweisen Sie für beliebiges $M \subseteq \mathbb{R}$ die Inklusion $Lip_\alpha(M) \subseteq UC(M)$.

Aufgabe 1.76. Sei I ein beschränktes (aber nicht notwendigerweise abgeschlossenes) Intervall, und seien $f, g \in UC(I)$. Gilt dann auch $fg \in UC(I)$?

Aufgabe 1.77. Zeigen Sie, dass im Falle einer beschränkten Menge $M \subset \mathbb{R}$ die Inklusion

$$UC(M) \subseteq B(M)$$

gilt. Diskutieren Sie unter diesem Gesichtspunkt noch einmal alle Beispiele aus Abschnitt 1.5.

Aufgabe 1.78. Ist $f : \mathbb{R} \to \mathbb{R}$ stetig, so wird der *Stetigkeitsmodul* ω_f von f definiert durch

$$\omega_f(t) := \sup \{|f(x) - f(y)| : x, y \in \mathbb{R}, |x - y| \leq t\} \qquad (t > 0).$$

Zeigen Sie, dass die Funktion ω_f monoton wächst und subadditiv ist, d.h. es gilt $\omega_f(s + t) \leq \omega_f(s) + \omega_f(t)$.

Aufgabe 1.79. Beweisen Sie, dass der Stetigkeitsmodul ω_f einer *gleichmäßig* stetigen Funktion f stets endlich ist. Gilt das auch, falls f nur stetig ist?

Aufgabe 1.80. Beweisen Sie, dass der Stetigkeitsmodul ω_f aus Aufgabe 1.78 die Beziehung

$$\lim_{t \to 0+} \omega_f(t) = 0$$

erfüllt. Zeigen Sie weiter, dass aus der stärkeren Beziehung

$$\lim_{t \to 0+} \frac{\omega_f(t)}{t} = 0$$

folgt, dass f konstant ist. Vergleichen Sie dies mit Aufgabe 1.48 (a) und Aufgabe 2.22 im nächsten Kapitel.

Kapitel 2. Differenzierbare Funktionen

Neben den stetigen und monotone Funktionen bilden die differenzierbaren Funktionen eine der wichtigsten Funktionenklassen der Analysis. In diesem Kapitel untersuchen wir die Struktur dieser Funktionenklasse und ihre Beziehungen zu anderen Klassen. Außerdem widmen wir einen längeren Abschnitt sog. Mittelwertsätzen für differenzierbare Funktionen, die weitreichende Anwendungen haben. Im letzten Abschnitt werfen wir einen kurzen Blick auf elementar lösbare Klassen von Differentialgleichungen und Anfangswertproblemen.

2.1. Klassen differenzierbarer Funktionen. Wir beginnen mit der Definition der Differenzierbarkeit einer Funktion f in einem Punkt x_0 und zeigen anschließend, dass dies eine stärkere Eigenschaft als die Stetigkeit von f in x_0 ist.

Definition 2.1. Sei $M \subseteq \mathbb{R}$, $x_0 \in M$ ein innerer Punkt von M und $f : M \to \mathbb{R}$ eine Funktion. Dann heißt f *differenzierbar in* x_0, falls der Grenzwert

$$(2.1) \qquad L := \lim_{x \to x_0} \frac{f(x) - f(x_0)}{x - x_0} = \lim_{h \to 0} \frac{f(x_0 + h) - f(x_0)}{h}$$

existiert. Verschiedene Bezeichnungen für diesen Grenzwert sind

$$(2.2) \qquad L = f'(x_0) = \frac{d}{dx} f(x_0) = \frac{d}{dx} f(x) \Big|_{x = x_0} ,$$

und L wird die *Ableitung* von f in x_0 genannt.[1] Ist eine Funktion f in jedem Punkt $x_0 \in M$ differenzierbar, so heißt f *differenzierbar auf* M. Die Menge aller auf M differenzierbaren Funktionen bezeichnen wir im folgenden mit $D^1(M)$. $\square$

Ist f auf einem abgeschlossenen Intervall $[a, b]$ definiert, so ist es oft sinnvoll, die Ableitung von f auch in den Randpunkten $x_0 = a$ oder $x_0 = b$ zu betrachten. In diesem Fall ist der Grenzwert (2.1) natürlich nur einseitig zu verstehen, also

$$(2.3) \qquad f'(a) := \lim_{x \to a+} \frac{f(x) - f(a)}{x - a}, \qquad f'(b) := \lim_{x \to b-} \frac{f(x) - f(b)}{x - b}.$$

Vor der Betrachtung einer Reihe von Beispielen beweisen wir sofort eine ebenso wichtige wie einfache Beziehung zwischen Differenzierbarkeit und Stetigkeit:

Satz 2.2. *Ist f in x_0 differenzierbar, so ist f in x_0 stetig.*

Beweis: Da der Grenzwert eines Produkts gleich dem Produkt der einzelnen Grenzwerte ist (falls diese Grenzwerte existieren!), bekommen wir

$$\lim_{x \to x_0} f(x) - f(x_0) = \lim_{x \to x_0} \left(\frac{f(x) - f(x_0)}{x - x_0} (x - x_0) \right)$$

$$= \left(\lim_{x \to x_0} \frac{f(x) - f(x_0)}{x - x_0} \right) \left(\lim_{x \to x_0} (x - x_0) \right) = f'(x_0) \cdot 0 = 0.$$

---

[1] Der Quotient in (2.1) wird als *Differenzenquotient* bezeichnet, sein Grenzwert L als *Differentialquotient* (obwohl er eigentlich gar kein Quotient mehr ist).

© Springer-Verlag GmbH Deutschland, ein Teil von Springer Nature 2021
J. Appell, *Analysis in Beispielen und Gegenbeispielen*,
https://doi.org/10.1007/978-3-662-63433-2_2

Dies zeigt, dass die Funktion $x \mapsto f(x) - f(x_0)$ in x_0 den Grenzwert 0 hat, die Funktion f also den Grenzwert $f(x_0)$.   ∎

Schon aus der Schule dürfte der Leserin die folgende geometrische Interpretation der Differenzierbarkeit bekannt sein. Der Differenzenquotient in (2.1) kann ja als Steigung der *Sekante* zwischen dem (festgehaltenen) Punkt $(x_0, f(x_0))$ und dem (beweglichen) Punkt $(x, f(x))$ auf dem Graphen von f gedeutet werden. Nähert sich nun das Argument x dem Argument x_0 (und damit der Graphenpunkt $(x, f(x))$ dem Graphenpunkt $(x_0, f(x_0))$), so geht diese Sekante im „Grenzfall" in die *Tangente* an den Graphen im Punkte $(x_0, f(x_0))$ über (s. Abb. 2.1).

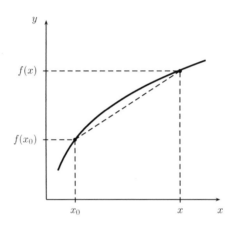

Abbildung 2.1: Sekante und Tangente

Daher ist es gerechtfertigt, die Zahl $f'(x_0)$ als *Steigung der Funktion* f in x_0 zu bezeichnen; in der Tat hat ja die Tangente an den Graphen von f in x_0 die Funktionsgleichung

$$(2.4) \qquad\qquad y = T(x) := f(x_0) + f'(x_0)(x - x_0),$$

d.h. sie ist die eindeutig bestimmte Gerade, die durch $(x_0, f(x_0))$ geht und dort (und daher überall) die Steigung $f'(x_0)$ hat.

Manchmal ist es günstig, die Differenzierbarkeit von f in x_0 folgendermaßen äquivalent zu beschreiben (s. Aufgabe 2.12): Eine Funktion $f : M \to \mathbb{R}$ ist genau dann in x_0 differenzierbar, wenn es eine in x_0 stetige Abbildung $r : M \to \mathbb{R}$ mit $r(x_0) = 0$ und

$$(2.5) \quad f(x) = T(x) + r(x)(x - x_0) = f(x_0) + f'(x_0)(x - x_0) + r(x)(x - x_0) \qquad (x \in M)$$

gibt. Auch diese Bedingung können wir geometrisch beschreiben. Sie bedeutet, dass der Zuwachs der Funktionswerte[2] $f(x) - f(x_0)$ im wesentlichen proportional zum Zuwachs der Argumente $x - x_0$ ist, und zwar bis auf einen Fehler $r(x)$, der bei Annäherung $x \to x_0$ gegen Null geht.[3]

---

[2]Dieser Zuwachs wird in der älteren Literatur gern als *Inkrement* von f bei x_0 bezeichnet.

[3]Ist f eine *lineare* (oder *affine*) Funktion, d.h. $f(x) = \alpha x + \beta$, so ist dieser Fehler sogar konstant Null, denn in diesem Fall stimmt die Tangente $T(x)$ ja überall mit $f(x)$ überein. Aus diesem Grund spricht man für allgemeine Funktionen f auch von der *Linearisierung* von f, wenn man die Funktion $x \mapsto f(x)$ in der Nähe von x_0 durch ihre Tangente $x \mapsto T(x)$ ersetzt.

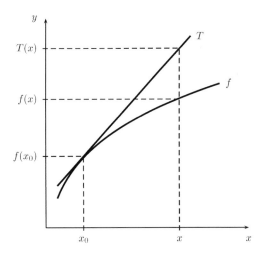

Abbildung 2.2: Linearisierung einer Funktion

Nun betrachten wir einige Beispiele von Funktionen, die so einfach sind, dass man ihre Differenzierbarkeit auf ganz $\mathbb{R}$ direkt durch Berechnung des Grenzwerts (2.1) nachweisen kann. Später werden wir allgemeine Sätze kennenlernen (z.B. die Sätze 2.11, 2.12 und 2.14 unten), die es uns erlauben, viele weitere differenzierbare Funktionen aus bekannten „zusammenzusetzen" und ihre Ableitungen zu berechnen.

Beispiel 2.3. Sei $f : \mathbb{R} \to \mathbb{R}$ die Identität (1.20), also $f(x) = x$. Für beliebiges $x_0 \in \mathbb{R}$ gilt dann

$$\lim_{x \to x_0} \frac{f(x) - f(x_0)}{x - x_0} = \lim_{x \to x_0} \frac{x - x_0}{x - x_0} = 1,$$

d.h. f ist auf ganz $\mathbb{R}$ differenzierbar mit konstanter Ableitung $f'(x) \equiv 1$. $\heartsuit$

Beispiel 2.4. Sei $f : \mathbb{R} \to \mathbb{R}$ definiert durch $f(x) := x^2$. Für beliebiges $x_0 \in \mathbb{R}$ gilt dann nach der bekannten binomischen Formel

$$\lim_{x \to x_0} \frac{f(x) - f(x_0)}{x - x_0} = \lim_{x \to x_0} \frac{x^2 - x_0^2}{x - x_0} = \lim_{x \to x_0} (x + x_0) = 2x_0,$$

d.h. f ist auf ganz $\mathbb{R}$ differenzierbar mit der Ableitung $f'(x) = 2x$. $\heartsuit$

Beispiel 2.5. Wir zeigen nun durch Induktion, dass die durch $f(x) := x^n$ ($n \in \mathbb{N}$) definierte Funktion $f : \mathbb{R} \to \mathbb{R}$ die Ableitung $f'(x) = nx^{n-1}$ hat. Für $n = 1$ und $n = 2$ haben wir das in Beispiel 2.3 bzw. Beispiel 2.4 gezeigt. Angenommen, wir haben die Behauptung für festes n bewiesen; dann bekommen wir für $n + 1$

$$\lim_{x \to x_0} \frac{f(x) - f(x_0)}{x - x_0} = \lim_{x \to x_0} \frac{x^{n+1} - x_0^{n+1}}{x - x_0} = \lim_{x \to x_0} \left(\frac{x^{n+1} - xx_0^n}{x - x_0} + \frac{xx_0^n - x_0^{n+1}}{x - x_0} \right)$$

$$= \left(\lim_{x \to x_0} x \right) \left(\lim_{x \to x_0} \frac{x^n - x_0^n}{x - x_0} \right) + \left(\lim_{x \to x_0} \frac{x - x_0}{x - x_0} x_0^n \right) = x_0 \cdot nx_0^{n-1} + 1 \cdot x_0^n = (n+1)x_0^n,$$

wobei wir beim vorletzten Gleichheitszeichen die Induktionsvoraussetzung benutzt haben.   ♡

Beispiel 2.6. Dies ist ein Beispiel einer stetigen Funktion, die nicht in jedem Punkt differenzierbar ist. Sei $f : \mathbb{R} \to \mathbb{R}$ die Betragsfunktion, also $f(x) := |x|$. Für $x > 0$ ist $f(x) = x$, also $f'(x) \equiv 1$ wie oben gezeigt. Für $x < 0$ ist $f(x) = -x$, und eine einfache Überlegung (oder auch die letzte Fußnote) zeigt, dass dann $f'(x) \equiv -1$ ist. Im Nullpunkt $x_0 = 0$ bekommen wir jedoch einerseits

$$\lim_{x \to x_0+} \frac{f(x) - f(x_0)}{x - x_0} = \lim_{x \to 0+} \frac{x}{x} = 1$$

und andererseits

$$\lim_{x \to x_0-} \frac{f(x) - f(x_0)}{x - x_0} = \lim_{x \to 0-} \frac{-x}{x} = -1.$$

Da rechts- und linksseitiger Grenzwert verschieden sind, ist f im Nullpunkt nicht differenzierbar.   ♡

Beispiel 2.7. Dies ist ein weiteres Beispiel einer stetigen Funktion, die im Nullpunkt nicht differenzierbar ist, aber ein etwas raffinierteres. Sei $f : \mathbb{R} \to \mathbb{R}$ definiert durch

(2.6) $$f(x) := \begin{cases} x \sin \dfrac{1}{x} & \text{für } x \neq 0, \\ 0 & \text{für } x = 0. \end{cases}$$

In Beispiel 1.16 haben wir gezeigt, dass f überall stetig ist, auch im Nullpunkt. Allerdings ist f dort nicht differenzierbar, denn für $x_0 = 0$ hat der Differenzenquotient

$$\frac{f(x) - f(x_0)}{x - x_0} = \frac{f(x)}{x} = \sin \frac{1}{x}$$

keinen Grenzwert für $x \to 0$ (vgl. Beispiel 1.14).   ♡

Beim Übergang von Beispiel 1.14 zu Beispiel 1.16 haben wir die Funktion (1.14) durch Multiplikation mit x im Nullpunkt „stetig gemacht". Genauso können wir die Funktion (2.6) durch eine nochmalige Multiplikation mit x im Nullpunkt „differenzierbar machen":

Beispiel 2.8. Sei $f : \mathbb{R} \to \mathbb{R}$ definiert durch

(2.7) $$f(x) := \begin{cases} x^2 \sin \dfrac{1}{x} & \text{für } x \neq 0, \\ 0 & \text{für } x = 0. \end{cases}$$

Nunmehr hat für $x_0 = 0$ der Differenzenquotient

$$\frac{f(x) - f(x_0)}{x - x_0} = \frac{f(x)}{x} = x \sin \frac{1}{x}$$

einen Grenzwert für $x \to 0$, nämlich 0 (vgl. Beispiel 1.16). Dies zeigt, dass die Funktion (2.7) im Nullpunkt differenzierbar ist mit $f'(0) = 0$.

Dies können wir – ähnlich wie in Beispiel 1.16 – auch wieder geometrisch sehr schön deuten: Während der Graph der Funktion (2.6) in jeder Nullumgebung unendlich oft zwischen den beiden Winkelhalbierenden $x \mapsto x$ und $x \mapsto -x$ hin und her schwingt, macht dies der Graph der Funktion (2.7) zwischen den beiden Parabeln $x \mapsto x^2$ und $x \mapsto -x^2$. Dies „zwingt" den Graphen von f zu einer waagrechten Tangente im Nullpunkt.[4]   ♡

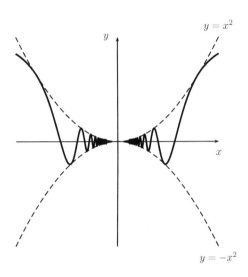

Abbildung 2.3: Die Funktion (2.7) (angedeutet)

In den Beispielen 2.6 und 2.7 ist die gegebene Funktion f überall stetig und lediglich in einem Punkt nicht differenzierbar (nämlich im Nullpunkt). Natürlich kann man leicht stetige Funktionen konstruieren, die in endlich vielen Punkten nicht differenzierbar sind. Das folgende Beispiel ist allerdings so extrem, wie es nur möglich ist:

Beispiel 2.9. Sei $f : \mathbb{R} \to \mathbb{R}$ die Weierstraß-Funktion aus Beispiel 1.34. Wie wir dort gezeigt haben, ist diese Funktion auf ganz $\mathbb{R}$ stetig, aber auf keinem noch so kleinen Intervall monoton. Der Grund hierfür lag darin, dass in jedem Punkt $x_0 \in \mathbb{R}$ die Abschätzungen

$$f(x_0 + h_m) - f(x_0) \geq h_m > 0, \qquad f(x_0 - h_m) - f(x_0) \geq h_m > 0$$

gelten, wobei $h_m := 4^{-(2m+1)}$ mit $m \in \mathbb{N}$ ist. Dies zeigt, dass der Grenzwert (2.1) nicht existieren kann, die Funktion f mithin in x_0 nicht differenzierbar ist. Damit haben wir hier das extreme Beispiel einer Funktion vor uns, die *in jedem Punkt stetig, aber in keinem Punkt differenzierbar ist.*   ♡

Ist eine Funktion $f : M \to \mathbb{R}$ auf ganz M differenzierbar, so können wir ihre Ableitung als neue Funktion $f' : M \to \mathbb{R}$ auffassen. Beispielsweise haben wir gesehen, dass die

---

[4]Diesem Beispiel liegt ein allgemeines Prinzip zugrunde, welches in Aufgabe 2.23 beschrieben wird.

durch $f(x) := x^n$ $(n = 1, 2, 3, \ldots)$ auf ganz $\mathbb{R}$ definierte Funktion f dort die Ableitungsfunktion f' mit $f'(x) = nx^{n-1}$ besitzt. Aber die Ableitungsfunktion f' *existiert* nicht nur auf ganz $\mathbb{R}$, sondern sie ist dort auch *stetig*. In diesem Fall nennt man die Funktion f selbst stetig differenzierbar:[5]

Definition 2.10. Sei $M \subseteq \mathbb{R}$ und $f : M \to \mathbb{R}$ eine Funktion. Ist f auf M differenzierbar mit stetiger Ableitungsfunktion $f' : M \to \mathbb{R}$, so nennt man f *stetig differenzierbar auf* M. Die Menge aller auf M stetig differenzierbaren Funktionen bezeichnen wir im folgenden mit $C^1(M)$. $\square$

In Analogie zu Definition 1.52 bezeichnen wir noch mit $B^1(M)$ die Klasse aller differenzierbaren Funktionen $f : M \to \mathbb{R}$, deren Ableitung beschränkt ist, also

$$(2.8) \qquad\qquad B^1(M) := \{f \in D^1(M) : f' \in B(M)\}.$$

Im Falle $M = [a, b]$ sind die Klassen der stetigen, differenzierbaren und stetig differenzierbaren Funktionen auf M sowie die soeben eingeführte Klasse (2.8) also durch die Inklusionen

$$(2.9) \qquad\qquad C^1([a, b]) \subseteq B^1([a, b]) \subseteq D^1([a, b]) \subseteq C([a, b])$$

geordnet. Die Beispiele 2.6 und 2.7 zeigen, dass die letzte Inklusion in (2.9) strikt ist. Dass auch die anderen beiden Inklusionen in (2.9) strikt sind, werden wir später zeigen; hierzu müssen wir allerdings erst einige Ableitungsregeln herleiten.

Die folgenden Sätze 2.11 und 2.12 (über Differenzierbarkeit) stellen wörtliche Analoga zu den Sätzen 1.17 und 1.18 (über Stetigkeit) dar.

Satz 2.11. *Seien $M \subseteq \mathbb{R}$ und $x_0 \in M$. Sind dann zwei Funktionen $f, g : M \to \mathbb{R}$ differenzierbar in x_0, so sind auch die Funktionen $f + g$, $f - g$, $f \cdot g$ und (falls definiert!) f/g differenzierbar in x_0. Hierbei gelten die Regeln*

$$(2.10) \qquad\qquad (f \pm g)'(x_0) = f'(x_0) \pm g'(x_0),$$

$$(2.11) \qquad\qquad (f \cdot g)'(x_0) = f'(x_0)g(x_0) + f(x_0)g'(x_0)$$

sowie

$$(2.12) \qquad\qquad \left(\frac{f}{g}\right)'(x_0) = \frac{f'(x_0)g(x_0) - f(x_0)g'(x_0)}{g(x_0)^2}.$$

Beweis: Der Beweis von (2.10) ist sehr einfach; z.B. folgt die Behauptung für die Ableitung der Summe aus

$$(f + g)'(x_0) = \lim_{x \to x_0} \frac{(f + g)(x) - (f + g)(x_0)}{x - x_0}$$

$$= \lim_{x \to x_0} \frac{f(x) - f(x_0)}{x - x_0} + \lim_{x \to x_0} \frac{g(x) - g(x_0)}{x - x_0} = f'(x_0) + g'(x_0).$$

---

[5]Diese Wortzusammensetzung ist *nicht* als „stetig und differenzierbar" zu lesen, denn das wäre nach Satz 2.2 ja ein Pleonasmus. Vielmehr ist damit gemeint, dass der „Differenzierbarkeitsprozess" $x_0 \mapsto f'(x_0)$ stetig von x_0 abhängt. Hier ist das Wort „stetig" also nicht adjektivisch, sondern adverbial zu verstehen; dies sieht man dem deutschen Ausdruck leider nicht an, dem englischen aber sehr wohl, denn dort spricht man von „continuou*s*ly differentiable".

Der Beweis von (2.11) ist etwas komplizierter. Subtraktion und Addition von $f(x_0)g(x)$ ergibt

$$\lim_{x \to x_0} \frac{(f \cdot g)(x) - (f \cdot g)(x_0)}{x - x_0} = \lim_{x \to x_0} \frac{f(x)g(x) - f(x_0)g(x) + f(x_0)g(x) - f(x_0)g(x_0)}{x - x_0}$$

$$= \left(\lim_{x \to x_0} \frac{f(x) - f(x_0)}{x - x_0} \right) \left(\lim_{x \to x_0} g(x) \right) + f(x_0) \lim_{x \to x_0} \frac{g(x) - g(x_0)}{x - x_0}$$

$$= f'(x_0)g(x_0) + f(x_0)g'(x_0).$$

Hierbei haben wir Satz 2.2 benutzt, aufgrund dessen der Grenzwert von $g(x)$ für $x \to x_0$ gleich dem Funktionswert $g(x_0)$ ist.

Es bleibt die Gleichheit (2.12) für den Quotienten f/g im Falle $g(x_0) \neq 0$ zu beweisen. Zunächst bemerken wir, dass aus der Voraussetzung $g(x_0) \neq 0$ und dem Permanenzprinzip (Satz 1.19) folgt, dass auch $g(x) \neq 0$ für $|x - x_0| < \delta$ gilt. Aus der Beziehung

$$\lim_{x \to x_0} \frac{\left(\dfrac{1}{g(x)} - \dfrac{1}{g(x_0)} \right)}{x - x_0} = -\lim_{x \to x_0} \frac{\dfrac{g(x) - g(x_0)}{g(x)g(x_0)}}{x - x_0}$$

$$= -\left(\lim_{x \to x_0} \frac{g(x) - g(x_0)}{x - x_0} \right) \left(\lim_{x \to x_0} \frac{1}{g(x)g(x_0)} \right) = -\frac{g'(x_0)}{g(x_0)^2}$$

folgt zunächst, dass $1/g$ in x_0 differenzierbar ist mit

$$\left(\frac{1}{g} \right)' (x_0) = -\frac{g'(x_0)}{g(x_0)^2}.$$

Kombiniert man dies mit der Formel (2.11) für das Produkt von f und $1/g$, so erhält man die Formel (2.12) für f/g. ∎

Die Gleichheit (2.11) heißt *Produktregel*, die Gleichheit (2.12) *Quotientenregel*. Wählt man die Funktion g in der Produktregel insbesondere konstant, $g(x) \equiv c$, so erhält man $g'(x) \equiv 0$, also

$$(2.13) \qquad (cf)'(x_0) = cf'(x_0),$$

d.h. multiplikative Konstanten werden beim Differenzieren einfach ,,durchgezogen". Additive Konstanten fallen beim Differenzieren dagegen weg.

Natürlich kann man die Regel (2.11) auf Produkte von mehr als zwei Faktoren verallgemeinern. Beispielsweise gilt für drei Faktoren

$$(f \cdot g \cdot h)'(x_0) = f'(x_0)g(x_0)h(x_0) + f(x_0)g'(x_0)h(x_0) + f(x_0)g(x_0)h'(x_0).$$

Aus Satz 2.11 folgt in Kombination mit Beispiel 2.5 insbesondere, dass jede Polynomfunktion

$$(2.14) \qquad p(x) = a_n x^n + a_{n-1} x^{n-1} + \ldots + a_2 x^2 + a_1 x + a_0 \qquad (a_n \neq 0)$$

auf ganz $\mathbb{R}$ differenzierbar ist mit Ableitung

$$p'(x) = na_nx^{n-1} + (n-1)a_{n-1}x^{n-2} + \ldots + 2a_2x + a_1.$$

Insbesondere ist die Ableitung eines Polynom n-ten Grades ein Polynom $(n-1)$-ten Grades. Weiter ist jede rationale Funktion (1.22) überall dort differenzierbar, wo das Nennerpolynom nicht verschwindet, und ihre Ableitung errechnet sich mittels der Quotientenregel (2.12). Beispielsweise ist die rationale Funktion f mit

$$f(x) := \frac{x}{1+x^2}$$

auf ganz $\mathbb{R}$ differenzierbar mit

$$f'(x) = \frac{1 \cdot (1+x^2) - x \cdot 2x}{(1+x^2)^2} = \frac{1-x^2}{(1+x^2)^2}.$$

Der folgende Satz erweitert unseren Vorrat an differenzierbaren Funktionen erheblich:

Satz 2.12. *Seien* $M, N \subseteq \mathbb{R}$ *und* $x_0 \in M^o$. *Ist dann eine Funktion* $f : M \to \mathbb{R}$ *differenzierbar in* x_0 *und eine Funktion* $g : N \to \mathbb{R}$ *mit* $f(M) \subseteq N$ *differenzierbar in* $f(x_0)$, *so ist auch die Funktion* $g \circ f$ *differenzierbar in* x_0. *Hierbei gilt die Regel*

(2.15) $$(g \circ f)'(x_0) = g'(f(x_0))f'(x_0).$$

Beweis: Nach (2.5) gibt es eine in x_0 stetige Abbildung $r : M \to \mathbb{R}$ mit $r(x_0) = 0$ und

$$f(x) = f(x_0) + f'(x_0)(x-x_0) + r(x)(x-x_0) \qquad (x \in M)$$

sowie eine in $y_0 := f(x_0)$ stetige Abbildung $s : N \to \mathbb{R}$ mit $s(y_0) = 0$ und

$$g(y) = g(y_0) + g'(y_0)(y-y_0) + s(y)(y-y_0) \qquad (y \in f(M)).$$

Einsetzen von $y = f(x) \in f(M) \subseteq N$ ergibt dann

$$g(f(x)) - g(f(x_0)) = g'(f(x_0))[f(x) - f(x_0)] + s(f(x))[f(x) - f(x_0)]$$

(2.16) $$= g'(f(x_0))\left[f'(x_0)(x-x_0) + r(x)(x-x_0)\right] + s(f(x))[f(x) - f(x_0)]$$

$$= g'(f(x_0))f'(x_0)(x-x_0) + t(x)(x-x_0),$$

wobei wir abkürzend

$$t(x) := g'(f(x_0))r(x) + s(f(x))f'(x_0) + s(f(x))r(x)$$

gesetzt haben. Als Komposition stetiger Funktionen ist t nach Satz 1.18 stetig in x_0, und offensichtlich gilt auch $t(x_0) = 0$. Aus Aufgabe 2.12 und der Darstellung (2.16) folgt, dass $g \circ f$ in x_0 differenzierbar ist mit (2.15).   ∎

Die überaus wichtige Gleichheit (2.15) wird *Kettenregel* genannt, weil sie beschreibt, dass man beim Ableiten zweier „verketteter" Funktionen f und g jedes Glied der „Kette" $g \circ f$ nacheinander ableiten und anschließend die einzelnen Ableitungen miteinander multiplizieren muss. Natürlich gilt ein entsprechendes Ergebnis auch für längere „Ketten"; z.B. hat die Komposition $h \circ g \circ f$ in x_0 die Ableitung

$$(2.17) \qquad (h \circ g \circ f)'(x_0) = h'(g(f(x_0)))g'(f(x_0))f'(x_0).$$

Als unmittelbare Anwendung von Satz 2.12 betrachten wir nun das Problem der Differenzierbarkeit der Umkehrfunktion einer bijektiven differenzierbaren Funktion. Sei dazu $I \subseteq \mathbb{R}$ ein Intervall und $f : I \to f(I)$ eine bijektive stetige Funktion, die in $x_0 \in I$ differenzierbar sei. Aus Satz 1.63 wissen wir, dass $f(I)$ dann auch ein Intervall ist, und aus Satz 1.37 folgt wiederum, dass f streng monoton mit stetiger Umkehrfunktion $f^{-1} : f(I) \to I$ ist. Und interessieren nun die folgenden beiden Fragen:

- *Folgt aus der Differenzierbarkeit von f in x_0 die Differenzierbarkeit von f^{-1} in $y_0 := f(x_0)$?*

- *Falls ja, können wir dann die Ableitung $(f^{-1})'(y_0)$ durch die Ableitung $f'(x_0)$ ausdrücken?*

Das folgende Beispiel zeigt zunächst, dass die Antwort auf die erste Frage i.a. negativ ist:

Beispiel 2.13. Sei $f : [-1, 1] \to [-1, 1]$ definiert durch $f(x) := x^3$. Es ist klar, dass f dann bijektiv, stetig und streng monoton wachsend ist; die Umkehrfunktion $f^{-1} : [-1, 1] \to [-1, 1]$ ist $f^{-1}(y) = \sqrt[3]{y}$. Nach Beispiel 2.5 ist f überall differenzierbar mit $f'(x) = 3x^2$, und insbesondere im Punkt $x_0 = 0$ gilt $f'(0) = 0$. Allerdings ist f^{-1} in $y_0 = f(x_0) = 0$ *nicht* differenzierbar, denn der Differenzenquotient

$$\frac{f^{-1}(y) - f^{-1}(0)}{y - 0} = \frac{\sqrt[3]{y}}{y} = \frac{1}{y^{2/3}}$$

hat für $y \to 0$ keinen Grenzwert. $\qquad\qquad\qquad\qquad\qquad\qquad\qquad\qquad\heartsuit$

Wie der nächste Satz zeigt, liegt der Grund für die Nichtexistenz der Ableitung von f^{-1} in $y_0 = 0$ genau darin, dass $f'(x_0) = 0$ ist. Ist nämlich $f'(x_0) \neq 0$, so können wir nicht nur die erste der oben aufgeworfenen Fragen positiv beantworten, sondern auch die zweite:

Satz 2.14. *Sei $I \subseteq \mathbb{R}$ ein Intervall und $f : I \to f(I)$ bijektiv und streng monoton. Ist f dann differenzierbar in $x_0 \in I$ mit $f'(x_0) \neq 0$, so ist auch $f^{-1} : f(I) \to I$ differenzierbar in $y_0 := f(x_0)$ und es gilt*

$$(2.18) \qquad (f^{-1})'(y_0) = \frac{1}{f'(x_0)}.$$

Beweis: Zunächst muss man zeigen, dass f^{-1} tatsächlich in y_0 differenzierbar ist; dies überlassen wir der Leserin als Aufgabe 2.13. Mit $g := f^{-1}$ erhalten wir dann $(g \circ f)(x) = x$, also $(g \circ f)'(x) \equiv 1$ für alle $x \in I$. Speziell für $x = x_0$ bekommen wir dann mit der Kettenregel (2.15)

$$1 = (g \circ f)'(x_0) = g'(f(x_0))f'(x_0) = (f^{-1})'(y_0)f'(x_0),$$

was nach Division durch $f'(x_0)$ die Behauptung (2.18) ergibt.   ■

Wir geben jetzt eine Liste von Funktionen an, die alle auf ihrem jeweiligen Definitionsbereich differenzierbar sind; dies sind (bis auf die Betragsfunktion, s. Beispiel 2.6) dieselben Funktionen wie in der Liste im Anschluss an Satz 1.18:

- die Potenzfunktion $x \mapsto x^k$ für $k \in \mathbb{Z}$ mit der Ableitung $x \mapsto kx^{k-1}$;

- die Exponentialfunktion $x \mapsto \exp x$ mit der Ableitung $x \mapsto \exp x$;

- die Logarithmusfunktion $x \mapsto \log x$ mit der Ableitung $x \mapsto 1/x$;

- die allgemeine Potenzfunktion $x \mapsto x^\alpha$ mit der Ableitung $x \mapsto \alpha x^{\alpha-1}$;

- die allgemeine Exponentialfunktion $x \mapsto a^x$ mit der Ableitung $x \mapsto a^x \log a$;

- die Sinusfunktion $x \mapsto \sin x$ mit der Ableitung $x \mapsto \cos x$;

- die Cosinusfunktion $x \mapsto \cos x$ mit der Ableitung $x \mapsto -\sin x$;

- die Tangensfunktion $x \mapsto \tan x$ mit der Ableitung $x \mapsto 1 + \tan^2 x$;

- die Cotangensfunktion $x \mapsto \cot x$ mit der Ableitung $x \mapsto -(1 + \cot^2 x)$;

- die Arcussinusfunktion $x \mapsto \arcsin x$ mit der Ableitung $x \mapsto 1/\sqrt{1-x^2}$;

- die Arcuscosinusfunktion $x \mapsto \arccos x$ mit der Ableitung $x \mapsto -1/\sqrt{1-x^2}$;

- die Arcustangensfunktion $x \mapsto \arctan x$ mit der Ableitung $x \mapsto 1/(1+x^2)$;

- die Arcuscotangensfunktion $x \mapsto \operatorname{arccot} x$ mit der Ableitung $x \mapsto -1/(1+x^2)$;

- die Hyperbelsinusfunktion $x \mapsto \sinh x$ mit der Ableitung $x \mapsto \cosh x$;

- die Hyperbelcosinusfunktion $x \mapsto \cosh x$ mit der Ableitung $x \mapsto \sinh x$;

- die Hyperbeltangensfunktion $x \mapsto \tanh x$ mit der Ableitung $x \mapsto 1 - \tanh^2 x$;

- die Hyperbelcotangensfunktion $x \mapsto \coth x$ mit der Ableitung $x \mapsto 1 - \coth^2 x$.

Wir machen eine Reihe von Kommentaren zu dieser Liste. Einige der Ableitungsformeln (z.B. die für die Exponentialfunktion sowie die Sinus- und Cosinusfunktion) kann man direkt mittels Definition 2.1 herleiten, andere mit Hilfe der Sätze 2.11, 2.12 und 2.14. Hat man etwa bewiesen, dass $\sin' = \cos$ und $\cos' = -\sin$ gilt, so kann man beispielsweise die Ableitung der Tangensfunktion mit der Quotientenregel herleiten: Nach Definition ist ja $\tan x = \sin x / \cos x$, also

$$\tan' x = \frac{d}{dx}\frac{\sin x}{\cos x} = \frac{(\sin' x)(\cos x) - (\sin x)(\cos' x)}{\cos^2 x} = \frac{\cos^2 x + \sin^2 x}{\cos^2 x} = 1 + \tan^2 x$$

wie in der Liste angegeben. Man kann im letzten Schritt aber auch die bekannte Beziehung $\sin^2 x + \cos^2 x \equiv 1$ ausnutzen und erhält alternativ die Beziehung

$$\tan' x = \frac{\cos^2 x + \sin^2 x}{\cos^2 x} = \frac{1}{\cos^2 x},$$

die auch manchmal von Nutzen ist. Analog erhalten wir für die Ableitung der Cotangensfunktion nach der Quotientenregel

$$\cot' x = \frac{d}{dx} \frac{\cos x}{\sin x} = \frac{(\cos' x)(\sin x) - (\cos x)(\sin' x)}{\sin^2 x} = \frac{-\sin^2 x - \cos^2 x}{\sin^2 x} = -1 - \cot^2 x$$

bzw. wieder unter Ausnutzung der Beziehung $\sin^2 x + \cos^2 x \equiv 1$

$$\cot' x = \frac{-\sin^2 x - \cos^2 x}{\sin^2 x} = -\frac{1}{\sin^2 x}.$$

Eine bemerkenswerte Sonderrolle spielt in der Tabelle die Exponentialfunktion, denn sie verändert sich wegen $\exp' = \exp$ nicht beim Differenzieren![6] Man beachte auch, dass die Sinus- und Cosinusfunktion bei Differentiation nicht direkt ineinander übergehen, denn es gilt zwar $\sin' = \cos$, aber $\cos' = -\sin$. Die entsprechenden Hyperbelfunktionen gehen allerdings direkt (d.h. ohne Vorzeichenwechsel) ineinander über, denn es gilt ja $\sinh' = \cosh$ und $\cosh' = \sinh$.

Auch Satz 2.14 über die Ableitung der Umkehrfunktion haben wir in der Liste oben benutzt. Beispielsweise wissen wir ja, dass die Funktion $\exp : \mathbb{R} \to (0, \infty)$ bijektiv, stetig und streng monoton wachsend ist, also ein Homöomorphismus. Da nach der Liste $\exp' x = \exp x$ gilt und die Expontialfunktion nie Null wird, können wir aus Satz 2.14 folgern, dass ihre Umkehrfunktion $\log : (0, \infty) \to \mathbb{R}$ in jedem Punkt $y \in (0, \infty)$ differenzierbar ist. Die Formel (2.18) sagt uns sogar, wie die Ableitung aussieht: Mit $x_0 := \log y_0$ muss

$$\log' y_0 = \frac{1}{\exp x_0} = \frac{1}{\exp(\log y_0)} = \frac{1}{y_0}$$

gelten, und genau so steht es beim Logarithmus in der Liste.[7]

Aus dem Katalog differenzierbarer Funktionen oben können wir mittels der Sätze 2.11, 2.12 und 2.14 wieder viele neue Funktionen als differenzierbar erkennen. Beispielsweise folgt daraus, dass die Funktion f aus Beispiel 1.14, die im Nullpunkt ja nicht einmal stetig ist, in allen anderen Punkten der reellen Achse sogar differenzierbar ist. In der Tat, sie ist auf $\mathbb{R} \setminus \{0\}$ Komposition der differenzierbaren Potenzfunktion $x \mapsto 1/x$ und der differenzierbaren Sinusfunktion $y \mapsto \sin y$ und damit nach Satz 2.12 auf $\mathbb{R} \setminus \{0\}$ differenzierbar mit Ableitung

$$f'(x) = \cos \frac{1}{x} \cdot (-\frac{1}{x^2}) = -\frac{1}{x^2} \cos \frac{1}{x} \qquad (x \neq 0).$$

Eine Anwendung der Produktregel (2.11) und der Kettenregel (2.15) zeigt, dass auch die Funktion f aus Beispiel 2.7 in jedem Punkt $x \in \mathbb{R} \setminus \{0\}$ differenzierbar ist mit

$$f'(x) = \sin \frac{1}{x} + x \cos \frac{1}{x} \cdot (-\frac{1}{x^2}) = \sin \frac{1}{x} - \frac{1}{x} \cos \frac{1}{x} \qquad (x \neq 0),$$

---

[6]Man kann zeigen, dass die Exponentialfunktion $f(x) = \exp x$ die einzige differenzierbare Funktion ist, die den beiden Bedingungen $f'(x) \equiv f(x)$ sowie $f(0) = 1$ genügt. Solche Bedingungen bezeichnet man als Anfangswertprobleme für Differentialgleichungen; ihnen ist der letzte Abschnitt dieses Kapitels gewidmet.

[7]Man sieht hier übrigens, dass der Definitionsbereich einer Ableitung f' ein anderer sein kann als der der Funktion f selbst: Die Logarithmusfunktion $x \mapsto \log x$ ist ja nur auf $(0, \infty)$, die Funktion $x \mapsto 1/x$ dagegen auf $(-\infty, 0) \cup (0, \infty)$ definiert. Die Erklärung ist, dass die Funktion $x \mapsto 1/x$ natürlich nur auf $(0, \infty)$ die Ableitung der Funktion $x \mapsto \log x$ ist; auf $(-\infty, 0)$ ist sie dagegen die Ableitung der Funktion $x \mapsto \log(-x)$. Aus diesem Grund wir in manchen Büchern die Funktion $x \mapsto 1/x$ als Ableitung der Funktion $x \mapsto \log |x|$ für $x \neq 0$ angegeben.

und ebenfalls die Funktion f aus Beispiel 2.8 mit

$$(2.19) \qquad f'(x) = 2x \sin \frac{1}{x} + x^2 \cos \frac{1}{x} \cdot (-\frac{1}{x^2}) = 2x \sin \frac{1}{x} - \cos \frac{1}{x} \qquad (x \neq 0).$$

An dieser Stelle können wir nun endlich auch zeigen, dass die Funktion f aus Beispiel 2.8 zur Klasse $B^1([0,1])$, aber nicht zur Klasse $C^1([0,1])$ gehört, und dass damit auch die erste Inklusion in (2.9) strikt ist.

In der Tat, die Differenzierbarkeit von f im Nullpunkt (mit $f'(0) = 0$) haben wir schon in Beispiel 2.8 bewiesen. In einem Punkt $x \neq 0$ hat f die Ableitung (2.19), wie eben gezeigt, und diese Ableitung ist auf $[0,1]$ natürlich beschränkt. Wäre f in 0 stetig differenzierbar, so müsste die Funktion (2.19) für $x \to 0$ den Grenzwert $f'(0) = 0$ haben. Aber der letzte Term in (2.19) hat keinen Grenzwert für $x \to 0$; vielmehr hat f' in 0 eine Unstetigkeitsstelle 2. Art!

Mittels der Kettenregeln (2.15) und (2.17) können wir nun auch komplizierte zusammengesetzte Funktionen differenzieren. Beispielsweise können wir die durch

$$(2.20) \qquad \phi(x) := \sin(\exp(x^3))) \qquad (x \in \mathbb{R})$$

definierte Abbildung als Komposition $\phi = h \circ g \circ f$ mit $f(x) := x^3$, $g(y) := \exp y$ und $h(z) := \sin z$ schreiben; nach (2.17) hat ihre Ableitung daher die Form

$$\phi'(x) = (h \circ g \circ f)'(x) = 3x^2 \exp(x^3) \cos(\exp(x^3)).$$

In ähnlicher Weise können wir die durch

$$(2.21) \qquad \psi(x) := \arcsin \sqrt{1 - x^3} \qquad (0 < x < 1)$$

definierte Abbildung als Komposition $\psi = h \circ g \circ f$ mit $f(x) := 1 - x^3$, $g(y) := \sqrt{y}$ und $h(z) := \arcsin z$ schreiben mit der Ableitung

$$(2.22) \qquad \psi'(x) = (h \circ g \circ f)'(x) = \frac{1}{\sqrt{1 - (1 - x^3)}} \frac{-3x^2}{2\sqrt{1 - x^3}} = -\frac{3}{2} \frac{x}{\sqrt{x(1 - x^3)}}.$$

Die Liste im Anschluss an Satz 2.14 ordnet einigen wichtigen Funktionen ihre Ableitung zu; insbesondere interessierte uns bisher ausschließlich die Frage, ob eine gegebene Funktion f überhaupt eine Ableitung f' *besitzt*. Umgekehrt kann man aber auch fragen, ob eine gegebene Funktion f die Ableitung einer anderen (eventuell noch zu ermittelnden) Funktion F *ist*, d.h. ob wir f in der Form $f = F'$ mit geeignetem F schreiben können. Dies führt auf die folgende

Definition 2.15. Sei $M \subseteq \mathbb{R}$ und $f : M \to \mathbb{R}$ eine Funktion. Dann nennt man jede Funktion $F : M \to \mathbb{R}$, die $F'(x) = f(x)$ für alle $x \in M$ erfüllt, eine *Stammfunktion von f auf M*. Die Menge aller Funktionen $f : M \to \mathbb{R}$, die eine Stammfunktion besitzen, bezeichnen wir mit $St(M)$. $\qquad\qquad\qquad\qquad\qquad\qquad\qquad\qquad\qquad\qquad\qquad\qquad\qquad\qquad\qquad\quad\square$

Das Aufsuchen einer Stammfunktion ist also genau das Umgekehrte wie das Bilden der Ableitung.[8] Wir weisen besonders darauf hin, dass Stammfunktionen im Gegensatz zu

---

[8]Im Englischen gibt es dazu sehr suggestive Namen: Die Ableitung einer Funktion wird *derivative* genannt, eine Stammfunktion dagegen *antiderivative*, also „Gegenableitung". Im Studentenjargon wird das Bilden einer Stammfunktion auch manchmal mit dem hübschen Wort „Aufleiten" bezeichnet, weil es die Gegenoperation zum „Ableiten" darstellt.

Ableitungen *nie eindeutig sind*, denn wir können zu einer Stammfunktion F natürlich immer eine Konstante addieren und erhalten wieder eine Stammfunktion.[9] Es ist also sprachlich unkorrekt, von „der" Stammfunktion zu sprechen, sondern man sollte immer „eine" Stammfunktion sagen. Beispielsweise ist $F(x) = \sin x$ eine Stammfunktion zu $f(x) = \cos x$ auf ganz $\mathbb{R}$, aber auch $F_1(x) = \sin x + 1$ oder $F_{-100}(x) = \sin x - 100$ oder allgemein $F_c(x) = \sin x + c$ für jedes $c \in \mathbb{R}$.

Für spätere Zwecke ist es nützlich, Stammfunktionen „gängiger" Funktionen bereitzuhalten. Einige Stammfunktionen kann man einfach aus der Liste im Anschluss an Satz 2.14 herleiten, indem man diese Liste „von rechts nach links" liest. Einige weitere Stammfunktionen, die man nicht leicht erraten kann, geben wir in der folgenden Tabelle 2.1. Hierbei sind alle Funktionen jeweils auf ihrem natürlichen Definitionsbereich zu betrachten.

Funktion f	Stammfunktion F
$\sin x$	$-\cos x$
$\cos x$	$\sin x$
$\tan x$	$-\log(\cos x)$
$\cot x$	$\log(\sin x)$
$\sin^2 x$	$\frac{1}{2}(x - \sin x \cos x)$
$\cos^2 x$	$\frac{1}{2}(x + \sin x \cos x)$
$\tan^2 x$	$\tan x - x$
$\cot^2 x$	$-\cot x - x$
$\sinh x$	$\cosh x$
$\cosh x$	$\sinh x$
$\tanh x$	$\log(\cosh x)$
$\coth x$	$\log(\sinh x)$
$\sinh^2 x$	$\frac{1}{2}(\sinh x \cosh x - x)$
$\cosh^2 x$	$\frac{1}{2}(\sinh x \cosh x + x)$
$\tanh^2 x$	$x - \tanh x$
$\coth^2 x$	$x - \coth x$

Funktion f	Stammfunktion F
$\sqrt{1 - x^2}$	$\frac{1}{2}\left(x\sqrt{1 - x^2} + \arcsin x\right)$
$\sqrt{x^2 - 1}$	$\frac{1}{2}\left(x\sqrt{x^2 - 1} - \log(x + \sqrt{x^2 - 1})\right)$
$\sqrt{1 + x^2}$	$\frac{1}{2}\left(x\sqrt{x^2 + 1} + \log(x + \sqrt{x^2 + 1})\right)$
$\dfrac{1}{1 - x^2}$	$\dfrac{1}{2}\log\dfrac{1 + x}{1 - x}$
$\dfrac{1}{1 + x^2}$	$\arctan x$
$\dfrac{1}{\sqrt{1 - x^2}}$	$\arcsin x$
$\dfrac{1}{\sqrt{x^2 - 1}}$	$\log(x + \sqrt{x^2 - 1})$
$\dfrac{1}{\sqrt{1 + x^2}}$	$\log(x + \sqrt{1 + x^2})$
$\arcsin x$	$x \arcsin x + \sqrt{1 - x^2}$
$\arccos x$	$x \arccos x - \sqrt{1 - x^2}$
$\arctan x$	$x \arctan x - \frac{1}{2}\log(1 + x^2)$
$\mathrm{arccot} x$	$x\,\mathrm{arccot} x + \frac{1}{2}\log(1 + x^2)$
$\dfrac{1}{\sin x}$	$\log\left(\tan\dfrac{x}{2}\right)$
$\dfrac{1}{\cos x}$	$\log\left(\tan\left[\dfrac{x}{2} + \dfrac{\pi}{4}\right]\right)$

Tab. 2.1: Einige Stammfunktionen

---

[9]Später werden wir sehen (Satz 2.32), dass dies bei Funktionen auf Intervallen schon alle möglichen Stammfunktionen ergibt.

Natürlich folgt aus $f, g \in St([a, b])$ sofort $f \pm g \in St([a, b])$, denn ist F Stammfunktion zu f und G Stammfunktion zu g, so ist nach (2.10) $F \pm G$ Stammfunktion zu $f \pm g$. Das entsprechende Problem für das Produkt ist ungleich schwieriger: Wir bemerken an dieser Stelle nur, dass aus $f, g \in St([a, b])$ weder $|f| \in St([a, b])$ noch $f^2 \in St([a, b])$ noch $f \cdot g \in St([a, b])$ noch $g \circ f \in St([a, b])$ folgt! Dieses erstaunliche Ergebnis werden wir im nächsten Kapitel durch Gegenbeispiele beweisen (s. Beispiel 3.26 und Beispiel 3.27); es zeigt, dass die Klasse $St([a, b])$ sich gegenüber algebraischen Operationen viel „widerspenstiger" verhält als z.B. die Klassen $C([a, b])$ (s. Satz 1.17 und Satz 1.18) oder $D^1([a, b])$ (s. Satz 2.11 und Satz 2.12).

An dieser Stelle erhebt sich eine andere naheliegende Frage:

- *Welche Funktionen besitzen überhaupt eine Stammfunktion?*

Dies ist ein äußerst delikates Problem, wie wir noch sehen werden, da man es einer Funktionen jedenfalls erheblich schwieriger „ansehen kann", ob sie zu $St([a, b])$ gehört als z.B. zu $C([a, b])$, $D^1([a, b])$ oder $C^1([a, b])$. Es gibt allerdings ein nützliches *notwendiges* (aber leider nicht hinreichendes) Kriterium für die Zugehörigkeit zur Klasse $St([a, b])$: Eine solche Funktion kann keine Unstetigkeitsstelle 1. Art haben, also „springen". Dies ist eine unmittelbare Folgerung aus dem folgenden wichtigen Satz.

Satz 2.16. *Sei $I \subseteq \mathbb{R}$ ein Intervall und sei $f : I \to \mathbb{R}$ eine Funktion mit Stammfunktion. Dann hat f auf I die Zwischenwerteigenschaft.*

Beweis: Sei $[a, b] \subseteq I$ ein beliebiges Intervall, und o.B.d.A. gelte $f(a) < 0 < f(b)$; wir müssen die Existenz eines $\xi \in (a, b)$ mit $f(\xi) = 0$ nachweisen.[10]

Wegen $F'(a) = f(a) < 0$ und $F'(b) = f(b) > 0$ finden wir ein $\delta > 0$ derart, dass auch

$$(2.23) \qquad \frac{F(x) - F(a)}{x - a} < 0 \qquad (a < x < a + \delta)$$

sowie

$$(2.24) \qquad \frac{F(b) - F(x)}{b - x} > 0 \qquad (b - \delta < x < b)$$

gilt. Aus (2.23) folgt aber $F(x) < F(a)$ für $a < x < a + \delta$, und aus (2.24) folgt $F(x) < F(b)$ für $b - \delta < x < b$. Nach Satz 1.54 gibt es wegen der Stetigkeit von F ein $\xi \in [a, b]$ mit

$$F(\xi) = \min \{F(x) : a \le x \le b\},$$

und wegen der soeben erhaltenen Abschätzungen für $F(x)$ in der Nähe von a und b muss $\xi \in (a, b)$ gelten. Hieraus folgt aber, wie wir später noch zeigen werden, dass $F'(\xi) = 0$ ist,[11] und das war gerade zu zeigen.   ∎

Wir können Satz 2.16 natürlich auch ohne den Begriff der Stammfunktion so formulieren: *Jede Ableitung hat die Zwischenwerteigenschaft.* Dieser Satz ist besonders als

---

[10]Ist allgemein $\eta \in (f(a), f(b))$, so können wir von f zur Funktion $f_\eta(x) := f(x) - \eta x$ übergehen, um die volle Aussage von Satz 2.16 zu erhalten. Einen Alternativbeweis von Satz 2.16, der auf dem Zwischenwertsatz für stetige Funktionen fußt, werden wir im Anschluss an Beispiel 2.29 unten geben.

[11]Die Tatsache, dass an Extrema differenzierbarer Funktionen eine waagrechte Tangente vorliegt, lernt man meist schon in der Schule. Allerdings ist hierbei wichtig, dass das betreffende Extremum wirklich *im Inneren* des betrachteten Intervalls liegt; aus diesem Grund mussten wir begründen, warum $\xi \in (a, b)$ gilt.

Kontraposition gut anwendbar: Hat eine Funktion nicht die Zwischenwerteigenschaft (z.B. weil sie an einer Stelle springt), so kann sie nicht Ableitung einer anderen Funktion sein. Beispielsweise kann es keine differenzierbare Funktion $F : [-1, 1] \to \mathbb{R}$ geben mit $F'(x) = \operatorname{sgn} x$ (s. Beispiel 1.8).

Unter Benutzung der Schreibweise aus Definition 1.65 können wir die Aussage von Satz 2.16 für Intervalle in der Inklusion

$$(2.25) \qquad\qquad St([a, b]) \subseteq Zw([a, b])$$

zusammenfassen. Im nächsten Kapitel werden wir noch zeigen, dass *jede stetige Funktion eine Stammfunktion besitzt*, dass also die Inklusion

$$(2.26) \qquad\qquad C([a, b]) \subseteq St([a, b])$$

gilt. Durch Kombination von (2.25) und (2.26) erhält man dann ohne weiteres Zutun die Inklusion

$$C([a, b]) \subseteq Zw([a, b]),$$

die ist nichts anderes als die Aussage des Zwischenwertsatzes für stetige Funktionen (Satz 1.63) ist.

Satz 2.16, der in der Literatur oft als *Zwischenwertsatz für Ableitungen* oder als *Zwischenwertsatz von Darboux* bezeichnet wird,[12] ist sehr bemerkenswert. Wir wissen schon, dass durchaus auch unstetige Funktionen die Zwischenwerteigenschaft haben können; nach Satz 2.16 dürfen sie dann aber nur Unstetigkeitsstellen 2. Art haben. Dieses Phänomen haben wir schon in Beispiel 1.66 anhand der Funktion

$$(2.27) \qquad\qquad f(x) := \begin{cases} \sin\dfrac{1}{x} & \text{für } x \neq 0, \\ 0 & \text{für } x = 0 \end{cases}$$

etwa auf dem Intervall $[-1, 1]$ diskutiert: Diese Funktion ist in 0 unstetig, hat aber natürlich die Zwischenwerteigenschaft auf $[-1, 1]$. Später (Beispiel 3.22) werden wir zeigen, dass die Funktion (2.27) sogar eine Stammfunktion besitzt! Damit folgt die Zwischenwerteigenschaft dieser Funktion auch aus der Inklusion (2.25).

Ist $M \subseteq \mathbb{R}$ und $f : M \to \mathbb{R}$ auf M differenzierbar, so können wir die Ableitung als eigenständige Funktion $f' : M \to \mathbb{R}$ betrachten. Die Funktion f' kann ihrerseits auf ganz M stetig sein (in diesem Fall wollten wir $f \in C^1(M)$ schreiben) oder nicht (wie etwa die Funktion in Beispiel 2.8). Ist die Funktion f' in einem Punkt $x_0 \in M$ sogar wieder differenzierbar, so nennen wir f *zweimal differenzierbar* in x_0 und definieren die *zweite Ableitung* rekursiv durch

$$f''(x_0) := (f')'(x_0) = \lim_{x \to x_0} \frac{f'(x) - f'(x_0)}{x - x_0} = \lim_{h \to 0} \frac{f'(x_0 + h) - f'(x_0)}{h}.$$

Beispielsweise hat die Funktion f aus Beispiel 2.5, also $f(x) = x^n$, die erste Ableitung $f'(x) = nx^{n-1}$ und die zweite Ableitung $f''(x) = n(n-1)x^{n-2}$. Die komplizierteren Funktionen ϕ aus (2.20) und ψ aus (2.21) haben die zweiten Ableitungen

$$\phi''(x) = 3x \exp(x^3)\left[2\cos(\exp(x^3)) + 3x^3\cos(\exp(x^3)) - 3x^3\exp(x^3)\sin(\exp(x^3))\right]$$

---

[12]nach Gaston Darboux (1842-1917); wegen Satz 2.16 werden Funktionen mit der Zwischenwerteigenschaft manchmal als *Darboux-stetig* bezeichnet.

bzw.

$$\psi''(x) = -\frac{3}{4}\frac{1+2x^3}{(1-x^3)\sqrt{x(1-x^3)}}.$$

Allgemein gibt dies Anlass zu der folgenden Definition.

Definition 2.17. Für $k = 1, 2, 3, \ldots$ wird die *k-te Ableitung* einer Funktion $f : M \to \mathbb{R}$ in $x_0 \in M$ rekursiv durch

$$(2.28) \qquad f''(x_0) := (f')'(x_0), \ldots, f^{(k)}(x_0) := (f^{(k-1)})'(x_0)$$

definiert (falls sie existiert!).[13] Andere gängige Bezeichnungsweisen hierfür sind

$$(2.29) \qquad f^{(k)}(x_0) = \frac{d^k}{dx^k}f(x_0) = \frac{d^k}{dx^k}f(x)\bigg|_{x=x_0}.$$

Existiert die k-te Ableitung $f^{(k)}(x_0)$ von f in jedem Punkt $x_0 \in M$, so schreiben wir $f \in D^k(M)$; ist $f^{(k)}$ sogar stetig auf M, so schreiben wir $f \in C^k(M)$. $\qquad\square$

Die Schreibweisen $f \in D^k(M)$ und $f \in C^k(M)$ aus Definition 2.17 sind offenbar mit der Notation aus den Definitionen 2.1 bzw. 2.10 (für $k = 1$) kompatibel. Ist eine Funktion f auf einer Menge M sogar beliebig oft differenzierbar, so benutzen wir hierfür die Schreibweise $f \in C^\infty(M)$; solche Funktionen kann man sich als „sehr glatt" vorstellen.

Wie im Anschluss an Definition 2.10 bezeichnen wir noch mit $B^k(M)$ die Klasse aller k-mal differenzierbaren Funktionen $f : M \to \mathbb{R}$, deren k-te Ableitung auf M beschränkt ist, also

$$(2.30) \qquad B^k(M) := \{f \in D^k(M) : f^{(k)} \in B(M)\}.$$

Im Falle $M = [a, b]$ können wir die Inklusionskette (2.9) also ausbauen zu

$$(2.31) \qquad \begin{aligned} C^\infty([a,b]) &\subseteq \ldots \subseteq C^k([a,b]) \subseteq B^k([a,b]) \subseteq D^k([a,b]) \subseteq \ldots \\ &\ldots \subseteq C^1([a,b]) \subseteq B^1([a,b]) \subseteq D^1([a,b]) \subseteq C([a,b]). \end{aligned}$$

Wir haben schon gezeigt, dass die Inklusionen $C^1([a,b]) \subset B^1([a,b])$ und $D^1([a,b]) \subset C([a,b])$ in (2.9) strikt sind. Nun beweisen wir mit zwei Beispielen, dass auch die Inklusionen $D^2([a,b]) \subset C^1([a,b])$ und $C^2([a,b]) \subset B^2([a,b])$ strikt sind.

Beispiel 2.18. Sei $f : [0,1] \to \mathbb{R}$ definiert durch

$$(2.32) \qquad f(x) := \begin{cases} x^3 \sin\dfrac{1}{x} & \text{für } 0 < x \le 1, \\[2mm] 0 & \text{für } x = 0. \end{cases}$$

---

[13]Während man für die ersten drei Ableitungen noch die recht lesbaren Schreibweisen $f'(x_0)$, $f''(x_0)$ und $f'''(x_0)$ benutzen kann, wird dies ab $f''''(x_0)$ schon zu umständlich, weswegen man stattdessen dann lieber $f^{(4)}(x_0)$ schreibt. Hierbei darf man die Klammern um den Exponenten nicht vergessen, weil die Schreibweise $f^4(x_0)$ mit der vierten Potenz oder vierten Iteration von f verwechselt werden könnte. Übrigens ist in (2.29) auch $k = 0$ zugelassen, was als $f^{(0)}(x) := f(x)$ definiert wird.

Offenbar gilt $f \in C^\infty((0,1])$, also müssen wir nur den Nullpunkt untersuchen. Wir behaupten, dass f im Nullpunkt zwar einmal stetig differenzierbar ist (mit einer auf $[0,1]$ beschränkten Ableitung), aber nicht zweimal differenzierbar.

In der Tat, wie in Beispiel 2.8 beweist man leicht, dass $f'(0) = 0$ ist. Für $x \neq 0$ erhalten wir nach der Produkt- und Kettenregel

$$f'(x) = 3x^2 \sin \frac{1}{x} + x^3 \cos \frac{1}{x} \cdot \left(-\frac{1}{x^2}\right) = 3x^2 \sin \frac{1}{x} - x \cos \frac{1}{x}.$$

Damit hat $f'(x)$ aber einen Grenzwert für $x \to 0$, nämlich 0. Dies zeigt, dass die Funktion f' im Nullpunkt tatsächlich stetig ist, f selbst also stetig differenzierbar.

Allerdings ist f im Nullpunkt nicht zweimal differenzierbar, denn der Differenzenquotient

$$\frac{f'(x) - f'(0)}{x - 0} = 3x \sin \frac{1}{x} - \cos \frac{1}{x}$$

hat wegen des letzten Terms keinen Grenzwert für $x \to 0$. Insgesamt haben wir gezeigt, dass $f \in C^1([0,1]) \setminus D^2([0,1])$ gilt. ♡

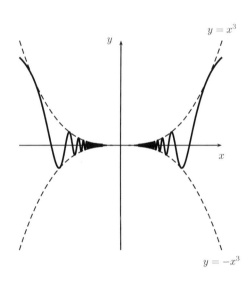

Abbildung 2.4: Die Funktion (2.32) (angedeutet)

Obwohl die Graphen der Funktionen (2.7) und (2.32) sehr ähnlich aussehen, haben sie im Nullpunkt doch ein sehr unterschiedliches Verhalten, was ihre Tangenten dort angeht. Da die Funktion (2.7) in $x_0 = 0$ zwar differenzierbar, aber nicht stetig differenzierbar ist, kommt die durch den *fixierten* Punkt $(0,0)$ und einen „frei laufenden" Punkt $(x, f(x))$ auf dem Graphen festgelegte *Sekante* beim Grenzübergang $x \to 0$ zwar in eine (waagrechte) Ruhelage; verfolgt man allerdings die *Tangente* an einem beliebigen Punkt $(x, f(x))$ des Graphen, wenn $x \to 0$ strebt, dann kommt diese Tangente *nicht* zur Ruhe. Bei der C^1-Funktion (2.32) kommt dagegen beim Grenzübergang $x \to 0$ auch die Tangente in eine (waagrechte) Ruhelage.

Beispiel 2.19. Sei $f : [0,1] \to \mathbb{R}$ definiert durch

$$(2.33) \qquad\qquad f(x) := \begin{cases} x^4 \sin \dfrac{1}{x} & \text{für} \quad 0 < x \le 1, \\[2mm] 0 & \text{für} \quad x = 0. \end{cases}$$

Offenbar gilt auch hier $f \in C^\infty((0,1])$, also müssen wir wieder nur den Nullpunkt untersuchen. Wir behaupten, dass f im Nullpunkt zweimal differenzierbar ist (mit auf $[0,1]$ beschränkter 2. Ableitung), aber nicht zweimal stetig differenzierbar.

In der Tat, hier erhalten wir für die erste Ableitung in $x \neq 0$

$$f'(x) = 4x^3 \sin \frac{1}{x} + x^4 \cos \frac{1}{x} \cdot \left(-\frac{1}{x^2}\right) = 4x^3 \sin \frac{1}{x} - x^2 \cos \frac{1}{x},$$

für die zweite Ableitung also

$$(2.34) \qquad\qquad f''(x) = 12x^2 \sin \frac{1}{x} - 6x \cos \frac{1}{x} - \sin \frac{1}{x},$$

und dies ist eine auf $(0,1]$ beschränkte Funktion. Für den Nullpunkt erhalten wir die Existenz (und den Wert) von $f''(0)$ direkt aus dem Grenzwert des Differenzenquotienten, nämlich

$$f''(0) = \lim_{x \to 0} \frac{f'(x) - f'(0)}{x - 0} = \lim_{x \to 0} \left(4x^2 \sin \frac{1}{x} - x \cos \frac{1}{x}\right) = 0.$$

Allerdings zeigt ein Vergleich mit (2.34), dass $f''(x)$ wegen des letzten Terms für $x \to 0$ keinen Grenzwert besitzt, f'' im Nullpunkt also nicht stetig ist. Insgesamt haben wir damit gezeigt, dass $f \in B^2([0,1]) \setminus C^2([0,1])$ gilt. $\qquad\qquad\qquad\qquad\heartsuit$

Die Idee dieser beiden Beispiele ist klar: Für $n \in \mathbb{N}_0$ betrachtet man eine Funktion $f_n : \mathbb{R} \to \mathbb{R}$, definiert durch

$$(2.35) \qquad\qquad f_n(x) := \begin{cases} x^n \sin \dfrac{1}{x} & \text{für} \quad x \neq 0, \\[2mm] 0 & \text{für} \quad x = 0, \end{cases}$$

wobei zu erwarten ist, dass die Funktion f_n mit wachsendem n in ihren Glattheitseigenschaften immer „besser" wird. Auf diese Art und Weise kann man auch durch eine geeignete Wahl von n ein vorgeschriebenes Glattheitsverhalten erreichen und damit zeigen, dass tatsächlich *alle* Inklusionen in (2.31) strikt sind.[14] Wir illustrieren dies am folgenden

Beispiel 2.20. Gesucht sei eine Funktion, die im Nullpunkt viermal differenzierbar mit unstetiger vierter Ableitung ist. Wir behaupten, dass die Funktion (2.35) diese Eigenschaft für $n = 8$ hat, also

$$f(x) := \begin{cases} x^8 \sin \dfrac{1}{x} & \text{für} \quad x \neq 0, \\[2mm] 0 & \text{für} \quad x = 0. \end{cases}$$

---

[14] Wir können den ganzzahligen Exponenten n in (2.35) sogar durch einen beliebigen positiven reellen Exponenten ersetzen, s. (2.47); allerdings kann es dann Probleme für negative Argumente x geben.

In der Tat liefert sukzessives Berechnen der ersten vier Ableitungen

$$f'(x) = 8x^7 \sin\frac{1}{x} - x^6 \cos\frac{1}{x},$$

$$f''(x) = (56x^6 - x^4)\sin\frac{1}{x} - 14x^5 \cos\frac{1}{x},$$

$$f'''(x) = (336x^5 - 18x^3)\sin\frac{1}{x} - (14x^4 + x^2)\cos\frac{1}{x},$$

$$f''''(x) = (16808x^4 - 68x^2 - 1)\sin\frac{1}{x} - (392x^3 - 16x)\cos\frac{1}{x}.$$

Da der Summand $\sin\frac{1}{x}$ in $f''''(x)$ einmal mit Faktor 1 auftritt, ist f'''' im Nullpunkt unstetig. Andererseits existiert $f''''(0)$ natürlich, denn der Differenzenquotient $f'''(x)/x$ hat für $x \to 0$ ja den Grenzwert 0, weil mindestens ein x davorsteht. ♡

Eine wesentliche Verfeinerung der Beispiel 2.20 zugrundeliegenden Konstruktion findet man in den Aufgaben 2.14 und 2.16.

Alle in der Liste im Anschluss an Satz 2.14 aufgeführten Funktionen sind auf ihrem Definitionsbereich M nicht nur einmal, sondern beliebig oft differenzierbar, gehören also zur Klasse $C^\infty(M)$. Für manche Anwendungen ist es günstig, C^∞-Funktionen zu kennen, die gewisse Zusatzeigenschaften besitzen. Uns interessiert hier die folgende Frage:

- *Gibt es eine Funktion $f \in C^\infty(\mathbb{R})$, die zusammen mit allen ihren Ableitungen im Nullpunkt verschwindet?*

Ein triviales Beispiel einer Funktion, die der uns interessierenden Bedingung

$$(2.36) \qquad f(0) = f'(0) = f''(0) = \ldots = f^{(k)}(0) = \ldots = 0$$

genügt, ist natürlich $f(x) \equiv 0$; interessanter sind Funktionen, die auch irgendwo nicht Null sind. Im nächsten Beispiel betrachten wir eine solche Funktion, die sogar *nur* im Nullpunkt verschwindet:

Beispiel 2.21. Sei $f : \mathbb{R} \to \mathbb{R}$ definiert durch

$$(2.37) \qquad f(x) := \begin{cases} e^{-1/x^2} & \text{für } x \neq 0, \\ 0 & \text{für } x = 0. \end{cases}$$

Man beachte, dass diese Funktion wirklich nur im Nullpunkt verschwindet, in allen anderen Punkten dagegen positiv ist. Für die erste und zweite Ableitung dieser Funktion in einem Punkt $x \neq 0$ erhalten wir

$$f'(x) = \frac{2}{x^3}e^{-1/x^2}, \qquad f''(x) = -\frac{6}{x^4}e^{-1/x^2} + \frac{4}{x^6}e^{-1/x^2}.$$

Wir behaupten, dass allgemein die k-te Ableitung von f in $x \neq 0$ die Form

$$(2.38) \qquad f^{(k)}(x) = p_k\left(\frac{1}{x}\right)e^{-1/x^2}$$

hat, wobei p_k ein Polynom vom Grad $3k$ ist; wir beweisen dies durch vollständige
Induktion über k.

In der Tat, für $k = 1$ hat $f'(x)$ wie errechnet die Form (2.38) mit $p_1(t) = 2t^3$, und für
$k = 2$ haben wir auch schon (2.38) mit $p_2(t) = 4t^6 - 6t^4$ bestätigt. Angenommen, wir
haben (2.38) für festes $k \in \mathbb{N}$ bewiesen. Dann liefert nochmaliges Ableiten von (2.38)
nach der Produkt- und Kettenregel

$$f^{(k+1)}(x) = \frac{d}{dx} p_k\left(\frac{1}{x}\right) e^{-1/x^2} = p_k'\left(\frac{1}{x}\right) \cdot \left(-\frac{1}{x^2}\right) e^{-1/x^2} + p_k\left(\frac{1}{x}\right) e^{-1/x^2} \cdot \frac{2}{x^3}.$$

Da das Polynom

$$p_{k+1}(t) := 2t^3 p_k(t) - t^2 p_k'(t)$$

den Grad $3k + 3$ hat, ist die Behauptung bewiesen.

Nun benutzen wir ein Ergebnis über uneigentliche Grenzwerte der Funktion (2.38),
welches wir erst im nächsten Abschnitt beweisen werden (Beispiel 2.43), nämlich dass

(2.39) $$\lim_{t\to\infty} p(t)e^{-t^2} = \lim_{t\to-\infty} p(t)e^{-t^2} = 0$$

für *jedes* Polynom gilt.[15] Wenden wir dies auf die Ableitungen (2.38) (mit $t := 1/x$)
an, so sehen wir, dass

$$\lim_{x\to 0} f^{(k)}(x) = 0 \qquad (k = 0, 1, 2, \ldots)$$

gilt, d.h. die Funktion und alle ihre Ableitungen können wir durch (2.36) stetig nach
Null fortsetzen. Damit haben wir auch gezeigt, dass $f \in C^\infty(\mathbb{R})$ gilt.   ♡

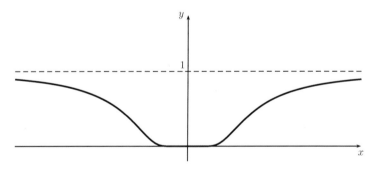

Abbildung 2.5: Die Funktion (2.37)

Mit Hilfe der Funktion aus Beispiel 2.21 kann man sog. *Brückenfunktionen* konstruieren.
Angenommen, wir suchen zu einem gegebenen Intervall $[a, b]$ eine Funktion f, die für
$x \le a$ (d.h. links vom Intervall) 0 und für $x \ge b$ (d.h. rechts vom Intervall) 1 ist, auf

---

[15] Etwas salopp kann man so interpretieren, dass die Funktion $t \mapsto e^{-t^2}$ für $t \to \pm\infty$ schneller gegen
Null geht als jedes Polynom noch so hohen Grades wächst.

dem Intervall $[a, b]$ aber „möglichst glatt" von 0 nach 1 ansteigt. Natürlich leistet die durch

$$(2.40) \qquad f(x) := \begin{cases} 0 & \text{für } x \le a, \\ \dfrac{x-a}{b-a} & \text{für } a < x < b, \\ 1 & \text{für } x \ge b \end{cases}$$

definierte Funktion f das Verlangte, sie ist aber nur stetig. Ersetzt man das lineare Mittelstück in (2.40) durch ein Polynom n-ten Grades, so wird man auch nur eine Funktion $f \in C^{n-1}(\mathbb{R})$ bekommen. Mittels der Funktion (2.37) können wir allerdings sogar eine C^∞-Funktion konstruieren; solche Funktionen werden wie erwähnt „glatte Brückenfunktionen" genannt:

Beispiel 2.22. Sei $f : \mathbb{R} \to \mathbb{R}$ definiert durch

$$(2.41) \qquad f(x) := \begin{cases} 0 & \text{für } x \le a, \\ \exp\left[-\dfrac{1}{(x-a)^2}\exp\left(-\dfrac{1}{(b-x)^2}\right)\right] & \text{für } a < x < b, \\ 1 & \text{für } x \ge b. \end{cases}$$

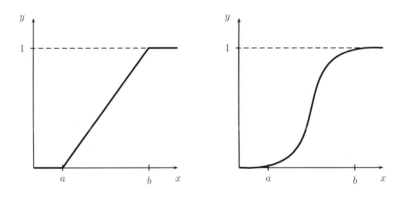

Abbildung 2.6: Die Funktionen (2.40) und (2.41)

Wir müssen nur zeigen, dass die drei Stücke von (2.41) in den Punkten a und b beliebig oft differenzierbar „zusammengeklebt" sind. Für $x \to a+$ macht der zweite Exponentialausdruck keinerlei Probleme, weil der Nenner im Exponenten ja nicht Null wird. Der erste Exponentialausdruck geht dagegen gegen 0, wie wir in Beispiel 2.21 gesehen haben. Für $x \to b-$ macht andererseits der erste Exponentialausdruck keinerlei Probleme; der zweite geht dagegen gegen 0, und damit der gesamte Ausdruck gegen 1. Es gilt also

$$\lim_{x \to a+} f(x) = 0, \qquad \lim_{x \to b-} f(x) = 1,$$

d.h. f ist in a und b *stetig*. Genauso zeigt man mittels der Beziehung (2.39), dass f in a und b sogar beliebig oft differenzierbar ist und $f^{(k)}(a) = f^{(k)}(b) = 0$ für alle $k \in \mathbb{N}$ erfüllt. Damit gilt tatsächlich $f \in C^\infty(\mathbb{R})$.   ♡

2.2. Mittelwertsätze. Mittelwertsätze gehören zu den wichtigsten Ergebnissen über differenzierbare Funktionen und treten auch sehr häufig in Anwendungen auf. Typischerweise werden solche Sätze für Funktionen formuliert, die auf einem kompakten Intervall $[a,b]$ stetig und im Innern (a,b) dieses Intervalls differenzierbar sind. Ihnen liegt eine einfache Beobachtung über sog. „lokale Extrema" zugrunde; diesen Begriff wollen wir zunächst definieren.

Definition 2.23. Sei $I \subseteq \mathbb{R}$ ein Intervall und $f : I \to \mathbb{R}$. Ein Punkt[16] $x_0 \in I^o$ heißt *lokales Maximum* [bzw. *lokales Minimum*] für f, falls es ein $\delta > 0$ gibt derart, dass für $x \in (x_0 - \delta, x_0 + \delta) \cap I$ stets $f(x) \leq f(x_0)$ [bzw. $f(x) \geq f(x_0)$] gilt.   □

Der in Definition 2.23 eingeführte Begriff des „lokalen" Extremums muss wohl von dem Begriff des „globalen" Extremums unterschieden werden, wie wir ihn etwa in Satz 1.54 benutzt haben. Beispielsweise hat jede *affine* Funktion $f : [a,b] \to \mathbb{R}$ (d.h. f ist von der Form $f(x) = \alpha x + \beta$ mit festem $\alpha, \beta \in \mathbb{R}$) im Falle $\alpha \neq 0$ ihr globales Maximum und Minimum in den Randpunkten a und b des Intervalls $[a,b]$, während sie im Innern (a,b) keine lokalen Extrema besitzt.

Das folgende Ergebnis über lokale Extrema differenzierbarer Funktionen dürfte schon aus dem Schulunterricht bekannt sein:

- *Hat eine stetige Funktion $f : [a,b] \to \mathbb{R}$ an einem inneren Punkt x_0 von $[a,b]$ ein lokales Maximum oder Minimum, und ist f in x_0 differenzierbar, so ist $f'(x_0) = 0$.*

Um das einzusehen, nehmen wir o.B.d.A. an, dass f in x_0 ein Maximum besitzt, und wählen ein $\delta > 0$ derart, dass $[x_0 - \delta, x_0 + \delta] \subseteq [a,b]$ ist und für $x \in (x_0 - \delta, x_0 + \delta)$ stets $f(x) \leq f(x_0)$ gilt. Nun genügt es zu beachten, dass für Punkte $x \in (x_0 - \delta, x_0)$ stets $f(x) - f(x_0) \leq 0$ sowie $x - x_0 \leq 0$ gilt, also

$$(2.42) \qquad \frac{f(x) - f(x_0)}{x - x_0} \geq 0 \qquad (x_0 - \delta < x < x_0),$$

während für Punkte $x \in (x_0, x_0 + \delta)$ stets $f(x) - f(x_0) \leq 0$ sowie $x - x_0 \geq 0$ gilt, also

$$(2.43) \qquad \frac{f(x) - f(x_0)}{x - x_0} \leq 0 \qquad (x_0 < x < x_0 + \delta).$$

Nach Übergang zum Grenzwert für $x \to x_0$ (der nach Voraussetzung ja existiert!) folgt aus diesen beiden Beziehungen sowohl $f'(x_0) \geq 0$ als auch $f'(x_0) \leq 0$, also $f'(x_0) = 0$.

Man nennt einen Punkt x_0 mit $f'(x_0) = 0$ auch *kritischen Punkt* von f; jedes lokale Extremum ist also ein kritischer Punkt. Dass die Umkehrung nicht gilt, sieht man schon

---

[16]Es sei daran erinnert, dass wir mit M^o das Innere einer Menge M bezeichnen, s. Definition 1.1: im Falle $I = [a,b]$ oder $I = [a,b)$ oder $I = (a,b]$ ist also $I^o = (a,b)$.

an der einfachen Funktion $f(x) = x^3$, für die $x_0 = 0$ kritischer Punkt, aber weder ein Maximum noch ein Minimum ist.[17]

Unser erster Mittelwertsatz wird oft als *Satz von Rolle*[18] bezeichnet; er ist der einfachste, aber auch wichtigste Mittelwertsatz:

Satz 2.24 (Mittelwertsatz von Rolle). *Sei $f \in C([a,b]) \cap D^1((a,b))$ gegeben mit $f(a) = f(b)$. Dann gibt es ein $\xi \in (a,b)$ mit $f'(\xi) = 0$.*

Beweis: Wegen $f \in C([a,b])$ hat f nach Satz 1.54 ein (sogar globales) Maximum $\xi \in [a,b]$, wobei wir o.B.d.A. $\xi \in (a,b)$ annehmen können.[19] Nach dem soeben Bewiesenen gilt dann in diesem Maximum $f'(\xi) = 0$ wie behauptet. ∎

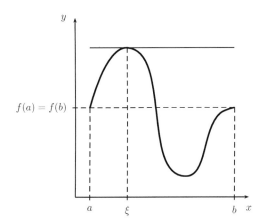

Abbildung 2.7: Mittelwertsatz von Rolle

Der nächste Satz unterscheidet sich von Satz 2.24 nur dadurch, dass die Voraussetzung $f(a) = f(b)$ fallengelassen wird;[20] er wird als *Mittelwertsatz von Lagrange*[21] bezeichnet.

Satz 2.25 (Mittelwertsatz von Lagrange). *Sei $f \in C([a,b]) \cap D^1((a,b))$ gegeben. Dann gibt es ein $\xi \in (a,b)$ mit*

$$(2.44) \qquad \frac{f(b) - f(a)}{b - a} = f'(\xi).$$

---

[17]Geometrisch können wir diese Beziehung zwischen kritischen Punkten und Extrema so interpretieren, dass der Graph von f an jedem lokalen Maximum oder Minimum eine waagrechte Tangente hat. Im Beispiel $f(x) = x^3$ ist die Tangente in $x_0 = 0$ zwar auch waagrecht, aber der Graph von f liegt dort nicht „lokal auf einer Seite" der Tangente. Eine genauere Bedingung dafür, dass ein kritischer Punkt tatsächlich ein Extremum ist, findet man in Satz 2.50 unten.

[18]nach Michel Rolle (1652-1719).

[19]In der Tat, liegt das globale Maximum von f auf dem Rand des Intervalls, d.h. in a oder b, und hat f sonst kein lokales Extremum in (a,b), so muss f wegen $f(a) = f(b)$ eine affine Funktion sein, also sogar konstant.

[20]Geometrisch können wir Satz 2.25 durch „Scherung des Graphen" aus Satz 2.24 herleiten. Die Aussage von Satz 2.25 besagt ja, dass es immer einen Punkt $\xi \in (a,b)$ gibt, an dem die Tangente an den Graphen von f parallel zur Sehne ist, die den Anfangspunkt $(a, f(a))$ und den Endpunkt $(b, f(b))$ des Graphen von f verbindet. In Satz 2.24 verlaufen diese Tangente und Sehne waagrecht.

[21]nach Joseph Louis Lagrange (1736-1813).

Beweis: Wir definieren eine Hilfsfunktion $h : [a, b] \to \mathbb{R}$ durch

$$h(x) := (f(b) - f(a))x - (b - a)f(x).$$

Dann gilt $h \in C([a, b]) \cap D^1((a, b))$, zusätzlich aber noch $h(a) = f(b)a - f(a)b = h(b)$. Nach Satz 2.24 gibt es also ein $\xi \in (a, b)$ mit

$$0 = h'(\xi) = f(b) - f(a) - (b - a)f'(\xi),$$

und dieses ξ erfüllt (2.44). ∎

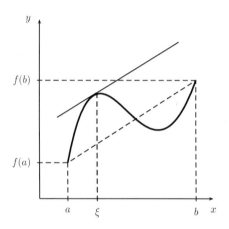

Abbildung 2.8: Mittelwertsatz von Lagrange

Der nächste Satz ist wiederum eine Verallgemeinerung von Satz 2.25, weil er die Existenz eines Zwischenpunktes für zwei Funktionen liefert; er wird als *Mittelwertsatz von Cauchy*[22] bezeichnet und hat besonders interessante Anwendungen.

Satz 2.26 (Mittelwertsatz von Cauchy). *Seien $f, g \in C([a, b]) \cap D^1((a, b))$ gegeben. Es gelte $g(a) \neq g(b)$ und $g'(x) \neq 0$ für alle $x \in (a, b)$. Dann gibt es ein $\xi \in (a, b)$ mit*

$$(2.45) \qquad \frac{f(b) - f(a)}{g(b) - g(a)} = \frac{f'(\xi)}{g'(\xi)}.$$

Beweis: Wir definieren eine Hilfsfunktion $h : [a, b] \to \mathbb{R}$ durch

$$h(x) := [f(b) - f(a)]g(x) - [g(b) - g(a)]f(x).$$

Dann gilt wieder $h \in C([a, b]) \cap D^1((a, b))$, zusätzlich aber noch $h(a) = f(b)g(a) - f(a)g(b) = h(b)$. Nach Satz 2.24 gibt es also ein $\xi \in (a, b)$ mit

$$0 = h'(\xi) = [f(b) - f(a)]g'(\xi) - [g(b) - g(a)]f'(\xi),$$

---

[22]nach Augustin Louis Cauchy (1789-1857).

und dieses ξ erfüllt (2.45).   ∎

Man sieht sehr leicht, dass Satz 2.24 als Spezialfall in Satz 2.25 enthalten ist (denn im Falle $f(a) = f(b)$ wird die linke Seite von (2.44) Null), und ebenso Satz 2.25 als Spezialfall in Satz 2.26 (nämlich für $g(x) := x$). Andererseits haben wir ja Satz 2.24 für den Beweis der Sätze 2.25 und 2.26 benutzt; diese drei Sätze sind also in Wirklichkeit *äquivalent*.

Die Sätze 2.24 – 2.26 haben wie mehrmals erwähnt zahlreiche Anwendungen. Bevor wir uns diesen widmen, wollen wir an einem einfachen Beispiel zeigen, wie nützlich etwa Satz 2.25 sein kann.

Beispiel 2.27. Sei $a > 0$ fest. Wir wollen zeigen, dass der uneigentliche Grenzwert (s. Definition 1.38)

$$L_\infty := \lim_{x \to \infty} \left(\sqrt{x + a} - \sqrt{x} \right)$$

existiert und 0 ist.[23] Hierzu benutzen wir zwei ähnliche Methoden, eine direkte und eine indirekte. Zunächst erhalten wir direkt durch Anwendung der dritten binomischen Formel

$$0 \le \sqrt{x + a} - \sqrt{x} = \frac{(x + a) - x}{\sqrt{x + a} + \sqrt{x}} = \frac{a}{\sqrt{x + a} + \sqrt{x}} \le \frac{a}{2\sqrt{x}} \to 0 \quad (x \to \infty).$$

Daher gilt $L_\infty = 0$. Andererseits können wir nach dem Satz 2.25, angewendet auf die Funktion $f(t) := \sqrt{t}$, zu jedem $x > 0$ ein $\xi \in [x, x + a]$ finden derart, dass

$$\sqrt{x + a} - \sqrt{x} = f(x + a) - f(x) = af'(\xi) = \frac{a}{2\sqrt{\xi}}$$

gilt. Da mit $x \to \infty$ auch $\xi \to \infty$ geht, folgt hieraus wieder die Behauptung $L_\infty = 0$.
♡

Die nächste Anwendung von Satz 2.25 bezieht sich auf die Klasse der Lipschitz-stetigen Funktionen, die wir in Definition 1.48 eingeführt haben. Hierzu erinnern wir daran, dass wir mit $B^1(I)$ die Klasse aller differenzierbaren Funktionen bezeichnen, deren Ableitung auf einem Intervall I beschränkt ist, s. (2.8). Der folgende Satz zeigt, dass dies im wesentlichen die Lipschitz-stetigen differenzierbaren Funktionen sind:

Satz 2.28. *Jede Funktion* $f \in C([a, b]) \cap B^1((a, b))$ *ist Lipschitz-stetig auf* $[a, b]$, *und umgekehrt gehört jede Funktion* $f \in Lip([a, b]) \cap D^1((a, b))$ *zu* $B^1([a, b])$.

Beweis: Sei $f : [a, b] \to \mathbb{R}$ stetig mit einer beschränkten Ableitung auf (a, b), d.h. es gelte

$$(2.46) \qquad\qquad \sup \{ |f'(\xi)| : a < \xi < b \} =: L < \infty.$$

Wir behaupten, dass mit dieser Konstanten $L \ge 0$ dann (1.58) gilt. In der Tat, wenden wir Satz 2.25 auf ein beliebiges Intervall $[x_1, x_2]$ mit $a \le x_1 < x_2 \le b$ an, so finden wir ein $\xi \in (x_1, x_2)$ mit

$$|f(x_1) - f(x_2)| = |f'(\xi)| \, |x_1 - x_2|.$$

---

[23]Etwas salopp gesprochen bedeutet dies, dass $\sqrt{x}$ und $\sqrt{x + a}$ für $x \to \infty$ „gleich schnell" gegen Unendlich gehen.

Da wir aber $|f'(\xi)|$ nach (2.46) nach oben durch L abschätzen können, haben wir die erste Behauptung des Satzes bewiesen. Die zweite Behauptung folgt direkt aus der Definition der Ableitung: Ist f' auf (a, b) unbeschränkt, so kann f auf $[a, b]$ keine Lipschitzbedingung erfüllen. ∎

Es ist klar, dass Satz 2.28 erst recht für Funktionen $f \in C^1([a, b])$ gilt, denn als stetige Funktion auf dem kompakten Intervall ist f' nach Satz 1.53 beschränkt.[24] Satz 2.28 erlaubt es uns, die Tabelle 1.3 aus dem ersten Kapitel folgendermaßen zu erweitern:

$C^1(I)$			$B(I)$		
$\cap$			$\cup$		
$B^1(I)$	$\subset$	$Lip(I)$	$\subset$	$C(I)$	$\subset$ $Zw(I)$
		$\cap$		$\cup$	
$Mon(I)$	$\subset$	$BV(I)$	$\supset$	$BV(I) \cap Zw(I)$	

Tab. 2.2: Beziehungen zwischen Funktionenklassen über $I = [a, b]$

Dass auch die Inklusion $B^1([a, b]) \subset Lip([a, b])$ strikt ist, zeigt das einfache Beispiel 2.6: Die Betragsfunktion $f(x) = |x|$ ist (z.B.) auf dem Intervall $[-1, 1]$ offensichtlich Lipschitz-stetig (mit $L = 1$), aber in 0 nicht differenzierbar, gehört also nicht einmal zur Klasse $D^1([-1, 1])$.

Übrigens können wir nun auch beweisen, dass die Funktion f aus Beispiel 1.47 von beschränkter Variation ist. Durch direkte Betrachtung des Differenzenquotienten im Nullpunkt sieht man, dass wieder $f'(0) = 0$ ist. Für $x \neq 0$ gilt dagegen

$$|f'(x)| = \left| 2x \sin^2 \frac{1}{x} - 2 \sin \frac{1}{x} \cos \frac{1}{x} \right| \leq 2|x| + 2 \leq 4 \qquad (0 < x \leq 1),$$

d.h. f' ist auf $[0, 1]$ beschränkt. Nach Satz 2.28 ist f mithin auf $[0, 1]$ Lipschitz-stetig (mit $L = 4$), nach Satz 1.49 daher auch von beschränkter Variation.

In Satz 2.28 haben wir gezeigt, dass eine differenzierbare Funktion f auch dann noch Lipschitz-stetig ist, wenn ihre Ableitung lediglich beschränkt, aber nicht unbedingt stetig ist. Nur die Beschränktheit der Ableitungen haben wir im Beweis nämlich benutzt, diese allerdings wesentlich. Trotzdem könnte man natürlich fragen, ob nicht vielleicht die stärkere Inklusion $D^1([a, b]) \subseteq Lip([a, b])$ gilt. Dies wird widerlegt durch das folgende Beispiel 2.29. Die Idee ist dabei, statt des Exponenten $n \in \mathbb{N}$ in (2.35) allgemeiner Exponenten $\alpha \in \mathbb{R}$ zuzulassen:

Beispiel 2.29. Für $\alpha > 0$ sei $f_\alpha : [0, 1] \to \mathbb{R}$ definiert durch

$$(2.47) \qquad f_\alpha(x) := \begin{cases} x^\alpha \sin \dfrac{1}{x} & \text{für } 0 < x \leq 1, \\ 0 & \text{für } x = 0. \end{cases}$$

---

[24]In diesem Fall darf man das Supremum der Ableitungen in (2.46) sogar durch das Maximum ersetzen.

Aufgabe 2.14 (mit $\beta = 1$ und $k = 1$) zeigt, dass f'_α auf $[0,1]$ genau für $\alpha > 1$ existiert und genau für $\alpha \geq 2$ beschränkt ist. Wählen wir also z.B. $\alpha = 3/2$, d.h. die Funktion

$$(2.48) \qquad f(x) := \begin{cases} x\sqrt{x}\sin\dfrac{1}{x} & \text{für} \quad 0 < x \leq 1, \\[2mm] 0 & \text{für} \quad x = 0, \end{cases}$$

so gilt zwar $f \in D^1([0,1])$, aber die Ableitung f' ist wegen

$$f'(x) = \frac{2}{3}\sqrt{x}\sin\frac{1}{x} - \frac{1}{\sqrt{x}}\cos\frac{1}{x} \qquad (0 < x \leq 1)$$

in der Nähe des Nullpunkts unbeschränkt. Da nach Satz 2.28 für Funktionen aus $C([a,b]) \cap D^1((a,b))$ die Lipschitz-Stetigkeit zur Beschränktheit der Ableitung äquivalent ist, leistet die Funktion (2.48) das Gewünschte.   ♡

Wir werden die Funktionen vom Typ (2.47) übrigens am Ende des vierten Kapitels (s. Satz 4.40) noch erheblich genauer untersuchen, da sie bei variablem α einen ganzen „Zoo" interessanter Beispiele und Gegenbeispiele liefern.

Als weitere Anwendung des Mittelwertsatzes von Lagrange geben wir einen Alternativbeweis des Darbouxschen Zwischenwertsatzes (Satz 2.16), der auf dem klassischen Zwischenwertsatz für stetige Funktionen (Satz 1.63) beruht. Seien dazu $M \subseteq \mathbb{R}$, $f : M \to \mathbb{R}$ eine Funktion mit Stammfunktion F und $[a,b] \subseteq M$ ein beliebiges Intervall. O.B.d.A. gelte $f(a) < f(b)$, und sei $\eta \in (f(a), f(b))$ fest gewählt. Wir müssen die Existenz eines $\xi \in (a,b)$ mit $f(\xi) = \eta$ nachweisen.

Wir definieren zwei Funktionen $g : (a,b] \to \mathbb{R}$ und $h : [a,b) \to \mathbb{R}$ durch

$$g(x) := \frac{F(x) - F(a)}{x - a}, \qquad h(x) := \frac{F(b) - F(x)}{b - x}.$$

Da sowohl $F'(a) = f(a)$ als auch $F'(b) = f(b)$ existiert, können wir die Funktionen g und h stetig auf das kompakte Intervall $[a,b]$ fortsetzen, indem wir $g(a) := f(a)$ und $h(b) := f(b)$ setzen. Aus dem Zwischenwertsatz für stetige Funktionen (Satz 1.63, insbesondere die Inklusion (1.66)) folgt also

$$[f(a), f(b)] = [g(a), g(b)] \cup [h(a), h(b)] \subseteq g([a,b]) \cup h([a,b]).$$

Wir finden mithin ein $x_0 \in (a,b)$, welches entweder $\eta = g(x_0)$ oder $\eta = h(x_0)$ erfüllt.[25] Nach Definition von g und h bedeutet dies, dass entweder

$$(2.49) \qquad F(x_0) - F(a) = \eta(x_0 - a)$$

oder

$$(2.50) \qquad F(b) - F(x_0) = \eta(b - x_0)$$

gilt. Nach Satz 2.25 finden wir im ersten Fall ein $\xi \in (a, x_0)$ mit

$$F(x_0) - F(a) = F'(\xi)(x_0 - a) = f(\xi)(x_0 - a),$$

---

[25]Dass dieses x_0 tatsächlich im *offenen* Intervall (a,b) liegt, folgt aus der Bedingung $f(a) < \eta < f(b)$.

im zweiten Fall ein $\xi \in (x_0, b)$ mit

$$F(b) - F(x_0) = F'(\xi)(b - x_0) = f(\xi)(b - x_0).$$

Ein Vergleich mit (2.49) und (2.50) zeigt, dass in jedem Fall $f(\xi) = \eta$ gilt wie gewünscht.

Satz 2.25 gibt uns auch ein sehr effektives Mittel an die Hand, die Monotonie (oder sogar strenge Monotonie) einer Funktion auf einem Intervall nachzuweisen, sofern diese Funktion dort differenzierbar ist:

Satz 2.30. *Sei $I \subseteq \mathbb{R}$ ein Intervall und $f \in C(\overline{I}) \cap D^1(I)$. Dann gelten die folgenden Implikationen:*

(a) *Gilt $f'(x) \geq 0$ für alle $x \in I$, so ist f auf $\overline{I}$ monoton wachsend.*

(b) *Gilt $f'(x) > 0$ für alle $x \in I$, so ist f auf $\overline{I}$ streng monoton wachsend.*

(c) *Gilt $f'(x) \leq 0$ für alle $x \in I$, so ist f auf $\overline{I}$ monoton fallend.*

(d) *Gilt $f'(x) < 0$ für alle $x \in I$, so ist f auf $\overline{I}$ streng monoton fallend.*

(e) *Gilt $f'(x) = 0$ für alle $x \in I$, so ist f auf $\overline{I}$ konstant.*

Beweis: Seien $x_1, x_2 \in \overline{I}$ mit $x_1 < x_2$ fest gewählt. Nach Satz 2.25 finden wir dann ein $\xi \in (x_1, x_2)$ mit

$$f(x_2) - f(x_1) = f'(\xi)(x_1 - x_2).$$

Unter der Voraussetzung von (a) ist dann $f'(\xi) \geq 0$, also $f(x_2) - f(x_1) \geq 0$, und unter der Voraussetzung von (b) sogar $f'(\xi) > 0$, also $f(x_2) - f(x_1) > 0$. Analog gilt unter der Voraussetzung von (c) dann $f'(\xi) \leq 0$, also $f(x_2) - f(x_1) \leq 0$, und unter der Voraussetzung von (d) sogar $f'(\xi) < 0$, also $f(x_2) - f(x_1) < 0$. Damit sind die Behauptungen (a) – (d) bewiesen. Die Behauptung (e) folgt einfach durch Kombination von (a) und (c).   ∎.

Es ist wichtig, dass der Definitionsbereich von f in Satz 2.30 ein Intervall ist! In der Tat, die Signumfunktion $\mathrm{sgn} : \mathbb{R} \setminus \{0\} \to \mathbb{R}$ aus Beispiel 1.4 ist sicher auf ihrem ganzen Definitionsbereich $\mathbb{R} \setminus \{0\}$ differenzierbar mit Ableitung Null, aber sie ist natürlich nicht konstant.

Satz 2.30 gibt eine Reihe *hinreichender* Bedingungen für die Monotonie einer differenzierbaren Funktion; es stellt sich sofort die Frage, ob diese Bedingungen auch *notwendig* (die entsprechenden Implikationen also umkehrbar) sind.

Eine teilweise Antwort hierauf können wir durch nochmalige Betrachtung der Differenzenquotienten (2.42) und (2.43) geben. Ist beispielsweise f monoton wachsend [bzw. monoton fallend] auf I, so gilt (2.42) [bzw. (2.43)] für alle Punkte x und x_0 mit $x_0 < x$; durch Übergang zum Grenzwert für $x \to x_0$ erhält man dann $f'(x_0) \geq 0$ [bzw. $f'(x_0) \leq 0$]. Dies zeigt, dass man die Implikationen (a) und (c) (und damit auch (e)) in Satz 2.30 tatsächlich umkehren kann. Interessanterweise sind aber die Bedingungen (b) und (d) wirklich nur hinreichend, aber nicht notwendig, wie wir gleich anhand eines Beispiels zeigen werden. Der Grund liegt darin, dass aus den strikten Ungleichungen

$$\frac{f(x) - f(x_0)}{x - x_0} > 0, \qquad \frac{f(x) - f(x_0)}{x - x_0} < 0$$

nach dem Grenzübergang $x \to x_0$ eben *nicht* $f'(x_0) > 0$ bzw. $f'(x_0) < 0$ folgt, sondern nur $f'(x_0) \geq 0$ bzw. $f'(x_0) \leq 0$. Dies wird durch das folgende einfache Beispiel belegt:

Beispiel 2.31. Sei $f : \mathbb{R} \to \mathbb{R}$ definiert durch $f(x) := x^3$. Trivialerweise gilt $f \in C^1(\mathbb{R})$ mit $f'(x) = 3x^2$; insbesondere ist $f'(0) = 0$. Wir behaupten, dass f auf ganz $\mathbb{R}$ *streng monoton wächst*. Um das einzusehen, wählen wir $x_1, x_2 \in \mathbb{R}$ mit $x_1 < x_2$ und betrachten die elementare Gleichheit

$$(2.51) \qquad f(x_2) - f(x_1) = x_2^3 - x_1^3 = (x_2 - x_1)(x_1^2 + x_1 x_2 + x_2^2).$$

Der erste Klammerausdruck in (2.51) ist nach Voraussetzung positiv. Sind x_1 und x_2 beide positiv oder beide negativ, so ist auch der zweite Klammerausdruck positiv und damit $f(x_2) > f(x_1)$. Ist (o.B.d.A.) $x_1 < 0$ und $x_2 \geq 0$, so sieht man direkt, dass $f(x_2) \geq 0 > f(x_1)$ gilt, und damit haben wir die Behauptung bewiesen. $\heartsuit$

Analog kann $f(x) := -x^3$ als Beispiel einer auf ganz $\mathbb{R}$ differenzierbaren streng monoton fallenden Funktion mit $f'(0) = 0$ dienen. Wir fassen alle von uns hergeleiteten Informationen über das Monotonieverhalten differenzierbarer Funktionen auf Intervallen in der folgenden Tabelle zusammen:

$f'(x) > 0$	$\implies$	f streng monoton wachsend
$\Downarrow$		$\Downarrow$
$f'(x) \geq 0$	$\iff$	f monoton wachsend
$\Uparrow$		$\Uparrow$
$f'(x) = 0$	$\iff$	f konstant
$\Downarrow$		$\Downarrow$
$f'(x) \leq 0$	$\iff$	f monoton fallend
$\Uparrow$		$\Uparrow$
$f'(x) < 0$	$\implies$	f streng monoton fallend

Tab. 2.3: Monotonieeigenschaften differenzierbarer Funktionen

Dass sämtliche senkrechten Implikationspfeile nicht umgekehrt werden können, ist vollkommen trivial; dass der obere waagrechte Implikationspfeil nicht umgekehrt werden kann, zeigt das Beispiel $f(x) = x^3$, und dass der untere waagrechte Implikationspfeil nicht umgekehrt werden kann, zeigt das Beispiel $f(x) = -x^3$.

Für spätere Zwecke notieren wir ein Ergebnis, welches man nicht leichtfertig anwenden darf, weil es *nur auf Intervallen* gilt:

Satz 2.32. *Zwei Stammfunktionen einer Funktion $f \in St(I)$ auf einem Intervall $I \subseteq \mathbb{R}$ unterscheiden sich nur durch eine additive Konstante. Insbesondere folgt aus $g(x_0) = h(x_0)$ für ein $x_0 \in I$ sowie $g'(x) \equiv h'(x)$ auf I, dass auch $g(x) \equiv h(x)$ auf I ist.*

Beweis: Sind F_1 und F_2 zwei Stammfunktionen von f, so gilt $(F_1 - F_2)' = F_1' - F_2' = f - f = 0$ auf I und damit $F_1(x) - F_2(x) \equiv c$ nach Satz 2.30 (e). Sind nun $g : I \to \mathbb{R}$ und $h : I \to \mathbb{R}$ zwei differenzierbare Funktionen mit $g'(x) \equiv h'(x)$ auf I, so ist die Funktion $f := g - h$ auf I konstant. Wegen $f(x_0) = 0$ gilt sogar $f(x) \equiv 0$, also $g(x) \equiv h(x)$ auf I.   ∎

Wir betonen noch einmal ausdrücklich, dass Satz 2.32 nicht auf Mengen M gilt, die keine Intervalle sind. Als Beispiel können die Funktionen $g(x) := \operatorname{sgn} x$ (s. (1.7)) und $h(x) \equiv 1$ mit $x_0 := 1$ auf $M = \mathbb{R} \setminus \{0\}$ dienen.

Insbesondere die zweite Behauptung aus Satz 2.32 ist in Anwendungen überaus nützlich. Beispielsweise kann man damit leicht Identitäten für trigonometrische oder Hyperbelfunktionen und ihre Umkehrungen (da, wo diese existieren) herleiten. Zur Illustration betrachten wir etwa die durch $f(x) := \sinh x$ definierte Funktion f, die ja die reelle Achse bijektiv und stetig differenzierbar mit $f'(x) = \cosh x$ auf sich abbildet. Ihre Umkehrfunktion wird *Areahyperbelsinusfunktion* genannt und mit $f^{-1}(y) =: \operatorname{arsinh} y$ bezeichnet. Diese Funktion kann man tatsächlich explizit ausschreiben, nämlich

$$(2.52) \qquad \operatorname{arsinh} y = \sinh^{-1} y = \log\left(y + \sqrt{y^2 + 1}\right).$$

Um dies einzusehen, leiten wir die rechte Seite von (2.52) nach y ab und erhalten

$$(2.53) \qquad \frac{d}{dy} \log\left(y + \sqrt{y^2 + 1}\right) = \frac{1 + \frac{2y}{2\sqrt{y^2+1}}}{y + \sqrt{y^2 + 1}} = \frac{1}{\sqrt{y^2 + 1}}.$$

Andererseits gilt nach Satz 2.14, angewandt auf $f(x) = \sinh x$, also $f^{-1}(y) = \operatorname{arsinh} y$,

$$(2.54) \qquad \frac{d}{dy} f^{-1}(y) = \frac{1}{f'(x)} = \frac{1}{\cosh x} = \frac{1}{\sqrt{1 + \sinh^2 x}},$$

wobei wir die Identität $\cosh^2 x - \sinh^2 x = 1$ ausgenutzt haben. Ersetzen wir im Nenner des letzten Bruchs wieder $\sinh x$ durch y, so sehen wir, dass in (2.53) und (2.54) dieselbe Ableitung herauskommt. Da beide Funktionen $y \mapsto \operatorname{arsinh} y$ und $y \mapsto \log\left(y + \sqrt{y^2 + 1}\right)$ an der Stelle $y = 0$ jeweils denselben Wert 0 annehmen, stimmen sie auf ganz $\mathbb{R}$ überein, d.h. es gilt (2.52). Genauso kann man beweisen, dass die Umkehrfunktion $f^{-1}(y) =: \operatorname{arcosh} y$ der bijektiven stetig differenzierbaren Hyperbelcosinusfunktion $\cosh : [0, \infty) \to [1, \infty)$, die *Areahyperbelcosinusfunktion* genannt wird, für $y \geq 1$ ebenfalls explizit in der Form

$$\operatorname{arcosh} y = \cosh^{-1} y = \log\left(y + \sqrt{y^2 - 1}\right)$$

geschrieben werden kann. Die Idee von Satz 2.32 kann man übrigens nicht nur auf Gleichheiten, sondern auch auf Ungleichheiten zwischen Funktionen anwenden; wir werden dies in Beispiel 2.39 unten tun.

Wir kehren noch einmal zurück zu Monotonieeigenschaften differenzierbarer Funktionen. In Definition 1.32 haben wir gewisse „lokalisierte Versionen" von Monotonie eingeführt: Dort nannten wir eine Funktion f auf einem Intervall I in $x_0 \in I$ monoton wachsend [bzw. streng monoton wachsend bzw. monoton fallend bzw. streng monoton fallend], wenn sie diese Eigenschaft auf einem geeigneten kleinen Teilintervall

$[x_0 - \delta, x_0 + \delta] \subseteq I$ besaß. Verwandt hiermit (aber nicht äquivalent hierzu) war der Begriff des Zunahme- und Abnahmepunktes, den wir ebenfalls in Definition 1.32 eingeführt haben. Nun ist auch die Ableitung einer Funktion ein „typisch lokaler Begriff", denn wir sprechen ja von der Ableitung einer Funktion *in einem Punkt*. Daher stellt sich die Frage, ob eine lokale Version von Satz 2.30 auch richtig ist in folgendem Sinne:

- *Folgt z.B. aus $f'(x_0) > 0$, dass f in x_0 monoton wächst?*

Oder etwas abgeschwächt gefragt:

- *Folgt aus $f'(x_0) > 0$ wenigstens, dass x_0 ein Zunahmepunkt für f ist?*

Die Antwort auf die zweite Frage ist positiv, wie man unmittelbar aus der Definition von $f'(x_0)$ abliest. Das folgende Beispiel gibt dagegen eine negative Antwort auf die erste Frage:

Beispiel 2.33. Sei $f : \mathbb{R} \to \mathbb{R}$ definiert durch[26]

$$(2.55) \qquad f(x) := \begin{cases} \dfrac{x}{2} + x^2 \sin \dfrac{1}{x} & \text{für} \quad x \neq 0, \\[2mm] 0 & \text{für} \quad x = 0. \end{cases}$$

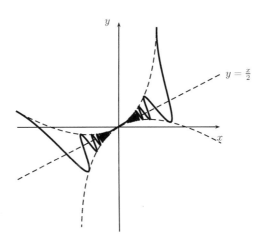

Abbildung 2.9: Die Funktion (2.55) (angedeutet)

Nach dem in Beispiel 2.8 Gezeigten gilt $f \in D^1(\mathbb{R})$; insbesondere ist $f'(0) = 1/2 > 0$. Für $x \neq 0$ gilt andererseits

$$f'(x) = \frac{1}{2} + 2x \sin \frac{1}{x} - \cos \frac{1}{x}.$$

---

[26]Streng genommen stellt Abb. 2.9 nicht den Graphen einer Funktion dar, weil senkrechte Geraden den „Graphen" mehrmals schneiden. Es geht uns aber nur um eine qualitative Darstellung des Oszillationsverhaltens der Funktion (2.55).

Hieran sieht man, dass f' in jeder noch so kleinen Nullumgebung $[-\delta, \delta]$ sowohl positive als auch negative Werte annimmt; daher kann f auf keiner Nullumgebung monoton wachsen.   ♡

Übrigens ist es kein Zufall, dass die Funktion (2.55) im Nullpunkt zwar differenzierbar, aber nicht *stetig differenzierbar* ist, wie wir anhand der Formel (2.19) gezeigt haben. Es gilt nämlich der folgende

Satz 2.34. *Sei $I \subseteq \mathbb{R}$ ein Intervall und $f \in C^1(I)$. Ist $x_0 \in I^\circ$ mit $f'(x_0) > 0$, so ist f in x_0 streng monoton wachsend; insbesondere gilt $x_0 \in ZP(f)$.*

Beweis: Aus $f \in C^1(I)$ folgt $f' \in C(I)$, d.h. f' ist auf dem ganzen Intervall I stetig. Aus dem Permanenzprinzip für stetige Funktionen (Satz 1.19) folgt wiederum, dass nicht nur $f'(x_0) > 0$, sondern auch $f'(x) > 0$ für alle x aus einem hinreichend kleinen Intervall $[x_0 - \delta, x_0 + \delta] \subseteq I$ gilt. Nach Satz 2.30 (b) impliziert dies, dass f in x_0 tatsächlich streng monoton wächst.   ∎

Aus Satz 2.34 können wir übrigens noch mehr Information herausholen: Nach Satz 1.37 ist $f : [x_0 - \delta, x_0 + \delta] \to f([x_0 - \delta, x_0 + \delta])$ im Falle $f'(x_0) \neq 0$ sogar ein Homöomorphismus, besitzt also eine stetige Umkehrabbildung $f^{-1} : f([x_0 - \delta, x_0 + \delta]) \to [x_0 - \delta, x_0 + \delta]$. Darüberhinaus zeigt Satz 2.24, dass diese Umkehrabbildung sogar differenzierbar ist und die Umkehrformel (2.18) gilt![27] Hierfür führen wir eine Sprechweise ein:

Definition 2.35. Seien $M, N \subseteq \mathbb{R}$ und $f : M \to N$ eine Funktion. Dann heißt f ein *Diffeomorphismus*, falls f bijektiv und differenzierbar mit einer differenzierbaren Inversen $f^{-1} : N \to M$ ist. Zwei Mengen $M, N \subseteq \mathbb{R}$ heißen *diffeomorph*, falls es zwischen ihnen einen Diffeomorphismus gibt.   □

Ein Vergleich mit Definition 1.35 zeigt, dass die Diffeomorphismen auf dem Niveau differenzierbarer Abbildungen das sind, was Homöomorphismen auf dem Niveau stetiger Abbildungen sind. Natürlich ist jeder Diffeomorphismus auch ein Homöomorphismus; die Umkehrung gilt allerdings nicht:

Beispiel 2.36. Sei $f : \mathbb{R} \to \mathbb{R}$ definiert durch $f(x) := x^3$. Da f auf $\mathbb{R}$ stetig, streng monoton wachsend und koerzitiv (s. Definition 1.40) ist, ist f ein Homöomorphismus mit Umkehrabbildung $f^{-1}(y) = \sqrt[3]{y}$. Allerdings ist f kein Diffeomorphismus, denn f^{-1} ist im Nullpunkt nicht differenzierbar, wie wir in Beispiel 2.13 gezeigt haben.   ♡

Eine kleine Änderung in Beispiel 2.33 liefert ein weiteres interessantes Beispiel. Sei $f : \mathbb{R} \to \mathbb{R}$ eine differenzierbare Funktion, die im Nullpunkt ein lokales Extremum besitze. Im Anschluss an Definition 2.23 haben wir festgestellt, dass der Nullpunkt dann ein kritischer Punkt für f sein muss, d.h. es gilt $f'(0) = 0$. Das folgende Beispiel zeigt, dass f' dann allerdings in keiner Nullumgebung sein Vorzeichen erhalten muss:

Beispiel 2.37. Sei $f : \mathbb{R} \to \mathbb{R}$ definiert durch

$$f(x) := \begin{cases} x^4 \left(2 + \sin \dfrac{1}{x}\right) & \text{für} \quad x \neq 0, \\ 0 & \text{für} \quad x = 0. \end{cases}$$

---

[27] Dieser Satz gilt auch in höheren Dimensionen und wird *Satz über die inverse Funktion* genannt; er ist allerdings erheblich schwieriger zu beweisen als Satz 2.34. Wir werden den Satz von der inversen Funktion in Dimension 2 im fünften Kapitel (Satz 5.62) beweisen.

Es ist nicht schwer zu sehen, dass f im Nullpunkt nicht nur ein lokales, sondern sogar ein globales Minimum besitzt. In der Tat, aus $2 + \sin\frac{1}{x} \geq 1$ folgt sofort $f(x) \geq x^4 > 0$ für $x \neq 0$. Die Ableitung von f hat die Form

$$f'(x) = \begin{cases} x^2 \left[4x\left(2 + \sin\dfrac{1}{x}\right) - \cos\dfrac{1}{x} \right] & \text{für } x \neq 0, \\[2mm] 0 & \text{für } x = 0, \end{cases}$$

und diese Funktion nimmt wieder in jeder noch so kleinen Nullumgebung $[-\delta, \delta]$ sowohl positive als auch negative Werte an. Insbesondere gilt $0 \notin ZP(f') \cup AP(f')$, und sowohl f als auch f' sind in 0 weder monoton wachsend noch fallend.   ♡

Ein weiteres Beispiel einer Funktion $f \in B^1([-1,1]) \setminus C^1([-1,1])$ mit recht pathologischen Eigenschaften findet man in Aufgabe 2.17.

Der Mittelwertsatz von Lagrange (Satz 2.25) hilft uns auch bei der Lösung des folgenden speziellen Problems: Sei $h : [a, b] \to \mathbb{R}$ eine stetig differenzierbare Funktion mit $h(a) = 0$, die entweder eine Bedingung der Form

$$(2.56) \qquad\qquad |h(x)| \leq L|h'(x)| \qquad (a \leq x \leq b)$$

oder

$$(2.57) \qquad\qquad |h'(x)| \leq L|h(x)| \qquad (a \leq x \leq b)$$

mit einer von x unabhängigen Konstanten $L > 0$ erfüllt; was kann man dann über die Funktion h sagen?

Zunächst ist klar, dass die Nullfunktion $h(x) \equiv 0$ beide Bedingungen erfüllt. Es gibt auch noch viele weitere Funktionen, die die Bedingung (2.56) (z.B. auf $[a, b] = [0, 1]$) erfüllen, etwa $h(x) = x$ (mit $L = 1$), $h(x) = x^2$ (mit $L = 1/2$), oder allgemein $h(x) = x^n$ (mit $L = 1/n$). Bei der Suche nach einer nichttrivialen Funktion, die (2.57) erfüllt, tut man sich schon erheblich schwerer; z.B. ist (2.57) durch $h(x) = x^n$ nicht erfüllbar. Die Erklärung hierfür liefert der folgende

Satz 2.38. *Eine Funktion $h \in C^1([a,b])$ erfülle $h(a) = 0$ und (2.57) für ein $L > 0$. Dann gilt $h(x) \equiv 0$ auf $[a, b]$.*

Beweis: Wir fixieren irgendeinen Punkt $x_0 \in (a, b]$ und setzen

$$M_0 := \max\{|h(x)| : a \leq x \leq x_0\}, \qquad M_0' := \max\{|h'(x)| : a \leq x \leq x_0\}.$$

Nach Voraussetzung (2.57) gilt dann $M_0' \leq LM_0$. Zu beliebigem $x \in (a, x_0]$ finden wir nach Satz 2.25, angewandt auf das Intervall $[a, x]$, ein $\xi \in (a, x)$ mit

$$h(x) = h(x) - h(a) = h'(\xi)(x - a),$$

woraus die Abschätzung

$$|h(x)| = |h'(\xi)| \, (x - a) \leq M_0'(x_0 - a) \leq LM_0(x_0 - a)$$

folgt, also nach Übergang zum Maximum links auch

$$(2.58) \qquad\qquad M_0 \leq LM_0(x_0 - a).$$

Aber im Falle $L(x_0 - a) < 1$ liefert (2.58) einen Widerspruch, es sei denn es ist $M_0 = 0$. Damit haben wir gezeigt, dass $h(x) \equiv 0$ für $a \leq x \leq a + 1/L$ gilt. Die Fortsetzung dieses Arguments ergibt, dass h auf dem ganzen Intervall $[a, b]$ die Nullfunktion ist. ■

Das Beispiel $h(x) = e^x$ zeigt, dass die Voraussetzung $h(a) = 0$ in Satz 2.38 wichtig ist: Diese Funktion erfüllt die Abschätzung (2.57) trivialerweise auf ganz $\mathbb{R}$ (mit $L = 1$), hat aber natürlich nirgends eine Nullstelle.

Wir werden Satz 2.38 am Schluss dieses Kapitels (s. Satz 2.72) wesentlich für einen wichtigen Eindeutigkeitssatz für Lösungen sog. Anfangswertprobleme benutzen. Zunächst liefern wir das nach Satz 2.32 angekündigte Beispiel:

Beispiel 2.39. Wir bringen zwei Beispiele dafür, wie Satz 2.25 auch sehr erfolgreich auf Abschätzungen für Funktionen angewendet werden kann. Zunächst wollen wir die Logarithmusfunktion in der Nähe ihrer einzigen Nullstelle $x_0 = 1$ von unten und oben abschätzen. Für $x > 1$ erhalten wir nach dem Mittelwertsatz von Lagrange

$$\log x = \log x - \log 1 = \frac{1}{\xi}(x - 1),$$

wobei $\xi \in (1, x)$ ein geeigneter Punkt ist, dessen genaue Lage wir nicht kennen (müssen). Hieraus bekommen wir wegen $1 < \xi < x$ sofort die beidseitige Abschätzung

(2.59) $$\frac{x - 1}{x} \leq \log x \leq x - 1 \qquad (x > 1),$$

die man auch geometrisch gut veranschaulichen kann:

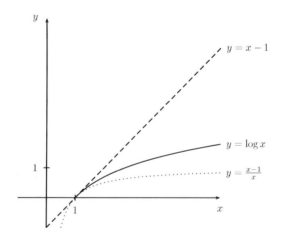

Abbildung 2.10: Die Abschätzung (2.59)

Natürlich ist die Abschätzung (2.59) für große x nicht sehr brauchbar, aber für x nahe bei 1 gibt sie durchaus eine gute Information. Beispielsweise gilt

$$0,0476 \leq \frac{0,05}{1,05} \leq \log 1,05 \leq 0,0488.$$

Als zweites Beispiel zeigen wir, dass man die Bernoullische Ungleichung aus dem Anhang (s. Beispiel A.7) in der Form

$$(2.60) \qquad (1+h)^\alpha \geq 1 + \alpha h \qquad (h > -1)$$

auf beliebige reelle Zahlen $\alpha \geq 1$ verallgemeinern kann. In der Tat, sei zunächst $h > 0$
und $f : [0, h] \to \mathbb{R}$ definiert durch $f(x) := (1+x)^\alpha$. Anwendung des Mittelwertsatzes
von Lagrange liefert dann für geeignetes $\xi \in (0, h)$

$$(1+h)^\alpha - 1 = f(h) - f(0) = f'(\xi)h = \alpha(1+\xi)^{\alpha-1}h.$$

Aus $\xi > 0$ und $\alpha \geq 1$ folgt aber $(1+\xi)^{\alpha-1} \geq 1$, also

$$(1+h)^\alpha = 1 + \alpha h(1+\xi)^{\alpha-1} \geq 1 + \alpha h,$$

und das wollten wir gerade zeigen. Damit ist die Behauptung im Falle $h > 0$ bewiesen.
Im Falle $h = 0$ ist (2.60) trivial, im Falle $-1 < h < 0$ betrachten wir dieselbe Funktion
f auf dem Intervall $[h, 0]$ und benutzen, dass dann $0 < (1+\xi)^{\alpha-1} \leq 1$ gilt.   ♡

Wir kommen nun zu einer der wichtigsten Anwendungen des Mittelwertsatzes von
Cauchy (Satz 2.26), die man unter dem Namen *L'Hospitalsche Regeln*[28] zusammenfasst.
Hierbei geht es um folgendes.
Angenommen, f und g sind zwei Funktionen, die beide in einem Punkt x_0 den Grenz-
wert Null haben, d.h. es gilt

$$(2.61) \qquad \lim_{x \to x_0} f(x) = \lim_{x \to x_0} g(x) = 0.$$

In diesem Fall hat zunächst der Ausdruck

$$(2.62) \qquad L := \lim_{x \to x_0} \frac{f(x)}{g(x)}$$

überhaupt keinen Sinn, jedenfalls dann, wenn wir den Grenzübergang im Zähler und
Nenner getrennt vornehmen wollen, denn dann kommt ja so etwas wie ,,Null durch
Null" heraus. Es stellt sich allerdings heraus, dass der Grenzwert (2.62) trotzdem durchaus existieren kann, und dies kann man dadurch überprüfen, dass man ,,ersatzweise"
den Grenzwert

$$(2.63) \qquad L' := \lim_{x \to x_0} \frac{f'(x)}{g'(x)},$$

überprüft, falls beide Funktionen f und g differenzierbar sind. Eine genaue Formulierung dieser recht vagen Ausführungen gibt der folgende

Satz 2.40. *Sei $I \subseteq \mathbb{R}$ ein Intervall, und seien $f, g : I \to \mathbb{R}$ zwei differenzierbare
Funktionen, die (2.61) erfüllen. Für $x \in I \setminus \{x_0\}$ gelte $g(x) \neq 0$ und $g'(x) \neq 0$. Existiert
dann der Grenzwert L' in (2.63), so existiert auch der Grenzwert L in (2.62), und es
gilt $L = L'$.*

---

[28]nach Marquis Guillaume François Antoine de l'Hospital (1661-1704), der manchmal auch l'Hôpital
geschrieben wird.

Beweis: Nach Definition des Grenzwerts (2.63) finden wir zu gegebenem $\varepsilon > 0$ ein $\delta > 0$ derart, dass

$$(2.64) \qquad \left| \frac{f'(x)}{g'(x)} - L' \right| < \varepsilon$$

für alle x mit $0 < |x - x_0| < \delta$ gilt. Wählen wir zwei Punkte x_1 und x_2 mit $x_0 - \delta < x_1 < x_2 < x_0$, so finden wir nach dem Mittelwertsatz von Cauchy (Satz 2.26) ein $\xi \in (x_1, x_2) \subset (x_0 - \delta, x_0)$ mit

$$\frac{f(x_2) - f(x_1)}{g(x_2) - g(x_1)} = \frac{f'(\xi)}{g'(\xi)},$$

also zusammen mit (2.64)

$$\left| \frac{f(x_2) - f(x_1)}{g(x_2) - g(x_1)} - L' \right| = \left| \frac{f'(\xi)}{g'(\xi)} - L' \right| < \varepsilon.$$

Lassen wir nun x_2 gegen x_0 gehen, so erhalten wir wegen (2.61)

$$\left| \frac{f(x_1)}{g(x_1)} - L' \right| \le \varepsilon \qquad (x_0 - \delta < x_1 < x_0).$$

Dies bedeutet aber nichts anderes als dass

$$\lim_{x \to x_0-} \frac{f(x)}{g(x)} = L'$$

gilt. Die analoge Beziehung für $x \to x_0+$ beweist man genauso, indem man $x_0 < x_1 < x_2 < x_0 + \delta$ wählt, x_1 gegen x_0 gehen lässt und dann ähnlich wie oben argumentiert. ∎

Wir haben nur einen speziellen Fall der l'Hospitalschen Regeln bewiesen, von denen es viele andere gibt. So gilt ein paralleles Ergebnis für die uneigentlichen Grenzwerte

$$(2.65) \qquad L := \lim_{x \to \pm\infty} \frac{f(x)}{g(x)}, \qquad L' := \lim_{x \to \pm\infty} \frac{f'(x)}{g'(x)},$$

und sogar die Fälle $L = \pm\infty$ und $L' = \pm\infty$ sind zugelassen: In jedem Fall folgt aus der Existenz des Grenzwerts für den Quotienten der Ableitungen die des Grenzwerts für den Quotienten der Funktionen selbst. Hierbei ist natürlich darauf zu achten, dass sowohl $f(x)$ als auch $g(x)$ bei Annäherung an x_0 wirklich gegen Null geht.

Aber auch mit diesen zahlreichen Möglichkeiten ist der Anwendungsbereich der l'Hospitalschen Regeln noch nicht erschöpft. In ähnlicher Weise kann man diese Regeln anwenden, wenn statt (2.61) die Bedingung

$$(2.66) \qquad \lim_{x \to x_0} f(x) = \lim_{x \to x_0} g(x) = \pm\infty$$

erfüllt ist.[29] Und schließlich sind die l'Hospitalschen Regeln auch dann anwendbar, wenn wir ein Produkt zweier Funktionen betrachten müssen, von denen die eine in

---

[29]In diesem Fall käme dann, wenn wir den Grenzübergang wieder im Zähler und Nenner getrennt vornehmen wollen, so etwas wie „Unendlich durch Unendlich" heraus, was genauso ein Unsinn ist wie „Null durch Null". Allerdings weisen wir darauf hin, dass der Fall (2.66) nicht direkt aus Satz 2.40 folgt, sondern einen etwas anderen Beweis erfordert.

x_0 den Grenzwert 0 und die andere in x_0 den uneigentlichen Grenzwert ∞ hat: Diesen Fall können wir ja auf die bisher betrachteten Fälle zurückführen, indem wir die Reziproke einer dieser Funktionen betrachten. Im Hinblick auf die Vielfalt aller dieser Anwendungsmöglichkeiten bringen wir jetzt eine ganze Reihe von Beispielen.

Beispiel 2.41. Da für $x \to 0$ auch $\sin x \to 0$ gilt, dürfen wir in dem Ausdruck

$$(2.67) \qquad\qquad L := \lim_{x \to 0} \frac{\sin x}{x}$$

den Grenzübergang nicht im Zähler und Nenner jeweils einzeln ausführen. Ersetzen wir die Funktionen im Zähler und Nenner jedoch durch ihre Ableitungen, so erhalten wir sofort

$$L' := \lim_{x \to 0} \frac{\cos x}{1} = 1.$$

Nach Satz 2.40, angewandt auf das Intervall $I := [-1, 1]$ und die Funktionen $f(x) := \sin x$ und $g(x) := x$, können wir also folgern, dass der Grenzwert L in (2.67) existiert und den Wert 1 hat. Das bedeutet nichts anderes, als dass die durch

$$(2.68) \qquad\qquad h(x) := \begin{cases} \dfrac{\sin x}{x} & \text{für } x \neq 0, \\ 1 & \text{für } x = 0 \end{cases}$$

definierte Funktion $h : \mathbb{R} \to \mathbb{R}$ auf ganz $\mathbb{R}$ stetig ist.[30]   ♡

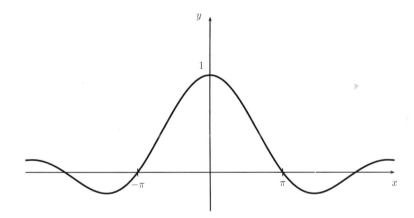

Abbildung 2.11: Die Funktion (2.68)

Beispiel 2.42. Seien m und n zwei natürliche Zahlen; wir wollen untersuchen, ob dann der Grenzwert

$$(2.69) \qquad\qquad L := \lim_{x \to 1} \frac{x^m - 1}{x^n - 1}$$

---

[30]Die aufmerksame Leserin wird bemerkt haben, dass im Grunde genommen die Anwendung der L'Hospitalschen Regel in diesem Beispiel gar nicht nötig ist: Nach der Ableitungsliste im Anschluss an Satz 2.14 ist ja $\sin' = \cos$, und daher ergibt sich in (2.67) speziell $L = \sin' 0 = \cos 0 = 1$.

existiert. Zunächst können wir dieses Problem sozusagen „algebraisch" lösen, indem
wir die Identität (A.15) aus Beispiel A.8 im Anhang benutzen. Danach gilt ja für $x \neq 1$

$$\frac{x^m - 1}{x^n - 1} = \frac{\dfrac{x^m - 1}{x - 1}}{\dfrac{x^n - 1}{x - 1}} = \frac{1 + x + x^2 + \ldots + x^{m-1}}{1 + x + x^2 + \ldots + x^{n-1}}.$$

Da im letzten Bruch oben jeweils m und unten jeweils n Summanden stehen, die
sämtlich für $x \to 1$ gegen 1 gehen, ist $L = m/n$ der gesuchte Grenzwert.

Eleganter können wir dasselbe Ergebnis aber auch mit den l'Hospitalschen Regeln
erhalten, die hier anwendbar sind, weil ja sowohl der Zähler als auch der Nenner in
(2.69) für $x \to 1$ gegen Null geht. Setzen wir also $f(x) := x^m - 1$ und $g(x) := x^n - 1$,
so ist

$$L' = \lim_{x \to 1} \frac{f'(x)}{g'(x)} = \lim_{x \to 1} \frac{m x^{m-1}}{n x^{n-1}},$$

und dieser Grenzwert existiert natürlich und hat den Wert m/n. Aus Satz 2.40 folgt,
dass auch der Grenzwert (2.69) existiert und denselben Wert hat. Neben ihrer „analytischen Eleganz" hat die zweite Methode noch den Vorteil, dass sie nicht nur für
natürliche Zahlen m und n, sondern für beliebige positive reelle Zahlen funktioniert. $\heartsuit$

Beispiel 2.43. Wir behaupten, dass für jedes $n \in \mathbb{N}_0$ die Beziehung[31]

$$(2.70) \qquad\qquad L := \lim_{x \to \infty} \frac{x^n}{e^x} = 0$$

gilt. Sowohl die Zählerfunktion $f(x) := x^n$ als auch die Nennerfunktion $g(x) := e^x$
gehen für $x \to \infty$ gegen Unendlich, so dass wir die l'Hospitalschen Regeln anwenden
können. Im Falle $n = 0$ ist (2.70) trivial, weil der Zähler konstant 1 ist. Im Falle $n = 1$
bekommen wir für den Quotienten der Ableitungen

$$L' = \lim_{x \to \infty} \frac{f'(x)}{g'(x)} = \lim_{x \to \infty} \frac{1}{e^x} = 0$$

wie behauptet. Im Falle $n = 2$ ist

$$L' = \lim_{x \to \infty} \frac{f'(x)}{g'(x)} = \lim_{x \to \infty} \frac{2x}{e^x},$$

d.h. eine einmalige Anwendung der l'Hospitalschen Regeln führt noch nicht zum Ziel,
weil Zähler- und Nennerfunktion beide immer noch gegen Unendlich gehen. Eine nochmalige Anwendung der l'Hospitalschen Regeln liefert jedoch

$$L'' := \lim_{x \to \infty} \frac{f''(x)}{g''(x)} = \lim_{x \to \infty} \frac{2}{e^x} = 0,$$

und daher ist $L = L' = L'' = 0$. Für allgemeines n muss man die l'Hospitalschen Regeln
n-mal anwenden, kommt aber schließlich immer auf $L = 0$.

---

[31]Dass wir hier n als natürliche Zahl gewählt haben, dient nur der Vereinfachung der Argumentation;
das Ergebnis aus Beispiel 2.43 gilt genauso für beliebige reelle Exponenten.

Statt des Terms x^n kann in (2.70) natürlich ein beliebiges Polynom im Zähler stehen, und der Grenzwert hat immer noch den Wert 0. Man kann dieses wichtige Ergebnis so interpretieren, dass *die Exponentialfunktion für* $x \to \infty$ *stärker wächst als jede Potenz von* x (und damit auch stärker als jedes Polynom).

Übrigens gilt – wie in Beispiel 2.43 gezeigt – nicht nur

$$\lim_{x \to \infty} p(x)e^{-x} = 0$$

für jedes Polynom p, sondern natürlich auch (und erst recht)

$$\lim_{x \to \infty} p(x)e^{-x^2} = 0.$$

Dies haben wir in (2.39) schon stillschweigend verwendet. Eng mit diesem Ergebnis hängt das folgende zusammen: *Die Logarithmusfunktion wächst für* $x \to \infty$ *schwächer als jede Wurzelfunktion,* d.h. für jedes $n \in \mathbb{N}$ gilt

$$(2.71) \qquad\qquad L := \lim_{x \to \infty} \frac{\log x}{x^{1/n}} = 0.$$

Das kann man wieder leicht mit den l'Hospitalschen Regeln beweisen, denn für $f(x) := \log x$ und $g(x) := x^{1/n}$ gilt ja

$$L' = \lim_{x \to \infty} \frac{f'(x)}{g'(x)} = \lim_{x \to \infty} \frac{n}{x^{1/n}} = 0.$$

Man kann aber auch die Tatsache benutzen, dass $x \mapsto \log x$ die Umkehrfunktion zu $x \mapsto \exp x$ und $x \mapsto x^{1/n}$ die Umkehrfunktion zu $x \mapsto x^n$ ist und (2.70) anwenden. ♡

Beispiel 2.44. Dieses Beispiel ist im wesentlichen eine Anwendung des vorigen Beispiels 2.43. Wir betrachten die beiden durch

$$f(x) := \exp(-\tan x), \quad g(x) := \cos x \qquad (0 \le x < \tfrac{\pi}{2})$$

definierten Funktionen $f, g : [0, \pi/2) \to \mathbb{R}$. Wegen $\tan x \to \infty$ für $x \to \frac{\pi}{2}-$ und $\exp y \to 0$ für $y \to -\infty$ gilt

$$\lim_{x \to \frac{\pi}{2}-} \exp(-\tan x) = \exp\left(-\lim_{x \to \frac{\pi}{2}-} \tan x\right) = 0.$$

Dies bedeutet, dass man den einseitigen Grenzwert

$$L := \lim_{x \to \frac{\pi}{2}-} \frac{f(x)}{g(x)}$$

mittels der l'Hospitalschen Regeln bearbeiten kann. Für die Ableitungen von f und g ergibt sich

$$f'(x) = -(1 + \tan^2 x)\exp(-\tan x), \qquad g'(x) = -\sin x;$$

also bekommen wir für den Grenzwert des Quotienten der Ableitungen

$$L' := \lim_{x \to \frac{\pi}{2}-} \frac{f'(x)}{g'(x)} = \lim_{x \to \frac{\pi}{2}-} \frac{(1 + \tan^2 x)\exp(-\tan x)}{\sin x} = \lim_{x \to \frac{\pi}{2}-} \left(1 + \tan^2 x\right)\exp(-\tan x),$$

wobei wir im Nenner schon den Faktor $\sin \pi/2 = 1$ herausgenommen haben. Die erste Funktion $x \mapsto 1 + \tan^2 x$ im Produkt nach dem letzten Limeszeichen geht für $x \to \frac{\pi}{2}-$ gegen ∞, die zweite Funktion $x \mapsto \exp(-\tan x)$ geht – wie oben berechnet – gegen 0. Nach der Substitution $\tan x =: t$ erhalten wir

$$L' = \lim_{x \to \frac{\pi}{2}-} \frac{1 + \tan^2 x}{\exp(\tan x)} = \lim_{t \to \infty} \frac{1 + t^2}{\exp t} = 0,$$

wobei wir (2.70) für $n = 0$ und $n = 2$ benutzt haben. Damit ist bewiesen, dass auch $L = 0$ ist.   ♡

Beispiel 2.45. Die beiden durch

$$(2.72) \qquad\qquad f(x) := x^x, \qquad g(x) := x^{1/x}$$

definierten Funktionen $f : (0, \infty) \to \mathbb{R}$ und $g : (0, \infty) \to \mathbb{R}$ sind auf der positiven Halbachse $(0, \infty)$ wohldefiniert und stetig. Uns interessiert, ob man sie stetig in 0 fortsetzen kann, und ob sie auch einen uneigentlichen Grenzwert für $x \to \infty$ besitzen. Da nach Definition allgemeiner Exponentialfunktionen

$$f(x) = x^x = e^{x \log x}, \qquad g(x) = x^{1/x} = e^{\frac{1}{x} \log x}$$

ist, können wir uns auf das Studium der beiden durch

$$(2.73) \qquad\qquad \phi(x) := x \log x, \qquad \gamma(x) := \frac{\log x}{x}$$

definierten Funktionen $\phi, \gamma : (0, \infty) \to \mathbb{R}$ beschränken. Aus

$$\lim_{x \to 0+} \phi(x) = \lim_{x \to 0+} \frac{\log x}{\frac{1}{x}} = \lim_{x \to 0+} \frac{\frac{1}{x}}{-\frac{1}{x^2}} = -\lim_{x \to 0+} x = 0$$

sowie

$$\lim_{x \to \infty} \phi(x) = \lim_{x \to \infty} \frac{\log x}{\frac{1}{x}} = \infty$$

erhalten wir wegen $\exp y \to \infty$ für $y \to \infty$ und aufgrund der Stetigkeit der Exponentialfunktion für f die Beziehungen

$$\lim_{x \to 0+} f(x) = \lim_{x \to 0+} \exp(\phi(x)) = 1, \qquad \lim_{x \to \infty} f(x) = \lim_{x \to \infty} \exp(\phi(x)) = \infty.$$

Entsprechend erhalten wir aus

$$\lim_{x \to 0+} \gamma(x) = \lim_{x \to 0+} \frac{\log x}{x} = -\infty$$

sowie (mit (2.71) für $n = 1$)

$$\lim_{x \to \infty} \gamma(x) = \lim_{x \to \infty} \frac{\log x}{x} = 0$$

wegen $\exp y \to 0$ für $y \to -\infty$ für g die Beziehungen

$$\lim_{x \to 0+} g(x) = \lim_{x \to 0+} \exp(\gamma(x)) = 0, \qquad \lim_{x \to \infty} g(x) = \lim_{x \to \infty} \exp(\gamma(x)) = 1.$$

Beide Funktionen f und g lassen sich also durch die Festlegung $f(0) := 1$ bzw. $g(0) := 0$ stetig nach 0 fortsetzen, aber nur die Funktion g besitzt einen reellen uneigentlichen Grenzwert für $x \to \infty$, nämlich 1. $\heartsuit$

Es ist aufschlussreich, sich den Verlauf der Graphen der beiden Funktionen ϕ und γ in (2.73) auf $(0, \infty)$ etwas genauer klarzumachen. Beide Funktionen verschwinden in $x_0 = 1$. Außerdem zeigt eine einfache Rechnung, dass die Funktion ϕ in $x_0 = 1/e$ ein globales Minimum mit $\phi(1/e) = -1/e$ hat, während die Funktion γ in $x_0 = e$ ein globales Minimum mit $\gamma(e) = 1/e$ hat. Durch Exponieren kann man hieraus auch den Verlauf der beiden Funktionen $f = \exp \circ \phi$ und $g = \exp \circ \gamma$ in (2.72) erkennen.

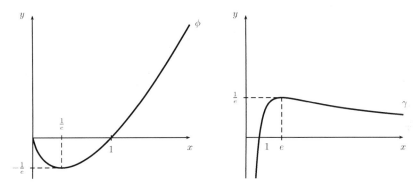

Abbildung 2.12: Die beiden Funktionen aus (2.73)

Beispiel 2.46. Da für $x \to 0$ sowohl $x^2 \to 0$ als auch $\sin^2 x \to 0$ gilt, dürfen wir in

$$L := \lim_{x \to 0} \left(\frac{1}{\sin^2 x} - \frac{1}{x^2} \right)$$

den Grenzübergang wieder nicht in beiden Termen jeweils einzeln ausführen. Bringen wir die Differenz der beiden Brüche jedoch auf den Hauptnenner, so erhalten wir

(2.74) $$L = \lim_{x \to 0} \frac{x^2 - \sin^2 x}{x^2 \sin^2 x},$$

und das können wir mit den l'Hospitalschen Regeln bearbeiten. Dazu schreiben wir den Bruch in (2.74) zunächst als Produkt

$$\frac{x^2 - \sin^2 x}{x^2 \sin^2 x} = \frac{x^2 - \sin^2 x}{x^4} \cdot \frac{x^2}{\sin^2 x}$$

und bemerken, dass nach Beispiel 2.41

$$\lim_{x \to 0} \frac{x^2}{\sin^2 x} = 1$$

gilt. Wenden wir auf den anderen Faktor die Identität $2 \sin x \cos x = \sin 2x$ und viermal die l'Hospitalschen Regeln an, so erhalten wir[32]

$$\lim_{x \to 0} \frac{x^2 - \sin^2 x}{x^4} = \lim_{x \to 0} \frac{2x - 2\sin x \cos x}{4x^3} = \lim_{x \to 0} \frac{2x - \sin 2x}{4x^3}$$

$$= \lim_{x \to 0} \frac{2 - 2\cos 2x}{12x^2} = \lim_{x \to 0} \frac{4\sin 2x}{24x} = \lim_{x \to 0} \frac{8\cos 2x}{24} = \frac{1}{3}.$$

Da der letzte Grenzwert existiert, sind alle Schritte in dieser Rechnung gerechtfertigt, d.h. es gilt $L = 1/3$.   ♡

An dieser Stelle möchten wir eine Warnung aussprechen: Die L'Hospitalschen Regeln sind zwar sehr oft anwendbar, man darf sie allerdings nicht „blindlings" verwenden. Nehmen wir beispielsweise an, wir wollten das asymptotische Verhalten der Hyperbeltangensfunktion für große positive x untersuchen, also den Grenzwert

$$L := \lim_{x \to \infty} \tanh x = \lim_{x \to \infty} \frac{\sinh x}{\cosh x} = \lim_{x \to \infty} \frac{e^x - e^{-x}}{e^x + e^{-x}}.$$

Obwohl sowohl der Zähler als auch der Nenner im letzten Bruch gegen Unendlich gehen, hilft es hier *nicht*, die L'Hospitalschen Regeln stur anzuwenden, denn wegen $\sinh' = \cosh$ und $\cosh' = \sinh$ hätte das nur zur Folge, dass Zähler und Nenner ständig ihre Rollen tauschen. Dividiert man aber Zähler und Nenner einfach durch e^x, so erhält man sofort ohne weiteres Zutun

$$L = \lim_{x \to \infty} \frac{1 - e^{-2x}}{1 + e^{-2x}} = 1,$$

da $e^{-2x} \to 0$ für $x \to \infty$ gilt.[33]   ♡

Die folgenden beiden Beispiele zeigen, dass die l'Hospitalschen Regeln nicht „umgedreht" werden dürfen, d.h. aus der Existenz des Grenzwerts (2.62) folgt i.a. *nicht* die des Grenzwerts (2.63).

Beispiel 2.47. Sei f definiert wie in Beispiel 2.8, und sei $g(x) := x$. Dann existiert der Grenzwert

$$L = \lim_{x \to 0} \frac{f(x)}{g(x)} = \lim_{x \to 0} x \sin \frac{1}{x} = 0,$$

aber der Grenzwert

$$L' = \lim_{x \to 0} \frac{f'(x)}{g'(x)} = \lim_{x \to 0} \left(2x \sin \frac{1}{x} - \cos \frac{1}{x} \right)$$

existiert nicht.   ♡

Beispiel 2.48. Seien $f, g : \mathbb{R} \to \mathbb{R}$ definiert durch $f(x) := x - \sin x$ und $g(x) := x$. Dann existiert der uneigentliche Grenzwert

$$L = \lim_{x \to \infty} \frac{f(x)}{g(x)} = \lim_{x \to \infty} \left(1 - \frac{\sin x}{x} \right) = 1,$$

---

[32]Eigentlich dürften wir alle diese Grenzwerte erst hinschreiben, wenn wir sicher wären, dass sie existieren. Praktisch macht man das aber immer so, dass man sich mit L'Hospital von einem hypothetischen Grenzwert zum nächsten „weiterhangelt", bis man auf einen Grenzwert trifft, der offensichtlich existiert. Dies rechtfertigt dann nachträglich die Rechnung.

[33]An diesem Beispiel sieht man sehr schön, dass trotz vieler nützlicher Regeln das „genaue Hinsehen" immer noch unsere schärfste Waffe in der Analysis ist!

aber der uneigentliche Grenzwert

$$L' = \lim_{x \to \infty} \frac{f'(x)}{g'(x)} = \lim_{x \to \infty} (1 - \cos x)$$

existiert nicht.   ♡

Beim Vergleich der Existenz des uneigentlichen Grenzwerts einer Funktion und ihrer Ableitung für $x \to \pm\infty$ stellt sich auch die folgende Frage:

- *Folgt aus der Tatsache, dass eine differenzierbare Funktion asymptotisch „zur Ruhe kommt", dass dasselbe auch für ihre Ableitung gilt?*

Oder mathematisch präziser gefragt: Folgt für eine differenzierbare Funktion $f : \mathbb{R} \to \mathbb{R}$ aus

(2.75) $$\lim_{x \to \pm\infty} f(x) = 0$$

immer

(2.76) $$\lim_{x \to \pm\infty} f'(x) = 0?$$

Unsere Anschauung legt dies nahe, aber das ist ein Irrtum:

Beispiel 2.49. Sei $f : \mathbb{R} \setminus \{0\} \to \mathbb{R}$ definiert durch

$$f(x) := \frac{\sin x^2}{x}.$$

Wegen $|\sin t| \leq t$ für alle t ist (2.75) (für beide Vorzeichen) sicher erfüllt. Allerdings existiert wegen

$$\lim_{x \to \pm\infty} f'(x) = \lim_{x \to \pm\infty} \left(2 \cos x^2 - \frac{\sin x^2}{x^2} \right)$$

der uneigentliche Grenzwert (2.76) *nicht*.[34]   ♡

Es ist bemerkenswert, dass man sogar eine *monoton fallende* Funktion f konstruieren kann, für die (2.75) gilt, (2.76) aber nicht (s. Aufgabe 2.31). Eine solche Funktion ist allerdings komplizierter als die einfache Funktion aus Beispiel 2.49.

Zum Schluss dieses Abschnitts kehren wir noch einmal zum Problem des Auffindens von Maxima und Minima einer differenzierbaren Funktion zurück. Im Anschluss an Definition 2.23 haben wir gesehen, dass jedes lokale Extremum $x_0 \in (a, b)$ einer Funktion $f \in D^1([a, b])$ ein kritischer Punkt ist, d.h. es gilt $f'(x_0) = 0$. Das einfache Beispiel $f(x) = x^3$ mit $x_0 = 0$ zeigt überdies, dass die Bedingung $f'(x_0) = 0$ nur notwendig, aber nicht hinreichend für das Vorliegen eines Extremums ist. Daher stellt sich die Frage, ob man auch hinreichende Bedingungen für das Vorliegen eines Extremums angeben kann, und das ist mittels der zweiten Ableitung in der Tat nicht nur möglich, sondern sogar sehr einfach.

---

[34]Dies muss so sein! Man kann nämlich zeigen (s. Aufgabe 2.50, Aufgabe 2.51 oder die Bemerkungen im Anschluss an Beispiel 3.21 im nächsten Kapitel), dass der uneigentliche Grenzwert auf der linken Seite von (2.76), falls (!) er existiert und (2.75) gilt, notwendigerweise Null sein muss.

Im Anschluss an Satz 2.2 haben wir darauf hingewiesen, dass die Differenzierbarkeit einer Funktion $f : M \to \mathbb{R}$ in einem Punkt $x_0 \in M$ äquivalent zu der Darstellung

$$(2.77) \quad f(x) = T(x) + r(x)(x - x_0) = f(x_0) + f'(x_0)(x - x_0) + r(x)(x - x_0) \quad (x \in M)$$

ist, wobei $T(x) = f(x_0) + f'(x_0)(x - x_0)$ die Gleichung der Tangente (oder Linearisierung) von f in x_0 bezeichnet und $r : M \to \mathbb{R}$ eine stetige Funktion mit $r(x_0) = 0$ ist. Nehmen wir nun zusätzlich an, dass auch die zweite Ableitung $f''(x_0)$ von f in x_0 existiert, so erhalten wir nach der Regel von L'Hospital[35]

$$(2.78) \quad \lim_{x \to x_0} \frac{f(x) - T(x)}{(x - x_0)^2} = \lim_{x \to x_0} \frac{f'(x) - T'(x)}{2(x - x_0)} = \lim_{x \to x_0} \frac{f'(x) - f'(x_0)}{2(x - x_0)} = \frac{f''(x_0)}{2}.$$

Dies bedeutet nichts anderes, als dass im Falle der Existenz von $f''(x_0)$ analog zu (2.77) eine Darstellung der Form

$$(2.79) \quad f(x) = f(x_0) + f'(x_0)(x - x_0) + \frac{f''(x_0)}{2}(x - x_0)^2 + \tilde{r}(x)(x - x_0)^2 \quad (x \in M)$$

gilt, wobei $\tilde{r} : M \to \mathbb{R}$ wieder eine stetige Funktion mit $\tilde{r}(x_0) = 0$ ist. Diese Betrachtung werden wir im folgenden Abschnitt noch weiter verallgemeinern; für unsere Zwecke genügt es hier, mittels (2.79) die Beziehung zwischen kritischen Punkten und Extrema einer Funktion $f \in D^2(M)$ zu präzisieren:

Satz 2.50. *Sei* $f : [a, b] \to \mathbb{R}$ *zweimal differenzierbar, und gelte* $f'(x_0) = 0$ *für ein* $x_0 \in (a, b)$. *Gilt dann* $f''(x_0) > 0$ [*bzw.* $f''(x_0) < 0$], *so hat* f *in* x_0 *ein lokales Minimum* [*bzw. Maximum*]. *Im Falle* $f''(x_0) = 0$ *ist keine Aussage möglich.*

Beweis: Gelte o.B.d.A. $f'(x_0) = 0$ und $f''(x_0) > 0$, also nach (2.78) auch

$$\lim_{x \to x_0} \frac{f(x) - T(x)}{(x - x_0)^2} > 0.$$

Nach der Definition des Grenzwerts finden wir ein $\delta > 0$ derart, dass auch noch

$$\frac{f(x) - f(x_0)}{(x - x_0)^2} = \frac{f(x) - T(x)}{(x - x_0)^2} > 0$$

für $0 < |x - x_0| < \delta$ gilt, also $f(x) > f(x_0)$. Damit haben wir sogar gezeigt, dass f in x_0 ein *striktes* lokales Minimum besitzt. Der Beweis für das Maximum geht analog, z.B. durch Übergang von f zu $-f$, und die Beispiele $f(x) = x^3$, $f(x) = x^4$ und $f(x) = -x^4$ zeigen, dass im Falle $f''(x_0) = 0$ (hier für $x_0 := 0$) tatsächlich nichts über den Charakter von x_0 gesagt werden kann. ∎

Grob gesprochen kann man unsere Diskussion über Extrema folgendermaßen zusammenfassen: Die Bedingung $f'(x_0) = 0$ ist nur notwendig, aber nicht hinreichend für das Vorliegen eines Extremums, während die beiden Bedingungen $f'(x_0) = 0$ und $f''(x_0) \neq 0$ zusammengenommen nur hinreichend, aber nicht notwendig sind. Eine gewisse Umkehrung von Satz 2.50 findet man in Aufgabe 2.45.

---

[35]Die Regel von L'Hospital können wir deswegen anwenden, weil im ersten Bruch in (2.78) nach Definition von $T(x)$ sowohl der Zähler als auch der Nenner für $x \to x_0$ gegen 0 gehen.

2.3. Taylor-Polynome und Taylor-Reihen. Wir kommen nun zur letzten Anwendung des Mittelwertsatzes von Rolle (Satz 2.24). Diese Anwendung wird i.a. unter den Stichworten *Taylor-Polynom* und *Taylor-Reihe* zusammengefasst; hierunter versteht man folgendes.

Seien $I \subseteq \mathbb{R}$ ein Intervall, $x_0 \in I$ fest, und $f : I \to \mathbb{R}$ eine Funktion, die auf I mindestens n-mal stetig differenzierbar ist, also zur Funktionenklasse $C^n(I)$ gehört. Dann ordnen wir der Funktion f ein Polynom n-ten Grades T_n zu, welches *Taylor-Polynom der Ordnung n* (mit Entwicklungspunkt x_0) genannt wird und durch[36]

$$
\text{(2.80)} \qquad T_n(x) := \sum_{k=0}^{n} \frac{f^{(k)}(x_0)}{k!}(x - x_0)^k
$$

$$
= f(x_0) + \frac{f'(x_0)}{1!}(x - x_0) + \frac{f''(x_0)}{2!}(x - x_0)^2 + \ldots + \frac{f^{(n)}(x_0)}{n!}(x - x_0)^n
$$

definiert ist. Eine einfache Rechnung zeigt, dass das Polynom (2.80) im Punkt x_0 nicht nur denselben Funktionswert, sondern auch sämtliche Ableitungen bis zur Ordnung n mit f gemeinsam hat, d.h. die Beziehungen

$$
T_n(x_0) = f(x_0),\ T_n'(x_0) = f'(x_0),\ T_n''(x_0) = f''(x_0), \ldots, T_n^{(n)}(x_0) = f^{(n)}(x_0)
$$

erfüllt; es ist überdies das einzige Polynom n-ten Grades mit dieser Eigenschaft. Ist die gegebene Funktion f selbst ein Polynom n-ten Grades in $x - x_0$, also

$$
f(x) = a_0 + a_1(x - x_0) + a_2(x - x_0)^2 + \ldots + a_n(x - x_0)^n,
$$

so gilt einfach $f(x) \equiv T_n(x)$ auf I, d.h. das Taylor-Polynom von f stimmt mit f selbst überein. Ist allgemeiner f eine beliebige (genügend oft differenzierbare) Funktion, so möchte man gern Informationen über den Fehler erhalten, den man macht, wenn man die Funktion f auf I durch das Polynom T_n ersetzt. Hierüber gibt der nächste Satz Auskunft:

Satz 2.51 (Satz von Taylor). *Sei $f \in C^{n+1}(I)$, und sei T_n definiert wie in (2.80). Dann gibt es ein ξ zwischen x_0 und x derart, dass auf I die Gleichheit*

$$
\text{(2.81)} \qquad f(x) = T_n(x) + \frac{f^{(n+1)}(\xi)}{(n+1)!}(x - x_0)^{n+1} \qquad (x \in I)
$$

gilt.

Beweis: Wir fixieren $x \in I$ und definieren eine Hilfsfunktion $g : I \to \mathbb{R}$ durch

$$
\text{(2.82)} \qquad g(t) := f(t) - T_n(t) - \frac{f(x) - T_n(x)}{(x - x_0)^{n+1}}(t - x_0)^{n+1} \qquad (t \in I).
$$

Aus der Definition (2.82) folgt unmittelbar, dass

$$
\text{(2.83)} \qquad g(x_0) = f(x_0) - T_n(x_0) = 0, \qquad g(x) = 0
$$

---

[36]Eigentlich müsste man dieses Polynom mit $T_n(f; x_0, x)$ bezeichnen, denn es hängt ja auch von der Funktion f und vom Entwicklungspunkt x_0 ab; wir bevorzugen wegen der leichteren Lesbarkeit aber die verkürzte Schreibweise (2.80). Wir erinnern noch einmal an die Konvention $f^{(0)}(x_0) := f(x_0)$ sowie $0! := 1$ und $0^0 := 1$ (für $x_0 = 0$ und $k = 0$).

gilt. Für die Ableitungen von g in einem beliebigen Punkt $t \in I$ erhalten wir dagegen die Beziehungen

$$
\begin{aligned}
g'(t) &= f'(t) - T_n'(t) - (n+1)\frac{f(x) - T_n(x)}{(x - x_0)^{n+1}}(t - x_0)^n, \\
g''(t) &= f''(t) - T_n''(t) - (n+1)n\frac{f(x) - T_n(x)}{(x - x_0)^{n+1}}(t - x_0)^{n-1} \\
g'''(t) &= f'''(t) - T_n'''(t) - (n+1)n(n-1)\frac{f(x) - T_n(x)}{(x - x_0)^{n+1}}(t - x_0)^{n-2} \\
&\quad\ \ \vdots \\
g^{(n+1)}(t) &= f^{(n+1)}(t) - (n+1)!\frac{f(x) - T_n(x)}{(x - x_0)^{n+1}}.
\end{aligned}
$$

Insbesondere ist

$$(2.84) \qquad g'(x_0) = g''(x_0) = g'''(x_0) = \ldots = g^{(n)}(x_0) = 0.$$

Wegen (2.83) und (2.84) können wir nach dem Mittelwertsatz von Rolle (Satz 2.24) ein x_1 zwischen x_0 und x wählen mit $g'(x_1) = 0$, anschließend ein x_2 zwischen x_0 und x_1 mit $g''(x_2) = 0$, danach ein x_3 zwischen x_0 und x_2 mit $g'''(x_3) = 0$, und schließlich nach genügend häufiger Anwendung dieser Idee ein x_n zwischen x_0 und x_{n-1} mit $g^{(n)}(x_n) = 0$. Wenden wir dann ein letztes Mal Satz 2.24 auf das Intervall $[x_0, x_n]$ bzw. $[x_n, x_0]$ an, so erhalten wir ein ξ zwischen x_0 und x_n mit

$$0 = g^{(n+1)}(\xi) = f^{(n+1)}(\xi) - (n+1)!\frac{f(x) - T_n(x)}{(x - x_0)^{n+1}}.$$

Auflösen nach dem Zähler des Bruchs ergibt dann

$$f(x) - T_n(x) = \frac{f^{(n+1)}(\xi)}{(n+1)!}(x - x_0)^{n+1},$$

und das war gerade die Behauptung.   ∎

In der Formel (2.81) wird der zweite Summand oft als *Restglied* (der Ordnung n oder $n+1$) zum Taylor-Polynom T_n bezeichnet und mit $R_n(x; x_0)$ abgekürzt; es gilt also $f(x) = T_n(x) + R_n(x; x_0)$. Satz 2.51 besagt mithin, dass das Restglied $R_n(x; x_0)$ fast so aussieht wie der nächsthöhere Term des Polynoms in (2.80) aussähe, mit der einzigen Ausnahme, dass $f^{(n+1)}(x_0)$ durch $f^{(n+1)}(\xi)$ ersetzt werden muss.

Wir haben Satz 2.51 durch wiederholte Anwendung des Mittelwertsatzes von Rolle (Satz 2.24) bewiesen. Umgekehrt steckt der Mittelwertsatz von Lagrange (Satz 2.25) als Spezialfall in Satz 2.51, nämlich für $n = 0$: In diesem Fall vereinfacht sich (2.81) nämlich zu

$$f(x) = T_0(x) + R_0(x; x_0) = f(x_0) + \frac{f'(\xi)}{1!}(x - x_0),$$

und das ist nichts anderes als (2.44) (für $a := x_0$ und $b := x$). Dies zeigt, dass die Sätze 2.24, 2.25, 2.26 und 2.51 sämtlich *äquivalent* sind.

Die Approximationsformel (2.81) hat den „Schönheitsfehler", dass sie nur die *Existenz* des Punktes ξ sowie seine *ungefähre Lage* (nämlich zwischen x_0 und x) liefert, jedoch nicht seinen genauen Wert. Trotzdem ist diese Formel auch für numerische Zwecke äußerst nützlich, denn wir können den Restterm $R_n(x; x_0)$ ja von oben *abschätzen*. Drei Beispiele mögen verdeutlichen, wie das in der Praxis funktioniert.

Beispiel 2.52. Sei $f : \mathbb{R} \to \mathbb{R}$ die Exponentialfunktion, $f(x) = e^x$, und sei $x_0 := 0$. Da $f^{(k)}(x) = e^x$ für alle $k \in \mathbb{N}$ gilt, also insbesondere $f^{(k)}(0) \equiv 1$, bekommt (2.81) die einfache Form

$$e^x = T_n(x) + R_n(x; 0) = 1 + \frac{x}{1!} + \frac{x^2}{2!} + \ldots + \frac{x^n}{n!} + \frac{e^\xi x^{n+1}}{(n+1)!}$$

mit einem ξ zwischen 0 und x, dessen genauen Wert wir nicht kennen. Schränken wir die Funktion f aber auf ein kompaktes Intervall ein, z.B. auf das Intervall $[0, c]$ mit $c > 0$, so können wir das Restglied wegen der Monotonie der Exponentialfunktion in der Form

$$(2.85) \qquad\qquad |R_n(x; 0)| = \frac{|e^\xi x^{n+1}|}{(n+1)!} \leq \frac{e^c c^{n+1}}{(n+1)!}$$

abschätzen. Dies ist also der maximale Fehler, den wir begehen, wenn wir die Exponentialfunktion auf dem Intervall $[0, c]$ durch das Polynom

$$T_n(x) = 1 + \frac{x}{1!} + \frac{x^2}{2!} + \ldots + \frac{x^n}{n!}$$

ersetzen. Man sieht sehr schön, wie dieser Fehler von der Intervalllänge c und dem Grad n des approximierenden Taylor-Polynoms abhängt: Nach Beispiel A.27 im Anhang geht das Restglied in (2.85) ja für jedes (fixierte) $c \in \mathbb{R}$ für $n \to \infty$ gegen Null. Allerdings geschieht das umso schneller, je kleiner c ist. $\heartsuit$

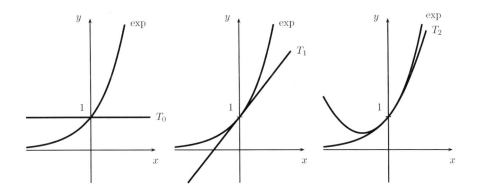

Abbildung 2.13: Die Taylor-Polynome T_0, T_1 und T_2 für $f(x) = e^x$

Beispiel 2.53. Sei $f : [0,1] \to \mathbb{R}$ definiert durch $f(x) := \log(x+1)$. Hier bekommen wir nacheinander

$$f'(x) = \frac{1}{x+1}, \; f''(x) = -\frac{1}{(x+1)^2}, \; f'''(x) = \frac{2}{(x+1)^3}, \ldots, f^{(n)}(x) = (-1)^{n-1}\frac{(n-1)!}{(x+1)^n},$$

also in $x_0 := 0$ insbesondere

$$f(0) = 0, \; f'(0) = 1, \; f''(0) = -1, \; f'''(0) = 2, \ldots, f^{(n)}(0) = (-1)^{n-1}(n-1)!.$$

Damit wird (2.81) hier zu

$$\log(x+1) = T_n(x) + R_n(x;0) =$$

$$x - \frac{x^2}{2} + \frac{x^3}{3} - + \ldots + (-1)^{n-1}\frac{x^n}{n} + (-1)^n \frac{x^{n+1}}{(n+1)(\xi+1)^{n+1}}$$

mit einem ξ zwischen 0 und x, dessen genauen Wert wir nicht kennen. Wir können trotzdem das Restglied wegen $\xi \in [0,1]$ und $x \in [0,1]$ ziemlich genau in der Form

$$|R_n(x;0)| = \frac{1}{n+1}\frac{x^{n+1}}{|\xi+1|^{n+1}} \leq \frac{x^{n+1}}{n+1} \leq \frac{1}{n+1}$$

abschätzen. Dies ist also der maximale Fehler, den wir begehen, wenn wir die Funktion f auf dem Intervall $[0,1]$ durch das Polynom

$$T_n(x) = 1 + \frac{x}{1} - \frac{x^2}{2} + \frac{x^3}{3} - + \ldots + (-1)^{n-1}\frac{x^n}{n}$$

ersetzen. Allerdings ist die Approximation nicht so gut wie im vorigen Beispiel 2.52 oder im nächsten Beispiel 2.54, weil im Nenner von $R_n(x;0)$ nur n statt $n!$ vorkommt. ♡

Beispiel 2.54. Sei $f : [0,\pi] \to \mathbb{R}$ die Sinusfunktion, $f(x) = \sin x$, und sei $x_0 := 0$. Hier bekommen wir

$$f'(x) = \cos x, \; f''(x) = -\sin x, \; f'''(x) = -\cos x, \; f^{(4)}(x) = \sin x, \ldots$$

und so weiter, also speziell

$$f(0) = 0, \; f'(0) = 1, \; f''(0) = 0, \; f'''(0) = -1, \; f^{(4)}(0) = 0, \ldots$$

und so weiter fortgesetzt mit Periode 4. Damit wird (2.81) hier (für $2n$ statt n) zu

$$\sin x = T_{2n}(x) + R_{2n}(x;0) =$$

(2.86)

$$x - \frac{x^3}{3!} + \frac{x^5}{5!} - \frac{x^7}{7!} + - \ldots + (-1)^{n-1}\frac{x^{2n-1}}{(2n-1)!} + R_{2n}(x;0).$$

Das Taylor-Polynom der Sinusfunktion[37] ähnelt also dem der Exponentialfunktion, mit zwei Ausnahmen: Erstens treten nur ungerade Potenzen von x (und entsprechend im

---

[37]Wir empfehlen der Leserin, die Sinusfunktion zusammen mit den Polynomen T_0, T_2 und T_4 zu zeichnen und zu vergleichen.

Nenner nur Fakultäten ungerader Zahlen) auf, und zweitens wechselt in (2.86) das Vorzeichen regelmäßig. Übrigens können wir auch hier das Restglied

$$R_{2n}(x;0) = \frac{f^{(2n+1)}(\xi)}{(2n+1)!} x^{2n+1}$$

bequem abschätzen: Da $f^{(2n+1)}(\xi) = \pm\cos\xi$ gilt[38] und ξ zwischen 0 und x, also sicher im Intervall $[0,\pi]$ liegen muss, bekommen wir

$$|R_{2n}(x;0)| = \frac{|\cos\xi|}{(2n+1)!}|x|^{2n+1} \leq \frac{\pi^{2n+1}}{(2n+1)!}.$$

Da die Fakultät im Nenner sehr stark wächst, bekommen wir schnell eine gute Approximation der Sinusfunktion, wenn wir f auf $[0,\pi]$ durch das Taylor-Polynom T_{2n} ersetzen und n groß genug wählen. $\heartsuit$

Das Taylor-Polynom (2.80) einer Funktion f können wir immer dann hinschreiben, wenn diese Funktion genügend oft differenzierbar ist. Im Extremfall einer Funktion $f \in C^\infty(I)$ können wir sogar untersuchen, ob der Grenzwert

(2.87)
$$T_\infty(x) := \lim_{n\to\infty} T_n(x) = \sum_{k=0}^{\infty} \frac{f^{(k)}(x_0)}{k!}(x-x_0)^k$$
$$= f(x_0) + \frac{f'(x_0)}{1!}(x-x_0) + \frac{f''(x_0)}{2!}(x-x_0)^2 + \ldots + \frac{f^{(n)}(x_0)}{n!}(x-x_0)^n + \ldots$$

existiert. Falls das so ist, nennt man (2.87) sinnvollerweise die *Taylor-Reihe von f* (mit Entwicklungspunkt x_0) und sagt, die Funktion f sei „in eine Taylor-Reihe entwickelbar". Aus der Darstellung (2.81) folgt sofort, dass die Taylor-Reihe (2.87) genau dann existiert, wenn

(2.88) $$\lim_{n\to\infty} R_n(x;x_0) = 0 \qquad (x \in I)$$

gilt, d.h. das Restglied $R_n(x;x_0)$ wird für wachsendes n „immer kleiner". In diesem Zusammenhang stellen sich zwei Fragen:

- *Wann existiert die Taylor-Reihe (2.87) zu einer gegebenen Funktion f?*

- *Wann stellt sie die Funktion f dar, d.h. wann gilt $T_\infty(x) \equiv f(x)$ auf I?*

Offenbar ist $f \in C^\infty(I)$ eine *notwendige* Bedingung dafür, dass man beide Fragen positiv beantworten kann, denn sonst können wir die Ableitungen in (2.87) ja gar nicht hinschreiben. Das folgende wichtige Beispiel zeigt, dass dies zumindest für die positive Beantwortung der zweiten Frage nicht hinreichend ist:

Beispiel 2.55. Sei $f : \mathbb{R} \to \mathbb{R}$ definiert wie in Beispiel 2.21. Wir wissen schon, dass $f \in C^\infty(\mathbb{R})$ gilt, d.h. f besitzt auf der ganzen reellen Achse Ableitungen beliebig hoher

---

[38]Das Vorzeichen richtet sich danach, ob $2n$ durch 4 teilbar ist oder nicht; das spielt aber keine Rolle, da uns bei Abschätzungen ohnehin nur der Absolutbetrag interessiert.

Ordnungen. Uns interessieren das Taylor-Polynom (2.80) und die Taylor-Reihe (2.87) von f in $x_0 := 0$. In Beispiel 2.21 haben wir schon gezeigt, dass

$$f(0) = f'(0) = f''(0) = f'''(0) = \ldots = f^{(k)}(0) = \ldots = 0$$

ist, d.h. der Funktionswert und sämtliche Ableitungen von f im Nullpunkt sind Null! Hieraus folgt aber sofort, dass für alle $x \in \mathbb{R}$ einfach $T_\infty(x) \equiv 0$ gilt, d.h. die Taylor-Reihe von f verschwindet identisch. Damit kann für kein einziges $x \neq 0$ die Gleichheit $f(x) = T_\infty(x)$ gelten, denn für solche x ist immer $f(x) > 0$.   ♡

Das enttäuschende (und etwas exotisch anmutende) Beispiel 2.55 ist zum Glück insofern eine Ausnahme, als „die meisten" Funktionen, mit denen wir es in der Analysis zu tun haben, auf ihrem Definitionsbereich tatsächlich nicht nur in eine Taylor-Reihe entwickelbar sind, sondern dort auch mit dieser Taylor-Reihe übereinstimmen.[39] Dies gilt insbesondere für die Funktionen aus den Beispielen 2.52 – 2.54. So gilt für das Restglied etwa in Beispiel 2.52

$$\lim_{n \to \infty} |R_n(x;0)| = \lim_{n \to \infty} \frac{e^\xi |x|^{n+1}}{(n+1)!} = 0 \qquad (x \in \mathbb{R}),$$

weil $n!$ schneller gegen Unendlich geht als die n-te Potenz einer festen Zahl x (s. Beispiel A.27 im Anhang). Entsprechend haben wir in Beispiel 2.53

$$\lim_{n \to \infty} |R_n(x;0)| = \lim_{n \to \infty} \frac{1}{(n+1)|\xi+1|^{n+1}} = 0 \qquad (x > 0),$$

weil das n nur im Nenner erscheint, und in Beispiel 2.54

$$\lim_{n \to \infty} |R_{2n}(x;0)| = \lim_{n \to \infty} \frac{|\cos \xi|}{(2n+1)!} |x|^{2n+1} = 0 \qquad (x \in \mathbb{R})$$

mit derselben Begründung wie in Beispiel 2.52. Daher werden die Funktionen aus diesen drei Beispielen durch ihre Taylor-Reihen dargestellt, also

$$(2.89) \qquad \exp x = \sum_{k=0}^\infty \frac{x^k}{k!} = 1 + \frac{x}{1!} + \frac{x^2}{2!} + \ldots + \frac{x^n}{n!} + \ldots \quad (x \in \mathbb{R}),$$

$$\log(x+1) = \sum_{k=1}^\infty (-1)^{k+1} \frac{x^k}{k}$$

$$(2.90)$$

$$= x - \frac{x^2}{2} + \frac{x^3}{3} - + \ldots + (-1)^{n-1} \frac{x^n}{n} + \ldots \quad (-1 < x \leq 1)$$

und

$$(2.91) \quad \sin x = \sum_{k=0}^\infty (-1)^k \frac{x^{2k+1}}{(2k+1)!} = x - \frac{x^3}{3!} + \frac{x^5}{5!} + \ldots + (-1)^n \frac{x^{2n+1}}{(2n+1)!} + \ldots \quad (x \in \mathbb{R}).$$

---

[39]Solche Funktionen nennt man auch *analytisch*. Die Funktion f aus Beispiel 2.55 ist auf der reellen Achse also beliebig oft differenzierbar, aber nicht analytisch.

Zusammen mit der Taylorentwicklung (2.91) der Sinusfunktion erwähnen wir auch sofort die Taylorentwicklung ihrer Zwillingsschwester, der Cosinusfunktion

$$(2.92) \quad \cos x = \sum_{k=0}^{\infty} (-1)^k \frac{x^{2k}}{(2k)!} = 1 - \frac{x^2}{2!} + \frac{x^4}{4!} + \ldots + (-1)^n \frac{x^{2n}}{(2n)!} + \ldots \quad (x \in \mathbb{R}),$$

die ebenso regelmäßig alternierende Terme ausweist. Übrigens folgt aus der Tatsache, dass der Sinus eine ungerade und der Cosinus eine gerade Funktion ist, dass die Taylor-Reihe (2.91) nur ungerade Potenzen und die Taylor-Reihe (2.92) nur gerade Potenzen von x enthält.

Aus den bisher errechneten Taylor-Reihen kann man weitere gewinnen. Beispielsweise bekommen wir aus (2.90) nach Übergang von x zu $-x$

$$\log(1 - x) = \sum_{k=1}^{\infty} (-1)^{k+1} \frac{(-x)^k}{k} = -x - \frac{x^2}{2} - \frac{x^3}{3} - \ldots - \frac{x^n}{n} - \ldots \quad (-1 \leq x < 1)$$

und damit die neue Reihe

$$\frac{1}{2} \log \frac{1+x}{1-x} = \frac{1}{2} \left[\log(x+1) - \log(1-x) \right]$$

$$= \frac{1}{2} \sum_{k=1}^{\infty} (-1)^{k+1} \frac{x^k}{k} - \frac{1}{2} \sum_{k=1}^{\infty} (-1)^{k+1} \frac{(-x)^k}{k}$$

$$= \frac{1}{2} \left[x - \frac{x^2}{2} + \frac{x^3}{3} - + \ldots + (-1)^{n-1} \frac{x^n}{n} + \ldots \right]$$

$$+ \frac{1}{2} \left[x + \frac{x^2}{2} + \frac{x^3}{3} + \ldots + \frac{x^n}{n} + \ldots \right]$$

$$= x + \frac{x^3}{3} + \frac{x^5}{5} + \frac{x^7}{7} + \ldots + \frac{x^{2n+1}}{2n+1} \ldots \quad (-1 < x < 1),$$

die bei der numerischen Berechnung von Logarithmen nützlich ist. Wir erwähnen noch die Hyperbelsinusreihe

$$\sinh x = \sum_{k=0}^{\infty} \frac{x^{2k+1}}{(2k+1)!} = x + \frac{x^3}{3!} + \frac{x^5}{5!} + \ldots + \frac{x^{2n+1}}{(2n+1)!} + \ldots \quad (x \in \mathbb{R}),$$

die bis auf das Alternieren des Vorzeichens aussieht wie die Sinusreihe (2.91), sowie die Hyperbelcosinusreihe

$$\cosh x = \sum_{k=0}^{\infty} \frac{x^{2k}}{(2k)!} = 1 + \frac{x^2}{2!} + \frac{x^4}{4!} + \ldots + \frac{x^{2n}}{(2n)!} + \ldots \quad (x \in \mathbb{R}),$$

die bis auf das Alternieren des Vorzeichens aussieht wie die Cosinusreihe (2.92). Interessant sind noch die speziellen Reihen,

$$\sqrt{1+x} = 1 + \frac{1}{2} x + \sum_{k=2}^{\infty} (-1)^{k-1} \frac{1 \cdot 3 \cdots (2k-3)}{2 \cdot 4 \cdots (2k)} x^k$$

$$= 1 + \frac{x}{2} - \frac{x^2}{2 \cdot 4} + \ldots + (-1)^{n-1} \frac{1 \cdot 3 \cdots (2n-3)}{2 \cdot 4 \cdots (2n)} x^n + \ldots \quad (-1 < x \leq 1),$$

$$\frac{1}{\sqrt{1+x}} = 1 - \frac{1}{2}x + \sum_{k=2}^{\infty}(-1)^k \frac{1 \cdot 3 \cdots (2k-1)}{2 \cdot 4 \cdots (2k)}x^k$$

$$= 1 - \frac{x}{2} + \frac{x^2}{2 \cdot 4} + \ldots + (-1)^n \frac{1 \cdot 3 \cdots (2n-1)}{2 \cdot 4 \cdots (2n)}x^n + \ldots \qquad (-1 < x \le 1)$$

und

$$\frac{1}{\sqrt{1+x^2}} = 1 - \frac{1}{2}x^2 + \sum_{k=2}^{\infty}(-1)^k \frac{1 \cdot 3 \cdots (2k-1)}{2 \cdot 4 \cdots (2k)}x^{2k}$$

$$= 1 - \frac{x^2}{2} + \frac{x^4}{2 \cdot 4} + \ldots + (-1)^n \frac{1 \cdot 3 \cdots (2n-1)}{2 \cdot 4 \cdots (2n)}x^{2n} + \ldots \qquad (-1 < x \le 1).$$

Viele weitere Reihenentwicklungen findet man in einschlägigen Formelsammlungen.

In Beispiel 2.41 haben wir mit den l'Hospitalschen Regeln bewiesen, dass der Grenzwert L in (2.67) den Wert 1 besitzt. Dasselbe Ergebnis können wir nun auch durch Betrachtung der Taylor-Reihe (2.91) plausibel machen: Dividieren wir nämlich diese Reihe termweise durch $x \ne 0$, so bekommen wir

$$\frac{\sin x}{x} = \sum_{k=0}^{\infty}(-1)^k \frac{x^{2k}}{(2k+1)!} = 1 - \frac{x^2}{3!} + \frac{x^4}{5!} + \ldots + (-1)^n \frac{x^{2n}}{(2n+1)!} + \ldots,$$

und natürlich gehen mit x alle Terme, die x im Zähler enthalten, auch gegen Null. Mit etwas mehr Aufwand[40] kann man hiermit zeigen, dass die Funktion (2.68) in 0 den Grenzwert 1 besitzt, dort also stetig ist.

Es gibt verschiedene hinreichende Bedingungen dafür, dass eine C^∞-Funktion auf einem Intervall I durch ihre Taylor-Reihe dargestellt wird, also analytisch ist, etwa die folgende: Zu jedem $x_0 \in I$ gebe es ein $\delta > 0$ und ein $M > 0$ derart, dass

$$\max\{|f^{(n)}(x)| : x \in I \cap [x_0 - \delta, x_0 + \delta]\} \le M^n \qquad (n = 0, 1, 2, \ldots)$$

gilt. Nach Satz 2.51 erhalten wir dann für $x \in I \cap [x_0 - \delta, x_0 + \delta]$

$$(2.93) \qquad |f(x) - T_n(x)| \le \frac{|x - x_0|^{n+1}}{(n+1)!}M^{n+1} \le \frac{(M\delta)^{n+1}}{(n+1)!},$$

d.h. es gilt (2.88). Daher wird f auf $I \cap [x_0 - \delta, x_0 + \delta]$ durch die Taylor-Reihe (2.87) dargestellt. Eine Konstante M wie in (2.93) kann man zum Beispiel für die Exponentialfunktion oder die Sinus- und Cosinusfunktion leicht finden. Dagegen gibt es nach Beispiel 2.55 für die Funktion (2.37) und $x_0 = 0$ kein solches M.

2.4. Anfangswertprobleme. In diesem Abschnitt machen wir eine kleine Exkursion in die Theorie gewöhnlicher Differentialgleichungen. Wir werden aber nicht tief in die Theorie einsteigen, sondern mit Hilfe des Begriffs der Stammfunktion (s. Definition 2.15) einige Klassen elementar lösbarer Gleichungen untersuchen.

---

[40]Der Aufwand besteht darin, dass man es hier mit zwei Grenzübergängen zu tun hat (einerseits $n \to \infty$ und andererseits $x \to 0$), deren Vertauschbarkeit man nachweisen muss.

Eine *Differentialgleichung* (erster Ordnung) ist eine Gleichung der Form

$$(2.94) \qquad y' = f(x, y),$$

in der eine Variable x, eine Funktion[41] y von x und ihre Ableitung y' auftreten, und zwar so, dass die Ableitung y' isoliert auf einer Seite erscheint.[42] Hierbei sei $f : M \to \mathbb{R}$ eine Funktion, die auf einer Teilmenge $M \subseteq \mathbb{R}^2$ der Ebene gegeben ist. Falls nicht ausdrücklich etwas anderes gesagt wird, werden wir diese Funktion f stets als stetig voraussetzen.[43]

Eine *Lösung* von (2.94) ist jede differenzierbare Funktion $\varphi : D \to \mathbb{R}$ (mit Definitionsbereich $D \subseteq \mathbb{R}$), für die aus $x \in D$ stets $(x, \varphi(x)) \in M$ folgt, und die die Gleichheit

$$(2.95) \qquad \varphi'(x) = f(x, \varphi(x))$$

für jedes $x \in D$ erfüllt. Gewisse Lösungen kann man übrigens immer schnell erkennen, nämlich *konstante* Lösungen: Wann immer es eine Zahl $c \in \mathbb{R}$ gibt derart, dass $f(x, c) \equiv 0$ für $x \in D$ gilt, ist natürlich die konstante Funktion $y = \varphi(x) \equiv c$ eine Lösung von (2.95) auf D. Von größerem Interesse sind aber *nichtkonstante* Lösungen. Wir bringen einige elementare Beispiele, an denen klarer wird, warum das so ist:

Beispiel 2.56. Die Gleichung

$$(2.96) \qquad y' = 2xy$$

hat die Form (2.94) mit $f(x, u) := 2xu$. Offensichtlich ist $y = \varphi(x) \equiv 0$ eine konstante Lösung von (2.96) auf $D = \mathbb{R}$. Man überzeugt sich leicht davon, dass $y = \varphi(x) = e^{x^2}$ eine nichtkonstante Lösung dieser Gleichung auf $D = \mathbb{R}$ ist, aber auch $y = \varphi(x) = 2e^{x^2}$ und allgemein

$$(2.97) \qquad y = \varphi(x) = ce^{x^2}$$

für beliebiges $c \in \mathbb{R}$. Es gibt also unendlich viele Lösungen, die sich alle nur durch eine multiplikative Konstante unterscheiden.

Es ist übrigens nicht schwer nachzuweisen, dass dies tatsächlich alle Lösungen auf $\mathbb{R}$ sind. In der Tat, bezeichnet $y = \varphi(x)$ eine beliebige Lösung der Differentialgleichung (2.96), so erfüllt die durch $\psi(x) := \varphi(x)e^{-x^2}$ definierte Funktion ψ die Bedingung

$$\psi'(x) = \varphi'(x)e^{-x^2} - 2x\varphi(x)e^{-x^2} = (y' - 2xy)e^{-x^2} = 0,$$

ist nach Satz 2.32 konstant, d.h. $\psi(x) \equiv c$. Multiplikation mit e^{x^2} ergibt (2.97). ♡

Beispiel 2.57. Die Gleichung

$$(2.98) \qquad y' = 1 + y^2$$

---

[41]Es hat sich bei Differentialgleichungen eingebürgert, den Buchstaben y nicht nur als Wert einer Funktion zu bezeichnen, sondern auch als die Funktion selbst; man schreibt also statt $y = f(x)$ etwas unkorrekt $y = y(x)$.

[42]Etwas allgemeiner kann man Gleichungen der Form $F(x, y, y') = 0$ betrachten, in denen auch das y' kompliziert in eine Funktion dreier Variabler eingebunden ist. Solche Gleichungen bezeichnet man als *implizite Differentialgleichungen*, während die schon nach y' aufgelöste Gleichung (2.94) *explizite Differentialgleichung* genannt wird.

[43]Wir haben noch nicht gesagt, wie die Stetigkeit einer Funktion zweier Variabler eigentlich definiert ist; das werden wir in Abschnitt 5.1 tun.

hat die Form (2.94) mit $f(x, u) := 1 + u^2$. Hier ist stets $f(x, u) > 0$, d.h. es gibt keine konstanten Lösungen. Man sieht aber leicht, dass hier $y = \varphi(x) = \tan x$ eine Lösung dieser Gleichung auf (z.B.) $D = (-\pi/2, \pi, 2)$ ist, aber auch $y := \varphi(x) = \tan(x - c)$ auf (z.B.) $D = (c - \pi/2, c + \pi/2)$, und dies wieder für beliebiges $c \in \mathbb{R}$. Auch hier gibt es also unendlich viele Lösungen; allerdings entsteht eine Lösung aus einer anderen nicht einfach wie in Beispiel 2.56 durch Multiplikation mit einer Konstanten, sondern durch „Verschieben" des Graphen nach rechts oder links.   ♡

Beispiel 2.58. Die Gleichung

$$(2.99) \qquad\qquad\qquad y' = \operatorname{sgn} x$$

hat die Form (2.94) mit $f(x, u) := \operatorname{sgn} x$, d.h. in diesem Fall ist die Funktion f *nicht* überall auf ihrem Definitionsbereich stetig. Eine solche Gleichung kann nach dem Darbouxschen Zwischenwertsatz (Satz 2.16) auf keinem Intervall, welches 0 enthält, eine Lösung haben.   ♡

In den folgenden vier Sätzen stellen wir Lösungsverfahren für vier Klassen elementar lösbarer Differentialgleichungen vor, nämlich für *Gleichungen mit getrennten Variablen, homogene Gleichungen, lineare Gleichungen* und *Bernoulli-Gleichungen*. Jedes Verfahren werden wir jeweils mit einem Beispiel illustrieren.

Satz 2.59. *Vorgelegt sei die Differentialgleichung mit getrennten Variablen*

$$(2.100) \qquad\qquad\qquad y' = \frac{g(x)}{h(y)},$$

wobei g und h stetige Funktionen mit $h(y) \neq 0$ seien. Sei G eine Stammfunktion von g und H eine Stammfunktion[44] von h. Dann sind Lösungen $y = \varphi(x)$ von (2.100) implizit durch die Gleichung

$$(2.101) \qquad\qquad\qquad H(y) = G(x) + c \qquad (c \in \mathbb{R})$$

gegeben, die man eventuell noch nach y auflösen kann.

Beweis: Ableiten der linken Seite von (2.101) nach x ergibt unter Anwendung der Kettenregel

$$\frac{d}{dx} H(\varphi(x)) = h(\varphi(x))\varphi'(x),$$

Ableiten der rechten Seite von (2.101) dagegen

$$\frac{d}{dx} G(x) = g(x).$$

Gleichsetzen und Division durch $h(\varphi(x))$ liefert dann die Behauptung.   ■

Beispiel 2.60. Die Differentialgleichung (2.96) aus Beispiel 2.56 hat die Form (2.100) mit $g(x) := 2x$ und $h(y) := 1/y$. Wir setzen zunächst $y > 0$ voraus. Eine Stammfunktion von g ist $G(x) = x^2$, eine Stammfunktion von h (auf $(0, \infty)$) ist $H(y) = \log y$. Die

---

[44]Man muss hier aufpassen, welches Argument die betrachteten Funktionen haben: In der Bedingung $G'(x) = g(x)$ bezeichnet der Strich die Ableitung nach x, in der Bedingung $H'(y) = h(y)$ die Ableitung nach y.

implizite Gleichung (2.101) wird also hier $\log y = x^2 + c$, wobei c eine beliebige reelle Konstante ist. Dies kann man explizit nach y auflösen und bekommt

$$y = e^{x^2 + c} = \tilde{c} e^{x^2}$$

mit der (positiven) Konstanten $\tilde{c} = e^c$. Dies stimmt (bis auf die Positivität der multiplikativen Konstante) mit der Lösung (2.97) aus Beispiel 2.56 überein.

Sei nun $y < 0$. Dann ist $H(y) = \log(-y)$ Stammfunktion von h (auf $(-\infty, 0)$), denn es gilt

$$\frac{d}{dy} H(y) = \frac{1}{-y} \cdot (-1) = \frac{1}{y}.$$

Die implizite Gleichung (2.101) wird also hier $\log(-y) = x^2 + c$, wobei c eine beliebige reelle Konstante ist. Dies kann man natürlich wieder explizit nach y auflösen und bekommt

$$y = -e^{x^2 + c} = \tilde{c} e^{x^2}$$

mit der (negativen) Konstanten $\tilde{c} = -e^c$. Auf diese Weise erhalten wir also alle Lösungen der Form (2.97) mit einem negativen Faktor vor der Exponentialfunktion.

Der Fall $y = 0$ liefert die Nullfunktion als konstante Lösung, die wir schon weiter oben diskutiert haben. Diese konstante Lösung können wir uns auch in der Form (2.97) mit $c = 0$ geschrieben denken.   ♡

Satz 2.61. *Vorgelegt sei die homogene Differentialgleichung*

$$(2.102) \qquad\qquad y' = k\left(\frac{y}{x}\right),$$

wobei k eine stetige Funktion sei. Durch die Transformation $z := y/x$ geht die Differentialgleichung (2.102) in eine Differentialgleichung mit getrennten Variablen über, die mittels Satz 2.59 gelöst werden kann.

Beweis: Wir setzen $z := y/x$, also $y = xz$. Ableiten der letzten Beziehung ergibt nach der Produktregel $y' = z + xz'$, Einsetzen in (2.102) also $z + xz' = k(z)$. Für $x \neq 0$ kann dies explizit nach z' aufgelöst werden und ergibt

$$(2.103) \qquad\qquad z' = \frac{k(z) - z}{x},$$

und dies ist tatsächlich eine Differentialgleichung der Form (2.100) (mit der gesuchten Funktion $z = z(x)$ statt $y = y(x)$), wobei $g(x) = 1/x$ und $h(z) = 1/(k(z) - z)$ ist.[45]

Nun können wir die Differentialgleichung (2.103) mit dem Verfahren aus Satz 2.59 lösen und erhalten Lösungen der Form $z = z(x)$. Die anschließende Rücktransformation $y = y(x) = xz(x)$ liefert dann Lösungen der ursprünglichen Differentialgleichung (2.102). ∎

Beispiel 2.62. Wir wollen die Differentialgleichung

$$xy' = y + \sqrt{x^2 + y^2}$$

---

[45]Hier können wir o.B.d.A. $k(z) \neq z$ voraussetzen, denn falls k die Identität ist, ist (2.102) schon eine Differentialgleichung mit getrennten Variablen.

lösen. Division durch $x \neq 0$ ergibt

$$y' = \frac{y}{x} + \sqrt{1 + \frac{y^2}{x^2}},$$

und hieran erkennt man, dass es sich um eine homogene Differentialgleichung der Form
(2.102) mit $k(z) := z + \sqrt{1 + z^2}$ handelt. Die umgeformte Differentialgleichung (2.103)
mit getrennten Variablen x und z ist hier

$$z' = \frac{\sqrt{1 + z^2}}{x}.$$

Jetzt benutzen wir Satz 2.59 für $g(x) = 1/x$ und $h(z) = 1/\sqrt{1 + z^2}$. Entsprechende
Stammfunktionen sind $G(x) = \log x$ (für $x > 0$) und $H(z) = \log(z + \sqrt{1 + z^2})$, wie
man der Tabelle 2.1 entnehmen kann. Damit erhalten wir die Lösungen $z = z(x)$ in
impliziter Form als

$$\log x - \log(z + \sqrt{1 + z^2}) = c \qquad (c \in \mathbb{R})$$

oder auch

$$\frac{x}{z + \sqrt{1 + z^2}} = \tilde{c} \qquad (\tilde{c} \in (0, \infty))$$

mit $\tilde{c} := e^c$. Die Rücktransformation $y = xz$ ergibt schließlich die Lösungen $y = y(x)$
in impliziter Form als

$$x = \tilde{c}\left(\frac{y}{x} + \sqrt{1 + \frac{y^2}{x^2}}\right) \qquad (\tilde{c} \in (0, \infty)),$$

die für alle $x > 0$ definiert ist. Für $x < 0$ muss man entsprechend die Stammfunktion
$G(x) = \log(-x)$ von g betrachten und erhält dasselbe Ergebnis. $\heartsuit$

Satz 2.63. *Vorgelegt sei die lineare Differentialgleichung*

(2.104) $$y' = p(x)y + q(x),$$

*wobei p und q stetige Funktionen seien. Sei P eine Stammfunktion von p und α eine
Stammfunktion von qe^{-P}. Dann hat die allgemeine Lösung $y = \varphi(x)$ von (2.104) die
Form*

(2.105) $$y = e^{P(x)}(\alpha(x) + c) \qquad (c \in \mathbb{R}).$$

Beweis: Ableiten der rechten Seite von (2.105) nach x ergibt unter Anwendung der
Produkt- und Kettenregel wegen $P' = p$ und $\alpha' = qe^{-P}$

$$\frac{d}{dx}e^{P(x)}(\alpha(x) + c) = e^{P(x)}P'(x)(\alpha(x) + c) + e^{P(x)}\alpha'(x)$$

$$= e^{P(x)}p(x)(\alpha(x) + c) + e^{P(x)}q(x)e^{-P(x)} = p(x)y + q(x)$$

wie behauptet. Man beachte, dass die durch (2.105) gegebene Lösung $y = \varphi(x)$ für
alle Punkte $x \in \mathbb{R}$ definiert ist; Lösungen linearer Differentialgleichungen mit stetigen

Koeffizientenfunktionen $p, q : \mathbb{R} \to \mathbb{R}$ existieren also stets auf der ganzen reellen Achse.

∎

Beispiel 2.64. Wir wollen die allgemeine Differentialgleichung

$$xy' = x^4 - y$$

lösen. Diese Gleichung können wir (für $x \neq 0$) auf die Form (2.104) bringen, wenn wir $p(x) := -1/x$ und $q(x) := x^3$ wählen. In diesem Fall bekommen wir $P(x) = -\log x$ (für $x > 0$) und $\alpha(x) = x^5/5$, also als allgemeine Lösung

$$y = \varphi(x) = e^{-\log x}\left(\frac{x^5}{5} + c\right) = \frac{x^4}{5} + \frac{c}{x} \qquad (c \in \mathbb{R})$$

für $x > 0$. Im Falle $x < 0$ muss man $P(x) = -\log(-x)$ und $\alpha(x) = -x^5/5$ wählen und erhält dasselbe Ergebnis. ♡

Satz 2.65. *Vorgelegt sei die Bernoullische Differentialgleichung*[46]

$$(2.106) \qquad\qquad y' = p(x)y + q(x)y^\tau,$$

wobei p und q stetige Funktionen seien und $\tau \in \mathbb{R}\setminus\{0, 1\}$ sei. Durch die Transformation $z := y^{1-\tau}$ geht die Differentialgleichung (2.106) in eine lineare Differentialgleichung über, die mittels Satz 2.63 gelöst werden kann.

Beweis: Zunächst bemerken wir, dass die Einschränkung an τ nicht die Allgemeinheit beschränkt, denn (2.106) ist im Falle $\tau = 1$ eine Differentialgleichung mit getrennten Variablen und im Falle $\tau = 0$ eine lineare Differentialgleichung.

Wir setzen $z := y^{1-\tau}$, also $y = z^{1/(1-\tau)}$. Ableiten der letzten Beziehung ergibt nach der Kettenregel

$$y' = \frac{1}{1-\tau} z^{\tau/(1-\tau)} z',$$

Einsetzen in (2.106) also

$$\frac{1}{1-\tau} z^{\tau/(1-\tau)} z' = p(x) z^{1/(1-\tau)} + q(x) z^{\tau/(1-\tau)}.$$

Dies kann explizit nach z' aufgelöst werden und ergibt

$$(2.107) \qquad\qquad z' = (1-\tau)p(x)z + (1-\tau)q(x),$$

und dies ist tatsächlich eine Differentialgleichung der Form (2.104) (mit der gesuchten Funktion $z = z(x)$ statt $y = y(x)$), wobei man sich nur $p(x)$ und $q(x)$ mit $1 - \tau$ multipliziert denken muss.

Nun können wir die Differentialgleichung (2.107) mit dem Verfahren aus Satz 2.63 lösen und erhalten Lösungen der Form $z = z(x)$. Die anschließende Rücktransformation $y = y(x) = z(x)^{1/(1-\tau)}$ liefert dann Lösungen der ursprünglichen Gleichung (2.106). ∎

Beispiel 2.66. Wir wollen die allgemeine Differentialgleichung

$$(2.108) \qquad\qquad y' = x\sqrt{y} - y$$

---

[46]nach Johann Bernoulli (1667-1748).

lösen. Diese Gleichung hat die Form (2.106) mit $p(x) := -1$, $q(x) := x$ und $\tau := 1/2$. In diesem Fall bekommen wir durch die Transformation $z := \sqrt{y}$ in (2.107) also die lineare Differentialgleichung

$$(2.109) \qquad\qquad z' = -\frac{1}{2}z + \frac{1}{2}x.$$

Nach der in Satz 2.63 beschriebenen Lösungmethode erhalten wir hier die allgemeine Lösung

$$z = x - 2 + ce^{-x/2} \qquad (c \in \mathbb{R})$$

von (2.109). Die Rücktransformation $y = z^2$ liefert dann

$$(2.110) \qquad\qquad y = \left(x - 2 + ce^{-x/2}\right)^2 \qquad (c \in \mathbb{R})$$

als allgemeine Lösung der ursprünglichen Differentialgleichung (2.108). $\heartsuit$

Wie wir gesehen haben, ist die Lösung aller bisher betrachteten Differentialgleichungen nie eindeutig, sondern nur bis auf eine reelle Konstante c bestimmt. Das ist nicht verwunderlich, denn bei der Lösung mussten wir stets in irgendeiner Form Stammfunktionen bilden, und diese sind eben nur bis auf Konstanten eindeutig.[47]

Geometrisch gesprochen erhält man also immer eine ganze *Schar von Lösungskurven* in der xy-Ebene für eine gegebenen Differentialgleichung. Um aus dieser Kurvenschar eine bestimmte „auszusondern", können wir einen Punkt (x_0, y_0) der Ebene fixieren und verlangen, dass die uns interessierende Lösungskurve durch diesen Punkt geht. Dies führt auf den Begriff des Anfangswertproblems:[48]

Definition 2.67. Ein *Anfangswertproblem* für die Gleichung (2.94) hat die Form

$$(2.111) \qquad\qquad \begin{cases} y' = f(x, y), \\ y(x_0) = y_0, \end{cases}$$

wobei (x_0, y_0) ein fest gewählter Punkt im Definitionsbereich der Funktion f sei. Eine *Lösung* des Anfangswertproblems (2.111) ist jede differenzierbare Funktion $\varphi : D \to \mathbb{R}$ (mit Definitionsbereich $D \subseteq \mathbb{R}$), die außer (2.95) noch $\varphi(x_0) = y_0$ erfüllt. $\square$

Praktisch wird ein Anfangswertproblem der Form (2.111) in der Regel so gelöst, dass man zunächst die allgemeine Lösung der Differentialgleichung in (2.111) ermittelt, die ja eine freie Konstante $c \in \mathbb{R}$ enthält, und anschließend die Anfangsbedingung aus (2.111) einsetzt, um damit c zu berechnen.[49]

---

[47] Beim Bilden von Stammfunktionen auf Intervallen sind solche Konstanten stets additiv; beim Ermitteln der endgültigen Lösung einer Differentialgleichung kann die Abhängigkeit von solchen Konstanten aber sehr viel komplizierter sein, wie schon unsere einfachen Beispiele zeigen.

[48] Neben der geometrischen ist auch eine physikalische Deutung eines Anfangswertproblems möglich: Die Differentialgleichung in (2.111) beschreibt eine Gesetzmäßigkeit, nach der ein bestimmter Massenpunkt sich bewegt; eine Lösung beschreibt dann die *Trajektorie* des Massenpunktes, d.h. den Verlauf seiner Bahn in der Zukunft, und das Stellen eines Anfangswertproblems bedeutet die Vorgabe der *Anfangsposition* des Massenpunktes zu Beginn der Bewegung.

[49] Diese Bemerkung sollte die Leserin keinesfalls zu der Annahme verleiten, man könne ein Anfangswertproblem überhaupt immer lösen. Tatsächlich ist die Zahl der explizit lösbaren Differentialgleichungen winzig im Vergleich zur riesigen Zahl der nicht explizit lösbaren. Für letztere gibt man sich meist mit *Näherungslösungen* zufrieden, die man mittels oft recht trickreicher numerischer Verfahren finden kann.

Beispiel 2.68. Wir betrachten das Anfangswertproblem

(2.112)
$$\begin{cases} y' = 2xy, \\ y(1) = 2. \end{cases}$$

In Beispiel 2.56 haben wir gesehen, dass die allgemeine Lösung der Differentialgleichung in (2.112) durch (2.97) mit beliebigem $c \in \mathbb{R}$ gegeben ist. Die Anfangsbedingung $2 = \varphi(1) = ce$ führt dann auf $c = 2/e$; also löst

$$y = \varphi(x) = \frac{2}{e}e^{x^2} = 2e^{x^2-1}$$

das Anfangswertproblem (2.112), wie man durch Einsetzen leicht bestätigt. Ersetzt man die spezielle Anfangsbedingung $y(1) = 2$ durch die allgemeine Anfangsbedingung $y(x_0) = y_0$, so erhält man

$$y = \varphi(x) = y_0 e^{x^2 - x_0^2}$$

als eindeutige Lösung[50] des entsprechenden Anfangswertproblems. Dies können wir geometrisch so interpretieren, dass *durch jeden gegebenen Punkt (x_0, y_0) der Ebene genau eine Lösungskurve verläuft.* ♡

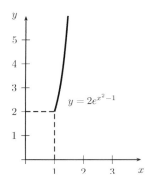

Abbildung 2.14: Die Lösung des Anfangswertproblems (2.112)

Beispiel 2.69. Wir betrachten das Anfangswertproblem

(2.113)
$$\begin{cases} y' = 1 + y^2, \\ y(\pi/4) = 0. \end{cases}$$

In Beispiel 2.57 haben wir gesehen, dass die allgemeine Lösung der Differentialgleichung in (2.113) durch $y = \varphi(x) = \tan(x - c)$ mit beliebigem $c \in \mathbb{R}$ gegeben ist. Die Anfangsbedingung $0 = \varphi(\frac{\pi}{4}) = \tan(\frac{\pi}{4} - c)$ führt dann auf $c = \pi/4$; also löst

$$y = \varphi(x) = \tan(x - \tfrac{\pi}{4})$$

---

[50]Diese Lösung ist deswegen eindeutig, weil wir die Bedingung $y_0 = \varphi(x_0) = ce^{x_0^2}$ auf genau eine Weise nach c auflösen konnten.

das Anfangswertproblem (2.113), wie man durch Einsetzen leicht bestätigt. Ersetzt man die spezielle Anfangsbedingung $y(\pi/4) = 0$ durch die allgemeine Anfangsbedingung $y(x_0) = y_0$, so erhält man

$$y = \varphi(x) = \tan(x - x_0 + \arctan y_0)$$

als eindeutige Lösung des entsprechenden Anfangswertproblems. Auch dies können wir geometrisch wieder so interpretieren, dass durch jeden gegebenen Punkt (x_0, y_0) der Ebene genau eine Lösungskurve verläuft. ♡

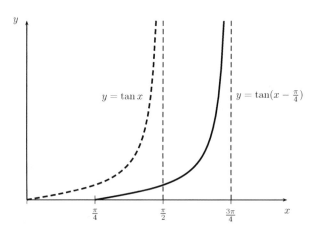

Abbildung 2.15: Die Lösung des Anfangswertproblems (2.113)

Man könnte hoffen, dass man durch Vorgabe einer Anfangsbedingung die freie Konstante c in der allgemeinen Lösung stets eindeutig bestimmen kann, oder anders ausgedrückt, dass man dadurch aus der gesamten Schar von Lösungskurven stets eine einzige aussondern kann, die sowohl die Differentialgleichung als auch die Anfangsbedingung erfüllt. Das nächste Beispiel zeigt, dass diese Hoffnung trügt:

Beispiel 2.70. Wir betrachten das Anfangswertproblem

(2.114)
$$\begin{cases} y' = x\sqrt{y} - y, \\ y(0) = 4. \end{cases}$$

In Beispiel 2.66 haben wir gesehen, dass die allgemeine Lösung der Differentialgleichung in (2.114) durch (2.110) mit beliebigem $c \in \mathbb{R}$ gegeben ist. Einsetzen der Anfangsbedingung liefert

$$4 = \varphi(0) = (c - 2)^2,$$

aber diese Gleichung hat *zwei Lösungen*, nämlich $c_1 = 0$ und $c_2 = 4$. Dies bedeutet, dass durch den Punkt $(0, 4)$ zwei Lösungskurven laufen, nämlich

$$y = \varphi_1(x) = (x - 2)^2, \qquad y = \varphi_2(x) = (x - 2 + 4e^{x^2/2})^2.$$

Man bestätigt in der Tat leicht durch Einsetzen, dass alle beide Funktionen φ_1 und φ_2 das Anfangswertproblem (2.114) lösen. ♡

Noch drastischer wird die Eindeutigkeit der Lösung eines Anfangswertproblems verletzt im folgenden

Beispiel 2.71. Wir betrachten das Anfangswertproblem

$$(2.115) \qquad \begin{cases} y' = \sqrt{y}, \\ y(0) = 0. \end{cases}$$

Wegen der Quadratwurzel suchen wir nur nichtnegative Lösungen $y = \varphi(x)$. Man sieht sofort, dass die konstante Nullfunktion $\varphi(x) \equiv 0$ das Anfangswertproblem (2.115) löst. Mit etwas Probieren bekommt man zusätzlich noch die zweite Lösung $\varphi_0(x) = x^2/4$, denn sowohl die Ableitung als auch die Wurzel aus dieser Funktion hat den Wert $x/2$.

Gibt es vielleicht noch eine dritte Lösung? Eine geometrische Überlegung zeigt, dass man die oben erhaltenen beiden Lösungen gewissermaßen „aneinanderheften" kann und damit noch unendlich viele weitere Lösungen erhält! Für beliebiges $\varepsilon > 0$ ist nämlich die durch

$$\varphi_\varepsilon(x) := \begin{cases} 0 & \text{für} \quad 0 \le x \le \varepsilon, \\ \dfrac{1}{4}(x - \varepsilon)^2 & \text{für} \quad x > \varepsilon \end{cases}$$

definierte nichtnegative Funktion $\varphi_\varepsilon : [0, \infty) \to \mathbb{R}$ tatsächlich auch eine Lösung. Es gibt also auf jedem noch so kleinen Intervall $[0, b]$ genausoviele Lösungen, wie wir reelle Zahlen ε aus diesem Intervall wählen können, d.h. *überabzählbar unendlich viele.* ♡

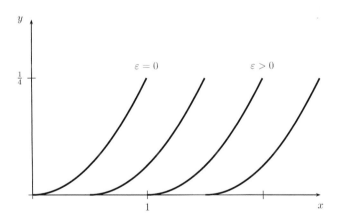

Abbildung 2.16: Die Lösung des Anfangswertproblems (2.115)

An dieser Stelle stellt sich natürlich die Frage nach dem Grund der Nichteindeutigkeit der Lösungen der Anfangswertprobleme (2.114) und (2.115). Wie der nächste Satz zeigt, ist hierfür der Term $\sqrt{y}$ in den entsprechenden Differentialgleichungen verantwortlich.

Satz 2.72 (Eindeutigkeitssatz für Anfangswertprobleme). *Sei $f : [x_0, x_0 + a] \times [y_0 - b, y_0 + b] \to \mathbb{R}$ eine stetige Funktion, die bzgl. der zweiten Variablen einer Lipschitzbedingung*

$$(2.116) \quad |f(x, y_1) - f(x, y_2)| \leq L|y_1 - y_2| \quad (x_0 \leq x \leq x_0 + a, \ |y_1 - y_0|, |y_2 - y_0| \leq b)$$

genügt. Dann hat das Anfangswertproblem (2.111) höchstens eine Lösung auf einem geeigneten Intervall $[x_0, x_0 + \alpha]$ mit $\alpha \leq a$.

Beweis: Zum Beweis benutzen wir Satz 2.38. Angenommen, es gibt zwei Funktionen $\varphi_1, \varphi_2 : [x_0, x_0 + \alpha] \to \mathbb{R}$ ($\alpha > 0$ geeignet), die sowohl die Differentialgleichung als auch die Anfangsbedingung in (2.111) erfüllen. Dann erfüllt die Differenzfunktion $h(x) := \varphi_1(x) - \varphi_2(x)$ die Bedingung $h(x_0) = 0$, und sie ist auf $[x_0, x_0 + \alpha]$ stetig differenzierbar. Außerdem gilt wegen (2.116)

$$|h'(x)| = |\varphi_1'(x) - \varphi_2'(x)| = |f(x, \varphi_1(x)) - f(x, \varphi_2(x))|$$

$$\leq L|\varphi_1(x) - \varphi_2(x)| = L|h(x)|$$

für $x_0 \leq x \leq x_0 + \alpha$, also genau die Bedingung (2.57). Nach Satz 2.38 gilt $h(x) \equiv 0$ auf $[x_0, x_0 + \alpha]$, also $\varphi_1(x) \equiv \varphi_2(x)$. ∎

Satz 2.72 erklärt, warum die Nichteindeutigkeit der Lösungen der Anfangswertprobleme (2.114) in Beispiel 2.70 und (2.115) in Beispiel 2.71 nicht verwunderlich ist: Die Wurzelfunktion $y \mapsto \sqrt{y}$ ist, wie wir in Beispiel 1.51 festgestellt haben, in der Nähe des Nullpunkts nicht Lipschitz-stetig, und genau dort haben wir ja die Anfangsbedingungen in (2.114) bzw. (2.115) gestellt. Bei einer anderen Anfangsbedingung, also $y(x_0) = y_0$ mit $x_0 > 0$ und beliebigem y_0, wären die Lösungen der entsprechenden Anfangswertprobleme eindeutig.

Wir betonen ausdrücklich, dass die Lipschitzbedingung (2.116) nur eine *hinreichende* Bedingung für die Eindeutigkeit der Lösung des entsprechenden Anfangswertproblems darstellt; sie ist i.a. weit davon entfernt, auch *notwendig* zu sein. Man kann also nur aus der Nichteindeutigkeit der Lösung schließen, dass die rechte Seite f bzgl. der zweiten Variablen keiner Lipschitzbedingung genügen kann, aber nicht umgekehrt aus dem Verletztsein der Lipschitzbedingung auf die Existenz mehrerer Lösungen.

Satz 2.72 sichert die *Eindeutigkeit* der Lösung des Anfangswertproblems (2.111) (falls es überhaupt eine gibt!), aber nicht deren *Existenz*. In Satz 5.57 im fünften Kapitel werden wir sehen, dass die Voraussetzungen von Satz 2.72 auch die *Existenz* einer Lösung garantieren; es handelt sich bei Satz 5.57 also um einen sog. *Existenz- und Eindeutigkeitssatz*, der unter dem Namen *Satz von Picard-Lindelöf*[51] Berühmtheit und Beliebtheit erlangt hat.

2.5. Aufgaben zu Kapitel 2. Über die folgenden Aufgaben zu diesem Kapitel hinaus findet man weitere Aufgaben z.B. in [5-11,13,14,16].

Aufgabe 2.1. Untersuchen Sie, für welche Werte von $a, b \in \mathbb{R}$ die Funktionen aus Aufgabe 1.4 im Nullpunkt differenzierbar bzw. stetig differenzierbar sind.

---

[51] nach Charles Émile Picard (1856-1941) und Lorentz Leonard Lindelöf (1827-1908).

Aufgabe 2.2. Sei $g : [-1,1] \to \mathbb{R}$ stetig differenzierbar und positiv, und sei $f : [-1,1] \to \mathbb{R}$ definiert durch

$$f(x) := \frac{\sin(\alpha x g(x))}{\sqrt{g(x)}}.$$

Bestimmen Sie $\alpha \in \mathbb{R}$ so, dass $f'(0) = g(0)$ gilt.

Aufgabe 2.3. Sei $f \in C([a,b])$, und sei $|f|$ in $x_0 \in (a,b)$ differenzierbar. Zeigen Sie, dass dann auch f in x_0 differenzierbar ist. Gilt dieses Ergebnis auch ohne die Stetigkeitsvoraussetzung an f?

Aufgabe 2.4. Seien $f, g \in D^1(\mathbb{R})$ mit $f(x) > 0$ für alle $x \in \mathbb{R}$, und sei $h(x) := f(x)^{g(x)}$. Berechnen Sie h' und h''.

Aufgabe 2.5. Sei $f : \mathbb{R} \to \mathbb{R}$ eine Funktion. Falls für $x \in \mathbb{R}$ der Grenzwert

$$(*) \qquad f^\wedge(x) := \lim_{h \to 0+} \frac{f(x+h) - f(x-h)}{2h}$$

existiert, wird er die *symmetrische Ableitung von f in x* genannt. Beweisen Sie, dass aus der Existenz der üblichen Ableitung $f'(x)$ die der symmetrischen Ableitung $f^\wedge(x)$ folgt, und dass in diesem Fall $f'(x) = f^\wedge(x)$ ist. Für welche $x \in \mathbb{R}$ hat die charakteristische Funktion $f = \chi_M$ der Menge

$$M := \{1/k : k \in \mathbb{Z} \setminus \{0\}\}$$

eine Ableitung $f'(x)$ bzw. eine symmetrische Ableitung $f^\wedge(x)$?

Aufgabe 2.6. Sei $f : \mathbb{R} \to \mathbb{R}$ definiert durch $f(x) := 2|x| + x$. Beweisen Sie, dass f stetig ist und überall eine symmetrische Ableitung besitzt, aber nicht überall eine gewöhnliche Ableitung. Zeigen Sie ferner, dass f ein absolutes Minimum in 0 hat, aber trotzdem $f^\wedge(0) \neq 0$ ist.

Aufgabe 2.7. Sei $f : \mathbb{R} \to \mathbb{R}$ stetig. Folgt dann aus der Bedingung $f^\wedge(x) \equiv 0$, dass f konstant ist? Wie ist es, wenn man die Stetigkeitsvoraussetzung an f fallenlässt?

Aufgabe 2.8. Eine Funktion $f : \mathbb{R} \to \mathbb{R}$ besitze in jedem Punkt x eine symmetrische Ableitung $f^\wedge(x)$, und sowohl f als auch $f^\wedge$ seien stetig. Zeigen Sie, dass f dann in jedem Punkt x auch eine gewöhnliche Ableitung $f'(x)$ besitzt. Untersuchen Sie unter diesem Gesichtspunkt noch einmal die Funktion f aus Aufgabe 2.6.

Aufgabe 2.9. Beweisen Sie das Ergebnis aus Beispiel 2.5 unter Verwendung der Formel (vgl. (A.15) im Anhang)

$$\frac{x^{n+1} - y^{n+1}}{x - y} = x^n + x^{n-1}y + x^{n-2}y^2 + \ldots + x^2 y^{n-2} + x y^{n-1} + y^n \qquad (x \neq y).$$

Aufgabe 2.10. Finden Sie die kritischen Punkte der durch

$$\text{(a) } f(x) := e^{\sin x + \cos x}, \qquad \text{(b) } f(x) := \sqrt[3]{x^3 - 4x^2 + 5x - 2}$$

definierten Funktionen $f : [1, \infty) \to \mathbb{R}$.

Aufgabe 2.11. Beweisen Sie die verallgemeinerte Produktregel

$$(fg)^{(n)}(x) = \sum_{k=0}^{n} \binom{n}{k} f^{(n-k)}(x) g^{(k)}(x)$$
$$= f^{(n)}(x) g(x) + n f^{(n-1)}(x) g'(x) + \ldots + n f'(x) g^{(n-1)}(x) + f(x) g^{(n)}(x)$$

für die n-te Ableitung eines Produkts.

Aufgabe 2.12. Seien $M \subseteq \mathbb{R}$ und $x_0 \in M$. Zeigen Sie, dass eine Abbildung $f : M \to \mathbb{R}$ genau dann in x_0 differenzierbar ist (mit $f'(x_0) =: c$), wenn es eine in x_0 stetige Abbildung $r : M \to \mathbb{R}$ mit $r(x_0) = 0$ gibt, die die Gleichheit

$$f(x) = f(x_0) + c(x - x_0) + r(x)(x - x_0) \qquad (x \in M)$$

erfüllt. Beweisen Sie unter Benutzung dieses Ergebnisses noch einmal Satz 2.2.

Aufgabe 2.13. Sei $I \subseteq \mathbb{R}$ ein Intervall und $f : I \to f(I)$ bijektiv und streng monoton. Sei f differenzierbar in $x_0 \in I$ mit $f'(x_0) \neq 0$. Beweisen Sie unter Benutzung von Aufgabe 2.12, dass $f^{-1} : f(I) \to I$ dann in $y_0 := f(x_0)$ differenzierbar ist.

Aufgabe 2.14. Für $\alpha, \beta > 0$ sei $f_{\alpha,\beta} : [0, 1] \to \mathbb{R}$ wie in Aufgabe 1.11 definiert. Beweisen Sie, dass diese Funktion das folgende Regularitätsverhalten aufweist:

(a) $f_{\alpha,\beta}^{(k)}$ existiert genau dann auf $[0, 1]$, wenn $\alpha > 1 + (k-1)(1+\beta)$ gilt;

(b) $f_{\alpha,\beta}^{(k)}$ ist genau dann beschränkt auf $[0, 1]$, wenn $\alpha \geq k(1 + \beta)$ gilt;

(c) $f_{\alpha,\beta}^{(k)}$ ist genau dann stetig auf $[0, 1]$, wenn $\alpha > k(1 + \beta)$ gilt.

Aufgabe 2.15. Konstruieren Sie unter Benutzung der vorigen Aufgabe 2.14 eine Funktion, die zu $D^5([0, 1]) \setminus B^5([0, 1])$ gehört, sowie eine Funktion, die zu $B^5([0, 1]) \setminus C^5([0, 1])$ gehört.

Aufgabe 2.16. Beweisen Sie für $\alpha, \beta > 0$ und $n \in \mathbb{N}$ ein entsprechendes Regularitätsverhalten wie in Aufgabe 2.14 für die durch

$$f_{\alpha,\beta,n}(x) := \begin{cases} x^{\alpha} \sin^n \dfrac{1}{x^{\beta}} & \text{für } 0 < x \leq 1, \\ 0 & \text{für } x = 0 \end{cases}$$

definierte Funktion $f_{\alpha,\beta,n} : [0, 1] \to \mathbb{R}$. Betrachten Sie unter diesem Aspekt noch einmal die Beispiele 1.46, 1.47, 2.18, 2.19 und 2.20.

Aufgabe 2.17. Sei $f : [-1, 1] \to \mathbb{R}$ definiert durch

$$f(x) := \begin{cases} x^4 e^{-x^2/4} \sin \dfrac{8}{x^3} & \text{für } x \neq 0, \\ 0 & \text{für } x = 0. \end{cases}$$

Beweisen Sie die folgenden Aussagen:

(a) Es gilt $f \in D^1([-1,1])$ mit

$$f'(x) = \begin{cases} e^{-x^2/4} \left[\left(4x^3 - \dfrac{x^5}{2} \right) \sin \dfrac{8}{x^3} - 24 \cos \dfrac{8}{x^3} \right] & \text{für} \quad x \neq 0, \\[4mm] 0 & \text{für} \quad x = 0. \end{cases}$$

(b) Die Ableitung f' ist auf $[-1,1]$ beschränkt mit

$$\inf_{-1 \leq x \leq 1} f'(x) = -24, \qquad \sup_{-1 \leq x \leq 1} f'(x) = 24;$$

daher gilt $f \in B^1([-1,1])$.

(c) Weder das Infimum noch das Supremum in (b) werden angenommen; insbesondere gilt $f \notin C^1([-1,1])$.

Aufgabe 2.18. Sei $f \in C([-\delta,\delta]) \cap D^1((-\delta,\delta) \setminus \{0\})$. Der Grenzwert

$$L' := \lim_{x \to 0} f'(x)$$

existiere. Beweisen Sie, dass f dann auch in 0 differenzierbar ist mit $f'(0) = L'$. Zeigen Sie weiter anhand eines Beispiels, dass dieses Ergebnis falsch wird, wenn man auf die Forderung der Stetigkeit von f in 0 verzichtet.

Aufgabe 2.19. Für $\alpha \geq 0$ sei $f_\alpha : [0,1] \to \mathbb{R}$ definiert durch

$$f_\alpha(x) := \begin{cases} x^\alpha \log x & \text{für} \quad 0 < x \leq 1, \\[2mm] 0 & \text{für} \quad x = 0. \end{cases}$$

Für welche α gehört f_α zu $C([0,1])$ bzw. $D^1([0,1])$ bzw. $C^1([0,1])$?

Aufgabe 2.20. Für $\alpha \geq 0$ und $n \in \mathbb{N}$ sei $f_{\alpha,n} : [0,1] \to \mathbb{R}$ definiert durch

$$f_{\alpha,n}(x) := \begin{cases} x^\alpha \log^n x & \text{für} \quad 0 < x \leq 1, \\[2mm] 0 & \text{für} \quad x = 0. \end{cases}$$

Für welche α und n gehört $f_{\alpha,n}$ zu $C([0,1])$ bzw. $D^1([0,1])$ bzw. $C^1([0,1])$?

Aufgabe 2.21. Sei $f : [a,b] \to \mathbb{R}$ in $x_0 \in (a,b)$ differenzierbar. Zeigen Sie, dass f dann bei x_0 einer *lokalen Lipschitzbedingung* genügt, d.h. es existieren ein $\delta > 0$ und ein $L > 0$ derart, dass

$$|f(x) - f(x_0)| \leq L|x - x_0| \qquad (|x - x_0| \leq \delta)$$

gilt. Folgt aus $f \in D^1([a,b])$ auch $f \in Lip([a,b])$, d.h. f erfüllt auf $[a,b]$ eine *globale Lipschitzbedingung*?

Aufgabe 2.22. Eine Funktion $f \in D^1([a,b])$ erfülle auf $[a,b]$ eine Hölderbedingung mit Exponent $\alpha > 1$, d.h. es gelte

$$|f(x) - f(y)| \leq L|x - y|^\alpha \qquad (a \leq x, y \leq b)$$

mit einer geeigneten Hölderkonstanten $L > 0$ (s. Aufgabe 1.48). Beweisen Sie, dass f dann konstant ist. Vergleichen Sie dies mit Aufgabe 1.80.

Aufgabe 2.23. Sei $g \in B([a,b])$, $x_0 \in (a,b)$ und $f(x) := (x - x_0)^2 g(x)$. Zeigen Sie, dass f dann in x_0 differenzierbar ist (vgl. Aufgabe 1.9). Betrachten Sie unter diesem Gesichtspunkt noch einmal Beispiel 2.8.

Aufgabe 2.24. Sei $I \subseteq \mathbb{R}$ ein Intervall, $x_0 \in I$ fest und $f \in D^2(I)$ mit $f''(x) > 0$ für alle $x \in I$. Beweisen Sie, dass dann

$$f(x_0) + f'(x_0)(x - x_0) < f(x) \qquad (x \neq x_0)$$

gilt, und interpretieren Sie dieses Ergebnis geometrisch.

Aufgabe 2.25. Sei $f \in C^1(\mathbb{R})$ mit $f'(x) \geq c$ für ein $c > 0$. Beweisen Sie, dass f dann koerzitiv und surjektiv ist. Folgt dies auch schon, wenn nur $f'(x) > 0$ für alle $x \in \mathbb{R}$ gilt?

Aufgabe 2.26. Für $f \in B^1([a,b])$ und $\varepsilon > 0$ setzen wir $f_\varepsilon(x) := x + \varepsilon f(x)$. Beweisen Sie, dass f_ε injektiv ist, falls man ε klein genug wählt (d.h. $0 < \varepsilon < \varepsilon_0$ für geeignetes $\varepsilon_0 > 0$). Ist dieses Ergebnis auch für $f \in D^1([a,b])$ richtig?

Aufgabe 2.27. Für $n = 1, 2, 3, \ldots$ seien

$$M_n := \left\{ \frac{m}{10^n} : m \in \mathbb{Z} \right\}$$

und $f_n(x) := \operatorname{dist}(x, M_n)$ (s. Beispiel 1.50). Beweisen Sie, dass die durch

$$f(x) := \sum_{n=1}^{\infty} f_n(x)$$

definierte Funktion dann auf $\mathbb{R}$ stetig, aber nicht differenzierbar ist.

Aufgabe 2.28. Sei v_f die Variationsfunktion (1.54) einer Funktion $f \in BV([a,b])$. Ist v_f genau dann differenzierbar, wenn f differenzierbar ist (vgl. Aufgabe 1.44)?

Aufgabe 2.29. Sei $I \subseteq \mathbb{R}$ ein Intervall, $x_0 \in I$ und $f \in C^2(I)$. Die Zahl

$$\kappa(f; x_0) := \frac{f''(x_0)}{(1 + f'(x_0)^2)^{3/2}}$$

heißt dann die *Krümmung* von f in x_0. Berechnen Sie die Krümmung der folgenden Funktionen $f : [0,1] \to \mathbb{R}$ in einem beliebigen Punkt $x \in [0,1]$ und kommentieren Sie das Ergebnis:

(a) $f(x) = x$; (b) $f(x) = \sqrt{1 - x^2}$; (c) $f(x) = x^2$; (d) $f(x) = \cos x$.

Aufgabe 2.30 Beweisen Sie für beliebiges $\alpha \geq 0$, dass

$$\lim_{x \to 0+} \frac{1}{x^\alpha \log x} = \begin{cases} 0 & \text{für } \alpha = 0, \\ \infty & \text{für } \alpha > 0 \end{cases}$$

gilt. Lösen Sie hiermit noch einmal Aufgabe 1.50.

Aufgabe 2.31. Wir definieren eine Funktion $f : \mathbb{R} \to \mathbb{R}$ folgendermaßen: Zunächst sei $f(x) := 1$ für $x \leq 2$ sowie

$$f(x) := \frac{1}{n} \qquad (2n - 1 \leq x \leq 2n)$$

für alle $n \in \mathbb{N}$. Auf den verbleibenden Intervallen $[2, 3], [4, 5], \ldots, [2n, 2n+1], \ldots$ setzen wir f durch Brückenfunktionen vom Typ (2.41) so fort, dass f auf ganz $\mathbb{R}$ monoton fallend und beliebig oft differenzierbar wird.

Schreiben Sie die Konstruktion explizit hin und beweisen Sie, dass die so konstruierte Funktion die Bedingung (2.75) erfüllt, aber nicht die Bedingung (2.76).

Aufgabe 2.32. Berechnen Sie für $a, b, c > 0$ mit $b \neq c$ und beliebiges $n \in \mathbb{N}$ die Grenzwerte

$$\lim_{x \to 0} \frac{(1 + x)^n - (1 - x)^n}{e^{1+x} - e^{1-x}}, \qquad \lim_{x \to 0} \frac{\sqrt[n]{a + x} - \sqrt[n]{a - x}}{x}, \qquad \lim_{x \to 0} \frac{e^{bx} - e^{cx}}{\log(1 + x)}$$

mittels der l'Hospitalschen Regeln.

Aufgabe 2.33. Berechnen Sie mittels der l'Hospitalschen Regeln die Grenzwerte

$$\text{(a) } \lim_{x \to 0} \frac{e^{2x} - 1}{x^2}, \qquad \text{(b) } \lim_{x \to 1} \frac{1 + \cos \pi x}{x^2 - 2x + 1}, \qquad \text{(c) } \lim_{x \to 0+} \frac{\log \cos 3x}{\log \cos 2x}.$$

Aufgabe 2.34. Berechnen Sie mittels der l'Hospitalschen Regeln die Grenzwerte

$$\text{(a) } \lim_{x \to \infty} \frac{3x^2 - x + 5}{5x^2 + 6x - 3}, \qquad \text{(b) } \lim_{x \to \infty} \frac{x^2}{\exp x^2}, \qquad \text{(c) } \lim_{x \to 0+} \frac{\log \tan 3x}{\log \tan 2x}.$$

Aufgabe 2.35. Zwei Funktionen $f, g : [0, 1] \to \mathbb{R}$ seien definiert durch

$$f(x) := 3x^4 - 2x^3 - x^2 + 1, \qquad g(x) := 4x^3 - 3x^2 - 2x.$$

Zeigen Sie, dass es kein $\xi \in (0, 1)$ mit

$$\frac{f(1) - f(0)}{g(1) - g(0)} = \frac{f'(\xi)}{g'(\xi)}$$

gibt. Warum widerspeicht dies nicht Satz 2.26?

Aufgabe 2.36. Beweisen oder widerlegen Sie die folgende „Umkehrung" von Satz 2.25: Ist $f : \mathbb{R} \to \mathbb{R}$ stetig differenzierbar, so gibt es zu jedem $\xi \in \mathbb{R}$ Punkte $a, b \in \mathbb{R}$ mit $a < \xi < b$ derart, dass (2.44) gilt.

Aufgabe 2.37. Finden Sie den Fehler in folgender Argumentation: Seien $f, g : \mathbb{R} \to \mathbb{R}$ definiert durch

$$f(x) := x + \sin x \cos x, \qquad g(x) := f(x) \exp(\sin x).$$

Dann existiert zwar der zweite Grenzwert in (2.65), nicht aber der erste Grenzwert, im Widerspruch zu den l'Hospitalschen Regeln.

Aufgabe 2.38. Finden Sie den Fehler in folgender Argumentation: Seien $f, g : \mathbb{R} \to \mathbb{R}$ definiert durch

$$f(x) := x^3 + x^2 - x - 1, \qquad g(x) := x^2 - 1.$$

Im Ausdruck

$$L := \lim_{x \to 1} \frac{f(x)}{g(x)} = \lim_{x \to 1} \frac{x^3 + x^2 - x - 1}{x^2 - 1}$$

ergibt sich im Zähler und im Nenner jeweils Null, so dass wir die l'Hospitalschen Regeln anwenden können. Zweimalige Anwendung dieser Regeln ergibt

$$\lim_{x \to 1} \frac{3x^2 + 2x - 1}{2x} = \lim_{x \to 1} \frac{6x + 2}{2} = 4,$$

also ist auch $L = 4$.

Aufgabe 2.39. Sei $g \in C([a, b]) \cap C^1((a, b))$. Beweisen Sie, dass es ein $\xi \in (a, b)$ gibt mit

$$g'(\xi) = \frac{1}{b - \xi} - \frac{1}{\xi - a},$$

indem Sie Satz 2.24 auf die durch $f(x) := (b - x)(x - a) \exp g(x)$ definierte Funktion f anwenden.

Aufgabe 2.40. Seien $f, g \in C([a, b]) \cap D^1((a, b))$ zwei Funktionen mit $f(a) = g(a)$ und $0 \le f'(x) < g'(x)$ auf (a, b). Zeigen Sie, dass für $a < x \le b$ dann $f(x) < g(x)$ gilt.

Aufgabe 2.41. Beweisen Sie die Abschätzungen

(a) $e^x > 1 + x$ $(x \in (-\infty, 0) \cup (0, \infty))$;

(b) $\log x < x - 1$ $(x \in (0, 1) \cup (1, \infty))$.

Aufgabe 2.42. Seien $x, y \in \mathbb{R}$ mit $x, y > 0$ und $x \ne y$. Beweisen Sie, dass

$$\alpha x^{\alpha - 1}(x - y) < x^\alpha - y^\alpha < \alpha y^{\alpha - 1}(x - y)$$

für $\alpha \in (0, 1)$ und

$$\alpha x^{\alpha - 1}(x - y) > x^\alpha - y^\alpha > \alpha y^{\alpha - 1}(x - y)$$

für $\alpha \in (-\infty, 0) \cup (1, \infty)$ gilt.

Aufgabe 2.43. Sei $f : (0,1) \to \mathbb{R}$ definiert durch $f(x) := \log(1 - x) \log x$. Berechnen Sie $\lim\limits_{x \to 0+} f(x)$ und $\lim\limits_{x \to 1-} f(x)$ und skizzieren Sie den Graphen von f.

Aufgabe 2.44. Sei $a \in (0,1]$, $b \in \mathbb{R}$ und $p_{a,b} : \mathbb{R} \to \mathbb{R}$ das Polynom $p_{a,b}(x) := ax^3 - 3ax + b$. Beweisen Sie, dass $p_{a,b}$ in $[-a,a]$ höchstens eine Nullstelle besitzt.

Aufgabe 2.45. Sei $f \in D^2((a,b))$ und sei $x_0 \in (a,b)$. Beweisen Sie, dass $f''(x_0) \geq 0$ [bzw. $f''(x_0) \leq 0$] gilt, falls f in x_0 ein lokales Minimum [bzw. Maximum] besitzt.

Aufgabe 2.46. Finden Sie alle lokalen Extrema der folgenden Funktionen $f : M \to \mathbb{R}$; untersuchen Sie auch, ob diese Extrema sogar globale Extrema sind:

(a) $f(x) := \dfrac{(x - 1)(x - 2)}{x^2 + 1}$, $M := \mathbb{R}$;   (b) $f(x) := |1 + x^2 - \frac{2}{3}x^3|$, $M := [-\frac{1}{2}, 2]$.

Aufgabe 2.47. Beweisen Sie die folgenden Behauptungen:

(a) $\lim\limits_{x \to 0} \dfrac{e^x + e^{-x} - 2}{1 - \cos x} = 2$,   (b) $\lim\limits_{x \to \infty} x \log\left(1 + \dfrac{1}{x}\right) = 1$,   (c) $\lim\limits_{x \to 0} \left(\dfrac{\sin x}{x}\right)^{3/x^2} = \dfrac{1}{\sqrt{e}}$.

Aufgabe 2.48. Sei $f \in C([0,\infty)) \cap D^1((0,\infty))$ mit $f(0) > 0$ und $|f'(x)| \leq c < 1$ für $x > 0$. Beweisen Sie, dass f in $(0,\infty)$ einen eindeutigen Fixpunkt besitzt. Vergleichen Sie dieses Ergebnis mit Satz 1.68.

Aufgabe 2.49. Beweisen Sie mit Hilfe des Mittelwertsatzes von Lagrange (Satz 2.25) die Abschätzungen

$$\cos x \leq \frac{1}{\sqrt{2}}\left(1 + \frac{\pi}{4} - x\right) \qquad (0 \leq x < \frac{\pi}{2})$$

und

$$\cos x \geq \frac{1}{\sqrt{2}} + \frac{\pi}{4} - x \qquad (\frac{\pi}{4} \leq x < \pi).$$

Aufgabe 2.50. Sei $f : [0,\infty) \to \mathbb{R}$ differenzierbar mit der Eigenschaft, dass der uneigentliche Grenzwert

$$L := \lim\limits_{x \to \infty} f'(x)$$

existiert. Beweisen Sie, dass dann auch der Grenzwert

$$L_h := \lim\limits_{x \to \infty} \frac{f(x + h) - f(x)}{h}$$

für alle $h > 0$ existiert, und dass $L_h \equiv L$ ist.

Aufgabe 2.51. Unter den Voraussetzungen von Aufgabe 2.50 zeigen Sie, dass auch

$$\lim\limits_{x \to \infty} \frac{f(x)}{x} = L$$

gilt.

Aufgabe 2.52. Sei $f \in D^1([a, b])$, und sei η eine reelle Zahl mit der Eigenschaft

$$\lim_{x \to a+} f'(x) < \eta < \lim_{x \to b-} f'(x).$$

Beweisen Sie, dass es ein $\xi \in (a, b)$ gibt mit $f'(\xi) = \eta$, und vergleichen Sie dieses Ergebnis mit Satz 2.16.

Aufgabe 2.53. Sei $p(x) := (x^2 - 1)^2$, und sei $f : [0, 1] \to \mathbb{R}$ definiert durch ($n = 1, 2, 3, \ldots$)

$$f(x) := \begin{cases} 0 & \text{für} \quad x = 0, \\[2mm] \dfrac{p(2n(n+1)x - 2n - 1)}{n\sqrt{n}} & \text{für} \quad \dfrac{1}{n+1} \leq x \leq \dfrac{1}{n}. \end{cases}$$

Beweisen Sie die folgenden Behauptungen:

(a) Es gilt

$$\lim_{x \to 0+} f'(x) = 0, \qquad \lim_{x \to b_n-} f'(x) = \infty,$$

wobei $b_n := (4n + 1)/4n(n + 1)$ sei.

(b) Für jedes $n \in \mathbb{N}$ gilt $f'([0, b_n]) = (0, \infty)$.

(c) Es gilt $f \in D^1([0, 1]) \setminus B^1([0, 1])$.

Aufgabe 2.54. Zeigen Sie, dass die durch

$$f(x) := \frac{1 - \cos x^2}{x^3} \qquad (x \neq 0)$$

definierte Funktion $f : \mathbb{R} \setminus \{0\} \to \mathbb{R}$ zu einer differenzierbaren Funktion in den Nullpunkt fortgesetzt werden kann.

Aufgabe 2.55. Eine Funktion $f \in D^1((a, b])$ erfülle die Abschätzung $|f'(x)| < 1$ auf $(a, b]$. Zeigen Sie, dass dann der Grenzwert $\lim_{x \to a+} f(x)$ existiert, und interpretieren Sie dies geometrisch.

Aufgabe 2.56. Seien $f, g : (0, \infty) \to \mathbb{R}$ definiert durch

$$f(x) := \frac{\log(1 + x)}{x}, \qquad g(x) := \left(1 + \frac{1}{x}\right)^x.$$

Zeigen Sie, dass f monoton fällt und g monoton wächst.

Aufgabe 2.57. Ist die durch (2.68) definierte Funktion h aus Beispiel 2.41 differenzierbar in 0?

Aufgabe 2.58. Zeigen Sie, dass für $n = 0, 1, 2, \ldots$ die Taylor-Reihenentwicklung

$$\frac{1}{(1 - x)^{n+1}} = \sum_{k=0}^{\infty} \binom{k + n}{k} x^k$$

für $|x| < 1$ gilt. Was erhält man speziell für $n = 0$ und $n = 1$?

Aufgabe 2.59. Eine Funktion $f \in C^3((0, \infty))$ habe die Eigenschaft, dass die Grenzwerte

$$L_0 := \lim_{x \to \infty} f(x), \qquad L_3 := \lim_{x \to \infty} f'''(x)$$

existieren, wobei $L_3 = 0$ sei. Beweisen Sie, dass dann auch die Grenzwerte

$$L_1 := \lim_{x \to \infty} f'(x), \qquad L_2 := \lim_{x \to \infty} f''(x)$$

existieren, und berechnen Sie deren Wert.

Aufgabe 2.60. Sei $f : (0, 1) \to \mathbb{R}$ differenzierbar und gleichmäßig stetig auf $(0, 1]$. Folgt hieraus die Beschränktheit von f' auf $(0, 1]$?

Aufgabe 2.61. Lösen Sie die Differentialgleichung mit getrennten Variablen

$$y' = \frac{x + 1}{y^4 + 1}.$$

Aufgabe 2.62. Lösen Sie die homogene Differentialgleichung

$$xy' = x + y.$$

Aufgabe 2.63. Eine Gleichung der Form

$$y' = p(x)y + q(x)y^2 + r(x)$$

(mit gegebenen stetigen Funktionen p, q, r) wird *Riccatische Differentialgleichung* genannt. Sei φ eine spezielle Lösung einer solchen Gleichung (die man z.B. durch Raten erhalten hat). Zeigen Sie, dass man dann durch den Ansatz $y := \varphi + \frac{1}{z}$ eine weitere Lösung erhält, wobei die unbekannte Funktion z der linearen Differentialgleichung $z' = -(p + 2\varphi q)z - q$ genügt.

Aufgabe 2.64. Gegeben sei die Riccati-Gleichung $y' = 1 + x^2 - 2xy + y^2$. Finden Sie (durch Raten) eine spezielle Lösung φ dieser Gleichung. Wenden Sie anschließend Aufgabe 2.63 an, um eine weitere Lösung y zu ermitteln, und bestätigen Sie Ihr Ergebnis.

Aufgabe 2.65. Lösen Sie noch einmal Aufgabe 2.64 für die Riccati-Gleichung $x^2 y' + xy - x^2 y^2 = -1$.

Aufgabe 2.66. Bestimmen Sie die Lösung $y = \varphi(x)$ des Anfangswertproblems

$$\begin{cases} y' = -xy \log y, \\ y(0) = e \end{cases}$$

und deren maximalen Definitionsbereich. Zeigen Sie, das die Lösung auf diesem Definitionsbereich der Abschätzung $1 < \varphi(x) \le e$ genügt.

Aufgabe 2.67. Bestimmen Sie die Lösung $y = \varphi(x)$ des Anfangswertproblems

$$\begin{cases} y' = xy^2, \\ y(0) = y_0 \end{cases}$$

in Abhängigkeit von $y_0 \in \mathbb{R}$ und deren maximalen Definitionsbereich.

Aufgabe 2.68. In Verallgemeinerung von Beispiel 2.71 beweisen Sie, dass für $\tau > 0$ das Anfangswertproblem

$$\begin{cases} y' = y^\tau, \\ y(0) = 0. \end{cases}$$

im Falle $\tau \geq 1$ genau eine Lösung auf $[0, \infty)$ besitzt, im Falle $0 < \tau < 1$ aber unendlich viele Lösungen.

Aufgabe 2.69. Lösen Sie noch einmal Aufgabe 1.68, wobei sie überall „Stetigkeit" durch „Differenzierbarkeit" ersetzen. Vergleichen Sie das Ergebnis mit dem aus Aufgabe 1.68.

Aufgabe 2.70. Sei $f : [0, \infty) \to \mathbb{R}$ monoton fallend und zweimal differenzierbar mit $f'(0) = 0$ und $f(x) > 0$ für alle $x \geq 0$. Beweisen Sie, dass es ein $\xi \in (0, \infty)$ gibt mit $f''(\xi) = 0$. Zeigen Sie weiterhin, dass man keine der angegebenen Voraussetzungen an f fallenlassen darf.

Kapitel 3. Integrierbare Funktionen

Integrierbare Funktionen bilden eine weitere wichtige Klasse der Analysis. Diese Klasse enthält sowohl alle stetigen als auch alle monotonen Funktionen, wie wir im ersten Abschnitt zeigen werden. Es gibt auch einen wichtigen Zusammenhang mit Differenzierbarkeit, der als Hauptsatz der Infinitesimalrechnung bekannt ist und dem wir den zweiten Abschnitt widmen werden. Wichtige Integrationstechniken sind Gegenstand des dritten Abschnitts. Der vierte Abschnitt ist eher theoretischer Natur: In ihm diskutieren wir die Frage, welche beschränkten Funktionen überhaupt integrierbar sind. Schließlich erweitern wir den Integralbegriff im letzten Abschnitt auf unbeschränkte Funktionen oder Integrationsintervalle, was auf den Begriff des sog. uneigentlichen Integrals führt.

3.1. Das Riemann-Integral. Nach den stetigen und differenzierbaren Funktionen betrachten wir nun die dritte wichtige Funktionenklasse der Analysis, die der integrierbaren Funktionen.

Wir erinnern daran (Definition 1.42), dass wir für ein beliebiges kompaktes Intervall $I \subset \mathbb{R}$ mit $\mathcal{Z}(I)$ die Menge aller Zerlegungen $\{t_0, t_1, \ldots, t_{m-1}, t_m\}$ (m variabel) von I bezeichnen. Dies ist schon die einzige Zutat, die wir benötigen, um das Riemann-Integral einer beschränkten Funktion zu definieren:

Definition 3.1. Sei $f : [a, b] \to \mathbb{R}$ eine beschränkte Funktion und

$$Z := \{t_0, t_1, \ldots, t_{m-1}, t_m\} \in \mathcal{Z}([a, b])$$

eine beliebige Zerlegung von $[a, b]$. Für $j = 1, 2, \ldots, m$ setzen wir[1]

$$M_j := \sup \{f(t) : t_{j-1} \leq t \leq t_j\}, \qquad m_j := \inf \{f(t) : t_{j-1} \leq t \leq t_j\}$$

sowie

$$(3.1) \qquad \mathcal{O}(f; Z) := \sum_{j=1}^{m} M_j(t_j - t_{j-1}), \qquad \mathcal{U}(f; Z) := \sum_{j=1}^{m} m_j(t_j - t_{j-1})$$

und nennen $\mathcal{O}(f; Z)$ die *Obersumme* und $\mathcal{U}(f; Z)$ die *Untersumme* von f bzgl. Z. Schließlich setzen wir noch

$$(3.2) \quad \mathcal{O}(f) := \inf \{\mathcal{O}(f; Z) : Z \in \mathcal{Z}([a, b])\}, \quad \mathcal{U}(f) := \sup \{\mathcal{U}(f; Z) : Z \in \mathcal{Z}([a, b])\}$$

und nennen $\mathcal{O}(f)$ das *Oberintegral* und $\mathcal{U}(f)$ das *Unterintegral von f über* $[a, b]$. Im Falle $\mathcal{O}(f) = \mathcal{U}(f)$ nennen wir die Funktion f *integrierbar* (genauer: *Riemann-integrierbar*)

---

[1]Eigentlich müssten wir $M_j(f; Z)$ und $m_j(f; Z)$ schreiben, denn diese Zahlen hängen ja sowohl von der Funktion f als auch von der Zerlegung Z ab; wir verzichten darauf im Interesse einer leichteren Lesbarkeit.

© Springer-Verlag GmbH Deutschland, ein Teil von Springer Nature 2021
J. Appell, *Analysis in Beispielen und Gegenbeispielen*,
https://doi.org/10.1007/978-3-662-63433-2_3

über $[a, b]$ und schreiben hierfür $f \in R([a, b])$.   □

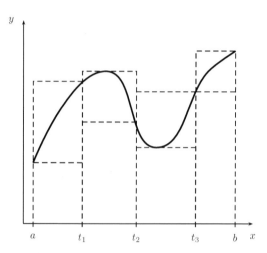

Abbildung 3.1: Ober- und Untersummen einer beschränkten Funktion

Die etwas technische Definition 3.1 bedarf einiger Erklärungen. Zunächst bemerken
wir, dass das Oberintegral $\mathcal{O}(f)$ und das Unterintegral $\mathcal{U}(f)$ einer beschränkten Funktion f *immer* existieren. In der Tat, nach Definition gilt $\mathcal{U}(f; Z) \leq \mathcal{O}(f; Z)$ für alle
Unter- bzw. Obersummen (d.h. für beliebige Zerlegungen Z). Daher ist die Menge al-
ler Obersummen von unten und die Menge aller Untersummen von oben beschränkt
(und natürlich nichtleer), so dass das Infimum und das Supremum in (3.2) immer *existieren*.[2] Allerdings ist natürlich keineswegs klar, ob das Infimum und das Supremum
in (3.2) auch immer *übereinstimmen*, die Funktion f also integrierbar ist. Falls sie
übereinstimmen, benutzen wir für den gemeinsamen Wert dann das übliche Symbol

$$(3.3) \qquad\qquad \mathcal{O}(f) = \mathcal{U}(f) =: \int_a^b f(x)\, dx$$

und nennen (3.3) das *Integral* (genauer: *Riemann-Integral*[3]) von f über $[a, b]$. Prinzipiell
sind also nur beschränkte Funktionen als integrierbar zugelassen, d.h. es gilt nach
Konstruktion $R([a, b]) \subseteq B([a, b])$. Beispiel 3.4 unten zeigt, dass diese Inklusion echt,
also nicht jede beschränkte Funktion integrierbar ist.

Wir betrachten zwei ganz einfache Beispiele, in denen wir die Integrierbarkeit der gegebenen Funktion direkt durch Betrachtung der Ober- und Untersummen nachweisen
können. Für jedes kompakte Intervall I bezeichnen wir mit

$$(3.4) \qquad\qquad \omega(f; I) = \sup\{f(x) : x \in I\} - \inf\{f(x) : x \in I\}$$

---

[2]Wie schon so oft vorher benutzen wir hier wieder die Vollständigkeit der Menge der reellen Zahlen.

[3]nach Bernhard Riemann (1826-1866). Wir betonen den Namen Riemann-Integral deswegen, weil
man in der Analysis noch ein weiteres Integral behandelt, welches nach Henri Lebesgue (1875-1941)
Lebesgue-Integral genannt wird und im Grunde natürlichere Eigenschaften als das Riemann-Integral
hat. Da wir in diesem Buch nur das Riemann-Integral behandeln, lassen wir den Zusatz „Riemann-"
im folgenden weg.

die *Oszillation von f auf I*. Weiter setzen wir

$$(3.5) \quad \nu(f; I) = \inf \left\{ \sum_{j=1}^{m} \omega(f; [t_{j-1}, t_j])(t_j - t_{j-1}) : \{t_0, t_1, \ldots, t_{m-1}, t_m\} \in \mathcal{Z}(I) \right\},$$

wobei das Infimum über alle Zerlegungen des Intervalls I genommen wird. Mit der Schreibweise (3.1) gilt also

$$(3.6) \qquad \nu(f; I) = \inf \{ \mathcal{O}(f; Z) - \mathcal{U}(f; Z) : Z \in \mathcal{Z}(I) \}.$$

Betrachtet man daher gemeinsame Verfeinerungen[4] von Zerlegungen in Ober- und Untersummen, so kann man aus Definition 3.1 ersehen, dass f genau dann über I integrierbar ist, wenn $\nu(f; I) = 0$ gilt.

Beispiel 3.2. Sei $f : [0, 1] \to \mathbb{R}$ definiert durch $f(x) = x$. Wir betrachten eine Zerlegung Z_m ($m \in \mathbb{N}$), deren Teilpunkte wir in spezieller Form wählen, nämlich[5]

$$t_0 := 0, \, t_1 := \frac{1}{m}, \, t_2 := \frac{2}{m}, \, \ldots, \, t_j := \frac{j}{m}, \, \ldots, \, t_{m-1} := \frac{m-1}{m}, \, t_m := 1.$$

Einsetzen dieser Zerlegung liefert wegen

$$M_j = \sup \{ f(t) : t_{j-1} \leq t \leq t_j \} = f(t_j) = \frac{j}{m}$$

und

$$m_j = \inf \{ f(t) : t_{j-1} \leq t \leq t_j \} = f(t_{j-1}) = \frac{j-1}{m}$$

für die Differenz der entsprechenden Ober- und Untersumme

$$\nu(f; [0, 1]) = \inf \{ \mathcal{O}(f; Z) - \mathcal{U}(f; Z) : Z \in \mathcal{Z}([0, 1]) \}$$

$$\leq \mathcal{O}(f; Z_m) - \mathcal{U}(f; Z_m) = \sum_{j=1}^{m} (t_j - t_{j-1})(t_j - t_{j-1})$$

$$= \sum_{j=1}^{m} \left(\frac{j}{m} - \frac{j-1}{m} \right)^2 = m \frac{1}{m^2} = \frac{1}{m}.$$

Da wir den letzten Ausdruck durch genügend große Wahl von m beliebig klein machen können, erhalten wir $\nu(f; [0, 1]) = 0$, d.h. f ist auf $[0, 1]$ integrierbar.

Wir können die Zerlegung Z_m übrigens auch benutzen, um das Integral von f über $[0, 1]$ „auszurechnen". Unter Benutzung der leicht per Induktion beweisbaren Gleichheit (s. Beispiel A.6 im Anhang)

$$\sum_{j=1}^{k} j = 1 + 2 + \ldots + (k-1) + k = \frac{k(k+1)}{2}$$

bekommen wir nämlich einerseits

$$\mathcal{O}(f; Z_m) = \sum_{j=1}^{m} t_j (t_j - t_{j-1}) = \frac{1}{m} \sum_{j=1}^{m} \frac{j}{m} = \frac{m+1}{2m}$$

---

[4]Eine Zerlegung Z' heißt *Verfeinerung* einer anderen Zerlegung Z, falls $Z' \supseteq Z$ gilt.
[5]Eine solche Zerlegung nennt man *äquidistant*, weil $t_j - t_{j-1}$ für alle j denselben Wert hat.

und andererseits

$$\mathcal{U}(f; Z_m) = \sum_{j=1}^{m} t_{j-1}(t_j - t_{j-1}) = \frac{1}{m} \sum_{j=1}^{m} \frac{j-1}{m} = \frac{m-1}{2m}.$$

Beide Ausdrücke nähern sich aber dem Wert $1/2$, falls wir nur m groß genug wählen, d.h. das Integral von f über $[0,1]$ hat den Wert $1/2$. ♡

Beispiel 3.3. Sei $f : [0,1] \to \mathbb{R}$ definiert durch $f(x) = x^2$. Wir betrachten dieselbe Zerlegung Z_m wie im vorigen Beispiel 3.2. Hier bekommen wir

$$M_j = \sup \{f(t) : t_{j-1} \le t \le t_j\} = f(t_j) = t_j = \frac{j^2}{m^2}$$

und

$$m_j = \inf \{f(t) : t_{j-1} \le t \le t_j\} = f(t_{j-1}) = t_{j-1} = \frac{(j-1)^2}{m^2},$$

also

$$\nu(f; [0,1]) = \inf \{\mathcal{O}(f; Z) - \mathcal{U}(f; Z) : Z \in \mathcal{Z}([0,1])\}$$

$$\le \mathcal{O}(f; Z_m) - \mathcal{U}(f; Z_m) = \sum_{j=1}^{m} (t_j^2 - t_{j-1}^2)(t_j - t_{j-1})$$

$$= \sum_{j=1}^{m} \left(\frac{j}{m} - \frac{j-1}{m}\right)^2 \left(\frac{j}{m} + \frac{j-1}{m}\right) = m^2 \frac{1}{m^3} = \frac{1}{m},$$

wobei wir die dritte binomische Formel und beim vorletzten Gleichheitszeichen die Identität

$$\sum_{j=1}^{m} \left(\frac{j}{m} + \frac{j-1}{m}\right) = \sum_{j=1}^{m} \frac{2j-1}{m} = \frac{m^2}{m} = m$$

benutzt haben, die man leicht per Induktion beweist. Mit derselben Begründung wie in Beispiel 3.2 erhalten wir $\nu(f; [0,1]) = 0$, d.h. f ist auf $[0,1]$ integrierbar.

Auch hier können wir die Zerlegung Z_m wieder benutzen, um das Integral von f über $[0,1]$ „auszurechnen". Unter Benutzung der Gleichheit

$$\sum_{j=1}^{k} j^2 = 1 + 4 + \ldots + (k-1)^2 + k^2 = \frac{k(k+1)(2k+1)}{6},$$

die wir auch im Anhang im Anschluss an Beispiel A.6 erwähnt haben, bekommen wir diesmal einerseits

$$\mathcal{O}(f; Z_m) = \sum_{j=1}^{m} t_j^2(t_j - t_{j-1}) = \frac{1}{m} \sum_{j=1}^{m} \frac{j^2}{m^2} = \frac{(m+1)(2m+1)}{6m^2}$$

und andererseits

$$\mathcal{U}(f; Z_m) = \sum_{j=1}^{m} t_{j-1}^2(t_j - t_{j-1}) = \frac{1}{m} \sum_{j=1}^{m} \frac{(j-1)^2}{m^2} = \frac{(m-1)(2m-1)}{6m^2}.$$

In diesem Fall nähern sich beide Ausdrücke dem Wert $1/3$, falls wir nur m groß genug wählen, d.h. das Integral von f über $[0,1]$ hat den Wert $1/3$. $\heartsuit$

Die Beispiele 3.2 und 3.3 zeigen, dass der Nachweis der Integrierbarkeit (und erst recht die Berechnung des Integrals) schon für einfache Funktionen recht aufwendig ist. In den nächsten zwei Sätzen zeigen wir, dass man die Integrierbarkeit für zwei große Funktionenklassen, die wir in den Abschnitten 1.1 und 1.3 betrachtet haben, sofort nachweisen kann. Eine sehr effektive Methode für die Berechnung des Integrals werden wir in einem späteren Abschnitt (Satz 3.13) angeben. Zuvor wollen wir aber ein Beispiel einer beschränkten Funktion angeben, welche *nicht* integrierbar ist.

Beispiel 3.4. Sei $[a,b]$ ein beliebiges Intervall und $f : [a,b] \to \mathbb{R}$ die Dirichlet-Funktion aus Beispiel 1.11, also $f = \chi_{[a,b] \cap \mathbb{Q}}$. Ist $Z = \{t_0, t_1, \ldots, t_{m-1}, t_m\} \in \mathcal{Z}([a,b])$ eine beliebige Zerlegung von $[a,b]$, so liegen in jedem Teilintervall $[t_{j-1}, t_j]$ dieser Zerlegung sowohl rationale als auch irrationale Punkte, also gilt $M_j = 1$ und $m_j = 0$ für $j = 1, 2, \ldots, m$. Hieraus folgt aber sofort

$$\mathcal{O}(f; Z) = 1, \ \mathcal{O}(f) = 1, \ \mathcal{U}(f; Z) = 0, \ \mathcal{U}(f) = 0,$$

d.h. $\nu(f; [a,b]) = 1$. Somit kann f auf $[a,b]$ nicht integrierbar sein. $\heartsuit$

Beispiel 3.4 ist ein Spezialfall des folgenden allgemeineren Ergebnisses (Aufgabe 3.41): *Für $M \subseteq [a,b]$ gilt $\chi_M \in R([a,b])$ genau dann, wenn der Rand ∂M eine Nullmenge ist.*[6] Da wir für $M = [a,b] \cap \mathbb{Q}$ als Rand das ganze Intervall $[a,b]$ erhalten und dies keine Nullmenge ist, kann die Dirichlet-Funktion auf keinem Intervall integrierbar sein. Eine weitere interessante Anwendung dieses Ergebnisses werden wir in Beispiel 3.55 betrachten.

Wir kommen jetzt zu den angekündigten beiden Sätzen, die zwei uns bekannte Funktionenklassen aus dem ersten Kapitel als Teilmengen von $R([a,b])$ auszeichnen:

Satz 3.5. *Eine monotone Funktion ist auf jedem kompakten Intervall $[a,b]$ integrierbar.*

Beweis: Sei $f : [a,b] \to \mathbb{R}$ o.B.d.A. monoton wachsend, und sei $Z_m \in \mathcal{Z}([a,b])$ wieder die schon in Beispiel 3.2 betrachtete äquidistante Zerlegung, hier also

$$t_0 := a, \ t_1 := a + \frac{b-a}{m}, \ t_j := a + j\frac{b-a}{m}, \ \ldots$$

$$\ldots, t_{m-1} := a + (m-1)\frac{b-a}{m}, \ t_m := b.$$

Einsetzen dieser Zerlegung liefert wegen

$$M_j = \sup \{f(t) : t_{j-1} \leq t \leq t_j\} = f(t_j)$$

und

$$m_j = \inf \{f(t) : t_{j-1} \leq t \leq t_j\} = f(t_{j-1})$$

---

[6]Nullmengen werden wir erst weiter unten in Abschnitt 3.4 einführen, s. Definition 3.45; für's erste genügt hier die naive Vorstellung, dass Nullmengen „sehr klein" oder auch „vernachlässigbar" sind.

für die Differenz der entsprechenden Ober- und Untersumme

$$\nu(f;[a,b]) = \inf\left\{\mathcal{O}(f;Z) - \mathcal{U}(f;Z) : Z \in \mathcal{Z}([a,b])\right\}$$

$$\leq \mathcal{O}(f;Z_m) - \mathcal{U}(f;Z_m) = \sum_{j=1}^{m}(t_j - t_{j-1})\left[f(t_j) - f(t_{j-1})\right]$$

$$= \sum_{j=1}^{m}\frac{b-a}{m}\left[f(t_j) - f(t_{j-1})\right] = \frac{b-a}{m}[f(b) - f(a)].$$

Da wir den letzten Ausdruck durch genügend große Wahl von m beliebig klein machen können, erhalten wir $\nu(f;[a,b]) = 0$, d.h. f ist auf $[a,b]$ integrierbar. Der Beweis für monoton fallende Funktionen geht analog. ∎

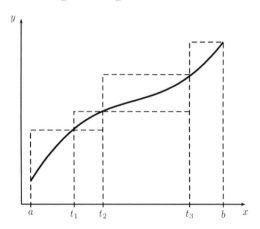

Abbildung 3.2: Ober- und Untersummen einer monotonen Funktion

Satz 3.6. *Eine stetige Funktion ist auf jedem kompakten Intervall $[a,b]$ integrierbar.*

Beweis: Sei $f : [a,b] \to \mathbb{R}$ stetig, und sei $Z_m \in \mathcal{Z}([a,b])$ dieselbe Zerlegung wie im vorigen Satz 3.5. Nach Satz 1.74 ist f auf $[a,b]$ sogar gleichmäßig stetig, d.h. wir können zu gegebenem $\varepsilon > 0$ ein $\delta > 0$ finden derart, dass für $x, y \in [a,b]$ aus $|x - y| < \delta$ stets $|f(x) - f(y)| < \varepsilon$ folgt, wobei δ zwar von ε abhängt, aber weder von x noch von y. Wir wählen jetzt $m \in \mathbb{N}$ so groß, dass $m\delta > b - a$ gilt. Dann erfüllen je zwei Punkte x, y im Teilintervall $[t_{j-1}, t_j]$ der Zerlegung Z_m die Bedingung

$$|x - y| \leq t_j - t_{j-1} = \frac{b-a}{m} < \delta,$$

woraus nach Wahl von δ mit ω genäß (3.4)

$$\omega(f;[t_{j-1},t_j]) = \sup\left\{f(x) : t_{j-1} \leq x \leq t_j\right\} - \inf\left\{f(x) : t_{j-1} \leq x \leq t_j\right\} \leq \varepsilon$$

folgt. Damit bekommen wir

$$\nu(f;[a,b]) = \inf\left\{\mathcal{O}(f;Z) - \mathcal{U}(f;Z) : Z \in \mathcal{Z}([a,b])\right\} \leq \mathcal{O}(f;Z_m) - \mathcal{U}(f;Z_m)$$

$$= \sum_{j=1}^{m}\omega(f;[t_{j-1},t_j])(t_j - t_{j-1}) \leq \varepsilon \sum_{j=1}^{m}(t_j - t_{j-1}) = (b-a)\varepsilon.$$

Da $\varepsilon > 0$ beliebig klein gewählt war, erhalten wir $\nu(f; [a, b]) = 0$, d.h. f ist auf $[a, b]$ integrierbar. ∎

Wir stellen jetzt ohne Beweis einige Eigenschaften des Integrals zusammen, welche direkt aus Definition 3.1 folgen und uns in Zukunft noch öfter begegnen werden. Wir formulieren diese Eigenschaften als

Satz 3.7. *Seien $f, g \in R([a, b])$ und $\lambda \in \mathbb{R}$. Dann gelten die folgenden Rechenregeln:*
(a) *Es ist $f + g \in R([a, b])$ mit*

$$(3.7) \qquad \int_a^b (f + g)(x)\, dx = \int_a^b f(x)\, dx + \int_a^b g(x)\, dx.$$

(b) *Es ist $\lambda f \in R([a, b])$ mit*

$$(3.8) \qquad \int_a^b (\lambda f)(x)\, dx = \lambda \int_a^b f(x)\, dx.$$

(c) *Aus $f(x) \le g(x)$ auf $[a, b]$ folgt*

$$(3.9) \qquad \int_a^b f(x)\, dx \le \int_a^b g(x)\, dx.$$

(d) *Es gilt die sog. Standardabschätzung*

$$(3.10) \qquad \left| \int_a^b f(x)\, dx \right| \le \int_a^b |f(x)|\, dx.$$

(e) *Vertauschen der Integrationsgrenzen ergibt*

$$(3.11) \qquad \int_b^a f(x)\, dx = - \int_a^b f(x)\, dx,$$

und speziell ist

$$(3.12) \qquad \int_a^a f(x)\, dx = 0.$$

(f) *Für $\alpha, \beta, \gamma \in [a, b]$ gilt*

$$(3.13) \qquad \int_\alpha^\gamma f(x)\, dx = \int_\alpha^\beta f(x)\, dx + \int_\beta^\gamma f(x)\, dx.$$

Es ist naheliegend, die Eigenschaft (3.7) die *Additivität*, die Eigenschaft (3.8) die *Homogenität*[7] und die Eigenschaft (3.9) die *Monotonie* des Riemann-Integrals zu nennen. Die Eigenschaft (3.13) ist eine Art „Additivität bzgl. des Integrationsintervalls"; sie erlaubt es, Integrale stückweise über Teilintervalle zu berechnen, was besonders für Funktionen mit vielen Vorzeichenwechseln nützlich ist. Die Eigenschaft (3.11) ist eigentlich

---

[7]Die Eigenschaften (3.7) und (3.8) zusammengenommen bedeuten, dass die Menge $R([a, b])$ einen reellen Vektorraum bildet und dass das Integral eine *lineare Abbildung* dieses Vektorraums in den Vektorraum der reellen Zahlen ist.

eine *Definition*; sie hat zur Folge, dass in (3.13) nicht notwendigerweise $\alpha < \beta < \gamma$ gelten muss.

Die nützlichste aller aufgezählten Eigenschaften ist allerdings die Abschätzung (3.10); aus ihr folgt insbesondere die Abschätzung

$$(3.14) \qquad \left| \int_a^b f(x)\,dx \right| \le (b-a)\sup\{|f(x)| : a \le x \le b\},$$

die auch manchmal als Standardabschätzung bezeichnet wird.

Aus der Vektorraumeigenschaft der Menge $R([a,b])$ sowie Satz 1.44 folgt übrigens, dass wir Satz 3.5 folgendermaßen verallgemeinern können: *Eine Funktion beschränkter Variation ist auf jedem kompakten Intervall $[a,b]$ integrierbar.*

Die aufmerksame Leserin wird bemerkt haben, dass wir in Satz 3.7 keine Aussage über die Produktfunktion $f \cdot g$ oder die Komposition $g \circ f$ gemacht haben, so wie im Falle der Stetigkeit in den Sätzen 1.17 und 1.18 und im Falle der Differenzierbarkeit in den Sätzen 2.11 und 2.12. Der Grund hierfür ist, dass dies für integrierbare Funktionen ein viel heikleres Problem ist als für stetige oder differenzierbare. Wir beginnen mit einem Satz über Kompositionen:

Satz 3.8. *Sei $f : [a,b] \to \mathbb{R}$ integrierbar mit $f([a,b]) \subseteq [c,d]$ und $g : [c,d] \to \mathbb{R}$ stetig. Dann ist die Komposition $g \circ f : [a,b] \to \mathbb{R}$ integrierbar.*

Beweis: Sei $\varepsilon > 0$. Wir benutzen wieder, dass g nach Satz 1.74 auf $[c,d]$ gleichmäßig stetig ist, d.h. wir können ein $\delta > 0$ (mit o.B.d.A. $\delta < \varepsilon$) finden derart, dass für $x,y \in [c,d]$ aus $|x-y| < \delta$ stets $|g(x) - g(y)| < \varepsilon$ folgt. Außerdem ist nach Satz 1.53 und Satz 1.54 die Zahl

$$(3.15) \qquad\qquad M := \max\{|g(x)| : c \le x \le d\}$$

endlich. Da f auf $[a,b]$ integrierbar ist, existiert eine Zerlegung $Z = \{t_0, t_1, \ldots t_m\} \in \mathcal{Z}([a,b])$ mit

$$(3.16) \qquad\qquad 0 \le \mathcal{O}(f;Z) - \mathcal{U}(f;Z) < \delta^2.$$

Wie vorher betrachten wir die Zahlen

$$M_j = \sup\{f(t) : t_{j-1} \le t \le t_j\}, \qquad m_j = \inf\{f(t) : t_{j-1} \le t \le t_j\}$$

für die Funktion f sowie die Zahlen

$$K_j = \sup\{g(f(t)) : t_{j-1} \le t \le t_j\}, \qquad k_j = \inf\{g(f(t)) : t_{j-1} \le t \le t_j\}$$

für die Funktion $g \circ f$, deren Integrierbarkeit wir ja nachweisen wollen. Wir zerlegen die Indexmenge $\{1, 2, \ldots, m\}$ disjunkt in zwei Klassen J und J', indem wir $j \in J$ schreiben, falls $M_j - m_j < \delta$ gilt, und $j \in J'$, falls $M_j - m_j \ge \delta$ gilt.

Für $j \in J$ gilt $|f(x) - f(y)| < \delta$ auf $[t_{j-1}, t_j]$, also $|g(f(x)) - g(f(y))| < \varepsilon$ und damit auch $K_j - k_j \le \varepsilon$. Für $j \in J'$ gilt dagegen

$$K_j - k_j = \omega(g \circ f; [t_{j-1}, t_j]) \le 2M$$

mit M gemäß (3.15). Aus (3.16) und der Definition der Indexmenge J' folgt

$$\delta \sum_{j \in J'} (t_j - t_{j-1}) \leq \sum_{j \in J'} (M_j - m_j)(t_j - t_{j-1}) \leq \sum_{j=1}^{m} (M_j - m_j)(t_j - t_{j-1}) < \delta^2,$$

mithin

$$\sum_{j \in J'} (t_j - t_{j-1}) < \delta.$$

Hieraus bekommen wir insgesamt die Abschätzung

$$\mathcal{O}(g \circ f; Z) - \mathcal{U}(g \circ f; Z) = \sum_{j \in J} (K_j - k_j)(t_j - t_{j-1}) + \sum_{j \in J'} (K_j - k_j)(t_j - t_{j-1})$$
$$\leq \varepsilon(b - a) + 2M\delta < (b - a + 2M)\varepsilon.$$

Da wir $\varepsilon > 0$ beliebig klein wählen können, ist damit die Integrierbarkeit von $g \circ f$ über $[a, b]$ bewiesen. ∎

Satz 3.8 zeigt eine merkwürdige Asymmetrie in den beteiligten Funktionen: Die „innere" Funktion f haben wir lediglich als integrierbar vorausgesetzt, die „äußere" Funktion g dagegen als stetig. Parallel zu den Sätzen 1.18 und 2.12 würde man erwarten, dass auch die Komposition zweier integrierbarer Funktionen integrierbar ist. Überraschenderweise ist das falsch, wie wir weiter unten (Beispiel 3.54) noch zeigen werden! Ebenso überraschend ist, dass man die Rollen von f und g in Satz 3.8 nicht vertauschen darf: Wenn f stetig und g integrierbar ist, so muss $g \circ f$ nicht integrierbar sein, wie Beispiel 3.55 unten zeigt.

Als unmittelbare Anwendung von Satz 3.8 erhalten wir nun den folgenden

Satz 3.9. *Seien $f, g : [a, b] \to \mathbb{R}$ integrierbar. Dann sind auch die Funktionen $|f|$, f^2 und fg integrierbar.*

Beweis: Die Integrierbarkeit von $|f|$ folgt aus der Darstellung $|f| = g \circ f$ mit $g(y) := |y|$, die von f^2 aus der Darstellung $f^2 = g \circ f$ mit $g(y) := y^2$, beides zusammen mit Satz 3.8. Zum Beweis der Integrierbarkeit der Produktfunktion fg genügt es, die Identität

$$fg = \frac{1}{4} \left[(f + g)^2 - (f - g)^2 \right]$$

in Kombination mit den Sätzen 3.7 und 3.8 zu benutzen. ∎

Übrigens hätten wir die Integrierbarkeit von f^2 aus der von f auch aus der Abschätzung

$$f(x)^2 - f(y)^2 \leq 2M|f(x) - f(y)|$$

herleiten können, wobei M das Supremum von $|f(x)|$ auf $[a, b]$ bezeichne.

Eine Übersicht verschiedener Eigenschaften, die sich von zwei Funktionen f und g auf $f + g$, fg und $g \circ f$ übertragen (oder nicht übertragen), geben wir in Tabelle 3.3 im nächsten Abschnitt.

3.2. Der Hauptsatz der Infinitesimalrechnung. In diesem Abschnitt behandeln wir eine Beziehung zwischen Differentiation und Integration, die wegen ihrer Wichtigkeit üblicherweise als *Hauptsatz der Infinitesimalrechnung* bezeichnet wird. Zur Vorbereitung müssen wir einen einfachen Satz beweisen, der in der Literatur unter dem Namen *Mittelwertsatz der Integralrechnung*[8] bekannt ist:

Satz 3.10. *Sei* $f : [a,b] \to \mathbb{R}$ *stetig. Dann gibt es ein* $\xi \in [a,b]$ *mit*

$$\int_a^b f(x)\,dx = f(\xi)(b-a).$$

Beweis: Da f als stetig auf $[a,b]$ vorausgesetzt wurde, existieren nach Satz 1.53 die Zahlen m und M aus (1.62). Nach der Monotonie-Eigenschaft (3.9) des Integrals gilt wegen $m \le f(x) \le M$ dann

$$m(b-a) \le \int_a^b f(x)\,dx \le M(b-a),$$

also

$$m \le \frac{1}{b-a} \int_a^b f(x)\,dx \le M.$$

Wieder wegen der Stetigkeit von f finden wir nach dem Zwischenwertsatz (Satz 1.63) ein $\xi \in [a,b]$ derart, dass $f(\xi)$ mit dem mittleren Term dieser Abschätzung übereinstimmt, und das war gerade die Behauptung. ∎

Deutet man das Integral einer positiven Funktion als Flächeninhalt unter dem Graphen, so erlaubt Satz 3.10 eine einfache geometrische Interpretation: Im Falle $f(x) > 0$ für $a \le x \le b$ ist der Flächeninhalt unter dem Graphen genauso groß wie der eines Rechtecks mit der Basis $b-a$ und der Höhe $f(\xi)$, wobei $(\xi, f(\xi))$ ein geeigneter Punkt des Graphen von f ist (s. Abbildung 3.3).

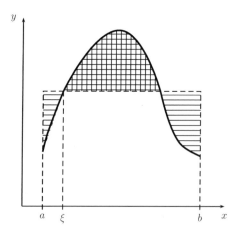

Abbildung 3.3: Mittelwertsatz der Integralrechnung

[8]Außer diesem gibt es noch andere Mittelwertsätze, s. Aufgabe 3.11 und Aufgabe 3.12.

Die nächste Definition beschreibt eine wichtige Methode, aus einer gegebenen (integrierbaren) Funktion f eine neue Funktion zu gewinnen, die sogar „bessere" Eigenschaften als f hat:

Definition 3.11. Ist $f : [a, b] \to \mathbb{R}$ integrierbar, so nennen wir die durch

$$(3.17) \qquad F_a(x) := \int_a^x f(t)\, dt \qquad (a \leq x \leq b)$$

definierte Funktion $F_a : [a, b] \to \mathbb{R}$ die *Integralfunktion*[9] *von* f auf $[a, b]$.   □

An dieser Stelle müssen wir eine Warnung aussprechen. Die Integralfunktion (3.17)
wird in der Literatur manchmal sehr unglücklich *unbestimmtes Integral* genannt und
mit dem Symbol

$$(3.18) \qquad \int f(t)\, dt$$

bezeichnet, d.h. als Integral ohne Angabe der Grenzen. Dies ist sehr bedenklich, denn
man muss natürlich auch dann, wenn (wie in (3.17)) eine der Integrationsgrenzen variabel ist, diese Grenze hinschreiben. Ein Integral ohne Grenzen hinzuschreiben, kann
auch zu dummen Fehlern führen, vgl. etwa Aufgabe 3.28.

Noch fataler ist es, den Ausdruck (3.18) als „Stammfunktion" von f zu bezeichnen!
Der Begriff der Stammfunktion hat ja überhaupt nichts mit Integralen, sondern mit
Ableitungen zu tun, wie Definition 2.15 zeigt. Und dies ist beileibe kein formaler Einwand, sondern ein inhaltlicher, denn es gibt tatsächlich viele integrierbare Funktionen,
die keine Stammfunktion besitzen, und viele Funktionen mit Stammfunktion, die nicht
integrierbar sind! Dies werden wir weiter unten noch mit einfachen Beispielen (s. etwa
die Beispiele 3.23 und 3.24) belegen.

Für eine *ganz spezielle Klasse* von Funktionen, nämlich stetige Funktionen, gibt es
allerdings einen Zusammenhang zwischen Integralfunktionen und Stammfunktionen.
Dies ist der Inhalt des folgenden Satzes:[10]

Satz 3.12 (Erster Hauptsatz der Infinitesimalrechnung). *Die Integralfunktion*
(3.17) einer Funktion $f \in R([a, b])$ *ist stetig auf* $[a, b]$, *die Integralfunktion einer Funk-*
tion $f \in C([a, b])$ *sogar stetig differenzierbar auf* $[a, b]$. *Hierbei gilt* $F_a' = f$, *d.h.* F_a *ist*
in diesem Fall Stammfunktion zu f *auf* $[a, b]$.

Beweis: Gelte zunächst $f \in R([a, b])$. Da f als integrierbare Funktion beschränkt ist,
finden wir ein $M > 0$ mit $|f(x)| \leq M$ für $a \leq x \leq b$. Sei $x_0 \in [a, b]$; wir zeigen, dass F_a
in x_0 stetig ist. Aus den Eigenschaften (3.11) und (3.13) sowie der Standardabschätzung
(3.14) folgt dann

$$|F_a(x) - F_a(x_0)| = \left| \int_a^x f(t)\, dt - \int_a^{x_0} f(t)\, dt \right| = \left| \int_{x_0}^x f(t)\, dt \right| \leq M|x - x_0|.$$

---

[9]Wir geben dieser Funktion den Index a, weil sich bei Änderung des linken Intervallpunkts i.a.
natürlich der Wert des Integrals ändert.

[10]Dass in der Schule in der Regel nur stetige Funktionen betrachtet werden, für die jede Integralfunktion eine Stammfunktion ist, mag der Grund dafür sein, dass selbst in den Hirnen fortgeschrittener
Mathematikstudenten die Begriffe Stammfunktion und Integral immer noch fälschlich als zwei Seiten
derselben Medaille „herumspuken". Sie sind es nicht!

Zu $\varepsilon > 0$ können wir also $\delta := \varepsilon/M$ wählen und bekommen für $|x - x_0| < \delta$ stets $|F_a(x) - F_a(x_0)| < \varepsilon$.

Nun gelte sogar $f \in C([a, b])$. Sei $x_0 \in [a, b]$; wir zeigen, dass F_a in x_0 differenzierbar ist[11] mit $F_a'(x_0) = f(x_0)$. Wieder mit (3.11) und (3.13) bekommen wir

$$(3.19) \qquad \frac{F_a(x) - F_a(x_0)}{x - x_0} = \frac{1}{x - x_0}\left[\int_a^x f(t)\,dt - \int_a^{x_0} f(t)\,dt\right] = \frac{1}{x - x_0}\int_{x_0}^x f(t)\,dt.$$

Nach Satz 3.10 finden wir ein ξ zwischen x_0 und x derart, dass

$$\int_{x_0}^x f(t)\,dt = f(\xi)(x - x_0)$$

ist. Kombiniert mit (3.19) ergibt dies

$$\frac{F_a(x) - F_a(x_0)}{x - x_0} = \frac{1}{x - x_0}f(\xi)(x - x_0) = f(\xi).$$

Da mit $x \to x_0$ auch $\xi \to x_0$ geht, erhalten wir nach diesem Grenzübergang $F_a'(x_0) = f(x_0)$, und das war die Behauptung. ∎

Man beachte, dass wir im ersten Teil des Beweises von Satz 3.12 sogar viel mehr gezeigt haben als behauptet wurde: *Die Integralfunktion F_a einer integrierbaren Funktion f ist nicht nur stetig, sondern sogar Lipschitz-stetig* (s. Definition 1.48). Im zweiten Teil des Beweises haben wir die Stetigkeit von f übrigens zweimal benutzt, zuerst bei der Anwendung von Satz 3.10, und dann noch einmal bei der Tatsache, dass $f(\xi) \to f(x_0)$ aus $\xi \to x_0$ folgt.

Satz 3.13 (Zweiter Hauptsatz der Infinitesimalrechnung). *Sei $f \in C([a, b])$, und sei F eine beliebige Stammfunktion zu f auf $[a, b]$. Dann kann man das Integral von f über $[a, b]$ mit der Formel*

$$(3.20) \qquad \int_a^b f(x)\,dx = F(b) - F(a)$$

berechnen.

Beweis: Zunächst betonen wir, dass f nach Satz 3.12 tatsächlich eine Stammfunktion besitzt, nämlich die durch (3.17) definierte Integralfunktion F_a. Nach Satz 2.32 wiederum unterscheiden sich Stammfunktionen auf Intervallen nur durch additive Konstanten. Ist also F eine beliebige Stammfunktion zu f auf $[a, b]$, so gibt es ein $c \in \mathbb{R}$ mit $F(x) = F_a(x) + c$ für alle $x \in [a, b]$. Damit bekommen wir

$$\int_a^b f(x)\,dx = F_a(b) - F_a(a) = F(b) - c - a(a) + c = F(b) - F(a)$$

wie behauptet. ∎

Wie der Beweis von Satz 3.13 zeigt, liegt der Grund für die Unabhängigkeit der Gleichheit (3.20) von der Auswahl einer Stammfunktion F darin, dass dort eine Differenz steht, bei der sich die additive Konstante c weghebt.

Man kann die Sätze 3.12 und 3.13 folgendermaßen zusammenfassen:

---

[11]Für $x_0 = a$ oder $x_0 = b$ sind die folgenden Grenzwerte als einseitige Ableitungen im Sinne von (2.3) zu interpretieren.

- *Kennen wir einerseits die Integralfunktion einer stetigen (und damit integrierbaren) Funktion f, so können wir nach Satz 3.12 mit deren Hilfe Stammfunktionen zu f konstruieren.*

- *Kennen wir andererseits eine Stammfunktion einer stetigen Funktion f, so können wir nach Satz 3.13 unter Benutzung dieser Stammfunktion das Integral von f sofort berechnen.*

Beispielsweise wissen wir, dass die Funktion f in Beispiel 3.2 $F(x) = \frac{1}{2}x^2$ als Stammfunktion hat; daher hat das dort mühsam mit Ober- und Untersummen berechnete Integral einfach den Wert $F(1) - F(0) = \frac{1}{2}$. Ähnlich können wir in Beispiel 3.3 benutzen, dass $F(x) = \frac{1}{3}x^3$ Stammfunktion zu $f(x) = x^2$ ist; daher hat das dort betrachtete Integral den Wert $F(1) - F(0) = \frac{1}{3}$.

Wir können die Bildung der Integralfunktion (3.17) als „Input-Output-Prozess" interpretieren: Wir setzen eine Funktion f unter dem Integral ein, und wir bekommen eine neue Funktion F_a heraus. Satz 3.12 zeigt, dass dieser Prozess die „Güte" der Funktion verbessert: Ist f lediglich integrierbar, so ist F_a sogar stetig, und ist f lediglich stetig, so ist F_a sogar stetig differenzierbar.[12]

Übrigens sind diese Eigenschaften von F_a „optimal" in dem Sinne, dass man i.a. nicht mehr erwarten kann als das in Satz 3.12 Behauptete. Dies zeigt die Tatsache, dass die Integralfunktion einer Funktion $f \in R([a,b]) \setminus C([a,b])$ nicht differenzierbar zu sein braucht, wie die einer Funktion $f \in C([a,b])$, wie ein Vergleich der Abbildungen 3.4 und 3.5 zeigt.

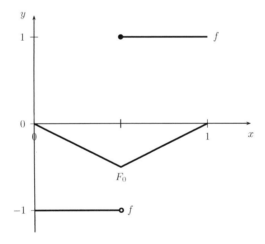

Abbildung 3.4: Stetige Integralfunktion einer unstetigen Funktion

---

[12]Man kann die Zuordnung $J : f \mapsto F_a$ also als Abbildung vom Vektorraum $R([a,b])$ in den Vektorraum $C([a,b])$ (sogar in den Vektorraum $Lip([a,b])$) oder auch vom Vektorraum $C([a,b])$ in den Vektorraum $C^1([a,b])$ deuten. Die Rechenregeln (3.7) und (3.8) für das Integral zeigen, dass diese Abbildung J *linear* ist. Auch die Abbildung $D : f \mapsto f'$ vom Vektorraum $C^1([a,b])$ in den Vektorraum $C([a,b])$ ist nach (2.10) und (2.13) ja linear. Allerdings sind die Abbildungen J und D komplizierter als die in der Linearen Algebra üblicherweise betrachteten linearen Abbildungen, denn die Vektorräume $R([a,b])$, $C([a,b])$, $Lip([a,b])$ und $C^1([a,b])$ sind *unendlichdimensional*.

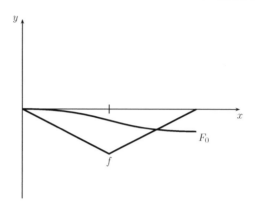

Abbildung 3.5: Differenzierbare Integralfunktion einer stetigen Funktion

Per Induktion kann man leicht zeigen, dass aus $f \in C^n([a,b])$ stets $F_a \in C^{n+1}([a,b])$ folgt (Aufgabe 3.10.) Der Prozess (3.17) erhöht also die „Glattheitsordnung" um 1, genauso wie der Ableitungsprozess aus einer Funktion $f \in C^n([a,b])$ eine Funktion $f' \in C^{n-1}([a,b])$ „macht", also die „Glattheitsordnung" um 1 verringert.

Diese Bemerkung nehmen wir zum Anlass, auf eine weitere fehlerhafte Formulierung hinzuweisen, die sehr oft in Schulbüchern (und nicht nur dort) auftaucht. Im Kapitel über Differential- und Integralrechnung wird bisweilen behauptet, Differentiation und Integration (genauer: das Bilden der Integralfunktion (3.17)) seien „zueinander inverse Prozesse". Dies ist nur die halbe Wahrheit! In der Tat, benutzen wir die Schreibweise mit den Abbildungen $J : f \mapsto F_a$ und $D : f \mapsto f'$, so folgt aus Satz 3.12 zwar

$$D(Jf)(x) = \frac{d}{dx}(Jf)(x) = \frac{d}{dx}\int_a^x f(t)\,dt = f(x)$$

oder kürzer $D(Jf) = f$. Bilden wir also erst die Integralfunktion und leiten dann ab, so erhalten wir tatsächlich die ursprüngliche Funktion f zurück, jedenfalls für $f \in C([a,b])$.

Bei umgekehrter Reihenfolge dieser Operationen bekommen wir nach Satz 3.13 für $F \in C^1([a,b])$ allerdings nur

$$J(DF)(x) = \int_a^x F'(t)\,dt = \int_a^x f(t)\,dt = F(x) - F(a),$$

und dies ist nur dann die ursprüngliche Funktion F, wenn $F(a) = 0$ ist! Mit anderen Worten, im Falle $F(a) \neq 0$ gilt eben *nicht* $J(DF) = F$! Die beiden genannten Prozesse sind also nur „halbinvers" zueinander, d.h. $D \circ J$ ist zwar immer die Identität, aber $J \circ D$ nicht.

Wegen ihrer Wichtigkeit illustrieren wir die Sätze 3.12 und 3.13 mit einer ganzen Reihe von Beispielen. Vorher zeigen wir noch, dass man nicht *jede* Stammfunktion einer stetigen Funktion f in der Form (3.17) darstellen kann:

Beispiel 3.14. Wir betrachten die Cosinusfunktion $f(x) = \cos x$ auf einem beliebigen Intervall $[a,b]$. Wir wissen schon, dass die Gesamtheit aller Stammfunktionen von f

auf diesem Intervall durch $F(x) = \sin x + c$ mit einem beliebigen $c \in \mathbb{R}$ gegeben ist (Satz 2.32). Andererseits hat die Integralfunktion (3.17) auf $[a, b]$ die Form

$$F_a(x) = \int_a^x \cos t \, dt = \sin x - \sin a \qquad (a \le x \le b).$$

Da die Konstante $\sin a$ nur Werte zwischen -1 und 1 annehmen kann, bekommen wir durch geeignete Wahl des linken Intervallrandes a also nur die Stammfunktionen $F(x) = \sin x + c$ mit $|c| \le 1$, aber nicht diejenigen, bei denen $|c| > 1$ ist. ♡

Beispiel 3.15. Wir wollen die durch

$$(3.21) \qquad g(x) := \frac{d}{dx} \int_{x^2}^{x^3} \sin(\log t) \, dt \qquad (x > 1)$$

implizit gegebene Funktion explizit darstellen. Diese Aufgabe können wir mit zwei prinzipiell verschiedenen Methoden lösen. Die erste Methode benutzt die sog. Substitutionsregel für Integrale (s. Satz 3.34 und Beispiel 3.36 unten).

Die zweite (hier benutzte) Methode ist allerdings viel eleganter, weil wir dabei *das Integral überhaupt nicht zu berechnen brauchen*. In der Tat, da der Integrand $f(x) := \sin(\log x)$ auf $(0, \infty)$ eine stetige Funktion ist, besitzt er nach Satz 3.12 eine Stammfunktion, die wir F nennen. Nach Satz 3.13 bekommen wir dann

$$\int_{x^2}^{x^3} \sin(\log t) \, dt = \int_{x^2}^{x^3} f(t) \, dt = F(x^3) - F(x^2),$$

also unter Benutzung der Kettenregel

$$g(x) = \frac{d}{dx} \left[F(x^3) - F(x^2) \right] = 3x^2 f(x^3) - 2x f(x^2)$$
$$= 3x^2 \sin(\log x^3) - 2x \sin(\log x^2) = 3x^2 \sin(3 \log x) - 2x \sin(2 \log x).$$

Wir betonen noch einmal, dass wir die genaue Form der Stammfunktion F überhaupt nicht zu kennen brauchten, weil die Integration in (3.21) durch die anschließende Differentiation sozusagen „kompensiert" wird. ♡

Das Ergebnis aus dem vorigen Beispiel 3.15 kann man auf die folgende allgemeinere Situation übertragen:

Beispiel 3.16. Wir betrachten die durch

$$g(x) := \frac{d}{dx} \int_{u(x)}^{v(x)} f(t) \, dt$$

implizit gegebene Funktion g, wobei der Integrand $f : [a, b] \to \mathbb{R}$ als stetig und die (variablen) Integrationsgrenzen u und v als stetig differenzierbar in x vorausgesetzt seien und ihre Werte in $[a, b]$ annehmen sollen. Bezeichnen wir wieder mit F eine Stammfunktion von f, so erhalten wir nach den Sätzen 3.12 und 3.13 mittels der Kettenregel

$$(3.22) \qquad \begin{aligned} g(x) &= \frac{d}{dx} [F(v(x)) - F(u(x))] = F'(v(x))v'(x) - F'(u(x))u'(x) \\ &= f(v(x))v'(x) - f(u(x))u'(x). \end{aligned}$$

Im Falle $f(t) = \sin(\log t)$, $u(x) = x^2$ und $v(x) = x^3$ bekommen wir natürlich wieder das Ergebnis aus Beispiel 3.15.   ♡

Der folgende Satz ist auf alle Integrale anwendbar, bei denen der Integrand einen Quotienten der Form $\varphi'(t)/\varphi(t)$ oder ein Produkt der Form $\varphi'(t)\varphi(t)$ enthält.

Satz 3.17. *Sei $\varphi : [\alpha, \beta] \to \mathbb{R}$ stetig differenzierbar mit $\varphi(t) > 0$ für alle $t \in [\alpha, \beta]$. Dann gilt*

(3.23) $$\int_\alpha^\beta \frac{\varphi'(t)}{\varphi(t)}\, dt = \log \varphi(\beta) - \log \varphi(\alpha)$$

und

(3.24) $$\int_\alpha^\beta \varphi'(t)\varphi(t)\, dt = \frac{1}{2}\left[\varphi(\beta)^2 - \varphi(\alpha)^2\right].$$

Beweis: Der Beweis folgt direkt aus Satz 3.13 zusammen mit der Tatsache, dass $t \mapsto \log \varphi(t)$ Stammfunktion zu $t \mapsto \varphi'(t)/\varphi(t)$ und $t \mapsto \varphi(t)^2$ Stammfunktion zu $t \mapsto 2\varphi'(t)\varphi(t)$ ist.   ∎

Beispiel 3.18. Zu berechnen sei das Integral

$$I := \int_0^{\pi/2} \sin t \cos t\, dt.$$

Für $\varphi(t) := \sin t$ hat der Integrand genau die Form $\varphi(t)\varphi'(t)$, also hat das Integral nach (3.24) den Wert

(3.25) $$I = \left[\frac{1}{2}\sin^2 t\right]_0^{\pi/2} = \frac{1}{2}\sin^2 \frac{\pi}{2} = \frac{1}{2}.$$

Man hätte das Integral auch anders berechnen können (Aufgabe 3.36), aber das wäre umständlicher gewesen.   ♡

Beispiel 3.19. Zu berechnen sei das Integral

$$I := \int_0^{\pi/4} \tan t\, dt.$$

Für $\varphi(t) := \cos t$ hat der Integrand genau die Form $-\varphi'(t)/\varphi(t)$, also hat das Integral nach (3.23) den Wert

(3.26) $$I = -\left[\log \cos t\right]_0^{\pi/4} = -\log \cos \frac{\pi}{4} = \log \sqrt{2} = \frac{1}{2}\log 2.$$

Entsprechend kann man Integrale der Funktion $f(t) = \cot t$ berechnen, indem man $\varphi(t) := \sin t$ wählt.   ♡

Beispiel 3.20. Zu berechnen sei das Integral

$$I := \int_3^5 \frac{2t - 4}{t^2 - 4t + 4}\, dt.$$

Zunächst bemerken wir, dass der Nenner im Integrand nur bei $t = \pm 2$ verschwindet; da im Integrationsintervall stets $t^2 - 4t + 4 \geq 1$ gilt, gibt es keine Probleme. Für $\varphi(t) := t^2 - 4t + 4$ hat der Integrand genau die Form $\varphi'(t)/\varphi(t)$, also hat das Integral nach (3.23) den Wert

$$(3.27) \qquad I = \left[\log(t^2 - 4t + 4)\right]_3^5 = \log 9 - \log 1 = \log 9 = 2\log 3.$$

Man hätte das Integral auch anders berechnen können (Aufgabe 3.37), aber das wäre umständlicher gewesen. ♡

In den Formeln (3.25) – (3.27) haben wir übrigens die häufig verwendete Schreibweise

$$(3.28) \qquad [F(x)]_a^b := F(b) - F(a)$$

benutzt, die wir auch im folgenden oft heranziehen werden.

Wir wollen noch ein weiteres Integral unter Benutzung von Satz 3.13 berechnen, indem wir eine Stammfunktion des Integranden benutzen, die man ohne Benutzung von Tabellen keinesfalls erraten kann.

Beispiel 3.21. Wir wollen das Integral

$$I := \int_1^2 \sqrt{1 + x^2}\, dx$$

berechnen. Der ausgesprochen harmlos aussehende Integrand $f(x) = \sqrt{1 + x^2}$ hat eine überraschend komplizierte Stammfunktion, nämlich[13]

$$F(x) = \frac{x}{2}\sqrt{x^2 + 1} + \frac{1}{2}\log(x + \sqrt{x^2 + 1}),$$

wie man durch Ableiten bestätigt. Nach Satz 3.13 ist daher

$$I = F(2) - F(1) = \left[\frac{x}{2}\sqrt{x^2 + 1}\right]_1^2 + \left[\frac{1}{2}\log(x + \sqrt{x^2 + 1})\right]_1^2$$

$$= \sqrt{5} - \frac{1}{2}\sqrt{2} + \frac{1}{2}\log(2 + \sqrt{5}) - \frac{1}{2}\log(1 + \sqrt{2})$$

der Wert des gesuchten Integrals. ♡

In Beispiel 2.49 haben wir gesehen, dass die Beziehung

$$(3.29) \qquad L := \lim_{x \to \infty} f(x) = 0$$

für eine stetig differenzierbare Funktion $f : [0, \infty) \to \mathbb{R}$ keineswegs – wie unsere Anschauung nahelegt – die Beziehung

$$(3.30) \qquad L' := \lim_{x \to \infty} f'(x) = 0$$

---

[13]Solche Stammfunktionen kann man wie gesagt kaum durch Probieren finden, sondern nur durch Nachschlagen in einer Formelsammlung (z.B. in unserer Tabelle 2.1 im zweiten Kapitel), neuerdings auch durch den Einsatz von Computer-Algebra-Programmen. In Beispiel 3.37 werden wir dasselbe Integral noch einmal mittels einer trickreichen Substitution behandeln.

nach sich zieht. Im dort konstruierten Gegenbeispiel gilt zwar (3.29), aber der Grenzwert L' in (3.30) existiert nicht, und wir haben behauptet, dass L', wenn es denn überhaupt existiert, notwendigerweise Null sein muss. Mit Satz 3.13 können wir dies nun auch begründen, denn aus der Gleichheit

$$f(x) = f(0) + \int_0^x f'(t)\,dt$$

sowie der Existenz von L und L' folgt notwendigerweise $L' = 0$.

An dieser Stelle wollen wir einmal innehalten und uns einen Überblick über den Zusammenhang zwischen integrierbaren und anderen Funktionen verschaffen. Wir stellen einige Zusammenhänge in Form von Inklusionen in der folgenden Tabelle zusammen:

$$
\begin{array}{ccccc}
BV(I) & \subset & R(I) & \subset & B(I) \\
\cup & & \cup & & \\
Mon(I) & & C(I) & \subset & St(I) \subset Zw(I)
\end{array}
$$

Tab. 3.1: Beziehungen zwischen Funktionenklassen über $I = [a, b]$

Alle in Tabelle 3.1 auftretenden Inklusionen bilden den Inhalt schon bewiesener Sätze: Die Inklusionen $C(I) \subseteq R(I)$ und $Mon(I) \subseteq R(I)$ sind in Satz 3.6 bzw. Satz 3.5 bewiesen, die Inklusion $C(I) \subseteq St(I)$ ist der Inhalt des letzten Teils von Satz 3.12, und die Inklusion $St(I) \subseteq Zw(I)$ ist nichts anderes als die Aussage des Darbouxschen Zwischenwertsatzes (Satz 2.16).

Wir müssen noch erklären, warum alle Inklusionen in Tabelle 3.1 strikt sind; zur Begründung geben wir eine Reihe von Beispielen an. Eine nichtmonotone integrierbare Funktion zu finden ist ebenso trivial wie eine unstetige integrierbare Funktion. Interessanter ist das „Wechselspiel" zwischen Integrierbarkeit, Zwischenwerteigenschaft und Existenz einer Stammfunktion, und hierzu Beispiele zu finden ist ein erheblich subtileres Problem:

Beispiel 3.22. Sei $f : [0, 1] \to \mathbb{R}$ definiert durch

$$f(x) := \begin{cases} \sin \dfrac{1}{x} & \text{für} \quad 0 < x \leq 1, \\ 0 & \text{für} \quad x = 0. \end{cases}$$

Dann ist f unstetig, hat die Zwischenwerteigenschaft, ist integrierbar, und hat eine Stammfunktion. Die ersten beiden Eigenschaften sind unmittelbar einsichtig, die dritte folgt aus einem Ergebnis, welches wir erst später beweisen werden (Satz 3.47). Dass f eine Stammfunktion besitzt, sieht man wie folgt. Die durch

$$g(x) := \begin{cases} 2x \cos \dfrac{1}{x} & \text{für} \quad 0 < x \leq 1, \\ 0 & \text{für} \quad x = 0 \end{cases}$$

definierte Funktion $g : [0, 1] \to \mathbb{R}$ ist auf $[0, 1]$ stetig,[14] hat also nach Satz 3.12 die Stammfunktion

$$G(x) := \int_0^x g(t)\, dt = 2 \int_0^x t \cos \frac{1}{t}\, dt \qquad (0 \le x \le 1),$$

deren explizite Form uns gar nicht weiter interessiert. Weiter wissen wir, dass die Funktion $H : [0, 1] \to \mathbb{R}$ mit

$$H(x) := \begin{cases} x^2 \cos \dfrac{1}{x} & \text{für} \quad 0 < x \le 1, \\ 0 & \text{für} \quad x = 0 \end{cases}$$

differenzierbar ist mit der Ableitung[15]

$$h(x) := \begin{cases} 2x \cos \dfrac{1}{x} + \sin \dfrac{1}{x} & \text{für} \quad 0 < x \le 1, \\ 0 & \text{für} \quad x = 0. \end{cases}$$

Ein Vergleich dieser Funktionen zeigt, dass $f = h - g$ ist. Wegen $H' = h$ und $G' = g$ ist also $F := H - G$ Stammfunktion zu f. ♡

Beispiel 3.23. Sei $f : [0, 1] \to \mathbb{R}$ definiert durch

$$f(x) := \begin{cases} \sin \dfrac{1}{x} & \text{für} \quad 0 < x \le 1, \\ 1 & \text{für} \quad x = 0. \end{cases}$$

Dann ist f unstetig, hat die Zwischenwerteigenschaft, ist integrierbar, hat aber keine Stammfunktion. In der Tat, hätte f eine Stammfunktion, so hätte auch die Differenz der beiden Funktionen aus diesem Beispiel und Beispiel 3.22 eine Stammfunktion; aber diese Differenz hat nicht einmal die Zwischenwerteigenschaft! ♡

Beispiel 3.24. Sei $f : [0, 1] \to \mathbb{R}$ definiert durch

$$f(x) := \begin{cases} 2x \sin \dfrac{1}{x^2} - \dfrac{2}{x} \cos \dfrac{1}{x^2} & \text{für} \quad 0 < x \le 1, \\ 0 & \text{für} \quad x = 0. \end{cases}$$

Dann ist f nicht integrierbar (da unbeschränkt), hat aber eine Stammfunktion, nämlich

$$F(x) := \begin{cases} x^2 \sin \dfrac{1}{x^2} & \text{für} \quad 0 < x \le 1, \\ 0 & \text{für} \quad x = 0, \end{cases}$$

und besitzt nach Satz 2.16 daher auch die Zwischenwerteigenschaft. ♡

Beispiel 3.25. Sei $f : [0, 1] \to \mathbb{R}$ definiert durch

$$f(x) := \begin{cases} 2x \sin \dfrac{1}{x^2} - \dfrac{2}{x} \cos \dfrac{1}{x^2} & \text{für} \quad 0 < x \le 1, \\ 1 & \text{für} \quad x = 0. \end{cases}$$

---

[14]Die Begründung ist dieselbe wie in (2.19), vgl. auch Aufgabe 1.9.

[15]Dies berechnet man wiederum genau wie in Beispiel 2.8, vgl. auch Aufgabe 3.17.

Dann ist f nicht integrierbar (da unbeschränkt) und besitzt keine Stammfunktion, hat aber die Zwischenwerteigenschaft; die Argumentation für die Nichtexistenz einer Stammfunktion ist dieselbe wie in Beispiel 3.23.   ♡

In Ergänzung zu Tabelle 3.1 stellen wir in einer weiteren Tabelle jetzt die Beispiele zusammen, die zeigen, dass alle Inklusionen in Tabelle 3.1 strikt sind.

	stetig	*integrierbar*	*mit Stammfunktion*	*mit ZWE*
nicht *stetig*	——	Beispiel 3.22 Beispiel 3.23	Beispiel 3.22 Beispiel 3.24	Beispiel 3.22 Beispiel 3.23
nicht *integrierbar*	——	——	Beispiel 3.24	Beispiel 3.24 Beispiel 3.25
ohne *Stammfunktion*	——	Beispiel 3.23	——	Beispiel 3.23 Beispiel 3.25
ohne *ZWE*	——	Beispiel 1.8 Beispiel 1.9	——	——

Tab. 3.2: Beispiele und Gegenbeispiele

Wir geben einige Kommentare zu Tabelle 3.2. Aus den Inklusionen in Tabelle 3.1 folgt, dass es eine Funktion mit Stammfunktion, aber ohne Zwischenwerteigenschaft nicht geben kann, und ebensowenig eine stetige Funktion, die eine der anderen drei Eigenschaften in der Tabelle nicht besitzt. Für alle anderen Kombinationen können wir die Beispiele 3.22 – 3.25 vor der Tabelle heranziehen, wobei einige Beispiele sogar in mehrere Felder passen. Als einfaches Beispiel einer integrierbaren Funktion ohne Zwischenwerteigenschaft kann jede unstetige monotone Funktion dienen, etwa die Signumfunktion aus Beispiel 1.8 oder die Relaisfunktion aus Beispiel 1.9, beide auf dem Intervall $[-1, 1]$.

Aus Satz 3.6 und Satz 3.12 folgen die Inklusionen $C([a, b]) \subset R([a, b])$ und $C([a, b]) \subset St([a, b])$; Beispiel 3.22 zeigt, dass sogar die stärkere strikte Inklusion $C([a, b]) \subset R([a, b]) \cap St([a, b])$ gilt. Wir stellen Tabelle 3.2 und (Teile der) Tabelle 3.1 noch einmal etwas anschaulicher mit Hilfe eines VENN-Diagramms für die beteiligten Funktionenklassen dar:

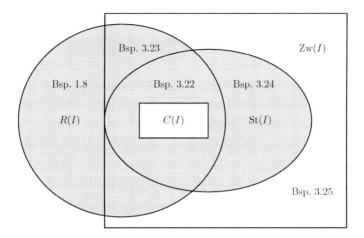

Abbildung 3.6: Die Tabellen 3.1 und 3.2 als VENN-Diagramm

Zum Schluss dieses Abschnitts stellen wir wiederum in einer Tabelle diejenigen Eigenschaften zusammen, die sich von zwei Funktionen f und g auf daraus zusammengesetzte Funktionen übertragen. Dies ist eine erweiterte Fassung von Tabelle 1.4 aus dem ersten Kapitel.

f, g	$\|f\|$	f^2	$f + g$	$f \cdot g$	$g \circ f$
$C([a, b])$	ja	ja	ja	ja	ja
$Lip([a, b])$	ja	ja	ja	ja	ja
$B([a, b])$	ja	ja	ja	ja	ja
$Zw([a, b])$	ja	ja	nein	nein	ja
$Mon([a, b])$	nein	nein	nein	nein	ja
$BV([a, b])$	ja	ja	ja	ja	nein
$D^1([a, b])$	nein	ja	ja	ja	ja
$St([a, b])$	nein	nein	ja	nein	nein
$R([a, b])$	ja	ja	ja	ja	nein

Tab. 3.3: Operationen auf einigen Funktionenklassen

Eine Merkwürdigkeit in dieser Tabelle ersieht man bei einem Vergleich der 5. und 6. Zeile: Obwohl monotone Funktionen und Funktionen beschränkter Variation nach dem Satz von Jordan (Satz 1.44) eng miteinander zusammenhängen, sind die entsprechenden Antworten für die Klassen $Mon([a, b])$ und $BV([a, b])$ genau komplementär.

Wir geben wieder Begündungen für die Einträge dieser Tabelle, soweit sie nicht offensichtlich sind oder wir dies nicht schon im Anschluss an Tabelle 1.4 gemacht haben. Im Anschluss an Tabelle 2.1 im zweiten Kapitel hatten wir schon angekündigt, dass das Produkt zweier Funktionen mit Stammfunktion nicht unbedingt eine Stammfunktion zu haben braucht, aber den Beweis sind wir schuldig geblieben. Diesen liefern wir im folgenden Beispiel nach:

Beispiel 3.26. Sei $f : [0,1] \to \mathbb{R}$ definiert wie in Beispiel 3.22. Wir haben dort gezeigt, dass f eine Stammfunktion besitzt. Nun zeigen wir, dass die Funktion $h := f^2 : [0,1] \to \mathbb{R}$, also

$$h(x) = \begin{cases} \sin^2 \dfrac{1}{x} & \text{für} \quad 0 < x \le 1, \\ 0 & \text{für} \quad x = 0. \end{cases}$$

demgegenüber *keine* Stammfunktion besitzt. In der Tat, man kann zwar leicht nachrechnen, dass die durch

$$H(x) = \frac{x}{2} + \frac{x^2}{4} \sin \frac{2}{x} - \frac{1}{2} \int_0^x t \sin \frac{2}{t}\, dt \qquad (x > 0)$$

tatsächlich der Bedingung $H'(x) = h(x)$ genügt, *aber nur auf* $(0,1]$. Im Nullpunkt folgt aus der L'Hospitalschen Regel (Satz 2.40) dagegen

$$\lim_{x \to 0} \frac{H(x)}{x} = \frac{1}{2},$$

d.h. die Funktion H' hat in 0 den „falschen" Wert. Hieraus folgt, dass h keine Stammfunktion auf ganz $[0,1]$ haben kann.   ♡

Wir bemerken, dass hinter Beispiel 3.26 ein allgemeines Prinzip steckt, welches in Aufgabe 3.17 diskutiert wird. Im nächsten Beispiel betrachten wir zwei *verschiedene* Funktionen mit Stammfunktion, deren Produkt keine Stammfunktion besitzt.

Beispiel 3.27. Seien $f, g : [0,1] \to \mathbb{R}$ definiert durch

(3.31) $$f(x) := \begin{cases} \dfrac{1}{\sqrt{x}} \sin \dfrac{1}{x} & \text{für} \quad 0 < x \le 1, \\ 0 & \text{für} \quad x = 0 \end{cases}$$

und

(3.32) $$g(x) := \begin{cases} \sqrt{x} \sin \dfrac{1}{x} & \text{für} \quad 0 < x \le 1, \\ 0 & \text{für} \quad x = 0. \end{cases}$$

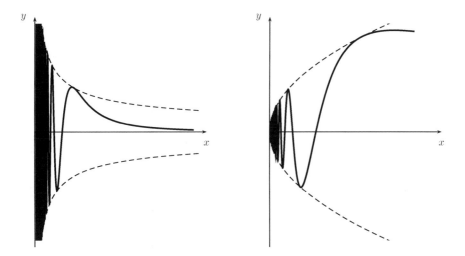

Abbildung 3.7: Die Funktionen (3.31) und (3.32) (angedeutet)

Zunächst zeigen wir, dass f eine Stammfunktion auf $[0,1]$ besitzt. In der Tat, wir können f als Differenz $f = f_1 - f_2$ mit $f_1(0) = f_2(0) = 0$ und

$$f_1(x) := \frac{3}{2}\sqrt{x}\cos\frac{1}{x} + \frac{1}{\sqrt{x}}\sin\frac{1}{x}, \quad f_2(x) := \frac{3}{2}\sqrt{x}\cos\frac{1}{x} \qquad (0 < x \le 1)$$

schreiben. Eine direkte Rechnung zeigt, dass f_1 eine Stammfunktion besitzt, nämlich

$$F_1(x) := \begin{cases} x\sqrt{x}\cos\dfrac{1}{x} & \text{für} \quad 0 < x \le 1, \\ 0 & \text{für} \quad x = 0 \end{cases}$$

Die Funktion f_2 hat nach Satz 3.12 natürlich deswegen eine Stammfunktion F_2, weil sie stetig ist, nämlich einfach ihre Integralfunktion

$$F_2(x) = \int_0^x f_2(t)\, dt = \frac{3}{2}\int_0^x \sqrt{t}\cos\frac{1}{t}\, dt$$

auf $[0,1]$. Also hat f die Stammfunktion $F := F_1 - F_2$, liegt also in der Klasse $St([a,b])$. Da die Funktion g stetig ist,[16] hat auch sie eine Stammfunktion, nämlich wieder ihre Integralfunktion

$$G(x) = \int_0^x g(t)\, dt = \int_0^x \sqrt{t}\sin\frac{1}{t}\, dt$$

auf $[0,1]$. Allerdings hat die Produktfunktion die Form

$$(f \cdot g)(x) := \begin{cases} \sin^2\dfrac{1}{x} & \text{für} \quad 0 < x \le 1, \\ 0 & \text{für} \quad x = 0, \end{cases}$$

---

[16]Dies folgt aus Aufgabe 1.11, kann aber auch leicht direkt bewiesen werden.

und dies ist genau die Funktion h ohne Stammfunktion aus dem vorigen Beispiel 3.26.
$\heartsuit$

Beispiel 3.27 zeigt eine erstaunliche Tatsache: Selbst im Falle $f \in St([a,b])$ und $g \in C([a,b])$ muss nicht $f \cdot g \in St([a,b])$ gelten. In den Aufgaben 3.18 und 3.20 findet man Zusatzvorausetzungen an $f \in St([a,b])$ und eine andere Funktion g, unter denen $f \cdot g \in St([a,b])$ gilt.

Die Funktion aus Beispiel 3.26 können wir ebenfalls benutzen, um zu zeigen, dass die Komposition $g \circ f$ zweier Funktionen f und g mit Stammfunktion keine Stammfunktion zu haben braucht:

Beispiel 3.28. Sei $f : [0,1] \to \mathbb{R}$ definiert wie in Beispiel 3.22, und sei $g : \mathbb{R} \to \mathbb{R}$ definiert durch $g(y) := y^2$. Dann ist $g \circ f$ wieder die Funktion h ohne Stammfunktion aus Beispiel 3.26. $\heartsuit$

Dass die äußere Funktion g an einer Stelle die Ableitung Null hat, ist kein Zufall, wie Aufgabe 3.19 zeigt. Mit einer ähnlichen Konstruktion wie in Beispiel 3.26 kann man zeigen, dass aus der Existenz einer Stammfunktion für f nicht die einer Stammfunktion für $|f|$ folgt.

Wir weisen noch auf ein weiteres Phänomen hin, das zeigt, welche Überraschungen die Funktionenklasse $St([a,b])$ bietet. Bei der Quotientenbildung von Funktionen ist es nützlich zu wissen, unter welchen Bedingungen die Zugehörigkeit einer Funktion f zu einer bestimmten Klasse die der Funktion $1/f$ zu derselben Klasse nach sich zieht. Es ist recht einfach einzusehen, dass für viele Klassen (z.B. $C([a,b])$, $Lip([a,b])$, $D^1([a,b])$ oder $Zw([a,b])$) hierfür die Bedingung $f(x) \neq 0$ auf $[a,b]$ hinreichend ist. Bemerkenswerterweise ist dies für die Klasse $St([a,b])$ *nicht* hinreichend, wie Aufgabe 3.21 zeigt.

3.3. Integrationstechniken. In diesem Abschnitt diskutieren wir drei Integrationstechniken, die bei der Berechnung vieler Integrale hilfreich sind. Wir beginnen mit den zwei wichtigsten, die *partielle Integration* und *Substitutionsmethode* genannt werden. Diese beiden Techniken bauen auf der Produktregel bzw. der Kettenregel für Ableitungen auf. Da solche Techniken zum Erwerb einer gewissen Integrations-Routine wichtig sind, räumen wir hier Beispielen breiten Raum ein.

Satz 3.29 (partielle Integration). *Seien $f, g \in C^1([a,b])$. Dann gilt die Gleichheit*

$$(3.33) \qquad \int_a^b f'(x)g(x)\,dx = f(b)g(b) - f(a)g(a) - \int_a^b f(x)g'(x)\,dx.$$

Beweis: Nach der Produktregel für die Ableitung (s. (2.11) in Satz 2.11) gilt

$$f'(x)g(x) = (fg)'(x) - f(x)g'(x).$$

Integrieren wir dies über $[a,b]$ unter der Benutzung der Tatsache, dass fg Stammfunktion zu $(fg)'$ ist, so erhalten wir (3.33) aus Satz 3.13.   ∎

Für den integralfreien Ausdruck in (3.33) benutzen wir oft auch die Schreibweise

$$f(b)g(b) - f(a)g(a) = [f(x)g(x)]_a^b = [f(x)g(x)]_{x=a}^{x=b},$$

die wir ja schon in (3.28) eingeführt haben.

Die Beziehung (3.33) ist immer dann nützlich, wenn eines der Integrale „kompliziert" ist, das andere dagegen „einfach". Die Kunst besteht dann darin zu erkennen, welches Integral das ist, d.h. welchen der auftretenden Faktoren unter dem Integralzeichen man als f' und welchen als g wählen soll. Wir betrachten hierzu vier einfache Beispiele; weitere Beispiele findet man in Aufgabe 3.30.

Beispiel 3.30. Zu berechnen sei das Integral

$$I := \int_0^{\pi/2} x \cos x \, dx.$$

Da die Identität (1.20) bei der Ableitung zur konstanten Funktion mit Wert 1 wird, empfiehlt es sich, in (3.33) hier $g(x) := x$ zu wählen, denn andererseits können wir aus $f'(x) := \cos x$ sehr leicht $f(x) = \sin x$ ermitteln. Wir bekommen somit

$$I = [x \sin x]_0^{\pi/2} - \int_0^{\pi/2} \sin x \, dx = [x \sin x]_0^{\pi/2} + [\cos x]_0^{\pi/2} = \frac{\pi}{2} - 1$$

in diesem Beispiel.   ♡

Beispiel 3.31. Zu berechnen sei das Integral

$$I := \int_1^2 x \log x \, dx.$$

Hier wäre es ungeschickt, $g(x) := x$ in (3.33) zu wählen, denn dann müssten wir f aus $f'(x) := \log x$ ermitteln und bekämen ein noch komplizierteres zweites Integral. Viel besser ist es, $g(x) := \log x$ zu wählen (also $f'(x) := x$), denn dann ist $g'(x) = 1/x$ (und $f(x) = x^2/2$), d.h. wir bekommen im zweiten Integral nur Potenzen von x. Insgesamt ist

$$I = \left[\frac{x^2}{2} \log x\right]_1^2 - \int_1^2 \frac{x^2}{2} \frac{1}{x} \, dx = \left[\frac{x^2}{2} \log x\right]_1^2 - \left[\frac{x^2}{4}\right]_1^2 = 2 \log 2 - \frac{3}{4}$$

in diesem Beispiel.   ♡

In den folgenden beiden Beispielen betrachten wir Integrale, bei denen erst zweimalige partielle Integration zum Ziel führt.

Beispiel 3.32. Wir wollen für $\alpha < \beta$ das Integral

$$(3.34) \qquad\qquad I_{\alpha,\beta} := \int_\alpha^\beta e^s \sin s \, ds$$

berechnen. Hierzu setzen wir $e^s =: f(s)$ und $\sin s =: g'(s)$ (also $f'(s) = e^s$ und $g(s) = -\cos s$) und erhalten

$$I_{\alpha,\beta} = [-e^s \cos s]_\alpha^\beta + \int_\alpha^\beta e^s \cos s \, ds.$$

Das letzte Integral bearbeiten wir nun durch nochmalige partielle Integration, indem wir wieder $e^s =: f(s)$, aber jetzt $\cos s =: g'(s)$ (also $f'(s) = e^s$ und $g(s) = \sin s$) setzen. Dann bekommen wir insgesamt

$$(3.35) \qquad I_{\alpha.\beta} = -\left[e^s \cos s\right]_\alpha^\beta - \left[e^s \sin s\right]_\alpha^\beta - \int_\alpha^\beta e^s \sin s \, ds.$$

Das letzte Integral ist aber wieder unser gesuchtes Integral $I_{\alpha,\beta}$; durch Kombination von (3.34) und (3.35) erhalten wir also schließlich

$$I_{\alpha,\beta} = -\frac{1}{2}\left\{\left[e^s \cos s\right]_\alpha^\beta + \left[e^s \sin s\right]_\alpha^\beta\right\} = \frac{1}{2}\left\{e^\beta(\sin\beta - \cos\beta) - e^\alpha(\sin\alpha - \cos\alpha)\right\}.$$

Den letzten Ausdruck kann man, wenn man will, mittels verschiedenener Additionstheoreme noch weiter umformen. ♡

Beispiel 3.33. Für $c > 0$ ist das Integral

$$I_c := \int_0^c t^2 \cos t \, dt$$

zu ermitteln. Im Prinzip könnten wir hier den Cosinusterm zweimal partiell integrieren wie im vorigen Beispiel 3.32, aber es ist einfacher, den Ausdruck t^2 durch zweimaliges Ableiten „verschwinden" zu lassen. Die Wahl $t^2 =: f(t)$ und $\cos t =: g'(t)$ (also $f'(t) = 2t$ und $g(t) = \sin t$) liefert zunächst

$$I_c = \left[t^2 \sin t\right]_0^c - 2\int_0^c t \sin t \, dt.$$

Das letzte Integral berechnen wir durch nochmalige partielle Integration, indem wir jetzt $t =: f(t)$ und $\sin t =: g'(t)$ (also $f'(t) = 1$ und $g(t) = -\cos t$) setzen. Im Ergebnis bekommen wir

$$I_c = \left[t^2 \sin t\right]_0^c + \left[2t \cos t\right]_0^c - 2\int_0^c \cos t \, dt = \left[t^2 \sin t\right]_0^c + \left[2t \cos t\right]_0^c - \left[2 \sin t\right]_0^c.$$

Den letzten Ausdruck kann man leicht auswerten und erhält $I_c = c^2 \sin c + 2c \cos c - 2 \sin c$ als Endergebnis. ♡

Wir werden viel später (s. Beispiel 6.13 im sechsten Kapitel) Beispiel 3.33 noch einmal mit einer völlig anderen Technik behandeln. Nun kommen wir zur zweiten Integrationstechnik, der sog. Substitutionsmethode:

Satz 3.34 (Substitutionsmethode). *Sei $f \in C([a,b])$ und sei $\varphi : [\alpha,\beta] \to [a,b]$ stetig differenzierbar. Dann gilt die Gleichheit*

$$(3.36) \qquad \int_{\varphi(\alpha)}^{\varphi(\beta)} f(x) \, dx = \int_\alpha^\beta f(\varphi(t))\varphi'(t) \, dt.$$

Beweis: Als stetige Funktion hat f auf $[a,b]$ eine Stammfunktion F. Nach der Kettenregel für die Ableitung (Satz 2.12) gilt

$$(F \circ \varphi)'(t) = F'(\varphi(t))\varphi'(t) = f(\varphi(t))\varphi'(t).$$

Integrieren wir dies über $[\alpha, \beta]$, so erhalten wir nach dem Zweiten Hauptsatz (Satz 3.13)

$$\int_\alpha^\beta f(\varphi(t))\varphi'(t)\,dt = \int_\alpha^\beta (F \circ \varphi)'(t)\,dt = F(\varphi(\beta)) - F(\varphi(\alpha)).$$

Andererseits ist nach dem Zweiten Hauptsatz

$$F(\varphi(\beta)) - F(\varphi(\alpha)) = \int_{\varphi(\alpha)}^{\varphi(\beta)} f(x)\,dx,$$

da F Stammfunktion zu f ist; damit haben wir (3.36) bewiesen.   ∎.

Setzen wir in Satz 3.34 zusätzlich voraus, dass $\varphi'(t) \neq 0$ auf $[\alpha, \beta]$ gilt, so muss φ auf $[\alpha, \beta]$ nach Satz 2.30 streng monoton (d.h. entweder streng monoton wachsend oder streng monoton fallend) sein. Daher ist φ in diesem Fall dann bijektiv von $[\alpha, \beta]$ auf $[\varphi(\alpha), \varphi(\beta)]$ bzw. $[\varphi(\beta), \varphi(\alpha)]$, und φ^{-1} ist nach Satz 2.14 ebenfalls differenzierbar.[17] Wir können die Gleichheit (3.36) dann äquivalent in der Form

$$(3.37) \qquad \int_a^b f(x)\,dx = \int_{\varphi^{-1}(a)}^{\varphi^{-1}(b)} f(\varphi(t))\varphi'(t)\,dt$$

schreiben, und in dieser Form findet man die Substitutionsformel in vielen Büchern.

Die Kunst bei der Anwendung der Gleichheit (3.36) (oder (3.37)) besteht im Erraten einer geeigneten Substitution $x = \varphi(t)$. Hierzu betrachten wir wieder mehrere Beispiele; weitere Beispiele findet man in Aufgabe 3.31.

Beispiel 3.35. Wir wollen das Integral

$$I := \int_0^1 e^{\sqrt{x}}\,dx$$

berechnen. Natürlich liegt es nahe, hier $\sqrt{x} =: t$, also $x = \varphi(t) := t^2$ zu wählen. Dann ist φ streng monoton wachsend und bijektiv von $[0, 1]$ auf sich, und wegen $\varphi'(t) = 2t$ bekommen wir mit (3.36)

$$I = \int_0^1 e^{\sqrt{\varphi(t)}}\varphi'(t)\,dt = 2\int_0^1 te^t\,dt.$$

Dies kann man bequem mit partieller Integration berechnen; das Ergebnis ist $I = 1$. ♡

Beispiel 3.36. Für $0 < a < b$ ist das Integral

$$I := \int_a^b \sin(\log t)\,dt$$

zu berechnen, und speziell für $a = 1$ und $b = 2$. Die naheliegende Substitution $\log t =: s$ ergibt $t = \varphi(s) = e^s$, mithin $\varphi'(s) = e^s$. Mit (3.36) bekommen wir also

$$I = \int_{\log a}^{\log b} e^s \sin s\,ds.$$

---

[17]In der Terminologie von Definition 2.35 ist φ dann also ein *Diffeomorphismus* zwischen $[\alpha, \beta]$ und $[\varphi(\alpha), \varphi(\beta)]$.

Dies ist aber genau das Integral $I_{\alpha,\beta}$ aus Beispiel 3.32 (mit $\alpha = \log a$ und $\beta = \log b$). Nach dem dort errechneten Ergebnis ist also

$$I = \frac{1}{2}\left\{e^{\log b}[\sin(\log b) - \cos(\log b)] - e^{\log a}[\sin(\log a) - \cos(\log a)]\right\}$$

$$= \frac{1}{2}\left[b\sin(\log b) - b\cos(\log b) - a\sin(\log a) + a\cos(\log a)\right].$$

Speziell für $a = 1$ und $b = 2$ erhalten wir $I = \sin(\log 2) - \cos(\log 2)$. $\qquad\qquad\heartsuit$

Das Integral aus Beispiel 3.36 haben wir übrigens schon einmal betrachtet, nämlich in Beispiel 3.15 (für $x^2 =: a$ und $x^3 =: b$). Setzen wir diese Werte von a und b im Ergebnis aus Beispiel 3.36 ein, so erhalten wir

$$I(x) := \int_{x^2}^{x^3} \sin(\log t)\, dt =$$

$$\frac{1}{2}\left[x^3 \sin(\log x^3) - x^3 \cos(\log x^3) - x^2 \sin(\log x^2) + x^2 \cos(\log x^2)\right]$$

$$= \frac{1}{2}\left[x^3 \sin(3\log x) - x^3 \cos(3\log x) - x^2 \sin(2\log x) + x^2 \cos(2\log x)\right].$$

Leiten wir dies mit der Produktregel und Kettenregel nach x ab, so erhalten wir mit g wie in (3.21)

$$2g(x) = 2I'(x) = 3x^2 \sin(3\log x) + 3x^2 \cos(3\log x)$$

$$-3x^2 \cos(3\log x) + 3x^2 \sin(3\log x) - 2x\sin(2\log x) - 2x\cos(2\log x)$$

$$+2x\cos(2\log x) - 2x\sin(2\log x) = 6x^2 \sin(3\log x) - 4x\sin(2\log x).$$

Dies ist natürlich genau dasselbe Ergebnis, welches wir in Beispiel 3.15 mit Hilfe des Hauptsatzes der Infinitesimalrechnung herausbekommen haben.

Beispiel 3.37. Wir wollen nun noch einmal das Integral I aus Beispiel 3.21 berechnen, dessen Wert wir dort nur durch einen Blick in eine Formelsammlung ermitteln konnten. Hier muss man schon einige Erfahrung haben, um auf eine günstige Substitution zu kommen, denn die naheliegende Substitution $1 + x^2 =: y$ hilft nicht weiter. Wir setzen vielmehr $x = \varphi(u) = \sinh u$, also[18]

(3.38) $\qquad\qquad u = \varphi^{-1}(x) = \operatorname{arsinh} x = \log(x + \sqrt{1 + x^2}).$

Wegen $\varphi'(u) = \cosh u$ und $\cosh^2 u - \sinh^2 u = 1$ erhalten wir aus Satz 3.34 dann

$$I = \int_{\log(1+\sqrt{2})}^{\log(2+\sqrt{5})} \sqrt{1 + \sinh^2 u}\, \cosh u\, du = \int_{\log(1+\sqrt{2})}^{\log(2+\sqrt{5})} \cosh^2 u\, du.$$

Ausrechnen von

$$\cosh^2 u = \frac{1}{4}\left(e^u + e^{-u}\right)^2 = \frac{1}{4}\left(2 + e^{2u} + e^{-2u}\right)$$

---

[18]Dass die in (3.38) angegebene Funktion tatsächlich invers zur Funktion φ ist, haben wir im Anschluss an Satz 2.32 im zweiten Kapitel gesehen.

und Bilden von Stammfunktionen jedes Summanden ergibt weiter

$$I = \frac{1}{4}\left[2u + \frac{e^{2u}}{2} - \frac{e^{-2u}}{2}\right]_{\log(1+\sqrt{2})}^{\log(2+\sqrt{5})} = \frac{1}{2}\left[\log(2+\sqrt{5}) - \log(1+\sqrt{2})\right]$$

$$+ \frac{1}{8}\left[e^{2\log(2+\sqrt{5})} - e^{2\log(1+\sqrt{2})} - e^{-2\log(2+\sqrt{5})} + e^{-2\log(1+\sqrt{2})}\right] = \frac{1}{2}\log(2+\sqrt{5})$$

$$-\frac{1}{2}\log(1+\sqrt{2}) + \frac{(2+\sqrt{5})^2}{8} - \frac{(1+\sqrt{2})^2}{8} - \frac{1}{8(2+\sqrt{5})^2} + \frac{1}{8(1+\sqrt{2})^2}$$

$$= \frac{1}{2}\log(2+\sqrt{5}) - \frac{1}{2}\log(1+\sqrt{2}) + \sqrt{5} - \frac{1}{2}\sqrt{2}$$

in Übereinstimmung mit dem Ergebnis aus Beispiel 3.21.   ♡

Wir bringen nun noch zwei Beispiele, bei denen die richtige Substitution überhaupt nicht offensichtlich ist und daher ziemlich viel Routine erfordert.[19]

Beispiel 3.38. Wir wollen das Integral

$$I := \int_0^\pi \frac{t\sin t}{1 + \cos^2 t}\, dt$$

berechnen. Die naheliegende Substitution $\cos t =: s$ führt wegen des zusätzlichen t im Zähler nicht zum Ziel, da sie das Integral nicht einfacher macht. Überraschend günstig ist aber die einfache Substitution $\tau := \pi - t$. In der Tat, für $0 \leq \tau \leq \pi$ gilt ja $\sin(\pi - \tau) = \sin \tau$ und $\cos(\pi - \tau) = -\cos \tau$; daher erhalten wir

$$I = \int_0^\pi \frac{(\pi - \tau)\sin(\pi - \tau)}{1 + \cos^2(\pi - \tau)}\, d\tau = \int_0^\pi \frac{(\pi - \tau)\sin \tau}{1 + \cos^2 \tau}\, d\tau$$

$$= \pi \int_0^\pi \frac{\sin \tau}{1 + \cos^2 \tau}\, d\tau - \int_0^\pi \frac{\tau \sin \tau}{1 + \cos^2 \tau}\, d\tau = \pi \int_0^\pi \frac{\sin \tau}{1 + \cos^2 \tau}\, d\tau - I.$$

Das letzte Integral kann man nun mit der weiteren Substitution $\cos \tau =: \sigma$ berechnen, denn es ist

$$\int_0^\pi \frac{\sin \tau}{1 + \cos^2 \tau}\, d\tau = \int_{-1}^1 \frac{d\sigma}{1 + \sigma^2} = [\arctan \sigma]_{-1}^1 = \frac{\pi}{4} + \frac{\pi}{4} = \frac{\pi}{2}.$$

Also hat das gegebene Integral den Wert $I = \pi^2/4$.   ♡

Beispiel 3.39. Wir wollen das Integral

$$I := \int_0^{\pi/2} \frac{\sqrt{\sin s}}{\sqrt{\sin s} + \sqrt{\cos s}}\, ds$$

berechnen. Hier hilft wieder die überraschend einfache Substitution $u := \frac{\pi}{2} - s$. Wir erhalten dann nämlich aus den Beziehungen $\sin(\frac{\pi}{2} - u) = \cos u$ und $\cos(\frac{\pi}{2} - u) = \sin u$

$$I = \int_0^{\pi/2} \frac{\sqrt{\sin(\frac{\pi}{2} - u)}}{\sqrt{\sin(\frac{\pi}{2} - u)} + \sqrt{\cos(\frac{\pi}{2} - u)}}\, du = \int_0^{\pi/2} \frac{\sqrt{\cos u}}{\sqrt{\cos u} + \sqrt{\sin u}}\, du,$$

---

[19]Die übliche Reaktion von Studenten beim erstmaligen Vorführen solcher Substitutionen ist: „Darauf wäre ich nie gekommen!" Eine angemessene Antwort wäre: „Das verlangt auch keiner."

also

$$I + I = \int_0^{\pi/2} \frac{\sqrt{\sin u}}{\sqrt{\sin u} + \sqrt{\cos u}}\, du + \int_0^{\pi/2} \frac{\sqrt{\cos u}}{\sqrt{\cos u} + \sqrt{\sin u}}\, du$$

$$= \int_0^{\pi/2} \frac{\sqrt{\sin u} + \sqrt{\cos u}}{\sqrt{\cos u} + \sqrt{\sin u}}\, du = \frac{\pi}{2}.$$

Somit hat das gesuchte Integral den Wert $I = \pi/4$.   ♡

Für praktische Zwecke stellen wir in der folgenden Tabelle einige Substitutionen zusammen, die bei der Berechnung typischer Integrale hilfreich sind; hierbei ist f eine hinreichend „gutartige" (z.B. stetige) Funktion:

Das Integral	*geht mit*	*über in das Integral*
$\displaystyle\int_a^b f(\alpha x + \beta)\, dx$	$\alpha x + \beta =: t$	$\displaystyle\frac{1}{\alpha}\int_{\alpha a + \beta}^{\alpha b + \beta} f(t)\, dt$
$\displaystyle\int_a^b f(\sqrt{\alpha x + \beta})\, dx$	$\sqrt{\alpha x + \beta} =: t$	$\displaystyle\frac{2}{\alpha}\int_{\sqrt{\alpha a + \beta}}^{\sqrt{\alpha b + \beta}} t f(t)\, dt$
$\displaystyle\int_a^b f(\sqrt[n]{\alpha x + \beta})\, dx$	$\sqrt[n]{\alpha x + \beta} =: t$	$\displaystyle\frac{n}{\alpha}\int_{\sqrt[n]{\alpha a + \beta}}^{\sqrt[n]{\alpha b + \beta}} t^{n-1} f(t)\, dt$
$\displaystyle\int_a^b f(\sqrt{\alpha^2 - x^2})\, dx$	$x =: \alpha \sin t$	$\displaystyle\alpha \int_{\arcsin(a/\alpha)}^{\arcsin(b/\alpha)} f(\alpha \cos t) \cos t\, dt$
$\displaystyle\int_a^b f(\sqrt{\alpha^2 + x^2})\, dx$	$x =: \alpha \tan t$	$\displaystyle\alpha \int_{\arctan(a/\alpha)}^{\arctan(b/\alpha)} f(\frac{\alpha}{\cos t}) \frac{dt}{\cos t}$
$\displaystyle\int_a^b f(\sqrt{x^2 - \alpha^2})\, dx$	$x =: \dfrac{\alpha}{\cos t}$	$\displaystyle\alpha \int_{\arccos(\alpha/a)}^{\arccos(\alpha/b)} f(\alpha \tan t) \frac{\tan t}{\cos t}\, dt$
$\displaystyle\int_a^b f(e^{\alpha x})\, dx$	$e^{\alpha x} =: t$	$\displaystyle\frac{1}{\alpha}\int_{e^{\alpha a}}^{e^{\alpha b}} \frac{f(t)}{t}\, dt$
$\displaystyle\int_a^b f(\log x)\, dx$	$\log x =: t$	$\displaystyle\int_{\log a}^{\log b} f(t) e^t\, dt$
$\displaystyle\int_a^b f(\arcsin x)\, dx$	$\arcsin x =: t$	$\displaystyle\int_{\arcsin a}^{\arcsin b} f(t) \cos t\, dt$

Tab. 3.4: Einige empfehlenswerte Substitutionen

Manchmal muss man auch mehrere kompliziertere Funktionen „simultan" substituieren. Wir illustrieren dies am folgenden

Beispiel 3.40. Zu berechnen sei das Integral

$$(3.39) \qquad\qquad I_{a,b} := \int_a^b g(\sin x, \cos x)\, dx,$$

wobei $g : [-1,1] \times [-1,1] \to \mathbb{R}$ eine gegebene Funktion (zweier Variabler) sei. Wir behaupten, dass das Integral (3.39) durch die Substitution $t := \tan\frac{x}{2}$ in das Integral

$$(3.40) \qquad\qquad J_{a,b} := 2 \int_{\tan(a/2)}^{\tan(b/2)} g\left(\frac{2t}{1+t^2}, \frac{1-t^2}{1+t^2}\right) \frac{dt}{1+t^2}$$

übergeht, dessen Vorteil gegenüber (3.39) darin besteht, dass nur rationale Ausdrücke in t als Argumente von g vorkommen. In der Tat, die angegebene Substitution liefert $x = \varphi(t) = 2\arctan t$, also $\varphi'(t) = 2/(1+t^2)$. Nach den bekannten Beziehungen

$$\sin 2\alpha = 2\sin\alpha\cos\alpha = 2\frac{\tan\alpha}{1+\tan^2\alpha}, \qquad \cos 2\alpha = \cos^2\alpha - \sin^2\alpha = \frac{1-\tan^2\alpha}{1+\tan^2\alpha}$$

folgt tatsächlich die angegebene Darstellung

$$I_{a,b} = 2 \int_{\tan(a/2)}^{\tan(b/2)} g\left(\frac{2t}{1+t^2}, \frac{1-t^2}{1+t^2}\right) \varphi'(t)\, dt = J_{a,b}.$$

Als Anwendung dieser Substitution wollen wir einmal Stammfunktionen der beiden Funktionen[20]

$$(3.41) \qquad\qquad \csc(x) := \frac{1}{\sin x}, \qquad \sec(x) := \frac{1}{\cos x}$$

ermitteln. Für $0 < a < x < \pi$ erhalten wir mit $g(u,v) := 1/u$ aus (3.40)

$$C(x) := \int_a^x \csc(s)\, ds = 2 \int_{\tan(a/2)}^{\tan(x/2)} \frac{1+t^2}{2t} \frac{dt}{1+t^2}$$

$$= 2 \int_{\tan(a/2)}^{\tan(x/2)} \frac{dt}{2t} = \log\tan\frac{x}{2} - \log\tan\frac{a}{2}$$

als Stammfunktion der Cosecansfunktion auf $[a, \pi)$. Dies stimmt (bis auf eine additive Konstante) mit der vorletzten Stammfunktion aus Tabelle 2.1 überein. In ähnlicher Weise erhalten wir für $-\pi/2 < a < x < \pi/2$ mit $g(u,v) := 1/v$ aus (3.40)

$$S(x) := \int_a^x \sec(s)\, ds = 2 \int_{\tan(a/2)}^{\tan(x/2)} \frac{1+t^2}{1-t^2} \frac{dt}{1+t^2}$$

$$= 2 \int_{\tan(a/2)}^{\tan(x/2)} \frac{dt}{1-t^2} = \log\left(\frac{1+\tan\frac{x}{2}}{1-\tan\frac{x}{2}}\right) - \log\left(\frac{1+\tan\frac{a}{2}}{1-\tan\frac{a}{2}}\right)$$

als Stammfunktion der Secansfunktion auf $[a, \pi/2)$. Dies kann mittels der Formel

$$\tan(\alpha+\beta) = \frac{\tan\alpha + \tan\beta}{1 - \tan\alpha\tan\beta}$$

---

[20]Die Schreibweise (3.41) wird manchmal in Formelsammlungen und in der Ingenieursliteratur benutzt und „Cosecans" bzw. „Secans" gesprochen.

für $\alpha := x/2$ und $\beta := \pi/4$ wegen $\tan \pi/4 = 1$ noch vereinfacht werden in

$$S(x) = \log \tan \left(\frac{x}{2} + \frac{\pi}{4} \right) - \log \tan \left(\frac{a}{2} + \frac{\pi}{4} \right)$$

und stimmt dann (bis auf eine additive Konstante) mit der letzten Stammfunktion aus Tabelle 2.1 überein.   ♡

Wir bringen noch ein weiteres Beispiel, in dem sich die Substitution ausd Beispiel 3.40 als vorteilhaft erweist:

Beispiel 3.41. Sei $0 < a < b < \pi/2$. Wir suchen eine Stammfunktion der durch

$$f(x) := \frac{1}{\sin^2 x \cos^4 x}$$

definierten Funktion $f : [a, b] \to \mathbb{R}$. Dazu betrachten wir die Funktion

$$F(x) := \int_a^x \frac{dt}{\sin^2 t \cos^4 t} \qquad (a \le x \le b),$$

die die Form (3.39) mit $g(u, v) := 1/u^2 v^4$ hat. Die Substitution $t := \arctan s$, also $s = \tan t$ führt dann auf

$$F(x) = \int_{\tan a}^{\tan x} \frac{(1 + s^2)(1 + s^2)^2}{s^2} \frac{ds}{1 + s^2} = \int_{\tan a}^{\tan x} \left(\frac{1}{s^2} + 2 + s^2 \right) ds$$

$$= \left[-\frac{1}{s} + 2s + \frac{s^3}{3} \right]_{\tan a}^{\tan x} = -\frac{1}{\tan x} + \frac{1}{\tan a} + 2(\tan x - \tan a) + \frac{1}{3} \left(\tan^3 x - \tan^3 a \right).$$

Dies kann man umschreiben in

$$F(x) = -\cot x + 2 \tan x + \frac{1}{3} \tan^3 x + c,$$

wobei wir die Definition der Tangens- und Cotangensfunktion ausgenutzt und $c := \frac{1}{\tan a} - 2 \tan a - \tan^3 a$ gesetzt haben.   ♡

Nun kommen wir zur dritten Integrationsmethode, die *Partialbruchzerlegung* genannt und etwas technischer ist. Wir beschränken uns auf die einfachste Situation, allgemeinere Fälle kann sich die Leserin selbst klarmachen.

Die Methode der Partialbruchzerlegung führt bei Integranden der Form

(3.42) $$f(x) = \frac{p(x)}{q(x)} \qquad (q(x) \ne 0)$$

zum Erfolg, wobei p und q Polynome sind, d.h. bei rationalen Funktionen. Erfreulich hierbei ist, dass diese Methode bei rationalen Funktionen *immer* zum Ziel, der Berechnung einer Stammfunktion führt.[21] Die Idee besteht zunächst darin, den Ausdruck (3.42) durch Abspaltung linearer oder quadratischer Faktoren und Polynomdivision

---

[21]Demgegenüber ist es für viele elementare transzendente (d.h. nichtrationale) Funktionen schwierig bis unmöglich, eine Stammfunktion anzugeben, z.B. für den Integranden im Integral (3.64) unten.

soweit zu reduzieren, dass das Zählerpolynom p höchstens ersten Grades (also linear) und das Nennerpolynom q höchstens zweiten Grades (also quadratisch) ist (oder Potenz einer solchen Funktion). Die Funktion (3.42) kann man dann als Summe solcher einfacherer Quotienten darstellen und termweise integrieren. Statt dies in voller Allgemeinheit zu diskutieren, illustrieren wir es anhand dreier typischer Beispiele; weitere Beispiele findet man in Aufgabe 3.32.

Beispiel 3.42. Wir wollen das Integral

$$I := \int_0^2 \frac{x}{x^2 + 3x + 2} \, dx$$

berechnen; der Integrand hat hier die Form (3.42) mit $p(x) := x$ und $q(x) := x^2 + 3x + 2$. Zunächst sieht man an der Faktorisierung $x^2 + 3x + 2 = (x + 2)(x + 1)$, dass das Nennerpolynom q keine Nullstellen im Integrationsintervall $[0, 2]$ hat, daher ist der Integrand dort eine stetige Funktion. Der Trick der Partialbruchzerlegung besteht nun darin, dass man den Bruch in der Form

(3.43) $$\frac{x}{x^2 + 3x + 2} = \frac{A}{x + 2} + \frac{B}{x + 1}$$

ansetzt, wobei A und B noch zu bestimmende Konstanten sind. Bringt man die rechte Seite von (3.43) wieder auf den Hauptnenner, so erhält man

$$\frac{A}{x + 2} + \frac{B}{x + 1} = \frac{A(x + 1) + B(x + 2)}{x^2 + 3x + 2} = \frac{(A + B)x + (A + 2B)}{x^2 + 3x + 2}.$$

Da aber der letzte Bruch mit dem auf der linken Seite von (3.43) übereinstimmen muss, und zwar *für jedes* x, erhalten wir die beiden Bedingungen[22] $A + B = 1$ und $A + 2B = 0$. Dies ist nur für $A = 2$ und $B = -1$ erfüllt, d.h. wir haben den Integranden erfolgreich zerlegt in

$$\frac{x}{x^2 + 3x + 2} = \frac{2}{x + 2} - \frac{1}{x + 1}.$$

Damit können wir das gesuchte Integral jetzt aber als Summe zweier sehr leicht berechenbarer Integrale schreiben, nämlich

$$I = 2 \int_0^2 \frac{dx}{x + 2} - \int_0^2 \frac{dx}{x + 1} = 2 \left[\log(x + 2)\right]_0^2 - \left[\log(x + 1)\right]_0^2 = 2 \log 2 - \log 3.$$

Allgemein kommen bei einem solchen Integral, bei dem man den Integranden in eine Summe von Partialbrüchen mit *konstantem Zähler* und *linearem Nenner* zerlegen kann, stets Logarithmen der Nennerpolynome heraus.   ♡

Beispiel 3.43. Nun betrachten wir ein Integral, bei dem das Nennerpolynom des Integranden nicht vollständig in Linearfaktoren zerfällt, nämlich

$$I := \int_3^4 \frac{x^2 - 9}{x^3 - 2x^2 + x - 2} \, dx.$$

---

[22]Allgemein erhält man bei diesem Ansatz immer ein System zweier linearer Gleichungen für die Unbekannten A und B mit einer invertierbaren Koeffizientenmatrix, s. Abschnitt A6 im Anhang; daher kann man A und B aus diesem System stets eindeutig ermitteln.

Hier zerfällt das Nennerpolynom nämlich in die Faktoren

$$q(x) = x^3 - 2x^2 + x - 2 = (x^2 + 1)(x - 2),$$

von denen der erste keine reelle Nullstelle und der zweite die Nullstelle 2 hat. Da das Integrationsintervall diese Nullstelle nicht enthält, ist der Integrand dort wieder eine stetige Funktion.

Da in der Faktorisierung von q ein quadratischer Term vorkommt, müssen wir hier den Ansatz

(3.44)
$$\frac{x^2 - 9}{x^3 - 2x^2 + x - 2} = \frac{Ax + B}{x^2 + 1} + \frac{C}{x - 2}$$

machen. Bilden des Hauptnenners und Sortieren des Zählers nach Potenzen von x ergibt

$$\frac{Ax + B}{x^2 + 1} + \frac{C}{x - 2} = \frac{(Ax + B)(x - 2) + C(x^2 + 1)}{x^3 - 2x^2 + x - 2}$$

$$= \frac{(A + C)x^2 + (B - 2A)x - 2B + C}{x^3 - 2x^2 + x - 2}.$$

Ein Vergleich mit (3.44) zeigt also, dass $A + C = 1$, $B - 2A = 0$ und $C - 2B = -9$ sein muss. Dies führt auf die Werte $A = 2$, $B = 4$ und $C = -1$, also wird (3.44) zu

$$\frac{x^2 - 9}{x^3 - 2x^2 + x - 2} = 2\frac{x + 2}{x^2 + 1} - \frac{1}{x - 2}.$$

Damit können wir das gesuchte Integral in die Summe

(3.45)
$$I = 2 \int_3^4 \frac{x + 2}{x^2 + 1}\, dx - \int_3^4 \frac{1}{x - 2}\, dx$$

zerlegen. Für das zweite Integral in (3.45) kennen wir eine Stammfunktion, nämlich $x \mapsto \log(x - 2)$; es hat also den Wert $\log 2$. Das erste Integral in (3.45) zerlegen wir zweckmäßigerweise weiter in

(3.46)
$$\int_3^4 \frac{x + 2}{x^2 + 1}\, dx = \int_3^4 \frac{x}{x^2 + 1}\, dx + \int_3^4 \frac{2}{x^2 + 1}\, dx.$$

denn für das zweite und dritte Integral in (3.46) können wir sofort Stammfunktionen erraten, nämlich $x \mapsto \frac{1}{2}\log(x^2 + 1)$ für das zweite (s. Satz 3.17) und $x \mapsto 2\arctan x$ für das dritte Integral. Daher erhalten wir

$$\int_3^4 \frac{x + 2}{x^2 + 1}\, dx = \left[\frac{1}{2}\log(x^2 + 1)\right]_3^4 + 2\left[\arctan x\right]_3^4 = \frac{1}{2}\log\frac{17}{10} + 2\arctan 4 - 2\arctan 3.$$

Kombiniert man dies mit dem oben Errechneten, erhält man den Wert des gesuchten Integrals I.   ♡

Beispiel 3.44. In diesem Beispiel kombinieren wir die Techniken aus den vorigen beiden Beispielen. Wir wollen das etwas furchterregende Integral

$$I := \int_0^1 \frac{dx}{x^4 + 2x^3 + 2x^2 + 2x + 1}$$

berechnen, in dem $p(x) \equiv 1$ und

$$q(x) = x^4 + 2x^3 + 2x^2 + 2x + 1 = (x^2 + 1)(x + 1)^2$$

ist. Hier führt der Ansatz

$$(3.47) \qquad \frac{1}{x^4 + 2x^3 + 2x^2 + 2x + 1} = \frac{Ax + B}{x^2 + 1} + \frac{C}{x + 1} + \frac{D}{(x + 1)^2}$$

zum Ziel. In der Tat, Bilden des Hauptnenners führt uns auf

$$\frac{Ax + B}{x^2 + 1} + \frac{C}{x + 1} + \frac{D}{(x + 1)^2} = \frac{(Ax + B)((x + 1)^2 + C(x^2 + 1)(x + 1) + D(x^2 + 1)}{x^4 + 2x^3 + 2x^2 + 2x + 1}$$

$$= \frac{(A + C)x^3 + (2A + B + C + D)x^2 + (A + 2B + C)x + B + C + D}{x^4 + 2x^3 + 2x^2 + 2x + 1},$$

und ein Vergleich des letzten Terms mit (3.47) liefert das lineare Gleichungssystem

$$A + C = 0, \qquad 2A + B + C + D = 0, \qquad A + 2B + C = 0, \qquad B + C + D = 1$$

mit der eindeutigen Lösung

$$A = -\frac{1}{2}, \qquad B = 0, \qquad C = D = \frac{1}{2}.$$

Damit lautet die Partialbruchzerlegung des Integranden

$$(3.48) \qquad \frac{1}{x^4 + 2x^3 + 2x^2 + 2x + 1} = -\frac{1}{2}\frac{x}{x^2 + 1} + \frac{1}{2}\frac{1}{x + 1} + \frac{1}{2}\frac{1}{(x + 1)^2}.$$

Um das Integral I zu berechnen, müssen wir also die drei Summanden in (3.48) einzeln integrieren. Unter Verwendung der uns schon bekannten Methoden erhalten wir

$$I = -\frac{1}{2}\int_0^1 \frac{x}{x^2 + 1}\,dx + \frac{1}{2}\int_0^1 \frac{1}{x + 1}\,dx + \frac{1}{2}\int_0^1 \frac{1}{(x + 1)^2}\,dx$$

$$= -\left[\frac{1}{4}\log(x^2 + 1)\right]_0^1 + \left[\frac{1}{2}\log(x + 1)\right]_0^1 - \left[\frac{1}{2}\frac{1}{x + 1}\right]_0^1 = \frac{1}{4}(1 + \log 2)$$

als Ergebnis. Allgemein erhält man bei dieser Integrationsmethode stets Ausdrücke mit Konstanten, Logarithmen und Arcustangenstermen.   ♡

Damit wollen wir es bewenden lassen. Schon die erwähnten einfachen Beispiele zeigen, dass die Hauptarbeit bei Anwendung der Partialbruchzerlegung in der Faktorisierung des Nennerpolynoms liegt. Wie in allen anderen Lehrbüchern haben auch wir nur solche Beispiele gewählt, bei denen diese Faktorisierung nicht allzu schwer durchzuführen ist.

3.4. Integrierbarkeit und Unstetigkeit. Nach der Diskussion verschiedener praktischer Integrationstechniken widmen wir uns nun wieder einer theoretischen Frage:

- *Welche beschränkten Funktionen sind eigentlich integrierbar?*

Zur Beantwortung dieser Frage kann man tatsächlich ein notwendiges und hinreichendes Kriterium angeben (s. Satz 3.47 unten). Hierfür benötigen wir einen wichtigen Begriff, der uns im vierten Kapitel noch einige Male begegnen wird.

Definition 3.45. Eine Menge $N \subset \mathbb{R}$ heißt *Nullmenge* (oder *Menge vom Maß Null*), wenn man für jedes $\varepsilon > 0$ eine Folge $(I_n)_n$ von Intervallen $I_n = [a_n, b_n]$) finden kann derart, dass

$$(3.49) \qquad N \subseteq \bigcup_{n=1}^{\infty} I_n, \qquad \sum_{n=1}^{\infty} \lambda(I_n) \leq \varepsilon$$

gilt, wobei $\lambda(I_n) = b_n - a_n$ die Länge des Intervalls I_n bezeichne. Hierbei können die Intervalle I_n auch offen oder halboffen gewählt werden, also $I_n = (a_n, b_n)$, $I_n = [a_n, b_n)$ oder $I_n = (a_n, b_n]$.

Ist $M \subseteq \mathbb{R}$ und hat eine Funktion $f : M \to \mathbb{R}$ eine Eigenschaft für alle $x \in M \setminus N$, wobei $N \subseteq M$ eine geeignete Nullmenge ist, so sagen wir, dass f diese Eigenschaft *fast überall* (abgekürzt: f.ü.) auf M habe.   □

An der Definition sieht man sofort, in welchem Sinne Nullmengen „sehr klein" sein müssen: Einerseits müssen die Intervalle I_n so kurz sein, dass sie *in ihrer Gesamtheit* nicht länger als eine beliebig vorgebbare positive Zahl ε werden, andererseits so lang, dass sie die Nullmenge N trotzdem überdecken. Als einfachstes Beispiel einer Nullmenge kann jede abzählbare (insbesondere endliche) Menge dienen:

Beispiel 3.46. Sei $N = \{x_1, x_2, x_3, \ldots\}$ eine abzählbar unendliche Menge. Jedem $\varepsilon > 0$ ordnen wir dann die Intervallfolge $(I_n)_n$ mit

$$I_n := [x_n - \varepsilon 2^{-(n+1)}, x_n + \varepsilon 2^{-(n+1)}]$$

zu. Dann ist

$$\sum_{n=1}^{\infty} \lambda(I_n) = \sum_{n=1}^{\infty} |x_n + \varepsilon 2^{-(n+1)} - x_n + \varepsilon 2^{-(n+1)}| = \varepsilon \sum_{n=1}^{\infty} 2^{-n} = \varepsilon.$$

Dass die Vereinigung dieser abzählbar unendlich vielen Intervalle die Menge N überdeckt, ist wegen $x_n \in I_n$ trivial.   ♡

Typische Beispiele von Mengen, die *keine* Nullmengen sind, sind nichtentartete Intervalle $[a, b]$.[23] Bemerkenswerterweise liegt das aber *nicht* an der Überabzählbarkeit solcher Intervalle, denn es gibt durchaus auch überabzählbar unendliche Nullmengen; das berühmteste Beispiel einer solchen Menge werden wir im nächsten Kapitel in Abschnitt 4.1 kennenlernen.

Wie in (3.4) bezeichnen wir mit $\omega(f; I)$ die Oszillation von f auf einem Intervall I, und für $x \in [a, b]$ nennen wir

$$(3.50) \qquad \omega(f; x) = \lim_{\delta \to 0+} \omega(f; [x - \delta, x + \delta])$$

---

[23]Dieses Ergebnis ist zwar „intuitiv klar", erfordert aber einen nichttrivialen Beweis, der über unseren Rahmen hinausgeht.

die *Oszillation von f in x*. Es gilt also genau dann $\omega(f;x) = 0$, wenn f in x stetig ist. Umgekehrt bedeutet dies, dass wir die Unstetigkeitsmenge (1.24) von f in der Form

$$U(f) = \{x \in [a,b] : \omega(f;x) > 0\}$$

schreiben können. Die angekündigte Charakterisierung der Integrierbarkeit einer beschränkten Funktion lässt sich dann mit einer Kleinheitsbedingung an die Menge $U(f)$ formulieren:

Satz 3.47. *Eine beschränkte Funktion $f : [a,b] \to \mathbb{R}$ ist genau dann integrierbar, wenn ihre Unstetigkeitsmenge $U(f)$ eine Nullmenge ist.*[24]

Beweis: Für Intervalle $I \subseteq [a,b]$ sei $\nu(f;I)$ definiert wie in (3.5). Wir benutzen im folgenden, dass die Funktion (3.5) *additiv* bzgl. des Intervalls I ist, d.h. ist $I = I_1 \cup I_2$ mit $I_1^o \cap I_2^o = \emptyset$, so gilt $\nu(f;I) = \nu(f;I_1) + \nu(f;I_2)$.

Sei $\varepsilon > 0$ und gelte $\omega(f;x) \leq \varepsilon$ für jedes $x \in I$. Wir behaupten, dass hieraus die Abschätzung

$$(3.51) \qquad\qquad \nu(f;I) \leq \varepsilon\lambda(I)$$

folgt. Zum Beweis nehmen wir an, es gälte $\nu(f;I) > \varepsilon\lambda(I)$. Wenn wir dann I in zwei Teilintervalle derselben Länge zerlegen, bekommen wir für eines dieser Intervalle, nennen wir es I_1, die Abschätzung $\nu(f;I_1) > \varepsilon\lambda(I)/2$. Anschließend zerlegen wir I_1 wiederum in zwei abgeschlossene Teilintervalle derselben Länge und bekommen für eines davon, sagen wir I_2, die Abschätzung $\nu(f;I_2) > \varepsilon\lambda(I)/4$. Die Fortsetzung dieses Verfahrens liefert eine Intervallfolge $(I_n)_n$ mit den Eigenschaften

$$\overline{I_n} = I_n, \qquad \lambda(I_n) = \frac{1}{2^n}\lambda(I), \qquad \nu(f;I_n) > \frac{\varepsilon}{2^n}\lambda(I).$$

Der Durchschnitt aller dieser Intervalle enthält genau einen Punkt x_*, und für diesen Punkt gilt $\omega(f;x_*) \leq \varepsilon$. Daher gilt auch $\omega(f;J) \leq \varepsilon$ für ein hinreichend kleines offenes Intervall J, welches x_* enthält. Wählen wir nun $n \in \mathbb{N}$ so groß, dass $I_n \subseteq J$ gilt, so erhalten wir die Ungleichungskette

$$\nu(f;I_n) \leq \omega(f;I_n)\lambda(I_n) \leq \frac{1}{2^n}\omega(f;J)\lambda(I) \leq \frac{\varepsilon}{2^n}\lambda(I) < \nu(f;I_n),$$

also einen Widerspruch. Hieraus folgt, dass unsere Annahme falsch war, (3.51) also richtig ist.

Nach dieser etwas technischen Vorüberlegung sind wir jetzt in der Lage, Satz 3.47 zu beweisen. Wir nehmen zunächst an, f sei integrierbar auf $[a,b]$, und betrachten die Mengen

$$M_k = \{x : a \leq x \leq b, \omega(f;x) \geq 1/k\} \qquad (k \in \mathbb{N}).$$

Nach dem oben Bemerkten gilt also

$$(3.52) \qquad\qquad U(f) = \bigcup_{k=1}^{\infty} M_k,$$

---

[24]In der Terminologie des zweiten Teils von Definition 3.45 können wir dies auch so ausdrücken, dass f „fast überall auf $[a,b]$ stetig ist." Hierbei ist allerdings Vorsicht geboten, wie die Beispiele 3.56 – 3.58 weiter unten zeigen.

wobei $U(f)$ die Unstetigkeitsmenge (1.24) von f bezeichne. Für festes $k \in \mathbb{N}$ wählen wir eine Zerlegung $Z = \{t_0, t_1, \ldots, t_{m-1}, t_m\}$ von $[a,b]$ derart, dass

$$(3.53) \qquad \mathcal{O}(f;Z) - \mathcal{U}(f;Z) = \sum_{j=1}^{m} \omega(f;[t_{j-1}, t_j])(t_j - t_{j-1}) \le \frac{1}{k^2}$$

gilt, was wegen der Integrierbarkeit von f möglich ist. Wir zerlegen die Indexmenge disjunkt in der Form $\{1, \ldots, m\} = J \cup J'$, wobei $j \in J$ genau dann gelte, wenn es ein $x \in (t_{j-1}, t_j)$ gibt mit $\omega(f;x) \ge 1/k$, also andersherum $j \in J'$ genau dann, wenn $\omega(f;x) < 1/k$ für alle $x \in (t_{j-1}, t_j)$ ist. Aus (3.53) erhalten wir dann

$$\frac{1}{k^2} \ge \sum_{j \in J} \omega(f;[t_{j-1}, t_j])(t_j - t_{j-1}) + \sum_{j \in J'} \omega(f;[t_{j-1}, t_j])(t_j - t_{j-1})$$
$$\ge \sum_{j \in J} \omega(f;[t_{j-1}, t_j])(t_j - t_{j-1}) \ge \frac{1}{k} \sum_{j \in J} (t_j - t_{j-1}),$$

mithin

$$\sum_{j \in J} (t_j - t_{j-1}) \le \frac{1}{k}.$$

Hieraus können wir folgern, dass

$$\lambda(M_k) \le \lambda\left(\bigcup_{j \in J}(t_j - t_{j-1})\right) \le \sum_{j \in J}(t_j - t_{j-1}) \le \frac{1}{k}$$

ist. Dies zeigt, dass $\lambda(M_k) \to 0$ für $k \to \infty$ gilt, mithin $\lambda(U(f)) = 0$ wie behauptet.

Nun setzen wir umgekehrt voraus, dass $U(f)$ eine Nullmenge ist, und müssen zeigen, dass f über $[a,b]$ integrierbar ist. Da wir f als beschränkt vorausgesetzt haben, finden wir Schranken $M, m \in \mathbb{R}$ mit $m \le f(x) \le M$ für $a \le x \le b$. Zu gegebenem $\varepsilon > 0$ wählen wir $k \in \mathbb{N}$ so groß, dass $k\varepsilon > M - m + 1$ ist. Nach Voraussetzung an $U(f)$ sind alle Mengen M_k in (3.52) kompakte Nullmengen; daher können wir jedes M_k mit endlich vielen disjunkten Intervallen überdecken, deren Gesamtlänge kleiner als $1/k$ ist (s. Aufgabe 3.46). Die Randpunkte dieser Intervalle bilden eine Zerlegung von $[a,b]$ aus endlich vielen Teilintervallen $[t_{i-1}, t_i]$ und $[\tau_{j-1}, \tau_j]$ derart, dass

$$\sum_i (t_i - t_{i-1}) \le \frac{1}{k}, \qquad \sup\{\omega(f;x) : \tau_{j-1} \le x \le \tau_j\} \le \frac{1}{k}$$

gilt. Aber aus (3.51) folgt dann

$$\nu(f;[a,b]) = \sum_i \nu(f;[t_{i-1}, t_i]) + \sum_j \nu(f;[\tau_{j-1}, \tau_j])$$
$$\le (M - m)\sum_i (t_i - t_{i-1}) + \frac{1}{k}\sum_j (\tau_j - \tau_{j-1}) \le \frac{1}{k}(M - m) + \frac{1}{k} < \varepsilon.$$

Da wir $\varepsilon > 0$ beliebig gewählt hatten, bekommen wir $\nu(f;[a,b]) = 0$, und dies ist äquivalent zur Integrierbarkeit von f über $[a,b]$. ∎

Wir illustrieren Satz 3.47 mit einer Reihe von Beispielen unstetiger Funktionen.

Beispiel 3.48. Sei $f : [a, b] \to \mathbb{R}$ eine monotone Funktion. In Satz 1.29 haben wir bewiesen, dass $U(f)$ dann höchstens abzählbar ist. Hieraus folgt, dass f auf $[a, b]$ integrierbar ist. Das hatten wir in Satz 3.5 schon direkt durch Betrachtung der Ober- und Untersummen von f gezeigt. ♡

Beispiel 3.49. Sei $f : [a, b] \to \mathbb{R}$ die Dirichlet-Funktion aus Beispiel 1.11. Da $U(f) = [a, b]$ ist, kann f nicht integrierbar sein. Das hatten wir in Beispiel 3.4 schon direkt durch Betrachtung der Ober- und Untersummen von f gezeigt. ♡

Beispiel 3.50. Sei $f : [0, 1] \to \mathbb{R}$ die modifizierte Dirichlet-Funktion aus Beispiel 1.12. Da $U(f) = [0, 1] \cap \mathbb{Q}$ gilt und $\mathbb{Q}$ abzählbar ist, ist f auf $[0, 1]$ integrierbar.[25] ♡

Beispiel 3.51. Sei $f : [-1, 1] \to \mathbb{R}$ die Funktion aus Beispiel 1.14. Da $U(f) = \{0\}$ gilt, ist f auf $[-1, 1]$ integrierbar.[26] ♡

Beispiel 3.52. Sei $f : [0, 1] \to \mathbb{R}$ die Funktion aus Beispiel 1.15. Da $U(f) = (0, 1]$ ist, kann f nicht integrierbar sein. ♡

Beispiel 3.53. Sei $f : [0, 1] \to \mathbb{R}$ die Funktion aus Beispiel 1.30. Da f monoton wächst, ist f nach Satz 3.5 auf $[0, 1]$ integrierbar. ♡

Mittels Satz 3.47 können wir jetzt auch die in Abschnitt 3.1 angekündigten Beispiele bringen, die zeigen, wie sensibel das Problem der Komposition integrierbarer Funktionen ist:

Beispiel 3.54. Sei $f : [0, 1] \to [0, 1]$ die modifizierte Dirichlet-Funktion aus Beispiel 1.12 und $g : [0, 1] \to [0, 1]$ die Relaisfunktion aus Beispiel 1.9. Dann sind f und g beide integrierbar, weil sowohl $U(f) = [0, 1] \cap \mathbb{Q}$ als auch $U(g) = \{0\}$ eine Nullmenge ist. Allerdings ist $g \circ f : [0, 1] \to [0, 1]$ die Dirichlet-Funktion aus Beispiel 1.11, also nicht integrierbar. ♡

In Satz 3.8 haben wir bewiesen, dass aus der Integrierbarkeit der „inneren" Funktion f und der Stetigkeit der „äußeren" Funktion g die Integrierbarkeit der Komposition $g \circ f$ folgt. Beispiel 3.54 zeigt, wie subtil diese Bedingung ist: Hier ist die Funktion g in nur einem einzigen Punkt unstetig, und dies zerstört schon die Integrierbarkeit von $g \circ f$. Ebenso überraschend ist, dass bei umgekehrter Reihenfolge, d.h. bei einer stetigen „inneren" Funktion f und einer integrierbaren „äußeren" Funktion g die Komposition $g \circ f$ auch nicht mehr integrierbar sein muss:

Beispiel 3.55. Sei $A \subset [0, 1]$ eine abgeschlossene Menge ohne innere Punkte, die keine Nullmenge ist; hieraus folgt insbesondere, dass $\partial A = A$ ist. Wir definieren eine Funktion $f : [0, 1] \to [0, 1]$ durch

$$f(x) := \text{dist}(x, A) = \inf \{|x - a| : a \in A\}.$$

Dann ist f stetig auf $[0, 1]$ (sogar Lipschitz-stetig, s. Beispiel 1.50). Sei $g = \chi_{\{0\}}$ die charakteristische Funktion der einpunktigen Menge $\{0\}$ auf $[0, 1]$, d.h. $g(y) := 0$ für

---

[25]Man kann sich überdies leicht überlegen, dass das Integral Null ist.

[26]Da f eine *ungerade* Funktion ist, ist das Integral Null, vgl. Aufgabe 3.4.

$0 < y \le 1$ und $g(0) := 1$. Natürlich ist g (als monotone Funktion) integrierbar auf $[0,1]$, aber nicht stetig. Aber die Komposition

$$(g \circ f)(x) = g(f(x)) = \chi_A(x)$$

ist nichts anderes als die charakteristische Funktion der Menge A. Da jedoch $\partial A = A$ keine Nullmenge ist, folgt aus der Bemerkung im Anschluss an Beispiel 3.4 (oder aus Aufgabe 3.41), dass $g \circ f$ nicht integrierbar auf $[0,1]$ ist.   ♡

Im Rahmen dieses Beispiels stellt sich natürlich die Frage, wie man solche abgeschlossenen Mengen ohne innere Punkte, die keine Nullmengen sind, konstruieren kann. Das berühmteste Beispiel einer solchen Menge liefern sog. Cantor-Mengen positiven Maßes, die wir in Abschnitt 4.1 ausführlich diskutieren werden. Ein anderes Beispiel einer solchen Menge kann man folgendermaßen konstruieren.

Sei $\mathbb{Q} = \{r_1, r_2, r_3, \ldots\}$ eine Abzählung der rationalen Zahlen, und sei

$$(3.54) \qquad\qquad O := \bigcup_{k=1}^{\infty} (r_k - 2^{-2k}, r_k + 2^{-2k}).$$

Dann ist O offen (als Vereinigung offener Intervalle) und dicht in $\mathbb{R}$ (weil O alle rationalen Zahlen enthält). Also ist das Komplement $A := [0,1] \setminus O$ abgeschlossen in $[0,1]$ (d.h. $\overline{A} = A$) und hat keine inneren Punkte (d.h. $A^o = \emptyset$). Schließlich muss man noch zeigen (s. Aufgabe 3.42), dass A keine Nullmenge ist.

Wir weisen noch darauf hin, dass die Bedingung „$U(f)$ ist eine Nullmenge" nicht mit anderen Bedingungen verwechselt werden darf, die sehr ähnlich klingen. Der Übersichtlichkeit halber formulieren wir für $f : [a,b] \to \mathbb{R}$ drei solche Bedingungen im Vergleich; die erste dieser Bedingungen ist genau die notwendige und hinreichende Bedingung für Integrierbarkeit aus Satz 3.47:

(a) Die Unstetigkeitsmenge $U(f)$ ist eine Nullmenge, d.h. f ist f.ü. auf $[a,b]$ stetig.

(b) Es existieren eine stetige Funktion $g : [a,b] \to \mathbb{R}$ und eine Nullmenge $N \subset [a,b]$ derart, dass $f(x) = g(x)$ für alle $x \in [a,b] \setminus N$ gilt, d.h. f stimmt f.ü. auf $[a,b]$ mit einer stetigen Funktion überein.

(c) Es existiert eine Nullmenge $N \subset [a,b]$ derart, dass die Einschränkung von f auf $[a,b] \setminus N$ stetig ist, d.h. nach „Entfernung einer Nullmenge" aus dem Definitionsbereich wird f stetig.

Um diese Bedingungen miteinander zu vergleichen, betrachten wir zunächst zwei Beispiele, beide o.B.d.A. auf $[a,b] = [-1,1]$.

Beispiel 3.56. Sei zunächst $f : [-1,1] \to \mathbb{R}$ die Dirichlet-Funktion aus Beispiel 1.11. Wegen $U(f) = [-1,1]$ erfüllt f die Bedingung (a) nicht, aber natürlich Bedingung (b) mit $N := [-1,1] \cap \mathbb{Q}$ und $g(x) \equiv 0$, und ebenso Bedingung (c) mit $N := [-1,1] \cap \mathbb{Q}$. Dies zeigt, dass (a) weder aus (b) noch aus (c) folgt.   ♡

Beispiel 3.57. Sei nun $f : [-1,1] \to \mathbb{R}$ die Relaisfunktion aus Beispiel 1.9. Wegen $U(f) = \{0\}$ erfüllt f die Bedingung (a) trivialerweise, und ebenso die Bedingung (c) mit $N := \{0\}$. Allerdings erfüllt f nicht die Bedingung (b), wie man folgendermaßen einsieht. Angenommen, wir finden eine stetige Funktion $g : [-1,1] \to \mathbb{R}$ und eine Nullmenge $N \subset [-1,1]$ derart, dass $f(x) = g(x)$ für alle $x \in [-1,1] \setminus N$ gilt. Nach dem Permanenzprinzip für stetige Funktionen (Satz 1.18) müsste dann für genügend kleines $\delta > 0$ die Beziehung $g(x) > 0$ auf dem Intervall $(-\delta, 0)$ gelten. Aber dann wäre $f(x) \neq g(x)$ auf diesem Intervall, und dieses Intervall ist schon keine Nullmenge mehr. Dies zeigt, dass (b) weder aus (a) noch aus (c) folgt.   ♡

Man überlegt sich leicht, dass Bedingung (c) sowohl aus Bedingung (a) als auch aus Bedingung (b) folgt. Die Umkehrungen gelten nach den soeben angegebenen Gegenbeispielen nicht. Wir bemerken noch, dass – im Unterschied zu (a) – keine der Bedingungen (b) und (c) die Integrierbarkeit von f auf $[a,b]$ impliziert. Etwas übersichtlicher ordnen wir die gefundenen Beispiele wieder in eine Tabelle ein:

	Bedingung (a)	*Bedingung* (b)	*Bedingung* (c)
nicht Bedingung (a)	——	Beispiel 3.56	Beispiel 3.56
nicht Bedingung (b)	Beispiel 3.57	——	Beispiel 3.57
nicht Bedingung (c)	——	——	——

Tab. 3.5: Beispiele und Gegenbeispiele

In der letzten Zeile dieser Tabelle treten keine Beispiele auf, weil (c) sowohl von (a) als auch von (b) impliziert wird. Es stellt sich die Frage, ob es auch eine Funktion f gibt, die zwar (c) erfüllt, aber *weder* (a) *noch* (b). Hier könnte man die Summe der beiden Funktionen aus den Beispielen 3.56 und 3.57 betrachten; interessanter ist aber das folgende Beispiel:

Beispiel 3.58. Sei $M := [0,1] \setminus \mathbb{Q}$ und sei $f := \chi_M : [-1,1] \to \mathbb{R}$ die charakteristische Funktion von M, d.h. es gilt $f(x) = 1$ für alle irrationalen Zahlen x zwischen 0 und 1, und $f(x) = 0$ für alle rationalen Zahlen zwischen 0 und 1 sowie alle Zahlen zwischen -1 und 0.

Bedingung (c) ist dann mit $N := [0,1] \cap \mathbb{Q}$ erfüllt, Bedingung (a) wegen $U(f) = [0,1]$ allerdings nicht. Dass auch Bedingung (b) nicht erfüllt ist, sieht man mit derselben Argumentation ein wie in Beispiel 3.57.   ♡

Zum Schluss dieses Abschnitts kehren wir noch einmal zurück zum Ersten Hauptsatz der Infinitesimalrechnung (Satz 3.12). Wie dort benutzen wir das Symbol J zur Bezeichnung der Abbildung, die jeder Funktion $f \in R([a,b])$ ihre Integralfunktion $F_a = Jf$ gemäß (3.17) zuordnet (die nach Satz 3.12 dann zu $C([a,b])$ gehört), und mit D die Zuordnung der Ableitung f' zu einer differenzierbaren Funktion f. Uns interessieren in diesem Zusammenhang die folgenden Fragen:

- *Können wir f aus Jf „rekonstruieren", d.h. folgt aus $Jf = Jg$ immer $f = g$?*

- *Falls ja, ist es dann insbesondere möglich, f durch Differentiation aus Jf zu erhalten?*

- *Falls nicht, was können wir dann über den Zusammenhang von f und g sagen?*

- *Können wir f (bis auf additive Konstanten) aus Df „rekonstruieren", d.h. folgt aus Df = Dg immmer, dass f − g konstant ist?*

- *Falls ja, ist es dann insbesondere möglich, f aus Df durch Integration (d.h. Bilden einer Integralfunktion) zu erhalten?*

Der Erste Hauptsatz der Infinitesimalrechnung (Satz 3.12) zeigt, dass man die beiden ersten Fragen für *stetiges* f und g stets positiv beantworten kann, denn in diesem Fall ist ja $D(Jf)(x) \equiv f(x)$ für alle $x \in [a, b]$. Ist f allerdings nicht stetig, sondern nur integrierbar, so ist die Lage komplizierter, schon deswegen, weil Jf dann ja gar nicht mehr differenzierbar sein muss. Gleichwohl gibt es auch in diesem Fall einen Zusammenhang zwischen f und g, der durch Satz 3.59 unten beschrieben wird.

Ist f' integrierbar, so wird die fünfte Frage durch die Gleichheit (3.20) im Zweiten Hauptsatz der Infinitesimalrechnung positiv beantwortet. Die vierte Frage wird dagegen durch Satz 2.32 positiv beantwortet, falls die Definitionsbereiche der beteiligten Funktionen Intervalle sind (was wir hier stets voraussetzen). Allerdings reicht das Bilden der Integralfunktion (3.17) nicht aus, um alle Stammfunktionen zu gewinnen, wie Beispiel 3.14 zeigt. Ein anderer Einwand wiegt allerdings schwerer: Es ist überhaupt nicht gesichert, dass die Ableitung $Df = f'$ einer differenzierbaren Funktion f überhaupt integrierbar ist, wie etwa die Funktion (2.48) aus Beispiel 2.29 zeigt.[27] Der folgende Satz gibt mindestens auf die ersten drei Fragen in unserem Katalog eine präzise Antwort:

Satz 3.59. *Für* $f, g \in R([a, b])$ *sind die folgenden 5 Bedingungen äquivalent:*

(a) *Es gilt* $Jf = Jg$ *auf* $[a, b]$.

(b) *Es gilt* $f(x) = g(x)$ *für jedes* $x \in [a, b] \setminus (U(f) \cup U(g))$.

(c) *Es gilt* $f(x) = g(x)$ *f.ü. auf* $[a, b]$.

(d) *Die Koinzidenzmenge* $\{x : f(x) = g(x)\}$ *liegt dicht in* $[a, b]$.

(e) *Es gilt*

$$\int_a^b |f(x) - g(x)| \, dx = 0.$$

Beweis: Wir beweisen Satz 3.59 zyklisch, also in der Form (a) ⇒ (b) ⇒ (c) ⇒ (d) ⇒ (e) ⇒ (a).

Gelte (a), und sei x_0 ein gemeinsamer Stetigkeitspunkt von f und g. Wie wir im Beweis von Satz 3.12 gezeigt haben, sind $F := Jf$ und $G := Jg$ dann in x_0 differenzierbar mit $F'(x_0) = f(x_0)$ und $G'(x_0) = g(x_0)$. Aus $F(x_0) = G(x_0)$ folgt also $F'(x_0) = G'(x_0)$ und somit Bedingung (b).

---

[27]Der tiefere Grund liegt darin, dass das Riemann-Integral für eine „befriedigende" Theorie hier nicht ausreicht; man muss den „Operator" J vielmehr von $R([a, b])$ auf eine größere Funktionenklasse ausdehnen.

Da wir sowohl f als auch g als integrierbar vorausgesetzt haben, folgt aus Satz 3.47, dass die Menge $U(f) \cup U(g)$ eine Nullmenge ist. Daher impliziert Bedingung (b) sofort Bedingung (c).

Wäre (d) falsch, so hätte die Menge $\{x : f(x) \neq g(x)\}$ innere Punkte und könnte daher keine Nullmenge sein. Daher folgt (d) aus (c).

Gilt (d), so sind alle Untersummen für $|f - g|$ Null, weil das Infimum von $|f(x) - g(x)|$ auf jedem nichtentarteten Intervall Null ist, woraus schon (e) folgt.

Es bleibt noch zu zeigen, dass (a) aus (e) folgt. Wegen $|f(x) - g(x)| \geq 0$ gilt mit (e)

$$\int_a^x |f(t) - g(t)|\, dt = 0 \qquad (a \leq x \leq b).$$

Aus der Abschätzung

$$|Jf(x) - Jg(x)| = \left| \int_a^x f(t) - g(t)\, dt \right| \leq \int_a^x |f(t) - g(t)|\, dt$$

folgt dann unmittelbar Bedingung (a). ∎

Wir illustrieren den wichtigen Satz 3.59 mit zwei Beispielen, wobei im ersten Beispiel alle 5 Bedingungen (a) – (e) erfüllt, im zweiten Beispiel alle verletzt sind.

Beispiel 3.60. Sei $f : [0,1] \to \mathbb{R}$ die modifizierte Dirichlet-Funktion aus Beispiel 1.12 und $g(x) \equiv 0$ auf $[0,1]$. Da das Integral von f über jedes Intervall Null ist, sind (a) und (e) trivialerweise erfüllt. Die *irrationalen* Zahlen $x \in [0,1]$ sind genau die gemeinsamen Stetigkeitspunkte von f und g, und an diesen gilt $f(x) = 0$, daher ist auch (b) richtig. Die Bedingung (c) folgt aus der Tatsache, dass $f(x) \neq 0$ nur auf der Nullmenge $[0,1] \cap \mathbb{Q}$ gilt, und die Bedingung (d) aus der Tatsache, dass $[0,1] \setminus \mathbb{Q}$ dicht in $[0,1]$ liegt. ♡

Beispiel 3.60 hat noch weitere bemerkenswerte Eigenschaften: Die modifizierte Dirichlet-Funktion f stellt eine integrierbare Funktion mit einer dichten Unstetigkeitsmenge $U(f)$ dar, und ihre Integralfunktion

$$F_0(x) = \int_0^x f(t)\, dt \qquad (0 \leq x \leq 1)$$

auf $[0,1]$ ist zwar überall differenzierbar[28], aber es gilt $F'(x) \neq f(x)$ auf einer *dichten* Teilmenge von $[0,1]$, nämlich auf $[0,1] \cap \mathbb{Q}$!

Beispiel 3.61. Sei $f : [-1,1] \to \mathbb{R}$ die Signumfunktion aus Beispiel 1.8 und $g(x) \equiv 0$ auf $[-1,1]$. Eine einfache Rechnung zeigt, dass

$$F_{-1}(x) = Jf(x) = \int_{-1}^x f(t)\, dt = |x| - 1 \qquad (-1 \leq x \leq 1)$$

gilt; diese Funktion ist stetig, aber natürlich nicht Null (wie Jg), so dass (a) nicht erfüllt ist. Wegen

$$\int_{-1}^1 |f(x) - g(x)|\, dx = \int_{-1}^1 1\, dx = 2$$

---

[28]Sie ist trivialerweise sogar beliebig oft differenzierbar, weil sie identisch Null ist!

ist natürlich auch (e) nicht erfüllt. Da $U(f) \cap U(g) = \{0\}$ ist und die Koinzidenzmenge in (d) auch nur $\{0\}$ ist, sind sowohl (b) als auch (d) verletzt. Dass auch (c) nicht gilt, ist trivial.   ♡

Aus Satz 3.59 folgt insbesondere, dass eine *integrierbare* nichtnegative Funktion f genau dann das Integral Null hat, wenn sie selbst *fast überall* Null ist. Dagegen hat eine *stetige* nichtnegative Funktion f genau dann das Integral Null hat, wenn sie selbst wirklich *überall* Null ist (s. Aufgabe 3.51).

3.5. Uneigentliche Integrale. Bei der Betrachtung integrierbarer Funktionen haben wir bisher stets zwei generelle Bedingungen vorausgesetzt: Integriert wird über ein kompaktes Intervall, und die zu integrierende Funktion ist dort beschränkt. Diese Voraussetzungen schließen allerdings Funktionen aus, die nicht nur mathematisch interessant, sondern auch in Anwendungen wichtig sind. Lässt man eine dieser Voraussetzungen fallen, kommt man auf den Begriff des sog. „uneigentlichen" Integrals, den wir in diesem Abschnitt einführen und diskutieren wollen.

Definition 3.62. Man nennt

$$(3.55) \qquad \int_a^b f(x)\, dx$$

ein *uneigentliches Integral 1. Art*, wenn das Integrationsintervall unbeschränkt ist (also $a = -\infty$ oder $b = \infty$), die Funktion f auf diesem Intervall aber beschränkt ist. Dagegen heißt (3.55) ein *uneigentliches Integral 2. Art*, wenn das Integrationsintervall (a, b) beschränkt ist (also $-\infty < a < b < \infty$), die Funktion f auf diesem Intervall aber unbeschränkt ist. Sind sowohl das Integrationsintervall (a, b) als auch die Funktion f in (3.55) unbeschränkt, so spricht man von einem *uneigentlichen Integral 3. Art*. □

Beispielsweise sind von den vier Integralen

$$(3.56) \qquad \int_0^\infty \cos x\, dx, \qquad \int_1^3 \frac{dx}{x-1}, \qquad \int_0^\infty e^{-x^2}\, dx, \qquad \int_0^\pi \frac{\sin x}{x}\, dx$$

das erste und dritte ein uneigentliches Integral 1. Art und das zweite ein uneigentliches Integral 2. Art. Das vierte Integral ist dagegen ein „eigentliches" (d.h. kein uneigentliches) Integral, weil der Integrand auf $[0, \pi]$ eine stetige und damit beschränkte Funktion ist (s. Beispiel 2.41).

Es stellt sich nun die Frage, welchen Sinn wir einem uneigentlichen Integral geben können. Die Idee ist, solche uneigentlichen Integrale auf eine ganze Schar „eigentlicher" Integrale zurückzuführen, und zwar dadurch, dass man das Integrationsintervall (a, b) durch kompakte Intervalle $[\alpha, \beta] \subset (a, b)$ „ausschöpft":

Definition 3.63. Sei (3.55) ein uneigentliches Integral 1. Art, wobei o.B.d.A. $-\infty < a$ und $b = \infty$ gelte. Dann hat dieses Integral den Wert

$$(3.57) \qquad \int_a^\infty f(x)\, dx := \lim_{b \to \infty} \int_a^b f(x)\, dx,$$

falls der Grenzwert[29] in (3.57) als reelle Zahl existiert. Ist dagegen (3.55) ein uneigentliches Integral 2. Art, wobei f o.B.d.A. am rechten Randpunkt b des Integrationsintervalls unbeschränkt sei, auf jedem Teilintervall $[a, c] \subset [a, b)$ dagegen beschränkt, so hat dieses Integral den Wert

$$(3.58) \qquad \int_a^b f(x)\,dx := \lim_{c \to b-} \int_a^c f(x)\,dx,$$

falls der Grenzwert[30] in (3.58) als reelle Zahl existiert. Analog definiert man die Existenz des uneigentlichen Integrals (3.55) im Fall $a = -\infty$ oder für Funktionen, die am linken Randpunkt a des Integrationsintervalls unbeschränkt sei, auf jedem Teilintervall $[c, b] \subset (a, b]$ dagegen beschränkt. $\qquad\qquad\qquad\qquad\qquad\qquad\qquad\qquad\qquad\Box$

Beispielsweise existiert das erste uneigentliche Integral in (3.56) *nicht*, denn der Ausdruck

$$\int_0^b \cos x\,dx = [\sin x]_0^b = \sin b$$

hat keinen Grenzwert für $b \to \infty$. Das zweite uneigentliche Integral in (3.56) existiert ebenfalls nicht, denn

$$\lim_{c \to 1+} \int_c^3 \frac{dx}{x - 1} = \lim_{c \to 1+} [\log(x - 1)]_c^3 = \log 2 - \lim_{c \to 0+} \log c = \infty.$$

Dagegen existiert das dritte uneigentliche Integral in (3.56), wie wir später (s. Beispiel 3.66) noch sehen werden.

Ist in (3.55) sowohl $a = -\infty$ als auch $b = \infty$ (d.h. man integriert über die ganze reelle Achse), so muss man die beiden Grenzübergänge getrennt vornehmen, indem man das Integral in geeigneter Weise in zwei Integrale zerlegt. Beispielsweise existiert das uneigentliche Integral 1. Art

$$\int_{-\infty}^\infty \sin x\,dx = \int_{-\infty}^0 \sin x\,dx + \int_0^\infty \sin x\,dx = - \lim_{a \to -\infty} \cos a + 1 - 1 + \lim_{b \to \infty} \cos b$$

nicht, da keiner der beiden Grenzwerte existiert. Die „falsche" Rechnung[31]

$$\int_{-\infty}^\infty \sin x\,dx = \lim_{c \to \infty} \int_{-c}^c \sin x\,dx = - \lim_{c \to -\infty} [\cos x]_{-c}^c = \lim_{c \to \infty} (\cos c - \cos c) = 0$$

täuscht dagegen den Wert 0 für dieses uneigentliche Integral vor. Wir bringen noch ein Beispiel dieses Typs, bei dem der Grenzwert allerdings existiert:

Beispiel 3.64. Wir betrachten das uneigentliche Integral 1. Art

$$I := \int_{-\infty}^\infty \frac{dx}{1 + x^2}.$$

---

[29]Hierbei ist natürlich der uneigentliche Grenzwert gemeint, den wir in Definition 1.38 eingeführt haben.

[30]Hierbei ist natürlich der einseitige Grenzwert gemeint, den wir in (1.4) eingeführt haben.

[31]Auch diese Rechnung ist allerdings manchmal sinnvoll, und der auf diese Weise berechnete Wert heißt *Cauchyscher Hauptwert* des Integrals.

Dieses Integral können wir wieder zerlegen in

$$I = \int_{-\infty}^{0} \frac{dx}{1+x^2} + \int_{0}^{\infty} \frac{dx}{1+x^2} = \lim_{a \to -\infty} \int_{a}^{0} \frac{dx}{1+x^2} + \lim_{b \to \infty} \int_{0}^{b} \frac{dx}{1+x^2}$$

und benutzen, dass der Integrand $f(x) = 1/(1+x^2)$ die Stammfunktion $F(x) = \arctan x$ besitzt. Als Ergebnis erhalten wir

$$I = \arctan 0 - \lim_{a \to -\infty} \arctan a + \lim_{b \to \infty} \arctan b - \arctan 0 = \frac{\pi}{2} + \frac{\pi}{2} = \pi.$$

Dieses Ergebnis hätten wir aber auch etwas einfacher erhalten können: Da der Integrand f eine gerade Funktion ist, ist das Integral von f über $(-\infty, \infty)$ das Doppelte des Integrals von f über $[0, \infty)$. $\quad\heartsuit$

Im folgenden Beispiel 3.65 betrachten wir drei der wichtigsten uneigentlichen Integrale, die in Anwendungen vorkommen.

Beispiel 3.65. Für $p \in \mathbb{R}$ betrachten wir die drei Integrale

$$(3.59) \qquad I_p(0,1) := \int_{0}^{1} \frac{dx}{x^p}, \qquad I_p(1,\infty) := \int_{1}^{\infty} \frac{dx}{x^p}, \qquad I_p(0,\infty) := \int_{0}^{\infty} \frac{dx}{x^p}.$$

Wir wollen die Existenz dieser Integrale in Abhängigkeit vom Integrationsintervall und vom Wert von p untersuchen.

Wir beginnen mit dem ersten Integral in (3.59), welches im Falle $p > 0$ ein uneigentliches Integral 2. Art ist. Für $p < 1$ ist

$$\lim_{a \to 0+} \int_{a}^{1} \frac{dx}{x^p} = \lim_{a \to 0+} \left[\frac{x^{1-p}}{1-p} \right]_{a}^{1} = \frac{1}{1-p} - \lim_{a \to 0+} \frac{a^{1-p}}{1-p} = \frac{1}{1-p},$$

da der letzte Grenzwert existiert und (wegen $1 - p > 0$) Null ist. Für $p = 1$ erhalten wir dagegen

$$\lim_{a \to 0+} \int_{a}^{1} \frac{dx}{x} = \lim_{a \to 0+} [\log x]_{a}^{1} = - \lim_{a \to 0+} \log a = \infty,$$

d.h. das uneigentliche Integral existiert nicht. Für $p > 1$ bekommen wir schließlich

$$\lim_{a \to 0+} \int_{a}^{1} \frac{dx}{x^p} = \lim_{a \to 0+} \left[\frac{x^{1-p}}{1-p} \right]_{a}^{1} = \frac{1}{1-p} \lim_{a \to 0+} \frac{a^{1-p}}{1-p} = \infty,$$

da der letzte Grenzwert (wegen $1 - p < 0$) nicht existiert.

Beim zweiten Integral in (3.59) sind die Verhältnisse ähnlich, nur umgekehrt. Für $p < 1$ ist

$$\lim_{b \to \infty} \int_{1}^{b} \frac{dx}{x^p} = \lim_{b \to \infty} \left[\frac{x^{1-p}}{1-p} \right]_{1}^{b} = \lim_{b \to \infty} \frac{b^{1-p}}{1-p} - \frac{1}{1-p} = \infty,$$

da der letzte Grenzwert (wegen $1 - p > 0$) nicht existiert. Für $p = 1$ erhalten wir wie vorher

$$\lim_{b \to \infty} \int_{1}^{b} \frac{dx}{x} = \lim_{b \to \infty} [\log x]_{1}^{b} = \lim_{b \to \infty} \log b = \infty,$$

d.h. das uneigentliche Integral existiert wieder nicht. Für $p > 1$ bekommen wir schließlich

$$\lim_{b \to \infty} \int_1^b \frac{dx}{x^p} = \lim_{b \to \infty} \left[\frac{x^{1-p}}{1-p} \right]_1^b = \lim_{b \to \infty} \frac{b^{1-p}}{1-p} - \frac{1}{1-p} = -\frac{1}{1-p},$$

da der letzte Grenzwert existiert und (wegen $1 - p < 0$) Null ist.

Das dritte Integral kann man wegen

$$(3.60) \qquad \int_0^\infty \frac{dx}{x^p} = \int_0^1 \frac{dx}{x^p} + \int_1^\infty \frac{dx}{x^p}$$

auf die ersten beiden zurückführen. Da für jeden der drei Fälle für p mindestens eines der beiden uneigentlichen Integrale auf der rechten Seite von (3.60) nicht existiert, existiert das auf der linken Seite von (3.60) in keinem Fall.

Wir fassen das Ergebnis aus Beispiel 3.65 über die Existenz bzw. Nichtexistenz[32] des uneigentlichen Integrals

$$(3.61) \qquad I_p := I_p(a,b) = \int_a^b \frac{dx}{x^p}$$

etwas übersichtlicher in einer Tabelle zusammen:

		$(a,b) = (0,1)$	$(a,b) = (1,\infty)$	$(a,b) = (0,\infty)$
$p < 1$		I_p existiert	I_p existiert nicht	I_p existiert nicht
$p = 1$		I_p existiert nicht	I_p existiert nicht	I_p existiert nicht
$p > 1$		I_p existiert nicht	I_p existiert	I_p existiert nicht

Tab. 3.6: Existenz des Integrals (3.61)

Man kann auch geometrisch begründen, warum sich das Integral $I_p(a,b)$ in den einzelnen Fällen für p und (a,b) so unterschiedlich verhält. Es gilt nämlich das folgende *Vergleichskriterium:* Gilt auf (a,b) die Abschätzung $0 \le f(x) \le g(x)$ und existiert das uneigentliche Integral

$$(3.62) \qquad \int_a^b g(x)\,dx,$$

so existiert auch das uneigentliche Integral (3.55). Gilt dagegen $0 \le g(x) \le f(x)$ und existiert das uneigentliche Integral (3.62) nicht, so existiert auch das uneigentliche Integral (3.55) nicht. Nun benutzen wir die leicht direkt zu beweisende Tatsache, dass das Integral $I_1(a,b)$ weder für $(a,b) = (0,1)$ noch für $(a,b) = (1,\infty)$ existiert, da $\log x$ sowohl für $x \to 0+$ als auch für $x \to \infty$ unbeschränkt ist. Im Falle $0 < p < 1$ gilt $x^{-p} \ge x^{-1}$ für $1 \le x < \infty$, daher existiert $I_p(1,\infty)$ in diesem Fall nicht. Im Falle

---

[32]Übrigens findet man in der Literatur statt des Begriffs Existenz bzw. Nichtexistenz auch die Begriffe „konvergentes" bzw. „divergentes uneigentliches Integral", in Analogie zu konvergenten und divergenten Zahlenreihen.

$1 < p < \infty$ gilt andererseits $x^{-p} \geq x^{-1}$ für $0 < x \leq 1$, daher existiert $I_p(0,1)$ in diesem Fall nicht (s. Abbildung 3.8).

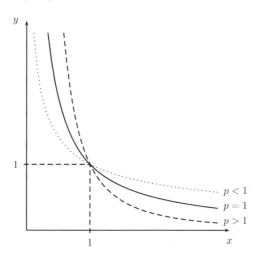

Abbildung 3.8: Die Funktion $x \mapsto x^{-p}$

Unsere Kenntnis über das uneigentliche Integral (3.61) können wir verwenden, um mit Hilfe des oben erwähnten Vergleichskriteriums die Existenz bzw. Nichtexistenz komplizierterer uneigentlicher Integrale nachzuweisen.

Beispiel 3.66. Wir betrachten das dritte uneigentliche Integral aus (3.56). Um es mit den Integralen aus Tabelle 3.6 vergleichen zu können, ist es ratsam, dieses Integral in die zwei Teilintegrale

$$(3.63) \qquad \int_0^\infty e^{-x^2}\,dx = \int_0^1 e^{-x^2}\,dx + \int_1^\infty e^{-x^2}\,dx$$

zu zerlegen. Auf dem Intervall $[0,1]$ gibt es überhaupt keine Probleme, weil der Integrand dort eine stetige beschränkte Funktion ist. Um die Existenz des dritten Integrals in (3.63) zu untersuchen, betrachten wir die durch $h(x) := x^2 e^{-x^2}$ definierte Funktion $h : [1,\infty) \to \mathbb{R}$. Wegen

$$h'(x) = 2xe^{-x^2}(1 - x^2) \leq 0 \qquad (1 \leq x < \infty)$$

ist h auf $[1,\infty)$ monoton fallend; für $x \geq 1$ gilt also $h(x) \leq h(1) = 1/e$. Damit können wir das letzte Integral in (3.63) abschätzen durch

$$\int_1^\infty e^{-x^2}\,dx = \int_1^\infty \frac{h(x)}{x^2}\,dx \leq \frac{1}{e}\int_1^\infty \frac{1}{x^2}\,dx.$$

Das letzte Integral in dieser Abschätzung ist aber genau das uneigentliche Integral $I_2(1,\infty)$ aus (3.61), welches nach Tabelle 3.6 existiert. Daher existiert auch das dritte Integral in (3.63), mithin auch das auf der linken Seite. $\heartsuit$

Ohne Beweis bemerken wir, dass das Integral in (3.63) den Wert

$$(3.64) \qquad \int_0^\infty e^{-x^2}\,dx = \frac{1}{2}\sqrt{\pi}$$

hat; dies kann man nur mit nicht-elementaren Mitteln[33] beweisen. Eine systematische Anwendung des Vergleichskriteriums mit dem Integral (3.61) als Vergleichsintegral findet man in Aufgabe 3.54. Damit hängt die folgende Frage zusammen, die der im Anschluss an Beispiel 2.48 aufgeworfenen Frage sehr ähnlich ist:

- *Folgt aus der Existenz des uneigentlichen Integrals (3.57), dass der Integrand asymptotisch „zur Ruhe kommt"?*

- *Und folgt aus der Existenz des uneigentlichen Integrals (3.57) wenigstens seine Beschränktheit auf Intervallen der Form $[a, \infty)$ für genügend großes $a > 0$?*

Oder mathematisch präziser gefragt: Folgt für eine Funktion $f : [1, \infty) \to \mathbb{R}$ aus der Existenz ihres uneigentlichen Integrals über $[1, \infty)$. also

$$(3.65) \qquad I := \int_1^\infty f(x)\,dx < \infty$$

immer

$$(3.66) \qquad \lim_{x \to \infty} f(x) = 0$$

oder wenigstens

$$(3.67) \qquad \sup_{a \le x < \infty} |f(x)| < \infty$$

für alle $a > 1$? Erstaunlicherweise ist die Antwort auf beide Fragen negativ; als Gegenbeispiel zu (3.66) kann die Funktion $f(x) := \cos x^2$ dienen (s. Aufgabe 3.68), als Gegenbeispiel zu (3.67) die Funktion $f(x) := x \sin x^4$ (s. Aufgabe 3.69). Mehr noch: Man kann sogar *nichtnegative* Funktionen f mit diesen Eigenschaften konstruieren (s. die Aufgaben 3.70 und 3.71).[34]

Wir bemerken, dass man ein uneigentliches Integral 1. Art oft in eines 2. Art oder 3. Art transformieren kann (und umgekehrt), und manchmal sogar in ein „eigentliches" Integral. Beispielsweise überführt die naheliegende Substitution[35] $y := x^2$ das uneigentliche Integral 1. Art aus (3.63) in das Integral

$$(3.68) \qquad \int_0^\infty e^{-x^2}\,dx = \frac{1}{2} \int_0^\infty \frac{e^{-y}}{\sqrt{y}}\,dy,$$

und das ist ein uneigentliches Integral 3. Art. Im folgenden komplizierteren Beispiel überführt eine geeignete Substitution ein uneigentliches Integral 2. Art in ein solches 1. Art.

---

[33]Genauer benötigt man hier Funktionen mehrerer Variabler, denen wir uns in den Kapiteln 5 und 6 widmen werden.

[34]Diese Gegenbeispiele zeigen auch, dass man die Analogie zwischen uneigentlichen Integralen über $[1, \infty)$ und Zahlenreihen (s. Abschnitt A.5 im Anhang) nicht überstrapazieren darf: Für die Konvergenz der Reihe (A.33) ist ja bekanntlich die Bedingung $a_n \to 0$ für $n \to \infty$ notwendig.

[35]Eigentlich muss man vor der Anwendung der Substitutionsregel aus Satz 3.34 zunächst ein uneigentliches Integral 1. Art auf den Fall eines kompakten Integrationsintervalls zurückführen. Im vorliegenden Beispiel ist das ohne jede Schwierigkeit möglich, da die angegebene Substitution $x \mapsto x^2$ eine Bijektion von $[0, \infty)$ auf sich darstellt.

Beispiel 3.67. Das Integral

$$(3.69) \qquad I := \int_1^2 \frac{dx}{\sqrt{x(2-x)}}$$

ist ein uneigentliches Integral 2. Art, weil das Integrationsintervall $(1,2)$ zwar beschränkt ist, der Integrand bei 2 allerdings unbeschränkt. Um seine Existenz zu untersuchen, müssen wir also nachsehen, ob das Integral

$$(3.70) \qquad I_c := \int_1^c \frac{dx}{\sqrt{x(2-x)}} \qquad (1 < c < 2)$$

für $c \to 2-$ einen (einseitigen) Grenzwert besitzt. Wir substituieren hierfür in (3.70) nun $t := 1/(2-x)$, also $x = 2 - 1/t$, und erhalten

$$I_c = \int_1^{1/(2-c)} \frac{dt}{t^2 \sqrt{\left(2-\frac{1}{t}\right)\frac{1}{t}}} = \int_1^{1/(2-c)} \frac{dt}{t\sqrt{2t-1}}.$$

Für $c \to 2-$ geht dieses Integral über in

$$I = \int_1^\infty \frac{dt}{t\sqrt{2t-1}},$$

also ein uneigentliches Integral 1. Art. Wegen $\sqrt{2t-1} \geq \sqrt{t}$ gilt übrigens

$$(3.71) \qquad I \leq \int_1^\infty \frac{dt}{t\sqrt{t}},$$

und das Integral rechts in (3.71) ist genau das Integral $I_{3/2}(1,\infty)$ aus (3.61), welches nach Tabelle 3.6 existiert. Daher existiert auch das Integral I; allerdings können wir es auf diese Weise nicht leicht berechnen.

Wir können aber auch die einfache Substitution $s := 1 - x$ betrachten, also $x = 1 - s$. Dann bekommen wir für (3.69)

$$(3.72) \qquad I = -\int_0^{-1} \frac{ds}{\sqrt{(1-s)(1+s)}} = \int_{-1}^0 \frac{ds}{\sqrt{1-s^2}} = \arcsin 0 - \arcsin(-1) = \frac{\pi}{2}.$$

Das Integral (3.72) ist also ein gewöhnliches Integral, dass wir explizit ausrechnen können, z.B. mit Hilfe der Stammfunktionen-Tabelle aus Abschnitt 2.1.   ♡

Ein weiteres wichtiges uneigentliches Integral ist

$$(3.73) \qquad \Gamma(t) := \int_0^\infty x^{t-1} e^{-x} \, dx;$$

wir schreiben es als Funktion von t, weil es ja von t abhängt. Natürlich stellt sich die Frage, für welche t dieses Integral überhaupt existiert, d.h. die Frage nach dem Definitionsbereich der Funktion Γ.

Da der Integrand für $t < 1$ bei $x = 0$ unbeschränkt wird, zerlegen wir es wieder in der Form $\Gamma(t) = \Gamma_1(t) + \Gamma_2(t)$ mit

$$(3.74) \qquad \Gamma_1(t) := \int_0^1 x^{t-1} e^{-x}\, dx, \qquad \Gamma_2(t) := \int_1^\infty x^{t-1} e^{-x}\, dx.$$

Sei zunächst $0 < x \leq 1$. Dann gilt $0 < x^{t-1} e^{-x} \leq x^{t-1}$, also

$$\Gamma_1(t) \leq \int_0^1 x^{t-1}\, dx,$$

und das zweite Integral ist gerade das Integral $I_{1-t}(0,1)$ aus (3.61), welches nach Tabelle 3.6 genau für $t > 0$ existiert. Daher existiert auch das Integral $\Gamma_1(t)$ für $t > 0$.

Sei nun $x > 1$. Wie wir in Beispiel 2.43 gesehen haben, gilt für alle $t \in \mathbb{R}$

$$\lim_{x \to \infty} \frac{x^{t-1}}{e^{x/2}} = 0.$$

Nach Definition des uneigentlichen Grenzwerts (Definition 1.38) finden wir also ein $\omega > 0$ derart, dass aus $x > \omega$ stets $x^{t-1} e^{-x/2} < 1$ folgt, also auch $x^{t-1} e^{-x} < e^{-x/2}$. Damit erhalten wir für $b > \omega$

$$\int_\omega^b x^{t-1} e^{-x}\, dx \leq \int_\omega^b e^{-x/2}\, dx = -\left[2 e^{-x/2}\right]_\omega^b \to 2 e^{-\omega/2} \qquad (b \to \infty).$$

Dies zeigt, dass das Integral $\Gamma_2(t)$ sogar für alle $t \in \mathbb{R}$ existiert, das Integral $\Gamma(t)$ also sicher für $t > 0$.

Definition 3.68. Die durch (3.73) definierte Funktion $\Gamma : (0, \infty) \to \mathbb{R}$ heißt *Eulersche Gammafunktion*.[36] $\square$

Es ist instruktiv, einzelne Werte der Gammafunktion explizit zu berechnen. Beispielsweise ist

$$(3.75) \qquad \Gamma(1) = \int_0^\infty e^{-x}\, dx = \lim_{b \to \infty} \left[-e^{-x}\right]_0^b = -\lim_{b \to \infty} e^{-b} + 1 = 1.$$

Das Integral $\Gamma(1/2)$ ist nichts anderes als das Integral auf der rechten Seite von (3.64); ein Vergleich mit (3.59) zeigt, dass es den Wert

$$(3.76) \qquad \Gamma(\tfrac{1}{2}) = \int_0^\infty \frac{e^{-x}}{\sqrt{x}}\, dx = \sqrt{\pi}$$

hat. Weitere Werte der Gammafunktion kann man mit Hilfe des folgenden Satzes berechnen:

Satz 3.69. *Die Gammafunktion (3.73) erfüllt die Funktionalgleichung*

$$(3.77) \qquad \Gamma(t+1) = t\Gamma(t) \qquad (t > 0).$$

---

[36] nach Leonhard Euler (1707-1783).

Beweis: Wir betrachten wieder die Zerlegung von $\Gamma(t)$ in die beiden Teilintegrale $\Gamma_1(t)$ und $\Gamma_2(t)$ aus (3.74). Partielle Integration liefert dann einerseits für $0 < a < 1$

$$\int_a^1 x^t e^{-x}\, dx = \left[-x^t e^{-x}\right]_a^1 + \int_a^1 t x^{t-1} e^{-x}\, dx = a^t e^{-a} - \frac{1}{e} + t \int_a^1 x^{t-1} e^{-x}\, dx.$$

Nach Grenzübergang $a \to 0+$ erhält man hieraus

$$\Gamma_1(t+1) = \int_0^1 x^t e^{-x}\, dx = -\frac{1}{e} + t\Gamma_1(t).$$

Entsprechend bekommen wir für $1 < b < \infty$ durch partielle Integration

$$\int_1^b x^t e^{-x}\, dx = \left[-x^t e^{-x}\right]_1^b + \int_1^b t x^{t-1} e^{-x}\, dx = \frac{1}{e} - b^t e^{-b} + t \int_1^b x^{t-1} e^{-x}\, dx.$$

also nach Grenzübergang $b \to \infty$

$$\Gamma_2(t+1) = \int_1^\infty x^t e^{-x}\, dx = \frac{1}{e} + t\Gamma_2(t).$$

Addieren von Γ_1 und Γ_2 auf beiden Seiten liefert dann die Behauptung. $\blacksquare$

Die Funktionalgleichung (3.77) hat interessante Konsequenzen. Starten wir nämlich mit $x = 1$, so bekommen wir unter Benutzung von (3.75) und (3.77)

$$\Gamma(2) = 1\Gamma(1) = 1,\ \Gamma(3) = 2\Gamma(2) = 2 \cdot 1,\ \Gamma(4) = 3\Gamma(3) = 3 \cdot 2,\ \dots$$

und allgemein die leicht per Induktion beweisbare Formel

(3.78) $\Gamma(n) = (n-1)!,$

welche zeigt, dass die Gammafunktion die Fakultäten in gewisser Weise „interpoliert". Wir können dies so interpretieren, dass die Gammafunktion die Fakultätsfunktion $n \mapsto (n-1)!$ von der Menge der natürlichen auf die Menge aller positiven reellen Zahlen *fortsetzt*. Starten wir beispielsweise mit $x = 1/2$, so bekommen wir unter Benutzung von (3.76) und (3.77)

$$\Gamma(3/2) = \frac{3}{2}\Gamma(1/2) = \frac{\sqrt{\pi}}{2},\ \Gamma(5/2) = \frac{3}{2}\Gamma(3/2) = \frac{3}{2}\frac{\sqrt{\pi}}{2},\ \Gamma(7/2) = \frac{5}{2}\Gamma(5/2) = \frac{15}{4}\frac{\sqrt{\pi}}{2},\ \dots$$

und entsprechend so weiter für Argumente der Form $x = (2n+1)/2$ mit $n \in \mathbb{N}$. Etwas salopp könnten wir in Analogie zu (3.78) also sagen, dass beispielsweise

$$\frac{3}{2}! = \Gamma(5/2) = \frac{3}{4}\sqrt{\pi} \approx 1,327$$

ist, was in der Tat zwischen $1! = 1$ und $2! = 2$ liegt, und dass analog

$$\frac{5}{2}! = \Gamma(7/2) = \frac{15}{8}\sqrt{\pi} \approx 3,319$$

ist, was in der Tat zwischen $2! = 2$ und $3! = 6$ liegt.

Die Formel (3.77) hat auch eine wichtige theoretische Konsequenz: Obwohl $\Gamma(t)$ zunächst nur für $t > 0$ durch das Integral (3.73) erklärt werden kann, können wir $\Gamma(t)$ auch für negative nicht-ganze Zahlen *definieren*, indem wir für $-1 < t < 0$ einfach $\Gamma(t) := \Gamma(t+1)/t$ setzen. Dann können wir aber $\Gamma(t)$ durch dieselbe Formel weiter auf $(-2,-1)$ fortsetzen, und entsprechend so weiter. Auf diese Weise haben wir Γ auf der ganzen Menge $\mathbb{R} \setminus \{0,-1,-2,-3,\dots\}$ erklärt; der Graph dieser Funktion ist in Abbildung 3.9 angedeutet.

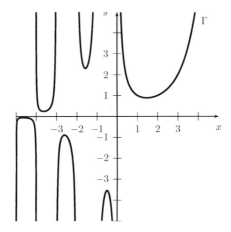

Abbildung 3.9: Die Gammafunktion

Als Anwendung von Satz 3.69 und Formel (3.76) berechnen wir im folgenden Beispiel noch zwei uneigentliche Integrale, denen man es nicht gleich ansieht, dass sie etwas mit der Gammafunktion zu tun haben:

Beispiel 3.70. Zu berechnen sind die beiden uneigentlichen Integrale 1. Art

$$I_1 := \int_0^\infty \sqrt{y}\, e^{-y^3}\, dy, \qquad I_2 := \int_0^\infty a^{-4z^2}\, dz \quad (a > 1).$$

Zur Berechnung des ersten Integrals benutzen wir die Substitution $x := y^3$ und erhalten

$$I_1 = \frac{1}{3} \int_0^\infty x^{-1/2} e^{-x}\, dx = \frac{\Gamma(1/2)}{3} = \frac{\sqrt{\pi}}{3}.$$

Zur Berechnung des zweiten Integrals bemerken wir zunächst, dass

$$a^{-4z^2} = e^{-4z^2 \log a} = e^{-(4 \log a)z^2}$$

ist. Daher bietet sich hier die Substitution $x := (4 \log a)z^2$ an, die auf das Integral

$$I_2 = \frac{1}{2\sqrt{4 \log a}} \int_0^\infty x^{-1/2} e^{-x}\, dx = \frac{\Gamma(1/2)}{4\sqrt{\log a}} = \frac{\sqrt{\pi}}{4\sqrt{\log a}}$$

führt. $\heartsuit$

Die Gammafunktion (3.73) hängt eng mit dem Integral

$$(3.79) \qquad B(p,q) := \int_0^1 x^{p-1}(1-x)^{q-1}\, dx \qquad (p,q > 0)$$

zusammen, welches *Beta-Integral* oder auch *Betafunktion* genannt wird. Nach Anwendung der Substitution $x = 1 - y$ sieht man leicht, dass $B(p,q) = B(q,p)$ gilt, d.h. das Integral (3.79) ist symmetrisch in p und q. Interessanter ist die Substitution $x = \sin^2 \tau$; sie liefert $1 - x = \cos^2 \tau$, also die Formel

$$(3.80) \qquad B(p,q) = 2 \int_0^{\pi/2} \sin^{2p-1} \tau \cos^{2q-1} \tau \, d\tau,$$

die auch manchmal als Definition des Beta-Integrals $B(p,q)$ genommen wird. Die interessanteste Eigenschaft des Beta-Integrals ist jedoch die Gleichheit

$$(3.81) \qquad B(p,q) = \frac{\Gamma(p)\Gamma(q)}{\Gamma(p+q)},$$

die die angekündigte Beziehung zur Gammafunktion herstellt. Die Gleichheit (3.81) ist nicht nur von theoretischem Interesse, sondern dient auch als wichtiges Hilfsmittel zur Berechnung uneigentlicher Integrale. Hierzu bringen wir ein Beispiel; weitere Beispiele findet man in den Aufgaben 3.59 – 3.61.

Beispiel 3.71. Zu berechnen sind die drei Integrale

$$(3.82) \quad I_1 := \int_0^2 \frac{y^2}{\sqrt{2-y}} \, dy, \qquad I_2 := \int_0^1 z^4 \sqrt{c^2 - z^2} \, dz, \qquad I_3 := \int_0^{\pi/2} \sin^2 \tau \, d\tau.$$

Zur Berechnung des ersten Integrals benutzen wir die Substitution $y = 2x$ und erhalten nach (3.81)

$$I_1 = 4\sqrt{2} \int_0^1 \frac{x^2}{\sqrt{1-x}} \, dx = 4\sqrt{2} B(3, 1/2) = 4\sqrt{2} \frac{\Gamma(3)\Gamma(1/2)}{\Gamma(7/2)} = \frac{64\sqrt{2}}{15}.$$

Zur Berechnung des zweiten Integrals in (3.82) benutzen wir die Substitution $z = \sqrt{x}$ und erhalten wieder nach (3.81)

$$I_2 = \int_0^1 x\sqrt{x}\sqrt{1-x} \, dx = B(5/2, 3/2) = \frac{\Gamma(5/2)\Gamma(3/2)}{\Gamma(4)} = \frac{\pi}{16}.$$

Das dritte Integral in (3.82) können wir einerseits mittels partieller Integration berechnen. Setzen wir $f(\tau) = g'(\tau) := \sin \tau$, so bekommen wir $f'(\tau) = \cos \tau$ und $g(\tau) = -\cos \tau$, also

$$I_3 = \int_0^{\pi/2} f(\tau)g'(\tau) \, d\tau = -[\sin \tau \cos \tau]_0^{\pi/2} - \int_0^{\pi/2} f'(\tau)g(\tau) \, d\tau$$

$$= \int_0^{\pi/2} \cos^2 \tau \, d\tau = \int_0^{\pi/2} \left(1 - \sin^2 \tau\right) d\tau = \frac{\pi}{2} - I_3.$$

Hieraus folgt sofort, dass $I_3 = \pi/4$ ist. Andererseits können wir aber auch die Gleichheiten (3.80) und (3.81) benutzen und bekommen dann

$$I_3 = \frac{1}{2} B(3/2, 1/2) = \frac{1}{2} \frac{\Gamma(3/2)\Gamma(1/2)}{2\Gamma(2)} = \frac{1}{2} \frac{\sqrt{\pi}}{2} \sqrt{\pi} = \frac{\pi}{4}.$$

Bei diesen Rechnungen haben wir sowohl die Rekursionsformel (3.77) für $\Gamma(t)$ als auch den speziellen Wert (3.76) für $\Gamma(1/2)$ benutzt. ♡

Man könnte auch auf die Idee kommen, das dritte Integral in (3.82) mittels der in Beispiel 3.40 beschriebenen Methode zu berechnen, weil es die Form (3.39) mit $a = 0$, $b = \pi/2$ und $g(u, v) = u^2$ hat. Nach der dort angegebenen Substitution geht (3.40) dann wegen $\tan(\pi/4) = 1$ in das Integral

$$J_{0,\pi/2} = 2 \int_0^1 \frac{4t^2}{(1+t^2)^2} \frac{dt}{1+t^2} = 8 \int_0^1 \frac{t^2}{(1+t^2)^3} \, dt$$

über. Das letzte Integral kann man mittels Partialbruchzerlegung zerlegen in

$$\int_0^1 \frac{t^2}{(1+t^2)^3} \, dt = \int_0^1 \frac{1}{(1+t^2)^2} \, dt - \int_0^1 \frac{1}{(1+t^2)^3} \, dt$$

und anschließend unter Zuhilfenahme einer Formelsammlung berechnen. Als Ergebnis erhält man wiederum $J_{0,\pi/2} = \pi/4$. Allerdings ist die oben benutzte Methode mittels der Beta- und Gammafunktion erheblich eleganter.

Zum Abschluss betrachten wir noch einmal Funktionen vom Typ, wie wir sie in den Beispielen 3.22 – 3.25 schon für viele Beispiele und Gegenbeispiele verwenden konnten, und zwar diesmal vom Standpunkt der (uneigentlichen) Integrierbarkeit ihrer Ableitungen:

Beispiel 3.72. Sei $f : [0, 1] \to \mathbb{R}$ definiert durch

$$f(x) := \begin{cases} x\sqrt{x} \sin \dfrac{1}{x} & \text{für } 0 < x \le 1, \\ 0 & \text{für } x = 0. \end{cases}$$

Diese Funktion ist differenzierbar mit $f'(0) = 0$ und

$$f'(x) = \frac{3}{2} \sqrt{x} \sin \frac{1}{x} - \frac{1}{\sqrt{x}} \cos \frac{1}{x} \qquad (0 < x \le 1),$$

gehört also zu $D^1([0, 1]) \setminus B^1([0, 1])$. Wegen

$$|f'(x)| \le \frac{3}{2} + \frac{1}{\sqrt{x}} \qquad (0 < x \le 1)$$

ist die Funktion $x \mapsto |f'(x)|$ also auf $[0, 1]$ zwar nicht Riemann-integrierbar, aber uneigentlich integrierbar. ♡

Beispiel 3.73. Sei $f : [0, 1] \to \mathbb{R}$ nun definiert durch

$$f(x) := \begin{cases} x^2 \sin \dfrac{1}{x^2} & \text{für } 0 < x \le 1, \\ 0 & \text{für } x = 0. \end{cases}$$

Auch diese Funktion ist differenzierbar mit $f'(0) = 0$ und

$$f'(x) = 2x \sin \frac{1}{x^2} - \frac{2}{x} \cos \frac{1}{x^2} \qquad (0 < x \leq 1),$$

gehört also genauso wie die aus dem vorigen Beispiel zu $D^1([0,1]) \setminus B^1([0,1])$. Setzen wir aber für $k = 1, 2, 3 \ldots$

$$a_k := \frac{\sqrt{2}}{\sqrt{(4k+3)\pi}}, \quad b_k := \frac{\sqrt{2}}{\sqrt{(4k+1)\pi}},$$

so gilt $0 < \ldots < b_{k+1} < a_k < b_k < a_{k-1} < \ldots < 1$ sowie $f(a_k) = -a_k^2$ und $f(b_k) = b_k^2$, also

$$\int_0^1 |f'(x)|\, dx \geq \sum_{k=1}^n \int_{a_k}^{b_k} |f'(x)|\, dx = \sum_{k=1}^n f(b_k) - \sum_{k=1}^n f(a_k) \geq \sum_{k=1}^n \frac{1}{2k\pi}.$$

Da die rechte Summe für $n \to \infty$ unbeschränkt wächst (s. Beispiel A.25 im Anhang), ist in diesem Beispiel die Funktion $x \mapsto |f'(x)|$ auf $[0,1]$ nicht einmal uneigentlich integrierbar.[37]   ♡

3.6. Aufgaben zu Kapitel 3. Über die folgenden Aufgaben zu diesem Kapitel hinaus findet man weitere Aufgaben z.B. in [7-11,13,14,16].

Aufgabe 3.1. Beweisen Sie, dass $f : \mathbb{R} \to \mathbb{R}$ genau dann stetig in x_0 ist, wenn $\omega(f; x_0) = 0$ gilt, wobei $\omega(f; x_0)$ gemäß (3.50) definiert sei.

Aufgabe 3.2. Beweisen Sie, dass für eine monotone Funktion f die Gleichheit

$$\omega(f; x_0) = \left| \lim_{x \to x_0+} f(x) - \lim_{x \to x_0-} f(x) \right|$$

mit $\omega(f; x_0)$ gemäß (3.50) gilt. Ist dies auch für nicht-monotone Funktionen richtig?

Aufgabe 3.3. Zeigen Sie, dass für $f \in B(\mathbb{R})$ die beiden Funktionen

$$M_f(x) := \lim_{\delta \to 0+} \sup \{f(y) : y \in (x - \delta, x + \delta)\}$$

und

$$m_f(x) := \lim_{\delta \to 0-} \inf \{f(y) : y \in (x - \delta, x + \delta)\}$$

existieren. Beweisen Sie weiter, dass die Oszillation (3.50) von f in x der Gleichheit

$$\omega(f; x) = M_f(x) - m_f(x)$$

genügt. Berechnen Sie $M_f(0)$ und $m_f(0)$ für die Funktionen f aus den Beispielen 1.7 – 1.12 und stellen Sie einen Bezug zu Aufgabe 3.2 her.

---

[37]Zu Beginn dieses Kapitels haben wir erwähnt, dass das sog. *Lebesgue-Integral* in mancher Hinsicht dem von uns ausschließlich betrachteten Riemann-Integral überlegen ist. Beispiel 3.73 zeigt, dass auch das Lebesgue-Integral nicht ausreicht, um aus der Kenntnis einer Funktion durch Integrieren eine Stammfunktion zu ermitteln. Dies wird erst durch ein noch allgemeineres Integral geleistet, welches *Perron-Denjoy-Integral* heißt.

Aufgabe 3.4. Zeigen Sie, dass das Integral einer ungeraden integrierbaren Funktion (s. Aufgabe 1.5) über einem zu 0 symmetrischen Intervall $[-c, c]$ stets Null ist. Kann man auch das Integral einer geraden integrierbaren Funktion über $[-c, c]$ einfacher darstellen?

Aufgabe 3.5. Beweisen Sie die Inklusion $BV([a, b]) \subseteq R([a, b])$, d.h. jede Funktion von beschränkter Variation ist integrierbar. Zeigen Sie ferner, dass die Inklusion strikt ist.

Aufgabe 3.6. Sei $f : [a, b] \to \mathbb{R}$ eine beschränkte Funktion mit der Eigenschaft, dass der rechtsseitige Grenzwert von f an jeder Stelle $x \in [a, b]$ existiert (d.h. es gilt $L^+(f) = [a, b]$ in der Terminologie von Satz 1.26). Zeigen Sie, dass f auf $[a, b]$ integrierbar ist. Wieso erhalten wir hieraus noch einmal Satz 3.5?

Aufgabe 3.7. Für welche α und β hat die Funktion $f_{\alpha,\beta}$ aus Aufgabe 1.40 eine integrierbare Ableitung auf $[0, 1]$? Eine uneigentlich integrierbare Ableitung auf $[0, 1]$?

Aufgabe 3.8. Für welche $\alpha > 0$ hat die durch (2.47) definierte Funktion f_α eine nicht-integrierbare Ableitung auf $[0, 1]$?

Aufgabe 3.9. Sei $f : [a, b] \to \mathbb{R}$ stetig, und sei F Stammfunktion zu f auf (a, b). Ist F dann auch auf $[a, b]$ Stammfunktion zu f?

Aufgabe 3.10. Zeigen Sie, dass die Integralfunktion (3.17) einer Funktion $f \in C^n([a, b])$ zu $C^{n+1}([a, b])$ gehört.

Aufgabe 3.11. Seien $f : [a, b] \to \mathbb{R}$ stetig und $g : [a, b] \to \mathbb{R}$ stetig und nichtnegativ. Beweisen Sie, dass es dann ein $\xi \in [a, b]$ gibt derart, dass

$$\int_a^b f(x)g(x)\,dx = f(\xi) \int_a^b g(x)\,dx$$

gilt. Wie erhält man hieraus Satz 3.10 als Spezialfall? Gilt dieses Ergebnis auch, wenn man die Voraussetzung $g(x) \geq 0$ fallenlässt?

Aufgabe 3.12. Sei $f : [a, b] \to \mathbb{R}$ differenzierbar und monoton wachsend, und sei $g : [a, b] \to \mathbb{R}$ stetig. Zeigen Sie, dass es ein $c \in (a, b)$ gibt derart, dass

$$\int_a^b f(x)g(x)\,dx = f(a) \int_a^c g(x)\,dx + f(b) \int_c^b g(x)\,dx$$

gilt. Illustrieren Sie dies an einem selbstgewählten nichttrivialen Beispiel.

Aufgabe 3.13. Zeigen Sie, dass es Zahlen $\xi, \eta \in [0, 1]$ gibt mit

$$\int_0^1 \frac{\sin \pi x}{x^2 + 1}\,dx = \frac{2}{\pi(\xi^2 + 1)} = \frac{\pi}{4} \sin \pi\eta.$$

Aufgabe 3.14. Eine stetige Funktion $f : [a, b] \to \mathbb{R}$ besitze in jedem Punkt $x \in [a, b]$ eine symmetrische Ableitung $f^\wedge(x)$ (s. Aufgabe 2.5), und die Funktion $f^\wedge$ sei integrierbar über $[a, b]$. Zeigen Sie, dass dann die zu (3.20) analoge Formel

$$\int_a^b f^\wedge(x)\, dx = f(b) - f(a)$$

gilt.

Aufgabe 3.15. Eine Funktion $f_0 : [0, 1] \to [0, \infty)$ sei stetig und monoton wachsend. Für $n = 1, 2, 3, \ldots$ erzeugen wir f_n aus f_{n-1} rekursiv durch Bilden der Integralfunktion, d.h.

$$f_n(x) := J f_{n-1}(x) = \int_0^x f_{n-1}(t)\, dt.$$

Beweisen Sie, dass die Abschätzung

$$f_n(x) \le \frac{x}{n} f_{n-1}(x)$$

für alle $x \in [0, 1]$ gilt.

Aufgabe 3.16. Für $\alpha > 1$ sei $f_\alpha : [0, \pi] \to \mathbb{R}$ definiert durch

$$f_\alpha(x) := \frac{1}{\alpha - \cos x}.$$

Zeigen Sie, dass durch

$$F_\alpha(x) := \frac{2}{\sqrt{\alpha^2 - 1}} \arctan \frac{(\alpha - 1) \tan \frac{x}{2}}{\sqrt{\alpha^2 - 1}}$$

eine Stammfunktion zu f_α gegeben ist. Benutzen Sie dies, um zu zeigen, dass

$$I_\alpha := \int_0^\pi \frac{dt}{\alpha - \cos t} = \frac{\pi}{\sqrt{\alpha^2 - 1}}$$

gilt.

Aufgabe 3.17. Es sei $f : [0, 1] \to \mathbb{R}$ eine Funktion, die sich in der Form

$$f(x) := \begin{cases} g(1/x) & \text{für } 0 < x \le 1, \\ 0 & \text{für } x = 0 \end{cases}$$

schreiben lässt, wobei die Funktion g eine Stammfunktion G besitze. Zeigen Sie, dass dann auch f eine Stammfunktion besitzt, nämlich

$$F(x) := -x^2 G(1/x) + 2 \int_{1/x}^\infty \frac{G(t)}{t^3}\, dt \qquad (x > 0).$$

Vergleichen Sie dies mit Beispiel 3.26.

Aufgabe 3.18. Sei $f \in St([a, b])$ beschränkt, und sei $g \in C([a, b])$. Zeigen Sie, dass dann $f \cdot g \in St([a, b])$ gilt. Diskutieren Sie unter diesem Gesichtspunkt noch einmal die Funktionen aus Beispiel 3.27.

Aufgabe 3.19. Sei $f : [a, b] \to [c, d]$ stetig differenzierbar mit positiver Ableitung, und sei $g \in St([c, d])$. Zeigen Sie, dass dann $g \circ f \in St([a, b])$ gilt. Diskutieren Sie unter diesem Gesichtspunkt noch einmal die Funktionen aus Beispiel 3.26 und Beispiel 3.28.

Aufgabe 3.20. Seien $f \in St([a, b])$ und $g \in C^1([a, b])$. Zeigen Sie, dass dann $f \cdot g \in St([a, b])$ gilt. Diskutieren Sie unter diesem Gesichtspunkt noch einmal die Funktionen aus Beispiel 3.27.

Aufgabe 3.21. Konstruieren Sie mit Hilfe der Funktion (1.15) wie in Beispiel 3.22 eine Funktion $f \in St([0, 1])$, die $f(x) \geq 1$ für alle $x \in [0, 1]$ erfüllt, für die aber $1/f \notin St([0, 1])$ gilt.

Aufgabe 3.22. Sei $f : [0, 1] \to \mathbb{R}$ definiert durch

$$f(x) := \begin{cases} \sin\dfrac{1}{x} + \cos\dfrac{1}{x} & \text{für } 0 < x \leq 1, \\ 0 & \text{für } x = 0 \end{cases}$$

Zeigen Sie, dass $f \in R([0, 1]) \cap St([0, 1])$ gilt, und konstruieren Sie eine Stammfunktion zu f.

Aufgabe 3.23. Jedes Paar $(\alpha, \beta) \in \mathbb{R}^2$ definiert eine *affine* Abbildung $g_{\alpha,\beta} : \mathbb{R} \to \mathbb{R}$ durch

$$g_{\alpha,\beta}(x) := \alpha x + \beta \qquad (x \in \mathbb{R}).$$

Zeigen Sie, dass dann $g_{\alpha,\beta} \circ f \in St([a, b])$ für jede Funktion $f \in St([a, b])$ gilt.

Aufgabe 3.24. Beweisen Sie die folgende Umkehrung von Aufgabe 3.23: Sei $g : \mathbb{R} \to \mathbb{R}$ eine beliebige Abbildung mit der Eigenschaft, dass aus $f \in St([a, b])$ stets $g \circ f \in St([a, b])$ folgt. Zeigen Sie, dass g dann affin sein muss, d.h. es gibt $(\alpha, \beta) \in \mathbb{R}^2$ mit $g = g_{\alpha,\beta}$.

Aufgabe 3.25. Für $c \in \mathbb{R}$ sei $f_c : [0, 1] \to \mathbb{R}$ definiert durch

$$f_c(x) := \begin{cases} \sin\dfrac{1}{x} & \text{für } 0 < x \leq 1, \\ c & \text{für } x = 0. \end{cases}$$

Für welche c gilt

(a) $f_c \in C([0, 1])$? (b) $f_c \in St([0, 1])$? (c) $f_c \in Zw([0, 1])$? (d) $f_c \in R([0, 1])$?

Aufgabe 3.26. Welchen Wert hat das Integral der Funktion aus Beispiel 3.53 über $[0, 1]$?

Aufgabe 3.27. Beweisen Sie mit der Substitution $t := \sin\tau$, dass

$$\int_0^1 \sqrt{1 - t^2}\, dt = \frac{\pi}{4}$$

ist. Wie können Sie dieses Ergebnis anhand des Graphen des Integranden geometrisch interpretieren?

Aufgabe 3.28. Diese Aufgabe zeigt, zu welchen Fehlern eine bedenkenlose Schreibweise von Integralen ohne Angabe der Integrationsgrenzen führen kann. In vielen Schulbüchern (und leider sogar Analysisbüchern für Studenten von Mathematikern, die es besser wissen müssten), ist die Formel (3.33) für die partielle Integration zweier integrierbarer Funktionen f und g in der Form

$$\int f(x)g'(x)\,dx = f(x)g(x) - \int f'(x)g(x)\,dx$$

angegeben. Setzen wir hierin $f(x) := 1/x$ und $g(x) := x$, so bekommen wir $f'(x) = -1/x^2$ und $g'(x) \equiv 1$, also

$$\int \frac{1}{x} \cdot 1 \, dx = \frac{1}{x}x + \int \frac{1}{x^2}x \, dx = 1 + \int \frac{1}{x}\,dx.$$

Da das erste mit dem letzten Integral übereinstimmt, erhalten wir nach Subtraktion dieses Integrals die bemerkenswerte Gleichheit $0 = 1$. Wo steckt der Fehler?

Aufgabe 3.29. Finden Sie mittels Partialbruchzerlegung eine Stammfunktion F der durch

$$f(x) := \frac{x+1}{x^4 - x}$$

definierten Funktion f und bestimmen Sie den maximalen Definitionsbereich von f und F.

Aufgabe 3.30. Berechnen Sie die Integrale

$$(a) \int_0^\pi e^x \sin x \, dx \qquad (b) \int_0^1 \arctan s \, ds \qquad (c) \int_0^2 u^2 \sinh u \, du$$

mittels partieller Integration.

Aufgabe 3.31. Berechnen Sie die Integrale

$$(a) \int_0^1 \frac{dx}{(1+x^2)^{3/2}}, \qquad (b) \int_1^3 \frac{dt}{\sin^2 t \cos^4 t}, \qquad (c) \int_{\pi/2}^\pi \frac{d\alpha}{\sin \alpha}$$

mit der Substitutionsmethode.

Aufgabe 3.32. Berechnen Sie die Integrale

$$(a) \int_2^3 \frac{x+1}{x^4 - x}\,dx, \qquad (b) \int_0^1 \frac{t^2}{t^4 + 1}\,dt, \qquad (c) \int_2^4 \frac{dv}{2v^2 + 4v - 1}$$

mittels Partialbruchzerlegung.

Aufgabe 3.33. Berechnen Sie die drei Integrale

$$(a) \int_1^2 \frac{x - \sqrt{x}}{x + \sqrt{x}}\,dx, \qquad (b) \int_1^2 \frac{\log^4 x - 1}{x(\log^3 x + 1)}\,dx, \qquad (c) \int_1^2 \frac{dx}{4\sqrt{x} + \sqrt{x^3}}$$

durch Kombination von Substitutionsmethode und Partialbruchzerlegung.

Aufgabe 3.34. Eine Funktion $\ell : (0, \infty) \to \mathbb{R}$ sei definiert durch

$$\ell(x) := \int_1^x \frac{dt}{t}.$$

Beweisen Sie mit Hilfe der Substitutionsregel, aber ohne Rückgriff auf den Logarithmus die Beziehungen

(a) $\ell(xy) = \ell(x) + \ell(y)$,   (b) $\ell(x^\alpha) = \alpha\ell(x)$,   (c) $\ell(e^x) = x$.

Aufgabe 3.35. Beweisen Sie durch wiederholte partielle Integration die Formel

$$\int_0^1 x^p(1-x)^q \, dx = \frac{p!q!}{(p+q+1)!} \qquad (p, q \in \mathbb{N}_0)$$

und vergleichen Sie dies mit (3.81).

Aufgabe 3.36. Berechnen Sie das Integral aus Beispiel 3.18 mittels partieller Integration.

Aufgabe 3.37. Berechnen Sie das Integral aus Beispiel 3.20 mittels Partialbruchzerlegung.

Aufgabe 3.38. Beweisen Sie für $f, g \in C^n([a, b])$ die folgende verallgemeinerte Formel für partielle Integration:

$$\int_a^b f^{(n)}(x)g(x) \, dx = \sum_{k=0}^{n-1} (-1)^k f^{(n-1+k)}(b)g^{(k)}(b)$$
$$- \sum_{k=0}^{n-1} (-1)^k f^{(n-1+k)}(a)g^{(k)}(a) + (-1)^n \int_a^b f(x)g^{(n)}(x) \, dx.$$

Benutzen Sie diese Formel, um möglichst einfach das Integral

$$I_n := \int_1^2 \frac{\log x}{x^n} \, dx$$

zu berechnen.

Aufgabe 3.39. Beweisen Sie Satz 3.9 mit Hilfe von Satz 3.47.

Aufgabe 3.40. Sei $f \in Zw([a, b])$. Beweisen Sie unter Benutzung von Aufgabe 1.21, dass f genau dann integrierbar ist, wenn $|f|$ integrierbar ist.

Aufgabe 3.41. Sei $M \subseteq [a, b]$. Beweisen Sie, dass genau dann $\chi_M \in R([a, b])$ gilt, wenn ∂M eine Nullmenge ist. Illustrieren Sie dies am Beispiel der charakteristischen Funktionen, die wir im Anschluss an Beispiel 1.13 betrachtet haben.

Aufgabe 3.42. Zeigen Sie, dass die Menge $A = [0, 1] \setminus O$ mit O gemäß (3.54) keine Nullmenge ist.

Aufgabe 3.43. Sei $f \in R([a,b])$ und F die Integralfunktion (3.17) zu f. Beweisen Sie, dass in jedem *Stetigkeitspunkt* x von f (d.h. $x \in [a,b] \setminus U(f)$) die Gleichheit $F'(x) = f(x)$ gilt. Schließen Sie hieraus, dass $F' = f$ f.ü. auf $[a,b]$ gilt.

Aufgabe 3.44. Ist die Riemann-Funktion aus Aufgabe 1.22 über $[0,1]$ integrierbar?

Aufgabe 3.45. Beweisen Sie, dass man zu jedem $f \in R([a,b])$ und jedem $\varepsilon > 0$ eine Funktion $g \in C([a,b])$ finden kann mit

$$\int_a^b |f(x) - g(x)| \, dx \le \varepsilon.$$

Illustrieren Sie dies an allen unstetigen integrierbaren Funktionen dieses Kapitels.

Aufgabe 3.46. Beweisen Sie, dass ein Intervall $I \subset \mathbb{R}$ genau dann kompakt (d.h. abgeschlossen und beschränkt) ist, wenn folgendes gilt: Ist $\{I_\alpha : \alpha \in A\}$ eine beliebige Familie offener Intervalle mit

$$I \subseteq \bigcup_{\alpha \in A} I_\alpha,$$

so kann man Indizes $\alpha_1, \ldots, \alpha_m$ auswählen derart, dass schon

$$I \subseteq \bigcup_{j=1}^m I_{\alpha_j}$$

gilt, d.h. es genügen schon endlich viele der Intervalle I_α zur Überdeckung von I.

Aufgabe 3.47. Illustrieren Sie das Ergebnis aus Aufgabe 3.46 durch eine direkte Rechnung im Falle des Intervalls $[0,1]$.

Aufgabe 3.48. Finden Sie abzählbar unendlich viele offene Intervalle $I_1, I_2, I_3, \ldots$ derart, dass zwar

$$(0,1] \subseteq \bigcup_{k=1}^\infty I_k$$

gilt, aber für keine endliche Auswahl von Indizes $k_1, \ldots, k_m$

$$(0,1] \subseteq \bigcup_{j=1}^m I_{k_j}.$$

Aufgabe 3.49. Lösen Sie noch einmal Aufgabe 3.48 für das Intervall $[1,\infty)$ statt $(0,1]$.

Aufgabe 3.50. Beweisen Sie, dass eine kompakte Menge $N \subset \mathbb{R}$ genau dann eine Nullmenge ist, wenn man für jedes $\varepsilon > 0$ endlich viele Intervalle $I_1, \ldots, I_m$ finden kann mit

$$N \subseteq \bigcup_{j=1}^m I_j, \qquad \sum_{j=1}^m \lambda(I_j) < \varepsilon.$$

Aufgabe 3.51. Sei $f : [a,b] \to \mathbb{R}$ stetig mit $f(x) \ge 0$ auf $[a,b]$. Beweisen Sie, dass das Integral von f über $[a,b]$ genau dann Null ist, wenn $f(x) \equiv 0$ gilt.

Aufgabe 3.52. Eine Funktion $f : [0, \infty) \to \mathbb{R}$ sei uneigentlich über $[0, \infty)$ integrierbar, und der uneigentliche Grenzwert

$$L := \lim_{x \to \infty} f(x)$$

existiere. Beweisen Sie, dass dann auch

$$\lim_{x \to \infty} \frac{1}{x} \int_0^x f(t)\, dt = L$$

gilt. (Die Existenz des Grenzwerts ist mitzubeweisen.)

Aufgabe 3.53. Zwei Funktionen $f, g : [0, \infty) \to \mathbb{R}$ seien uneigentlich über $[0, \infty)$ integrierbar, und die uneigentlichen Grenzwerte

$$L_f := \lim_{x \to \infty} f(x), \qquad L_g := \lim_{x \to \infty} g(x)$$

mögen existieren. Beweisen Sie, dass dann

$$\lim_{x \to \infty} \frac{1}{x} \int_0^x f(t)g(x - t)\, dt = L_f L_g$$

gilt. (Die Existenz des Grenzwerts ist mitzubeweisen.)

Aufgabe 3.54. Seien $a > 0$ und $f : [a, \infty) \to \mathbb{R}$ eine Funktion. Es gebe ein $p \in \mathbb{R}$ derart, dass der uneigentliche Grenzwert

$$L_p := \lim_{x \to \infty} x^p f(x)$$

existiert. Beweisen Sie:

(a) Ist L_p reell und $p > 1$, so existiert das uneigentliche Integral $\int_a^\infty f(x)\, dx$.

(b) Ist $L_p \neq 0$ oder $L_p = \infty$ oder $L_p = -\infty$, und ist $p \leq 1$, so existiert das uneigentliche Integral $\int_a^\infty f(x)\, dx$ nicht.

Finden Sie auch ein Beispiel, welches zeigt, dass die Bedingung $L_p \neq 0$ in (b) wesentlich ist.

Aufgabe 3.55. Untersuchen Sie mit dem Kriterium aus Aufgabe 3.54 noch einmal die uneigentlichen Integrale aus Beispiel 3.65.

Aufgabe 3.56. Klassifizieren Sie die folgenden uneigentlichen Integrale:

(a) $\displaystyle\int_{-1}^1 \frac{x}{\sqrt[3]{x}(x + 1)}\, dx,$ (b) $\displaystyle\int_3^{10} \frac{x}{(x - 2)^2}\, dx,$ (c) $\displaystyle\int_0^\pi \frac{1 - \cos x}{x^2}\, dx$

(d) $\displaystyle\int_0^\infty \frac{dx}{1 + \tan x},$ (e) $\displaystyle\int_{-\infty}^\infty \frac{x^2}{x^4 + x^2 + 1}\, dx,$ (f) $\displaystyle\int_0^\pi \frac{dx}{\sin x}.$

Aufgabe 3.57. Untersuchen Sie, ob die beiden uneigentlichen Integrale

(a) $\displaystyle\int_1^\infty \frac{x\,dx}{3x^4 + 5x^2 + 1},$ (b) $\displaystyle\int_2^\infty \frac{x^2 - 1}{\sqrt{x^6 + 16}}\, dx$

existieren.

Aufgabe 3.58. Zeigen Sie, dass

$$\int_0^1 \frac{du}{\sqrt{-\log u}} = \sqrt{\pi}$$

ist. Skizzieren Sie den Graphen des Integranden.

Aufgabe 3.59. Berechnen Sie die Integrale

$$\text{(a)} \int_0^{\pi/2} \sin^4 \tau \cos^5 \tau \, d\tau, \qquad \text{(b)} \int_0^{\pi/2} \cos^4 \tau \, d\tau.$$

Aufgabe 3.60. Beweisen Sie für $n \in \mathbb{N}$ die Gleichheit

$$\int_0^{\pi/2} \sin^n \tau \, d\tau = \int_0^{\pi/2} \cos^n \tau \, d\tau = \begin{cases} \dfrac{1 \cdot 3 \cdot 5 \cdots (n-1)}{2 \cdot 4 \cdot 6 \cdots n} \dfrac{\pi}{2} & \text{für } n \text{ gerade,} \\[2mm] \dfrac{2 \cdot 4 \cdot 6 \cdots (n-1)}{1 \cdot 3 \cdot 5 \cdots n} & \text{für } n \text{ ungerade} \end{cases}$$

und vergleichen Sie dies speziell mit dem dritten Integral aus Beispiel 3.71.

Aufgabe 3.61. Zeigen Sie, dass

$$\int_0^2 u \sqrt[3]{8 - u^3} \, du = \frac{16\pi}{9\sqrt{3}}$$

ist.

Aufgabe 3.62. Untersuchen Sie, ob die folgenden uneigentlichen Integrale existieren:

$$\text{(a)} \int_0^{\pi/2} \frac{dx}{\sqrt{\sin x}} \qquad \text{(b)} \int_0^{\pi} \frac{\log \sin x}{\sqrt{x}} dx, \qquad \text{(c)} \int_0^1 \frac{\log x}{(1-x)\sqrt{x}} dx,$$

$$\text{(d)} \int_0^{\infty} \frac{\exp(-2\sqrt{x})}{\sqrt{x}} \, dx, \qquad \text{(e)} \int_0^{\infty} \frac{\log^2 x}{x^{3/4}} \, dx, \qquad \text{(f)} \int_0^{\infty} \frac{dx}{\sqrt{\cosh x - 1}}.$$

Aufgabe 3.63. Beweisen Sie die Formeln

$$\text{(a)} \int_0^1 \log x \, dx = -1, \qquad \text{(b)} \int_1^{\infty} \log x \, dx = \infty.$$

Aufgabe 3.64. Beweisen Sie, dass die uneigentlichen Integrale

$$\text{(a)} \int_0^1 \frac{|\log x|}{\sqrt{x}} \, dx, \qquad \text{(b)} \int_0^1 \frac{|\log x|}{x} \, dx$$

existieren.

Aufgabe 3.65. Beweisen Sie, dass die uneigentlichen Integrale

$$\text{(a)} \int_1^2 \frac{dx}{\log x}, \qquad \text{(b)} \int_0^1 \frac{dx}{\sqrt{x}\,\log x}\, dx$$

nicht existieren.

Aufgabe 3.66. Beweisen Sie, dass das uneigentliche Integral

$$I_\alpha := \int_0^\infty \frac{\sin t}{t^\alpha}\, dt$$

für $0 < \alpha < 2$ existiert.

Aufgabe 3.67. Kann man das Integral der Funktion aus Beispiel 3.41 über $[0, \pi/2]$ mit Hilfe der Formeln (3.80) und (3.81) berechnen?

Aufgabe 3.68. Sei $f : [1, \infty) \to \mathbb{R}$ definiert durch $f(x) := \cos x^2$. Beweisen Sie, dass (3.65) für f erfüllt ist, nicht aber (3.66).

Aufgabe 3.69. Sei $f : [1, \infty) \to \mathbb{R}$ definiert durch $f(x) := x \sin x^4$. Beweisen Sie, dass (3.65) für f erfüllt ist, obwohl f auf *keinem* Intervall der Form $[a, \infty)$ mit $a > 1$ beschränkt ist (also (3.67) nicht gilt). Substituieren Sie $t := x^4$ und stellen Sie eine Verbindung zu Aufgabe 3.66 her.

Aufgabe 3.70. Sei $g : [1, \infty) \to \mathbb{R}$ definiert durch

$$g(x) := \begin{cases} 1 & \text{für } x = n \in \mathbb{N}, \\ n^2 x - n^3 + 1 & \text{für } n - \dfrac{1}{n^2} < x < n, \\ -n^2 x + n^3 + 1 & \text{für } n < x < n + \dfrac{1}{n^2}, \\ 0 & \text{sonst} \end{cases}$$

und $f : [1, \infty) \to \mathbb{R}$ durch

$$f(x) := g(x) + \frac{1}{x^2} \qquad (1 \le x < \infty).$$

Beweisen Sie, dass f der Bedingung (3.65) genügt, aber nicht der Bedingung (3.66).

Aufgabe 3.71. Sei $g : [1, \infty) \to \mathbb{R}$ definiert durch

$$g(x) := \begin{cases} n & \text{für } x = n \in \mathbb{N}, \\ n^4 x - n^5 + n & \text{für } n - \dfrac{1}{n^3} < x < n, \\ -n^4 x + n^5 + n & \text{für } n < x < n + \dfrac{1}{n^3}, \\ 0 & \text{sonst} \end{cases}$$

und $f : [1, \infty) \to \mathbb{R}$ wie in Aufgabe 3.70. Beweisen Sie, dass f der Bedingung (3.65) genügt, aber nicht der Bedingung (3.67).

Aufgabe 3.72. Für festes $b > 0$ sei $\omega : [0, 2b] \to \mathbb{R}$ eine stetige Funktion mit $\omega(0) = 0$ und

$$\int_0^{2b} \frac{ds}{\omega(s)} = \infty.$$

Sei weiter $f : [x_0, x_0 + a] \times [y_0 - b, y_0 + b] \to \mathbb{R}$ eine stetige Funktion, die bzgl. der zweiten Variablen einer Bedingung der Form

$$|f(x, y_1) - f(x, y_2)| \leq \omega(|y_1 - y_2|) \quad (x_0 \leq x \leq x_0 + a, \, |y_1 - y_0|, |y_2 - y_0| \leq b)$$

genügt. Beweisen Sie, dass das Anfangswertproblem (2.111) dann höchstens eine Lösung auf einem geeigneten Intervall $[x_0, x_0 + \alpha]$ mit $\alpha \leq a$ hat. Wieso enthält dieses Ergebnis Satz 2.72 als Spezialfall?

Aufgabe 3.73. Konstruieren Sie ein Beispiel eines Anfangswertproblems, auf das Aufgabe 3.72 anwendbar ist, nicht aber Satz 2.72.

Kapitel 4. Merkwürdige Funktionen

In diesem Kapitel gehen wir etwas über den Rahmen der Elementaren Analysis hinaus und betrachten Funktionen mit überraschenden Eigenschaften. Hierfür müssen wir zunächst einige Begriffe einführen, die in gewisser Weise die „Größe" einer Menge reeller Zahlen messen; typische Beispiele sind Nullmengen und magere Mengen. Eine besonders bemerkenswerte Funktion ist die sog. „Cantor-Funktion" (und ihre Varianten), der wir einen ganzen Abschnitt widmen werden. Im nachfolgenden Abschnitt diskutieren wir sog. absolutstetige Funktionen, die zwischen stetigen und Lipschitz-stetigen Funktionen liegen und – im Gegensatz zu einfachen stetigen Funktionen – auch mit Funktionen beschränkter Variation zusammenhängen. Schließlich stellen wir im letzten Abschnitt noch einen Katalog weiterer „origineller" Funktionen vor, die bei der Konstruktion überraschender Beispiele und Gegenbeispiele von Nutzen sind.

4.1. Cantor-Mengen. Die klassische Cantor-Menge[1] ist eine der bekanntesten Mengen, die zwar überabzählbar (also „groß" im Hinblick auf die Anzahl ihrer Elemente), aber trotzdem eine Nullmenge (also „klein" im Hinblick auf ihr Maß) ist. Den Begriff der Nullmenge haben wir schon in Definition 3.45 im letzten Kapitel eingeführt, ohne allgemeine Maßtheorie zu betreiben. Obwohl wir dies auch jetzt nicht tun wollen, erwähnen wir nur, dass ein *Maß* eine Abbildung λ ist, die gewissen Teilmengen $M \subseteq \mathbb{R}$ eine Zahl $\lambda(M) \geq 0$ zuordnet und die einige natürliche Eigenschaften hat. Für uns wichtig ist hier nur, dass beschränkte Intervalle der Form $[a,b]$, $[a,b)$, $(a,b]$ und (a,b) alle das Maß $b-a$ haben, dass aus $M \subseteq N$ stets $\lambda(M) \leq \lambda(N)$ folgt, und dass für eine Folge $(M_n)_n$ *disjunkter* Mengen die Beziehung

$$(4.1) \qquad \lambda\left(\bigcup_{n=1}^{\infty} M_n\right) = \sum_{n=1}^{\infty} \lambda(M_n)$$

gilt.[2] Hierbei setzen wir natürlich voraus, dass die Reihe auf der rechten Seite von (4.1) konvergiert.[3] Diese Definition ist übrigens mit dem in Definition 3.45 eingeführten Begriff der Nullmenge konsistent, denn aus (3.49) und (4.1) folgt

$$\lambda(N) \leq \lambda\left(\bigcup_{n=1}^{\infty} I_n\right) = \sum_{n=1}^{\infty} \lambda(I_n) \leq \varepsilon,$$

und da $\varepsilon > 0$ beliebig ist, bekommen wir $\lambda(N) = 0$. Dies zeigt, dass „Nullmengen" tatsächlich „Mengen vom Maß Null" sind.[4]

Aus der Monotonie der Maßfunktion λ folgt übrigens, dass eine Nullmenge keine inneren Punkte haben kann: Wäre nämlich $N^o \neq \emptyset$, so enthielte N ein nichtentartetes Intervall

---

[1]nach Georg Cantor (1845-1918).

[2]Diese drei Eigenschaften werden als *Normalisierung, Monotonie* und *σ-Additivität* von λ bezeichnet.

[3]Wegen der Nichtnegativität der Funktion λ konvergiert sie dann sogar *absolut*, und insbesondere kommt es nicht auf die Reihenfolge der $\lambda(M_n)$ an.

[4]Es gilt auch die Umkehrung: Mengen N, die keine Nullmengen im Sinne der Definition 3.45 sind, haben positives Maß.

© Springer-Verlag GmbH Deutschland, ein Teil von Springer Nature 2021
J. Appell, *Analysis in Beispielen und Gegenbeispielen*,
https://doi.org/10.1007/978-3-662-63433-2_4

(a, b), und dann gälte schon $\lambda(N) \geq \lambda((a, b)) = b - a > 0$. Dieses Ergebnis werden wir noch mehrmals benutzen.

Als einfachstes Beispiel einer Nullmenge kann, wie wir in Beispiel 3.46 gesehen haben, jede abzählbare (insbesondere endliche) Menge dienen, während nichtentartete Intervalle keine Nullmengen sind. Nun diskutieren wir ein berühmtes Beispiel einer überabzählbar unendlichen Nullmenge:

Beispiel 4.1. Sei $C_0 := [0, 1]$,

$$C_1 := [0, \tfrac{1}{3}] \cup [\tfrac{2}{3}, 1],$$

$$C_2 := [0, \tfrac{1}{9}] \cup [\tfrac{2}{9}, \tfrac{1}{3}] \cup [\tfrac{2}{3}, \tfrac{7}{9}] \cup [\tfrac{8}{9}, 1],$$

$$C_3 := [0, \tfrac{1}{27}] \cup [\tfrac{2}{27}, \tfrac{1}{9}] \cup [\tfrac{2}{9}, \tfrac{7}{27}] \cup [\tfrac{8}{27}, \tfrac{1}{3}] \cup [\tfrac{2}{3}, \tfrac{19}{27}] \cup [\tfrac{20}{27}, \tfrac{7}{9}] \cup [\tfrac{8}{9}, \tfrac{25}{27}] \cup [\tfrac{26}{27}, 1],$$

und so weiter. Anschaulich bedeutet diese Konstruktion, dass wir im ersten Schritt aus dem Intervall $[0, 1]$ das mittlere Drittel der Länge $\tfrac{1}{3}$ „wegwischen", im zweiten Schritt aus jedem der verbliebenen 2 Intervalle wieder jeweils das mittlere Drittel der Länge $\tfrac{1}{9}$, im dritten Schritt aus jedem der verbliebenen 4 Intervalle wieder jeweils das mittlere Drittel der Länge $\tfrac{1}{27}$, und entsprechend so weiter. Dass dabei überhaupt etwas „übrigbleibt", d.h. dass die Menge

$$(4.2) \qquad\qquad\qquad C := \bigcap_{n=0}^{\infty} C_n.$$

nichtleer ist, zeigen wir weiter unten. Die Menge (4.2) wird *Cantor-Menge* (oder *Cantor-Staub* oder auch *Cantorsches Diskontinuum*) genannt. Als Durchschnitt abgeschlossener Teilmengen des kompakten Intervalls $[0, 1]$ ist C selbst kompakt.

Die Cantor-Menge C hat viele interessante Eigenschaften. Zum Beispiel ist sie *perfekt*[5] und *total unzusammenhängend*.[6] Außerdem ist sie nach Konstruktion symmetrisch bzgl. $1/2$, d.h. die Abbildung $x \mapsto 1 - x$ ist eine Bijektion von C auf sich.

Bei der Konstruktion von C haben wir sukzessive offene disjunkte Intervalle gestrichen, deren Gesamtlänge sich zu

$$\frac{1}{3} + 2\frac{1}{9} + 4\frac{1}{27} + \ldots = \frac{1}{3} \sum_{n=0}^{\infty} \left(\frac{2}{3}\right)^n = \frac{1}{3} \frac{1}{1 - \frac{2}{3}} = 1$$

ergibt. Hieraus folgt aber, dass die bei diesem Prozess „übrigbleibende" Menge C eine Nullmenge ist.

Nun zeigen wir noch, dass C überabzählbar unendlich ist. Um das einzusehen, schreiben wir jede reelle Zahl $x \in [0, 1]$ in „ternärer" Form, d.h. im Dreiersystem mit den Ziffern 0, 1 und 2 als

$$(4.3) \qquad\qquad x = 0,x_1 x_2 x_3 \ldots = \sum_{k=1}^{\infty} x_k 3^{-k} \qquad (x_k \in \{0, 1, 2\}).$$

---

[5]Wir erinnern daran (s. Aufgabe 1.2), dass eine Menge M perfekt heißt, falls sie keine isolierten Punkte enthält, d.h. jeder Punkt von M ist Häufungspunkt von M.

[6]Eine Teilmenge M der reellen Achse heißt total unzusammenhängend, falls sie kein nichtentartetes Intervall enthält, d.h. aus $[a, b] \subseteq M$ folgt $a = b$.

Nach Konstruktion gilt genau dann $x \in C$, falls $x_k \neq 1$ für alle k in (4.3) gilt, d.h. in der Darstellung (4.3) von x kommen nur die Ziffern 0 und 2 vor. Hierbei ist zu beachten, dass man manche Zahlen auf mehr als eine Art in der Form (4.3) darstellen kann. Beispielsweise kann man die Zahl 1/3, die ja zu C gehört, sowohl als einfache endliche Summe

$$\frac{1}{3} = 0{,}1000000000\ldots$$

als auch in periodischer Form als

$$\frac{1}{3} = 0{,}0222222222\ldots$$

schreiben. Etwas präziser müssen wir also sagen, dass genau dann $x \in C$ gilt, falls wir mindestens *eine* Darstellung (4.3) von x angeben können, in der nur die Ziffern 0 und 2 vorkommen, und genau dann $x \notin C$ gilt, falls in *jeder* Darstellung (4.3) von x mindestens einmal die Ziffer 1 vorkommt. Hieraus folgt zum Beispiel, dass der Punkt $x = 1/2$ nicht zur Cantor-Menge gehört, denn

$$\frac{1}{2} = \frac{\frac{1}{3}}{1 - \frac{1}{3}} = \sum_{k=1}^{\infty} \left(\frac{1}{3}\right)^k = 0{,}1111111111\ldots$$

ist die einzig mögliche ternäre Darstellung dieses Punktes.

Nun genügt es zu bemerken, dass die Menge aller Zahlen der Form (4.3) mit $x_k \in \{0, 2\}$ *nicht abzählbar* ist,[7] und damit ist die Überabzählbarkeit der Cantor-Menge C bewiesen. $\heartsuit$

Obwohl die Cantor-Menge (4.2) eine Nullmenge, also „klein" ist, ist sie in einem gewissen Sinne „nicht sehr klein". Diese vage Aussage wird durch Aufgabe 4.7 präzisiert.

Neben der Cantor-Menge (4.2) vom Maß Null können wir auch Cantor-Mengen vom positiven Maß konstruieren:

Beispiel 4.2. Sei $\alpha \in (0, 1)$ beliebig, und sei $C_0^\alpha := [0, 1]$,

$$C_1^\alpha := [0, \tfrac{1}{2} - \tfrac{1}{4}\alpha] \cup [\tfrac{1}{2} + \tfrac{1}{4}\alpha, 1],$$

$$C_2^\alpha := [0, \tfrac{1}{4} - \tfrac{3}{16}\alpha] \cup [\tfrac{1}{4} - \tfrac{1}{16}\alpha, \tfrac{1}{2} - \tfrac{1}{4}\alpha] \cup [\tfrac{1}{2} + \tfrac{1}{4}\alpha, \tfrac{3}{4} + \tfrac{1}{16}\alpha] \cup [\tfrac{3}{4} + \tfrac{3}{16}\alpha, 1],$$

$$C_3^\alpha := [0, \tfrac{1}{8} - \tfrac{7}{64}\alpha] \cup [\tfrac{1}{8} - \tfrac{5}{64}\alpha, \tfrac{1}{4} - \tfrac{3}{16}\alpha] \cup [\tfrac{1}{4} - \tfrac{1}{16}\alpha, \tfrac{3}{8} - \tfrac{11}{64}\alpha] \cup [\tfrac{3}{8} - \tfrac{9}{64}\alpha, \tfrac{1}{2} - \tfrac{1}{4}\alpha]$$

$$\cup [\tfrac{1}{2} + \tfrac{1}{4}\alpha, \tfrac{5}{8} + \tfrac{13}{64}\alpha] \cup [\tfrac{5}{8} + \tfrac{15}{64}\alpha, \tfrac{3}{4} + \tfrac{1}{16}\alpha] \cup [\tfrac{3}{4} + \tfrac{3}{16}\alpha, \tfrac{7}{8} + \tfrac{5}{64}\alpha] \cup [\tfrac{7}{8} + \tfrac{7}{64}\alpha, 1],$$

---

[7]Dies zeigt man genauso wie im Cantorschen Beweis der Überabzählbarkeit der Menge *aller* reellen Zahlen $x \in [0, 1]$: Man nimmt an, es gäbe nur abzählbar viele, schreibt diese als „Liste" auf und beweist dann konstruktiv, dass man immer eine Zahl aus $[0, 1]$ finden kann, die in der Liste nicht enthalten ist. *En passant* haben wir damit auch $C \neq \emptyset$ gezeigt.

und so weiter.[8] Wie vorher setzen wir

$$(4.4) \qquad C^\alpha := \bigcap_{n=0}^{\infty} C_n^\alpha$$

und nennen die Menge (4.4) *Cantor-Menge* (oder *Cantor-Staub* oder auch *Cantorsches Diskontinuum*) vom positiven Maß. Zur Rechtfertigung dieser Bezeichnung bemerken wir, dass wir bei der Konstruktion der Menge (4.4) insgesamt offene disjunkte Intervalle der Länge

$$\frac{1}{2}\alpha + 2\frac{1}{8}\alpha + 4\frac{1}{32}\alpha + \ldots = \frac{\alpha}{2}\sum_{n=0}^{\infty}\left(\frac{1}{2}\right)^n = \frac{\alpha}{2}\frac{1}{1-\frac{1}{2}} = \alpha$$

gestrichen haben; hieraus folgt, dass $\lambda(C^\alpha) = 1 - \alpha$ ist, d.h. wir können ein „Diskontinuum" konstruieren, welches ein beliebiges vorgegebenes Maß $\lambda(C^\alpha) \in (0,1)$ hat. Wie die Cantor-Menge C ist auch die Cantor-Menge C^α kompakt, perfekt, total unzusammenhängend und überabzählbar.[9] Wir betonen, dass es noch andere Methoden gibt, „Diskontinua" positiven Maßes mit solchen Eigenschaften zu konstruieren, s. Aufgabe 4.1.

In Abschnitt 3.4 haben wir gezeigt, dass eine beschränkte Funktion $f : [a, b] \to \mathbb{R}$ genau dann integrierbar ist, wenn ihre Unstetigkeitsmenge $U(f)$ eine Nullmenge ist (Satz 3.47). Unter Benutzung dieses Kriteriums testen wir nun die charakteristische Funktion der eben eingeführten Cantor-Mengen auf Integrierbarkeit:

Beispiel 4.3. Sei $f = \chi_C : [0,1] \to \mathbb{R}$ die charakteristische Funktion der Cantor-Menge (4.2). Wir behaupten, dass $U(f) = C$ ist. In der Tat, jedes $x \in [0,1] \setminus C$ gehört zu einem der bei der Konstruktion von C „entfernten" offenen Intervalle, und auf einem solchen Intervall ist $\chi_C(x) \equiv 0$, so dass χ_C in einer Umgebung von x konstant und somit in x stetig ist. Sei umgekehrt $x \in C$, also

$$(4.5) \qquad x = 0, x_1 x_2 x_3 \ldots = \sum_{k=1}^{\infty} x_k 3^{-k} \qquad (x_k \in \{0,2\}).$$

Sei $\delta > 0$ und sei $n \in \mathbb{N}$ so groß gewählt, dass $3^{-n} < \delta$ ist. Der Punkt

$$y = 0, y_1 y_2 y_3 \ldots = \sum_{k=1}^{\infty} y_k 3^{-k}$$

mit $y_k := x_k$ für $k \neq n$ und $y_n := 1$ gehört dann *nicht* zu C, da in seiner ternären Darstellung eine 1 vorkommt. Es gilt also einerseits

$$|x - y| = |x_n - 1|3^{-n} = 3^{-n} < \delta,$$

aber andererseits $|\chi_C(x) - \chi_C(y)| = 1 - 0 = 1$. Daher kann χ_C in x nicht stetig sein.

---

[8]Auch bei diesem Prozess wird also in jedem Schritt ein mittlerer Teil jedes verbliebenen Intervalls „weggewischt". Im Unterschied zum Prozess in Beispiel 4.1 nimmt die Länge der entfernten Intervalle allerdings nicht wie 3^{-n} ab, sondern wie $\alpha 2^{-n}$.

[9]Obwohl die Menge (4.4) keine Nullmenge ist, enthält sie keine inneren Punkte. Die Implikation, dass aus $\lambda(N) = 0$ stets $N^o = \emptyset$ folgt, ist also nicht umkehrbar.

Wir haben damit gezeigt, dass $U(f) = U(\chi_C) = C$ gilt. Da C aber eine Nullmenge ist, ist f integrierbar.[10]   ♡

Beispiel 4.4. Sei $f = \chi_{C^\alpha} : [0, 1] \to \mathbb{R}$ jetzt die charakteristische Funktion der Cantor-Menge (4.4). Dann gilt wieder $U(f) = C^\alpha$ (s. Aufgabe 4.5), aber C^α ist wegen $\lambda(C^\alpha) = 1 - \alpha$ keine Nullmenge. Hieraus folgt, dass f nicht integrierbar ist.   ♡

Übrigens hätten wir die Beziehungen $U(\chi_C) = C$ und $U(\chi_{C^\alpha}) = C^\alpha$ auch mit Hilfe der Gleichheit (1.30) beweisen können: Da die Mengen (4.2) und (4.4) beide abgeschlossen sind und keine inneren Punkte enthalten, stimmen sie ja mit ihren Rändern überein.

Nullmengen sind „klein" im Sinne des Maßes, allerdings i.a. nicht so klein wie abzählbare Mengen. Wir bemerken, dass man noch andere Definitionen geben kann, die die „Kleinheit" einer Menge $M \subset \mathbb{R}$ messen. Eine interessante Definition solcher Mengen „zwischen" abzählbaren Mengen und Nullmengen wird in Aufgabe 4.8 diskutiert, eine andere im folgenden Abschnitt 4.2.

4.2. Nullmengen und magere Mengen. Außer Nullmengen gibt es noch Mengen, die von einem ganz anderen Standpunkt her „klein" sind. Eine wichtige Klasse solcher Mengen wird in der nächsten Definition eingeführt.

Definition 4.5. Eine Teilmenge $M \subseteq \mathbb{R}$ heißt *nirgends dicht*, falls ihr Abschluss keine inneren Punkte besitzt, d.h. es ist $(\overline{M})^o = \emptyset$. Allgemeiner heißt eine Menge $M \subseteq \mathbb{R}$ *mager*[11], falls es Mengen $M_1, M_2, M_3, \dots$ mit

$$(4.6) \qquad\qquad M = \bigcup_{k=1}^{\infty} M_k, \qquad (\overline{M_k})^o = \emptyset.$$

gibt, d.h. M lässt sich als abzählbare Vereinigung nirgends dichter Mengen darstellen.   □

Es ist klar, dass das Komplement einer nirgends dichten Menge M in $\mathbb{R}$ dicht liegt, denn aus $(\overline{M})^o = \emptyset$ und $M \subseteq \overline{M}$, also auch $M^o \subseteq (\overline{M})^o$, folgt sofort

$$\overline{\mathbb{R} \setminus M} = \mathbb{R} \setminus M^o \supseteq \mathbb{R} \setminus (\overline{M})^o = \mathbb{R}.$$

Die Umkehrung gilt nicht, wie das Beispiel $M = \mathbb{Q}$ zeigt.[12]

In den nächsten beiden Beispielen diskutieren wir zwei überabzählbare Mengen, von denen die erste mager und die zweite nicht mager ist.

Beispiel 4.6. Jede *abzählbare* Teilmenge $M \subset \mathbb{R}$ (z.B. $M = \mathbb{Q}$) ist trivialerweise mager, denn ist $M = \{x_1, x_2, x_3, \dots\}$, so können wir in (4.6) einfach $M_k := \{x_k\}$ wählen. Es

---

[10]Man sieht leicht, dass das Integral von f über $[0, 1]$ Null ist.

[11]Magere Mengen werden in der Literatur auch häufig *Mengen erster Kategorie* genannt, nicht-magere Mengen dagegen *Mengen zweiter Kategorie*.

[12]Das Gegenteil von „nirgends dicht" ist also *nicht* „dicht"! Beispielsweise ist jedes beschränkte Intervall (a, b) weder nirgends dicht noch dicht in der Menge der reellen Zahlen. Statt „dicht" sagen manche Autoren daher auch „überall dicht"; dies ist kein schlechter Ausdruck, denn „nirgends dicht" bedeutet dann soviel wie „nicht einmal ein bisschen dicht".

gibt aber auch überabzählbare magere Mengen. Beispielsweise ist die Cantor-Menge C aus (4.2) nicht nur mager, sondern sogar nirgends dicht, denn sie ist abgeschlossen und hat als Nullmenge keine inneren Punkte.   ♡

Beispiel 4.7. Andererseits ist $M = \mathbb{R}$ selbst *nicht* mager. Um das einzusehen, nehmen wir an, es gäbe nirgends dichte Mengen $M_1, M_2, M_3, \ldots$ mit

$$(4.7) \qquad\qquad \mathbb{R} = \bigcup_{k=1}^{\infty} M_k.$$

Da die Menge $\mathbb{R} \setminus \overline{M_1}$ offen und nichtleer ist, enthält sie ein Intervall der Form $[x_1 - \varepsilon_1, x_1 + \varepsilon_1]$ mit (o.B.d.A.) $\varepsilon_1 < 1$. Da weiter die Menge $(x_1 - \varepsilon_1, x_1 + \varepsilon_1) \setminus \overline{M_2}$ auch offen und nichtleer ist, enthält sie ein Intervall der Form $[x_2 - \varepsilon_2, x_2 + \varepsilon_2]$ mit (o.B.d.A.) $\varepsilon_2 < 1/2$. Die Fortsetzung dieser Argumentation liefert eine Folge von Intervallen $[x_n - \varepsilon_n, x_n + \varepsilon_n]$ mit (o.B.d.A.) $\varepsilon_n < 1/n$ und

$$[x_n - \varepsilon_n, x_n + \varepsilon_n] \subset (x_{n-1} - \varepsilon_{n-1}, x_{n-1} + \varepsilon_{n-1}) \setminus \overline{M_n}.$$

Daher ist $(x_n)_n$ eine Cauchy-Folge, hat wegen der Vollständigkeit von $\mathbb{R}$ also einen Grenzwert x, der nach Konstruktion in jedem der Intervalle $[x_n - \varepsilon_n, x_n + \varepsilon_n]$ liegt. Da aber

$$(x_n - \varepsilon_n, x_n + \varepsilon_n) \cap M_n = \emptyset \qquad (n = 1, 2, 3, \ldots)$$

gilt, kann x nicht in der Vereinigung der Mengen M_n liegen, im Widerspruch zu (4.7).

Aus diesem Ergebnis folgt übrigens sofort, dass auch die Menge $\mathbb{R} \setminus \mathbb{Q}$ der irrationalen Zahlen nicht mager (und daher erst recht nicht abzählbar) sein kann: Wäre sie nämlich mager, so wäre $\mathbb{R}$ als Vereinigung der beiden mageren Mengen $\mathbb{Q}$ und $\mathbb{R} \setminus \mathbb{Q}$ ebenfalls mager, Widerspruch!

Dieses Ergebnis impliziert wiederum, dass die Menge $\mathbb{R} \setminus \mathbb{Q}$ der irrationalen Zahlen auch keine F_σ-Menge sein kann (s. Definition 1.22). In der Tat, angenommen, es gäbe abgeschlossene Mengen $A_1, A_2, A_3, \ldots$ mit

$$(4.8) \qquad\qquad \mathbb{R} \setminus \mathbb{Q} = \bigcup_{k=1}^{\infty} A_k.$$

Da keine Teilmenge von $\mathbb{R} \setminus \mathbb{Q}$ innere Punkte besitzt, muss hierbei $(\overline{A_k})^o = A_k^o = \emptyset$ gelten, d.h. sämtliche Mengen A_k in (4.8) sind *nirgends dicht*. Dies widerspricht aber der gerade bewiesenen Tatsache, dass $\mathbb{R} \setminus \mathbb{Q}$ nicht mager ist. Im Hinblick auf Satz 1.25 haben wir somit auch gezeigt, dass es keine Funktion $f : \mathbb{R} \to \mathbb{R}$ geben kann, die in jedem rationalen Punkt stetig und in jedem irrationalen Punkt unstetig ist.   ♡

Nullmengen und magere Mengen sind beide in einem gewissen Sinne „kleine Mengen", wenn auch unter verschiedenen Gesichtspunkten. Eine nirgends dichte Menge ist gewissermaßen „löcherig", und eine magere Menge lässt sich durch solche löcherigen Teilmengen „approximieren". Eine solche magere Menge muss selbst zwar keine „Löcher" aufweisen, aber sie hat stets eine dichte Menge von „Lücken": Ein Intervall lässt sich niemals als abzählbare Vereinigung solcher Mengen darstellen.

Eine Nullmenge ist dagegen in einem intuitiven „metrischen" Sinne klein: Man kann sie ja mit abzählbar vielen Intervallen überdecken, deren Gesamtlänge beliebig klein vorgegeben werden kann. Etwas suggestiver kann man das so formulieren: Wählt man „zufällig" einen Punkt aus einer Menge $M \subseteq \mathbb{R}$ aus, so ist die Wahrscheinlichkeit, ihn in einer vorgegebenen Nullmenge $N \subseteq M$ (wie z.B. $N = M \cap \mathbb{Q}$ oder $N = M \cap C$) zu finden, gleich Null.

In der folgenden Tabelle vergleichen wir verschiedene Eigenschaften einiger bisher betrachteter Teilmengen des Intervalls $[0, 1]$.

	$[0, 1]$	$[0, 1] \cap \mathbb{Q}$	$[0, 1] \setminus \mathbb{Q}$	C	C^α
abzählbar	nein	ja	nein	nein	nein
abgeschlossen	ja	nein	nein	ja	ja
perfekt	ja	ja	ja	ja	ja
F_σ	ja	ja	nein	ja	ja
dicht	ja	ja	ja	nein	nein
nirgends dicht	nein	nein	nein	ja	ja
Nullmenge	nein	ja	nein	ja	nein
mager	nein	ja	nein	ja	ja
total unzshgd.	nein	ja	ja	ja	ja

Tab. 4.1: Eigenschaften einiger Teilmengen von $[0, 1]$

Sowohl die Klasse der Nullmengen als auch die der mageren Mengen enthält eine wichtige Teilklasse, nämlich die der abzählbaren Mengen. Es stellt sich die Frage, ob es auch zwischen Nullmengen und mageren Mengen eine Beziehung (im Sinne einer Inklusion) gibt. Diese Frage können wir sofort durch zwei Beispiele negativ beantworten: Es gibt magere Mengen, die keine Nullmengen sind, und Nullmengen, die nicht mager sind. Im folgenden Satz 4.8 werden wir nicht nur das beweisen, sondern eine noch erstaunlichere Tatsache: Die „große" Menge $\mathbb{R}$ lässt sich sogar als Vereinigung zweier solcher „kleiner" Mengen darstellen:[13]

Satz 4.8. *Die reelle Achse lässt sich als disjunkte Vereinigung*

$$(4.9) \qquad\qquad\qquad \mathbb{R} = M \cup N$$

darstellen, wobei M mager und N eine Nullmenge ist.

Beweis: Sei $\mathbb{Q} = \{r_1, r_2, r_3, \ldots\}$ eine Abzählung der rationalen Zahlen, und sei

$$I_{jk} := (r_j - 2^{-(j+k)}, r_j + 2^{-(j+k)}) \qquad (j, k \in \mathbb{N}).$$

---

[13]Eigentlich ist natürlich nichts Paradoxes daran, dass eine Menge von einem Standpunkt aus „klein" ist, von einem anderen aus dagegen „groß"! Das zeigen ja schon die Cantor-Mengen.

Wir definieren Mengen $G_1, G_2, G_3, \ldots$ durch

$$G_k := \bigcup_{j=1}^{\infty} I_{jk}, \qquad (k = 1, 2, 3, \ldots)$$

und setzen

(4.10) $$N := \bigcap_{k=1}^{\infty} G_k, \qquad M = \mathbb{R} \setminus N.$$

Wir zeigen zunächst, dass N eine Nullmenge ist. Zu gegebenem $\varepsilon > 0$ wählen wir $k \in \mathbb{N}$ so groß, dass $2^{1-k} \leq \varepsilon$ ist. Dann bekommen wir für solche Indizes k

$$\lambda(N) \leq \lambda(G_k) \leq \sum_{j=1}^{\infty} \lambda(I_{jk}) = 2 \sum_{j=1}^{\infty} 2^{-(j+k)} = 2^{1-k} \sum_{j=1}^{\infty} 2^{-j} = 2^{1-k} \leq \varepsilon,$$

also $\lambda(N) = 0$, da $\varepsilon > 0$ beliebig gewählt war. Um einzusehen, dass M eine magere Menge ist, beachten wir, dass

$$M = \mathbb{R} \setminus N = \mathbb{R} \setminus \bigcap_{k=1}^{\infty} G_k = \bigcup_{k=1}^{\infty} (\mathbb{R} \setminus G_k)$$

gilt, und hierbei ist $(\overline{\mathbb{R} \setminus G_k})^o = (\mathbb{R} \setminus G_k)^o = \mathbb{R} \setminus \overline{G_k} = \emptyset$, weil (wegen $\mathbb{Q} \subseteq G_k$) jede der Mengen G_k offen und dicht in $\mathbb{R}$ ist. ∎

Wir betonen, dass die magere Menge M in (4.10) natürlich keine Nullmenge sein kann (sonst hätten wir ja $\lambda(\mathbb{R}) = \lambda(M) + \lambda(N) = 0$), und die Nullmenge N in (4.10) nicht mager sein kann (wegen Beispiel 4.7). Aus demselben Grund kann auch keine Zerlegung der Form (4.9) existieren, in der M abzählbar und N Nullmenge oder N abzählbar und M mager ist.

Es gibt allerdings noch andere Möglichkeiten, eine „große" Menge in zwei „kleine" Bestandteile disjunkt zu zerlegen. Sei beispielsweise $C^{1/n}$ die Cantor-Menge (4.4) mit $\alpha := 1/n$ ($n = 1, 2, 3, \ldots$), und sei

(4.11) $$M := \bigcup_{n=1}^{\infty} C^{1/n}, \qquad N := [0, 1] \setminus M.$$

Dann gilt trivialerweise

(4.12) $$[0, 1] = M \cup N,$$

wobei M eine magere Menge ist (weil jede der Cantor-Mengen $C^{1/n}$ nirgends dicht ist) und N eine Nullmenge ist (weil wie in Beispiel 4.2 gezeigt ja $1 - \frac{1}{n} = \lambda(C^{1/n}) \leq \lambda(M) \leq 1$, also $\lambda(M) = 1$ gilt). Aus demselben Grund wie vorher kann M in (4.11) keine Nullmenge und N in (4.11) nicht mager sein.

Zum Schluss dieses Abschnitts wollen wir noch einmal auf den Begriff der F_σ-Menge zurückkommen, den wir in Definition 1.22 im Zusammenhang mit der Unstetigkeitsmenge einer Funktion $f : \mathbb{R} \to \mathbb{R}$ eingeführt haben.

Zunächst bemerken wir, dass nicht nur – wie in Beispiel 4.7 gezeigt – die ganze reelle Achse nicht mager ist, sondern überhaupt jede offene Teilmenge von $\mathbb{R}$. Dieses wichtige Ergebnis wird in der Literatur als *Bairescher Kategoriensatz*[14] bezeichnet; sein Beweis verläuft genauso wie der in Beispiel 4.7. Wir können dies auch so formulieren, dass *der Durchschnitt abzählbar vieler offener, in $\mathbb{R}$ dichter Mengen wieder dicht in $\mathbb{R}$ liegt.*[15] Hieraus folgt insbesondere, dass das Komplement einer mageren Menge $M \subset \mathbb{R}$ stets dicht in $\mathbb{R}$ liegt. Die Umkehrung gilt nicht, wie man am Beispiel $M = \mathbb{R} \setminus \mathbb{Q}$ sieht. Schränken wir uns allerdings auf F_σ-Mengen ein, so gilt auch die Umkehrung:

Satz 4.9. *Sei $M \subset \mathbb{R}$ eine F_σ-Menge. Dann ist M genau dann mager, wenn $\mathbb{R} \setminus M$ in $\mathbb{R}$ dicht ist.*

Beweis: Wir müssen nur noch zeigen, dass eine F_σ-Menge M mit dichtem Komplement mager ist. Als F_σ-Menge hat M eine Darstellung der Form

$$(4.13) \qquad\qquad M = \bigcup_{k=1}^{\infty} A_k,$$

wobei alle Mengen A_k in (4.13) abgeschlossen sind. Da nach Voraussetzung $\mathbb{R} \setminus M^o = \overline{\mathbb{R} \setminus M} = \mathbb{R}$ gilt, kann M keine inneren Punkte haben. Dann hat aber auch keine der Mengen A_k innere Punkte, d.h. es gilt $(\overline{A_k})^o = A_k^o = \emptyset$ für alle k. Mithin ist (4.13) eine Darstellung von M als magere Menge wie behauptet. ∎

Aus Satz 4.9 folgt noch einmal die schon in Beispiel 4.7 bewiesene Tatsache, dass $\mathbb{R} \setminus \mathbb{Q}$ keine F_σ-Menge sein kann.

Wir können unsere Diskussion folgendermaßen zusammenfassen: Jede abzählbare Menge ist eine magere Menge, Nullmenge und F_σ-Menge, und zwischen den letztgenannten drei Begriffen besteht kein Zusammenhang. Zusätzlich bemerken wir, dass eine *abgeschlossene* Nullmenge N stets nirgends dicht (und daher erst recht mager) ist, denn wäre $N^o = (\overline{N})^o \neq \emptyset$, so enthielte N ein Intervall und wäre daher keine Nullmenge.

Alle bisher bewiesenen Beziehungen zwischen abzählbaren Mengen, Nullmengen, mageren Mengen und F_σ-Mengen können wir als Tabelle folgendermaßen darstellen:

Tab. 4.2: Beziehungen zwischen „kleinen" Mengen

In der nächsten Tabelle fassen wir einige Gegenbeispiele zusammen, die zeigen, dass man die in Tabelle 4.2 angegebenen Implikationen nicht umkehren kann:

---

[14]nach René Baire (1874-1932).
[15]Als Beispiel hierfür können die Mengen G_k in Satz 4.8 dienen.

	abzählbar	Nullmenge	mager	F_σ-Menge
überabzählbar	——	C in (4.2)	M in (4.10)	$\mathbb{R}$
von positivem Maß	——	——	M in (4.10)	$\mathbb{R}$
nicht mager	——	N in (4.10)	——	N in (4.11)
nicht F_σ	——	N in (4.10)	Aufgabe 4.16	——

Tab. 4.3: Beispiele und Gegenbeispiele

Wir kommentieren Tabelle 4.3. Da abzählbare Mengen stets magere Nullmengen und F_σ-Mengen sind, kann in der ersten Spalte der Tabelle kein Beispiel auftreten. Die Cantor-Menge C in (4.2) ist das prominenteste (und einfachste) Beispiel einer überabzählbaren Nullmenge. Dass die Nullmenge N in (4.10) nicht mager sein kann, und dass die magere Menge M in (4.10) keine Nullmenge (und daher erst recht keine abzählbare Menge) sein kann, haben wir uns schon überlegt. Die Nullmenge N in (4.10) kann auch keine F_σ-Menge sein, denn gälte

$$(4.14) \qquad\qquad N = \bigcup_{k=1}^{\infty} A_k$$

mit abgeschlossenen Mengen $A_1, A_2, A_3, \ldots$, so wäre jede dieser Mengen A_k eine Nullmenge, also nirgends dicht nach Tabelle 4.2. Dies aber würde bedeuten, dass N mager ist, Widerspruch!

Die Existenz einer mageren Menge, die keine F_σ-Menge ist, kann man mit Hilfe einer Kardinalitätsbetrachtung beweisen, s. Aufgabe 4.16. Als Beispiel einer nirgends dichten Menge, die keine Nullmenge ist, kann die Cantor-Menge (4.4) dienen: Sie ist abgeschlossen ohne innere Punkte, also nirgends dicht, aber sie ist keine Nullmenge.

Wie wir im ersten Kapitel gezeigt haben, sind F_σ-Mengen u.a. deswegen von Bedeutung, weil sie nach Satz 1.25 genau die Unstetigkeitsmengen (1.24) reeller Funktionen sind. Weiter haben wir in Satz 3.47 gezeigt, dass die Funktionen, deren Unstetigkeitsmenge (1.24) eine Nullmenge ist, genau die integrierbaren Funktionen sind. Man könnte fragen, ob und wie man auch diejenigen reellen Funktionen charakterisieren kann, deren Unstetigkeitsmenge (1.24) eine andere der in Tabelle 4.2 angegebenen Eigenschaften besitzt. Der nächste Satz gibt hierauf für den Fall magerer Mengen eine vollständige Antwort:

Satz 4.10. *Die Unstetigkeitsmenge (1.24) einer Funktion $f : \mathbb{R} \to \mathbb{R}$ ist genau dann mager, wenn es eine dichte Teilmenge $M \subseteq \mathbb{R}$ gibt derart, dass f in jedem Punkt von M stetig ist.*

Beweis: Der Beweis ist nahezu trivial: Nach Satz 1.25 ist die Unstetigkeitsmenge $U(f)$ von f stets eine F_σ-Menge. Aus dem eben bewiesenen Satz 4.9 folgt also, dass $U(f)$ genau dann mager ist, wenn die Menge $\mathbb{R} \setminus U(f)$ dicht in $\mathbb{R}$ liegt. Diese Menge besteht aber genau aus den Punkten, in denen f stetig ist. ∎

Es ist instruktiv, einige der bisher betrachteten Beispiele unstetiger Funktionen unter dem Gesichtspunkt von Satz 4.10 zu untersuchen. Wir fassen dies wieder in einer Tabelle zusammen:

f gemäß	$U(f)$	$\mathbb{R} \setminus U(f)$	$U(f)$ Nullmenge	$U(f)$ mager
Beispiel 1.7	$\{0\}$	$\mathbb{R} \setminus \{0\}$	ja	ja
Beispiel 1.8	$\{0\}$	$\mathbb{R} \setminus \{0\}$	ja	ja
Beispiel 1.9	$\{0\}$	$\mathbb{R} \setminus \{0\}$	ja	ja
Beispiel 1.10	$\mathbb{Z}$	$\mathbb{R} \setminus \mathbb{Z}$	ja	ja
Beispiel 1.11	$\mathbb{R}$	$\emptyset$	nein	nein
Beispiel 1.12	$\mathbb{Q}$	$\mathbb{R} \setminus \mathbb{Q}$	ja	ja
Beispiel 1.14	$\{0\}$	$\mathbb{R} \setminus \{0\}$	ja	ja
Beispiel 1.15	$\mathbb{R} \setminus \{0\}$	$\{0\}$	nein	nein
Beispiel 4.3	C	$\mathbb{R} \setminus C$	ja	ja
Beispiel 4.4	C^{α}	$\mathbb{R} \setminus C^{\alpha}$	nein	ja

Tab. 4.4: Funktionen mit „kleinen" Unstetigkeitsmengen

Die vorletzte Spalte dieser Tabelle zeigt zusammen mit Satz 3.47, dass die Funktionen aus den Beispielen 1.11, 1.15 und 4.4 nicht integrierbar sind, alle anderen Funktionen sind es. Entsprechend zeigt die letzte Spalte zusammen mit Satz 4.10, dass nur im Falle der Funktionen aus Beispiel 1.11 und Beispiel 1.15 keine dichte Teilmenge $M \subseteq \mathbb{R}$ gefunden werden kann derart, dass f auf M stetig ist; in allen anderen Beispielen ist dies möglich. In der Tat, in den Beispielen 1.7 – 1.10, 1.12, 1.14, 4.3 und 4.4 ist die Menge $M = \mathbb{R} \setminus U(f)$ stets dicht in $\mathbb{R}$, was nach Satz 4.10 zu erwarten war.

An dieser Stelle weisen wir noch einmal nachdrücklich darauf hin, dass man die Bedingung aus Satz 4.10 nicht mit der folgenden sehr ähnlich klingenden Bedingung verwechseln darf: *Es existiert eine dichte Teilmenge M derart, dass f auf $\mathbb{R} \setminus M$ zu einer stetigen Funktion „abgeändert" werden kann.*[16] Dass dies eine ganz andere Bedingung ist, haben wir schon in den Beispielen 3.56 – 3.58 gezeigt.

4.3. Die Cantor-Funktion. In diesem Abschnitt konstruieren wir Funktionen, die mit den Cantor-Mengen (4.2) und (4.4) zusammenhängen und ziemlich „pathologische" Eigenschaften haben. Wir beginnen mit einer prominenten Funktion $\psi : [0,1] \to [0,1]$, die in der Literatur als *Cantor-Funktion* bezeichnet wird.

Beispiel 4.11. Wie oben bemerkt, können wir jedes Element der Cantor-Menge C aus (4.2) in der ternären Darstellung (4.5) schreiben. Wir definieren eine Funktion

---

[16]Genauer bedeutet dies, dass es eine dichte Teilmenge M und eine auf M stetige Funktion g gibt derart, dass $f(x) = g(x)$ für alle $x \in M$ gilt.

$\psi : C \to [0, 1]$ durch[17]

$$(4.15) \qquad \psi\left(\sum_{n=1}^{\infty} x_n 3^{-n}\right) = \sum_{n=1}^{\infty} \frac{x_n}{2} 2^{-n}.$$

Erstaunlicherweise ist ψ eine *surjektive* Abbildung. In der Tat, wir können ja jede reelle Zahl $y \in [0, 1]$ in *binärer* Darstellung in der Form

$$(4.16) \qquad y = 0, y_1 y_2 y_3 \ldots = \sum_{k=1}^{\infty} y_k 2^{-k} \qquad (y_k \in \{0, 1\})$$

schreiben. Das Element $x = 0, x_1 x_2 x_3 \ldots$ mit $x_n := 2 y_n$ gehört dann zur Cantor-Menge C (weil nur $x_n = 0$ oder $x_n = 2$ sein kann) und erfüllt die Bedingung $\psi(x) = y$.

Wir bemerken, dass die Abbildung ψ allerdings *nicht injektiv* ist. So gilt z.B. sowohl[18]

$$(4.17) \qquad \psi(\tfrac{1}{3}) = \psi(0, 0222\ldots) = 0, 0111\ldots = \tfrac{1}{2}$$

als auch

$$(4.18) \qquad \psi(\tfrac{2}{3}) = \psi(0, 2000\ldots) = 0, 1000\ldots = \tfrac{1}{2}.$$

Allgemein kann man zeigen, dass genau dann $\psi(x_1) = \psi(x_2)$ gilt, wenn x_1 und x_2 die Randpunkte eines der Intervalle sind, die bei der Konstruktion von C „entfernt" wurden. Beispielsweise gilt neben (4.17) und (4.18)

$$\psi(\tfrac{1}{9}) = \psi(\tfrac{2}{9}) = \tfrac{1}{4}, \quad \psi(\tfrac{7}{9}) = \psi(\tfrac{8}{9}) = \tfrac{3}{4}, \quad \psi(\tfrac{1}{27}) = \psi(\tfrac{2}{27}) = \tfrac{1}{8},$$

$$\psi(\tfrac{7}{27}) = \psi(\tfrac{8}{27}) = \tfrac{3}{8}, \quad \psi(\tfrac{19}{27}) = \psi(\tfrac{20}{27}) = \tfrac{5}{8}, \quad \psi(\tfrac{25}{27}) = \psi(\tfrac{26}{27}) = \tfrac{7}{8},$$

$$\cdot$$
$$(4.19) \qquad\qquad\qquad\qquad\qquad \cdot$$
$$\cdot$$

$$\psi(\tfrac{1}{3^n}) = \psi(\tfrac{2}{3^n}) = \tfrac{1}{2^n}, \quad \psi(\tfrac{7}{3^n}) = \psi(\tfrac{8}{3^n}) = \tfrac{3}{2^n}, \quad \psi(\tfrac{19}{3^n}) = \psi(\tfrac{20}{3^n}) = \tfrac{5}{2^n},$$

$$\psi(\tfrac{25}{3^n}) = \psi(\tfrac{26}{3^n}) = \tfrac{7}{2^n}, \quad \ldots \quad \psi(\tfrac{3^n-2}{3^n}) = \psi(\tfrac{3^n-1}{3^n}) = \tfrac{2^n-1}{2^n}.$$

Diese Überlegung legt auch nahe, wie man ψ von C auf das ganze Intervall $[0, 1]$ fortsetzen kann: Falls $x \in [0, 1] \setminus C$ zu einem entfernten Intervall (a, b) gehört, setzen wir einfach $\psi(x) := \psi(a) \; (= \psi(b))$. Auf diese Weise haben wir eine monoton wachsende surjektive Abbildung $\psi : [0, 1] \to [0, 1]$ konstruiert, die sog. Cantor-Funktion. ♡

Wir bemerken, dass die so konstruierte Cantor-Funktion sogar *stetig* ist! Als monotone Funktion kann sie nämlich nur Unstetigkeitsstellen 1. Art (Sprünge) besitzen, s. Satz

---

[17]Die Idee, die der Konstruktion dieser Funktion zugrundeliegt, ist klar: Man schreibt jedes Element der Cantor-Menge in ternärer Darstellung, halbiert alle Nachkommastellen und fasst die entstehende Zahl als Element des Intervalls $[0, 1]$ in binärer Darstellung auf.

[18]Dass ψ nicht injektiv sein kann, folgt übrigens auch aus dem Zwischenwertsatz (Satz 1.63): Wäre ψ nämlich injektiv, also sogar bijektiv, dann müsste $C = \psi^{-1}([0, 1])$ ein Intervall sein, weil sowohl ψ als auch ψ^{-1} stetig sind: Widerspruch!

1.28, und ihre Surjektivität schließt Sprünge aus. Selbstverständlich ist die Cantor-Funktion nach wie vor nicht injektiv; wir können sie durch einen kleinen Trick jedoch „injektiv machen":

Satz 4.12. *Es gibt einen monoton wachsenden Homöomorphismus* $\phi : [0,1] \to [0,1]$, *der die Nullmenge* $C \subset [0,1]$ *in eine Menge vom positiven Maß überführt.*

Beweis: Sei ψ die gerade konstruierte Cantor-Funktion (4.15), und sei $\phi : [0,1] \to [0,1]$ definiert durch

$$(4.20) \qquad \phi(x) := \frac{1}{2}(x + \psi(x)).$$

Es ist klar, dass ϕ – im Unterschied zur Cantor-Funktion ψ – bijektiv und *streng monoton steigend* ist; daher ist ϕ ein Homöomorphismus.

Wir empfehlen der Leserin, sich den Unterschied zwischen den Funktionen ψ und ϕ klarzumachen: Der Graph der Fortsetzung der Funktion (4.15) auf $[0,1]$ ist eine sog. „Teufelstreppe", deren Treppenstufen bei Annäherung von rechts an 0 oder von links an 1 immer kleiner werden; der Graph der Funktion (4.20) entsteht dagegen durch Scherung aus dem der Funktion (4.15) und erzeugt eine „Teufelstreppe" mit geneigten Treppenstufen.

Ist (a,b) eines der bei der Konstruktion von C entfernten Intervalle, so ist $\phi((a,b))$ ein Intervall der Länge $\frac{1}{2}(b-a)$, weil ψ auf (a,b) ja konstant ist. Hieraus folgt, dass

$$\lambda(\phi([0,1] \setminus C)) = \frac{1}{2}\lambda([0,1] \setminus C) = \frac{1}{2}$$

gilt, also $\lambda(\phi(C)) = \frac{1}{2}$. Das Bild der Nullmenge C unter ϕ hat also tatsächlich positives Maß wie behauptet. ∎

Wir nennen die in Satz 4.12 konstruierte Funktion ϕ im folgenden *modifizierte Cantor-Funktion*, um sie von der Cantor-Funktion ψ aus Beispiel 4.11 zu unterscheiden. Übrigens kann man in Satz 4.12 statt der Cantor-Menge (4.2) auch eine der Cantor-Mengen (4.4) betrachten. In der Tat, seien $(I_n)_n$ und $(I_n^\alpha)_n$ die entsprechenden bei der Konstruktion dieser Cantor-Mengen (in derselben Reihenfolge) entfernten Intervalle, d.h.

$$(4.21) \qquad I_1 = (\tfrac{1}{3}, \tfrac{2}{3}),\ I_2 = (\tfrac{1}{9}, \tfrac{2}{9}),\ I_3 = (\tfrac{7}{9}, \tfrac{8}{9}), \dots$$

bzw.

$$(4.22)\ \ I_1^\alpha = (\tfrac{1}{2} - \tfrac{1}{4}\alpha, \tfrac{1}{2} + \tfrac{1}{4}\alpha),\ I_2^\alpha = (\tfrac{1}{4} - \tfrac{3}{16}\alpha, \tfrac{1}{4} - \tfrac{1}{16}\alpha),\ I_3^\alpha = (\tfrac{3}{4} + \tfrac{1}{16}\alpha, \tfrac{3}{4} + \tfrac{3}{16}\alpha), \dots,$$

und so weiter. Dann können wir für jedes $n \in \mathbb{N}$ eine streng monoton wachsende lineare Abbildung $\phi : \overline{I}_n \to \overline{I}_n^\alpha$ definieren. Weil die Vereinigungsmengen $I_1 \cup I_2 \cup I_3 \cup \dots$ und $I_1^\alpha \cup I_2^\alpha \cup I_3^\alpha \cup \dots$ beide dicht in $[0,1]$ liegen, gibt es eine *eindeutige* bijektive stetige Fortsetzung $\tilde{\phi} : [0,1] \to [0,1]$ der Abbildung ϕ aus (4.20). Wir haben damit den folgenden Satz bewiesen:

Satz 4.13. *Die Cantor-Menge* C *aus (4.2) und die Cantor-Menge* C^α *aus (4.4) sind homöomorph, und damit auch die Cantor-Mengen* C^α *und* C^β *für beliebiges* $\alpha, \beta \in (0,1)$.

Funktionen, die Nullmengen erhalten, sind so wichtig, dass sie in der Literatur einen besonderen Namen tragen:

Definition 4.14. Sei $M \subseteq \mathbb{R}$ und $f : M \to \mathbb{R}$ eine Funktion. Man sagt, f habe *die Luzin-Eigenschaft*[19] (oder erfülle die *Luzinbedingung*), falls $f(N)$ für jede Nullmenge $N \subseteq M$ auch eine Nullmenge ist.[20] Die Klasse aller Funktionen auf M mit der Luzin-Eigenschaft bezeichnen wir mit $Lu(M)$. $\qquad\qquad\square$

Die Sätze 4.12 und 4.13 zeigen eindrucksvoll, dass die Luzin-Eigenschaft nichts mit *Stetigkeit* zu tun hat, ja dass sogar ein Homöomorphismus diese Eigenschaft nicht zu haben braucht. Andererseits ist *Lipschitz-Stetigkeit* hinreichend für die Luzin-Eigenschaft, wenigstens auf Intervallen:

Satz 4.15. *Sei $f : [a, b] \to \mathbb{R}$ Lipschitz-stetig. Dann hat f die Luzin-Eigenschaft.*

Beweis: Sei $N \subset [a, b]$ eine beliebige Nullmenge. Zu $\varepsilon > 0$ finden wir dann eine Folge $(I_n)_n$ von Intervallen $I_n = [a_n, b_n]$ mit

$$N \subseteq \bigcup_{n=1}^{\infty} I_n, \qquad \sum_{n=1}^{\infty} \lambda(I_n) = \sum_{n=1}^{\infty}(b_n - a_n) < \varepsilon.$$

Nach Voraussetzung gilt $|f(b_n) - f(a_n)| \leq L|b_n - a_n|$ mit einem geeigneten $L > 0$, also

$$f(N) \subseteq \bigcup_{n=1}^{\infty} f(I_n), \qquad \sum_{n=1}^{\infty} \lambda(f(I_n)) \leq \sum_{n=1}^{\infty} L(b_n - a_n) < L\varepsilon,$$

d.h. auch $f(N)$ ist eine Nullmenge wie behauptet. $\qquad\qquad\blacksquare$

Die Aussage von Satz 4.15 kann man als Inklusion

$$(4.23) \qquad\qquad Lip([a, b]) \subseteq Lu([a, b])$$

zusammenfassen. Aus (4.23) folgt nach Satz 2.28 sofort die Inklusion

$$(4.24) \qquad\qquad B^1([a, b]) \subseteq Lu([a, b]),$$

die man auch unabhängig von (4.23) beweisen kann. Übrigens gilt sogar die Inklusion

$$(4.25) \qquad\qquad D^1([a, b]) \subseteq Lu([a, b]),$$

die nicht aus (4.23) folgt, weil Funktionen $f \in D^1([a, b])$ (im Gegensatz zu Funktionen $f \in B^1([a, b])$) ja nicht Lipschitz-stetig sein müssen; dies beweisen wir hier aber nicht. Im nächsten Abschnitt (Satz 4.22) werden wir sehen, dass sogar eine viel allgemeinere Klasse „zwischen" den Lipschitz-stetigen und stetigen Funktionen die Luzin-Eigenschaft besitzt.

---

[19] nach Nikolaj Nikolaevich Luzin (1883-1950).

[20] In der Literatur wird manchmal die etwas nichtssagende Sprechweise „Eigenschaft (N)" für die Luzin-Eigenschaft benutzt, wobei das „N" natürlich an „Nullmenge" erinnern soll.

Da die Nullmengeneigenschaft einer Menge unter einem Homöomorphismus verlorengehen kann, stellt sich die Frage, ob wenigstens magere Mengen unter Homöomorphismen erhalten bleiben. Erstaunlicherweise ist auch dies falsch:

Beispiel 4.16. Sei $(I_n^\alpha)_n$ die Folge (4.22) der bei der Konstruktion der Cantor-Menge C^α entfernten Intervalle, und sei $\mathbb{Q} \cap (0,1) = \{s_1, s_2, s_3, \ldots\}$ eine Abzählung der rationalen Zahlen zwischen 0 und 1. Wir ordnen die Folge $(s_n)_n$ so in eine Folge $(r_n)_n$ um, dass $r_m < r_n$ genau dann gelten soll, wenn das Intervall I_m^α „links" vom Intervall I_n^α liegt. Dies können wir dadurch erreichen, dass wir $r_1 = s_1$, $r_2 = s_{n_1}$ und $r_3 = s_{n^1}$ mit

$$n_1 = \min\{n \in \mathbb{N} : s_n < r_1\}, \qquad n^1 = \min\{n \in \mathbb{N} : s_n > r_1\},$$

$r_4 = s_{n_2}$ und $r_5 = s_{n^2}$ mit

$$n_2 = \min\{n \in \mathbb{N} : s_n < r_2\}, \qquad n^2 = \min\{n \in \mathbb{N} : r_2 < s_n < r_1\},$$

$r_6 = s_{n_3}$ und $r_7 = s_{n^3}$ mit

$$n_3 = \min\{n \in \mathbb{N} : r_1 < s_n < r_3\}, \qquad n^3 = \min\{n \in \mathbb{N} : s_n > r_3\}$$

und entsprechend so weiter setzen. Nun definieren wir $\phi(x) := r_n$ für jedes $x \in \overline{I}_n^\alpha$. Da sowohl die Vereinigungsmenge $I_1^\alpha \cup I_2^\alpha \cup I_3^\alpha \cup \ldots$ als auch die Punktmenge $\{r_1, r_2, r_3, \ldots\}$ in $[0,1]$ dicht liegen, gibt es wieder eine *eindeutige* surjektive monoton wachsende und stetige Fortsetzung $\hat\phi : [0,1] \to [0,1]$ der Abbildung (4.20).

Wir bezeichnen mit L die Menge der Randpunkte aller bei der Konstruktion von C^α entfernten Intervalle und setzen $M := C^\alpha \setminus L$. Dann sind L und M beide nirgends dicht und daher erst recht mager. Außerdem gilt nach Konstruktion von $\hat\phi$

$$\hat\phi(L) = (0,1) \cap \mathbb{Q}, \qquad \hat\phi(M) = (0,1) \setminus \mathbb{Q}.$$

Da aber $\hat\phi$ auf M sogar *streng* monoton steigend ist, ist $\hat\phi$ sogar ein *Homöomorphismus*[21] zwischen M und $(0,1) \setminus \mathbb{Q}$. Dies zeigt in Verbindung mit Satz 4.13 insbesondere, dass *jede Cantor-Menge abzüglich der Randpunkte der bei ihrer Konstruktion entfernten Intervalle homöomorph zur Menge aller irrationalen Zahlen in $(0,1)$ ist.*

Nun ist aber die Menge $(0,1) \setminus \mathbb{Q}$ *nicht* mager, denn wäre sie es, so wäre es auch die Menge $[0,1] = \{0,1\} \cup ((0,1) \setminus \mathbb{Q}) \cup \mathbb{Q}$. Daher ist $\hat\phi$ tatsächlich ein Homöomorphismus zwischen der mageren Menge M und der nichtmageren Menge $(0,1) \setminus \mathbb{Q}$. ♡

Wir bemerken, dass wir vor Satz 4.13 einen Homöomorphismus zwischen der Cantor-Menge C (vom Maß Null) und der Cantor-Menge C^α (vom positiven Maß) konstruiert haben, den wir als Einschränkung eines Homöomorphismus' von $[0,1]$ auf sich ansehen können. Das ist für den in Beispiel 4.16 konstruierten Homöomorphismus zwischen der (mageren) Menge $M = C^\alpha \setminus L$ und der (nichtmageren) Menge $(0,1) \setminus \mathbb{Q}$ *nicht* möglich! In der Tat, ist $\phi : [0,1] \to [0,1]$ ein Homöomorphismus, so überführt ϕ natürlich jede nirgends dichte Menge $M \subset [0,1]$ in eine nirgends dichte Menge $\phi(M) \subset [0,1]$, und damit auch jede magere Menge in eine magere Mange.

---

[21]Die Stetigkeit von $\hat\phi^{-1}$ folgt aus der Art, wie wir die Mengen $I_1^\alpha \cup I_2^\alpha \cup I_3^\alpha \cup \ldots$ und die Endpunkte aus L angeordnet haben.

Im ersten Kapitel hatten wir Homöomorphismen als sehr „reguläre"Abbildungen kennengelernt: Sie bilden zwei Mengen bijektiv und in beiden Richtungen stetig aufeinander ab (Definition 1.35). Im Zusammenhang mit den „Kleinheitsbegriffen" in Tabelle 4.2 stellt sich die Frage, ob Homöomorphismen auch die in dieser Tabelle aufgezählten Eigenschaften erhalten. Natürlich bleibt Abzählbarkeit unter Homöomorphismen erhalten, denn dazu genügt ja schon die Bijektivität. Die überraschenden Sätze 4.12 und 4.13 sowie das nicht minder überraschende Beispiel 4.16 zeigen dagegen, *dass ein Homöomorphismus sowohl Nullmengen als auch magere Mengen zerstören kann.* Eine weitere „Kleinheitsbedingung", die unter Homöomorphismen verlorengehen kann, diskutieren wir in Aufgabe 4.8.

Die in Satz 4.12 konstruierte Abbildung $\phi : [0,1] \to [0,1]$ ist ein monoton wachsender Homöomorphismus, also vom Stetigkeitsstandpunkt aus eine „sehr gute" Abbildung. Da sie nicht der Luzinbedingung genügt, kann sie nach (4.25) allerdings nicht auf ganz $[0,1]$ differenzierbar sein. Eine genauere Untersuchung zeigt, dass sie genau auf der Menge $[0,1] \setminus C$ differenzierbar ist. Da C eine Nullmenge ist, können wir dies in der Sprache von Definition 3.45 so formulieren, dass der Homöomorphismus ϕ aus Satz 4.12 immerhin noch *fast überall* differenzierbar ist.

Der nächste Satz zeigt, dass dies kein Zufall ist, sondern dass der Grund hierfür in der Monotonie von ϕ liegt. Dieser Satz wird in der Literatur manchmal der *Lebesguesche Differentiationssatz* genannt; wir bringen einen Beweis, der erheblich einfacher als der ursprüngliche Lebesguesche Beweis ist. Zu diesem Zweck definieren wir die *Oberableitung* von f in x_0 durch

$$(4.26) \qquad D^{\#} f(x_0) := \limsup_{x \to x_0} \frac{f(x) - f(x_0)}{x - x_0}$$

und die *Unterableitung* von f in x_0 durch

$$(4.27) \qquad D^{\flat} f(x_0) := \liminf_{x \to x_0} \frac{f(x) - f(x_0)}{x - x_0}.$$

Hierbei ist für eine Funktion $g : I \to \mathbb{R}$ auf einem Intervall $I \subseteq \mathbb{R}$ wie üblich

$$(4.28) \qquad \limsup_{x \to x_0} g(x) := \inf_{\delta > 0} \sup \{g(x) : x \in (x_0 - \delta, x_0 + \delta) \cap I\}$$

und

$$(4.29) \qquad \liminf_{x \to x_0} g(x) := \sup_{\delta > 0} \inf \{g(x) : x \in (x_0 - \delta, x_0 + \delta) \cap I\}$$

gemeint. Beispielsweise erfüllt die Dirichlet-Funktion $\chi_{\mathbb{Q}}$ aus Beispiel 1.11 die Bedingungen

$$\limsup_{x \to x_0} \chi_{\mathbb{Q}}(x) = 1, \qquad \liminf_{x \to x_0} \chi_{\mathbb{Q}}(x) = 0$$

für jedes $x_0 \in \mathbb{R}$. Es ist klar, dass stets $D^{\flat} f(x_0) \leq D^{\#} f(x_0)$ gilt, wobei Gleichheit genau dann eintritt, wenn f in x_0 differenzierbar ist.

Satz 4.17 (Lebesgue). *Ist $f : [a,b] \to \mathbb{R}$ monoton, so ist f f.ü. auf $[a,b]$ differenzierbar.*

Beweis: Sei f o.B.d.A. monoton wachsend; wir müssen die Existenz einer Nullmenge $N \subset [a, b]$ nachweisen mit der Eigenschaft, dass $f'(x)$ in jedem Punkt $x \in (a, b) \setminus N$ existiert. Da f als monotone Funktion nach Satz 1.29 höchstens an abzählbar unendlich vielen Punkten unstetig ist, genügt es nach unseren Vorbemerkungen wiederum zu zeigen, dass die Menge

$$(4.30) \qquad N := \{x : a < x < b, \, f \text{ stetig in } x, \, D^\flat f(x) < D^\# f(x)\}$$

eine Nullmenge ist. Diese Menge können wir aber als abzählbare Vereinigung

$$N = \bigcup_{\substack{p,q \in \mathbb{Q} \\ 0 < p < q}} N_{p,q}$$

darstellen, wobei

$$(4.31) \qquad N_{p,q} := \{x : a < x < b, \, f \text{ stetig in } x, \, D^\flat f(x) < p, \, D^\# f(x) > q\}$$

sei. Wir haben Satz 4.17 also bewiesen, wenn wir gezeigt haben, dass jede der Mengen (4.31) für $p, q \in \mathbb{Q}$ mit $0 < p < q$ eine Nullmenge ist.

Angenommen, dies ist nicht so, d.h. es gibt rationale Zahlen $\hat{p}$ und $\hat{q}$ mit $0 < \hat{p} < \hat{q}$ und der Eigenschaft, dass die Menge $\hat{N} := N_{\hat{p},\hat{q}}$ keine Nullmenge ist. Nach Definition 3.45 finden wir dann ein $\varepsilon_0 > 0$ derart, dass jede Folge $(I_n)_n$ von Intervallen $I_n = [a_n, b_n]$, die $\hat{N}$ überdeckt, der Bedingung

$$(4.32) \qquad \sum_{n=1}^{\infty} |b_n - a_n| > \varepsilon_0$$

genügt. Setzen wir

$$(4.33) \qquad \alpha := \frac{\hat{q} - \hat{p}}{2}, \qquad \beta := \frac{\hat{p} + \hat{q}}{2}, \qquad g(x) := f(x) - \beta x,$$

so sind α und β beide positiv, es gilt $U(g) = U(f)$, und die Menge $\hat{N}$ kann mit Hilfe der Funktion g dargestellt werden als

$$(4.34) \qquad \hat{N} = \{x : a < x < b, \, g \text{ stetig in } x, \, D^\flat g(x) < -\alpha, \, D^\# g(x) > \alpha\}.$$

Als Differenz zweier monotoner Funktionen ist g nach Satz 1.44 auf $[a, b]$ von beschränkter Variation; genauer gilt

$$Var(g; [a, b]) \leq Var(f; [a, b]) + \beta(b - a) = f(b) - f(a) + \beta(b - a).$$

Da α und ε_0 beide positiv sind, können wir nach Definition der Gesamtvariation (1.52) eine Zerlegung $Z := \{t_0, t_1, \ldots, t_k\}$ von $[a, b]$ finden derart, dass

$$(4.35) \qquad Var(g; [a, b]) - \frac{\alpha \varepsilon_0}{4} < \sum_{j=1}^{k} |g(t_j) - g(t_{j-1})| \leq Var(g; [a, b])$$

gilt. Nun fixieren wir einen Punkt $x \in \hat{N} \setminus Z$, d.h. $x \in \hat{N} \cap (t_{j-1}, t_j)$ für geeignetes $j \in \{1, 2, \ldots, k\}$. Da g nach Definition von $\hat{N}$ in x stetig ist und nach Konstruktion

$D^\flat g(x) < -\alpha < \alpha < D^\# g(x)$ gilt, können wir ein offenes Intervall $J_x = (a_x, b_x)$ mit $t_{j-1} < a_x < x < b_x < t_j$ wählen derart, dass im Falle $g(t_{j-1}) \leq g(t_j)$

(4.36) $$\frac{g(b_x) - g(a_x)}{b_x - a_x} < -\alpha$$

bzw. im Falle $g(t_{j-1}) \geq g(t_j)$

(4.37) $$\frac{g(b_x) - g(a_x)}{b_x - a_x} > \alpha$$

gilt. O.B.d.A. gelte $g(t_{j-1}) \leq g(t_j)$. Da das System $\mathcal{J} := \{J_x : x \in \hat{N} \setminus Z\}$ eine Familie offener Teilintervalle bildet, die $\hat{N}$ überdeckt, d.h. der Bedingung

$$\hat{N} \subseteq \bigcup_{x \in \hat{N} \setminus Z} J_x$$

genügt, können wir nach Aufgabe 4.27 endlich viele Punkte $x_1, x_2, \ldots, x_m$ so auswählen, dass

(4.38) $$\lambda(J_{x_1}) + \lambda(J_{x_2}) + \ldots + \lambda(J_{x_m}) > \frac{\varepsilon_0}{4}$$

gilt. Nun fassen wir alle Punkte von Z und die (endlich vielen) Randpunkte der Intervalle $J_{x_1}, J_{x_2}, \ldots, J_{x_m}$ zu einer einzigen Zerlegung $\tilde{Z} := \{\tau_0, \tau_1, \ldots, \tau_n\}$ zusammen und betrachten die Variation von g auf dieser Zerlegung.

Für $j = 1, 2, \ldots, k$ bezeichnen wir mit S_j die Menge aller Indizes $i \in \{1, 2, \ldots, n\}$, für die $[\tau_{i-1}, \tau_i] \subseteq [t_{j-1}, t_j]$ gilt. Wir behaupten, dass hieraus die Abschätzung

(4.39) $$\sum_{i \in S_j} |g(\tau_i) - g(\tau_{i-1})| > |g(t_j) - g(t_{j-1})| + \alpha L_j$$

folgt, wobei L_j die Summe der Längen aller Intervalle $[\tau_{i-1}, \tau_i]$ mit $i \in S_j$ bezeichne. In der Tat, wegen $g(t_{j-1}) \leq g(t_j)$ ist

$$|g(t_j) - g(t_{j-1})| = g(t_j) - g(t_{j-1}) \leq \sum_{i=1}^{n} g(\tau_i) - g(\tau_{i-1})$$

$$= \sum_{i \in S_j} g(\tau_i) - g(\tau_{i-1}) + \sum_{i \notin S_j} g(\tau_i) - g(\tau_{i-1})$$

$$< -\alpha \sum_{i \in S_j} \tau_i - \tau_{i-1} + \sum_{i \notin S_j} g(\tau_i) - g(\tau_{i-1}) \leq -\alpha L_j + \sum_{i=1}^{n} |g(\tau_i) - g(\tau_{i-1})|,$$

wobei wir beim $<$-Zeichen (4.36) benutzt haben. Damit haben wir (4.39) bewiesen; summieren wir nun (4.39) über $j = 1, 2, \ldots, k$, so erhalten wir aus (4.35) und (4.38)

$$\sum_{i=1}^{n} |g(\tau_i) - g(\tau_{i-1})| > \sum_{j=1}^{k} |g(t_j) - g(t_{j-1})| + \alpha \sum_{j=1}^{m} \lambda(J_{x_j})$$

$$> Var(g; [a,b]) - \frac{\alpha \varepsilon_0}{4} + \alpha \frac{\varepsilon_0}{4} = Var(g; [a,b]).$$

Dies ist aber ein Widerspruch zur Definition von $Var(g; [a, b])$ als Gesamtvariation von g über $[a, b]$. Also war unsere Annahme falsch, und damit ist Satz 4.17 vollständig bewiesen. ∎

Da sich jede Funktion beschränkter Variation nach Satz 1.44 als Differenz zweier monoton wachsender Funktionen darstellen lässt, ist es nicht verwunderlich, dass man Satz 4.17 auf Funktionen $f \in BV([a, b])$ ausdehnen kann (s. Aufgabe 4.28). Hieraus folgt zum Beispiel, dass die Weierstraß-Funktion aus Beispiel 1.34, die ja überall stetig ist, nicht von beschränkter Variation sein kann, weil sie ja in keinem Punkt ihres Definitionsbereichs differenzierbar ist. Außerdem folgt aus Satz 4.17 noch einmal, dass sie in keinem Punkt monoton (im Sinne von Definition 1.32) sein kann, weil sie sonst auf einem Intervall monoton und damit wenigstens dort f.ü. differenzierbar wäre.

Mit Satz 4.17 haben wir ein weiteres bemerkenswertes Ergebnis über monotone Funktionen erhalten. Unsere Kenntnisse über das Stetigkeits- und Differenzierbarkeitsverhalten monotoner Funktionen können wir wie folgt zusammenfassen:

- Nach Satz 1.29 ist eine monotone Funktion f.ü. stetig (in einem sehr starken Sinne, nämlich außerhalb einer abzählbaren Menge).

- Nach Satz 4.17 ist eine monotone Funktion sogar f.ü. differenzierbar (in einem schwächeren Sinne, nämlich außerhalb einer Nullmenge).

- Umgekehrt gibt es allerdings stetige Funktionen, die in keinem Punkt monoton (Beispiel 1.34) und in keinem Punkt differenzierbar (Beispiel 2.9) sind.

- Die Funktion (1.37) liefert ein Beispiel einer monotonen Funktion auf $[0, 1]$, die tatsächlich auf einer abzählbar unendlichen Menge unstetig ist.

- Die Funktion (4.20) liefert ein Beispiel einer monotonen Funktion auf $[0, 1]$, die tatsächlich auf einer überabzählbar unendlichen (Null-)Menge nicht differenzierbar ist.

Beispiel 1.30 und Satz 4.12 zeigen, dass Satz 1.29 bzw. Satz 4.17 wirklich „optimal" sind. Diese Sätze zeigen aber auch, dass monotone Funktionen insgesamt kein allzu „bösartiges Verhalten" an den Tag legen.

Zum Schluss dieses Abschnitts kehren wir noch einmal kurz zum Zweiten Hauptsatz der Infinitesimalrechnung zurück, den wir in Satz 3.13 ja nur für C^1-Funktionen formulieren konnten. Sei $f : [a, b] \to \mathbb{R}$ monoton wachsend. Man kann dann zeigen, dass f' nicht nur f.ü. auf $[a, b]$ existiert, sondern auch über $[a, b]$ integrierbar ist. In Analogie zu Satz 3.13 könnte man fragen, ob dann auch

$$(4.40) \qquad \int_a^b f'(x)\,dx = f(b) - f(a),$$

also eine zu (3.20) analoge Formel gilt. Dies ist i.a. nicht so, wie das Beispiel der Cantor-Funktion (4.15) zeigt, für die ja

$$\int_a^b \psi'(x)\,dx = 0 \neq 1 = \psi(1) - \psi(0)$$

ist. Für monoton wachsende Funktionen f gilt allerdings immer die Abschätzung

$$(4.41) \qquad \int_a^b f'(x)\,dx \le f(b) - f(a),$$

die sozusagen einen „Ersatz" für (4.40) darstellt. Wir wenden uns nun einer Funktionenklasse zu, die viel größer als $C^1([a,b])$ ist, für die aber trotzdem die Gleichheit (4.40) noch gilt.

4.4. Absolutstetige Funktionen. Wir kommen nun zu der angekündigten Funktionenklasse „zwischen" Lipschitz-stetigen und stetigen Funktionen; o.B.d.A. betrachten wir solche Funktionen nur auf Intervallen:

Definition 4.18. Eine Funktion $f : [a,b] \to \mathbb{R}$ heißt *absolutstetig*, falls es zu jedem $\varepsilon > 0$ ein $\delta > 0$ gibt derart, dass folgendes gilt: Sind $a_1, a_2, \ldots, a_m, b_1, b_2, \ldots, b_m \in [a,b]$ Punkte mit

$$(4.42) \qquad a \le a_1 \le b_1 \le a_2 \le b_2 \le \ldots \le a_m \le b_m \le b,$$

so folgt aus

$$(4.43) \qquad |b_1 - a_1| + |b_2 - a_2| + \ldots + |b_m - a_m| < \delta$$

stets

$$(4.44) \qquad |f(b_1) - f(a_1)| + |f(b_2) - f(a_2)| + \ldots + |f(b_m) - f(a_m)| < \varepsilon.$$

Die Menge aller auf $[a,b]$ absolutstetigen Funktionen bezeichnen wir mit $AC([a,b])$. □

Wenn man in Definition 4.18 speziell $m = 1$, $a_1 = x$ und $b_1 = y$ wählt, sieht man sofort, dass jede absolutstetige Funktion gleichmäßig stetig auf $[a,b]$ (im Sinne der Definition aus Abschnitt 1.5) ist. Im Gegensatz zur gleichmäßigen (und erst recht zur einfachen) Stetigkeit muss bei absolutstetigen Funktionen f die übliche „ε-δ-Implikation" aber für ein ganzes „Aggregat" nichtüberlappender Intervalle $[a_1, b_1], [a_2, b_2], \ldots, [a_m, b_m] \subseteq [a,b]$ erfüllt sein. Daher ist die Erwartung gerechtfertigt, dass es gleichmäßig stetige Funktionen gibt, die nicht absolutstetig sind; eine solche Funktion findet man unten in Beispiel 4.20.

Ebenso einfach kann man beweisen, dass jede Lipschitz-stetige Funktion (s. Definition 1.48) absolutstetig ist: In der Tat, erfüllt $f : [a,b] \to \mathbb{R}$ eine Lipschitzbedingung der Form (1.58), so folgt aus (4.43) mit $\delta := \varepsilon/L$ natürlich (4.44). Diese beiden Ergebnisse können wir in der Inklusionskette

$$(4.45) \qquad Lip([a,b]) \subseteq AC([a,b]) \subseteq UC([a,b])$$

zusammenfassen; die beiden folgenden Beispiele zeigen, dass beide Inklusionen strikt sind:

Beispiel 4.19. Sei $f : [0,1] \to \mathbb{R}$ die Wurzelfunktion $f(x) = \sqrt{x}$. Wir wissen schon (s. Beispiel 1.51), dass f auf $[0,1]$ nicht Lipschitz-stetig ist. Nichtsdestoweniger ist f absolutstetig, wie aus Satz 4.22 unten (oder aus Aufgabe 4.32) folgt.   ♡

Beispiel 4.20. Sei $\phi : [0,1] \to \mathbb{R}$ die modifizierte Cantor-Funktion aus Satz 4.12. Als stetige Funktion (sogar Homöomorphismus!) auf dem kompakten Intervall $[0,1]$ ist ϕ

nach Satz 1.74 gleichmäßig stetig. Dass ϕ nicht absolutstetig auf $[0,1]$ ist, folgt aus Satz 4.22 weiter unten. ♡

In Aufgabe 4.63 werden wir noch eine weitere interessante Funktionenklasse einführen, die zwischen der ersten und der zweiten Klasse in (4.45) liegt, also insbesondere aus absolutstetigen Funktionen besteht.

Der folgende Satz erhellt wieder die Struktur der Funktionenklasse $AC([a,b])$ und ist parallel zu den Sätzen 1.17, 2.11, 3.7 (a) und 3.9.

Satz 4.21. *Sind zwei Funktionen $f, g : [a,b] \to \mathbb{R}$ absolutstetig, so sind auch die Funktionen $f + g$, $f - g$, $f \cdot g$ und (falls definiert!) f/g absolutstetig.*

Beweis: Die Absolutstetigkeit von $f \pm g$ ist klar, die von $f \cdot g$ folgt aus der Tatsache, dass f und g auf $[a,b]$ beschränkt sind und die Abschätzung

$$|(f \cdot g)(b_j) - (f \cdot g)(a_j)| = |f(b_j)g(b_j) - f(a_j)g(a_j)|$$
$$= |f(b_j)g(b_j) - f(a_j)g(b_j) + f(a_j)g(b_j) - f(a_j)g(a_j)|$$
$$\leq |f(b_j) - f(a_j)| \, |g(b_j)| + |f(a_j)| \, |g(b_j) - g(a_j)|$$
$$\leq |f(b_j) - f(a_j)| \max_{a \leq x \leq b} |g(x)| + |g(b_j) - g(a_j)| \max_{a \leq x \leq b} |f(x)|$$

gilt. Ist $g(x) \neq 0$, also $|g(x)| \geq m > 0$ auf $[a,b]$, so können wir die Abschätzung

$$\left| \frac{1}{g(a_j)} - \frac{1}{g(b_j)} \right| \leq \frac{|g(b_j) - g(a_j)|}{m^2}$$

benutzen, um auf die Absolutstetigkeit von $1/g$ und damit auch auf die von f/g zu schließen. ∎

Die Definition der Absolutstetigkeit mittels der Bedingungen (4.43) und (4.44) mag auf den ersten Blick etwas künstlich anmuten. Der nächste Satz, der in der Literatur meist als *Satz von Vitali-Banach*[22] bezeichnet wird, zeigt allerdings, dass dies ein glücklich und sehr natürlich gewählter Begriff ist. Leider können wir diesen Satz nicht vollständig beweisen, weil Teile des Beweises auf der Theorie des Lebesgue-Integrals beruhen, welches wir hier nicht betrachten. Wir skizzieren aber wenigstens den roten Faden des Beweises.

Satz 4.22 (Vitali-Banach). *Eine Funktion $f : [a,b] \to \mathbb{R}$ ist genau dann absolutstetig, wenn sie stetig und von beschränkter Variation ist und die Luzin-Eigenschaft hat.*

Beweis: Wir zeigen zunächst, dass jede absolutstetige Funktion die Luzin-Eigenschaft hat und von beschränkter Variation ist.[23]

Sei also $N \subset [a,b]$ eine Nullmenge; wir müssen zeigen, dass auch $f(N)$ dann eine Nullmenge ist. Zu $\varepsilon > 0$ wählen wir ein $\delta > 0$ derart, dass aus (4.42) und (4.43) zusammen (4.44) folgt. Nach Definition 3.45 können wir eine Folge $(I_n)_n$ abgeschlossener Intervalle $I_n \subset [a,b]$ finden mit

$$\sum_{n=1}^{\infty} \lambda(I_n) < \delta, \quad N \subseteq \bigcup_{n=1}^{\infty} I_n, \quad f(N) \subseteq \bigcup_{n=1}^{\infty} f(I_n).$$

---

[22] nach Giuseppe Vitali (1875-1932) und Stefan Banach (1892-1945).

[23] Hieraus folgt übrigens, dass eine absolutstetige Funktion f.ü. auf ihrem Definitionsbereich differenzierbar ist. Die stetige Weierstraß-Funktion aus Beispiel 1.34 ist also auf keinem Intervall absolutstetig.

Indem wir diese Intervalle gegebenenfalls verfeinern, können wir erreichen, dass die Extremwerte von f auf den einzelnen Intervallen I_n als Bilder der verfeinerten Intervalle auftreten. Für je endlich viele der verfeinerten Eckpunkte gilt dann (4.43), also für die entsprechenden Bilder (4.44); daher ist $f(N)$ eine Nullmenge.

Wir zeigen nun, dass jede absolutstetige Funktion von beschränkter Variation ist. Dazu wählen wir zu $\varepsilon := 1$ ein $\delta > 0$ derart, dass aus (4.42) und (4.43)

$$(4.46) \qquad |f(b_1) - f(a_1)| + |f(b_2) - f(a_2)| + \ldots + |f(b_m) - f(a_m)| < 1$$

folgt. Insbesondere folgt hieraus, dass $Var(f; [\alpha, \beta]) \leq 1$ für jedes Teilintervall $[\alpha, \beta] \subseteq [a, b]$ der Länge $\beta - \alpha < \delta$ gilt. Zerlegen wir $[a, b]$ also in endlich viele Teilintervalle $I_1, \ldots, I_k$ mit $k\delta \leq b - a$ und $\lambda(I_j) < \delta$ für $j = 1, \ldots, k$, so erhalten wir

$$(4.47) \qquad Var(f; [a, b]) \leq \sum_{j=1}^{k} Var(f; I_j) \leq k \leq \frac{b-a}{\delta}.$$

Damit haben wir gezeigt, dass f auf $[a, b]$ beschränkte Variation hat.

Jetzt müssten wir noch zeigen, dass umgekehrt jede stetige Funktion von beschränkter Variation, die der Luzinbedingung genügt, sogar absolutstetig ist. Da uns hierfür aber das Lebesgue-Integral nicht zur Verfügung steht, skizzieren wir nur kurz die Grundidee. Zunächst benutzen wir, dass f als Funktion beschränkter Variation f.ü. auf $[a, b]$ differenzierbar ist.[24] Für die fast überall existierende Ableitung f' bekommen wir dann eine Abschätzung der Form

$$(4.48) \qquad \int_a^b |f'(x)| \, dx \leq Var(f; [a, b]),$$

wobei links in (4.48) das Lebesgue-Integral steht. Anschließend zeigt man, dass die durch

$$g(x) := \int_a^x |f'(t)| \, dt \qquad (a \leq x \leq b)$$

definierte Integralfunktion $g : [a, b] \to \mathbb{R}$ von $|f'|$ dann absolutstetig ist. Da diese Funktion f in dem Sinne majorisiert, dass

$$|f(x) - f(y)| \leq g(y) - g(x) \qquad (a \leq x < y \leq b)$$

f.ü. auf $[a, b]$ gilt, folgt schließlich die Absolutstetigkeit von f aus der Absolutstetigkeit von g. ∎

Wir können die Aussage des schönen Satzes von Vitali-Banach in Form der Mengengleichheit

$$(4.49) \qquad AC([a, b]) = Lu([a, b]) \cap BV([a, b]) \cap C([a, b])$$

zusammenfassen. Hieraus folgt auch sofort, dass die Wurzelfunktion aus Beispiel 4.19 absolutstetig ist (weil sie stetig ist, der Luzinbedingung genügt, und als monotone Funktion auch beschränkte Variation hat), während die modifizierte Cantor-Funktion

---

[24]Das haben wir in Satz 4.17 für monotone Funktionen gezeigt, aber der Schritt von monotonen Funktionen zu Funktionen beschränkter Variation ist, wie Satz 1.44 zeigt, nicht weit.

aus Beispiel 4.20 nicht absolutstetig sein kann (weil sie nicht die Luzin-Eigenschaft hat).

In den folgenden drei Beispielen gehört die betrachtete Funktion zu jeweils zwei der Funktionenklassen auf der rechten Seite von (4.49), nicht aber zur dritten; keine dieser Funktionen ist nach Satz 4.22 also absolutstetig.

Beispiel 4.23. Sei $f : [-1, 1] \to \mathbb{R}$ die Signumfunktion $f(x) := \mathrm{sgn}\,x$ (s. Beispiel 1.8). Dann gehört f als monotone Funktion natürlich zu $BV([-1, 1])$ und erfüllt auch die Luzinbedingung, ist aber nicht stetig. ♡

Beispiel 4.24. Sei $f : [-1, 1] \to \mathbb{R}$ definiert durch

$$(4.50) \qquad f(x) := \begin{cases} x \sin \dfrac{1}{x} & \text{für} \quad x \neq 0, \\ 0 & \text{für} \quad x = 0. \end{cases}$$

In Beispiel 1.46 haben wir gezeigt, dass $f \notin BV([-1, 1])$ gilt. Andererseits ist f stetig und hat die Luzin-Eigenschaft.[25] ♡

Eine erheblich raffiniertere Funktion $f \in C([a, b]) \cap Lu([a, b])$, deren Gesamtvariation auf $[a, b]$ wir durch geeignete Wahl freier Parameter entweder endlich oder unendlich machen können, werden wir in Aufgabe 4.52 konstruieren.

Beispiel 4.25. Sei $\phi : [0, 1] \to \mathbb{R}$ die modifizierte Cantor-Funktion (4.20). Als monotoner Homöomorphismus gehört ϕ zu $BV([0, 1]) \cap C([0, 1])$, hat aber nicht die Luzin-Eigenschaft, wie wir in Satz 4.12 gezeigt haben. ♡

Übrigens kann man auch direkt zeigen, dass die modifizierte Cantor-Funktion (4.20) nicht absolutstetig ist, indem man die Nicht-Absolutstetigkeit der Cantor-Funktion (4.15) nachweist. Nimmt man für die Intervalle in (4.42) nämlich gerade die im n-ten Schritt bei der Konstruktion der Cantor-Menge noch verbliebenen 2^n Intervalle und bezeichnet sie in geordneter Reihenfolge mit $[a_1, b_1], [a_2, b_2], \ldots [a_{2^n}, b_{2^n}]$, so erhält man einerseits

$$\sum_{k=1}^{2^n} |b_k - a_k| = 1 - \frac{1}{3} - \frac{2}{9} - \frac{4}{27} - \ldots - \frac{2^{n-1}}{3^n} = \left(\frac{2}{3}\right)^n,$$

und dies kann man beliebig klein machen, indem man n groß genug wählt. Nach (4.17), (4.18) und (4.19) gilt aber andererseits

$$\sum_{k=1}^{2^n} |\psi(b_k) - \psi(a_k)| = \psi(1) - \psi(0) = 1,$$

da sich nach Definition von ψ ja alle Terme bis auf den ersten und letzten wegheben. In der folgenden Tabelle 4.5, die die Tabellen 1.3, 2.2 und 3.1 wesentlich erweitert, stellen wir wieder Beziehungen zwischen einigen Funktionenklassen zusammen. Dabei verzichten wir auf Inklusionen, die sich sofort durch Transitivität ergeben, wie etwa $C^1(I) \subset Lu(I)$ oder $B^1(I) \subset BV(I)$.

---

[25]Dass die Funktion (4.50) (und sogar die viel allgemeinere Funktion (2.47)) die Luzin-Eigenschaft hat, werden wir im Beweis von Satz 4.40 (h) unten noch sauber beweisen.

$C^1(I)$		$Lu(I)$		$UC(I)$		$\subset$	$B(I)$	
$\cap$		$\cup$		$\cup$			$\cup$	
$B^1(I)$	$\subset$	$Lip(I)$	$\subset$	$AC(I)$			$R(I)$	$Zw(I)$
$\cap$		$\cap$		$\parallel$			$\cup$	$\cup$
$D^1(I)$		$BV(I)$	$\supset$	$Lu(I)\cap BV(I)\cap C(I)$	$\subset$	$C(I)$	$\subset$	$St(I)$

Tab. 4.5: Beziehungen zwischen Funktionenklassen über $I = [a,b]$

Dass alle in dieser Tabelle aufgeführten Inklusionen wieder echt sind, haben wir anhand mehrerer Beispiele gezeigt: Beispiel 4.19 zeigt die Echtheit der Inklusionen $Lip([a,b]) \subset AC([a,b])$ sowie $Lip([a,b]) \subset Lu([a,b])$, während Beispiel 4.20 die Echtheit der Inklusion $AC([a,b]) \subset UC([a,b])$ beweist.

Wie schon bei fast allen vorher betrachteten Funktionenklassen interessiert uns nun noch die Frage, ob die neu eingeführten Klassen $Lu([a,b])$ und $AC([a,b])$ stabil gegenüber Summen, Produkten, Kompositionen und ähnlichen Operationen mit Funktionen sind. Zunächst ist etwas überraschend, dass die Summe zweier Funktionen mit der Luzin-Eigenschaft diese Eigenschaft nicht zu haben braucht; wir skizzieren kurz die Idee eines solchen Gegenbeispiels:

Beispiel 4.26. Wir schreiben die Punkte der Cantor-Menge C in der Form (4.5) und definieren Funktionen $\alpha_k : C \to \{0,1\}$ durch[26]

$$(4.51) \qquad x = 2\sum_{k=1}^{\infty} \alpha_k(x)3^{-k} \qquad (x \in C).$$

Dann sind die beiden durch

$$(4.52) \qquad f(x) := \sum_{k=1}^{\infty} \alpha_{2k}(x)3^{-k} \qquad (x \in C)$$

und

$$(4.53) \qquad g(x) := \sum_{k=1}^{\infty} \alpha_{2k-1}(x)3^{-k} \qquad (x \in C)$$

definierten Funktionen f und g auf C stetig und erfüllen dort die Luzinbedingung. Nach Aufgabe 4.45 können wir beide Funktionen f und g so auf ganz $[0,1]$ fortsetzen, dass sie auch dort stetig sind und der Luzinbedingung genügen. Ihre Summe $f + g$ ist dann auf $[0,1]$ zwar stetig, gehört aber nicht zu $Lu([0,1])$. ♡

Mit einer ähnlichen Konstruktion wie in Beispiel 1.79 kann man übrigens zeigen, dass auch das Produkt $f \cdot g$ zweier Funktionen $f,g \in Lu([a,b])$ nicht mehr in $Lu([a,b])$ zu

---

[26]Die (stetige!) „Koeffizientenfunktion" α_k ordnet also jedem Punkt $x \in C$ in der Darstellung (4.5) seine halbierte k-te Stelle hinter dem Komma zu.

liegen braucht. Dagegen ist ziemlich trivial, dass die Komposition $g \circ f$ zweier Funktionen $f : [a,b] \to [c,d]$ und $g : [c,d] \to \mathbb{R}$ mit der Luzin-Eigenschaft wieder die Luzin-Eigenschaft besitzt.

Wir wenden uns nun der Funktionenklasse $AC([a,b])$ zu. In Satz 4.21 haben wir schon gezeigt, dass die Summe $f + g$ und das Produkt $f \cdot g$ zweier Funktionen $f, g \in AC([a,b])$ wieder zu $AC([a,b])$ gehört. Bei der Komposition ist das wieder nicht der Fall:

Beispiel 4.27. Sei $f : [0,1] \to \mathbb{R}$ definiert durch

$$(4.54) \qquad f(x) := \begin{cases} x^2 \sin^2 \dfrac{1}{x} & \text{für} \quad 0 < x \leq 1, \\ 0 & \text{für} \quad x = 0. \end{cases}$$

Dann ist f Lipschitz-stetig auf $[0,1]$, besitzt nach (4.23) dort also auch die Luzin-Eigenschaft. Außerdem hat f auf $[0,1]$ beschränkte Variation, gehört nach Satz 4.22 also zu $AC([0,1])$. Die Wurzelfunktion $g(y) = \sqrt{y}$ gehört nach Beispiel 4.19 ebenfalls zu $AC([0,1])$. Allerdings ist $g \circ f$ die Funktion (1.57), deren Variation wir schon in Beispiel 1.47 als unbeschränkt erkannt haben. Wiederum nach Satz 4.22 kann sie also nicht zu $AC([0,1])$ gehören.   ♡

Der Grund dafür, dass wir das überraschende Beispiel 4.27 konstruieren konnten, liegt im folgenden Satz:

Satz 4.28. *Seien $f : [a,b] \to \mathbb{R}$ und $g : [c,d] \to \mathbb{R}$ zwei Funktionen mit $f([a,b]) \subseteq [c,d]$. Dann gelten die folgenden beiden Aussagen:*

(a) *Ist f absolutstetig und g Lipschitz-stetig, so ist die Komposition $g \circ f$ absolutstetig.*

(b) *Sind f und g beide absolutstetig, so ist die Komposition $g \circ f$ genau dann absolutstetig, wenn sie von beschränkter Variation ist.*

Beweis: Zu $\varepsilon > 0$ wählen wir $\delta > 0$ derart, dass (4.44) aus (4.43) für jede Ansammlung von Intervallen $[a_j, b_j] \subseteq [a,b]$ mit (4.42) gilt. Nach Voraussetzung finden wir ein $L > 0$ mit

$$|g(y) - g(z)| \leq L|y - z| \qquad (c \leq y, z \leq d).$$

Wenden wir dies speziell jeweils auf $y := f(b_j)$ und $z := f(a_j)$ an, so erhalten wir

$$|g(f(b_1)) - g(f(a_1))| + |g(f(b_2)) - g(f(a_2))| + \ldots + |g(f(b_m)) - g(f(a_m))| < L\varepsilon.$$

Da L nicht von der Auswahl der Punkte in (4.42) abhängt, haben wir (a) bewiesen.

Der Beweis von (b) ist eine direkte Folgerung aus Satz 4.22 und der Tatsache, dass die Komposition zweier Funktionen mit der Luzin-Eigenschaft wieder die Luzin-Eigenschaft besitzt.   ∎

Nach Satz 4.28 (a) ist es mithin kein Zufall, dass die „äußere" Funktion g aus Beispiel 4.27, nämlich die Wurzelfunktion $g(y) = \sqrt{y}$, keine Lipschitzbedingung auf $[0,1]$ erfüllt, und nach Satz 4.28 (b) ist es ebenfalls kein Zufall, dass die Absolutstetigkeit von $g \circ f$ an der unbeschränkten Variation von $g \circ f$ scheitert. Satz 4.28 (a) zeigt übrigens eine ähnliche „Asymmetrie" der Funktionenklasse $AC([a,b])$ wie etwa Satz 3.8 für die

Funktionenklasse $R([a,b])$: Die Komposition $g \circ f$ zweier Funktionen f und g aus einer solchen Klasse führt im allgemeinen aus dieser Klasse heraus; erst wenn wir die äußere Funktion g „regulärer" wählen, bleibt die Komposition $g \circ f$ wie gewünscht in der Klasse. Wir werden auf dieses Phänomen gleich noch einmal zurückkommen.

Übrigens kann man auch der „inneren" Funktion $f \in AC([a,b])$ weitere Bedingungen auferlegen, die dann sicherstellen, dass die Komposition $g \circ f$ für jede absolutstetige Funktion g wieder absolutstetig wird. Ein Beispiel einer solchen Bedingung findet man in Aufgabe 4.31.

An dieser Stelle erwähnen wir noch eine angenehme Konsequenz von Satz 4.28: Mit f gehören auch immer die Funktionen $|f|$ und f^2 zu $AC([a,b])$; die Begründung ist dieselbe wie in Satz 3.9 für die Klasse $R([a,b])$. Wir können damit die folgende wesentliche Erweiterung von Tabelle 3.3 aufstellen:

f, g	$\lvert f \rvert$	f^2	$f + g$	$f \cdot g$	$g \circ f$
$C([a,b])$	ja	ja	ja	ja	ja
$Lip([a,b])$	ja	ja	ja	ja	ja
$B([a,b])$	ja	ja	ja	ja	ja
$Zw([a,b])$	ja	ja	nein	nein	ja
$Mon([a,b])$	nein	nein	nein	nein	ja
$BV([a,b])$	ja	ja	ja	ja	nein
$D^1([a,b])$	nein	ja	ja	ja	ja
$St([a,b])$	nein	nein	ja	nein	nein
$R([a,b])$	ja	ja	ja	ja	nein
$Lu([a,b])$	ja	ja	nein	nein	ja
$AC([a,b])$	ja	ja	ja	ja	nein

Tab. 4.6: Operationen auf einigen Funktionenklassen

Im Hinblick auf die letzte Spalte dieser Tabelle ist die folgende Frage von Interesse:

- *Falls f zu einer bestimmten Funktionenklasse gehört, wie „regulär" muss dann eine Funktion g sein, damit sicher ist, dass auch $g \circ f$ zu derselben Funktionenklasse wie f gehört?*

In der folgenden Tabelle 4.7, in der $f: I \to \mathbb{R}$ und $g: J \to \mathbb{R}$ gegebene Funktionen auf Intervallen I bzw. J mit $f(I) \subseteq J$ sind, stellen wir noch einmal systematisch die „Asymmetrie" der vier Funktionenklassen hinsichtlich der Komposition von Funktionen dar, bei denen in der letzten Spalte von Tabelle 4.6 ein „nein" steht. In manchen Fällen genügt hier die Stetigkeit der äußeren Funktion g, damit $g \circ f$ in derselben Klasse liegt wie f, in anderen Fällen muss man aber schärfere Bedingungen an g stellen:

$f \in BV(I)$, $g \in BV(J)$	$\not\Rightarrow$	$g \circ f \in BV(I)$	(Beispiel 1.47)
$f \in BV(I)$, $g \in C(J)$	$\not\Rightarrow$	$g \circ f \in BV(I)$	(Beispiel 1.47)
$f \in BV(I)$, $g \in Lip(J)$	$\Rightarrow$	$g \circ f \in BV(I)$	(Aufgabe 1.42)
$f \in R(I)$, $g \in R(J)$	$\not\Rightarrow$	$g \circ f \in R(I)$	(Beispiel 3.54)
$f \in R(I)$, $g \in C(J)$	$\Rightarrow$	$g \circ f \in R(I)$	(Satz 3.8)
$f \in St(I)$, $g \in St(J)$	$\not\Rightarrow$	$g \circ f \in St(I)$	(Beispiel 3.28)
$f \in St(I)$, $g \in C(J)$	$\not\Rightarrow$	$g \circ f \in St(I)$	(Beispiel 3.28)
$f \in St(I)$, $g(y) = \alpha y + \beta$	$\Rightarrow$	$g \circ f \in St(I)$	(Aufgabe 3.23)
$f \in AC(I)$, $g \in AC(J)$	$\not\Rightarrow$	$g \circ f \in AC(I)$	(Beispiel 4.27)
$f \in AC(I)$, $g \in Lip(J)$	$\Rightarrow$	$g \circ f \in AC(I)$	(Satz 4.28)

Tab. 4.7: Asymmetrien bei Kompositionen von Funktionen

Besonders erstaunlich ist hier natürlich die achte Zeile, welche zeigt, wie sehr die Forderung der Existenz einer Stammfunktion für $g \circ f$ bei beliebigem $f \in St(I)$ die äußere Funktion g einschränkt. Aufgabe 3.24 zeigt nämlich, dass g *notwendigerweise* eine affine Funktion sein muss, damit dies gilt! In ähnlicher Weise kann man zeigen, dass die Lipschitz-Stetigkeit von g nicht nur hinreichend, sondern auch notwendig dafür ist, dass $g \circ f$ für jedes absolutstetige f auch absolutstetig ist (Aufgabe 4.39).

Bei anderen Funktionenklassen ist das analoge Problem übrigens geradezu trivial. Beispielsweise ist klar, dass aus der Stetigkeit von $f : I \to J$ *dann und nur dann* immer auch die von $g \circ f : I \to \mathbb{R}$ folgt, wenn $g : J \to \mathbb{R}$ selbst stetig ist.

Zum Schluss dieses Abschnitts wollen wir einen Begriff einführen, der uns noch im 6. Kapitel im Zusammenhang mit Kurvenintegralen weiter beschäftigen wird, nämlich den der Länge des Graphen

$$(4.55) \qquad \Gamma(f) = \{(x, f(x)) : a \leq x \leq b\}$$

einer Funktion $f : [a, b] \to \mathbb{R}$. Diese Länge wird ganz anschaulich als Supremum der Summe der Längen aller möglichen Polygonzüge definiert, deren Knotenpunkte auf dem Graphen liegen. Da solche Polygonzüge etwas mit Zerlegungen zu tun haben, ist es einleuchtend, dass die Funktionen mit endlicher Graphenlänge genau die mit beschränkter Variation sind. In der Tat, ist $Z = \{t_0, t_1, \ldots, t_m\}$ eine Zerlegung von $[a, b]$ und sind $(t_0, f(t_0))$, $(t_1, f(t_1))$, ..., $(t_m, f(t_m))$ die entsprechenden Knotenpunkte auf dem Graphen von f, so ist die Gesamtlänge des durch diese Knotenpunkte festgelegten Polygonzugs

$$(4.56) \qquad L(\Gamma(f); Z) = \sum_{j=1}^{m} \sqrt{(t_j - t_{j-1})^2 + (f(t_j) - f(t_{j-1}))^2}.$$

Es ist also sinnvoll, die *Graphenlänge* von f über $[a, b]$ als Supremum

(4.57) $L(\Gamma(f)) := \sup\{L(\Gamma(f); Z) : Z \in \mathcal{Z}([a, b]\}$

zu definieren, wobei das Supremum in (4.57) über alle Zerlegungen des Intervalls $[a, b]$ genommen wird. Um einzusehen, dass der Ausdruck (4.57) genau für $f \in BV([a, b])$ endlich ist, bemerken wir einerseits, dass wegen der trivialen Abschätzung $|b| \leq \sqrt{a^2 + b^2}$ stets

$$\sum_{j=1}^{m} |f(t_j) - f(t_{j-1})| \leq \sum_{j=1}^{m} \sqrt{(t_j - t_{j-1})^2 + (f(t_j) - f(t_{j-1}))^2}$$

ist; hieraus folgt durch Übergang zum Supremum über $Z \in \mathcal{Z}([a, b])$ die Abschätzung $Var(f; [a, b]) \leq L(\Gamma(f))$. Aus der nicht ganz so trivialen, aber elementaren Abschätzung $\sqrt{a^2 + b^2} \leq |a| + |b|$ bekommen wir andererseits

$$\sum_{j=1}^{m} \sqrt{(t_j - t_{j-1})^2 + (f(t_j) - f(t_{j-1}))^2} \leq \sum_{j=1}^{m} [|t_j - t_{j-1}| + |f(t_j) - f(t_{j-1})|]$$

$$= b - a + \sum_{j=1}^{m} |f(t_j) - f(t_{j-1})| \leq b - a + Var(f; [a, b]),$$

und wiederum durch Übergang zum Supremum über $Z \in \mathcal{Z}([a, b])$ erhalten wir die Abschätzung $L(\Gamma(f)) \leq b - a + Var(f; [a, b])$. Mithin ist $L(\Gamma(f))$ genau dann endlich, wenn f von beschränkter Variation ist.

Funktionen mit endlicher Graphenlänge nennt man auch *rektifizierbar*. Wie Beispiel 1.46 zeigt, gibt es also durchaus stetige Funktionen, die nicht rektifizierbar sind. Andererseits haben stetig differenzierbare Funktionen nach Satz 1.49 und Satz 2.28 stets endliche Graphenlänge über $[a, b]$, und diese lässt sich sogar sehr einfach ausrechnen:

Satz 4.29. *Für* $f \in C^1([a, b])$ *gilt*

(4.58) $$L(\Gamma(f)) = \int_a^b \sqrt{1 + f'(x)^2}\, dx.$$

Beweis: Wegen $f \in C^1([a, b])$ ist die Funktion $x \mapsto \sqrt{1 + f'(x)^2}$ stetig, also existiert das Integral auf der rechten Seite von (4.58); wir bezeichnen es mit I. Zunächst zeigen wir, dass

(4.59) $$\sqrt{(b - a)^2 + (f(b) - f(a))^2} \leq I$$

gilt. Wählen wir dazu r und θ so, dass

$$b - a =: r\cos\theta, \qquad f(b) - f(a) = r\sin\theta,$$

gilt[27], so erhalten wir

$$\sqrt{(b - a)^2 + (f(b) - f(a))^2} = r = \int_a^b [\cos\theta + f'(x)\sin\theta]\, dx,$$

---

[27]Das ist deswegen möglich, weil die Tangensfunktion das Intervall $(-\pi/2, \pi/2)$ bijektiv auf die ganze reelle Achse abbildet.

und (4.59) folgt aus der Cauchy-Schwarz-Ungleichung (s. (A.54) oder (A.55) im Anhang für $(u, v) := (1, f'(x))$). Wenden wir diese Argumentation nun auf alle Teilintervalle $[t_{j-1}, t_j]$ einer beliebig gewählten Zerlegung $Z = \{t_0, t_1, \ldots, t_m\}$ an, so bekommen wir statt (4.59) allgemeiner $L(\Gamma(f); Z) \leq I$.

Zum Beweis der umgekehrten Abschätzung betrachten wir nun wie in den Beispielen 3.2 und 3.3 für $n = 1, 2, 3, \ldots$ die jeweiligen äquidistanten Zerlegungen $Z_n := \{t_{n,0}, t_{n,1}, \ldots, t_{n,n}\}$ mit

$$t_{n,0} := a, \ t_{n,1} := a + \frac{1}{n}(b - a), \ \ldots t_{n,n-1} := a + \frac{n-1}{n}(b - a), \ t_{n,n} := b.$$

Darüberhinaus definieren wir Funktionen $f_n : [a, b] \to \mathbb{R}$ durch

$$f_n(x) := \begin{cases} 0 & \text{für} \quad x = t_{k,n} \ (k = 0, 2, \ldots, n), \\ \dfrac{f(t_{k,n}) - f(t_{k-1,n})}{t_{k,n} - t_{k-1,n}} & \text{für} \quad t_{k-1,n} < x < t_{k,n} \ (k = 1, 2, \ldots, n). \end{cases}$$

Wegen $f \in C^1([a, b])$ gilt dann $f_n(x) \to f'(x)$ für $n \to \infty$ und jedes $x \in [a, b]$, also

$$I = \int_a^b \sqrt{1 + f'(x)^2} \, dx \leq \sup_{n \in \mathbb{N}} \int_a^b \sqrt{1 + f_n(x)^2} \, dx.$$

Nach Konstruktion von f_n gilt aber

$$\int_a^b \sqrt{1 + f_n(x)^2} \, dx = \sum_{k=1}^n \sqrt{(t_{k,n} - t_{k-1,n})^2 + (f(t_{k,n}) - f(t_{k-1,n}))^2} = L(\Gamma(f); Z_n),$$

und alle Zahlen $L(\Gamma(f); Z_n)$ sind natürlich von oben durch $L(\Gamma(f))$ beschränkt. Damit haben wir auch die Abschätzung $I \leq L(\Gamma(f))$ bewiesen, d.h. es gilt (4.58). ∎

Man kann übrigens zeigen, dass die Gleichheit (4.58) auch dann schon gilt, wenn f differenzierbar und f' integrierbar ist.[28] Man könnte fragen, ob die Formel (4.58) auch noch für monotone Funktionen (oder allgemeiner Funktionen beschränkter Variation) gilt, denn diese sind nach Satz 4.17 ja wenigstens noch f.ü. differenzierbar. Dies ist allerdings nicht so, wie wir gleich anhand eines Gegenbeispiels zeigen werden. Wir betrachten also nun zwei Beispiele, wobei wir im ersten Beispiel die Formel (4.58) anwenden können, im zweiten Beispiel dagegen nicht.

Beispiel 4.30. Sei $f : [0, 1] \to \mathbb{R}$ definiert durch $f(x) = x^2$. Da f auf ganz $\mathbb{R}$ stetig differenzierbar ist, können wir (4.58) anwenden und erhalten

$$L(\Gamma(f)) = \int_0^1 \sqrt{1 + 4x^2} \, dx = 2 \int_0^1 \sqrt{x^2 + \tfrac{1}{4}} \, dx$$

$$= \left[x\sqrt{x^2 + \tfrac{1}{4}} \right]_0^1 + \frac{1}{4} \left[\log\left(x + \sqrt{x^2 + \tfrac{1}{4}} \right) \right]_0^1 = \frac{\sqrt{5}}{2} + \frac{1}{4} \log(2 + \sqrt{5}),$$

---

[28]Dies beweisen wir hier nicht. Wir erinnern aber daran, dass wir die Integrierbarkeit von f' tatsächlich fordern müssen, wie Beispiel 2.29 zeigt.

wobei wir die Stammfunktion des Integranden der Tabelle 2.1 aus dem zweiten Kapitel entnommen haben. Dieses Beispiel zeigt, dass relativ einfache Funktionen eine kompliziert zu berechnende Graphenlänge haben können.   ♡

Beispiel 4.31. Sei $\psi : [0,1] \to \mathbb{R}$ die Cantor-Funktion (4.15). Wir behaupten, dass

(4.60) $$L(\Gamma(\psi)) = 2$$

ist. Hierfür können wir allerdings nicht die Formel (4.58) heranziehen, sondern müssen direkt die geometrische Definition mit Hilfe von Polygonzügen benutzen.

Zunächst ist klar, dass die Länge jedes Polygonzugs mit Knotenpunkten auf dem Graphen von ψ, beginnend in $(0,0)$ und endend in $(1,1)$, nicht größer sein kann als die Summe aller horizontalen und vertikalen Projektionen des Graphen von ψ und seiner „Lücken", also 2. Damit haben wir $L(\Gamma(\psi)) \leq 2$ bewiesen.

Zum Beweis der umgekehrten Abschätzung betrachten wir das Polygon, dessen Knotenpunkte $(0,0)$, $(1,1)$ und die Randpunkte der im n-ten Schritt bei der Konstruktion der Cantor-Menge (4.2) verbliebenen Intervalle sind. Die Längen der waagrechten Stücke dieses Polygons summieren sich auf zu

$$\sum_{k=1}^{n} \frac{2^{k-1}}{3^k} = 1 - \frac{2^n}{3^n}.$$

Dagegen haben die schrägen Stücke des Polygons alle dieselbe Länge, nämlich

$$\lambda_n := \sqrt{\frac{1}{2^{2n}} + \frac{1}{3^{2n}}} = \frac{1}{2^n}\sqrt{1 + \frac{2^{2n}}{3^{2n}}}.$$

Da es genau 2^n solche schrägen Seiten gibt, erhalten wir als Gesamtlänge des Polygons

$$L_n := 1 - \frac{2^n}{3^n} + 2^n \lambda_n = 1 - \frac{2^n}{3^n} + \sqrt{1 + \frac{2^{2n}}{3^{2n}}}.$$

Den letzten Ausdruck können wir aber durch hinreichend große Wahl von n beliebig nahe an 2 bringen, und damit haben wir (4.60) bewiesen.   ♡

Wir betonen noch einmal, dass wir für die Berechnung der Graphenlänge in Beispiel 4.31 nicht die Formel (4.58) heranziehen können, und zwar auch dann nicht, wenn wir die Ableitung unter dem Integralzeichen nur als f.ü. existierend annehmen. Diese Ableitung ist ja dort, wo sie existiert, identisch Null, d.h. wir bekommen auf diese Weise in (4.58) den falschen Wert 1 statt 2 heraus.

Man kann zeigen, dass (4.58) aber für *absolutstetige* Funktionen, die ja insbesondere beschränkte Variation haben, noch richtig ist. Es ist daher kein Zufall, dass wir in Beispiel 4.31 eine Funktion beschränkter Variation gewählt haben, die nicht absolutstetig ist. Gilt nur $f \in BV([a,b])$, aber nicht $f \in AC([a,b])$, so gilt statt (4.58) nur die untere Abschätzung

(4.61) $$L(\Gamma(f)) \geq \int_a^b \sqrt{1 + f'(x)^2}\, dx$$

für die Graphenlänge von f, die der oberen Abschätzung (4.41) für monotone Funktionen ähnelt. Wir fassen die Unterschiede zwischen Funktionen beschränkter Variation und absolutstetigen Funktionen in den folgenden vier Punkten zusammen:

- Sowohl Funktionen $f \in BV([a,b])$ (speziell: monotone Funktionen) als auch Funktionen $f \in AC([a,b])$ sind f.ü. auf (a,b) differenzierbar.

- Für monoton wachsende Funktionen gilt die Abschätzung

$$\int_a^b f'(x)\,dx \leq f(b) - f(a),$$

während für Funktionen $f \in AC([a,b])$ (speziell: $f \in C^1([a,b])$) sogar Gleichheit gilt.

- Für Funktionen $f \in BV([a,b])$ gilt die Abschätzung

$$\int_a^b |f'(x)|\,dx \leq Var(f;[a,b]),$$

während für Funktionen $f \in AC([a,b])$ (speziell: $f \in C^1([a,b])$) sogar Gleichheit gilt.

- Für Funktionen $f \in BV([a,b])$ gilt die Abschätzung

$$\int_a^b \sqrt{1 + f'(x)^2}\,dx \leq L(\Gamma(f)),$$

während für Funktionen $f \in AC([a,b])$ (speziell: $f \in C^1([a,b])$) sogar Gleichheit gilt.

Die Cantor-Funktion (4.15) bietet also ein interessantes Beispiel für eine Funktion, bei der alle diese Abschätzungen zu strikten Ungleichungen werden. Da sie sogar monoton ist, kann man übrigens „per Hand" auch die „Fläche" unter ihrem Graphen ausrechnen; dies überlassen wir als Aufgabe 4.35 der Leserin.

4.5. Weitere bemerkenswerte Funktionen. In diesem Abschnitt betrachten wir weitere bemerkenswerte Funktionen, die enger mit klassischen Fragen der Analysis zusammenhängen. In den Beispielen 2.29, 3.72 und 3.73 haben wir differenzierbare Funktionen $f : [0,1] \to \mathbb{R}$ diskutiert, deren Ableitungen f' über $[0,1]$ nicht integrierbar sind, wobei f' in Beispiel 3.73 nicht einmal uneigentlich integrierbar war. Solche Funktionen zu konstruieren ist wahrlich kein Kunststück: Es genügt ja, unbeschränkte Ableitungen zu erzeugen und daran die Integrierbarkeit scheitern zu lassen. Es stellt sich die Frage, ob man vielleicht auch eine differenzierbare Funktion mit einer *beschränkten* nicht-integrierbaren Ableitung finden kann. Dies ist in der Tat möglich, wie unser erstes Beispiel dieses Abschnitts zeigt:

Beispiel 4.32. Wir beginnen mit einer Folge disjunkter offener Intervalle $(a_k, b_k) \subset [0,1]$ $(k = 1, 2, 3, \ldots)$ mit der Eigenschaft, dass die abgeschlossene Menge

$$(4.62) \qquad A := [0,1] \setminus \bigcup_{k=1}^{\infty}(a_k, b_k) = \bigcap_{k=1}^{\infty}[0,1] \setminus (a_k, b_k)$$

nirgends dicht, aber keine Nullmenge ist.[29] Wir fixieren Punkte $s_k, t_k \in (a_k, b_k)$ mit $s_k - a_k = b_k - t_k$ $(k = 1, 2, 3, \ldots)$ und definieren Funktionen $f_k : [a_k, b_k] \to \mathbb{R}$ durch

$$(4.63) \qquad f_k(x) := \begin{cases} 0 & \text{für} \quad a_k \leq x \leq s_k, \\ \delta_k \left(1 - \cos \left[2\pi \dfrac{x - s_k}{t_k - s_k} \right] \right) & \text{für} \quad s_k < x < t_k, \\ 0 & \text{für} \quad t_k \leq x \leq b_k, \end{cases}$$

wobei

$$(4.64) \qquad 0 < \delta_k = \min \left\{ \frac{t_k - s_k}{2\pi}, \frac{(s_k - a_k)^2}{2} \right\}$$

sei. Offensichtlich ist die Funktion (4.63) differenzierbar auf (a_k, b_k), wobei die Einschränkung (4.64) sichert, dass sie auf (a_k, b_k) der Bedingung $f_k(x) \leq (s_k - a_k)^2$ genügt und $|f_k'(x)|$ auf $[a_k, b_k]$ das Maximum 1 besitzt. Mit Hilfe der Funktionen (4.63) definieren wir jetzt $f : [0, 1] \to \mathbb{R}$ durch

$$(4.65) \qquad f(x) := \begin{cases} f_k(x) & \text{für } x \in (a_k, b_k), \\ 0 & \text{sonst.} \end{cases}$$

Wir zeigen zunächst, dass f auf der Menge (4.62) (und damit auf ganz $[0, 1]$) differenzierbar ist. Sei also $x_0 \in A$, insbesondere $f(x_0) = 0$. Zu $x \neq x_0$ finden wir ein $k \in \mathbb{N}$ mit $x \in (s_k, t_k)$, also

$$\left| \frac{f(x) - f(x_0)}{x - x_0} \right| = \frac{f_k(x)}{|x - x_0|} \leq \frac{(s_k - a_k)^2}{|x - x_0|} \leq |x - x_0|.$$

Diese Abschätzung zeigt nicht nur, dass $f'(x_0)$ existiert, sondern auch, dass $f'(x_0) = 0$ gilt, mithin $f \in D^1([0, 1])$, ja sogar $f \in B^1([0, 1])$.

Nun zeigen wir, dass f' an jedem Häufungspunkt der Menge (4.62) unstetig ist. Dazu nehmen wir an, f' wäre stetig an einem Häufungspunkt x_0 der Menge A, und wählen eine Folge $(x_n)_n$ in $A \setminus \{x_0\}$ mit $x_n \to x_0$ für $n \to \infty$. Da A nach Voraussetzung nirgends dicht ist, muss zwischen x_0 und x_n ein Intervall (a_k, b_k) für geeignetes $k = k(n)$ liegen. Aber die Funktion $x \mapsto |f'(x)| = |f_k'(x)|$ hat auf diesem Intervall das Maximum 1; wählen wir also $y_n \in (a_k, b_k)$ mit $|f'(y_n)| = 1$, so bekommen wir

$$\lim_{n \to \infty} |f'(y_n)| = 1 \neq 0 = |f'(x_0)|,$$

obwohl die Folge $(y_n)_n$ gegen x_0 konvergiert. Aus Satz A.20 im Anhang folgt, dass f' in x_0 unstetig ist. Damit haben wir vorerst gezeigt, dass $f \notin C^1([0, 1])$ gilt.

Zu jedem *isolierten* Punkt a von A finden wir Zahlen $p, q \in \mathbb{Q}$ mit $(p, q) \cap A = \{a\}$; dies zeigt, dass die Menge aller isolierten Punkte von A höchstens *abzählbar* unendlich ist, also eine Nullmenge. Andererseits ist A selbst als Menge positiven Maßes sicher überabzählbar unendlich; also kann die Menge der Häufungspunkte von A keine Nullmenge sein. Hieraus folgt zusammen mit Satz 3.47, dass sogar $f' \notin R([0, 1])$ gilt. ♡

---

[29]Solche Intervalle kann man etwa wie in Satz 4.8 oder auch mittels Beispiel 4.2 konstruieren.

Nun wollen wir uns einem speziellen Problem zuwenden, welches etwas über die *Größe der Menge der Extrema einer Funktion* aussagt. Wir erinnern daran, dass eine Funktion $f : M \to \mathbb{R}$ (mit $M \subseteq \mathbb{R}$) ein *lokales Maximum* [bzw. *lokales Minimum*] in einem Punkt $x_0 \in M$ hat, falls man ein $\delta > 0$ finden kann derart, dass $f(x) \leq f(x_0)$ [bzw. $f(x) \geq f(x_0)$] für alle $x \in (x_0 - \delta, x_0 + \delta) \cap M$ gilt.

Natürlich kann die Menge der Maxima oder Minima einer Funktion sehr groß sein; ein extremes Beispiel sind konstante Funktionen, für die *jeder* Punkt des Definitionsbereiches gleichzeitig ein Maximum und Minimum ist.[30] Der nächste Satz zeigt allerdings, dass die Menge der *Funktionswerte* an allen möglichen Extrema nicht sehr groß werden kann:

Satz 4.33. *Sei $f : \mathbb{R} \to \mathbb{R}$ eine beliebige Funktion. Dann ist die Menge*

$$(4.66) \qquad E(f) = \{f(x) : f \text{ hat in } x \text{ ein lokales Extremum}\}$$

höchstens abzählbar unendlich.

Beweis: Der Beweis ähnelt dem von Satz 1.29. Zunächst betrachten wir die Menge $E_+(f)$ aller Funktionswerte, an denen f ein Maximum besitzt. Wir fixieren $y \in E_+(f)$ und wählen ein Intervall $I(y) = [a(y), b(y)]$ mit Endpunkten $a(y), b(y) \in \mathbb{Q}$ derart, dass $y = \max\{f(x) : x \in I(y)\}$ gilt. Für jedes $y_1, y_2 \in E_+(f)$ mit $y_1 \neq y_2$ haben wir dann $I(y_1) \neq I(y_2)$. Dies bedeutet, dass die Menge $\{I(y) : y \in E(f)\}$ abzählbar ist, da $\mathbb{Q} \times \mathbb{Q}$ auch abzählbar ist. Folglich ist $E_+(f)$ wegen der Injektivität der Abbildung $y \mapsto I(y)$ ebenfalls abzählbar. Entsprechend beweist man auch die Abzählbarkeit der Menge $E_-(f)$ aller Funktionswerte, an denen f ein Minimum besitzt. ∎

Interessanterweise erlaubt Satz 4.33 eine gewisse Umkehrung; man vergleiche dies etwa mit Satz 1.31 und Aufgabe 1.18 aus dem ersten Kapitel:

Satz 4.34. *Zu jeder abzählbaren Menge $E \subset \mathbb{R}$ gibt es eine stetige Funktion $f : \mathbb{R} \to \mathbb{R}$ mit $E(f) = E$.*

Beweis: Sei $E = \{y_k : k \in \mathbb{Z}\}$. Definieren wir $f : \mathbb{R} \to \mathbb{R}$ dann durch

$$f(x) := \begin{cases} y_k & \text{für } k - \frac{1}{4} \leq x \leq k + \frac{1}{4}, \\ \text{linear} & \text{sonst,} \end{cases}$$

so ist f stetig und wird genau auf den Intervallen der Länge $\frac{1}{2}$ mit $k \in \mathbb{Z}$ als Mittelpunkt extremal, erfüllt also $E(f) = E$ wie verlangt. ∎

Man darf die Menge $E(f)$ aus (4.66) nicht mit der Menge

$$(4.67) \qquad M(f) = \{x : f \text{ hat in } x \text{ ein lokales Extremum}\}$$

der Punkte x selbst verwechseln, an denen ein Extremum vorliegt! Den Unterschied zwischen den Mengen (4.66) und (4.67) mögen die Funktionen im folgenden Beispiel verdeutlichen:

---

[30]Es ist klar, dass die konstanten Funktionen die einzigen Funktionen mit dieser Eigenschaft sind.

Beispiel 4.35. Sei $f : \mathbb{R} \to \mathbb{R}$ eine konstante Funktion, etwa $f(x) \equiv 0$. Dann gilt

$$M(f) = \mathbb{R}, \qquad E(f) = \{0\}.$$

Die Funktion f aus Beispiel 4.24 erfüllt auf $\mathbb{R}$ die Bedingungen

$$M(f) = \left\{ \frac{2}{(4k+1)\pi} : k \in \mathbb{Z} \right\} \cup \left\{ \frac{2}{(4k-1)\pi} : k \in \mathbb{Z} \right\}$$

und

$$E(f) = \left\{ \frac{2}{(4k+1)\pi} : k \in \mathbb{Z} \right\} \cup \left\{ -\frac{2}{(4k-1)\pi} : k \in \mathbb{Z} \right\},$$

d.h. in diesem Beispiel sind $M(f)$ und $E(f)$ „gleich groß". Interessant ist vor allem das Beispiel der Dirichlet-Funktion aus Beispiel 1.11. Für diese gilt nämlich

$$M(f) = \mathbb{R}, \qquad E(f) = \{0, 1\}.$$

Diese Funktion hat also in *jedem* Punkt $x \in \mathbb{R}$ ein lokales Maximum oder Minimum, obwohl sie auf keinem Teilintervall konstant ist. Eine solche Funktion kann in keinem Punkt stetig sein.[31]   ♡

Ist eine Funktion $f : \mathbb{R} \to \mathbb{R}$ nicht nur stetig, sondern sogar stetig differenzierbar, so gibt uns die Diskussion zu Beginn von Abschnitt 2.2 ein bequemes Instrument zum Aufspüren eventueller Extrema zur Hand: In jedem solchen Extremum muss die Ableitung verschwinden. Im Hinblick darauf führen wir noch die Menge

$$(4.68) \qquad\qquad K(f) = \{ f(x) : f'(x) = 0 \}$$

der *kritischen Werte* einer C^1-Funktion ein. Wir wissen also, dass stets

$$(4.69) \qquad\qquad E(f) \subseteq K(f)$$

gilt, wobei die Inklusion natürlich strikt sein kann. Im Anschluss an Satz 4.33 stellt sich also die Frage, wieviel größer die Menge $K(f)$ als die Menge $E(f)$ sein kann. Etwas suggestiver können wir diese Frage folgendermaßen formulieren:

- *In der Analysis suchen wir Extrema einer differenzierbaren Funktion zu Recht nur unter ihren kritischen Punkten, d.h. solchen, an denen die Ableitung Null ist; wie groß ist die Wahrscheinlichkeit, dass an einem solchen Punkt tatsächlich ein Extremum vorliegt?*

Der folgende Satz 4.36, welcher in der Literatur meist *Satz von Sard*[32] genannt wird und auch in höheren Dimensionen gilt, zeigt, dass die Menge (4.68) immer „klein" ist:

Satz 4.36. *Für* $f \in C^1([a,b])$ *ist die Menge* (4.68) *eine Nullmenge.*

Beweis: Sei $\varepsilon > 0$. Da f' nach Satz 1.74 auf $[a,b]$ gleichmäßig stetig ist, kann man $[a,b]$ in endlich viele Intervalle $I_1, I_2, \ldots, I_m$ zerlegen derart, so dass f' in jedem dieser

---

[31]Die Leserin überlege sich die Antwort auf folgende Frage: Sei f *stetig* auf einem Intervall I, und gelte $M(f) = I$; folgt hieraus, dass f konstant ist?

[32]nach Arthur Sard (1909-1980).

Intervalle maximal um ε schwankt. Hat f' in I_k eine Nullstelle, so hat $J_k := f(I_k)$ nach dem Mittelwertsatz von Lagrange (Satz 2.25) höchstens die Länge $\lambda(J_j) \le \varepsilon\lambda(I_k)$. Summiert man also über alle k auf, für die f' in I_k eine Nullstelle hat, so erhält man

$$\lambda(K(f)) \le \sum_{k=1}^{m} \lambda(J_k) \le \varepsilon \sum_{k=1}^{m} \lambda(I_k) = (b-a)\varepsilon.$$

Da $\varepsilon > 0$ beliebig gewählt war, ist $K(f)$ tatsächlich eine Nullmenge. ∎

Nach Satz 4.36 und (4.69) ist also auch die Menge $E(f)$ immer eine Nullmenge. Im trivialen Beispiel der konstanten Funktion $f(x) \equiv 0$ ist $E(f) = K(f) = \{0\}$. Andererseits kann der Unterschied zwischen diesen beiden Mengen beträchtlich sein, falls man die Funktion f genügend kompliziert konstruiert:

Beispiel 4.37. Sei C die Cantor-Menge (4.2) und sei $g : \mathbb{R} \to \mathbb{R}$ definiert durch

$$g(x) := \operatorname{dist}(x, C) = \min\{|x - c| : c \in C\}.$$

Dann ist g stetig auf $\mathbb{R}$ (sogar Lipschitz-stetig, s. Beispiel 1.21), und wegen der Abgeschlossenheit von C gilt $g(x) = 0$ auf C und $g(x) > 0$ auf $\mathbb{R} \setminus C$. Hieraus folgt, dass die Integralfunktion

$$(4.70) \qquad\qquad f(x) := \int_0^x g(t)\,dt \qquad (0 \le x \le 1)$$

von g auf $[0, 1]$ stetig differenzierbar und *streng monoton wachsend* ist, und es gilt $E(f) = \{0, f(1)\}$. Andererseits gilt $f'(x) = 0$ genau für $x \in C$. Aber da f als streng monotone Funktion injektiv ist, kann die Menge $K(f) = f(C)$ nicht abzählbar sein, weil C selbst überabzählbar ist. In diesem drastischen Beispiel ist die linke Menge in (4.69) also nur zweielementig,[33] die rechte Menge in (4.69) dagegen überabzählbar unendlich (aber natürlich eine Nullmenge). ♡

An dieser Stelle wollen wir einmal innehalten und zusammentragen, was für „Exoten" uns unter den Funktionen der letzten Kapitel schon begegnet sind, nämlich Funktionen f auf einem Intervall, die

- in jedem Punkt eine Unstetigkeitsstelle 2. Art haben (Beispiel 1.11);

- stetig sind, aber in keinem Punkt monoton oder differenzierbar (Beispiel 1.34 bzw. Beispiel 2.9);

- die Zwischenwerteigenschaft haben, aber in überabzählbar vielen Punkten unstetig sind (Aufgabe 4.6);

- stetig sind, aber unbeschränkte Gesamtvariation haben (Beispiel 1.46);

- auf keinem Teilintervall von $[a, b]$ beschränkt sind (Beispiel 1.61);

- auf $[a, b]$ beschränkt sind, aber auf keinem Teilintervall von $[a, b]$ ein Maximum oder Minimum haben (Beispiel 1.62);

---

[33]Falls wir als Definitionsbereich von f in (4.70) nur $(0, 1)$ wählen, gilt sogar $E(f) = \emptyset$!

- in einem Punkt zusammen mit sämtlichen Ableitungen Null sind, ohne die Nullfunktion zu sein (Beispiel 2.21);

- in einem Punkt positive Ableitung haben, aber auf keiner Umgebung dieses Punktes monoton wachsen (Beispiel 2.33);

- in einem Punkt ein lokales Minimum besitzen, obwohl f' auf keiner Umgebung dieses Punktes konstantes Vorzeichen besitzt (Beispiel 2.37);

- integrierbar sind, aber keine Stammfunktion besitzen (Beispiel 3.23);

- eine Stammfunktion besitzen, aber nicht integrierbar sind (Beispiel 3.24);

- eine Stammfunktion besitzen, aber deren Quadrat f^2 keine Stammfunktion besitzt (Beispiel 3.26);

- integrierbar sind und eine Stammfunktion besitzen, aber nicht stetig sind (Beispiel 3.22);

- integrierbar sind, aber auf einer dichten Teilmenge unstetig sind (Beispiel 3.60);

- integrierbar sind mit einer Integralfunktion F, die auf einer dichten Teilmenge die Bedingung $F'(x) \neq f(x)$ erfüllt (Beispiel 3.60);

- differenzierbar sind mit einer nicht integrierbaren (weil unbeschränkten) Ableitung (Beispiel 3.72);

- differenzierbar sind mit einer nicht einmal uneigentlich integrierbaren Ableitung (Beispiel 3.73);

- differenzierbar sind mit einer nicht integrierbaren beschränkten Ableitung (Beispiel 4.32);

- streng monoton wachsen und stetig differenzierbar sind mit einer Ableitung f', die auf einer überabzählbaren Teilmenge Null ist (Beispiel 4.37);

- monoton wachsend, stetig und f.ü. differenzierbar sind, aber

$$\int_a^b f'(x)\,dx \neq f(b) - f(a)$$

  erfüllen (Beispiel 4.11);

- monoton wachsend, stetig und f.ü. differenzierbar sind, aber

$$\int_a^b \sqrt{1 + f'(x)^2}\,dx \neq L(\Gamma(f))$$

  erfüllen (Beispiel 4.11).

Im Zusammenhang mit der Funktion aus Beispiel 4.37 ist folgendes Ergebnis erwähnenswert: Ist $f : [a, b] \to \mathbb{R}$ stetig und gilt $f'(x) = 0$ für alle bis auf *höchstens abzählbar viele* Punkte $x \in [a, b]$, so ist f auf $[a, b]$ konstant (Aufgabe 4.25). Allerdings darf man „bis auf höchstens abzählbar viele" nicht verallgemeinern zu „fast überall", denn:

- Es gibt stetige streng monotone Funktionen $f : [a, b] \to \mathbb{R}$, deren Ableitung f' außerhalb einer Nullmenge $N \subset [a, b]$ existiert und dort Null ist (Beispiel 4.11).

Die Funktion f aus Beispiel 4.37 und die Cantor-Funktion ψ aus Beispiel 4.11 sind also in gewissem Sinne „komplementär": Beide sind stetig und monoton wachsend auf $[0, 1]$, und f hat Ableitung Null auf der Cantor-Menge, während ψ Ableitung Null außerhalb der Cantor-Menge hat.

Man nennt übrigens eine stetige nichtkonstante Funktion, die auf einem Intervall monoton ist und dort f.ü. Ableitung Null hat, *singulär*. Die Cantor-Funktion (4.15) ist also eine singuläre Funktion, ein anderes Beispiel einer ganzen Familie singulärer Funktionen findet man in Aufgabe 4.58.

Jetzt kommt ein noch erstaunlicheres Beispiel, welches zeigt, dass es Funktionen gibt, die f.ü. die Ableitung Null haben, aber trotzdem auf jedem noch so kleinen Teilintervall von $\mathbb{R}$ „unbegrenzt wachsen", ja sogar surjektiv sind.

Beispiel 4.38. Wir konstruieren (in mehreren Etappen) eine Funktion $\rho : \mathbb{R} \to \mathbb{R}$, die einerseits f.ü. Null ist, aber andererseits die erstaunliche Eigenschaft hat, *jedes* nichtentartete offene Intervall (a, b) auf ganz $\mathbb{R}$ abzubilden!

Sei $\psi : [0, 1] \to [0, 1]$ die Cantor-Funktion aus Beispiel 4.11. Zunächst definieren wir eine Funktion $g : (0, 1) \to \mathbb{R}$ durch

$$g(x) := \tan\left[\pi\psi(x) - \frac{\pi}{2}\right] \qquad (0 < x < 1).$$

Da die Tangensfunktion das offene Intervall $(-\pi/2, \pi/2)$ auf ganz $\mathbb{R}$ abbildet, gilt $g((0, 1)) = \mathbb{R}$, d.h. g ist surjektiv. Genauso wie ψ ist g stetig und monoton wachsend auf $(0, 1)$.

Sei nun (a, b) ein beliebiges offenes Intervall mit $a < b$. Wir definieren dann eine Menge $N_{a,b}$ durch

$$N_{a,b} := \{a + (b - a)x : x \in C \cap (0, 1)\}$$

(wobei C die Cantor-Menge (4.2) bezeichne) und eine Funktion $g_{a,b} : N_{a,b} \to \mathbb{R}$ durch

$$g_{a,b}(x) := g\left(\frac{x - a}{b - a}\right) \qquad (x \in N_{a,b}).$$

Geometrisch gesprochen ist $N_{a,b}$ eine von $(0, 1)$ auf (a, b) „verzerrte" Cantor-Menge, und $g_{a,b}$ eine entsprechend „verzerrte" Version der Funktion g. Es ist klar, dass jedes $N_{a,b}$ genau wie $C \cap (0, 1) = N_{0,1}$ selbst eine Nullmenge ist.

Wir definieren jetzt offene Mengen $O_1, O_2, O_3, \ldots \subset \mathbb{R}$ und damit zusammenhängend die gesuchte Funktion ρ wie folgt. Zunächst sei

$$(4.71) \qquad O_1 := \mathbb{R} \setminus \mathbb{Z} = \bigcup_{k \in \mathbb{Z}} (k, k + 1).$$

Auf jeder ganzen Zahl k sei zunächst $\rho(k) := 0$. Auf der Teilmenge $N_{k,k+1}$, die zum Intervall $(k, k + 1)$ in der Vereinigung (4.71) gehört, setzen wir $\rho(x) := g_{k,k+1}(x)$. Sei jetzt O_2 die Teilmenge von O_1, auf der wir ρ noch nicht definiert haben, also

$$(4.72) \qquad O_2 := \mathbb{R} \setminus \left(\mathbb{Z} \cup \bigcup_{k \in \mathbb{Z}} N_{k,k+1}\right).$$

Als offene Menge ist O_2 nach Aufgabe 1.17 als disjunkte Vereinigung offener Intervalle darstellbar. Jedem dieser Intervalle, etwa (c,d), ordnen wir die entsprechende Nullmenge $N_{c,d}$ zu, und auf dieser Menge setzen wir $\rho(x) := g_{c,d}(x)$. Anschließend bezeichnen wir mit O_3 die Teilmenge von O_2, auf der wir ρ noch nicht definiert haben; da auch diese Menge offen ist, können wir das beschriebene Verfahren fortsetzen. Auf diese Weise erhalten wir offene Mengen $O_1, O_2, O_3, \ldots \subset \mathbb{R}$, deren Komplemente jeweils Nullmengen sind. Insgesamt haben wir die Funktion ρ damit auf der Menge

$$M := \mathbb{R} \setminus \bigcap_{n=1}^{\infty} O_n = \bigcup_{n=1}^{\infty} (\mathbb{R} \setminus O_n)$$

definiert. Da aber *jedes beliebige* Intervall (mit nichtleerem Inneren) eines der offenen Intervalle (a,b) enthält, die wir bei der Konstruktion von O_n verwendet haben, enthält es auch die entsprechende Menge $N_{a,b}$. Aber auf dieser Menge nimmt $g_{a,b}$ (und damit auch ρ) sämtliche reellen Zahlen als Werte an! Daher hat ρ die gewünschten Eigenschaften.[34]   ♡

Aus der Konstruktion folgt übrigens, dass der Graph der Funktion ρ aus Beispiel 4.38 die ganze Ebene $\mathbb{R}^2$ ausfüllt. Natürlich kann man sich eine solche Funktion nicht anschaulich vorstellen. Eine weitere sehr exotische Funktion dieses Typs wird in den Aufgaben 4.55 und 4.56 diskutiert.

Mittels der Funktion aus Beispiel 4.38 können wir jetzt ein „altes" Problem lösen. In Beispiel 1.67 haben wir gezeigt, dass die Menge $Zw(\mathbb{R})$ aller Funktionen, die die Zwischenwerteigenschaft auf ganz $\mathbb{R}$ haben, keinen Vektorraum bildet, und im Anschluss daran nach dem kleinsten Vektorraum gefragt, der $Zw(\mathbb{R})$ enthält. Die überraschende Antwort haben wir dort schon vorweggenommen: Es ist der Vektorraum *aller* Funktionen auf $\mathbb{R}$! Dies können wir nun beweisen:

Satz 4.39. *Jede Funktion $f : \mathbb{R} \to \mathbb{R}$ lässt sich als Summe zweier Funktionen mit der Zwischenwerteigenschaft darstellen.*

Beweis: Sei $f : \mathbb{R} \to \mathbb{R}$ eine beliebige Funktion, und sei $\rho : \mathbb{R} \to \mathbb{R}$ die in Beispiel 4.38 konstruierte Funktion. Sei $\sigma : \mathbb{R} \to \mathbb{R}$ definiert durch

$$\sigma(x) := \begin{cases} \log|\rho(x)| & \text{für } \rho(x) \neq 0, \\ 0 & \text{für } \rho(x) = 0. \end{cases}$$

Die beiden Mengen

$$A := \{x \in \mathbb{R} : \rho(x) \geq 0\}, \qquad B := \{x \in \mathbb{R} : \rho(x) < 0\}$$

bilden eine disjunkte Zerlegung von $\mathbb{R}$, und aus ihrer Definition folgt, dass für jedes nichtentartete Intervall I die Gleichheiten $\sigma(A \cap I) = \sigma(B \cap I) = \mathbb{R}$ gelten. Nun definieren wir zwei Funktionen $g, h : \mathbb{R} \to \mathbb{R}$ durch

$$g(x) := \begin{cases} \sigma(x) & \text{für } x \in A, \\ f(x) - \sigma(x) & \text{für } x \in B, \end{cases} \qquad h(x) := \begin{cases} f(x) - \sigma(x) & \text{für } x \in A, \\ \sigma(x) & \text{für } x \in B. \end{cases}$$

---

[34]Wir haben noch nicht gesagt, ob ρ durch die sukzessive Konstruktion der offenen Mengen O_n wirklich auf der ganzen reellen Achse definiert ist. Das ist aber unerheblich: In allen Punkten x, in denen ρ noch nicht definiert ist, setzen wir einfach $\rho(x) := 0$.

Trivialerweise gilt dann $g + h = f$. Nach dem oben Bewiesenen erhalten wir aber für jedes beliebige nichtentartete Intervall $I \subseteq \mathbb{R}$ sowohl

$$g(I) \supseteq g(A \cap I) = \sigma(A \cap I) = \mathbb{R}$$

als auch

$$h(I) \supseteq h(B \cap I) = \sigma(B \cap I) = \mathbb{R}.$$

Dies zeigt, dass sowohl g als auch h die Zwischenwerteigenschaft besitzt, und wir sind fertig. ∎

Nachdem wir uns im Dschungel der Funktionenklassen nun kaum noch zurechtfinden, wollen wir ein wenig Ordnung schaffen. In Tabelle 4.5 haben wir eine große Zahl verschiedener Klassen miteinander verglichen. Wir wollen jetzt für $\alpha, \beta \in \mathbb{R}$ und $n \in \mathbb{N}$ noch einmal auf die Funktionenschar $f_{\alpha,\beta,n} : [0,1] \to \mathbb{R}$ zurückkommen, die durch

$$(4.73) \qquad f_{\alpha,\beta,n}(x) := \begin{cases} x^\alpha \sin^n x^\beta & \text{für } 0 < x \le 1, \\ 0 & \text{für } x = 0. \end{cases}$$

definiert war[35] und uns schon oft bei der Konstruktion von Gegenbeispielen gute Dienste geleistet hat, nämlich für $(\alpha, \beta, n) = (0, -1, 1)$ in Beispiel 1.14, für $(\alpha, \beta, n) = (1, -1, 1)$ in Beispiel 1.16 und Beispiel 2.7, für $(\alpha, \beta, n) = (2, -1, 1)$ in Beispiel 2.8, für $(\alpha, \beta, n) = (3, -1, 1)$ in Beispiel 2.18, für $(\alpha, \beta, n) = (4, -1, 1)$ in Beispiel 2.19, für $(\alpha, \beta, n) = (8, -1, 1)$ in Beispiel 2.20, für $(\alpha, \beta, n) = (3/2, -1, 1)$ in Beispiel 2.29 und Beispiel 3.72, für $(\alpha, \beta, n) = (0, -1, 2)$ in Beispiel 3.26, für $(\alpha, \beta, n) = (1/2, -1, 1)$ bzw. $(\alpha, \beta, n) = (-1/2, -1, 1)$ in Beispiel 3.27, für $(\alpha, \beta, n) = (2, -1, 2)$ in Beispiel 4.27 sowie für $(\alpha, \beta, n) = (2, -2, 1)$ in Beispiel 3.73.

Nun wollen wir systematisch diejenigen Parameter α, β und n ermitteln, für die die Funktion (4.73) zu einer der Funktionenklassen in Tabelle 4.5 gehört. Wir beschränken uns hierbei der Einfachheit halber auf den Fall $n = 1$, d.h. auf die Funktion

$$(4.74) \qquad f_{\alpha,\beta}(x) := \begin{cases} x^\alpha \sin x^\beta & \text{für } 0 < x \le 1, \\ 0 & \text{für } x = 0, \end{cases}$$

da schon in diesem Spezialfall die typischen Phänomene sichtbar werden; den allgemeinen Fall der Funktion (4.73) überlassen wir der Leserin als Aufgabe 4.61.

Satz 4.40. *Für $\alpha, \beta \in \mathbb{R}$ sei die Funktion $f_{\alpha,\beta} : [0,1] \to \mathbb{R}$ definiert durch (4.74). Dann gelten die folgenden notwendigen und hinreichenden Bedingungen:*

(a) *$f_{\alpha,\beta} \in B([0,1])$ gilt genau für $\alpha \ge 0$ und beliebiges β oder für $\alpha < 0$ und $\beta \ge -\alpha$.*

(b) *$f_{\alpha,\beta} \in C([0,1])$ gilt genau für $\alpha > 0$ und beliebiges β oder für $\alpha \le 0$ und $\beta > -\alpha$.*

(c) *$f_{\alpha,\beta} \in D^1([0,1])$ gilt genau für $\alpha > 1$ und beliebiges β oder für $\alpha \le 1$ und $\beta \ge 1 - \alpha$.*

---

[35]Da wir diese Funktion auf dem Intervall $[0,1]$ betrachten, liegt der „interessante" Punkt $x_0 = 0$ am Rand dieses Intervalls. Wer diesen Punkt lieber im Inneren des Definitionsintervalls haben möchte, kann dieselbe Untersuchung z.B. auf $[-1,1]$ durchführen. Dies zieht allerdings den Nachteil mit sich, dass dann auch negative Argumente x betrachtet werden müssen, was für allgemeine reelle Exponenten α und β problematisch ist (und dazu führt, dass man x durch $|x|$ ersetzen muss).

(d) $f_{\alpha,\beta} \in B^1([0,1])$ *gilt genau für beliebiges α und $\beta \geq 1 - \alpha$.*

(e) $f_{\alpha,\beta} \in C^1([0,1])$ *gilt genau für beliebiges α und $\beta > 1 - \alpha$.*

(f) $f_{\alpha,\beta} \in R([0,1])$ *gilt genau für $\alpha \geq 0$ und beliebiges β oder für $\alpha < 0$ und $\beta \geq -\alpha$.*

(g) $f_{\alpha,\beta} \in BV([0,1])$ *gilt genau für $\beta > 0$ und $\alpha + \beta \geq 0$ oder für $\beta \leq 0$ und $\alpha + \beta > 0$.*

(h) $f_{\alpha,\beta} \in AC([0,1])$ *gilt genau für beliebiges α und $\beta > -\alpha$.*

(i) $f_{\alpha,\beta} \in Lip([0,1])$ *gilt genau für beliebiges α und $\beta \geq 1 - \alpha$.*

(j) $f_{\alpha,\beta} \in Zw([0,1])$ *gilt genau für $\alpha \geq 0$ und beliebiges $\beta \neq 0$ oder für $\alpha < 0$ und $\beta > -\alpha$ oder für $\alpha < 0$ und $\beta < 0$.*

(k) $f_{\alpha,\beta} \in St([0,1])$ *gilt genau für $\alpha \geq 0$ und beliebiges $\beta \neq 0$ oder für $\alpha < 0$ und $|\beta| > -\alpha$.*

Beweis: Zur bequemeren Schreibweise führen wir außer der Funktion (4.74) noch ihre „Zwillingsschwester"

$$(4.75) \qquad g_{\alpha,\beta}(x) := \begin{cases} x^\alpha \cos x^\beta & \text{für} \quad 0 < x \leq 1, \\ 0 & \text{für} \quad x = 0 \end{cases}$$

ein. Auf dem halboffenenen Intervall $(0,1]$ gilt dann

$$(4.76) \qquad f'_{\alpha,\beta} = \alpha f_{\alpha-1,\beta} + \beta g_{\alpha+\beta-1,\beta}$$

und

$$(4.77) \qquad g'_{\alpha,\beta} = \alpha g_{\alpha-1,\beta} - \beta f_{\alpha+\beta-1,\beta}.$$

Der Nullpunkt bedarf einer besonderen Untersuchung, und dies werden wir jetzt für alle in Satz 4.40 erwähnten Funktionenklassen tun.

(a) Die Beschränktheit der Funktion $f_{\alpha,\beta}$ auf $[0,1]$ im Falle $\alpha \geq 0$ ist klar. Ist dagegen $\alpha < 0$, so kann die Unbeschränktheit des Faktors $x \mapsto x^\alpha$ aber immer noch durch geeignet große Werte von β „kompensiert" werden. Nach den L'Hospitalschen Regeln (Satz 2.40) gilt ja im Falle $\alpha < 0$

$$(4.78) \qquad \lim_{x \to 0+} \frac{\sin x^\beta}{x^{-\alpha}} = -\frac{\beta}{\alpha} \lim_{x \to 0+} x^{\alpha+\beta} \cos x^\beta = -\frac{\beta}{\alpha} \lim_{x \to 0+} g_{\alpha+\beta,\beta}(x).$$

Der letzte Ausdruck bleibt in der Nähe von 0 aber genau dann beschränkt, wenn $\alpha + \beta \geq 0$, d.h. $\beta \geq -\alpha$ gilt.

(b) Dass $f_{\alpha,\beta}$ im Falle $\alpha > 0$ in 0 stetig (mit $f_{\alpha,\beta}(0) = 0$) ist, ist wieder klar. Für $\alpha = 0$ ergibt sich die Funktion $f_{0,\beta}(x) = \sin x^\beta$, die genau im Falle $\beta > 0$ in 0 stetig (mit $f_{0,\beta}(0) = 0$) ist. Im Falle $\alpha < 0$ zeigt die Rechnung in (4.78), dass $f_{\alpha,\beta}$ in 0 genau dann stetig ist, wenn $\beta > -\alpha$ gilt.[36]

---

[36]Auch im Falle $\beta = -\alpha$ existiert noch der einseitige Grenzwert in (4.78), aber er ist nicht 0, wie er für stetiges $f_{\alpha,-\alpha}$ sein müsste, sondern 1. Die Funktion $f_{\alpha,-\alpha}$ ist dann im Nullpunkt einfach „falsch" definiert, hat also dort eine hebbare Unstetigkeitsstelle. In Beispiel 2.7 haben wir die Funktion $f_{-1,1}$ dagegen in (2.6) „richtig" definiert.

(c) Außerhalb des Nullpunkts errechnet sich die Ableitung von $f_{\alpha,\beta}$ für beliebige reelle Werte von α und β problemlos wie in (4.76) angegeben. Dagegen existiert die Ableitung $f'_{\alpha,\beta}(0)$ genau dann, wenn der Grenzwert

$$(4.79) \qquad f'_{\alpha,\beta}(0) = \lim_{x \to 0+} f_{\alpha-1,\beta}(x) = \lim_{x \to 0+} x^{\alpha-1} \sin x^\beta$$

existiert. Für $\alpha > 1$ ist das immer der Fall (mit $f'_{\alpha,\beta}(0) = 0$), für $\alpha = 1$ dagegen genau für $\beta > 0$ (mit $f'_{1,\beta}(0) = 0$) oder $\beta = 0$ (mit $f'_{1,0}(0) = \sin 1$). Ist dagegen $\alpha < 1$, so hilft wieder die L'Hospitalsche Regel wie in (4.78) weiter: Hier bekommen wir dann unter Benutzung der Funktion (4.75)

$$(4.80) \qquad f'_{\alpha,\beta}(0) = \lim_{x \to 0+} f_{\alpha-1,\beta}(x) = \frac{\beta}{1-\alpha} \lim_{x \to 0+} g_{\alpha+\beta-1,\beta}(x).$$

Der letzte Grenzwert existiert aber genau für $\beta > 1 - \alpha$ (mit $f'_{\alpha,\beta}(0) = 0$) oder für $\beta = 1 - \alpha$ (mit $f'_{\alpha,1-\alpha}(0) = 1$).

(d) Zum Nachweis von $f_{\alpha,\beta} \in B^1([0,1])$ müssen wir natürlich nur die Beschränktheit der Funktion (4.76) auf $(0,1]$ untersuchen. Zunächst bemerken wir, dass der zweite Summand in (4.76) genau für $\beta \geq 1 - \alpha$ bei Null beschränkt ist. Ist einerseits $\alpha \geq 1$, so ist auch der erste Summand beschränkt. Ist andererseits $\alpha < 1$, so ist der Faktor $x \mapsto x^{\alpha-1}$ zwar unbeschränkt, aber (4.80) zeigt, dass für $\beta \geq 1 - \alpha$ der erste Term trotzdem beschränkt bleibt.

(e) Wir müssen zeigen, dass die Funktion (4.76) für $x \to 0+$ den Grenzwert $f'_{\alpha,\beta}(0)$ besitzt. Im Falle $\alpha > 1$ und $\beta > 1 - \alpha$ ist

$$\lim_{x \to 0+} f'_{\alpha,\beta}(x) = \alpha \lim_{x \to 0+} f_{\alpha-1,\beta}(x) - \beta \lim_{x \to 0+} g_{\alpha+\beta-1,\beta}(x) = 0,$$

weil beide Exponenten $\alpha - 1$ und $\alpha + \beta - 1$ dann positiv sind. Auch im Falle $\alpha = 1$ und $\beta > 1 - \alpha$ ist der Grenzwert Null, weil im ersten Summanden dann noch $\beta > 0$ ist. Schließlich zeigt im Falle $\alpha < 1$ und $\beta > 1 - \alpha$ eine Anwendung der L'Hospitalschen Regeln, dass wieder

$$\lim_{x \to 0+} f_{\alpha,\beta}(x) = \alpha \lim_{x \to 0+} f_{\alpha-1,\beta}(x) - \beta \lim_{x \to 0+} g_{\alpha+\beta-1,\beta}(x)$$
$$= \left(\frac{\alpha\beta}{1-\alpha} - \beta \right) \lim_{x \to 0+} g_{\alpha+\beta-1,\beta}(x) = 0$$

gilt. In allen anderen Fällen existiert der angegebene Grenzwert nicht.

(f) Aus der Tatsache, dass die Funktion $f_{\alpha,\beta}$ höchstens im Nullpunkt unstetig sein kann, folgt unmittelbar, dass die Werte für (α, β) in (f) dieselben sind wie in (a).

(g) Im Falle $\beta \geq 0$ gilt offensichtlich $f_{\alpha,\beta} \in BV([0,1])$ genau für $\alpha + \beta \geq 0$, daher ist nur der Fall $\beta < 0$ interessant. Zur Untersuchung der Funktion (4.74) im Hinblick auf ihre Variation betrachten wir für $\beta < 0$ die Zerlegung $Z_m := \{t_0, t_1, t_2, \dots, t_m, t_{m+1}\}$ von $[0,1]$ mit $t_0 := 0$, $t_{m+1} := 1$ und

$$(4.81) \qquad t_1 := \left(\frac{2}{3\pi} \right)^{-1/\beta}, \quad t_2 := \left(\frac{2}{5\pi} \right)^{-1/\beta}, \quad \dots, \quad t_m := \left(\frac{2}{(2m+1)\pi} \right)^{-1/\beta}.$$

Eine einfache Rechnung zeigt, dass dann $\sin t_k^\beta = 1$ für gerades k und $\sin t_k^\beta = -1$ für ungerades k gilt. Bezüglich dieser Zerlegung erhalten wir also

$$\sum_{k=1}^{m+1} |f_{\alpha,\beta}(t_k) - f_{\alpha,\beta}(t_{k-1})|$$

$$= |f_{\alpha,\beta}(t_1) - f_{\alpha,\beta}(0)| + |f_{\alpha,\beta}(t_2) - f_{\alpha,\beta}(t_1)| + |f_{\alpha,\beta}(t_3) - f_{\alpha,\beta}(t_2)| + \ldots$$

$$\ldots + |f_{\alpha,\beta}(t_m) - f_{\alpha,\beta}(t_{m-1})| + |f_{\alpha,\beta}(1) - f_{\alpha,\beta}(t_m)|$$

$$= |t_1^\alpha| + |t_2^\alpha + t_1^\alpha| + |t_3^\alpha + t_2^\alpha| + \ldots + |t_m^\alpha + t_{m-1}^\alpha| + |\sin 1 + t_m^\alpha|$$

(4.82)

$$= \left(\frac{2}{3\pi}\right)^{-\alpha/\beta} + \left(\frac{2}{5\pi}\right)^{-\alpha/\beta} + \left(\frac{2}{3\pi}\right)^{-\alpha/\beta} + \left(\frac{2}{7\pi}\right)^{-\alpha/\beta} + \left(\frac{2}{5\pi}\right)^{-\alpha/\beta} \ldots$$

$$\ldots + \left(\frac{2}{(2m+1)\pi}\right)^{-\alpha/\beta} + \left(\frac{2}{(2m-1)\pi}\right)^{-\alpha/\beta} + \sin 1 + \left(\frac{2}{(2m+1)\pi}\right)^{-\alpha/\beta}$$

$$= \sin 1 + 2 \sum_{k=1}^{m} \left(\frac{2}{(2k+1)\pi}\right)^{-\alpha/\beta}.$$

Da wir hierbei m beliebig groß wählen können, wird die Summe am Schluss nach Beispiel A.25 aus dem Anhang unbeschränkt, falls $-\alpha/\beta \leq 1$, d.h. $\beta \leq -\alpha$ ist. In diesem Fall ist die Funktion (4.74) also *nicht* von beschränkter Variation. Andererseits bleibt die letzte Summe in (4.82) im Falle $\beta > -\alpha$ für $m \to \infty$ beschränkt. Da die Zerlegung (4.81) aber schon die „größtmögliche Oszillation" von f auf $[0,1]$ liefert, haben wir damit (g) bewiesen.

(h) Zunächst bemerken wir, dass die Funktion (4.74) für alle Werte von α und β die Luzin-Eigenschaft besitzt (s. Definition 4.14). In der Tat, für jedes $n \in \mathbb{N}$ gilt natürlich $f_{\alpha,\beta} \in C^1([1/n, 1]) \subset Lu([1/n, 1])$. Ist aber $N \subset [0,1]$ eine beliebige Nullmenge, so ist

$$f(N) \subseteq \{0\} \cup \bigcup_{n=1}^{\infty} f(N \cap [1/n, 1])$$

stets in einer Nullmenge enthalten. Da aus $f_{\alpha,\beta} \in BV([0,1])$ nach (b) und (g) überdies $f_{\alpha,\beta} \in C([0,1])$ folgt, können wir aus Satz 4.22 folgern, dass die Werte für (α, β) in (h) dieselben sind wie in (g).

(i) In Satz 2.28 hatten wir bewiesen, dass eine Funktion $f \in C([a,b]) \cap D^1((a,b))$ genau dann auf $[a,b]$ Lipschitz-stetig ist, wenn ihre Ableitung dort beschränkt ist. Hieraus folgt, dass die Werte für (α, β) in (i) dieselben sind wie in (d).

(j) Wegen $C([0,1]) \subseteq Zw([0,1])$ gilt nach (b) zunächst $f_{\alpha,\beta} \in Zw([0,1])$ auf jeden Fall für $\alpha > 0$ und beliebiges β oder für $\alpha \leq 0$ und $\beta > -\alpha$. Auch für $\alpha = 0$, d.h. für Werte auf der β-Achse ist $f_{0,\beta} \in Zw([0,1])$. Dagegen hat (4.78) auf der Diagonalen $\beta = -\alpha > 0$ die Form

$$\lim_{x \to 0+} \frac{\sin x^\beta}{x^\beta} = \lim_{x \to 0+} \cos x^\beta = 1,$$

d.h. $f_{\alpha,-\alpha}$ gehört für $\alpha < 0$ nicht zu $Zw([0,1])$. Sei nun $\alpha < 0$ und $0 < \beta < -\alpha$. Dann ist rechts in (4.78) der Exponent $\alpha + \beta$ negativ, der Exponent β aber positiv, d.h. $\cos x^\beta \to 1$ für $x \to 0+$ und damit $f_{\alpha,\beta}(x) \to \infty$ für $x \to 0+$. Für $\alpha < 0$ und $\beta = 0$

erhalten wir $\sin x^\beta \equiv \sin 1 > 0$, also genauso $f_{\alpha,0}(x) \to \infty$ für $x \to 0+$. Für $\alpha < 0$ und $0 \le \beta < -\alpha$ gehört $f_{\alpha,-\alpha}$ damit auch nicht zu $Zw([0,1])$.

Es bleibt noch der Fall $\alpha < 0$ und $\beta < 0$ zu untersuchen. Hier oszilliert die Funktion (sogar mit unbeschränkter Amplitude) wieder unendlich oft in der Nähe von Null, daher hat $f_{\alpha,\beta}$ in diesem Fall die Zwischenwerteigenschaft.

(k) In diesem Teil des Beweises benutzen wir das „Wechselspiel" (4.76) und (4.77) zwischen den Ableitungen der Funktionen (4.74) und (4.75). Wegen der Inklusionen $C([0,1]) \subseteq St([0,1]) \subseteq Zw([0,1])$ und des Ergebnisses aus (b) und (j) genügt es hier zu untersuchen, für welche Paare (α, β) aus dem Quadranten $Q := \{(\alpha, \beta) : \alpha \le 0, \beta < 0\}$ die Funktion $f_{\alpha,\beta}$ zu $St([0,1])$ gehört. Wir behaupten, dass dies genau für $\beta < \alpha \le 0$ gilt, d.h. für das „rechte untere Dreieck" dieses Quadranten.

Wegen (4.76) hat die Funktion

$$H_1(x) := -\frac{1}{\beta} g_{\alpha-\beta+1,\beta}(x) \qquad (x > 0)$$

auf $(0,1]$ die Ableitung

$$(4.83) \qquad H_1'(x) = -\frac{\alpha - \beta + 1}{\beta} g_{\alpha-\beta,\beta}(x) + f_{\alpha,\beta}(x).$$

Kennen wir also eine Stammfunktion der Funktion $g_{\alpha-\beta,\beta}$, so können wir aus (4.83) eine Stammfunktion zu $f_{\alpha,\beta}$ konstruieren. Die Funktion

$$H_2(x) := \frac{1}{\beta} f_{\alpha-2\beta+1,\beta}(x) \qquad (x > 0)$$

hat wiederum auf $(0,1]$ die Ableitung

$$(4.84) \qquad H_2'(x) = \frac{\alpha - 2\beta + 1}{\beta} f_{\alpha-2\beta,\beta}(x) + g_{\alpha-\beta,\beta}(x).$$

Damit haben wir das Problem der Konstruktion einer Stammfunktion von $g_{\alpha-\beta,\beta}$ auf das der Konstruktion einer Stammfunktion von $f_{\alpha-2\beta,\beta}$ zurückgeführt. Die Fortsetzung dieser Überlegung führt auf das Aufsuchen von Stammfunktionen von $f_{\alpha-2n\beta,\beta}$ bzw. $g_{\alpha-(2n-1)\beta,\beta}$ mit wachsendem $n \in \mathbb{N}$. Allerdings kann man durch die beschriebene Rekursion immer nur eine Stammfunktion S von $f_{\alpha,\beta}$ auf $(0,1]$ ermitteln, nicht auf $[0,1]$; damit stellt sich die Frage, ob die Stammfunktion S stetig in 0 fortsetzbar ist. Man findet also genau dann eine Stammfunktion auf dem *abgeschlossenen* Intervall $[0,1]$, wenn erstens der Grenzwert

$$(4.85) \qquad \lim_{x \to 0+} S(x) =: S(0)$$

existiert und zweitens

$$(4.86) \qquad \lim_{x \to 0+} \frac{S(x) - S(0)}{x} =: f_{\alpha,\beta}(0) = 0$$

gilt, d.h. S tatsächlich Stammfunktion zu $f_{\alpha,\beta}$ auch im Nullpunkt ist.

Um dies festzustellen, müssen wir die „Kandidaten" für die Stammfunktionen, die wir oben rekursiv ermittelt haben, explizit einsetzen. Als Ergebnis erhalten wir eine Darstellung

$$(4.87) \qquad S = \lambda_1 g_{\alpha-\beta,\beta} + \lambda_2 f_{\alpha-2\beta,\beta} + \lambda_3 g_{\alpha-3\beta,\beta} + \lambda_4 f_{\alpha-4\beta,\beta} + \ldots + s,$$

wobei s Stammfunktion zu einem „harmlosen" $f_{\alpha-2N\beta,\beta}$ mit hinreichend großem N ist und die Konstanten λ_j sich ähnlich wie in (4.83) und (4.84) ergeben. Insbesondere ist $\lambda_1 \neq 0$, und $g_{\alpha-\beta,\beta}$ ist der Führungterm, der unserer besonderen Aufmerksamkeit bedarf.

Falls $\alpha < \beta$ ist, wächst dieser Term bei 0 nämlich unbeschränkt, und zwar schneller als alle nachfolgenden Terme $f_{\alpha-2n\beta,\beta}$ bzw. $g_{\alpha-(2n-1)\beta,\beta}$. In diesem Fall dominiert $g_{\alpha-\beta,\beta}(x)$ also das Wachstum von $S(x)$ in (4.87) für $x \to 0+$, d.h. (4.85) ist verletzt. Dagegen haben im Falle $\alpha = \beta$ (und $\beta < 0$) alle anderen Summanden in (4.87), also $f_{-\beta,\beta}(x)$, $g_{-2\beta,\beta}(x)$, $f_{-3\beta,\beta}(x)$ usw. ebenso wie der „harmlose" Summand $s(x)$ eine stetige Fortsetzung nach 0, der „kritische" Summand $g_{0,\beta}(x)$ aber nicht. Auch in diesem Fall ist (4.85) also verletzt.

Es bleibt also nur noch der Fall $\alpha > \beta$ zu untersuchen. In diesem Fall sind die Bedingungen (4.85) und (4.86) aber tatsächlich erfüllt, weil sie für jeden einzelnen Summanden in (4.87) erfüllt sind.[37] Damit haben wir (k) bewiesen. ∎

Wir können die verschiedenen Werte von α und β, für die die Funktion (4.74) zu der einen oder anderen Funktionenklasse gehört, etwas übersichtlicher als Punktemenge in der $\alpha\beta$-Ebene darstellen. Wir betrachten dazu die Menge („Charakteristik")

$$(4.88) \qquad \kappa(B) := \{(\alpha,\beta) \in \mathbb{R}^2 : f_{\alpha,\beta} \in B([0,1])\}$$

und analog die Charakteristiken $\kappa(C^1)$, $\kappa(B^1)$, $\kappa(D^1)$, $\kappa(Lip)$, $\kappa(BV)$, $\kappa(AC)$, $\kappa(C)$, $\kappa(R)$, $\kappa(St)$ und $\kappa(Zw)$ für die anderen in Satz 4.40 auftretenden Funktionenklassen. Nach Tabelle 4.5 müssen zwischen diesen Mengen die Inklusionen

$$(4.89) \qquad \begin{aligned} \kappa(C^1) \subseteq \kappa(B^1) \subseteq \kappa(D^1), \qquad \kappa(B^1) \subseteq \kappa(Lip) \subseteq \kappa(BV), \\ \kappa(AC) \subseteq \kappa(C) \subseteq \kappa(R) = \kappa(B), \qquad \kappa(C) \subseteq \kappa(St) \subseteq \kappa(Zw) \end{aligned}$$

richtig sein. Wie beim Beweis von (h) bereits erwähnt, folgt aus Satz 4.22 die bemerkenswerte Gleichheit

$$\kappa(AC) = \kappa(C) \cap \kappa(BV) = \kappa(BV),$$

d.h. es gilt hier insbesondere $\kappa(BV) \subseteq \kappa(C)$, obwohl Funktionen beschränkter Variation i.a. weit davon entfernt sind, stetig zu sein. Außerdem zeigt ein Vergleich von (d) und (i), dass $\kappa(B^1) = \kappa(Lip)$ gilt.

In den folgenden acht Abbildungen haben wir alle in (4.89) vorkommenden Charakteristiken in der $\alpha\beta$-Ebene skizziert, wobei wir übereinstimmende Charakteristiken nicht doppelt aufgeführt haben. Für weitere Funktionenklassen, die wir in Satz 4.40 nicht berücksichtigt haben, werden die Charakteristiken vom Typ (4.88) und (4.89) in den Aufgaben 4.66 – 4.68 diskutiert.

---

[37]Für den letzten Summanden s in (4.87) sind diese Bedingungen auch erfüllt, weil s ja sogar auf [0,1] Stammfunktion zu $f_{\alpha-2N\beta,\beta}$ ist und $f_{\alpha-2N\beta,\beta}(0) = 0$ gilt.

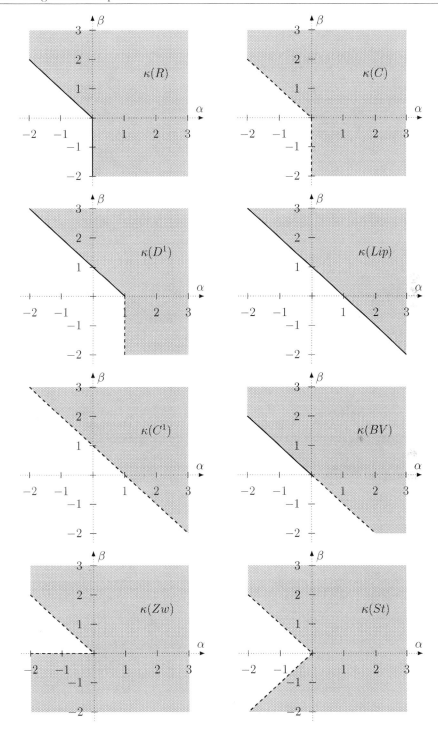

4.6. Aufgaben zu Kapitel 4. Über die folgenden Aufgaben zu diesem Kapitel hinaus findet man weitere Aufgaben z.B. in [4,10-15].

Aufgabe 4.1. Sei $G \subset (0,1)$ eine beliebige offene Menge mit $\lambda(G) = \alpha < 1$, welche alle rationalen Zahlen aus $(0,1)$ enthält. Zeigen Sie, dass die Menge $M := [0,1] \setminus G$ (vom Maß $\lambda(M) = 1 - \alpha$) dann kompakt, perfekt, total unzusammenhängend und überabzählbar ist.

Aufgabe 4.2. Sei $M \subset \mathbb{R}$ abzählbar und perfekt. Zeigen Sie, dass dann $\overline{M} \setminus M$ dicht in $\overline{M}$ liegt. Wieso folgt hieraus noch einmal die Überabzählbarkeit der Cantor-Menge (4.2)?

Aufgabe 4.3. Sei $\delta_0 := 1$ und $(\delta_n)_n$ eine streng monoton fallende Folge, die gegen 0 konvergiert. In Verallgemeinerung von Beispiel 4.1 konstruieren wir eine Folge kompakter Mengen $C_n(\delta) \subseteq [0,1]$ wie folgt. Zunächst sei $C_1(\delta)$ die Vereinigung zweier disjunkter abgeschlossener Teilintervalle von $C_0(\delta) := [0,1]$, die beide jeweils die Länge $\delta_1/2$ haben. Aus jedem Intervall in $C_1(\delta)$ entfernen wir in der Mitte ein offenes Intervall derart, dass die verbleibenden vier abgeschlossenen Intervalle jeweils die Länge $\delta_2/4$ haben, und bezeichnen die (disjunkte) Vereinigung dieser vier Intervalle mit $C_2(\delta)$. Haben wir allgemein $C_n(\delta)$ auf diese Weise konstruiert, so entfernen wir aus jedem der 2^n Intervalle in $C_n(\delta)$ in der Mitte ein offenes Intervall derart, dass die verbleibenden 2^{n+1} abgeschlossenen Intervalle jeweils die Länge $2^{-(n+1)}\delta_{n+1}$ haben, und bezeichnen die (disjunkte) Vereinigung dieser 2^{n+1} Intervalle mit $C_{n+1}(\delta)$. Schließlich setzen wir

$$C(\delta) := \bigcap_{n=0}^{\infty} C_n(\delta).$$

Beweisen Sie, dass die Menge $C(\delta)$ eine kompakte perfekte Nullmenge ist. Für welche Werte von δ_n bekommen wir auf diese Weise die klassische Cantor-Menge (4.2)?

Aufgabe 4.4. Mit der Bezeichnungsweise der vorigen Aufgabe 4.3 seien Funktionen $g_n : [0,1] \to \mathbb{R}$ und $f_n : [0,1] \to \mathbb{R}$ für $n = 1, 2, 3, \dots$ definiert durch

$$g_n(x) := \frac{1}{\delta_n} \chi_{C_n(\delta)}(x), \qquad f_n(x) := \int_0^x g_n(t)\, dt,$$

wobei χ_M die charakteristische Funktion (1.14) einer Menge M bezeichne. Beweisen Sie folgende Behauptungen:

(a) Die Funktionen f_n sind stetig und monoton wachsend mit $f_n(0) = 0$ und $f_n(1) = 1$.

(b) Für $x \in [0,1] \setminus C_n(\delta)$ gilt $f_{n+1}(x) = f_n(x)$.

(c) Die durch

$$f(x) := \lim_{n \to \infty} f_n(x) \qquad (0 \leq x \leq 1)$$

definierte Funktion ist stetig und monoton wachsend, und ihre (auf $[0,1] \setminus C(\delta)$, also f.ü. existierende) Ableitung ist Null auf $[0,1] \setminus C(\delta)$.

(d) Die Gleichheit (4.40) gilt nicht.

(e) Die Funktion f ist nicht absolutstetig auf $[0,1]$.

Aufgabe 4.5. Sei C^α die Cantor-Menge vom positiven Maß α. Zeigen Sie direkt (d.h. ohne Rückgriff auf die Gleichheit (1.30)), dass $U(\chi_{C^\alpha}) = C^\alpha$ gilt.

Aufgabe 4.6. Sei C die Cantor-Menge (4.2), und sei $f : [0,1] \to \mathbb{R}$ definiert durch

$$f(x) := 2\frac{x-a}{b-a} - 1 \qquad (a < x < b),$$

falls (a,b) eines der bei der Konstruktion von C entfernten Intervalle ist, und $f(x) := 0$ an allen Punkten $x \in C$. Zeigen Sie, dass f auf $[0,1]$ die Zwischenwerteigenschaft hat, aber in keinem Punkt $x \in C$ stetig ist.

Aufgabe 4.7. Beweisen Sie, dass jedes Element des Intervalls $[0,2]$ als Summe zweier Elemente aus der Cantor-Menge (4.2) geschrieben werden kann.

Aufgabe 4.8. Wir nennen eine Menge $N \subset \mathbb{R}$ *mikroskopisch*, falls es für jedes $\varepsilon > 0$ eine Folge $(I_n)_n$ von Intervallen $I_n = [a_n, b_n]$ gibt derart, dass

$$(*) \qquad N \subseteq \bigcup_{n=1}^{\infty} I_n, \qquad \lambda(I_n) = |b_n - a_n| \le \varepsilon^n$$

gilt. Beweisen Sie, dass jede abzählbare Menge mikroskopisch und jede mikroskopische Menge eine Nullmenge ist.

Aufgabe 4.9. Sei C die Cantor-Menge (4.2). Beweisen Sie, dass es für kein $\varepsilon < 1/3$ eine Folge $(I_n)_n$ von Intervallen $I_n = [a,b]$ gibt derart, dass die Bedingung $(*)$ aus Aufgabe 4.8 erfüllt ist. Schließen Sie hieraus, dass C eine nicht-mikroskopische Nullmenge ist.

Aufgabe 4.10. Konstruieren Sie eine magere mikroskopische Menge N (vgl. Aufgabe 4.8), die keine F_σ-Menge ist.

Aufgabe 4.11. Sei M die magere Menge und N die Nullmenge aus (4.10). Beweisen Sie, dass N mikroskopisch ist (vgl. Aufgabe 4.8). Zeigen Sie, dass es einen Homöomorphismus $\phi : [0,1] \to [0,1]$ gibt derart, dass $\phi(M)$ eine Nullmenge ist. Schließen Sie hieraus, dass $\phi(N)$ nicht mikroskopisch sein kann, und daher die Eigenschaft, mikroskopisch zu sein, unter Homöomorphismen verlorengehen kann.

Aufgabe 4.12. Sei $f : \mathbb{R} \to \mathbb{R}$ eine Funktion, die einer Lipschitzbedingung der Form (1.58) genügt (vgl. Definition 1.48). Überführt f dann mikroskopische Mengen in mikroskopische Mengen?

Aufgabe 4.13. Sei $f : \mathbb{R} \to \mathbb{R}$ eine Funktion, die einer Hölderbedingung

$$|f(x) - f(y)| \le L|x - y|^\alpha \qquad (x, y \in \mathbb{R})$$

mit einer Hölderkonstanten $L > 0$ genügt (vgl. Aufgabe 1.48). Überführt f dann mikroskopische Mengen in mikroskopische Mengen? Vergleichen Sie das Ergebnis mit dem von Aufgabe 4.12.

Aufgabe 4.14. Konstruieren Sie eine Menge $M \subset \mathbb{R}$ derart, dass weder M noch $\mathbb{R} \setminus M$ eine F_σ-Menge ist.

Aufgabe 4.15. Sei $O \subseteq \mathbb{R}$ offen. Beweisen Sie, dass $\partial O = \overline{O} \setminus O$ dann mager ist.

Aufgabe 4.16. Sei $\{(a_k, b_k) : k = 1, 2, 3, \ldots\}$ die (abzählbare) Menge aller offenen Intervalle mit rationalen Endpunkten a_k und b_k. Beweisen Sie, dass sich jede F_σ-Menge $M \subseteq \mathbb{R}$ in der Form

$$M = \bigcup_{n=1}^{\infty} \bigcap_{k \in T_n} (\mathbb{R} \setminus (a_k, b_k))$$

schreiben lässt, wobei T_n alle n-elementigen Teilmengen von $\mathbb{N}$ durchläuft. Schließen Sie hieraus, dass es überabzählbar viele F_σ-Teilmengen von $\mathbb{R}$ gibt. Wieso folgt hieraus, dass die Cantor-Menge (4.2) eine magere Teilmenge enthält, die nicht F_σ-Menge ist?

Aufgabe 4.17. Sei $f : \mathbb{R} \to \mathbb{R}$ monoton. Zeigen Sie, dass $\mathbb{R} \setminus f(\mathbb{R})$ dann eine F_σ-Menge ist. Illustrieren Sie dies anhand aller Beispiele monotoner Funktionen aus Kapitel 1.

Aufgabe 4.18. Sei $M \subseteq \mathbb{R}$ eine F_σ-Menge ohne innere Punkte (nach Satz 4.9 also eine magere Menge). Sei weiterhin

$$M = \bigcup_{n=1}^{\infty} M_n \qquad ((\overline{M_n})^o = \emptyset)$$

eine Darstellung von M als abzählbare Vereinigung nirgends dichter Mengen, und sei $f : \mathbb{R} \to \mathbb{R}$ definiert durch

$$f(x) := \sum_{n=1}^{\infty} \frac{1}{2^n} \chi_{M_n}(x),$$

wobei χ_{M_n} die charakteristische Funktion der Menge M_n bezeichne. Zeigen Sie, dass $U(f) = M$ ist, wobei $U(f)$ die Menge (1.24) bezeichne.

Aufgabe 4.19. Beweisen Sie mit Hilfe von Aufgabe 4.18 die folgende Umkehrung von Satz 1.25: Zu jeder F_σ-Menge $U \subseteq \mathbb{R}$ gibt es eine Funktion $f : \mathbb{R} \to \mathbb{R}$ mit $U(f) = U$.

Aufgabe 4.20. Zeigen Sie, dass man jede Nullmenge in folgendem Sinn in die Menge der irrationalen Zahlen „schieben" kann: Ist $N \subset \mathbb{R}$ eine nichtleere Nullmenge, so existiert ein $x \in \mathbb{R}$ mit

$$(x + N) \cap \mathbb{Q} = \{x + y : y \in N\} \cap \mathbb{Q} = \emptyset.$$

Aufgabe 4.21. Gilt die Aussage aus Aufgabe 4.20 auch, wenn man „Nullmenge" durch „magere Menge" ersetzt? Wie können Sie die Lösungen beider Aufgaben mit den Mengen aus Satz 4.8 in Einklang bringen?

Aufgabe 4.22. Sei $M \subset [0, 1]$ abgeschlossen und nirgends dicht in $[0, 1]$ (also ohne innere Punkte). Konstruieren Sie explizit einen Homöomorphismus $\phi : [0, 1] \to [0, 1]$ mit der Eigenschaft, dass $N := \phi(M)$ eine Nullmenge ist.

Aufgabe 4.23. Konstruieren Sie eine bijektive Funktion $\phi : [0, 1] \to [0, 1]$, die „maßerhaltend" ist (d.h. es gilt $\lambda(\phi(M)) = \lambda(M)$) und die Bedingung $\phi((\frac{1}{4}, \frac{3}{4})) = [\frac{1}{4}, \frac{3}{4}]$ erfüllt.

Aufgabe 4.24. Sei C die Cantor-Menge (4.2), und sei $f : C \to \mathbb{R}$ definiert wie folgt: Ist $x \in C$ mit der ternären Darstellung (4.5), so sei

$$f(x) := \sum_{k=1}^{\infty} x_k 3^{-k!}.$$

Beweisen Sie die folgenden Behauptungen:

(a) Aus $x, y \in C$ und $x - y > 3^{-n}$ folgt $f(x) - f(y) \geq 3^{-n!}$.

(b) Die Abbildung $f : C \to [0, 1]$ ist injektiv.

(c) Die Abbildung f genügt für *jedes* $\alpha > 0$ einer Hölderbedingung

$$|f(x) - f(y)| \leq L|x - y|^{\alpha} \qquad (x, y \in C)$$

mit einer Hölderkonstanten $L > 0$ (s. Aufgabe 1.48).

Vergleichen Sie das Ergebnis aus (c) insbesondere mit dem aus Aufgabe 2.22.

Aufgabe 4.25. Sei $f : [a, b] \to \mathbb{R}$ stetig mit der Eigenschaft, dass $f'(x)$ für alle bis auf abzählbar viele Punkte $x \in [a, b]$ existiert und Null ist. Zeigen Sie, dass f auf $[a, b]$ konstant ist.

Aufgabe 4.26. Begründen Sie, warum die Cantor-Funktion ψ aus Beispiel 4.11 nicht zur Funktionenklasse $Lip([0, 1])$ gehören kann. Zeigen Sie genauer, dass $\psi \in Lip_{\alpha}([0, 1])$ (s. Aufgabe 1.48) für $\alpha = \log 2 / \log 3$ gilt, aber $\psi \notin Lip_{\beta}([0, 1])$ für $\beta > \log 2 / \log 3$.

Aufgabe 4.27. Sei $a < b$ und $\hat{N} \subseteq (a, b)$ eine Menge vom positiven Maß, d.h. es gebe ein $\varepsilon_0 > 0$ derart, dass jede Folge von Intervallen $[a_1, b_1], [a_2, b_2], ..., [a_n, b_n], ...,$ die $\hat{N}$ überdeckt, der Bedingung

$$\sum_{n=1}^{\infty} |b_n - a_n| > \varepsilon_0$$

genügt. Sei $\mathcal{J} := \{J_{\alpha} : \alpha \in A\}$ eine Familie offener Teilintervalle $J_{\alpha} \subset [a, b]$, die $\hat{N}$ überdeckt, d.h. die Bedingung

$$\hat{N} \subseteq \bigcup_{\alpha \in A} J_{\alpha}$$

erfüllt, wobei A eine beliebige Indexmenge sei. Beweisen Sie, dass man dann endlich viele dieser Intervalle $J_{\alpha_1}, \ldots, J_{\alpha_m}$ auswählen kann so, dass

$$\lambda(J_{\alpha_1}) + \lambda(J_{\alpha_2}) + \ldots + \lambda(J_{\alpha_m}) > \frac{\varepsilon_0}{4}$$

gilt.

Aufgabe 4.28. Beweisen Sie, dass eine Funktion $f \in BV([a, b])$ f.ü. auf $[a, b]$ differenzierbar ist, und illustrieren Sie dies mit einem nichttrivialen Beispiel.

Aufgabe 4.29. Konstruieren Sie zwei Funktionen $f \in C^1([-1, 1])$ und $g \in AC([-1, 1]) \cap C^1([-1, 1] \setminus \{0\})$ derart, dass $g \circ f \notin AC([-1, 1])$ ist.

Aufgabe 4.30. Sei $f : [a, b] \to \mathbb{R}$ eine Funktion, die einer Hölderbedingung

$$|f(x) - f(y)| \leq L|x - y|^{\alpha} \qquad (a \leq x, y \leq b)$$

mit einer Hölderkonstanten $L > 0$ genügt (s. Aufgaben 1.48 und 4.13). Welche Bedingung an α garantiert dann, dass $f \in AC([a,b])$ gilt?

Aufgabe 4.31. Seien $f : [a,b] \to \mathbb{R}$ und $g : [c,d] \to \mathbb{R}$ absolutstetig mit $f([a,b]) \subseteq [c,d]$, und sei f zusätzlich streng monoton. Beweisen Sie, dass dann $g \circ f : [a,b] \to \mathbb{R}$ absolutstetig ist. Betrachten Sie unter diesem Gesichtspunkt noch einmal Beispiel 4.27.

Aufgabe 4.32. Sei $f : [a,b] \to \mathbb{R}$ (eigentlich oder uneigentlich) integrierbar mit $f(x) \geq 0$ für alle $x \in [a,b]$. Beweisen Sie, dass dann die Integralfunktion (3.17) von f absolutstetig ist. Folgern Sie hieraus, dass die Wurzelfunktion aus Beispiel 4.19 auf $[0,1]$ absolutstetig ist.

Aufgabe 4.33. Begründen Sie, warum die Summenfunktion $f + g$ aus Beispiel 4.26 nicht die Luzin-Eigenschaft hat.

Aufgabe 4.34. Sei $x_0 \in (a,b)$. Eine Funktion f gehöre zu $BV([a,b]) \cap AC([a,b] \setminus \{x_0\})$. Beweisen Sie, dass dann sogar $f \in AC([a,b])$ gilt, falls f in x_0 stetig ist. Ist dieses Ergebnis auch ohne die Voraussetzung $f \in BV([a,b])$ richtig?

Aufgabe 4.35. Beweisen Sie, dass die Cantor-Funktion (4.15) das Integral

$$\int_0^1 \psi(x)\, dx = \frac{1}{2}$$

besitzt. Welches Integral besitzt die modifizierte Cantor-Funktion (4.20)?

Aufgabe 4.36. Sei v_f die Variationsfunktion (1.54) einer Funktion $f \in BV([a,b])$. Beweisen Sie, dass v_f genau dann absolutstetig ist, wenn f absolutstetig ist (vgl. Aufgabe 1.44 und Aufgabe 2.28).

Aufgabe 4.37. Seien $a,b,c,d \in \mathbb{R}$ fest. Eine Funktion $f : \mathbb{R} \to \mathbb{R}$ sei definiert durch

$$f(x) := \begin{cases} ax \sin^2 \dfrac{1}{x} + bx \cos^2 \dfrac{1}{x} & \text{für } x < 0, \\[2mm] 0 & \text{für } x = 0, \\[2mm] cx \sin^2 \dfrac{1}{x} + dx \cos^2 \dfrac{1}{x} & \text{für } x > 0. \end{cases}$$

Untersuchen Sie, für welche a, b, c und d die Ober- und Unterableitung

$$D^{\#} f(0) = \limsup_{x \to 0} \frac{f(x)}{x}, \qquad D^{\flat} f(0) = \liminf_{x \to 0} \frac{f(x)}{x}$$

existieren, und berechnen Sie gegebenenfalls deren Wert.

Aufgabe 4.38. Folgt aus $f, g \in AC([a,b])$ stets $f \vee g, f \wedge g \in AC([a,b])$ (vgl. Aufgabe 1.23)?

Aufgabe 4.39. Eine Funktion $g : J \to \mathbb{R}$ habe die Eigenschaft, dass die Komposition $g \circ f : I \to \mathbb{R}$ für jedes absolutstetige $f : I \to J$ wieder absolutstetig ist. Zeigen Sie, dass dann $g \in Lip(J)$ gelten muss.

Aufgabe 4.40. Ähnlich wie in Beispiel 1.34 sei eine Folge von „Sägezahnkurven" definiert wie folgt: Für $0 \leq x \leq 1$ sei zunächst $f_1(x) := \frac{1}{2} - |x - \frac{1}{2}|$. Für $n = 2, 3, 4, \ldots$ sei dann f_n auf $[0, 2^{-n+1}]$ definiert durch $f_n(x) := 2^{-n} - |x - 2^{-n}|$ und periodisch auf ganz $[0, 1]$ fortgesetzt. Beweisen Sie folgende Eigenschaften der Funktionenfolge $(f_n)_n$:

(a) Die Folge $(f_n)_n$ konvergiert auf $[0, 1]$ gleichmäßig gegen die Nullfunktion $f(x) \equiv 0$ (s. Definition A.28 im Anhang).

(b) Alle Funktionen f_n haben dieselbe Graphenlänge $L(\Gamma(f_n)) = \sqrt{2}$.

(c) Die Grenzfunktion hat eine andere Graphenlänge, d.h. es gilt *nicht* $L(\Gamma(f_n)) \to L(\Gamma(f))$ für $n \to \infty$.

Berechnen Sie auch die Totalvariationen $Var(f_n; [0, 1])$ und $Var(f; [0, 1])$ und kommentieren Sie das Ergebnis.

Aufgabe 4.41. Für $f \in BV([a, b])$ und $a < x \leq b$ bezeichnen wir mit $\Gamma(f; x)$ die Graphenlänge der Einschränkung von f auf das Intervall $[a, x]$. Beweisen Sie folgendes:

(a) Die Funktion $x \mapsto \Gamma(f; x)$ wächst monoton mit

$$\Gamma(f; y) - \Gamma(f; x) \geq \sqrt{(y - x)^2 + (f(y) - f(x))^2} \qquad (a < x \leq y \leq b).$$

(b) Die nach (a) f.ü. existierende Ableitung dieser Funktion erfüllt die Abschätzung

$$\frac{d}{dx} \Gamma(f; x) \geq \sqrt{1 + f'(x)^2} \qquad (a \leq x \leq b).$$

Leiten Sie aus diesen beiden Ergebnissen die Abschätzung (4.61) her.

Aufgabe 4.42. Sei $f : [0, 1] \to \mathbb{R}$ eine monoton wachsende Funktion mit $f(0) = 0$ und $f(1) = 1$. Zeigen Sie, dass für die Graphenlänge von f dann immer $\sqrt{2} \leq L(\Gamma(f)) \leq 2$ gilt, und dass die Gleichheit $L(\Gamma(f)) = 2$ genau dann eintritt, wenn f.ü. $f'(x) = 0$ ist.

Aufgabe 4.43. Berechnen Sie die Graphenlänge der Logarithmusfunktion $f(x) = \log x$ über dem Intervall $[1, 2]$.

Aufgabe 4.44. Seien $f : [a, b] \to \mathbb{R}$ und $g : [c, d] \to \mathbb{R}$ Funktionen mit $f([a, b]) \subseteq [c, d]$. Folgt aus $f \in Lu([a, b])$ und $g \in C([c, d])$ dann $g \circ f \in Lu([a, b])$? Oder folgt aus $f \in C([a, b])$ und $g \in Lu([c, d])$ dann $g \circ f \in Lu([a, b])$?

Aufgabe 4.45. Sei C die Cantor-Menge (4.2), und sei $f : C \to \mathbb{R}$ eine stetige Funktion mit der Eigenschaft, dass $f(C)$ eine Nullmenge ist. Zeigen Sie, dass man f zu einer Funktion auf $[0, 1]$ fortsetzen kann, die auf $[0, 1]$ stetig ist und die Luzin-Eigenschaft besitzt.

Aufgabe 4.46. Seien $f : \mathbb{R} \to \mathbb{R}$ eine beliebige Funktion und $x_0 \in \mathbb{R}$. Ein Element $\lambda \in \mathbb{R} \cup \{\pm\infty\}$ heißt *Ableitungzahl* von f in x_0, falls es eine Folge $(h_n)_n$ mit $h_n \neq 0$ und $h_n \to 0$ gibt derart, dass

$$\lim_{n \to \infty} \frac{f(x_0 + h_n) - f(x_0)}{h_n} = \lambda$$

gilt. Die Menge aller Ableitungszahlen von f in x_0 sei mit $Der(f; x_0)$ bezeichnet.

Beweisen Sie, dass die übliche Ableitung $f'(x_0)$ genau dann (als reelle Zahl) existiert, wenn $Der(f;x_0) = \{f'(x_0)\}$ gilt. Zeigen Sie weiter, dass $Der(f;x_0)$ stets nichtleer ist.

Aufgabe 4.47. Sei $f : [-1,1] \to \mathbb{R}$ definiert wie in Beispiel 1.16. Zeigen Sie (in der Terminologie von Aufgabe 4.46), dass $Der(f;0) = [-1,1]$ ist.

Aufgabe 4.48. Berechnen Sie $Der(f;x_0)$ für die Dirichlet-Funktion aus Beispiel 1.11 und beliebiges $x_0 \in \mathbb{R}$.

Aufgabe 4.49. Beweisen Sie, dass für monoton steigendes $f : [a,b] \to \mathbb{R}$ und beliebiges $x_0 \in [a,b]$ stets $Der(f;x_0) \subseteq [0,\infty] := [0,\infty) \cup \{\infty\}$ gilt. Gilt auch die Umkehrung?

Aufgabe 4.50. Seien $f,g : \mathbb{R} \to \mathbb{R}$ zwei beliebige Funktion und $x_0 \in \mathbb{R}$. Die Funktion g sei in x_0 differenzierbar. Beweisen Sie die Gleichheit

$$Der(f+g;x_0) = \{\lambda + g'(x_0) : \lambda \in Der(f;x_0)\}.$$

Aufgabe 4.51. Berechnen Sie $Der(\psi;x_0)$ und $Der(\phi;x_0)$ für die Cantor-Funktionen (4.15) bzw. (4.20) und $x_0 \in [0,1]$.

Aufgabe 4.52. Sei $N \subset [0,1]$ eine perfekte nirgends dichte Menge, die 0 und 1 enthält, und sei

$$[0,1] \setminus N = \bigcup_{n=1}^{\infty} (a_n, b_n)$$

eine Darstellung des Komplements von N als abzählbare Vereinigung disjunkter offener Intervalle (s. Aufgabe 1.17) mit Mittelpunkten $c_n := \frac{1}{2}(a_n + b_n)$. Zu einer gegebenen positiven Nullfolge $(\delta_n)_n$ definieren wir eine Funktion $f : [0,1] \to \mathbb{R}$ durch

$$f(x) := \begin{cases} 0 & \text{für } x \in N, \\ \delta_n & \text{für } x = c_n \\ \delta_n \dfrac{x - a_n}{c_n - a_n} & \text{für } a_n < x < c_n, \\ \delta_n \dfrac{b_n - x}{b_n - c_n} & \text{für } c_n < x < b_n. \end{cases}$$

Beweisen Sie, dass $f \in C([0,1]) \cap Lu([0,1])$ gilt, und dass die Gesamtvariation von f auf $[0,1]$ durch

$$Var(f;[0,1]) = 2\sum_{n=1}^{\infty} \delta_n$$

gegeben ist. Konstruieren Sie hiermit durch geeignete Wahl der Folge $(\delta_n)_n$ jeweils ein Beispiel für $f \in AC([0,1])$ und $f \notin AC([0,1])$.

Aufgabe 4.53. Sei $f : [0,1] \to \mathbb{R}$ beschränkt und sei $f^\flat : [0,1] \to \mathbb{R}$ definiert durch

$$f^\flat(x) := \sup\{f(y) : x \le y \le 1\} \qquad (0 \le x \le 1).$$

Zeigen Sie, dass aus der Stetigkeit von f die von $f^\flat$ folgt. Gilt auch die Umkehrung?

Aufgabe 4.54. Sei $f : [0,1] \to \mathbb{R}$ stetig und sei $f^{\#} : [0,1] \to \mathbb{R}$ definiert durch

$$f^{\#}(x) := \inf \{y : 0 \le y \le 1, \, f(y) = f(x)\} \qquad (0 \le x \le 1).$$

Zeigen Sie, dass die Menge $[0,1] \setminus f^{\#}([0,1])$ eine F_σ-Menge ist. Folgt aus der Stetigkeit von f die von $f^{\#}$? Folgt aus der Stetigkeit von $f^{\#}$ die von f?

Aufgabe 4.55. Wir definieren eine stetige Funktion $g : \mathbb{R} \to \mathbb{R}$ dadurch, dass wir sie zunächst auf $[0,1]$ durch

$$g(x) := \begin{cases} 0 & \text{für } 0 \le x \le \frac{1}{6}, \\ 6x - 1 & \text{für } \frac{1}{6} \le x \le \frac{1}{3}, \\ 1 & \text{für } \frac{1}{3} \le x \le \frac{2}{3}, \\ 5 - 6x & \text{für } \frac{2}{3} \le x \le \frac{5}{6}, \\ 0 & \text{für } \frac{5}{6} \le x \le 1 \end{cases}$$

festlegen und dann periodisch mit Periode 1 auf ganz $\mathbb{R}$ ausdehnen. Beweisen Sie, dass dann die durch

$$f(x) := \sum_{n=1}^{\infty} \frac{g(3^{2n-1}x)}{2^n} \qquad (0 \le x \le 1)$$

definierte Funktion $f : [0,1] \to [0,1]$ surjektiv und stetig, aber nicht injektiv ist.

Aufgabe 4.56. Zeigen Sie, dass die in Aufgabe 4.55 konstruierte Funktion f sogar die Eigenschaft hat, dass $f^{-1}(y)$ für jedes $y \in [0,1]$ überabzählbar unendlich ist.

Aufgabe 4.57. Sei $M \subset \mathbb{R}$ mager. Beweisen Sie, dass es eine differenzierbare Funktion $f : \mathbb{R} \to \mathbb{R}$ gibt, deren Ableitung in jedem Punkt von M unstetig ist.

Aufgabe 4.58. Für $\alpha > 0$ konstruieren wir eine Funktion $\phi_\alpha : [0,1] \to \mathbb{R}$ wie folgt. Zunächst sei $\phi_\alpha(0) := 0$. Hat $x \in (0,1]$ die Form

$$x = \sum_{k=0}^{\infty} 2^{-\tau_k},$$

wobei $\tau_0 < \tau_1 < \tau_2 < \ldots < \tau_n < \ldots$ gelte, so setzen wir

$$\phi_\alpha(x) := \sum_{k=0}^{\infty} \alpha^k (1 + \alpha)^{-\tau_k}.$$

Zeigen Sie, dass ϕ_α im Falle $\alpha \ne 1$ auf $[0,1]$ stetig, streng monoton wachsend und f.ü. differenzierbar mit Ableitung Null ist. Was passiert im Falle $\alpha = 1$?

Aufgabe 4.59. Sei $f \in R([a,b])$ und F_a die Integralfunktion (3.17) zu f. Es gebe eine stetige Funktion g derart, dass $f(x) = g(x)$ f.ü. auf $[a,b]$ gilt. Zeigen Sie, dass dann $F_a'(x) = f(x)$ f.ü. auf $[a,b]$ gilt.

Aufgabe 4.60. Was ändert sich in Satz 4.40, wenn wir in der Definition der Funktion (4.74) den Term $\sin x^\beta$ durch den Term $\sin \pi x^\beta$ ersetzen?

Aufgabe 4.61. Führen Sie eine zu Satz 4.40 analoge Untersuchung für die Funktion (4.73) durch.

Aufgabe 4.62. Führen Sie dieselbe Untersuchung wie in Satz 4.40 für die durch

$$g_{\alpha.\beta.n}(x) := \begin{cases} x^\alpha \log^n x^\beta & \text{für } 0 < x \le 1, \\ 0 & \text{für } x = 0 \end{cases}$$

definierte Funktion $g_{\alpha.\beta.n} : [0,1] \to \mathbb{R}$ durch, wobei wieder $\alpha, \beta \in \mathbb{R}$ und $n \in \mathbb{N}$ sei.

Aufgabe 4.63. Ist $f : [a,b] \to \mathbb{R}$ eine Funktion und $1 < q < \infty$, so nennt man die Zahl

$$Var_q(f;[a,b]) := \sup \left\{ \sum_{j=1}^m \frac{|f(t_j) - f(t_{j-1})|^q}{|t_j - t_{j-1}|^{q-1}} : \{t_0, t_1, \ldots, t_{m-1}, t_m\} \in \mathcal{Z}([a,b]) \right\}$$

die *q-Variation von f auf* $[a,b]$. Ist diese Zahl endlich, so nennt man f *von beschränkter q-Variation auf* $[a,b]$ (vgl. Definition 1.43). Die Menge aller Funktionen $f : [a,b] \to \mathbb{R}$ beschränkter q-Variation auf $[a,b]$ bezeichnen wir mit $BV_q([a,b])$.

Beweisen Sie die Inklusionskette

$$Lip([a,b]) \subseteq BV_q([a,b]) \subseteq AC([a,b]) \subseteq BV([a,b])$$

und vergleichen Sie dies mit (4.45).

Aufgabe 4.64. Zeigen Sie, dass alle Inklusionen in der vorigen Aufgabe 4.63 strikt sind.

Aufgabe 4.65. Für welche $\alpha > 0$ und $q > 0$ gilt die Inklusion $Lip_\alpha([a,b]) \subseteq BV_q([a,b])$ (s. Aufgabe 4.30 und Aufgabe 4.63).

Aufgabe 4.66. Bestimmen Sie alle Zahlen $\alpha, \beta \in \mathbb{R}$, für die die Funktion $f_{\alpha.\beta}$ aus (4.74) zu $BV_q([0,1])$ gehört, und skizzieren Sie zugehörige Menge $\kappa(BV_q)$ (vgl. (4.88)) in der $\alpha\beta$-Ebene.

Aufgabe 4.67. Sei $0 < \gamma < 1$. Bestimmen Sie die Menge $\kappa(Lip_\gamma)$ aller $\alpha, \beta \in \mathbb{R}$, für die die Funktion $f_{\alpha.\beta}$ aus (4.74) einer Hölderbedingung

$$|f_{\alpha.\beta}(x) - f_{\alpha.\beta}(y)| \le L|x - y|^\gamma \qquad (0 \le x, y \le 1)$$

mit einer Hölderkonstanten $L > 0$ genügt, und skizzieren Sie diese Menge in der $\alpha\beta$-Ebene.

Aufgabe 4.68. Für $0 < \gamma < 1$ besteht der Vektorraum $Lip_\gamma^o([a,b])$ aus allen Funktionen $f \in Lip_\gamma([a,b])$ mit

$$\lim_{x-y \to 0} \frac{|f(x) - f(y)|}{|x - y|^\gamma} = 0.$$

Bestimmen Sie die Menge $\kappa(Lip_\gamma^o)$ aller $\alpha, \beta \in \mathbb{R}$, für die die Funktion $f_{\alpha.\beta}$ aus (4.74) in $Lip_\gamma^o([0,1])$ liegt.

Kapitel 5. Funktionen mehrerer Variabler

Bisher haben wir stets Funktionen betrachtet, die auf (Teilmengen) der reellen Achse definiert waren. In diesem und dem nächsten Kapitel widmen wir uns *Funktionen mehrerer Variabler*, d.h. solchen, deren Definitionsbereich eine Teilmenge des Euklidischen Raums $\mathbb{R}^d$ ist. Hierbei wird sich herausstellen, dass viele neue und zum Teil sehr überraschende Phänomene auftreten, die bei Funktionen einer Variabler (d.h. für $d = 1$) „verborgen" bleiben. Da diese Phänomene schon im Falle $d = 2$ sichtbar sind, werden wir uns auf Funktionen zweier Variabler beschränken. Ist also $M \subseteq \mathbb{R}^2$ eine Teilmenge der Ebene und $f : M \to \mathbb{R}$ eine Funktion, so schreiben wir nun $z = f(x, y)$ statt wie bisher $y = f(x)$. Die Verallgemeinerung der Begriffe und Ergebnisse dieses Kapitels auf den Fall $d \geq 3$ bietet dann kaum noch Überraschungen oder Schwierigkeiten.

5.1. Stetige Funktionen mehrerer Variabler. In diesem Kapitel betrachten wir Funktionen, die auf einer Teilmenge der Ebene $\mathbb{R}^2$ definiert sind und reelle Zahlen als Werte annehmen. Damit wir Analysis (und auch Geometrie!) treiben können, benötigen wir einen Abstandsbegriff. Üblicherweise benutzt man in der Ebene die *Euklidische Norm*

$$(5.1) \qquad \|z\| = \|(x, y)\| := \sqrt{x^2 + y^2}$$

eines Punktes $z = (x, y) \in \mathbb{R}^2$, obwohl auch andere Normen denkbar (und üblich) sind (s. Abschnitt A.6 im Anhang). Der Vorteil der Norm (5.1) liegt darin, dass sie vom *Skalarprodukt*

$$(5.2) \qquad \langle z, w \rangle = \langle (x, y), (u, v) \rangle := xu + yv \qquad (z = (x, y), w = (u, v))$$

erzeugt wird; es gilt nämlich $\|z\|^2 = \langle z, z \rangle$, wie ein Vergleich von (5.1) und (5.2) zeigt. In Abschnitt A.6 im Anhang werden wir noch näher auf die Eigenschaften der Norm (5.1) und des Skalarprodukts (5.2) eingehen.

Im folgenden werden wir die sog. δ-*Umgebung* eines Punktes (x_0, y_0) bzgl. der Norm (5.1) mit

$$(5.3) \quad U_\delta(x_0, y_0) := \{(x, y) \in \mathbb{R}^2 : \|(x, y) - (x_0, y_0)\| = \sqrt{(x - x_0)^2 + (y - y_0)^2} < \delta\}$$

bezeichnen. Diese δ-Umgebung, die geometrisch die offene Kreisscheibe um (x_0, y_0) mit Radius δ darstellt, spielt im zweidimensionalen Fall dieselbe Rolle wie das offene Intervall $(x_0 - \delta, x_0 + \delta)$ im eindimensionalen Fall.

Da wir mit (5.1) einen Abstandsbegriff zur Verfügung haben, können wir jetzt dieselben „topologischen" Begriffe wie in Kapitel 1 einführen. Hierbei müssen wir lediglich Zahlen x_0 durch Paare (x_0, y_0) ersetzen, und Intervalle durch Kreisumgebungen. Der Vollständigkeit halber wiederholen wir Definition 1.1 für den zweidimensionalen Fall.

Definition 5.1. Sei $M \subseteq \mathbb{R}^2$. Ein Punkt $(x_0, y_0) \in \mathbb{R}^2$ heißt *Häufungspunkt von M*, falls $M \cap [U_\delta(x_0, y_0) \setminus \{(x_0, y_0)\}] \neq \emptyset$ für jedes $\delta > 0$ gilt, d.h. jede noch so kleine Kreisscheibe um (x_0, y_0) enthält noch andere Punkte (sogar unendlich viele andere Punkte) von M.

© Springer-Verlag GmbH Deutschland, ein Teil von Springer Nature 2021
J. Appell, *Analysis in Beispielen und Gegenbeispielen*,
https://doi.org/10.1007/978-3-662-63433-2_5

Ist $(x_0, y_0) \in M$ kein Häufungspunkt von M, so heißt (x_0, y_0) *isolierter Punkt*[1] *von M*. Die Menge aller Punkte von M, vereinigt mit der Menge aller Häufungspunkte von M, wird mit $\overline{M}$ bezeichnet und *Abschluss* (oder *abgeschlossene Hülle*) von M genannt. Ist $X \supseteq M$ eine Obermenge von M, so sagt man, M *liege dicht in* X, falls $\overline{M} = X$ gilt. Beispielsweise liegt die Menge $\mathbb{Q}^2$ aller Paare rationaler Zahlen dicht in $\mathbb{R}^2$.

Ein Punkt $(x_0, y_0) \in M$ heißt *innerer Punkt von M*, falls es ein $\delta > 0$ mit $U_\delta(x_0, y_0) \subseteq M$ gibt, d.h. zusammen mit (x_0, y_0) enthält M eine ganze (hinreichend kleine) Kreisscheibe um (x_0, y_0). Die Menge aller inneren Punkte von M wird mit M^o bezeichnet und *Inneres* (oder *offener Kern*) von M genannt. Schließlich nennen wir wie im ersten Kapitel die Menge $\partial M := \overline{M} \setminus M^o$ den *Rand* von M.

Im Falle $\overline{M} = M$ (d.h. jeder Häufungspunkt von M liegt in M) heißt die Menge M *abgeschlossen*, im Falle $M^o = M$ (d.h. jeder Punkt von M ist innerer Punkt von M) heißt sie *offen*. Während es wieder viele Mengen $M \subset \mathbb{R}^2$ gibt, die weder abgeschlossen noch offen sind, sind $M = \mathbb{R}^2$ und $M = \emptyset$ die einzigen Mengen, die sowohl abgeschlossen als auch offen sind. $\square$

Natürlich gelten Beziehungen wie (1.2) und (1.3) auch im zweidimensionalen Fall. Einfache Beispiele für strikte Inklusion für Teilmengen des $\mathbb{R}^2$ kann jede Leserin selbst leicht finden.

Wir erinnern daran, dass wir die Stetigkeit einer Funktion einer Variablen mit Hilfe des links- und rechtsseitigen Grenzwerts einführen können: Eine Funktion $f : \mathbb{R} \to \mathbb{R}$ ist stetig in $x_0 \in \mathbb{R}$, falls der linksseitige Grenzwert von f in x_0, der rechtsseitige Grenzwert von f in x_0 und der Funktionswert $f(x_0)$ alle existieren und übereinstimmen. Bei den „einseitigen" Grenzwerten gibt es also nur zwei Arten der „Annäherung" an $x_0 \in \mathbb{R}$, nämlich *von links oder von rechts*.[2]

Man sieht sofort, dass wir diese Definition nicht direkt auf den Fall einer Funktion zweier Variabler übernehmen können, weil es in der Ebene nicht nur links und rechts gibt, sondern auch oben und unten sowie viele andere Arten der Annäherung an einen Punkt $(x_0, y_0) \in \mathbb{R}^2$. Wir müssen also den Grenzwert einer solchen Funktion direkt definieren, ohne den Umweg über „einseitige" Grenzwerte zu nehmen:

Definition 5.2. Sei $M \subseteq \mathbb{R}^2$, $(x_0, y_0) \in \overline{M}$ und $f : M \to \mathbb{R}$ eine Funktion. Dann heißt eine Zahl $L \in \mathbb{R}$ *Grenzwert* der Funktion f in (x_0, y_0), geschrieben

$$(5.4) \qquad \lim_{(x,y) \to (x_0, y_0)} f(x, y) = L,$$

falls man zu jedem $\varepsilon > 0$ ein $\delta > 0$ finden kann derart, dass aus $(x, y) \in M$ und $0 < \|(x, y) - (x_0, y_0)\| < \delta$ stets $|f(x, y) - L| < \varepsilon$ folgt. $\square$

Man beachte, dass (wie auch im eindimensionalen Fall, s. Definition 1.3) der Grenzwert von f in einem Punkt existieren kann, auch ohne dass f in diesem Punkt überhaupt definiert ist. Wir werden noch anhand mehrerer Beispiele sehen, dass die Forderung

---

[1] Ein Punkt $(x_0, y_0) \in M$ ist also isolierter Punkt von M, falls es ein $\delta > 0$ gibt mit der Eigenschaft, dass $U_\delta(x_0, y_0) \setminus \{(x_0, y_0)\}$ keinen einzigen Punkt von M enthält.

[2] Damit ist natürlich nicht gemeint, dass die Annäherung monoton geschieht wie bei den Folgen $x_n := x_0 + 1/n$ oder $x_n := x_0 - 1/n$, sondern auch eine „alternierende Annäherung" wie bei $x_n := x_0 + (-1)^n/n$ ist möglich. Aber außer „von rechts" oder „von links" gibt es keine Richtungen.

der Existenz des Grenzwerts im Sinne von Definition 5.2 erheblich restriktiver ist als im Falle einer Funktion einer Variabler. Zunächst können wir nun die Stetigkeit analog zum eindimensionalen Fall definieren:

Definition 5.3. Eine Funktion $f : M \to \mathbb{R}$ heißt *stetig in* $(x_0, y_0) \in M$, falls

$$(5.5) \qquad \lim_{(x,y)\to(x_0,y_0)} f(x,y) = f(x_0,y_0)$$

gilt, d.h. der Grenzwert (5.4) existiert, der Funktionswert $f(x_0,y_0)$ existiert, und beide stimmen überein. Weiter heißt f wie üblich *stetig auf* M, wenn f in jedem Punkt von M stetig ist. Mit $C(M)$ bezeichnen wir wie im ersten Kapitel die Menge aller auf M stetigen Funktionen.   □

Wie im skalaren Fall ist diese Definition nur dann interessant, wenn (x_0, y_0) ein Häufungspunkt von M ist, denn in einem isolierten Punkt von M ist f automatisch stetig.

Die Stetigkeit von f in (x_0, y_0) können wir mittels der Schreibweise (5.3) also kürzer so charakterisieren: Zu jedem $\varepsilon > 0$ finden wir ein $\delta > 0$ mit

$$f(U_\delta(x_0,y_0)) \subseteq (f(x_0,y_0) - \varepsilon, f(x_0,y_0) + \varepsilon).$$

Dies entspricht genau der Forderung

$$f((x_0 - \delta, x_0 + \delta)) \subseteq (f(x_0) - \varepsilon, f(x_0) + \varepsilon)$$

im eindimensionalen Fall. Wir betrachten nun drei einfache Beispiele.

Beispiel 5.4. Wir können die Euklidische Norm (5.1) als Funktion $f : \mathbb{R}^2 \to \mathbb{R}$ auffassen, also $f(x,y) = \|(x,y)\|$. Man sieht sofort, dass diese Funktion auf der ganzen Ebene $\mathbb{R}^2$ stetig ist. Der *Graph* dieser Funktion, also die durch

$$(5.6) \qquad \Gamma(f) := \{(x,y,f(x,y)) : (x,y) \in \mathbb{R}^2\}$$

definierte Teilmenge von $\mathbb{R}^3$, ist in diesem Fall ein auf der Spitze stehender Kegel mit Spitze im Nullpunkt.   ♡

Beispiel 5.5. Sei $f : \mathbb{R}^2 \to \mathbb{R}$ definiert durch

$$f(x,y) := \begin{cases} \dfrac{y^2}{x} & \text{für } x \neq 0, \\ 0 & \text{für } x = 0. \end{cases}$$

Es ist nicht schwer einzusehen, dass f außerhalb der y-Achse, also auf der Menge $M := (\mathbb{R} \setminus \{0\}) \times \mathbb{R}$ stetig ist. Im Punkt $(0,0)$ ist f dagegen unstetig! In der Tat, sei $c \neq 0$ eine beliebig vorgegebene Zahl und $\delta > 0$. Wählen wir dann $y > 0$ so klein, dass $y^4 + y^2c^2 < \delta^2c^2$ ist, so liegt der Punkt $(y^2/c, y)$ in der δ-Umgebung $U_\delta(0,0)$ des Nullpunkts und erfüllt $f(y^2/c, y) = c$. Dies zeigt, dass die Funktion f in *jeder*

Nullumgebung jede reelle Zahl als Wert annimmt. Daher kann sie im Nullpunkt nicht stetig sein.   ♡

Beispiel 5.6. Sei $\varphi : \mathbb{R} \to \mathbb{R}$ eine stetig differenzierbare Funktion einer Variabler und $f : \mathbb{R}^2 \to \mathbb{R}$ definiert durch

$$f(x,y) := \begin{cases} \dfrac{\varphi(x) - \varphi(y)}{x - y} & \text{für } x \neq y, \\ \varphi'(x) & \text{für } x = y. \end{cases}$$

Nach dem Mittelwertsatz von Lagrange (Satz 2.25) ist f wegen der Stetigkeit der Ableitung auf ganz $\mathbb{R}^2$ stetig.   ♡

Die Forderung der Existenz des Grenzwerts (5.4) ist deswegen so restriktiv, weil sich der „Laufpunkt" (x,y) *auf beliebigen Wegen innerhalb der Menge M* dem „Festpunkt" (x_0, y_0) nähern kann, und jedesmal muss dieselbe Zahl L herauskommen. Natürlich kann man sich speziell auch parallel zu den Achsen dem Punkt (x_0, y_0) nähern. Dies führt auf den Begriff der sogenannten *iterierten Grenzwerte*[3]

(5.7) $$\lim_{x \to x_0} \lim_{y \to y_0} f(x,y)$$

und

(5.8) $$\lim_{y \to y_0} \lim_{x \to x_0} f(x,y).$$

Dass man aus der Existenz dieser iterierten Grenzwerte keinesfalls auf deren Gleichheit (oder gar die Existenz des allgemeinen Grenzwerts (5.4)) schließen kann, zeigt das folgende einfache

Beispiel 5.7. Sei $(x_0, y_0) := (0,0)$ und $f : \mathbb{R}^2 \to \mathbb{R}$ definiert durch

$$f(x,y) := \begin{cases} \dfrac{x^2 - y^2}{x^2 + y^2} & \text{für } (x,y) \neq (0,0), \\ 0 & \text{für } (x,y) = (0,0). \end{cases}$$

Dann bekommen wir

$$\lim_{x \to 0} \lim_{y \to 0} \frac{x^2 - y^2}{x^2 + y^2} = \lim_{x \to 0} \frac{x^2}{x^2} = 1,$$

aber

$$\lim_{y \to 0} \lim_{x \to 0} \frac{x^2 - y^2}{x^2 + y^2} = \lim_{y \to 0} \frac{-y^2}{y^2} = -1.$$

Da sich schon bei Annäherung auf diesen beiden „gradlinigen" Wegen verschiedene Werte ergeben, kann der Grenzwert (5.4) nicht existieren, f also nicht stetig in $(0,0)$ sein.   ♡

Selbst wenn die beiden iterierten Grenzwerte (5.7) und (5.8) existieren und *übereinstimmen*, folgt daraus noch lange nicht die Existenz des allgemeinen Grenzwerts (5.4):

---

[3]Diese iterierten Grenzwerte sind „von innen nach außen" zu lesen, d.h. in (5.7) bewegt man sich zunächst von (x,y) aus parallel zur y-Achse bis (x, y_0) und anschließend parallel zur x-Achse bis (x_0, y_0), in (5.8) dagegen zunächst von (x,y) aus parallel zur x-Achse bis (x_0, y) und anschließend parallel zur y-Achse bis (x_0, y_0).

Beispiel 5.8. Sei $(x_0, y_0) := (0,0)$ und $f : \mathbb{R}^2 \to \mathbb{R}$ definiert durch

$$f(x,y) := \begin{cases} \dfrac{xy}{x^2 + y^2} & \text{für } (x,y) \neq (0,0), \\ 0 & \text{für } (x,y) = (0,0). \end{cases}$$

Hier gilt zwar

$$\lim_{y \to 0} \lim_{x \to 0} \frac{xy}{x^2 + y^2} = \lim_{x \to 0} \lim_{y \to 0} \frac{xy}{x^2 + y^2} = 0,$$

die beiden iterierten Grenzwerte (5.7) und (5.8) sind also gleich; allerdings existiert der Grenzwert (5.4) nicht. Um dies einzusehen, genügt es, sich auf einer der beiden „Diagonalen" $y = x$ oder $y = -x$ dem Nullpunkt zu nähern; im ersten Fall erhalten wir den Wert

$$\lim_{x \to 0} f(x,x) = \lim_{x \to 0} \frac{x^2}{x^2 + x^2} = \frac{1}{2},$$

im zweiten Fall den Wert

$$\lim_{x \to 0} f(x,-x) = \lim_{x \to 0} \frac{-x^2}{x^2 + x^2} = -\frac{1}{2}.$$

Dies zeigt,[4] dass f wiederum nicht stetig in $(0,0)$ sein kann.   ♡

Im Zusammenhang mit diesen Beispielen führt man die folgende „abgeschwächte Stetigkeit" einer Funktion zweier Variabler ein:

Definition 5.9. Eine Funktion $f : M \to \mathbb{R}$ heißt *partiell stetig in* $(x_0, y_0) \in M$, falls die Funktion $x \mapsto f(x, y_0)$ in x_0 und die Funktion $y \mapsto f(x_0, y)$ in y_0 stetig ist. Weiter heißt f wie üblich *partiell stetig auf* M, wenn f in jedem Punkt von M partiell stetig ist.   □

Bei der partiellen Stetigkeit in (x_0, y_0) „friert man" also eine der Variablen x_0 oder y_0 „ein" und betrachtet die Werte der Funktion nur bei Annäherung auf waagrechten bzw. senkrechten Geraden bzgl. der anderen Variablen. Eine parallele Idee für Differenzierbarkeit werden wir im nächsten Abschnitt (Definition 5.13) kennenlernen. Dass partielle Stetigkeit wirklich schwächer ist als Stetigkeit, zeigt das folgende Beispiel, welches sozusagen ein „zweidimensionales Analogon" zur Dirichlet-Funktion (Beispiel 1.11) darstellt:

Beispiel 5.10. Sei $(x_0, y_0) := (0,0)$ und $f : \mathbb{R}^2 \to \mathbb{R}$ definiert durch

$$f(x,y) := \begin{cases} 1 & \text{für } x \in \mathbb{Q} \text{ oder } y \in \mathbb{Q}, \\ 0 & \text{für } x \notin \mathbb{Q} \text{ und } y \notin \mathbb{Q}. \end{cases}$$

Wegen $f(x,0) = f(0,y) \equiv 1$ ist f partiell stetig in $(0,0)$. Allerdings gilt auf der Diagonale $y = x$ ja

$$(5.9) \qquad f(x,x) = \chi_{\mathbb{Q}}(x) = \begin{cases} 1 & \text{für } x \in \mathbb{Q}, \\ 0 & \text{für } x \notin \mathbb{Q}. \end{cases}$$

---

[4]Schon die Tatsache, dass auf einem dieser Wege ein Wert $\neq 0$ herauskommt, zeigt die Nichtexistenz des Grenzwerts (5.4).

Daher kann f nicht stetig in $(0,0)$ sein. $\heartsuit$

Im nächsten Beispiel diskutieren wir eine Funktion, bei der bei Annäherung auf jeder Geraden durch den Ursprung derselbe Wert herauskommt; eine solche Funktion nennt man *radialstetig*. Beispielsweise ist die Funktion aus Beispiel 5.10 *nicht* radialstetig in $(0,0)$, wie (5.9) zeigt. Bemerkenswerterweise muss aber eine Funktion selbst dann, wenn sie in einem Punkt radialstetig ist, dort trotzdem keinen Grenzwert besitzen:

Beispiel 5.11. Sei $(x_0, y_0) := (0,0)$ und $f : \mathbb{R}^2 \to \mathbb{R}$ definiert durch

$$
f(x,y) := \begin{cases} \dfrac{x^2 y}{x^4 + y^2} & \text{für } (x,y) \neq (0,0), \\ 0 & \text{für } (x,y) = (0,0). \end{cases}
$$

Bei Annäherung an $(0,0)$ auf der x-Achse (d.h. $y = 0$) ergibt sich

$$
\lim_{x \to 0} f(x,0) = \lim_{x \to 0} \frac{0}{x^4} = 0,
$$

bei Annäherung an $(0,0)$ auf der y-Achse (d.h. $x = 0$) ergibt sich auch

$$
\lim_{y \to 0} f(0,y) = \lim_{y \to 0} \frac{0}{y^2} = 0,
$$

und bei Annäherung an $(0,0)$ auf der Geraden $y = mx$ (mit $m \neq 0$) ergibt sich ebenfalls

$$
\lim_{x \to 0} f(x, mx) = \lim_{x \to 0} \frac{mx^3}{x^4 + m^2 x^2} = \lim_{x \to 0} \frac{mx}{x^2 + m^2} = 0.
$$

Andererseits hat f in $(0,0)$ keinen Grenzwert, denn bei Annäherung auf der Parabel $y = x^2$ ergibt sich

$$
\lim_{x \to 0} f(x, x^2) = \lim_{x \to 0} \frac{x^4}{x^4 + x^4} = \frac{1}{2}.
$$

Diese Funktion ist in $(0,0)$ also radialstetig, aber nicht stetig. $\heartsuit$

Man kann das vorherige Beispiel noch dahingehend verfeinern, dass man eine Funktion angibt, bei der sich bei Annäherung an $(0,0)$ auf jeder Parabel $y = x^{m/n}$ der Wert Null ergibt, die aber trotzdem in $(0,0)$ unstetig ist (s. Aufgabe 5.6).

Der Graph (5.6) der Funktion (den wir uns ja als Fläche über der xy-Ebene im $\mathbb{R}^3$ vorstellen können) aus Beispiel 5.11 hat eine höchst merkwürdige Eigenschaft: Laufen wir über diese Fläche und nähern uns dabei dem Punkt $(0,0)$ auf einer Geraden, so stehen wir zum Schluss „auf dem Boden" (d.h. auf der xy-Ebene). Nähern wir uns diesem Punkt dagegen auf der Parabel $y = x^2$, so enden wir auf der Höhe $1/2$. Im nächsten Beispiel passiert etwas noch Merkwürdigeres:

Beispiel 5.12. Sei $(x_0, y_0) := (0,0)$ und $f : \mathbb{R}^2 \to \mathbb{R}$ definiert durch

$$
f(x,y) := \begin{cases} \dfrac{x^2 y}{x^6 + y^2} & \text{für } (x,y) \neq (0,0), \\ 0 & \text{für } (x,y) = (0,0). \end{cases}
$$

Wie in Beispiel 5.11 kann man zeigen, dass sich bei Annäherung an $(0,0)$ auf der y-Achse oder auf einer beliebigen Geraden $y = mx$ stets 0 ergibt, f also radialstetig ist. Nähern wir uns dem Nullpunkt dagegen auf der kubischen Parabel $y = x^3$ im ersten Quadranten (d.h. für $x > 0$), so erhalten wir

$$\lim_{x \to 0+} f(x, x^3) = \lim_{x \to 0+} \frac{x^5}{x^6 + x^6} = \lim_{x \to 0+} \frac{1}{x} = \infty.$$

Analog erhalten wir $-\infty$, falls wir uns dem Nullpunkt auf dieser Parabel im dritten Quadranten (d.h. für $x < 0$) nähern. Dies zeigt, dass die Funktion f bei $(0,0)$ nicht nur unstetig, sondern sogar *unbeschränkt* ist, und zwar von oben und unten! $\heartsuit$

Die drei bisher behandelten Stetigkeitsbegriffe können übersichtlich folgendermaßen zusammengefasst werden:

$$\boxed{f \text{ stetig} \quad \Rightarrow \quad f \text{ radialstetig} \quad \Rightarrow \quad f \text{ partiell stetig}}$$

Tab. 5.1: Stetigkeitseigenschaften

In der folgenden Tabelle vergleichen wir die Funktionen aus den Beispielen 5.7, 5.8, 5.10, 5.11 und 5.12 hinsichtlich dieser Stetigkeitseigenschaften (alle in $(0,0)$). Dies zeigt insbesondere, dass man keine der in Tabelle 5.1 angegebenen Implikationen umkehren kann:

Beispiel	*stetig*	*radialstetig*	*partiell stetig*
5.7	nein	nein	nein
5.8	nein	nein	ja
5.10	nein	nein	ja
5.11	nein	ja	ja
5.12	nein	ja	ja

Tab. 5.2: Beispiele und Gegenbeispiele

Eine wesentliche Erweiterung der Tabellen 5.1 und 5.2 werden wir im nächsten Abschnitt 5.2 (s. Tabelle 5.3 und Tabelle 5.5 unten) diskutieren.

5.2. Differenzierbare Funktionen mehrerer Variabler.

Parallel zur partiellen Stetigkeit führen wir nun partielle Differenzierbarkeit einer Funktion zweier Variabler ein. Hierbei setzen wir voraus, dass der Definitionsbereich M einer solchen Funktion ein

Gebiet ist, also eine offene zusammenhängende Menge. Die Offenheit besagt hierbei, dass M mit jedem Punkt (x_0, y_0) auch eine geeignete δ-Umgebung (5.3) enthält (s. Definition 5.1), während der Zusammenhang bedeutet, dass wir je zwei Punkte von M durch eine Kurve verbinden können, die ganz in M verläuft.[5] Ab jetzt bezeichnen wir Gebiete in der Regel mit dem Buchstaben G.

Definition 5.13. Sei $G \subseteq \mathbb{R}^2$ ein Gebiet, $(x_0, y_0) \in G$ und $f : G \to \mathbb{R}$ eine Funktion. Dann heißt f *partiell differenzierbar in* (x_0, y_0), falls die Grenzwerte

$$(5.10) \qquad \frac{\partial}{\partial x} f(x_0, y_0) := \lim_{x \to x_0} \frac{f(x, y_0) - f(x_0, y_0)}{x - x_0} = \lim_{t \to 0} \frac{f(x_0 + t, y_0) - f(x_0, y_0)}{t}$$

und

$$(5.11) \qquad \frac{\partial}{\partial y} f(x_0, y_0) := \lim_{y \to y_0} \frac{f(x_0, y) - f(x_0, y_0)}{y - y_0} = \lim_{t \to 0} \frac{f(x_0, y_0 + t) - f(x_0, y_0)}{t}$$

existieren. Der Grenzwert (5.10) wird dann als *partielle Ableitung von f nach x* und der Grenzwert (5.11) als *partielle Ableitung von f nach y* in (x_0, y_0) bezeichnet. Statt (5.10) und (5.11) sind auch die Schreibweisen $f_x(x_0, y_0)$ bzw. $f_y(x_0, y_0)$ gebräuchlich; wir werden beide Schreibweisen benutzen. □

Ein Beispiel für eine Funktion zu finden, die in einem Punkt stetig, aber nicht partiell differenzierbar ist, ist genauso banal wie im skalaren Fall:

Beispiel 5.14. Sei $f : \mathbb{R}^2 \to \mathbb{R}$ definiert durch $f(x, y) := |x| + |y|$. Dann ist f überall stetig, aber z.B. in $(0,0)$ weder nach x noch nach y partiell differenzierbar, da die Grenzwerte

$$\lim_{x \to 0} \frac{f(x, 0) - f(0, 0)}{x - 0} = \lim_{x \to 0} \frac{|x|}{x}, \quad \lim_{y \to 0} \frac{f(0, y) - f(0, 0)}{y - 0} = \lim_{y \to 0} \frac{|y|}{y}$$

nicht existieren.   ♡

Bei der Berechnung der partiellen Ableitungen von f in (x_0, y_0) bewegt man sich also nur horizontal (bei $f(x_0 + t, y_0)$ für $t \to 0$) oder vertikal (bei $f(x_0, y_0 + t)$ für $t \to 0$) auf (x_0, y_0) zu. Man kann sich auch „schräg" auf (x_0, y_0) zu bewegen; dies führt auf die folgende Definition:

Definition 5.15. Sei $G \subseteq \mathbb{R}^2$ ein Gebiet, $(x_0, y_0) \in G$, $f : G \to \mathbb{R}$ eine Funktion, und $(u, v) \in \mathbb{R}^2$ mit $\|(u, v)\| = 1$ ein „Richtungsvektor". Dann heißt f *in Richtung (u, v) differenzierbar in* (x_0, y_0), falls der Grenzwert

$$(5.12) \qquad D_{(u,v)} f(x_0, y_0) := \lim_{t \to 0} \frac{f(x_0 + tu, y_0 + tv) - f(x_0, y_0)}{t}$$

existiert; dieser heißt dann die *Richtungsableitung von f in Richtung (u, v)* in (x_0, y_0).   □

Ein Vergleich der Definitionen 5.13 und 5.15 zeigt, dass $f_x(x_0, y_0) = D_{(1,0)} f(x_0, y_0)$ und $f_y(x_0, y_0) = D_{(0,1)} f(x_0, y_0)$ gilt, d.h. die partiellen Ableitungen sind einfach spezielle

---

[5]Wir werden den Kurvenbegriff erst im nächsten Kapitel präzisieren; hier genügt uns die intuitive Vorstellung. Ein Gebiet auf der reellen Achse ist also einfach ein offenes Intervall.

Richtungsableitungen. Sind die partiellen Ableitungen f_x und f_y sogar *stetig*[6] in (x_0, y_0), so kann man umgekehrt mit deren Hilfe beliebige Richtungsableitungen berechnen, wie der folgende Satz zeigt:

Satz 5.16. *Sei $G \subseteq \mathbb{R}^2$ ein Gebiet und $f : G \to \mathbb{R}$ partiell differenzierbar. Die partiellen Ableitungen f_x und f_y seien in $(x_0, y_0) \in G$ stetig. Dann existiert die Richtungsableitung (5.12) für jedes $(u, v) \in \mathbb{R}^2$ mit $\|(u, v)\| = 1$ und es gilt*

$$(5.13) \qquad D_{(u,v)}f(x_0, y_0) = u f_x(x_0, y_0) + v f_y(x_0, y_0).$$

Wir beweisen Satz 5.16 nicht, weil er als Spezialfall im folgenden Satz 5.17 enthalten ist:

Satz 5.17. *Sei $G \subseteq \mathbb{R}^2$ ein Gebiet und $f : G \to \mathbb{R}$ partiell differenzierbar. Seien weiter $\alpha, \beta : [t_0 - \delta, t_0 + \delta] \to G$ zwei stetig differenzierbare Funktionen, wobei $t_0 \in \mathbb{R}$ fixiert und $\delta > 0$ sei. Die partiellen Ableitungen f_x und f_y seien in $(x_0, y_0) := (\alpha(t_0), \beta(t_0)) \in G$ stetig. Dann ist die durch*

$$(5.14) \qquad \varphi(t) := f(\alpha(t), \beta(t)) \qquad (|t - t_0| \leq \delta)$$

definierte Funktion $\varphi : [t_0 - \delta, t_0 + \delta] \to \mathbb{R}$ in t_0 differenzierbar mit

$$(5.15) \qquad \frac{d}{dt}\varphi(t_0) = f_x(\alpha(t_0), \beta(t_0))\frac{d}{dt}\alpha(t_0) + f_y(\alpha(t_0), \beta(t_0))\frac{d}{dt}\beta(t_0).$$

Beweis: Wir definieren eine Funktion $\gamma : [t_0 - \delta, t_0 + \delta] \to \mathbb{R}^2$ durch[7]

$$\gamma(t) := (\alpha(t), \beta(t)) \qquad (|t - t_0| \leq \delta);$$

dann ist $\varphi = f \circ \gamma$, also $\varphi(t) = f(\gamma(t))$ und insbesondere $\varphi(t_0) = f(\gamma(t_0)) = f(x_0, y_0)$. Bezeichnen wir mit $\dot{\varphi}$ die Ableitung von φ nach t, so bekommen wir daher

$$(5.16) \qquad \dot{\varphi}(t_0) = \lim_{t \to t_0} \frac{\varphi(t) - \varphi(t_0)}{t - t_0} = \lim_{t \to t_0} \frac{f(\alpha(t), \beta(t)) - f(x_0, y_0)}{t - t_0}.$$

Nach dem Mittelwertsatz von Lagrange für skalare Funktionen (Satz 2.25) existieren Zahlen τ_x, τ_y zwischen t und t_0 mit

$$f(\alpha(t), \beta(t)) - f(\alpha(t_0), \beta(t)) = f_x(\alpha(\tau_x), \beta(t))[\alpha(t) - \alpha(t_0)]$$

bzw.

$$f(\alpha(t_0), \beta(t)) - f(\alpha(t_0), \beta(t_0)) = f_y(\alpha(t_0), \beta(\tau_y))[\beta(t) - \beta(t_0)].$$

Damit bekommen wir

$$\varphi(t) - \varphi(t_0) = f(\alpha(t), \beta(t)) - f(\alpha(t_0), \beta(t)) + f(\alpha(t_0), \beta(t)) - f(\alpha(t_0), \beta(t_0))$$

$$= f_x(\alpha(\tau_x), \beta(t))[\alpha(t) - \alpha(t_0)] + f_y(\alpha(t_0), \beta(\tau_y))[\beta(t) - \beta(t_0)].$$

---

[6]In diesem Fall nennt man f *stetig partiell differenzierbar* in (x_0, y_0).

[7]Solche Funktionen γ bezeichnet man als *Kurven* oder *Wege*; wir werden sie wie gesagt im nächsten Kapitel noch ausführlich untersuchen.

Da aus $t \to t_0$ offenbar auch $\tau_x \to t_0$ und $\tau_y \to t_0$ folgt, erhalten wir weiter

$$\lim_{t \to t_0} \frac{\varphi(t) - \varphi(t_0)}{t - t_0}$$

$$= \lim_{t \to t_0} \frac{f(\alpha(t), \beta(t)) - f(\alpha(t_0), \beta(t))}{t - t_0} + \lim_{t \to t_0} \frac{f(\alpha(t_0), \beta(t)) - f(\alpha(t_0), \beta(t_0))}{t - t_0}$$

$$= \left(\lim_{t \to t_0} f_x(\alpha(\tau_x), \beta(t)) \right) \left(\lim_{t \to t_0} \frac{\alpha(t) - \alpha(t_0)}{t - t_0} \right)$$

$$+ \left(\lim_{t \to t_0} f_y(\alpha(t_0), \beta(\tau_y)) \right) \left(\lim_{t \to t_0} \frac{\beta(t) - \beta(t_0)}{t - t_0} \right)$$

$$= f_x(\alpha(t_0), \beta(t_0))\dot{\alpha}(t_0) + f_y(\alpha(t_0), \beta(t_0))\dot{\beta}(t_0),$$

und das ist gerade die Behauptung (5.15), wie ein Vergleich mit (5.16) zeigt. ∎

Die wichtige Gleichheit (5.15) wird *Kettenregel* (für Funktionen zweier Variabler) genannt, weil sie Ähnlichkeit mit der Kettenregel (2.15) aus dem zweiten Kapitel hat.

Setzen wir in Satz 5.17 speziell $t_0 := 0$, $\alpha(t) := x_0 + tu$ und $\beta(t) := y_0 + tv$, so nimmt die rechte Seite von (5.15) wegen $\dot{\alpha}(t) \equiv u$ und $\dot{\beta}(t) \equiv v$ die Form

$$f_x(\alpha(t_0), \beta(t_0))\frac{d}{dt}\alpha(t_0) + f_y(\alpha(t_0), \beta(t_0))\frac{d}{dt}\beta(t_0) = f_x(x_0, y_0)u + f_y(x_0, y_0)v$$

an. Andererseits gilt nach Definition (5.12) der Richtungsableitung

$$\dot{\varphi}(0) = \lim_{t \to 0} \frac{\varphi(t) - \varphi(0)}{t} = D_{(u,v)}f(x_0, y_0).$$

Daher erhalten wir Satz 5.16 für diese Wahl von α und β gerade als Spezialfall von Satz 5.17. Im nächsten Beispiel 5.18 werden wir eine leichte Verallgemeinerung von Satz 5.17 betrachten, auf die wir im nächsten Kapitel noch zurückkommen werden. Im anschließenden Beispiel 5.19 zeigen wir, wie die Kettenregel (5.15) manchmal auch für die Berechnung der Ableitung von (Kompositionen mehrerer) Funktionen *einer* Variablen nützlich sein kann.

Beispiel 5.18. Sei $\Phi : [a, b] \times \mathbb{R} \times \mathbb{R} \to \mathbb{R}$ eine Funktion dreier Variabler, die wir mit x, u und v bezeichnen, und seien Φ_x, Φ_u und Φ_v die entsprechenden partiellen Ableitungen, die wir als stetig voraussetzen. Sind dann $\alpha, \beta : [a, b] \to \mathbb{R}$ zwei stetig differenzierbare skalare Funktionen, so hat die durch $F(x) := \Phi(x, \alpha(x), \beta(x))$ definierte zusammengesetzte Funktion $F : [a, b] \to \mathbb{R}$ die Ableitung

$$\frac{d}{dx}F(x) = \Phi_x(x, \alpha(x), \beta(x)) + \Phi_u(x, \alpha(x), \beta(x))\frac{d}{dx}\alpha(x) + \Phi_v(x, \alpha(x), \beta(x))\frac{d}{dx}\beta(x).$$

Dieses Ergebnis werden wir in Satz 6.16 im nächsten Kapitel zur Berechnung von Integralen benutzen. ♡

Beispiel 5.19. Im zweiten Kapitel haben wir die Ableitung der zusammengesetzten Funktion (2.21) durch dreimalige Anwendung der Kettenregel in der Form (2.22) erhalten. Nehmen wir einmal an, wir hätten vergessen, wie die Ableitung der Arcussinusfunktion aussieht, so können wir trotzdem die Ableitung von (2.21) folgendermaßen mittels Satz 5.17 berechnen. Setzen wir

$$(5.17) \qquad y = \psi(x) = \arcsin\sqrt{1 - x^3},$$

so wird (5.17) genau dann von $(x, y) \in (0, 1) \times (0, \pi/2)$ erfüllt, wenn (x, y) Nullstelle der Funktion zweier Variabler

$$f(x, y) := \sin^2 y + x^3 - 1 \qquad (0 < x < 1,\, 0 < y < \pi/2)$$

ist. Anwendung von (5.15) liefert wegen $\sin y = \sqrt{1 - x^3}$ und $\cos y = \sqrt{1 - \sin^2 y} = \sqrt{x^3}$

$$0 = \frac{d}{dx} f(x, \psi(x)) = 2\psi'(x) \sin\psi(x) \cos\psi(x) + 3x^2 = 2\psi'(x)\sqrt{1 - x^3}\sqrt{x^3} + 3x^2.$$

Lösen wir dies nach $\psi'(x)$ auf, so erhalten wir genau das Ergebnis aus (2.22). $\qquad \heartsuit$

Und noch eine interessante Folgerung können wir aus Satz 5.17 ableiten, nämlich eine Art *Verallgemeinerung des Mittelwertsatzes von Lagrange* für Funktionen zweier Variabler:

Satz 5.20. *Sei $G \subseteq \mathbb{R}^2$ ein Gebiet und seien $(x_1, y_1), (x_2, y_2) \in G$. Die Verbindungsstrecke*

$$(5.18) \qquad \Sigma := \{((1 - t)x_1 + tx_2, (1 - t)y_1 + ty_2) : 0 \le t \le 1\}$$

von (x_1, y_1) nach (x_2, y_2) liege vollständig in G. Sei $f : G \to \mathbb{R}$ eine stetig differenzierbare Funktion. Dann gibt es einen Punkt $(\xi, \eta) \in \Sigma$ mit

$$(5.19) \qquad f(x_2, y_2) - f(x_1, y_1) = f_x(\xi, \eta)(x_2 - x_1) + f_y(\xi, \eta)(y_2 - y_1).$$

Beweis: Wir definieren eine skalare Funktion $\gamma : [0, 1] \to \mathbb{R}$ durch

$$\gamma(t) = (\alpha(t), \beta(t)) := ((1 - t)x_1 + tx_2, (1 - t)y_1 + ty_2).$$

Es gilt also $\dot\alpha(t) \equiv x_2 - x_1$ und $\dot\beta(t) \equiv y_2 - y_1$, wobei der Punkt wieder die Ableitung nach t bezeichne. Definieren wir $\varphi : [0, 1] \to \mathbb{R}$ wie in (5.14), also $\varphi = f \circ \gamma$, so ist speziell $\varphi(0) = f(\gamma(0)) = f(x_1, y_1)$ und $\varphi(1) = f(\gamma(1)) = f(x_2, y_2)$. Nach (5.15) erhalten wir

$$\dot\varphi(t) = f_x(\gamma(t))(x_2 - x_1) + f_y(\gamma(t))(y_2 - y_1).$$

Wenden wir auf die Funktion φ den Mittelwertsatz von Lagrange (Satz 2.25) an, so erhalten wir die Existenz eines $\tau \in (0, 1)$ mit

$$f(x_2, y_2) - f(x_1, y_1) = \varphi(1) - \varphi(0) = \dot\varphi(\tau)$$

$$= f_x(\gamma(\tau))(x_2 - x_1) + f_y(\gamma(\tau))(y_2 - y_1).$$

Wir können also $(\xi, \eta) := \gamma(\tau) = (\alpha(\tau), \beta(\tau))$ wählen, und dieser Punkt liegt nach Konstruktion natürlich in Σ. $\qquad \blacksquare$

Im Falle einer Funktion f einer Variablen folgt aus der Differenzierbarkeit von f bekanntlich die Stetigkeit von f (Satz 2.2). Aus demselben Grund folgt aus der partiellen

Differenzierbarkeit einer Funktion f zweier Variabler natürlich ihre partielle Stetigkeit im Sinne der Definition 5.9. Allerdings folgt aus der partiellen Differenzierbarkeit einer solchen Funktion in einem Punkt (x_0, y_0) *nicht* ihre Stetigkeit in diesem Punkt! So ist die Funktion f aus Beispiel 5.10 in $(0,0)$ nicht stetig, wie wir gesehen haben; wegen $f(x,0) = f(0,y) \equiv 1$ ist sie dort allerdings partiell differenzierbar (mit $f_x(0,0) = f_y(0,0) = 0$). Selbst die Existenz *sämtlicher Richtungsableitungen* einer Funktion f in einem Punkt (x_0, y_0) (und deren Gleichheit) ist nicht hinreichend für die Stetigkeit von f in diesem Punkt:

Beispiel 5.21. Sei $(x_0, y_0) := (0,0)$ und $f : \mathbb{R}^2 \to \mathbb{R}$ definiert durch

$$f(x,y) := \begin{cases} 0 & \text{für } y \leq 0 \text{ oder } y \geq x^2, \\ 1 & \text{für } 0 < y < x^2. \end{cases}$$

Diese Funktion hat also nur in den beiden Gebieten zwischen der x-Achse und der Parabel $y = x^2$ den Wert 1, sonst ist sie 0. Natürlich folgt hieraus sofort die Unstetigkeit von f in $(0,0)$, wie man etwa durch Annäherung auf der Parabel $y = x^2/2$ sieht. Andererseits existieren sämtliche Richtungsableitungen von f in $(0,0)$, wie man folgendermaßen sieht. Wegen $f(x,0) = f(0,y) \equiv 0$ gilt $f_x(0,0) = f_y(0,0) = 0$. Ist nun $(u,v) \in \mathbb{R}^2$ mit $\|(u,v)\| = 1$ ein nicht achsenparalleler Richtungsvektor, d.h. u und v sind beide nicht Null, so trifft die Gerade durch $(0,0)$ und (u,v) die Parabel $y = x^2$ im Punkt $(v/u, v^2/u^2)$. Für $-|v/u| < t < |v/u|$ ist daher $f(tu,tv) \equiv 0$, mithin auch $D_{(u,v)}f(0,0) = 0$.   ♡

In Beispiel 5.21 existieren alle Richtungsableitungen von f im Nullpunkt und stimmen überein. In Analogie zu unseren Bemerkungen vor Beispiel 5.11 könnten wir eine solche Funktion *radialdifferenzierbar* in $(0,0)$ nennen. Beispiel 5.21 zeigt also, dass nicht nur eine radialstetige, sondern sogar eine radialdifferenzierbare Funktion unstetig sein kann. Wir bemerken, dass auch die Funktion aus Beispiel 5.5 im Nullpunkt radialdifferenzierbar, aber unstetig ist (s. Aufgabe 5.11).

Beispiel 5.21 zeigt insbesondere, dass aus der partiellen Differenzierbarkeit einer Funktion f zweier Variabler nicht ihre Stetigkeit folgt. Nun setzen wir voraus, dass die partiellen Ableitungen f_x und f_y nicht nur existieren, sondern sogar stetig sind; in diesem Falle wollten wir f ja in Analogie zum skalaren Fall *stetig partiell differenzierbar* nennen. Unter dieser stärkeren Voraussetzung erhalten wir das positive Ergebnis, welches wir erwarten:

Satz 5.22. *Sei $G \subseteq \mathbb{R}^2$ ein Gebiet und $(x_0, y_0) \in G$. Die partiellen Ableitungen f_x und f_y seien in (x_0, y_0) stetig. Dann ist auch f in (x_0, y_0) stetig.*

Beweis: Da G als Gebiet offen ist, finden wir ein $\delta > 0$ derart, dass $U_\delta(x_0, y_0) \subseteq G$ gilt; dann liegt die Verbindungsstrecke zwischen (x_0, y_0) und einem beliebigen $(x,y) \in U_\delta(x_0, y_0)$ sicher in G. Nach Satz 5.20 existiert ein Punkt $(\xi, \eta) \in U_\delta(x_0, y_0)$ mit

$$f(x,y) - f(x_0, y_0) = f_x(\xi, \eta)(x - x_0) + f_y(\xi, \eta)(y - y_0),$$

woraus wir die Abschätzung

$$|f(x,y) - f(x_0, y_0)| \leq |f_x(\xi, \eta)| \, |x - x_0| + |f_y(\xi, \eta)| \, |y - y_0|$$

erhalten. Da mit $x \to x_0$ auch $\xi \to x_0$ und mit $y \to y_0$ auch $\eta \to y_0$ gilt, zieht dies nach Voraussetzung sowohl $f_x(\xi, \eta) \to f_x(x_0, y_0)$ als auch $f_y(\xi, \eta) \to f_y(x_0, y_0)$ nach sich. Hieraus folgt die Behauptung. ∎

Wir können die Beziehungen zwischen den bisher diskutierten „Regularitätseigenschaften" einer Funktion f zweier Variabler in der folgenden Übersicht zusammenstellen:

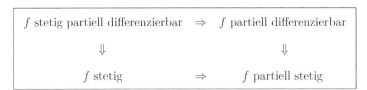

Tab. 5.3: Stetigkeits- und Differenzierbarkeitseigenschaften

In der folgenden Tabelle fassen wir noch einmal die Gegenbeispiele zusammen, die zeigen, dass man keine der in Tabelle 5.1 angegebenen Implikationen umkehren kann:

	nicht stetig partiell differenzierbar	*nicht partiell differenzierbar*	*nicht stetig*	*nicht partiell stetig*
stetig partiell differenzierbar	——	——	——	——
partiell differenzierbar	Beispiel 5.10 Beispiel 5.21	——	Beispiel 5.10 Beispiel 5.21	——
stetig	Beispiel 5.14	Beispiel 5.14	——	——
partiell stetig	Beispiel 5.10 Beispiel 5.21	Beispiel 5.14	Beispiel 5.10 Beispiel 5.21	——

Tab. 5.4: Beispiele und Gegenbeispiele

Wir machen einige Kommentare zu Tabelle 5.4. Da stetige partielle Differenzierbarkeit die stärkste und partielle Stetigkeit die schwächste Eigenschaft in Tabelle 5.3 ist, kann es für die erste Zeile und letzte Spalte in Tabelle 5.4 keine Beispiele geben. Die Funktion aus Beispiel 5.10 ist partiell stetig, aber nicht stetig, also auch nicht stetig partiell differenzierbar. Die Funktion aus Beispiel 5.21 ist auch nicht stetig, aber partiell differenzierbar und daher auch partiell stetig. Sie kann nicht stetig partiell differenzierbar sein, denn dann wäre sie nach Satz 5.22 stetig. Schließlich ist die Funktion aus Beispiel 5.14 zwar stetig (und daher erst recht partiell stetig), aber nicht partiell differenzierbar (und daher erst recht nicht stetig partiell differenzierbar).

In der folgenden Erweiterung von Tabelle 5.2 beziehen wir neben Stetigkeitseigenschaften nun auch Differenzierbarkeitseigenschaften (alle in $(0,0)$) ein.

Beispiel	*stetig*	*radialstetig*	*partiell stetig*	*radial diff.bar*	*partiell diff.bar*
5.7	nein	nein	nein	nein	nein
5.8	nein	nein	ja	nein	ja
5.10	nein	nein	ja	nein	nein
5.11	nein	ja	ja	nein	ja
5.12	nein	ja	ja	nein	ja
5.14	ja	ja	ja	nein	nein
5.21	nein	ja	ja	ja	ja

Tab. 5.5: Beispiele und Gegenbeispiele

In den Beispielen 5.8, 5.11, 5.12 und 5.21 haben wir gleich vier Funktionen gefunden, die zwar partiell differenzierbar, aber nicht stetig sind. Der Grund hierfür ist, dass die partielle Differenzierbarkeit zu schwach ist, um die Stetigkeit nach sich zu ziehen. Deshalb führt man einen weiteren Differenzierbarkeitsbegriff ein, der gewissermaßen „zwischen" der Existenz und der Stetigkeit der partiellen Ableitungen liegt:

Definition 5.23. Sei $G \subseteq \mathbb{R}^2$ ein Gebiet, $(x_0, y_0) \in G$ und $f : G \to \mathbb{R}$ eine Funktion. Dann heißt f *total differenzierbar in* (x_0, y_0), falls es ein Paar $(\xi, \eta) \in \mathbb{R}^2$ gibt derart, dass in einer Umgebung $U_\delta(x_0, y_0)$ von (x_0, y_0) die Darstellung

$$(5.20) \qquad f(x_0 + h, y_0 + k) = f(x_0, y_0) + \xi h + \eta k + R(h, k) \quad (\|(h, k)\| < \delta)$$

gilt, wobei die Funktion R in (5.20) der Kleinheitsbedingung

$$(5.21) \qquad \lim_{(h,k) \to (0,0)} \frac{R(h, k)}{\|(h, k)\|} = 0$$

genüge. Das (eindeutig bestimmte) Paar (ξ, η) wird dann *totale Ableitung* von f in (x_0, y_0) genannt und mit $Df(x_0, y_0)$ bezeichnet. $\qquad \Box$

Im folgenden Satz beweisen wir zwei Beziehungen zwischen totaler und partieller Differenzierbarkeit: Die Existenz der partiellen Ableitungen f_x und f_y ist *notwendig* für die totale Differenzierbarkeit von f, während die Existenz und Stetigkeit von f_x und f_y dafür *hinreichend* ist. Außerdem zeigt der Satz, dass die totale Differenzierbarkeit die „richtige" Verbindung zur Stetigkeit von f herstellt: Total differenzierbare Funktionen sind stetig.

Satz 5.24. *Sei* $G \subseteq \mathbb{R}^2$ *ein Gebiet,* $(x_0, y_0) \in G$ *und* $f : G \to \mathbb{R}$ *eine Funktion. Dann gilt folgendes:*

(a) Aus der Existenz der totalen Ableitung $Df(x_0, y_0)$ *folgt die Existenz der partiellen Ableitungen* $f_x(x_0, y_0)$ *und* $f_x(x_0, y_0)$.

(b) *Aus der Existenz und Stetigkeit der partiellen Ableitungen $f_x(x_0, y_0)$ und $f_x(x_0, y_0)$ in einer Umgebung von (x_0, y_0) folgt die Existenz der totalen Ableitung $Df(x_0, y_0)$.*

(c) *Existiert die totale Ableitung $Df(x_0, y_0)$, so ist f in (x_0, y_0) stetig.*

Beweis: (a) Setzen wir in (5.20) speziell $h := x - x_0 \neq 0$ und $k := 0$, so erhalten wir

$$f(x, y_0) = f(x_0, y_0) + \xi(x - x_0) + R(h, 0) \quad (0 < |x - x_0| < \delta),$$

wobei wir die Bedingung (5.21) in der Form

$$\lim_{x \to x_0} \frac{f(x, y_0) - f(x_0, y_0) + \xi(x - x_0)}{x - x_0}$$

$$= \lim_{x \to x_0} \left[\frac{f(x, y_0) - f(x_0, y_0)}{x - x_0} - \xi \right] = \lim_{x \to x_0} \frac{R(x - x_0, 0)}{|x - x_0|} = 0$$

schreiben können. Dies ist aber nichts anderes als die Definition der partiellen Differenzierbarkeit (5.10) mit $f_x(x_0, y_0) = \xi$. Entsprechend zeigt man, dass aus (5.20) mit der speziellen Wahl $h := 0$ und $k := y - y_0 \neq 0$ die partielle Differenzierbarkeit (5.11) mit $f_y(x_0, y_0) = \eta$ folgt.

(b) Wir wählen $\delta > 0$ so klein, dass $U_\delta(x_0, y_0) \subseteq G$ gilt und f auf $U_\delta(x_0, y_0)$ stetig differenzierbar ist. Zu $(h, k) \in U_\delta(0, 0)$ betrachten wir die Funktionswerte $f(x_0 + h, y_0)$ und $f(x_0 + h, y_0 + k)$. Nach dem Mittelwertsatz von Lagrange (Satz 2.25) finden wir Zahlen $\tau_x, \tau_y \in (0, 1)$ mit

$$f(x_0 + h, y_0) - f(x_0, y_0) = f_x(x_0 + \tau_x h, y_0)h$$

und

$$f(x_0 + h, y_0 + k) - f(x_0 + h, y_0) = f_y(x_0 + h, y_0 + \tau_y k)k.$$

Das Paar $(\xi, \eta) := (f_x(x_0, y_0), f_y(x_0, y_0))$ erfüllt dann die Gleichheit

$$f(x_0 + h, y_0 + k) - f(x_0, y_0) - \xi h - \eta k$$

$$= f(x_0 + h, y_0 + k) - f(x_0 + h, y_0) + f(x_0 + h, y_0) - f(x_0, y_0) - \xi h - \eta k$$

$$= f_y(x_0 + h, y_0 + \tau_y k)k + f_x(x_0 + \tau_x h, y_0)h - \xi h - \eta k$$

$$= [f_x(x_0 + \tau_x h, y_0) - f_x(x_0, y_0)]\, h + [f_y(x_0 + h, y_0 + \tau_y k) - f_y(x_0, y_0)]\, k.$$

Hieraus folgt unmittelbar, dass

$$\lim_{(h,k) \to (0,0)} \frac{f(x_0 + h, y_0 + k) - f(x_0, y_0) - (\xi h + \eta k)}{\|(h, k)\|} = 0$$

ist, d.h. $Df(x_0, y_0) = (\xi, \eta) = (f_x(x_0, y_0), f_y(x_0, y_0))$.

(c) Die Behauptung folgt aus der einfachen Beziehung

$$\lim_{(h,k) \to (0,0)} (\xi h + \eta k) = \lim_{(h,k) \to (0,0)} \xi h + \lim_{(h,k) \to (0,0)} \eta k = 0$$

sowie aus der Kleinheitsbedingung (5.21). Damit haben wir Satz 5.24 vollständig bewiesen. ∎

Wir machen einige Kommentare zum Beweis von Satz 5.24. Zunächst betonen wir
noch einmal, dass wir in (a) nicht nur die partielle Differenzierbarkeit von f in (x_0, y_0)
bewiesen haben, sondern viel mehr: Das Paar (ξ, η), welches in Definition 5.23 auftritt,
enthält als Komponenten nichts anderes als die beiden partiellen Ableitungen, d.h. es
gilt $Df(x_0, y_0) = (f_x(x_0, y_0), f_y(x_0, y_0))$. Dieses Paar nennt man auch den *Gradienten*
von f in (x_0, y_0) und schreibt dafür[8] $\operatorname{grad} f(x_0, y_0)$; es gilt also

$$(5.22) \qquad\qquad \operatorname{grad} f(x_0, y_0) = (f_x(x_0, y_0), f_y(x_0, y_0)).$$

Wir fassen das Ergebnis von Satz 5.24 (a) und (b) in der folgenden Tabelle 5.6 zusammen, die die obere Reihe von Tabelle 5.3 verfeinert:

f stetig partiell diff.bar $\Rightarrow$ f total diff.bar $\Rightarrow$ f partiell diff.bar

Tab. 5.6: Differenzierbarkeitseigenschaften

Natürlich stellt sich sofort wieder die Frage, ob eine der Implikationen in Tabelle 5.6
nicht vielleicht umkehrbar, also sogar eine Äquivalenz ist. Zunächst sieht man, dass die
Bedingung der totalen Differenzierbarkeit für Funktionen einer Variablen genau mit
der üblichen Differenzierbarkeit aus Definition 2.1 übereinstimmt. Hieraus folgt sofort,
dass man den ersten Implikationspfeil in Tabelle 5.6 nicht umkehren kann: Zum Beweis
genügt es, eine beliebige differenzierbare Funktion einer Variablen anzugeben, die nicht
stetig differenzierbar ist (wie etwa in Beispiel 2.8).

Um die Nichtumkehrbarkeit auch des zweiten Implikationspfeils in Tabelle 5.6 zu beweisen, müssen wir etwas sorgfältiger argumentieren. Aufgrund des Beweises von Satz
5.24 (a) könnte man ja geneigt sein zu vermuten, dass man im Falle der Existenz der
partiellen Ableitungen $f_x(x_0, y_0)$ und $f_y(x_0, y_0)$ einfach $(\xi, \eta) := \operatorname{grad} f(x_0, y_0)$ in (5.20)
setzen kann und damit die totale Differenzierbarkeit von f in (x_0, y_0) bewiesen hat.
Leider ist damit aber noch lange nicht gesichert, dass die Kleinheitsbedingung (5.21)
erfüllt ist, und dies ist genau der Grund, warum auch der zweite Implikationspfeil in
Tabelle 5.6 nicht umkehrbar ist. Nach Satz 5.24 müsste ein entsprechendes Gegenbeispiel eine Funktion beinhalten, die partiell differenzierbar, aber nicht stetig ist; schon
die zweite Funktion in Tabelle 5.5 leistet das Gewünschte:

Beispiel 5.25. Sei $f : \mathbb{R}^2 \to \mathbb{R}$ definiert wie in Beispiel 5.8. Wir wissen schon, dass f in
$(0, 0)$ partiell differenzierbar ist mit $f_x(0, 0) = f_y(0, 0) = 0$. Andererseits haben wir in
Beispiel 5.8 gesehen, dass $f(x, x) \equiv 1/2$ gilt. Wählt man also in (5.20) speziell $k := h$,
so sieht man, dass die Kleinheitsbedingung (5.21) nicht erfüllt werden kann, egal, wie
man $(\xi, \eta) \in \mathbb{R}^2$ wählt. Die Funktion f ist also in $(0, 0)$ nicht total differenzierbar.[9] $\heartsuit$

Wie im Falle einer Funktion einer Variablen kann man natürlich auch partielle Ableitungen höherer Ordnung definieren. Exemplarisch machen wir das für die zweiten
partiellen Ableitungen, die in natürlicher Weise als „Ableitung der Ableitung" erklärt
werden:

---

[8]Statt $\operatorname{grad} f$ benutzen Physiker auch gern die Schreibweise ∇f, gelesen „Nabla f".
[9]Alternativ hätten wir Satz 5.24 (c) benutzen können, denn f ist ja in (0.0) unstetig.

Definition 5.26. Sei $G \subseteq \mathbb{R}^2$ ein Gebiet, $(x_0, y_0) \in G$ und $f : G \to \mathbb{R}$ eine Funktion. Dann heißt f *zweimal partiell differenzierbar* in (x_0, y_0), falls die Grenzwerte

$$\frac{\partial^2}{\partial x^2} f(x_0, y_0) := \frac{\partial}{\partial x}\frac{\partial}{\partial x} f(x_0, y_0), \quad \frac{\partial^2}{\partial y^2} f(x_0, y_0) := \frac{\partial}{\partial y}\frac{\partial}{\partial y} f(x_0, y_0),$$

(5.23)

$$\frac{\partial^2}{\partial x \partial y} f(x_0, y_0) := \frac{\partial}{\partial x}\frac{\partial}{\partial y} f(x_0, y_0) \quad \frac{\partial^2}{\partial y \partial x} f(x_0, y_0) := \frac{\partial}{\partial y}\frac{\partial}{\partial x} f(x_0, y_0)$$

existieren.[10] Diese Grenzwerte werden dann als *zweite partielle Ableitungen von f nach x bzw. y in (x_0, y_0)* bezeichnet. ☐

Statt (5.23) sind auch die platzsparenden Schreibweisen

$$\frac{\partial^2}{\partial x^2} f(x_0, y_0) = f_{xx}(x_0, y_0), \quad \frac{\partial^2}{\partial y^2} f(x_0, y_0) = f_{yy}(x_0, y_0),$$

(5.24)

$$\frac{\partial^2}{\partial x \partial y} f(x_0, y_0) = f_{yx}(x_0, y_0), \quad \frac{\partial^2}{\partial y \partial x} f(x_0, y_0) = f_{xy}(x_0, y_0)$$

gebräuchlich. Hierbei ist allerdings größte Vorsicht geboten! Während wir in der Schreibweise mit dem ∂-Symbol die Ableitungen von rechts nach links „abarbeiten", sind bei uns die Ableitungen in der Schreibweise mit tiefgestellten Indizes von links nach rechts zu lesen.[11]

Für $M \subseteq \mathbb{R}^2$ bezeichnen wir im folgenden mit $D^1(M)$ die Menge aller partiell differenzierbaren Funktionen $f : M \to \mathbb{R}$, mit $C^1(M)$ die Menge aller stetig partiell differenzierbaren Funktionen $f : M \to \mathbb{R}$, mit $D^2(M)$ die Menge aller zweimal partiell differenzierbaren Funktionen $f : M \to \mathbb{R}$, und mit $C^2(M)$ die Menge aller zweimal stetig partiell differenzierbaren Funktionen[12] $f : M \to \mathbb{R}$. Natürlich gelten damit die Inklusionen

(5.25) $$C^2(M) \subset D^2(M), \quad C^1(M) \subset D^1(M),$$

die beide offensichtlich strikt sind. Allerdings gibt es hier zwei wesentliche Unterschiede zur Inklusionskette (2.9) für skalare Funktionen! Erstens können wir am Ende von (5.25) *nicht* noch die Inklusion $D^1(M) \subset C(M)$ anhängen, denn es gilt ja nur $C^1(M) \subset C(M)$, wie wir inzwischen anhand zahlreicher Beispiele gesehen haben. Und zweitens ist auch die Inklusion $D^2(M) \subseteq C^1(M)$ falsch:

Beispiel 5.27. Sei $(x_0, y_0) := (0, 0)$ und $f : \mathbb{R}^2 \to \mathbb{R}$ definiert durch

$$f(x, y) := \begin{cases} \dfrac{x^2 y^2}{x^6 + y^6} & \text{für } (x, y) \neq (0, 0), \\ 0 & \text{für } (x, y) = (0, 0). \end{cases}$$

---

[10]Die Ableitungsoperationen sind wieder von innen nach außen zu lesen: In der dritten Gleichheit in (5.23) wird zuerst nach y abgeleitet und dann nach x, in der vierten in (5.23) umgekehrt. Dass diese Reihenfolge unter bestimmten Voraussetzungen keine Rolle spielt, ist ein nichttriviales Ergebnis (s. Satz 5.29 unten).

[11]Dies machen wir deswegen so, weil man z.B. in der dritten Gleichheit in (5.24) ja zuerst den Index y und dann den Index x schreibt; in dieser Reihenfolge denken wir uns dann auch die Ableitungen genommen. Wir betonen ausdrücklich, dass dies eine willkürliche Festlegung ist; wer es lieber andersherum festlegen will, kann das gern tun.

[12]d.h. die vier partiellen Ableitungen (5.23) existieren und sind allesamt stetig auf M.

Eine einfache Rechnung zeigt, dass f in jedem Punkt erste partielle Ableitungen besitzt mit

$$f_x(x,y) := \begin{cases} 2xy^2 \dfrac{y^6 - 2x^6}{(x^6 + y^6)^2} & \text{für } (x,y) \neq (0,0), \\[2ex] 0 & \text{für } (x,y) = (0,0), \end{cases}$$

und

$$f_y(x,y) := \begin{cases} 2x^2 y \dfrac{x^6 - 2y^6}{(x^6 + y^6)^2} & \text{für } (x,y) \neq (0,0), \\[2ex] 0 & \text{für } (x,y) = (0,0). \end{cases}$$

Mittels dieser Gleichheiten kann man weiter zeigen, dass auch alle zweiten partiellen Ableitungen von f im Nullpunkt existieren (s. Aufgabe 5.14), d.h. es gilt $f \in D^1(\mathbb{R}^2)$. Andererseits gilt $f \notin C^1(\mathbb{R}^2)$, denn f ist nicht einmal radialstetig im Nullpunkt! Nähert man sich nämlich dem Nullpunkt auf der Hauptdiagonalen $y = x$, so sieht man, dass f wegen

$$\lim_{x \to 0} f(x,x) = \lim_{x \to 0} \frac{1}{2x^2}$$

in der Nähe von $(0,0)$ sogar *unbeschränkt* ist, d.h. ein ähnlich pathologisches Verhalten wie die Funktion aus Beispiel 5.12 aufweist.[13]   ♡

Beispiel 5.28. Sei $p : \mathbb{R}^2 \to \mathbb{R}$ das allgemeine quadratische Polynom in zwei Variablen, also

$$p(x,y) := ax^2 + bxy + cy^2 + dx + ey + f \qquad (a,b,c,d,e,f \in \mathbb{R}).$$

Dann gilt $p \in C^2(\mathbb{R}^2)$ und man erhält durch eine triviale Rechnung die partiellen Ableitungen

$$\frac{\partial}{\partial x} p(x_0, y_0) = 2ax_0 + by_0 + d, \quad \frac{\partial}{\partial y} p(x_0, y_0) = bx_0 + 2cy_0 + e,$$

$$\frac{\partial^2}{\partial x^2} p(x_0, y_0) = 2a, \quad \frac{\partial^2}{\partial y^2} p(x_0, y_0) = 2c, \quad \frac{\partial^2}{\partial y \partial x} p(x_0, y_0) = \frac{\partial^2}{\partial x \partial y} p(x_0, y_0) = b.$$

Es fällt auf, dass hier die gemischten zweiten partiellen Ableitungen p_{xy} und p_{yx} übereinstimmen. Der nächste Satz zeigt, dass dies kein Zufall ist.   ♡

Satz 5.29. *Eine Funktion $f \in C^1(\mathbb{R}^2)$ besitze in einer Umgebung $U_\delta(x_0, y_0)$ eines Punktes (x_0, y_0) eine gemischte partielle Ableitung 2. Ordnung, etwa f_{xy}, und diese Ableitung sei stetig in (x_0, y_0). Dann existiert auch die gemischte partielle Ableitung $f_{yx}(x_0, y_0)$ und stimmt mit $f_{xy}(x_0, y_0)$ überein.*

Beweis: O.B.d.A. sei $(x_0, y_0) = (0,0)$; wir müssen also zeigen, dass der Ausdruck

$$(5.26) \qquad \frac{f_y(s,0) - f_y(0,0)}{s} = \frac{1}{s} \lim_{t \to 0} \frac{[f(s,t) - f(s,0)] - [f(0,t) - f(0,0)]}{t}$$

---

[13]Der Grund für das Scheitern der zu erwartenden Inklusion $D^2(M) \subseteq C^1(M)$ liegt darin, dass partielle Differenzierbarkeit einfach nicht das „natürliche" Analogon zur Differenzierbarkeit im skalaren Fall darstellt. Erst wenn wir eine Art totale Differenzierbarkeit (im Sinne von Definition 5.23) auch zweiter Ordnung definieren, ergeben sich die Inklusionen, die man erwartet.

für $s \to 0$ einen Grenzwert besitzt und dieser Grenzwert mit $f_{xy}(0,0)$ übereinstimmt. Mit der Abkürzung $g(s,t) := f(s,t) - f(s,0)$ wird (5.26) zu

$$(5.27) \qquad \frac{f_y(s,0) - f_y(0,0)}{s} = \frac{1}{s} \lim_{t \to 0} \frac{g(s,t) - g(0,t)}{t}.$$

Nach dem Mittelwertsatz von Lagrange (Satz 2.25), angewendet auf die Funktion $s \mapsto g(s,t)$ finden wir ein σ zwischen 0 und s mit

$$g(s,t) - g(0,t) = g_x(\sigma,t)s = f_x(\sigma,t)s - f_x(\sigma,0)s.$$

Einsetzen in (5.27) liefert

$$(5.28) \qquad \frac{f_y(s,0) - f_y(0,0)}{s} = \lim_{t \to 0} \frac{f_x(\sigma,t) - f_x(\sigma,0)}{t}.$$

Da nach Voraussetzung die partielle Ableitung f_{xy} in einer Umgebung von $(0,0)$ existiert, können wir den Mittelwertsatz von Lagrange auch auf die Funktion $t \mapsto f_x(\sigma,t)$ anwenden. Im Ergebnis finden wir eine Zahl τ zwischen 0 und t mit

$$f_x(\sigma,t) - f_x(\sigma,0) = f_{xy}(\sigma,\tau)t.$$

Hieraus erhalten wir mit (5.28) die Gleichheit

$$(5.29) \qquad \frac{f_y(s,0) - f_y(0,0)}{s} = \lim_{t \to 0} f_{xy}(\sigma,\tau) = f_{xy}(\sigma,0),$$

wobei wir im letzten Schritt ausgenutzt haben, dass f_{xy} nach Voraussetzung in $(0,0)$ stetig ist und aus $t \to 0$ auch $\tau \to 0$ folgt. Wieder wegen der Stetigkeit von f_{xy} in $(0,0)$ können wir in (5.29) nun auch zum Grenzwert $s \to 0$ übergehen und erhalten wegen $\sigma \to 0$

$$(5.30) \qquad \lim_{s \to 0} \frac{f_y(s,0) - f_y(0,0)}{s} = \lim_{s \to 0} f_{xy}(\sigma,0) = f_{xy}(0,0).$$

Der erste Grenzwert in (5.30) ist aber nichts anderes als die partielle Ableitung $f_{yx}(0,0)$, und damit ist alles bewiesen. ∎

Satz 5.29 zeigt, dass wir im Falle $f \in C^2(M)$ unbedenklich die Reihenfolge der Ableitungen in der zweiten Zeile von (5.23) (oder (5.24)) vertauschen können.[14] Falls die beiden gemischten partiellen Ableitungen f_{xy} und f_{yx} allerdings in einem Punkt unstetig sind, können sie dort durchaus verschieden sein:

Beispiel 5.30. Sei $(x_0, y_0) := (0,0)$ und $f : \mathbb{R}^2 \to \mathbb{R}$ definiert durch

$$f(x,y) := \begin{cases} xy \dfrac{x^2 - y^2}{x^2 + y^2} & \text{für } (x,y) \neq (0,0), \\ 0 & \text{für } (x,y) = (0,0). \end{cases}$$

---

[14]In der Literatur wird Satz 5.29 als *Satz von Schwarz* bezeichnet, nach Hermann Amandus Schwarz (1843-1921).

Dann bekommen wir (wegen $f(y,x) = -f(x,y)$) für jedes $(x,y) \neq (0,0)$ nacheinander

$$\frac{\partial}{\partial x} f(x,y) = \frac{y(x^4 + 4x^2y^2 - y^4)}{(x^2+y^2)^2}, \quad \frac{\partial}{\partial y} f(x,y) = -\frac{\partial}{\partial x} f(y,x) = -\frac{x(y^4 + 4x^2y^2 - x^4)}{(x^2+y^2)^2},$$

$$\frac{\partial^2}{\partial y \partial x} f(x,y) = \frac{x^6 + 9x^4y^2 - 9x^2y^4 - y^6}{(x^2+y^2)^3}$$

und

$$\frac{\partial^2}{\partial x \partial y} f(x,y) = -\frac{\partial^2}{\partial y \partial x} f(y,x) = \frac{x^6 + 9x^4y^2 - 9x^2y^4 - y^6}{(x^2+y^2)^3}$$

in Übereinstimmung mit Satz 5.29. Dagegen erhalten wir im Nullpunkt

$$\frac{\partial}{\partial x} f(0,0) = \frac{\partial}{\partial y} f(0,0) = 0,$$

und damit, durch direkte Betrachtung des Differenzenquotienten, einerseits

$$\frac{\partial^2}{\partial y \partial x} f(0,0) = \lim_{y \to 0} \frac{1}{y} \frac{\partial}{\partial x} f(0,y) = \lim_{y \to 0} \frac{1}{y} \frac{-y^5}{y^4} = -1$$

und andererseits

$$\frac{\partial^2}{\partial x \partial y} f(0,0) = \lim_{x \to 0} \frac{1}{x} \frac{\partial}{\partial y} f(x,0) = \lim_{x \to 0} \frac{1}{x} \frac{x^5}{x^4} = 1.$$

Der Grund hierfür liegt natürlich darin, dass die partielle Ableitung f_{xy} nicht stetig in $(0,0)$ ist. In der Tat, bei Annäherung auf der x-Achse an $(0,0)$ ist

$$\lim_{x \to 0} \frac{\partial^2}{\partial y \partial x} f(x,0) = \lim_{x \to 0} \frac{x^6}{x^6} = 1,$$

bei Annäherung auf der Diagonalen $y = x$ dagegen

$$\lim_{x \to 0} \frac{\partial^2}{\partial y \partial x} f(x,x) = \lim_{x \to 0} \frac{x^6 + 9x^6 - 9x^6 - x^6}{2x^6} = 0.$$

Genauso kann man zeigen, dass auch die partielle Ableitung f_{yx} unstetig in $(0,0)$ ist; nach Satz 5.29 muss dies ja auch so sein.   ♡

Satz 5.29 macht nur eine Aussage über die Existenz und Gleichheit der *gemischten* zweiten Ableitungen einer Funktion zweier Variabler; hierfür reicht die Existenz (und Stetigkeit) einer dieser beiden Ableitungen aus. Man könnte fragen, ob die Existenz der *reinen* partiellen Ableitungen 2. Ordnung f_{xx} und f_{yy} in einem Punkt die der gemischten Ableitung f_{xy} oder f_{yx} in diesem Punkt nach sich zieht. Das folgende Beispiel zeigt, dass dies nicht so ist:

Beispiel 5.31. Sei $f : \mathbb{R}^2 \to \mathbb{R}$ definiert durch

$$f(x,y) := \begin{cases} xy \log \log \dfrac{1}{\sqrt{x^2 + y^2}} & \text{für } (x,y) \neq (0,0), \\ 0 & \text{für } (x,y) = (0,0). \end{cases}$$

Unter Anwendung der üblichen Rechenregeln erhält man für die partiellen Ableitungen 1. Ordnung mit der Abkürzung (5.1)

$$f_x(x,y) = \begin{cases} y \log\log \dfrac{1}{\|(x,y)\|} + \dfrac{x^2 y}{\|(x,y)\|^2 \log\|(x,y)\|} & \text{für } (x,y) \neq (0,0), \\ 0 & \text{für } (x,y) = (0,0) \end{cases}$$

und

$$f_y(x,y) = \begin{cases} x \log\log \dfrac{1}{\|(x,y)\|} + \dfrac{x y^2}{\|(x,y)\|^2 \log\|(x,y)\|} & \text{für } (x,y) \neq (0,0), \\ 0 & \text{für } (x,y) = (0,0). \end{cases}$$

Um die gemischten partiellen Ableitungen 2. Ordnung von f in $(0,0)$ zu berechnen, betrachten wir direkt die Grenzwerte der Differenzenquotienten und erhalten

$$f_{xy}(0,0) = \lim_{y \to 0} \frac{f_x(0,y) - f_x(0,0)}{y} = \lim_{y \to 0} \log\log \frac{1}{|y|} = \infty$$

und analog

$$f_{yx}(0,0) = \lim_{x \to 0} \frac{f_y(x,0) - f_y(0,0)}{x} = \lim_{x \to 0} \log\log \frac{1}{|x|} = \infty.$$

Andererseits kann man ebenfalls durch direkte Betrachtung der Grenzwerte zeigen, dass die reinen partiellen Ableitungen 2. Ordnung f_{xx} und f_{yy} in $(0,0)$ existieren und Null sind. ♡

5.3. Extrema und Sattelpunkte. Wir beginnen diesen Abschnitt mit der Definition lokaler Maxima und Minima einer Funktion zweier Variabler, die ähnlich ist wie bei einer Funktion einer Variabler (s. Definition 2.23).

Definition 5.32. Sei $M \subseteq \mathbb{R}^2$ und $f : M \to \mathbb{R}$ eine Funktion. Dann heißt $(x_0, y_0) \in M^o$ *lokales Maximum* [bzw. *lokales Minimum*] von f, falls es ein $\delta > 0$ gibt derart, dass $f(x,y) \leq f(x_0, y_0)$ [bzw. $f(x,y) \geq f(x_0, y_0)$] für alle $(x,y) \in U_\delta(x_0, y_0) \cap M$ gilt. □

Im Falle einer zweimal differenzierbaren skalaren Funktion $f : \mathbb{R} \to \mathbb{R}$ kann man solche Extrema bekanntlich anhand der folgenden hinreichenden Bedingung erkennen: Ist $f'(x_0) = 0$ und $f''(x_0) < 0$, so hat f in x_0 ein lokales Maximum; ist $f'(x_0) = 0$ und $f''(x_0) > 0$, so hat f in x_0 ein lokales Minimum. Bei einer Funktion f zweier Variabler spielen die partiellen Ableitungen f_x und f_y die Rolle der ersten Ableitung. In (5.22) haben wir für diese beiden partiellen Ableitungen schon die Bezeichnung $\operatorname{grad} f$ eingeführt und den Gradienten von f genannt. Die rechte Seite von (5.13) können wir also kompakter als Skalarprodukt $\langle (u,v), \operatorname{grad} f(x_0, y_0) \rangle$ schreiben, und die rechte Seite von (5.19) in der Form $\langle \operatorname{grad} f(\xi, \eta), (x_2 - x_1, y_2 - y_1) \rangle$. Statt der zweiten Ableitung muss man die sogenannte *Hesse-Matrix*

$$(5.31) \qquad Hf(x_0, y_0) := \begin{pmatrix} f_{xx}(x_0, y_0) & f_{xy}(x_0, y_0) \\ f_{yx}(x_0, y_0) & f_{yy}(x_0, y_0) \end{pmatrix}$$

von f in (x_0, y_0) betrachten. Wir bemerken, dass im Falle der Stetigkeit einer der gemischten partiellen zweiten Ableitungen aus Satz 5.29 folgt, dass diese Matrix *symmetrisch* ist, d.h. die Einträge rechts oben und links unten stimmen überein (vgl. Abschnitt A.7 im Anhang). Beispielsweise hat das Polynom p aus Beispiel 5.28 die *konstante*[15] symmetrische Hesse-Matrix

$$(5.32) \qquad\qquad Hp(x,y) \equiv \begin{pmatrix} 2a & b \\ b & 2c \end{pmatrix}.$$

Die Bedingung $f'(x_0) = 0$ oben für das Vorliegen eines Extremums können wir natürlich imitieren, indem wir $f_x(x_0, y_0) = f_y(x_0, y_0) = 0$, also $\mathrm{grad} f(x_0, y_0) = (0,0)$ fordern. Einen Punkt (x_0, y_0), an dem $\mathrm{grad} f(x_0, y_0) = (0,0)$ ist, nennt man auch *kritischen Punkt* von f. Wie im skalaren Fall zeigt man leicht, dass jedes Extremum von f in einem Gebiet G ein kritischer Punkt von f ist. Um dies einzusehen, betrachten wir die durch $\varphi(t) := f(x_0 + t, y_0)$ definierte Funktion φ auf einem Intervall $[-\delta, \delta]$, wobei $\delta > 0$ so klein sei, dass $(x_0 + t, y_0) \in G$ für $|t| < \delta$ gelte. Für $\alpha(t) := x_0 + t$ und $\beta(t) \equiv y_0$ hat φ dann die Form (5.14). Ist nun (x_0, y_0) ein Extremum von f, so wird auch φ extremal in $t_0 = 0$, also muss $\dot\varphi(0) = 0$ sein. Nach (5.15) ist aber

$$\dot\varphi(t) = f_x(x_0 + t, y_0)\dot\alpha(t) + f_y(x_0 + t, y_0)\dot\beta(t) = f_x(x_0 + t, y_0),$$

also insbesondere $f_x(x_0, y_0) = \dot\varphi(0) = 0$. Entsprechend zeigt man durch Betrachtung von $\psi(t) := f(x_0, y_0 + t)$, dass auch $f_y(x_0, y_0) = 0$ ist.

Die zweite Extremalbedingung $f''(x_0) < $ bzw. $f''(x_0) > 0$ lässt sich aber nicht direkt übertragen, da wir von einer Matrix nicht sagen können, ob sie „negativ" oder „positiv" ist. Man könnte ersatzweise versuchen zu fordern, dass *alle* partiellen Ableitungen zweiter Ordnung negativ bzw. positiv sein müssen, um auf ein Maximum bzw. Minimum zu hoffen. Diese Hoffnung wird zunichte gemacht durch das folgende

Beispiel 5.33. Sei $f : \mathbb{R}^2 \to \mathbb{R}$ definiert durch

$$f(x,y) := (x+y)^2 + 2xy = x^2 + y^2 + 4xy.$$

Wegen $\mathrm{grad} f(x,y) = (2x + 4y, 2y + 4x)$ ist $(x_0, y_0) = (0,0)$ der einzige kritische Punkt von f. Für die Ableitungen zweiter Ordnung in $(0,0)$ gilt

$$f_{xx}(0,0) = f_{yy}(0,0) = 2, \qquad f_{xy}(0,0) = f_{yx}(0,0) = 4;$$

sie sind insbesondere also alle positiv. Trotzdem liegt in $(0,0)$ kein Minimum vor, denn für $x \neq 0$ gilt ja z.B. $f(x,x) = 6x^2 > 0$ und $f(x,-x) = -2x^2 < 0$. $\qquad\heartsuit$

Beispiel 5.33 zeigt, dass die Bedingungen $f_x(x_0, y_0) = f_y(x_0, y_0) = 0$ in Kombination mit

$$f_{xx}(x_0, y_0), f_{xy}(x_0, y_0), f_{yx}(x_0, y_0), f_{yy}(x_0, y_0) < 0$$

bzw.

$$f_{xx}(x_0, y_0), f_{xy}(x_0, y_0), f_{yx}(x_0, y_0), f_{yy}(x_0, y_0) > 0$$

---

[15]Es ist nicht verwunderlich, dass Hp konstant ist, denn p ist ja ein Polynom zweiten Grades.

nicht das Vorliegen eines Maximums bzw. Minimums von f in (x_0, y_0) nach sich ziehen. Um die „richtigen" Bedingungen zu erhalten, sind die folgenden „Ersatzbegriffe" für Positivität bzw. Negativität der zweiten Ableitungen sinnvoll:

Definition 5.34. Sei

$$(5.33) \qquad H = \begin{pmatrix} \alpha & \beta \\ \gamma & \delta \end{pmatrix}$$

eine 2×2-Matrix mit Einträgen $\alpha, \beta, \gamma, \delta \in \mathbb{R}$. Wir ordnen der Matrix H eine *quadratische Form* $q_H : \mathbb{R}^2 \to \mathbb{R}$ zu, die für $z = (x, y) \in \mathbb{R}^2$ durch

$$(5.34) \quad q_H(z) := \langle z, Hz \rangle = \left\langle \begin{pmatrix} x \\ y \end{pmatrix}, \begin{pmatrix} \alpha & \beta \\ \gamma & \delta \end{pmatrix} \begin{pmatrix} x \\ y \end{pmatrix} \right\rangle = \alpha x^2 + (\beta + \gamma)xy + \delta y^2$$

definiert ist. Die Matrix (5.33) heißt dann *positiv definit*, wenn $q_H(z) > 0$ für alle $z \in \mathbb{R}^2 \setminus \{(0,0)\}$ gilt, *negativ definit*, wenn $q_H(z) < 0$ für alle $z \in \mathbb{R}^2 \setminus \{(0,0)\}$ gilt, *positiv semidefinit*, wenn $q_H(z) \geq 0$ für alle $z \in \mathbb{R}^2$ gilt, *negativ semidefinit*, wenn $q_H(z) \leq 0$ für alle $z \in \mathbb{R}^2$ gilt, und *indefinit*, wenn es Elemente $z \in \mathbb{R}^2$ mit $q_H(z) > 0$ und $w \in \mathbb{R}^2$ mit $q_H(w) < 0$ gibt.[16] $\qquad \square$

Mit Hilfe dieser Begriffe kann man an der Hesse-Matrix (5.31) nun manchmal ablesen, ob f in (x_0, y_0) ein Maximum oder Minimum besitzt; hierbei setzen wir der Einfachheit halber voraus, dass f auf dem ganzen $\mathbb{R}^2$ definiert ist. Vor der Formulierung und dem Beweis eines entsprechenden Satzes müssen wir jedoch einen kleinen Exkurs über Taylor-Polynome für Funktionen mehrerer Variabler machen.

Für unsere Zwecke genügen hier quadratische Taylor-Polynome, also solche zweiten Grades. Wir erinnern daran, dass ein solches Polynom für eine skalare Funktion $\varphi : \mathbb{R} \to \mathbb{R}$ in $x_0 \in \mathbb{R}$ die Form

$$(5.35) \qquad \varphi(x_0 + h) = \varphi(x_0) + \varphi'(x_0)h + \frac{1}{2}\varphi''(x_0)h^2 + R(h)$$

hat, wobei das Restglied $R(h)$ der Bedingung

$$(5.36) \qquad \lim_{h \to 0} \frac{R(h)}{h^2} = 0$$

genügt, also stärker als quadratisch gegen Null geht (s. Abschnitt 2.3). Um ein entsprechendes Polynom für eine Funktion $f \in C^2(\mathbb{R}^2)$ in $(x_0, y_0) \in \mathbb{R}^2$ herzuleiten, benutzen wir einen Trick: Wir ordnen f eine skalare Hilfsfunktion φ zu und führen das Problem auf den eindimensionalen Fall zurück.

Dazu fixieren wir $(x_0, y_0) \in \mathbb{R}^2$ und betrachten statt des „Zuwachses" h in (5.35) nun – ähnlich wie in Definition 5.23 – je einen Zuwachs h in x-Richtung und einen Zuwachs k in y-Richtung. Auf einem symmetrischen Intervall $[-\delta, \delta]$ um 0 betrachten wir die durch $\gamma(t) := (x_0 + th, y_0 + tk)$ definierte Abbildung $\gamma : [-\delta, \delta] \to \mathbb{R}^2$, die wir in

---

[16]Diese Definition kann man für symmetrische Matrizen äquivalent mit Hilfe der Determinante oder der Eigenwerte der Matrix H formulieren (s. Aufgaben 5.31 und 5.32.).

ähnlicher Form schon im Beweis von Satz 5.17 benutzt haben. Wie dort bezeichnen wir die Komposition $f \circ \gamma : [-\delta, \delta] \to \mathbb{R}$ mit φ, also

$$\varphi(t) = f(\gamma(t)) = f(x_0 + th, y_0 + tk) \qquad (|t| \le \delta)$$

und insbesondere $\varphi(0) = f(\gamma(0)) = f(x_0, y_0)$. Bezeichnen wir wieder mit $\dot{\varphi}$ die Ableitung von φ nach t, so bekommen wir nach Satz 5.17 (oder Satz 5.16)

$$\dot{\varphi}(0) = \lim_{t \to 0} \frac{\varphi(t) - \varphi(0)}{t} = D_{(h,k)} f(x_0, y_0) = \langle \operatorname{grad} f(x_0, y_0), (h, k) \rangle.$$

Auch die zweite Ableitung von φ nach t können wir leicht berechnen: Anwendung der Kettenregel liefert unter Benutzung der Schreibweise (5.34) mit der Abkürzung[17] $H := Hf(x_0, y_0)$

$$\ddot{\varphi}(0) = \lim_{t \to 0} \frac{\dot{\varphi}(t) - \dot{\varphi}(0)}{t} = q_H(h, k) = \langle (h, k), H(h, k) \rangle$$
$$= f_{xx}(x_0, y_0) h^2 + 2 f_{xy}(x_0, y_0) hk + f_{yy}(x_0, y_0) k^2,$$

wobei wir Satz 5.29 verwendet haben, indem wir die beiden Terme für f_{xy} und f_{yx} zu $2 f_{xy}$ zusammengefasst haben. An dieser Stelle kommt also die Hesse-Matrix $Hf(x_0, y_0)$ von f ins Spiel, was nicht verwunderlich ist, denn wir wollen ja ein quadratisches Polynom bekommen. Die (5.35) entsprechende Entwicklung hat dann die Form

$$f(x_0 + h, y_0 + k) = f(x_0, y_0) + \langle \operatorname{grad} f(x_0, y_0), (h, k) \rangle$$

(5.37) $\quad + \dfrac{1}{2} \langle (h, k), Hf(x_0, y_0)(h, k) \rangle + R(h, k) = f(x_0, y_0) + f_x(x_0, y_0) h + f_y(x_0, y_0) k$

$$+ \frac{1}{2} \left[f_{xx}(x_0, y_0) h^2 + 2 f_{xy}(x_0, y_0) hk + f_{yy}(x_0, y_0) k^2 \right] + R(h, k),$$

wobei die (5.36) entsprechende Restgliedbedingung

(5.38) $$\lim_{(h,k) \to (0,0)} \frac{R(h, k)}{\|(h, k)\|^2} = 0$$

erfüllt ist. Zur Illustration betrachten wir ein einfaches Beispiel; weitere Beispiele, die genauso behandelt werden, findet man in Aufgabe 5.39.

Beispiel 5.35. Wir wollen das quadratische Taylor-Polynom der durch $f(x, y) := e^x \cos y$ definierten Funktion $f : \mathbb{R}^2 \to \mathbb{R}$ in $(x_0, y_0) = (0, 0)$ ermitteln. Hier gilt

$$f(0, 0) = 1, \qquad \operatorname{grad} f(x, y) = (e^x \cos y, -e^x \sin y), \qquad \operatorname{grad} f(0, 0) = (1, 0)$$

und

$$Hf(x, y) = \begin{pmatrix} e^x \cos y & -e^x \sin y \\ -e^x \sin y & -e^x \cos y \end{pmatrix}, \qquad Hf(0, 0) = \begin{pmatrix} 1 & 0 \\ 0 & -1 \end{pmatrix}.$$

---

[17]Wie die Regel (A.61) für die Anwendung einer Matrix auf einen Vektor im Anhang zeigt, müssten wir das Paar (h, k) eigentlich als Spaltenvektor schreiben, so wie wir es in (5.34) getan haben. Hier und an vielen analogen Stellen im folgenden schreiben wir (h, k) etwas unkorrekt aber als Zeilenvektor, um Platz zu sparen.

Setzen wir dies in (5.37) ein, so erhalten wir

(5.39)
$$f(h,k) = e^h \cos k = 1 + \langle (1,0), (h,k) \rangle + \frac{1}{2} \langle (h,k), Hf(0,0)(h,k) \rangle + R(h,k)$$
$$= 1 + h + \frac{1}{2} \langle (h,k), (h,-k) \rangle + R(h,k) = 1 + h + \frac{1}{2} h^2 - \frac{1}{2} k^2 + R(h,k).$$

Rechnet man $f(h,k)$ andererseits aus, indem man die ersten Terme der Taylorreihen der Funktionen $x \mapsto e^x$ und $y \mapsto \cos y$ miteinander multipliziert, so erhält man

(5.40)
$$e^h \cos k = \left(1 + h + \frac{h^2}{2!} + \frac{h^3}{3!} + \dots \right) \left(1 - \frac{k^2}{2!} + \frac{k^4}{4!} - \frac{k^6}{6!} + - \dots \right)$$
$$= 1 + h - \frac{k^2}{2!} + \frac{h^2}{2!} + \frac{k^4}{4!} - \frac{hk^2}{2!} + \frac{h^3}{3!} - \frac{h^2 k^2}{2! \, 2!} + \frac{hk^4}{4!} - \frac{k^6}{6!} + \dots ;$$

ein Vergleich von (5.39) und (5.40) zeigt, dass das Restglied $R(h,k)$ also die Form

$$R(h,k) = \frac{k^4}{4!} - \frac{hk^2}{2!} + \frac{h^3}{3!} - \frac{h^2 k^2}{2! \, 2!} + \frac{hk^4}{4!} - \frac{k^6}{6!} + \dots$$

hat, und dies erfüllt tatsächlich die Kleinheitsbedingung (5.38), weil h und k in jedem Summanden (multipliziert) in mindestens dritter Potenz vorkommen. $\heartsuit$

Nun haben wir alle Hilfsmittel zusammen, um das angekündigte hinreichende Kriterium für das Vorliegen eines Extremums zu beweisen:

Satz 5.36. *Sei $f \in C^2(\mathbb{R}^2)$, und sei $(x_0, y_0) \in \mathbb{R}^2$ ein kritischer Punkt von f. Ist dann $Hf(x_0, y_0)$ positiv definit, so hat f in (x_0, y_0) ein lokales Minimum; ist dagegen $Hf(x_0, y_0)$ negativ definit, so hat f in (x_0, y_0) ein lokales Maximum.*

Beweis: Schreiben wir für f das quadratische Taylor-Polynom (5.37) auf, so erhalten wir wegen der Voraussetzung $\operatorname{grad} f(x_0, y_0) = (0,0)$ die leicht verkürzte Form

(5.41) $$f(x_0 + h, y_0 + k) = f(x_0, y_0) + \frac{1}{2} \langle (h,k), Hf(x_0,y_0)(h,k) \rangle + R(h,k).$$

Wir nehmen nun an, dass $H := Hf(x_0, y_0)$ positiv definit ist, d.h. es gilt

$$q_H(h,k) = \langle (h,k), H(h,k) \rangle > 0$$

für alle $(h,k) \neq (0,0)$. Wegen der Kleinheitsbedingung (5.38) und der Tatsache, dass (h,k) in $q_H(h,k)$ nur quadratisch auftritt, können wir aber ein $\delta > 0$ finden derart, dass auch noch

$$q_H(h,k) + 2R(h,k) = \langle (h,k), H(h,k) \rangle + 2R(h,k) > 0$$

für alle $(h,k) \in \mathbb{R}^2$ mit $0 < \|(h,k)\| < \delta$ gilt. Einsetzen dieser Ungleichung in (5.41) und Subtraktion von $f(x_0, y_0)$ liefert dann

$$f(x_0 + h, y_0 + k) - f(x_0, y_0) = \frac{1}{2} q_H(h,k) + R(h,k) > 0.$$

Dies bedeutet aber nichts anderes, als dass aus $0 < \|(h,k)\| < \delta$ stets $f(x_0+h, y_0+k) > f(x_0, y_0)$ folgt, d.h. f hat in (x_0, y_0) ein lokales Minimum wie behauptet. Der Beweis für lokale Maxima im Falle einer negativ definiten Hesse-Matrix geht analog. ∎

Bevor wir ein Beispiel betrachten, wollen wir in den folgenden beiden Tabellen die notwendigen bzw. hinreichenden Bedingungen für das Vorliegen eines Extremums einer Funktion $f : \mathbb{R} \to \mathbb{R}$ (Tabelle 5.7) bzw. einer Funktion $f : \mathbb{R}^2 \to \mathbb{R}$ (Tabelle 5.8) zusammenstellen. Im Falle einer Variablen drücken sich diese Bedingungen mit der ersten und zweiten Ableitung aus, im Falle mehrerer Variabler mit dem Gradienten und der Hesse-Matrix.

$$
\begin{array}{l}
f'(x_0) = 0 \text{ und } f''(x_0) > 0 \quad \Rightarrow \quad x_0 \text{ Minimum} \\[2mm]
\qquad\qquad\qquad\qquad\qquad \Downarrow \\[2mm]
\qquad\qquad\qquad\qquad f'(x_0) = 0 \\[2mm]
\qquad\qquad\qquad\qquad\qquad \Uparrow \\[2mm]
f'(x_0) = 0 \text{ und } f''(x_0) < 0 \quad \Rightarrow \quad x_0 \text{ Maximum}
\end{array}
$$

Tab. 5.7: Extrema einer Funktion einer Variabler

$$
\begin{array}{l}
\operatorname{grad} f(x_0, y_0) = (0,0) \text{ und } Hf(x_0,y_0) \text{ pos. def.} \quad \Rightarrow \quad (x_0, y_0) \text{ Minimum} \\[2mm]
\qquad\qquad\qquad\qquad\qquad\qquad \Downarrow \\[2mm]
\qquad\qquad\qquad\qquad \operatorname{grad} f(x_0, y_0) = (0,0) \\[2mm]
\qquad\qquad\qquad\qquad\qquad\qquad \Uparrow \\[2mm]
\operatorname{grad} f(x_0, y_0) = (0,0) \text{ und } Hf(x_0,y_0) \text{ neg. def.} \quad \Rightarrow \quad (x_0, y_0) \text{ Maximum}
\end{array}
$$

Tab. 5.8: Extrema einer Funktion zweier Variabler

Der Fall einer indefiniten Hesse-Matrix wird von Tabelle 5.8 nicht erfasst; in diesem Fall liegt in (x_0, y_0) kein Extremum vor. Im skalaren Fall gibt es ein derartiges Kriterium nicht, weil es keine „indefiniten Zahlen" gibt. Wir betrachten ein Beispiel.

Beispiel 5.37. Sei wieder $p : \mathbb{R}^2 \to \mathbb{R}$ das quadratische Polynom aus Beispiel 5.28. Die Bedingung $p_x(x, y) = p_y(x, y) = 0$ führt dann auf das inhomogene lineare Gleichungssystem

(5.42)
$$
\begin{cases}
2ax + by = -d, \\
bx + 2cy = -e
\end{cases}
$$

für das Paar (x, y). Wir unterscheiden nun zwei Fälle. Sei zunächst $4ac \neq b^2$. Dann ist die Koeffizientenmatrix des Systems (5.42) invertierbar, also hat dieses System, wie im Abschnitt A.7 des Anhangs ausgeführt ist, eine eindeutige Lösung (x_0, y_0), nämlich

$$x_0 = \frac{2cd - be}{4ac - b^2}, \qquad y_0 = \frac{bd - 2ae}{4ac - b^2}.$$

Wir wissen schon, dass die Hesse-Matrix von p in jedem Punkt die Form (5.32) hat.[18] Die zugehörige quadratische Form (5.34) ist dann

$$q_H(z) = 2(ax^2 + bxy + cy^2) \qquad (z = (x, y) \in \mathbb{R}^2).$$

Hieraus kann man leicht Aussagen über Definitheit oder Indefinitheit der Matrix (5.32) machen: Ist $4ac > b^2$ und $a > 0$, so ist $Hp(x_0, y_0)$ positiv definit, also hat p in (x_0, y_0) ein lokales Minimum; ist dagegen $4ac > b^2$ und $a < 0$, so ist $Hp(x_0, y_0)$ negativ definit, also hat p in (x_0, y_0) ein lokales Maximum. In allen anderen Fällen gibt Satz 5.36 keine hinreichende Bedingung für das Vorliegen eines Extremums.

Es gibt außer diesen beiden aber noch einen anderen interessanten Fall, nämlich den der Indefinitheit von $Hp(x_0, y_0)$, der genau im Fall $4ac < b^2$ eintritt. In diesem Fall sagt man, dass p in (x_0, y_0) einen *Sattelpunkt* hat. Aus der Definition der Indefinitheit (d.h. Positivität in einer Richtung und Negativität in einer anderen Richtung) folgt nämlich, dass p in (x_0, y_0) dann weder ein Maximum noch ein Minimum besitzt, aber dass die Einschränkung von p auf eine geeignete Gerade in der xy-Ebene ein Maximum und auf eine andere geeignete Gerade ein Minimum „vortäuscht". Ein einfaches Beispiel hierzu werden wir gleich diskutieren.

Sei nun $4ac = b^2$. Dann ist die Koeffizientenmatrix des Systems (5.42) nicht invertierbar, also hat dieses System im allgemeinen – abhängig von der rechten Seite – keine Lösung oder unendlich viele Lösungen. In diesem Fall ist die Matrix (5.32) positiv semidefinit oder negativ semidefinit (s. Aufgabe 5.33), und man muss das Vorliegen von Extrema mit anderen Methoden überprüfen.[19]

Beispiel 5.38. Wir betrachten einen Spezialfall von Beispiel 5.28, nämlich das Polynom

$$p_c(x, y) := x^2 + cy^2 \qquad (-1 \le c \le 1).$$

In diesem Fall gilt also (in der Schreibweise von Beispiel 5.28) $a = 1$ und $b = d = e = f = 0$, während c das Intervall $[-1, 1]$ durchläuft. Zweckmäßigerweise unterscheiden wir hier drei Fälle für c.

Sei zunächst $c > 0$. Dann ist $(x_0, y_0) = (0, 0)$ der einzige Punkt, an dem der Gradient von p_c verschwindet, und es gilt $4ac = 4c > 0 = b^2$, also hat p_c dort ein (sogar globales) Minimum.[20]

Sein nun $c < 0$. Dann ist $(x_0, y_0) = (0, 0)$ wieder der einzige Punkt, an dem der Gradient von p_c verschwindet, und es gilt $4ac = 4c < 0 = b^2$, also hat p_c dort einen Sattelpunkt. In der Tat, wegen $p_c(x, 0) = x^2 > 0$ für $x \neq 0$ und $p_c(0, y) = cy^2 < 0$ für $y \neq 0$ kann p_c in diesem Fall bei $(0, 0)$ weder ein Minimum noch ein Maximum haben.

---

[18]Man sieht auch, dass die hier angenommene Bedingung $4ac \neq b^2$ gerade bedeutet, dass überall $\det Hf(x, y) \neq 0$ gilt.

[19]Wie so oft in der Analysis hilft hier unsere beste Methode: „scharfes Hinsehen".

[20]Dass für $c > 0$ stets $p_c(x, y) \ge 0$ gilt, kann man natürlich auch direkt sehr schnell erkennen.

Sei schließlich $c = 0$. Dann ist einfach $p_0(x, y) = x^2$, daher verschwindet der Gradient von p_0 an jedem Punkt der y-Achse. An allen diesen Punkten hat die Hesse-Matrix die Form

$$Hp_0(0, y) = \begin{pmatrix} 1 & 0 \\ 0 & 0 \end{pmatrix},$$

ist also positiv semidefinit, so dass Satz 5.36 keine Auskunft gibt. Aus der Form der Funktion p_0 ersieht man aber sofort, dass jeder Punkt der y-Achse ein (sogar globales) Minimum von p_0 darstellt. Hier haben wir also kein isoliertes Minimum vorlegen, sondern ein ganzes „Kontinuum" von Minima.[21]   ♡

In Abschnitt 5.1 haben wir schon gesehen, dass man aus der Radialstetigkeit einer Funktion in (x_0, y_0) nicht auf deren Stetigkeit in (x_0, y_0) schließen kann. Ähnliches gilt für das „Erkennen" von Extrema bei Annäherung auf Geraden. Im folgenden Beispiel betrachten wir eine Funktion f, die in $(0, 0)$ kein Minimum besitzt, deren Einschränkung auf jede Gerade durch $(0, 0)$ dort aber (als Funktion einer Variablen) minimal wird.

Beispiel 5.39. Sei $(x_0, y_0) := (0, 0)$ und $p : \mathbb{R}^2 \to \mathbb{R}$ das Polynom 4. Grades

$$(5.43) \qquad\qquad p(x, y) := 3x^4 - 4x^2y + y^2.$$

Im Nullpunkt gilt $p(0, 0) = p_x(0, 0) = p_y(0, 0) = 0$, weil x und y in (5.43) zusammen überall in mindestens zweiter Potenz auftreten. Allerdings gibt die Hesse-Matrix von p hier keine Auskunft, denn

$$Hp(0, 0) = \begin{pmatrix} 0 & 0 \\ 0 & 2 \end{pmatrix}$$

ist nur positiv semidefinit. In der Tat, wegen $p(0, y) = y^2 > 0$ für $y \neq 0$ und $p(x, 2x^2) = -x^4 < 0$ für $x \neq 0$ nimmt p in jeder Umgebung von $(0, 0)$ positive und negative Werte an, kann dort also weder ein Maximum noch ein Minimum besitzen.

Nun betrachten wir die Einschränkung von p auf die Gerade $y = mx$, d.h. die durch

$$q(x) := p(x, mx) = 3x^4 - 4x^2mx + m^2x^2 = 3x^4 - 4mx^3 + m^2x^2$$

definierte Polynomfunktion $q : \mathbb{R} \to \mathbb{R}$ einer Variabler x. Diese Funktion erfüllt $q(0) = 0$, $q'(0) = 0$ und $q''(0) = 2m^2$. Im Falle $m \neq 0$ ergibt das übliche Kriterium also unmittelbar, dass q in $x_0 = 0$ ein lokales Minimum besitzt. Im Falle $m = 0$ vereinfacht sich die Funktion q zu $q(x) = 3x^4$, hat in $x_0 = 0$ also sogar ein globales Minimum. ♡

Das merkwürdige Verhalten der Funktion (5.43) aus Beispiel 5.39 wird klarer, wenn wir diese Funktion faktorisieren; es gilt nämlich

$$(5.44) \qquad\qquad p(x, y) = (y - x^2)(y - 3x^2).$$

Aus der Darstellung (5.44) kann man leicht das Vorzeichenverhalten von p in der Ebene ablesen: Oberhalb der Parabel $y = 3x^2$ ist $p(x, y) > 0$, auf dieser Parabel ist $p(x, y) =$

---

[21]Wir empfehlen der Leserin nachdrücklich, den Graphen (5.6) des Polynoms p_c in den drei Fällen $c > 0$, $c < 0$ und $c = 0$ in der Nähe des Nullpunkts zu skizzieren.

0, unterhalb der Parabel $y = x^2$ (also insbesondere auf der unteren Halbebene) ist $p(x, y) > 0$, auf dieser Parabel ist $p(x, y) = 0$, und zwischen den genannten Parabeln ist $p(x, y) < 0$. Hieraus wird auch plausibel, warum wir die Wege $p(0, y) = y^2 > 0$ und $p(x, 2x^2) = -x^4 < 0$ in Beispiel 5.39 gewählt haben, denn der erste Weg läuft durch den „Positivbereich" von p (senkrecht von oben oder unten), der zweite Weg dagegen durch den „Negativbereich" von p (zwischen den beiden Parabeln).

Eine Verfeinerung dieses Beispiels ist in Aufgabe 5.40 gegeben; dort hat f auch kein Minimum in $(0, 0)$, „täuscht im Nullpunkt aber ein Minimum vor", wenn man sich ihm nicht nur auf Geraden, sondern auf beliebigen Parabeln nähert.

Wir betrachten ein weiteres Beispiel, auf das wir im Abschnitt 5.5 noch einmal zurückkommen werden.

Beispiel 5.40. Sei $f : \mathbb{R}^2 \to \mathbb{R}$ definiert durch

$$(5.45) \qquad\qquad f(x, y) := xye^{-(x+y)}.$$

Wir wollen wissen, ob und wo f kritische Punkte hat und welcher Natur sie sind. Zunächst gilt

$$f_x(x, y) = (y - xy)e^{-(x+y)}, \qquad f_y(x, y) = (x - xy)e^{-(x+y)},$$

d.h. die einzigen kritischen Punkte von f sind $(x_1, y_1) = (0, 0)$ und $(x_2, y_2) = (1, 1)$. Für die zweiten Ableitungen erhalten wir

$$f_{xx}(x, y) = (xy - 2y)e^{-(x+y)}, \quad f_{yy}(x, y) = (xy - 2x)e^{-(x+y)},$$

$$f_{xy}(x, y) = f_{yx}(x, y) = (xy - x - y + 1)e^{-(x+y)}.$$

Die Hesse-Matrix von f hat in den beiden kritischen Punkten also die Form

$$Hf(0, 0) = \begin{pmatrix} 0 & 1 \\ 1 & 0 \end{pmatrix}, \qquad Hf(1, 1) = \begin{pmatrix} -1/e^2 & 0 \\ 0 & -1/e^2 \end{pmatrix}.$$

Da die erste Matrix indefinit ist, hat f in $(0, 0)$ einen Sattelpunkt (mit $f(0, 0) = 0$); da die zweite Matrix negativ definitiv ist, hat f in $(1, 1)$ ein lokales Maximum (mit $f(1, 1) = 1/e^2$). Dies ist allerdings kein globales Maximum, da z.B. $f(-1, -1) = e^2$ ist und sogar $f(x, x) = x^2 e^{-2x} \to \infty$ für $x \to -\infty$ gilt. $\qquad\heartsuit$

Bisher haben wir stets lokale Extrema einer Funktion betrachtet, die auf der ganzen Ebene $\mathbb{R}^2$ definiert war. In vielen Aufgabenstellungen ist es allerdings wichtig, globale Extrema einer Funktion auf einer abgeschlossenen und beschränkten Teilmenge[22] $M \subset \mathbb{R}^2$ zu finden. Dies führt auf sog. *Extremwertprobleme mit Nebenbedingungen*, denen wir uns nun kurz widmen wollen.

Zunächst erwähnen wir ein wichtiges Ergebnis, welches vollkommen analog zu Satz 1.54 ist: *Ist $M \subset \mathbb{R}^2$ kompakt und $f : M \to \mathbb{R}$ stetig, so hat f auf M ein Maximum und ein Minimum.* Da auch der Beweis dieses Ergebnisses genau so verläuft wie der von Satz 1.54, verzichten wir darauf. Wir benutzen dieses Ergebnis vielmehr zur Ermittlung von Maxima und Minima einer differenzierbaren Funktion $f : M \to \mathbb{R}$. Tabelle 5.8 können

---

[22]Wie im ersten Kapitel bezeichnen wir abgeschlossene beschränkte Mengen kurz als *kompakt*.

wir entnehmen, dass die Bedingung grad $f(x_0, y_0) = (0,0)$ notwendig für das Vorliegen eines Extremums in $(x_0, y_0) \in M$ ist, aber nur, wenn (x_0, y_0) ein *innerer Punkt* von M ist.[23] Aus der Tatsache, dass der Gradient einer Funktion nirgends in M verschwindet, darf man also *nicht* schließen, dass f auf M keine Extrema besitzt; vielmehr liegen diese Extrema, die nach dem oben genannten Ergebnis ja existieren, dann notwendigerweise auf dem Rand von M.[24] Man muss dann also die Einschränkung der Funktion f auf den Rand von M untersuchen, was häufig auf ein Extremalproblem für eine Funktion nur einer Variablen führt. Wir betrachten hierzu ein einfaches Beispiel.

Beispiel 5.41. Wir betrachten die durch $f(x,y) := -(x^2 + y^2)^2 + x^2 - y^2$ definierte Funktion $f : \mathbb{R}^2 \to \mathbb{R}$ und zeigen zunächst, dass f zwei lokale Maxima hat. In der Tat, die kritischen Punkte von f sind die Lösungen der beiden Gleichungen $-4x(x^2 + y^2 - \frac{1}{2}) = 0$ und $-4y(x^2 + y^2 + \frac{1}{2}) = 0$, also $(x_1, y_1) = (0,0)$, $(x_2, y_2) = (1/\sqrt{2}, 0)$ und $(x_3, y_3) = (-1/\sqrt{2}, 0)$. Die Hesse-Matrix von f hat im allgemeinen Punkt (x,y) die Form

$$Hf(x,y) = \begin{pmatrix} -12x^2 - 4y^2 + 2 & -8xy \\ -8xy & -4x^2 - 12y^2 - 2 \end{pmatrix},$$

also gilt speziell in den kritischen Punkten

$$Hf(0,0) = \begin{pmatrix} 2 & 0 \\ 0 & -2 \end{pmatrix}, \qquad Hf(1/\sqrt{2},0) = Hf(-1/\sqrt{2},0) = \begin{pmatrix} -4 & 0 \\ 0 & -4 \end{pmatrix}.$$

Daher hat f in $(0,0)$ einen Sattelpunkt und in $(\pm 1/\sqrt{2}, 0)$ jeweils ein lokales Maximum mit dem Funktionswert $f(\pm 1/\sqrt{2}, 0) = 1/4$. Dagegen hat f keine lokalen Minima.

Nun betrachten wir die Einschränkung von f auf die abgeschlossene Einheitskreisscheibe $M := \{(x,y) \in \mathbb{R}^2 : x^2 + y^2 \leq 1\}$. Im Innern M^o von M liegen – wie gerade gezeigt – die beiden *lokalen* Maxima $(\pm 1/\sqrt{2}, 0)$ vor. Um das *globale* Maximum und Minimum von f auf M zu finden, müssen wir also nur das Verhalten von f auf dem Rand von M untersuchen.

Auf dem Rand von M ist $x^2 + y^2 = 1$; also hat die Einschränkung von f auf den Rand die Form

$$f(x,y) = -1 + x^2 - y^2 = -1 + (x^2 + y^2) - 2y^2 = -2y^2 \qquad (-1 \leq y \leq 1),$$

hängt dort also nur von y ab. Dies wird maximal für $y = 0$ (mit $f(\pm 1, 0) = 0$) und minimal für $y = \pm 1$ (mit $f(0, \pm 1) = -2$). Daher liegt das globale Maximum von f auf M in $(\pm 1/\sqrt{2}, 0)$, also im Innern, während das globale Minimum von f auf M in $(0, \pm 1)$ liegt, also auf dem Rand.   ♡

Im letzten Abschnitt dieses Kapitels (s. Satz 5.70 und Beispiel 5.71) werden wir ein erheblich eleganteres Verfahren kennenlernen, mit dem man Extremwertprobleme mit Nebenbedingungen untersuchen kann.

---

[23]Diese Bedingung ist in Tabelle 5.8 trivialerweise erfüllt, weil wir uns f auf der ganzen Ebene definiert denken.

[24]Dieses Phänomen kennen wir ja auch aus der Analysis einer Variablen: Die Ableitung der Funktion $f(x) := x$ verschwindet nirgends, aber natürlich hat f auf jedem kompakten Intervall $[a, b]$ ein Minimum (nämlich a) und Maximum (nämlich b).

Wir beschließen diesen Abschnitt mit einer Frage, die erfahrungsgemäß leicht falsch beantwortet wird. Sei $G \subseteq \mathbb{R}^2$ ein Gebiet, und $f \in C^1(G)$ habe die Eigenschaft, dass $f_y(x,y) \equiv 0$ auf G gelte; folgt hieraus, dass f nur von x abhängt? Die Antwort ist überraschenderweise negativ:

Beispiel 5.42. Sei $G := \mathbb{R}^2 \setminus ([0,\infty) \times \{0\})$ und $f : G \to \mathbb{R}$ definiert durch

$$f(x,y) := \begin{cases} x^3 & \text{für } x > 0 \text{ und } y > 0, \\ 0 & \text{sonst.} \end{cases}$$

Dann ist f_y auf G stetig und erfüllt $f_y(x,y) \equiv 0$, aber $f(x,y)$ hängt durchaus von y ab, denn z.B. gilt $f(1,1) = 1$ und $f(1,-1) = 0$. ♡

Fragt man nach dem Grund für das bemerkenswerte Verhalten der Funktion aus Beispiel 5.42, so erkennt man, dass es an der „Geometrie" des Definitionsbereiches G liegt: Dadurch, dass wir die Ebene $\mathbb{R}^2$ entlang der nichtnegativen Halbachse $[0,\infty) \times \{0\}$ „aufgeschlitzt" haben, können wir die beiden übereinanderliegenden Punkte $(1,1)$ und $(1,-1)$ nicht gradlinig miteinander verbinden, ohne G zu verlassen. Teilmengen der Ebene, in denen das nicht passieren kann, gibt man einen besonderen Namen:

Definition 5.43. Eine Menge $M \subseteq \mathbb{R}^2$ heißt *konvex*, falls aus $(x_0,y_0) \in M$, $(x_1,y_1) \in M$ und $0 \leq \lambda \leq 1$ auch $(x_\lambda, y_\lambda) \in M$ folgt, wobei $x_\lambda := (1-\lambda)x_0 + \lambda x_1$ und $y_\lambda := (1-\lambda)y_0 + \lambda y_1$ sei. □

Geometrisch gesprochen bedeutet die Konvexität von M, dass M mit je zwei Punkten auch die gesamte Verbindungsstrecke zwischen diesen beiden Punkten enthält. Beispielsweise sind Kreisscheiben und Rechtecke konvexe Teilmengen der Ebene, aber die in Beispiel 5.42 betrachtete „geschlitzte Ebene" M ist es nicht, da z.B. die Punkte $(1,1)$ und $(1,-1)$ in M liegen, ihr Mittelpunkt $(1,0)$ aber nicht.

Man kann nun zeigen (s. Aufgabe 5.20), dass folgendes gilt: Sei $M \subseteq \mathbb{R}^2$ konvex, und $f \in C^1(M)$ habe die Eigenschaft, dass $f_y(x,y) \equiv 0$ [bzw. $f_x(x,y) \equiv 0$] auf M gelte; dann hängt f nur von x [bzw. nur von y] ab. Im Grunde haben wir ein entsprechendes Ergebnis für eine Funktion $f : M \to \mathbb{R}$ mit $M \subseteq \mathbb{R}$ schon in Satz 2.30 (e) kennengelernt: Ist M ein *Intervall*[25] und $f \in C^1(M)$, so folgt aus $f'(x) \equiv 0$ die Konstanz von f auf M. Ist dagegen M kein Intervall, kann man so nicht schließen.

5.4. Exkursion: Metrische Räume. Wie zu Beginn dieses Kapitels bemerkt, können wir im Raum $\mathbb{R}^d$ (speziell: in der Ebene $\mathbb{R}^2$) Analysis treiben, sobald wir dort einen Abstandsbegriff eingeführt haben (hier: die Euklidische Norm (5.1)). Dies kann man in einen allgemeineren Rahmen stellen, nämlich durch Einführung metrischer Räume. Der Begriff der Metrik ist sehr glücklich gewählt: Er ist einerseits eng genug, um mit seiner Hilfe viele wichtige Ergebnisse allgemeiner zu beweisen, die man aus der Analysis einer oder mehrerer Variabler kennt, und andererseits weit genug, um zahlreiche Beispiele abzudecken, die weit über die Analysis im $\mathbb{R}^d$ hinausgehen.

---

[25]Man kann sich leicht überlegen, dass die konvexen Teilmengen der reellen Achse genau die Intervalle sind.

Wir beginnen mit dem Begriff der Metrik, die unsere anschauliche Vorstellung vom „Abstand zweier Punkte" axiomatisiert:

Definition 5.44. Sei X eine beliebige nichtleere Menge. Eine *Metrik auf X* ist eine Abbildung $d : X \times X \to [0, \infty)$, die die drei Bedingungen

$$(5.46) \qquad\qquad d(x, y) = 0 \iff x = y,$$

$$(5.47) \qquad\qquad d(x, y) = d(y, x) \qquad (x, y \in X)$$

und

$$(5.48) \qquad\qquad d(x, y) \leq d(x, z) + d(z, y) \qquad (x, y, z \in X)$$

erfüllt. Die Bedingung (5.46) heißt *Definitheit*, die Bedingung (5.47) *Symmetrie* und die Bedingung (5.48) *Dreiecksungleichung*. Ist d eine Metrik auf einer Menge X, so nennt man das Paar (X, d) einen *metrischen Raum*. □

Vor einer Liste spezieller Beispiele bemerken wir, dass, wann immer wir eine sog. *Norm* $\| \cdot \|$ auf einem Vektorraum definiert haben (s. Abschnitt A.6 im Anhang), damit automatisch auch eine Metrik gegeben ist, nämlich

$$(5.49) \qquad\qquad d(x, y) := \|x - y\|.$$

In der Tat, aus den in (A.44) – (A.46) aufgezählten Eigenschaften einer Norm folgen dann sofort die Eigenschaften (5.46) – (5.48) einer Metrik. Wir nennen (5.49) die von der Norm $\| \cdot \|$ *induzierte Metrik*.

Beispiel 5.45. Die Euklidische Norm (5.1) induziert gemäß (5.49) in der Ebene $\mathbb{R}^2$ die *Euklidische Metrik*

$$d((x, y), (u, v)) = \|(x, y) - (u, v)\| = \sqrt{(x - u)^2 + (y - v)^2}.$$

Entsprechend induzieren die beiden anderen Normen $\| \cdot \|^*$ und $\| \cdot \|_*$ aus (A.48) und (A.49) die beiden Metriken

$$d^*((x, y), (u, v)) = \|(x, y) - (u, v)\|^* = |x - u| + |y - v|$$

bzw.

$$d_*((x, y), (u, v)) = \|(x, y) - (u, v)\|_* = \max \{|x - u|, |y - v|\}.$$

Zwei Punkte der Ebene können bzgl. dieser drei Metriken verschiedene Abstände haben; z.B. haben die beiden Punkte $(4, 1)$ und $(7, 5)$ jeweils den Abstand $d((4, 1), (7, 5)) = 5$ bzw. $d^*((4, 1), (7, 5)) = 7$ bzw. $d_*((4, 1), (7, 5)) = 4$. ♡

Beispiel 5.46. Auf dem Vektorraum $X = C([a, b])$ können wir eine Metrik d durch[26]

$$(5.50) \qquad\qquad d(f, g) := \max_{a \leq x \leq b} |f(x) - g(x)|$$

---

[26]Wir erinnern daran, dass die Existenz des Maximums in (5.50) durch Satz 1.54 sichergestellt wird.

definieren; diese Metrik wird durch die Norm (A.50) induziert und spielt in der Analysis eine wichtige Rolle. Neben (5.50) könnten wir noch andere Metriken auf derselben Menge X betrachten, etwa die Metrik[27]

$$(5.51) \qquad d^*(f,g) := \int_a^b |f(x) - g(x)|\, dx,$$

die durch die Norm (A.51) induziert wird. Allerdings hat die Metrik (5.51) „schlechtere" Eigenschaften als die Metrik (5.50), wie wir noch sehen werden. Zwei stetige Funktionen können bzgl. dieser beiden Metriken natürlich wieder verschiedene Abstände haben; z.B. haben die beiden Funktionen $f(x) = x$ und $g(x) = x^2$ (über dem Intervall $[a,b] = [0,1]$) jeweils den Abstand $d(f,g) = 1/4$ bzw. $d^*(f,g) = 1/6$. $\heartsuit$

Beispiel 5.47. Auf dem Vektorraum $X = C^1([a,b])$ können wir die durch die Norm (A.52) induzierte Metrik

$$(5.52) \qquad d_*(f,g) := \max_{a \le x \le b} |f(x) - g(x)| + \max_{a \le x \le b} |f'(x) - g'(x)|$$

definieren, oder auch wieder die Einschränkung der Metrik (5.50) vom größeren Raum $C([a,b])$ auf den Raum $C^1([a,b])$. Hier hat die Metrik (5.50) „schlechtere" Eigenschaften als die Metrik (5.52), wie wir ebenfalls noch sehen werden. Zwei stetig differenzierbare Funktionen können bzgl. dieser beiden Metriken natürlich wieder verschiedene Abstände haben; z.B. haben die beiden Funktionen $f(x) = x$ und $g(x) = x^2$ (wieder über dem Intervall $[a,b] = [0,1]$) in der Metrik (5.52) den Abstand $d_*(f,g) = 5/4$. $\heartsuit$

Beispiel 5.48. Wir ändern die Metrik (5.50) aus Beispiel 5.46 etwas ab, indem wir sie in eine ganze Schar neuer Metriken „einbetten". Für eine beliebige Konstante $\gamma \ge 0$ definieren wir[28]

$$(5.53) \qquad d_\gamma(f,g) := \max_{a \le x \le b} e^{-\gamma x} |f(x) - g(x)|.$$

Für jedes γ ergibt sich natürlich eine andere Metrik; für $\gamma = 0$ erhalten wir die alte Metrik (5.50) aus Beispiel 5.46. Im Beweis des überaus wichtigen Satzes 5.57 unten werden wir zeigen, wie nützlich es sein kann, die Metrik (5.50) durch die allgemeinere Metrik (5.53) zu ersetzen. $\heartsuit$

Beispiel 5.49. Dieses Beispiel zeigt, wie allgemein der Begriff der Metrik ist: Man kann nämlich *jede* Menge zu einem metrischen Raum machen! In der Tat, ist X eine beliebige nichtleere Menge, so wird durch

$$(5.54) \qquad \delta(x,y) := \begin{cases} 1 & \text{für} \quad x \ne y, \\ 0 & \text{für} \quad x = y, \end{cases}$$

eine Metrik auf X definiert, die sog. *diskrete Metrik*. Das Paar (X, δ) heißt dann *diskreter metrischer Raum*. Dieser metrische Raum spielt in der Analysis zwar keine so

---

[27]Hier benutzen wir, dass jede stetige Funktion auf $[a,b]$ integrierbar ist, s. Satz 3.6.

[28]Eine Metrik wie (5.53) wird in der Literatur oft *gewichtete Metrik* genannt, weil wir die „normale" Metrik (5.50) mit einer *Gewichtsfunktion* (hier: mit einer Exponentialfunktion) versehen.

prominente Rolle wie die vorher betrachteten, ist aber als „Lieferant pathologischer Gegenbeispiele" nützlich.   ♡

Da uns eine Metrik einen Abstandsbegriff liefert, können wir in einem metrischen Raum auch konvergente Folgen und Cauchy-Folgen betrachten (vgl. Abschnitt A.4 im Anhang):

Definition 5.50. Wir sagen, dass eine Folge $(x_n)_n$ in einem metrischen Raum (X,d) gegen ein $x \in X$ *konvergiert*, falls wir zu jedem $\varepsilon > 0$ ein $n_0 \in \mathbb{N}$ finden können derart, dass für $n \geq n_0$ stets $d(x_n, x) < \varepsilon$ gilt. Eine Folge $(x_n)_n$ in (X,d) heißt *Cauchy-Folge*, falls wir zu jedem $\varepsilon > 0$ ein $n_0 \in \mathbb{N}$ finden können derart, dass für $m, n \geq n_0$ stets $d(x_m, x_n) < \varepsilon$ gilt.   □

Natürlich imitiert Definition 5.50 genau die wohlbekannte Definition im metrischen Raum $X = \mathbb{R}$ mit der vom Absolutbetrag induzierten Metrik

$$(5.55) \qquad\qquad d_{|\cdot|}(x,y) = |x - y| \qquad (x, y \in \mathbb{R}).$$

Wie in Abschnitt A.4 des Anhangs kann man zeigen, dass aufgrund der Dreiecksungleichung (5.48) jede konvergente Folge eine Cauchy-Folge ist. Die Umkehrung gilt keineswegs immer, wie das klassische Beispiel $X = \mathbb{Q}$ mit der Metrik (5.55) lehrt. Ein metrischer Raum heißt *vollständig*, falls in ihm jede Cauchy-Folge konvergiert. Diese Definition ist mit der uns bekannten kompatibel, denn $(\mathbb{R}, d_{|\cdot|})$ ist vollständig, $(\mathbb{Q}, d_{|\cdot|})$ aber nicht.

Bei der Untersuchung der Vollständigkeit muss man stets berücksichtigen, welche Metrik man betrachtet, denn wir können ja ein und dieselbe Menge mit sehr vielen unterschiedlichen Metriken versehen. Beispielsweise ist der metrische Raum $(\mathbb{Q}, \delta)$ (wie überhaupt *jede* mit der diskreten Metrik versehene Menge!) durchaus vollständig: Eine Folge $(x_n)_n$ in einem diskreten metrischen Raum ist nämlich genau dann konvergent, wenn sie *stationär* ist, d.h. ab einem gewissen Index gilt $x_n = x_{n+1} = x_{n+2} = \ldots = x$, und auch genau dann ist sie Cauchy-Folge. Interessanter ist es, die in den Beispielen 5.46 und 5.47 eingeführten metrischen Räume auf Vollständigkeit zu untersuchen:

Beispiel 5.51. Der metrische Raum $(C([a,b]), d)$ mit $d(f,g)$ gemäß (5.50) ist vollständig (s. Aufgabe 5.43), aber der metrische Raum $(C([a,b]), d^*)$ mit $d^*(f,g)$ gemäß (5.51) ist es nicht. Um die letzte Behauptung zu beweisen, wählen wir o.B.d.A. $[a,b] = [0,1]$ und müssen eine Cauchy-Folge $(f_n)_n$ in $(C([0,1]), d^*)$ finden, die in diesem Raum nicht konvergiert. Für $n = 1, 2, 3, \ldots$ definieren wir

$$f_n(x) := \begin{cases} n & \text{für } 0 \leq x \leq \dfrac{1}{n^2}, \\[2ex] \dfrac{1}{\sqrt{x}} & \text{für } \dfrac{1}{n^2} < x \leq 1. \end{cases}$$

Dann ist $(f_n)_n$ eine Cauchy-Folge in der Metrik (5.51), konvergiert in dieser Metrik aber gegen keine stetige Funktion auf $[0,1]$.

In ähnlicher Weise kann man zeigen, dass der metrische Raum $(C^1([a,b]), d_*)$ mit $d_*(f,g)$ gemäß (5.52) vollständig ist (s. Aufgabe 5.44), der metrische Raum $(C^1([a,b]), d)$

mit $d(f,g)$ gemäß (5.50) aber nicht. Um die letzte Behauptung zu beweisen, wählen wir wieder o.B.d.A. $[a,b] = [0,1]$ und müssen eine Cauchy-Folge $(f_n)_n$ in $(C^1([0,1]), d)$ finden, die in diesem Raum nicht konvergiert. Für $n = 1, 2, 3, \ldots$ definieren wir jetzt

$$f_n(x) := \begin{cases} \dfrac{n}{2}x + \dfrac{1}{2n} & \text{für} \quad 0 \le x \le \dfrac{1}{n^2}, \\[2ex] \sqrt{x} & \text{für} \quad \dfrac{1}{n^2} < x \le 1. \end{cases}$$

Dann ist $(f_n)_n$ eine Cauchy-Folge in der Metrik (5.50), konvergiert in dieser Metrik aber gegen keine stetig differenzierbare Funktion auf $[0,1]$.   ♡

Nun sind wir in der Lage, stetige Abbildungen zwischen zwei metrischen Räumen (X, d_X) und (Y, d_Y) zu betrachten.[29]

Definition 5.52. Seien (X, d_X) und (Y, d_Y) zwei metrische Räume und $f : X \to Y$ eine Abbildung. Dann heißt f *stetig in* $x_0 \in X$, falls wir zu jedem $\varepsilon > 0$ ein $\delta > 0$ finden können derart, dass aus $d_X(x, x_0) < \delta$ stets $d_Y(f(x), f(x_0)) < \varepsilon$ folgt. Ist f in jedem Punkt einer Menge $M \subseteq X$ stetig, so sagen wir, dass f *auf M stetig* ist.   □

Man sieht sofort, dass bei Definition 5.52 unsere ursprüngliche Definition der Stetigkeit einer Funktion $f : \mathbb{R} \to \mathbb{R}$ „Pate gestanden hat": Die von uns im ersten Kapitel ausschließlich betrachtete Metrik auf $\mathbb{R}$ ist ja der natürliche Abstand (5.55); daher imitiert Definition 5.52 wieder den klassischen Stetigkeitbegriff aus Definition 1.5. Betrachtet man auf $\mathbb{R}$ allerdings eine ganz andere Metrik, so ist es manchmal recht überraschend, welche Funktionen sich bzgl. dieser Metrik als stetig erweisen:

Beispiel 5.53. Wir wissen schon, dass die stetigen Funktionen $f : (\mathbb{R}, d_{|\cdot|}) \to (\mathbb{R}, d_{|\cdot|})$ genau die in Kapitel 1 untersuchten sind. Was aber passiert, wenn wir die natürliche Metrik (5.55) vorn oder hinten etwa durch die diskrete Metrik (5.54) ersetzen?

Sei also z.B. $f : (\mathbb{R}, \delta) \to (\mathbb{R}, d_{|\cdot|})$ eine gegebene Funktion. Ist $\varepsilon > 0$ beliebig vorgegeben, so wählen wir $\delta := 1/2$. Dann ist die Bedingung $\delta(x, x_0) < 1/2$ nach Definition (5.54) nur durch $x = x_0$ erfüllt, und hieraus folgt natürlich immer

$$0 = |f(x) - f(x_0)| = d_{|\cdot|}(f(x), f(x_0)) < \varepsilon,$$

egal wie klein ε ist. Dies zeigt, dass *alle Funktionen* f vom metrischen Raum $(\mathbb{R}, \delta)$ in den metrischen Raum $(\mathbb{R}, d_{|\cdot|})$ stetig sind!

Nun betrachten wir umgekehrt $f : (\mathbb{R}, d_{|\cdot|}) \to (\mathbb{R}, \delta)$. Wir behaupten, dass f in diesem Fall nur dann stetig ist, wenn f *konstant* ist. Um dies einzusehen, fixieren wir einen beliebigen Punkt $x_0 \in \mathbb{R}$ und wählen zu $\varepsilon := 1/2$ ein $\delta > 0$ derart, dass aus $|x - x_0| = d_{|\cdot|}(x, x_0) < \delta$ stets $\delta(f(x), f(x_0)) < \varepsilon$ folgt. Nach Definition (5.54) und wegen unserer Wahl von ε bedeutet dies aber $\delta(f(x), f(x_0)) = 0$, also $f(x) = f(x_0)$. Somit haben wir bewiesen, dass f auf dem Intervall $(x_0 - \delta, x_0 + \delta)$ konstant ist, und daher wegen der Beliebigkeit von x_0 auf ganz $\mathbb{R}$. Dies zeigt, dass *nur die konstanten Funktionen* f vom metrischen Raum $(\mathbb{R}, d_{|\cdot|})$ in den metrischen Raum $(\mathbb{R}, \delta)$ stetig sind, also extrem wenige!

---

[29]Da die Metriken auf den beiden Mengen X und Y nicht dieselben sein müssen, hängen wir einen Index an die jeweilige Metrik.

Schließlich betrachten wir noch den Fall $f : (\mathbb{R}, \delta) \to (\mathbb{R}, \delta)$. Hier kann man wie im ersten Fall zeigen, dass wieder *alle* Funktionen f vom metrischen Raum $(\mathbb{R}, \delta)$ in sich stetig sind.   ♡

Beispiel 5.53 zeigt eindrucksvoll, warum es ziemlich sinnlos wäre, auf der reellen Achse eine so pathologische Metrik wie die diskrete Metrik einzuführen: Man bekäme dann entweder „zu viele" oder „zu wenige" stetige Funktionen. Erst wenn man eine „vernünftige" Metrik wie (5.55) betrachtet, bekommt man auch einen „vernünftigen" Stetigkeitsbegriff, mit dem man sinnvoll Analysis betreiben kann.

In Definition 1.48 haben wir Lipschitz-stetige Funktionen auf Teilmengen der reellen Achse eingeführt. Indem wir uns wieder von der Metrik (5.55) leiten lassen, können wir solche Funktionen nun auch zwischen beliebigen metrischen Räumen einführen; wir benutzen für solche Abbildungen im folgenden den Buchstaben Φ:

Definition 5.54. Seien (X, d_X) und (Y, d_Y) zwei metrische Räume und $\Phi : X \to Y$ eine Abbildung. Wir sagen, dass Φ *Lipschitz-stetig auf X* ist, falls es eine Konstante $L > 0$ gibt mit

$$(5.56) \qquad d_Y(\Phi(x_1), \Phi(x_2)) \le L d_X(x_1, x_2) \qquad (x_1, x_2 \in X).$$

Falls wir speziell $L < 1$ wählen können, nennen wir Φ eine *kontrahierende Abbildung* oder kurz eine *Kontraktion* auf X.   □

Im Falle der durch den Absolutbetrag induzierten Metrik (5.55) auf $\mathbb{R}$ reduziert sich die Lipschitzbedingung (5.55) natürlich genau auf die Bedingung (1.58). Ist Φ eine Kontraktion, so verkleinert Φ strikt die Abstände: Haben zwei Punkte x_1 und x_2 im metrischen Raum X den Abstand d, so haben ihre Bildpunkte $\Phi(x_1)$ und $\Phi(x_2)$ nach (5.56) im metrischen Raum Y nur noch einen Abstand $\le Ld < d$.

Wir kommen nun zu einem zentralen Satz über die Fixpunkte kontrahierender Abbildungen in metrischen Räumen.[30]

Satz 5.55. *Seien (X, d) ein vollständiger metrischer Raum und $\Phi : X \to X$ eine Kontraktion. Dann hat Φ genau einen Fixpunkt, d.h. es existiert genau ein $\xi \in X$ mit $\Phi(\xi) = \xi$. Definiert man, ausgehend von einem beliebigen Startwert $x_0 \in X$, sukzessive Iterationen durch*

$$(5.57) \qquad x_1 := \Phi(x_0), \ x_2 := \Phi(x_1), \ \ldots, \ x_{n+1} := \Phi(x_n), \ \ldots,$$

so konvergiert die Folge $(x_n)_n$ gegen den Fixpunkt ξ.

Beweis: Wir zeigen zunächst die Existenz eines Fixpunkts. Sei $x_0 \in X$ beliebig und $(x_n)_n$ die durch (5.57) definierte Iterationsfolge. Wir behaupten, dass $(x_n)_n$ eine Cauchy-Folge ist.

---

[30]Der folgende Satz 5.55 wird in der Literatur meist als *Fixpunktsatz von Banach* (nach Stefan Banach (1892-1945)) bezeichnet, in Frankreich aber auch als *Fixpunktsatz von Banach-Picard* (nach Charles Émile Picard (1856-1941)), in Italien als *Fixpunktsatz von Banach-Caccioppoli* (nach Renato Caccioppoli (1904-1959)) und in Russland als *Fixpunktsatz von Banach-Petrovskij* (nach Ivan Georgievich Petrovskij (1901-1973)).

Wir wissen, dass die Abbildung Φ eine Kontraktionsbedingung (5.56) mit $L < 1$ erfüllt. Hieraus folgt nacheinander

$$d(x_2, x_1) = d(\Phi(x_1), \Phi(x_0)) \leq L d(x_1, x_0),$$

$$d(x_3, x_2) = d(\Phi(x_2), \Phi(x_1)) \leq L d(x_2, x_1) \leq L^2 d(x_1, x_0),$$

$$\ldots\ldots\ldots\ldots\ldots\ldots\ldots\ldots$$

$$d(x_{n+1}, x_n) = d(\Phi(x_n), \Phi(x_{n-1})) \leq L d(x_n, x_{n-1})$$

$$\leq L^2 d(x_{n-1}, x_{n-2}) \leq \ldots \leq L^{n-1} d(x_2, x_1) \leq L^n d(x_1, x_0).$$

Unter mehrfacher Benutzung der Dreiecksungleichung (5.48) bekommen wir hieraus für beliebiges $k \in \mathbb{N}$

$$d(x_{n+k}, x_n) \leq d(x_{n+k}, x_{n+k-1}) + \ldots + d(x_{n+2}, x_{n+1}) + d(x_{n+1}, x_n)$$

$$\leq \left(L^{n+k} + \ldots + L^{n+1} + L^n \right) d(x_1, x_0) = L^n \sum_{j=0}^{k} L^j d(x_1, x_0)$$

$$\leq L^n \sum_{j=0}^{\infty} L^j d(x_1, x_0) = \frac{L^n}{1 - L} d(x_1, x_0),$$

wobei wir bei der letzten Ungleichung die endliche Summe durch die entsprechende geometrische Reihe von oben abschätzen konnten, die wegen $L < 1$ konvergiert (s. Beispiel A.22 im Anhang).

Da $L^n \to 0$ für $n \to \infty$ gilt, zeigt die letzte Ungleichungskette, dass $(x_n)_n$ tatsächlich eine Cauchy-Folge ist. Nun benutzen wir die wesentliche Voraussetzung, dass der metrische Raum (X, d) *vollständig* ist; die Folge $(x_n)_n$ hat also einen eindeutig bestimmten Grenzwert in X, den wir mit ξ bezeichnen.

Wir behaupten, dass ξ der gesuchte Fixpunkt ist. In der Tat, aus $x_n \to \xi$ für $n \to \infty$ folgt wegen der Stetigkeit von Φ auch $\Phi(x_n) \to \Phi(\xi)$ für $n \to \infty$ (s. Aufgabe 5.45). Aber wegen $\Phi(x_n) = x_{n+1}$ ist die Folge $(\Phi(x_n))_n$ nichts anderes als die „um eine Position verschobene" Folge $(x_n)_n$, hat also denselben Grenzwert ξ. Daher gilt $\Phi(\xi) = \xi$ wie behauptet.

Wir müssen noch zeigen, dass ξ der einzige Fixpunkt für Φ in X ist. Angenommen, es gibt noch einen weiteren Punkt $\eta \in X$ mit $\Phi(\eta) = \eta$. Dann liefert die Kontraktionsbedingung

$$d(\xi, \eta) = d(\Phi(\xi), \Phi(\eta)) \leq L d(\xi, \eta).$$

Dies ergibt wegen $L < 1$ nur dann keinen Widerspruch, wenn $d(\xi, \eta) = 0$ ist, also $\xi = \eta$. $\blacksquare$

Es ist interessant anzumerken, dass man die Kontraktionsbedingung (5.56) mit $L < 1$ nicht durch die schwächere Bedingung

$$(5.58) \qquad d_Y(\Phi(x_1), \Phi(x_2)) < d_X(x_1, x_2) \qquad (x_1, x_2 \in X,\ x_1 \neq x_2)$$

ersetzen darf. In (5.58) ist der Quotient $d_Y(\Phi(x_1), \Phi(x_2))/d_X(x_1, x_2)$ zwar immer noch für jedes Punktepaar (x_1, x_2) stets kleiner als 1, aber eben nicht kleiner oder gleich einer Konstanten $L < 1$ wie in (5.56).[31] Dass dieser Unterschied wirklich wesentlich ist, zeigt das folgende

Beispiel 5.56. Im metrischen Raum $X = \mathbb{R}$ mit der üblichen durch den Absolutbetrag induzierten Metrik (5.55) sei $\Phi : \mathbb{R} \to \mathbb{R}$ definiert durch

$$\Phi(x) := \log(1 + e^x).$$

Für je zwei verschiedene Punkte $x_1, x_2 \in \mathbb{R}$ finden wir nach dem Mittelwertsatz von Lagrange (Satz 2.25) ein ξ zwischen x_1 und x_2 mit

$$|\Phi(x_1) - \Phi(x_2)| = |\Phi'(\xi)| \, |x_1 - x_2| = \frac{e^\xi}{1 + e^\xi} |x_1 - x_2| < |x_1 - x_2|,$$

denn es gilt ja immer $e^\xi < 1 + e^\xi$. Dies zeigt, dass Φ die abgeschwächte Kontraktionsbedingung (5.58) erfüllt. Aber natürlich hat Φ keinen Fixpunkt, und daher kann Φ nicht der Kontraktionsbedingung (5.56) mit einem $L < 1$ genügen.   ♡

Ein weiteres Beispiel dieser Art findet man in Aufgabe 5.46. Es ist klar, dass schwach kontrahierende Abbildungen nicht mehr als einen Fixpunkt haben können; die Begründung ist dieselbe wie im Beweis von Satz 5.55.

Man kann übrigens die Bedingung (5.58) noch weiter dahingehend abschwächen, dass man nur

$$(5.59) \qquad d_Y(\Phi(x_1), \Phi(x_2)) \leq d_X(x_1, x_2) \qquad (x_1, x_2 \in X)$$

fordert.[32] Eine solche Abbildung muss gar keine Fixpunkte mehr haben, wie das Beispiel $X = Y = \mathbb{R}$ und $\Phi(x) = x + 1$ zeigt, oder sie kann sehr viele haben, wie das Beispiel der identischen Abbildung zeigt. In der folgenden Tabelle stellen wir das Fixpunktverhalten von Abbildungen zusammen, die (5.56) (mit $L < 1$), (5.58) oder (5.59) erfüllen:

Abbildung Φ	Fixpunkte: Existenz	Fixpunkte: Eindeutigkeit
kontrahierend	ja	ja
schwach kontrahierend	nein	ja
nichtexpansiv	nein	nein

Tab. 5.9: Existenz und Eindeutigkeit von Fixpunkten

---

[31]Solche Abbildungen, die (5.58) erfüllen, werden in der Literatur oft als *schwach kontrahierend* oder *schwache Kontraktionen* bezeichnet.

[32]Solche Abbildungen nennt man *nichtexpansiv*; die Bedingung (5.59) bedeutet, dass die Abbildung Φ Abstände zwar nicht notwendigerweise verkleinert, aber auch nicht vergrößert, d.h. sie „expandiert" nicht.

Wir kommen nun zu einer der wichtigsten Anwendungen des Banachschen Fixpunktsatzes, die einen Existenz- und Eindeutigkeitssatz für Lösungen des Anfangswertproblems (2.111) liefert. Sei $(x_0, y_0) \in \mathbb{R}^2$ fest und $f : [x_0, x_0 + a] \times [y_0 - b, y_0 + b] \to \mathbb{R}$ stetig. Wir erinnern daran, dass eine *Lösung* des Anfangswertproblems

$$(5.60) \qquad \begin{cases} y' = f(x, y), \\ y(x_0) = y_0 \end{cases}$$

eine stetig differenzierbare Funktion φ auf einem geeigneten Intervall $[x_0, x_0 + \alpha] \subseteq [x_0, x_0 + a]$ ist, die sowohl für alle x aus diesem Intervall die Differentialgleichung $\varphi'(x) = f(x, \varphi(x))$ als auch die Anfangsbedingung $\varphi(x_0) = y_0$ erfüllt.

In Satz 2.72 haben wir gesehen, dass ein solches Anfangswertproblem *höchstens* eine Lösung besitzt, wenn die rechte Seite f der Differentialgleichung in (5.60) bzgl. des zweiten Arguments einer Lipschitzbedingung genügt, d.h. wenn

$$(5.61) \quad |f(x, y_1) - f(x, y_2)| \leq L|y_1 - y_2| \qquad (x_0 \leq x \leq x_0 + a, |y_1 - y_0|, |y_2 - y_0| \leq b)$$

mit einer Konstanten $L > 0$ gilt. Allerdings konnten wir in Abschnitt 2.4 nicht beweisen, dass das Anfangswertproblem (5.60) *überhaupt eine Lösung besitzt*. Dies werden wir jetzt unter Verwendung von Satz 5.55 sehr elegant machen; hierbei wird auch klar werden, welche Rolle die Lipschitzbedingung (5.61) spielt. Der folgende fundamentale Satz heißt *Existenz- und Eindeutigkeitssatz von Picard-Lindelöf.*[33]

Satz 5.57. *Genügt die rechte Seite f der Differentialgleichung in (5.60) einer Lipschitzbedingung der Form (5.61), so ist das Anfangswertproblem (5.60) lokal eindeutig lösbar.*

Beweis: Wir arbeiten im metrischen Raum $X = C([x_0, x_0 + \alpha])$ mit der Metrik (5.50), wobei wir die Intervalllänge α noch nachträglich festlegen werden. In diesem Raum definieren wir die Abbildung Φ durch[34]

$$(5.62) \qquad \Phi(y)(x) := y_0 + \int_{x_0}^{x} f(t, y(t))\, dt \qquad (x_0 \leq x \leq x_0 + \alpha).$$

Wir behaupten, dass jeder Fixpunkt von Φ eine Lösung des Anfangswertproblems (5.60) ist und umgekehrt. In der Tat, sei $\varphi \in X$ ein Fixpunkt von Φ, d.h. es gelte

$$(5.63) \qquad \varphi(x) = y_0 + \int_{x_0}^{x} f(t, \varphi(t))\, dt \qquad (x_0 \leq x \leq x_0 + \alpha).$$

Da die Funktion f unter dem Integral als stetig vorausgesetzt war und auch φ stetig ist, ist die Funktion $t \mapsto f(t, \varphi(t))$ ebenfalls stetig, das Integral als Funktion der oberen Grenze nach dem Ersten Hauptsatz der Infinitesimalrechnung (Satz 3.12) mithin sogar stetig differenzierbar. Wegen der Gleichheit (5.63) ist also auch φ selbst stetig differenzierbar. Wir können daher (5.63) auf beiden Seiten differenzieren und erhalten nach Satz 3.12

$$\varphi'(x) = \frac{d}{dx} \int_{x_0}^{x} f(t, \varphi(t))\, dt = f(x, \varphi(x)),$$

---

[33]nach Charles Émile Picard (1856-1941) und Lorentz Leonard Lindelöf (1827-1908).
[34]Wir schreiben jetzt wieder $y = y(x)$ wie bei Differentialgleichungen üblich; die in (5.62) definierte Abbildung Φ wird in der Literatur manchmal als *Picard-Operator* bezeichnet.

d.h. φ erfüllt die Differentialgleichung in (5.60). Aber natürlich erfüllt φ auch die Anfangsbedingung in (5.60), denn für $x = x_0$ verschwindet das Integral in (5.63).

Sei nun umgekehrt φ eine Lösung des Anfangswertproblems (5.60). Integrieren wir dann die Differentialgleichung $\varphi'(t) = f(t, \varphi(t))$ über $[x_0, x]$, so erhalten wir nach Satz 3.13

$$\varphi(x) - \varphi(x_0) = \int_{x_0}^{x} \varphi'(t)\,dt = \int_{x_0}^{x} f(t, \varphi(t))\,dt = \Phi(\varphi)(x) - y_0,$$

woraus zusammen mit der Anfangsbedingung $\varphi(x_0) = y_0$ folgt, dass φ ein Fixpunkt der Abbildung Φ ist.

Somit haben wir das Problem, eine Lösung des Anfangswertproblems (5.60) zu finden, auf das Problem reduziert, die Existenz eines Fixpunkts der Abbildung (5.62) nachzuweisen; dies werden wir jetzt mit dem Banachschen Fixpunktsatz erledigen. Damit fangen wir sozusagen gleich drei Fliegen mit einer Klappe, denn Satz 5.55 liefert ja nicht nur die *Existenz* eines Fixpunkts, sondern auch seine *Eindeutigkeit*, ja sogar seine *Konstruierbarkeit* mittels der Iterationsfolge (5.57). Letzteres werden wir mit den anschließenden Beispielen 5.58 und 5.59 illustrieren.

Um den Banachschen Fixpunktsatz anwenden zu können, müssen wir zeigen, dass die durch (5.62) definierte Abbildung Φ bzgl. der Metrik

$$(5.64) \qquad d(\varphi, \psi) = \max\left\{ |\varphi(x) - \psi(x)| : x_0 \leq x \leq x_0 + \alpha \right\}$$

eine Kontraktion ist. Dazu nehmen wir der Einfachheit halber an, dass die Lipschitzbedingung (5.61) für die Funktion f sogar für alle $y_1, y_2 \in \mathbb{R}$ erfüllt ist. Dann erhalten wir für beliebiges $\varphi, \psi \in X$

$$(5.65) \quad \begin{aligned} |\Phi(\varphi)(x) - \Phi(\psi)(x)| &= \left| \int_{x_0}^{x} f(t, \varphi(t))\,dt - \int_{x_0}^{x} f(t, \psi(t))\,dt \right| \\ &= \left| \int_{x_0}^{x} [f(t, \varphi(t)) - f(t, \psi(t))]\,dt \right| \leq \int_{x_0}^{x} |f(t, \varphi(t)) - f(t, \psi(t))|\,dt \\ &\leq L \int_{x_0}^{x} |\varphi(t) - \psi(t)|\,dt \leq L\alpha\, d(\varphi, \psi), \end{aligned}$$

weil das Integrationsintervall die Länge α hat. Gehen wir im ersten Ausdruck in (5.65) zum Maximum bzgl. $x \in [x_0, x_0 + \alpha]$ über, so erhalten wir

$$(5.66) \qquad d(\Phi(\varphi), \Phi(\psi)) \leq L\alpha\, d(\varphi, \psi),$$

d.h. die Abbildung Φ ist tatsächlich eine Kontraktion bzgl. der Metrik (5.64), *falls $L\alpha < 1$ ist.*

Die Bedingung $\alpha < 1/L$ schränkt das Intervall, auf dem wir die Existenz und Eindeutigkeit einer Lösung des Anfangswertproblems (5.60) nachweisen können, unnötig ein. Benutzt man statt der Metrik (5.64) nämlich eine „raffiniertere" Metrik, so kann man oft die Existenz und Eindeutigkeit der Lösung auf einem viel größeren Intervall nachweisen. Als Beispiel kann die gewichtete Metrik (5.53) dienen, also hier

$$(5.67) \qquad d_\gamma(\varphi, \psi) = \max\left\{ e^{-\gamma x} |\varphi(x) - \psi(x)| : x_0 \leq x \leq x_0 + \alpha \right\} \qquad (\gamma \geq 0).$$

Bzgl. dieser Metrik können wir den Abstand von $\Phi(\varphi)$ und $\Phi(\psi)$ effektiver folgendermaßen abschätzen:

$$
\begin{aligned}
d_\gamma(\Phi(\varphi), \Phi(\psi)) &= \max_{x_0 \leq x \leq x_0+\alpha} e^{-\gamma x} \left| \int_{x_0}^x f(t, \varphi(t))\, dt - \int_{x_0}^x f(t, \psi(t))\, dt \right| \\
&\leq \max_{x_0 \leq x \leq x_0+\alpha} e^{-\gamma x} \int_{x_0}^x |f(t, \varphi(t)) - f(t, \psi(t))|\, dt \\
&\leq L \max_{x_0 \leq x \leq x_0+\alpha} e^{-\gamma x} \int_{x_0}^x |\varphi(t) - \psi(t)|\, dt \\
&= L \max_{x_0 \leq x \leq x_0+\alpha} e^{-\gamma x} \int_{x_0}^x e^{\gamma t} e^{-\gamma t} |\varphi(t) - \psi(t)|\, dt \leq L d_\gamma(\varphi, \psi) \max_{x_0 \leq x \leq x_0+\alpha} e^{-\gamma x} \int_{x_0}^x e^{\gamma t}\, dt \\
&= L d_\gamma(\varphi, \psi) \max_{x_0 \leq x \leq x_0+\alpha} e^{-\gamma x} \frac{e^{\gamma x} - e^{\gamma x_0}}{\gamma} = L \frac{1 - e^{-\gamma \alpha}}{\gamma} d_\gamma(\varphi, \psi).
\end{aligned}
$$

In der Metrik (5.67) ist die Abbildung Φ also schon dann eine Kontraktion, wenn

$$
(5.68) \qquad\qquad L \frac{1 - e^{-\gamma \alpha}}{\gamma} < 1
$$

gilt, und das können wir *immer* erreichen, falls wir γ nur groß genug wählen![35] Dies sichert uns die Lösung auf dem Intervall $[x_0, x_0 + \alpha]$ ohne die Einschränkung $\alpha < 1/L$ wie bei der ungewichteten Metrik (5.64). ∎

Der Beweis von Satz 5.55 zeigt, dass wir den (eindeutigen) Fixpunkt einer Kontraktion Φ stets als Grenzwert der Iterationsfolge (5.57) gewinnen können. In den beiden folgenden sehr einfachen Beispiel zeigen wir, wie das in der Praxis funktioniert.

Beispiel 5.58. Wir wollen das Anfangswertproblem

$$
(5.69) \qquad\qquad \begin{cases} y' = xy, \\ y(0) = 1 \end{cases}
$$

auf dem Intervall $[0, \alpha]$ mit einem möglichst großen $\alpha > 0$ lösen. Natürlich können wir mit den Hilfsmitteln aus Kapitel 2 sehr schnell zeigen, dass

$$
(5.70) \qquad\qquad y = \varphi(x) = e^{x^2/2}
$$

die eindeutige Lösung des Anfangswertproblems (5.69) ist, aber wir betrachten dies hier sozusagen als „didaktisches" Beispiel. Man sieht leicht, dass die rechte Seite $f(x, y) = xy$ auf $[0, 1] \times \mathbb{R}$ eine Lipschitzbedingung (5.61) mit $L = 1$ erfüllt. Wir zeigen, wie man mittels der Iterationsfolge (5.57) tatsächlich *die* Lösung von (5.69) explizit konstruieren kann.

Als Startwert wählen wir der Einfachheit halber die konstante Funktion $\varphi_0(x) \equiv 1$, weil das von der Anfangsbedingung in (5.69) nahegelegt wird. Damit bekommen wir

---

[35]In der Tat, für $\gamma \to \infty$ gilt wegen $\alpha > 0$ ja $1 - e^{-\gamma \alpha} \to 1$, so dass der Bruch in (5.68) gegen Null geht.

für die ersten drei Iterationen

$$\varphi_1(x) = \Phi(\varphi_0)(x) = 1 + \int_0^x f(t, \varphi_0(t))\, dt = 1 + \int_0^x t \cdot 1\, dt = 1 + \frac{1}{2}x^2,$$

$$\varphi_2(x) = \Phi(\varphi_1)(x) = 1 + \int_0^x f(t, \varphi_1(t))\, dt = 1 + \int_0^x t\left(1 + \frac{1}{2}t^2\right) dt = 1 + \frac{1}{2}x^2 + \frac{1}{8}x^4,$$

$$\varphi_3(x) = \Phi(\varphi_2)(x) = 1 + \int_0^x f(t, \varphi_2(t))\, dt = 1 + \int_0^x t\left(1 + \frac{1}{2}t^2 + \frac{1}{8}t^4\right) dt$$

$$= 1 + \frac{1}{2}x^2 + \frac{1}{8}x^4 + \frac{1}{48}x^6,$$

und allgemein nach dem n-ten Iterationsschritt

$$\varphi_n(x) = 1 + \int_0^x f(t, \varphi_{n-1}(t))\, dt = 1 + \frac{1}{2}x^2 + \frac{1}{8}x^4 + \frac{1}{48}x^6 + \ldots + \frac{1}{2^n n!}x^{2n}$$

$$= 1 + \frac{1}{1!}\frac{x^2}{2} + \frac{1}{2!}\left(\frac{x^2}{2}\right)^2 + \frac{1}{3!}\left(\frac{x^2}{2}\right)^3 + \ldots + \frac{1}{n!}\left(\frac{x^2}{2}\right)^n.$$

An der Struktur von $\varphi_n(x)$ sieht man aber, dass die Funktionenfolge $(\varphi_n)_n$ gegen die Funktion (5.70) konvergiert. Dieses Beispiel zeigt auch, dass die Bedingung $\alpha < 1/L$, die wir zur Sicherung der Kontraktionseigenschaft von Φ in der Metrik (5.64) benötigten, wirklich unnötig restriktiv ist, denn die Lösung φ des Anfangswertproblems (5.69) „lebt" ja auf der ganzen reellen Achse, d.h. ohne jegliche Beschränkung an die Intervalllänge α.   ♡

Beispiel 5.59. Wir wollen nun das Anfangswertproblem

$$(5.71) \qquad\qquad \begin{cases} y' = x + y, \\ y(0) = 0 \end{cases}$$

auf dem Intervall $[0, \alpha]$ mit einem möglichst großen $\alpha > 0$ lösen. Hier können wir die Lösung schon nicht mehr so schnell ablesen wie im vorigen Beispiel, sondern müssen unsere Kenntnisse über lineare Differentialgleichungen aus Abschnitt 2.4 heranziehen. In der dort eingeführten Bezeichnungsweise haben wir in (5.71) eine lineare Dgl vor uns mit $p(x) = 1$, $q(x) = x$, $P(x) = x$ und $\alpha'(x) = xe^{-x}$, also $\alpha(x) = -(x+1)e^{-x}$. Die allgemeine Lösung lautet demnach $y = ce^x - x - 1$ mit beliebigem $c \in \mathbb{R}$; unter Berücksichtigung der Anfangsbedingung $y(0) = 0$ bekommen wir also

$$(5.72) \qquad\qquad y = \varphi(x) = e^x - x - 1$$

als eindeutige Lösung des Anfangswertproblems (5.71). Man sieht wieder leicht, dass die rechte Seite $f(x, y) = x + y$ auf $\mathbb{R}^2$ eine Lipschitzbedingung (5.61) mit $L = 1$ erfüllt, so dass wir wiederum die Iterationsfolge (5.57) zur konstruktiven Ermittlung der eindeutigen Lösung von (5.71) heranziehen können.

Als Startwert wählen wir im Hinblick auf die Anfangsbedingung diesmal die konstante Funktion $\varphi_0(x) \equiv 0$. Damit bekommen wir für die ersten drei Iterationen

$$\varphi_1(x) = \Phi(\varphi_0)(x) = \int_0^x f(t, \varphi_0(t))\, dt = \int_0^x t\, dt = \frac{1}{2}x^2,$$

$$\varphi_2(x) = \Phi(\varphi_1)(x) = \int_0^x f(t, \varphi_1(t))\, dt = \int_0^x \left(t + \frac{1}{2}t^2\right) dt = \frac{1}{2}x^2 + \frac{1}{6}x^3,$$

$$\varphi_3(x) = \Phi(\varphi_2)(x) = \int_0^x f(t, \varphi_2(t))\, dt = \int_0^x \left(t + \frac{1}{2}t^2 + \frac{1}{6}t^3\right) dt$$
$$= \frac{1}{2}x^2 + \frac{1}{6}x^3 + \frac{1}{24}x^4,$$

und allgemein nach dem n-ten Iterationsschritt

$$\varphi_n(x) = \int_0^x f(t, \varphi_{n-1}(t))\, dt = \frac{1}{2!}x^2 + \frac{1}{3!}x^3 + \frac{1}{4!}x^4 + \ldots + \frac{1}{(n+1)!}x^{n+1}.$$

An der Struktur von $\varphi_n(x)$ sieht man aber, dass die Funktionenfolge $(\varphi_n)_n$ gegen die Exponentialreihe (2.89) konvergiert, bei der die ersten Terme 1 und x fehlen, also gegen die Funktion (5.72). Auch diese Lösung ist für alle $x \in \mathbb{R}$ definiert. $\heartsuit$

5.5. Zwei fundamentale Sätze. In Abschnitt 2.2 haben wir das folgende fundamentale Ergebnis über die lokale Umkehrbarkeit einer Funktion einer Variablen bewiesen (s. Satz 2.34): Ist $I \subseteq \mathbb{R}$ ein Intervall, $x_0 \in I^o$ und $f : I \to \mathbb{R}$ eine stetig differenzierbare Funktion, die die Bedingung

$$(5.73) \qquad\qquad f'(x_0) \neq 0$$

erfüllt, so ist f in x_0 streng monoton und daher *lokal umkehrbar*. Letzteres bedeutet, dass es ein Intervall $I_\delta(x_0) := (x_0 - \delta, x_0 + \delta)$ ($\delta > 0$ klein genug) gibt derart, dass $f : I_\delta(x_0) \to f(I_\delta(x_0))$ bijektiv ist. Darüberhinaus ist die Umkehrfunktion f^{-1} dann auf dem Bild $f(I_\delta(x_0))$ stetig differenzierbar mit

$$(f^{-1})'(f(x)) = \frac{1}{f'(x)} \qquad (x \in I_\delta(x_0)),$$

wie wir in Satz 2.14 gezeigt haben. Ziel dieses Abschnitts ist es unter anderem, ein analoges Ergebnis für Funktionen zweier Variabler herzuleiten und zu beweisen. Zu diesem Zweck müssen wir jetzt Funktionen einführen, die nicht nur auf Paaren reeller Zahlen definiert sind, sondern solche Paare auch als Werte annehmen:

Definition 5.60. Ein (ebenes) *Vektorfeld* auf einem Gebiet $G \subseteq \mathbb{R}^2$ ist eine Funktion $\mathbf{v} : G \to \mathbb{R}^2$. Hierbei setzen wir stets voraus, dass die *Komponentenfunktionen* $P, Q : G \to \mathbb{R}$, also $\mathbf{v}(x, y) = (P(x, y), Q(x, y))$ stetig differenzierbar auf G sind. Die Matrix

$$(5.74) \qquad\qquad J_{\mathbf{v}}(x, y) := \begin{pmatrix} P_x(x, y) & P_y(x, y) \\ Q_x(x, y) & Q_y(x, y) \end{pmatrix}$$

wird dann als *Jacobi-Matrix*[36] von **v** bezeichnet, ihre Determinante

$$(5.75) \quad \det J_{\mathbf{v}}(x,y) = \begin{vmatrix} P_x(x,y) & P_y(x,y) \\ Q_x(x,y) & Q_y(x,y) \end{vmatrix} = P_x(x,y)Q_y(x,y) - Q_x(x,y)P_y(x,y)$$

als *Jacobi-Determinante* von **v**.   □

Wir wollen nun überlegen, wie man das oben erwähnte Ergebnis über die lokale Umkehrbarkeit einer Funktion f in einem Punkt $x_0 \in \mathbb{R}$ auf die lokale Umkehrbarkeit eines Vektorfelds **v** in einem Punkt $(x_0, y_0) \in \mathbb{R}^2$ übertragen kann. Zunächst ist überhaupt nicht klar, wie wir die zentrale Bedingung (5.73) für Vektorfelder umformulieren müssen, denn diese haben ja insgesamt vier (partielle) Ableitungen.[37] Die Bedingung, dass alle partiellen Ableitungen in der Jacobi-Matrix (5.74) in (x_0, y_0) ungleich Null sein sollen, reicht für die lokale Umkehrbarkeit eines Vektorfelds **v** bei (x_0, y_0) jedenfalls nicht aus, wie das folgende sehr einfache Beispiel zeigt.

Beispiel 5.61. Sei $\mathbf{v} : \mathbb{R}^2 \to \mathbb{R}^2$ das durch

$$(5.76) \qquad\qquad \mathbf{v}(x,y) := (x+y, x+y)$$

definierte Vektorfeld. Dann sind alle vier partiellen Ableitungen aus (5.74) wegen $P_x(x,y) = P_y(x,y) = Q_x(x,y) = Q_y(x,y) \equiv 1$ überall ungleich Null. Allerdings können wir zu *keinem einzigen* Punkt $(x_0, y_0) \in \mathbb{R}^2$ ein $\delta > 0$ finden, so dass $\mathbf{v} : U_\delta(x_0, y_0) \to \mathbf{v}(U_\delta(x_0, y_0))$ bijektiv ist, wobei $U_\delta(x_0, y_0)$ wie vorher die δ-Umgebung (5.3) des Punktes (x_0, y_0) bezeichne. Um das einzusehen, bemerken wir, dass für jedes $t \in \mathbb{R}$ die Gleichheit

$$\mathbf{v}(x_0 + t, y_0 - t) = (x_0 + y_0, x_0 + y_0)$$

gilt, d.h. das Bild eines solchen Punktes (x_0+t, y_0-t) ist *unabhängig* von t. Insbesondere liegt für $|t| < \delta/\sqrt{2}$ der Punkt $(x_0 + t, y_0 - t)$ aber in der δ-Umgebung $U_\delta(x_0, y_0)$ von (x_0, y_0), so dass **v** auf $U_\delta(x_0, y_0)$ niemals injektiv sein kann.[38]   ♡

Wie wir gleich sehen werden, besteht die „richtige" Verallgemeinerung der Bedingung (5.73) darin zu fordern, dass die *Determinante* (5.75) der Jacobi-Matrix von **v** in (x_0, y_0) ungleich Null ist (s. Satz 5.62 unten). In der Tat ist ja $\det J_{\mathbf{v}}(x,y) \equiv 0$ für das Vektorfeld **v** aus Beispiel 5.61.

Wir beweisen nun zwei fundamentale Ergebnisse über differenzierbare Vektorfelder. Das erste Ergebnis trägt den Namen *Satz über die inverse Funktion*, das zweite den Namen *Satz über implizite Funktionen*.[39]

---

[36]nach Carl Gustav Jacobi (1804-1851).

[37]Ein ähnliches Problem hatten wir ja bei der Übertragung der hinreichenden Bedingungen $f'(x_0) = 0$ und $f''(x_0) > 0$ [bzw. $f''(x_0) < 0$] für das Vorliegen eines lokalen Minimums [bzw. lokalen Maximums] auf Funktionen zweier Variabler, welches wir in Satz 5.36 elegant gelöst haben.

[38]Kenner der Linearen Algebra sehen natürlich sofort den Grund hierfür: Das Vektorfeld (5.76) ist eine *lineare* Abbildung, die die ganze Ebene auf eine Gerade abbildet und daher nicht surjektiv ist. Nach einem bekannten Satz der Linearen Algebra ist **v** dann auch nicht injektiv.

[39]Diese etwas umständlichen Bezeichnungen klingen im Englischen viel eleganter: *inverse function theorem* bzw. *implicit function theorem*.

Satz 5.62 (Satz über die inverse Funktion). *Seien $G \subseteq \mathbb{R}^2$ ein Gebiet und $\mathbf{v}$: $G \to \mathbb{R}^2$ ein Vektorfeld mit Komponenten P und Q. In einem Punkt $(x_0, y_0) \in G$ gelte*

$$(5.77) \qquad \det J_\mathbf{v}(x_0, y_0) = P_x(x_0, y_0)Q_y(x_0, y_0) - Q_x(x_0, y_0)P_y(x_0, y_0) \neq 0.$$

Dann ist das Vektorfeld $\mathbf{v}$ bei (x_0, y_0) lokal umkehrbar, d.h. es gibt ein $\delta > 0$ derart, dass $\mathbf{v} : U_\delta(x_0, y_0) \to \mathbf{v}(U_\delta(x_0, y_0))$ bijektiv ist.

Beweis: Zunächst sieht man, dass die Matrix $H_0 := J_\mathbf{v}(x_0, y_0)$ wegen (5.77) invertierbar ist, d.h. die Matrix H_0^{-1} existiert. Für die späteren Abschätzungen ist es ratsam, nun statt der Euklidischen Norm (5.1) ausnahmsweise die Maximumnorm $\|\cdot\|_*$ auf dem $\mathbb{R}^2$ zu benutzen, die wir in (A.49) im Anhang definiert haben. Entsprechend soll $\|H\|_*$ für eine Matrix das Maximum der Absolutbeträge der Matrixelemente bezeichnen, also etwa für die Matrix (5.33)

$$(5.78) \qquad \|H\|_* = \max\{|\alpha|, |\beta|, |\gamma|, |\delta|\}.$$

Sei nun

$$(5.79) \qquad \varepsilon := \frac{1}{8\|H_0^{-1}\|_*}.$$

Da $\mathbf{v}$ nach Voraussetzung ein stetig differenzierbares Vektorfeld ist und die Norm (5.78) einer Matrix stetig von den Elementen dieser Matrix abhängt, können wir ein $\delta > 0$ finden derart, dass aus $(x, y) \in U_\delta(x_0, y_0)$, d.h. $\|(x, y) - (x_0, y_0)\| < \delta$, stets

$$(5.80) \qquad \|J_\mathbf{v}(x, y) - H_0\|_* < \varepsilon$$

folgt. Ausgeschrieben in Komponenten bedeutet (5.80) nach unserer Festlegung (5.78), dass die vier Abschätzungen

$$|P_x(x, y) - P_x(x_0, y_0)| < \varepsilon, \qquad |P_y(x, y) - P_y(x_0, y_0)| < \varepsilon,$$

$$|Q_x(x, y) - Q_x(x_0, y_0)| < \varepsilon, \qquad |Q_y(x, y) - Q_y(x_0, y_0)| < \varepsilon$$

simultan erfüllt sind. Wir zeigen nun, dass das so definierte δ gerade das Gewünschte leistet, d.h. dass das Vektorfeld $\mathbf{v}$ tatsächlich die Menge $U_\delta(x_0, y_0)$ injektiv (und damit bijektiv) auf ihr Bild $\mathbf{v}(U_\delta(x_0, y_0))$ abbildet.

Um dies einzusehen, fixieren wir einen Punkt $(u, v) \in \mathbf{v}(U_\delta(x_0, y_0))$; wir müssen zeigen, dass es *nur ein* $(x, y) \in U_\delta(x_0, y_0)$ gibt mit

$$(5.81) \qquad \mathbf{v}(x, y) = (u, v),$$

also $P(x, y) = u$ und $Q(x, y) = v$. Zu diesem Zweck definieren wir eine weitere Abbildung $\Phi : U_\delta(x_0, y_0) \to \mathbb{R}^2$ durch

$$(5.82) \qquad \Phi(x, y) := \begin{pmatrix} x \\ y \end{pmatrix} - H_0^{-1} \begin{pmatrix} u - P(x, y) \\ v - Q(x, y) \end{pmatrix},$$

wobei rechts in (5.82) die inverse Matrix von $H_0 = J_\mathbf{v}(x_0, y_0)$ (im Sinne von (A.63)) auf den rechts daneben stehenden Spaltenvektor (im Sinne von (A.61)) angewendet wird. Berücksichtigt man die Form (A.63) der inversen Matrix und die Definition (5.74) von H_0, so kann man die Komponentenfunktionen S und T von Φ, also $\Phi(x,y) = (S(x,y), T(x,y))$ ausschreiben in der Form

$$S(x,y) = x - \frac{1}{\Delta}\left[Q_y(x_0,y_0)(u - P(x,y)) - P_y(x_0,y_0)(v - Q(x,y))\right]$$

bzw.

$$T(x,y) = y + \frac{1}{\Delta}\left[Q_x(x_0,y_0)(u - P(x,y)) - P_x(x_0,y_0)(v - Q(x,y))\right],$$

wobei nach Voraussetzung $\Delta := \det H_0 \neq 0$ ist. Nach den üblichen Rechenregeln für Matrizen (s. Abschnitt A.7 im Anhang) gilt

$$J_\Phi(x,y) = E - H_0^{-1}J_{\mathbf{v}}(x,y) = H_0^{-1}\left[H_0 - J_{\mathbf{v}}(x,y)\right],$$

wobei E die Einheitsmatrix (A.62) sei. Mit (5.79) und (5.80) folgt hieraus

$$\|J_\Phi(x,y)\|_* \leq \|H_0^{-1}\|_*\|H_0 - J_{\mathbf{v}}(x,y)\|_* < \|H_0^{-1}\|_*\,\varepsilon = \frac{1}{8}.$$

Mit Satz 5.20 erhalten wir hieraus für die Komponentenfunktionen S und T von Φ direkt die Abschätzungen

$$|S(x_1,y_1) - S(x_2,y_2)| \leq \frac{1}{8}\left(|x_1 - x_2| + |y_1 - y_2|\right) \leq \frac{1}{4}\|(x_1,y_1) - (x_2,y_2)\|_*$$

sowie

$$|T(x_1,y_1) - T(x_2,y_2)| \leq \frac{1}{8}\left(|x_1 - x_2| + |y_1 - y_2|\right) \leq \frac{1}{4}\|(x_1,y_1) - (x_2,y_2)\|_*.$$

Zusammengefasst bedeutet dies, dass das Vektorfeld Φ auf $U_\delta(x_0,y_0)$ der Lipschitzbedingung

$$(5.83)\qquad \|\Phi(x_1,y_1) - \Phi(x_2,y_2)\|_* \leq \frac{1}{2}\|(x_1,y_1) - (x_2,y_2)\|_*$$

genügt. Diese Lipschitzbedingung wiederum besagt aber nichts anderes, als dass Φ auf $U_\delta(x_0,y_0)$ eine Kontraktion ist. Daher hat Φ höchstens einen Fixpunkt in $U_\delta(x_0,y_0)$, und das wollten wir gerade zeigen.[40]   ∎

Wir betonen, dass die Bedingung (5.77) wirklich nur die *lokale* Umkehrbarkeit des Vektorfelds $\mathbf{v}$ bei (x_0,y_0) garantiert, aber nicht seine „globale" Umkehrbarkeit auf dem ganzen Definitionsbereich.[41] Um dies zu illustrieren, betrachten wir zwei wichtige Beispiele.

Beispiel 5.63. Sei $\mathbf{v} : \mathbb{R}^2 \to \mathbb{R}^2$ das durch

$$(5.84)\qquad\qquad \mathbf{v}(x,y) := (e^x\cos y, e^x\sin y)$$

---

[40]Wir können hier nicht direkt den Banachschen Fixpunktsatz anwenden, weil nicht gewährleistet ist, dass Φ die Menge $U_\delta(x_0,y_0)$ *in sich* abbildet. Allerdings folgt aus der Kontraktionsbedingung (5.83) natürlich sofort, dass es nicht mehr als einen Fixpunkt von (5.82) geben kann, also auch nicht mehr als eine Lösung der Gleichung (5.81).

[41]Das ist übrigens überhaupt nicht verwunderlich, denn die Bedingung (5.77) ist (wie die Bedingung (5.73)) ja auch nur „lokal".

definierte Vektorfeld. Dann ist

$$\det J_{\mathbf{v}}(x,y) = \begin{vmatrix} e^x \cos y & -e^x \sin y \\ e^x \sin y & e^x \cos y \end{vmatrix} = e^x(\cos^2 y + \sin^2 y) = e^x \neq 0,$$

also ist $\mathbf{v}$ in *jedem* Punkt $(x_0, y_0) \in \mathbb{R}^2$ lokal umkehrbar.[42] Andererseits ist $\mathbf{v}$ wegen der in beiden Komponenten auftretenden periodischen Cosinus- und Sinusfunktion natürlich nicht auf der ganzen Ebene global umkehrbar, denn es gilt ja z.B. $\mathbf{v}(0, 2k\pi) = (1, 0)$ für alle $k \in \mathbb{Z}$. $\heartsuit$

Beispiel 5.64. Sei $\mathbf{v} : \mathbb{R}^+ \times \mathbb{R} \to \mathbb{R}^2$ das durch

$$(5.85) \qquad\qquad \mathbf{v}(r, \varphi) := (r \cos \varphi, r \sin \varphi)$$

definierte Vektorfeld. Dann ist

$$\det J_{\mathbf{v}}(r, \varphi) = \begin{vmatrix} \cos \varphi & -r \sin \varphi \\ \sin \varphi & r \cos \varphi \end{vmatrix} = r(\cos^2 y + \sin^2 y) = r > 0,$$

also ist $\mathbf{v}$ in *jedem* Punkt $(r, \varphi) \in (0, \infty) \times \mathbb{R}$ lokal umkehrbar.[43] Andererseits ist $\mathbf{v}$ wegen der in beiden Komponenten auftretenden periodischen Cosinus- und Sinusfunktion natürlich nicht auf der ganzen Ebene global umkehrbar, denn es gilt ja z.B. $\mathbf{v}(1, 2k\pi) = (1, 0)$ für alle $k \in \mathbb{Z}$. $\heartsuit$

Wir kommen nun zum zweiten fundamentalen Ergebnis dieses Abschnitts, dem sog. *Satz über implizite Funktionen.* Dazu nehmen wir an, dass $f : M \to \mathbb{R}$ eine stetig differenzierbare Funktion ist, die auf einem Gebiet G der Ebene definiert ist und reelle Zahlen als Werte annimmt. In einem Punkt $(x_0, y_0) \in G$ gelte $f(x_0, y_0) = 0$. Wir wollen wissen, wann man die Gleichung $f(x, y) = 0$ bei (x_0, y_0) „lokal nach y auflösen" kann, d.h. unter welchen Bedingungen an f man ein $\delta > 0$ und eine *eindeutig bestimmte* Funktion $\varphi : (x_0 - \delta, x_0 + \delta) \to \mathbb{R}$ finden kann derart, dass $\varphi(x_0) = y_0$ ist und

$$(5.86) \qquad\qquad f(x, \varphi(x)) \equiv 0 \qquad (|x - x_0| < \delta)$$

gilt. Anders ausgedrückt wollen wir wissen, wann wir die Nullstellenmenge von f

$$(5.87) \qquad\qquad N(f) := \{(x, y) \in G : f(x, y) = 0\},$$

zu der (x_0, y_0) nach Voraussetzung ja gehört, in der Nähe von (x_0, y_0) als Graph einer skalaren Funktion darstellen können. Dass dies tatsächlich vom Verhalten von f in (x_0, y_0) abhängt, zeigt das folgende sehr einfache

Beispiel 5.65. Sei $c \in \mathbb{R}$ fest, $G = \mathbb{R}^2$ und $f : G \to \mathbb{R}$ definiert durch $f(x, y) := x^2 + y^2 - c$. Für $c < 0$ ist $N(f) = \emptyset$, daher ist nichts zu untersuchen. Für $c > 0$ ist

---

[42]Wer komplexe Zahlen und Funktionen kennt, erkennt im Vektorfeld (5.84) die reelle Schreibweise der komplexen Exponentialfunktion $z \mapsto e^z$ wieder, die bekanntlich in jedem Punkt der komplexen Ebene lokal umkehrbar ist. Die Tatsache, dass sogar überall $\det J_{\mathbf{v}}(x, y) > 0$ gilt, bedeutet geometrisch, dass diese Exponentialfunktion *orientierungserhaltend* ist.

[43]Auch das Vektorfeld (5.85) ist in der Analysis mehrerer Variabler wohlbekannt: Die Abbildung $(r, \varphi) \mapsto (x, y) := \mathbf{v}(r, \varphi)$ ist nichts anderes als der Übergang von Polarkoordinaten zu kartesischen Koordinaten.

$N(f)$ die Kreislinie um $(0,0)$ mit Radius $r = \sqrt{c}$; hier müssen wir wiederum zwei Fälle unterscheiden. Im Falle $y_0 \neq 0$, also $x_0^2 < c$, können wir die Gleichung $f(x,y) = 0$ tatsächlich in der Form (5.86) auflösen, indem wir $y = \varphi(x) := \sqrt{c - x^2}$ bzw. $y = \varphi(x) := -\sqrt{c - x^2}$ für $|x - x_0| < \delta := \sqrt{c} - |x_0|$ definieren.[44] Im Falle $y_0 = 0$, also $x_0 = \sqrt{c}$ oder $x_0 = -\sqrt{c}$, können wir die Gleichung $f(x,y) = 0$ dagegen *nicht* in der Form (5.86) auflösen, weil $N(f)$ in der Nähe der Punkte $(\pm\sqrt{c}, 0)$ nicht als Graph einer Funktion dargestellt werden kann.[45] Für $c = 0$ schließlich ist $N(f) = \{(0,0)\}$; daher stellt sich das Problem der Auflösung nicht.   ♡

Im einzigen interessanten Fall $c > 0$ sind die beiden Punkte $(\sqrt{c}, 0)$ und $(-\sqrt{c}, 0)$ genau diejenigen, in denen die partielle Ableitung von f nach y verschwindet, denn es ist ja $f_y(x,y) = 2y$. Dies ist kein Zufall, wie der folgende Satz zeigt.

Satz 5.66 (Satz über implizite Funktionen). *Sei $G \subseteq \mathbb{R}^2$ ein Gebiet und $f : G \to \mathbb{R}$ eine stetig differenzierbare reellwertige Funktion zweier Variabler. In einem Punkt $(x_0, y_0) \in G$ gelte $f(x_0, y_0) = 0$ und*

$$(5.88) \qquad\qquad\qquad f_y(x_0, y_0) \neq 0.$$

Dann gilt folgendes:

(a) *Die Gleichung $f(x,y) = 0$ ist bei (x_0, y_0) lokal auflösbar nach y, d.h. es gibt ein $\delta > 0$ und eine eindeutig bestimmte stetige Funktion $\varphi : (x_0 - \delta, x_0 + \delta) \to \mathbb{R}$ derart, dass $\varphi(x_0) = y_0$ ist und (5.86) gilt.*

(b) *Die Funktion φ ist sogar differenzierbar in x_0 und es gilt*

$$(5.89) \qquad\qquad\qquad \varphi'(x_0) = -\frac{f_x(x_0, y_0)}{f_y(x_0, y_0)}.$$

Beweis: (a) Wir setzen wieder o.B.d.A. $(x_0, y_0) = (0,0)$ sowie $f_y(x_0, y_0) > 0$ voraus. Da f_y stetig ist, finden wir $a > 0$ und $b > 0$ derart, dass auf dem Rechteck $R := [-a, a] \times [-b, b]$ auch noch

$$(5.90) \qquad\qquad\qquad f_y(x,y) > 0 \qquad ((x,y) \in R)$$

gilt. Mit Satz 2.30 (b) folgt hieraus, dass die Funktion $y \mapsto f(0, y)$ auf dem Intervall $[-b, b]$ streng monoton wächst, also gilt insbesondere $f(0, -b) < 0$ und $f(0, b) > 0$. Da auch f stetig ist, können wir aus dem Permanenzprinzip (Satz 1.19) schließen, dass sogar $f(x, -b) < 0$ und $f(x, b) > 0$ für $|x| \leq \delta$ mit einem geeigneten $\delta > 0$ (o.B.d.A. $\delta \leq a$) gilt.

Für festes $x \in (-\delta, \delta)$ ist aber auch die Funktion $y \mapsto f(x,y)$ auf $[-b, b]$ streng monoton wachsend; daher existiert wegen (5.90) ein *eindeutiges* Element $y \in (-b, b)$ mit $f(x,y) = 0$. Setzen wir $y =: \varphi(x)$, so ist dadurch also eine Funktion $\varphi : (-\delta, \delta) \to (-b, b)$ definiert. Dass diese Funktion φ auf $(-\delta, \delta)$ stetig ist, kann man genauso beweisen, indem man einen Punkt $\hat{x} \in (-\delta, \delta)$ fixiert und die eben benutzte Argumentation auf Intervalle der Form $(\hat{y} - \varepsilon, \hat{y} + \varepsilon)$ mit $\hat{y} = \varphi(\hat{x})$ anwendet.

---

[44]Geometrisch ist diese Auflösung klar: Im Fall $y_0 > 0$ ist der Graph von φ ein Stück des oberen Halbkreisbogens, im Fall $y_0 < 0$ ein Stück des unteren Halbkreisbogens durch (x_0, y_0).

[45]Auch dies ist geometrisch wieder klar, weil jedes Stück des rechten oder linken Halbkreisbogens, welches die x-Achse schneidet, einen Teil oberhalb und einen Teil unterhalb der x-Achse enthält.

(b) Um die Differenzierbarkeit der soeben konstruierten Funktion φ in $x_0 = 0$ zu beweisen, wählen wir $0 < h < \delta$ und $k := \varphi(h)$. Dann folgt aus Formel (5.19) (mit $(x_1, y_1) = (0, 0)$, $(x_2, y_2) = (h, k)$ und $(\xi, \eta) = (\tau h, \tau k)$) wegen $f(0, 0) = 0$ die Darstellung

$$(5.91) \qquad f(h, k) = h f_x(\tau h, \tau k) + k f_y(\tau h, \tau k)$$

mit einem geeigneten $\tau \in [0, 1]$. Nach Wahl von k ist aber $f(h, k) = f(h, \varphi(h)) = 0$. Da außerdem (mit derselben Schreibweise wie in (a)) $f_y(x, y) \neq 0$ für alle $(x, y) \in (-\delta, \delta) \times (-b, b)$ gilt, bekommen wir aus (5.91)

$$(5.92) \qquad \frac{\varphi(h) - \varphi(0)}{h} = -\frac{f_x(\tau h, \tau k)}{f_y(\tau h, \tau k)}.$$

Gehen wir in (5.92) zum Grenzwert $h \to 0$ über, so zieht dies wegen der Stetigkeit von φ auch $k \to 0$ nach sich. Da auch f_x und f_y nach Voraussetzung stetig sind, bekommen wir

$$\varphi'(0) = -\frac{f_x(0, \varphi(0))}{f_y(0, \varphi(0))}$$

wie behauptet. Damit haben wir Satz 5.66 bewiesen.   ∎

Übrigens ist der Beweis der Formel (5.89) vollkommen trivial, wenn (!) wir die Differenzierbarkeit von φ in x_0 schon bewiesen haben. In der Tat, aus der Kettenregel (5.15) bekommen wir dann sofort

$$0 = \frac{d}{dx} f(x_0, \varphi(x_0)) = f_x(x_0, y_0) + f_y(x_0, y_0) \varphi'(x_0),$$

also (5.89). Wegen seiner Wichtigkeit illustrieren wir Satz 5.66 mit gleich drei Beispielen.

Beispiel 5.67. Sei $f : \mathbb{R}^2 \to \mathbb{R}$ definiert wie in Beispiel 5.40. Dort haben wir schon ausgerechnet, dass $f_y(x, y) = x(1 - y)e^{-(x+y)}$ ist, d.h. die Bedingung (5.88) ist auf der y-Achse und der horizontalen Geraden $y = 1$ verletzt. Wählen wir also $(x_0, y_0) \in \mathbb{R}^2$ mit $x_0 \neq 0$ und $y_0 \neq 1$, so können wir die Gleichung $xye^{-(x+y)} = c$ für jedes $c \in \mathbb{R}$ lokal nach y in der Form $x\varphi(x)e^{-(x+\varphi(x))} = c$ auflösen.   ♡

Beispiel 5.68. Sei $f : \mathbb{R}^2 \to \mathbb{R}$ definiert durch

$$f(x, y) := e^{\sin xy} + x^2 - 2y - 1.$$

Wir wollen untersuchen, ob die Gleichung $f(x, y) = 0$ in der Nähe des Nullpunktes $(x_0, y_0) = (0, 0)$ nach y auflösbar ist. Offenbar ist $f(0, 0) = 0$ und

$$f_x(x, y) = e^{\sin xy} y \cos xy + 2x, \qquad f_y(x, y) = e^{\sin xy} x \cos xy - 2$$

also speziell $f_y(0, 0) = -2 \neq 0$. Daher kann man nach Satz 5.66 ein $\delta > 0$ und eine eindeutig bestimmte differenzierbare Funktion $\varphi : (-\delta, \delta) \to \mathbb{R}$ finden so, dass $f(x, \varphi(x)) \equiv 0$ für $|x| < \delta$ gilt. Darüberhinaus zeigt die Formel (5.89), dass

$$\varphi'(0) = -\frac{f_x(0, 0)}{f_y(0, 0)} = 0$$

ist. Von einer *expliziten* Auflösung, also einer expliziten Angabe der Form von φ kann – ebenso wie in Beispiel 5.67 – nicht im entferntesten die Rede sein. $\heartsuit$

Beispiel 5.69. Wir wollen für $x, y > 0$ die Gleichung

$$(5.93) \qquad\qquad x^y = y^x$$

in der Nähe des Punktes $(x_0, y_0) = (1, 1)$ untersuchen, in dem sie erfüllt ist. Durch Logarithmieren können wir diese Gleichung auf die Form

$$y \log x = x \log y \qquad (x, y > 0)$$

bringen; ihre Lösungen sind also die Nullstellen der durch $f(x, y) := y \log x - x \log y$ definierten Funktion $f : \mathbb{R}^+ \times \mathbb{R}^+ \to \mathbb{R}$. Wegen

$$f_x(x, y) = \frac{y}{x} - \log y, \qquad f_y(x, y) = \log x - \frac{x}{y}$$

ist speziell $f_x(1, 1) = 1$ und $f_y(1, 1) = -1$, also können wir die Gleichung (5.93) bei $(1, 1)$ in der Form (5.86) darstellen und erhalten nach (5.89) insbesondere $\varphi'(1) = 1$. $\heartsuit$

Der Beweis von Satz 5.66 beruht sehr stark auf der Tatsache, dass wir nur Funktionen *zweier* Variabler f betrachten, denn in diesem Fall ist die „auflösende Funktion" φ skalar, kann also mit *Monotoniemethoden* behandelt werden.[46] Man kann Satz 5.66 auch für Funktionen *mehrerer* Variabler formulieren und beweisen, aber der Beweis wird dann erheblich aufwendiger. Man kann ihn allerdings auch auf den Satz von der inversen Funktion zurückführen, also als Folgerung aus Satz 5.62 beweisen. Wie das geht, wollen wir kurz skizzieren.

Sei also $f : M \to \mathbb{R}$ eine stetig differenzierbare reellwertige Funktion zweier Variabler, die die Voraussetzungen von Satz 5.66 erfüllt. Wir definieren ein Vektorfeld $\mathbf{v} : M \to \mathbb{R}^2$ durch $\mathbf{v}(x, y) := (x, f(x, y))$. Es ist klar, dass dann die Komponenten $P(x, y) := x$ und $Q(x, y) := f(x, y)$ dieses Vektorfeldes stetig differenzierbar sind; außerdem gilt wegen $P_x(x, y) \equiv 1$ und $P_y(x, y) \equiv 0$

$$\det J_{\mathbf{v}}(x_0, y_0) = P_x(x_0, y_0) Q_y(x_0, y_0) - Q_x(x_0, y_0) P_y(x_0, y_0) = f_y(x_0, y_0) \neq 0,$$

weil wir das in Satz 5.66 ja vorausgesetzt haben. Nach Satz 5.62 finden wir ein $\delta > 0$ derart, dass $\mathbf{v} : U_{\delta\sqrt{2}}(x_0, y_0) \to \mathbf{v}(U_{\delta\sqrt{2}}(x_0, y_0))$ injektiv ist.[47] Setzen wir $I_\delta := (x_0 - \delta, x_0 + \delta)$ und $J_\delta := (y_0 - \delta, y_0 + \delta)$, so gilt $I_\delta \times J_\delta \subset U_{\delta\sqrt{2}}$, also nach Konstruktion von $\mathbf{v}$ auch $\mathbf{v}(I_\delta \times J_\delta) \subseteq I_\delta \times f(I_\delta \times J_\delta)$.

Gäbe es nun ein $x \in I_\delta$ derart, dass zwei verschiedene Elemente $y_1 = \varphi_1(x) \in J_\delta$ und $y_2 = \varphi_2(x) \in J_\delta$ die Beziehung $f(x, y_1) = f(x, y_2) = 0$ erfüllen, so wäre $\mathbf{v}(x, y_1) = (x, 0) = \mathbf{v}(x, y_2)$, Widerspruch.

Auf die beschriebene Weise haben wir den Satz über implizite Funktionen also mittels des Satzes über die inverse Funktion durch „Anhängen einer zweiten Koordinate"

---

[46]In der von uns benutzten Variante für lediglich zwei Variable geht der Satz auf Ulisse Dini (1845-1918) zurück und wird deshalb *Satz von Dini* genannt.

[47]Der Faktor $\sqrt{2}$ hinter dem δ wird gleich durch die Definition der beiden Intervalle I_δ und J_δ erklärt.

bewiesen. Interessanterweise kann man auch umgekehrt den Satz über die inverse Funktion mit Hilfe des Satzes über implizite Funktionen beweisen; diese beiden Sätze sind also in gewissem Sinn *äquivalent*. Die Zurückführung von Satz 5.62 auf Satz 5.66 erfordert allerdings eine Verallgemeinerung auf Funktionen von mehr als zwei Variablen, die wir hier nicht betrachten wollen.

Um nur ganz grob die Idee zu skizzieren, betrachten wir wie in Satz 5.62 ein Vektorfeld $\mathbf{v} : M \to \mathbb{R}^2$ mit Komponenten P und Q, welches in einem Punkt $(x_0, y_0) \in M$ die Bedingung (5.77) erfüllen möge. Für $(u, v) \in \mathbb{R}^2$ definieren wir dann eine Funktion von vier Variablen $f : M \times \mathbb{R}^2 \to \mathbb{R}^2$ durch

$$f(x, y, u, v) := \mathbf{v}(x, y) - (u, v) = (P(x, y) - u, Q(x, y) - v).$$

Die Nullstellen von f sind also genau die Lösungen der Gleichung (5.81). Bei der erwähnten Verallgemeinerung des Satzes über implizite Funktionen auf mehrere Variable muss man dann die Bedingung (5.77) durch die Bedingungen der Invertierbarkeit der Matrix

$$(5.94) \qquad D = \begin{pmatrix} P_x(x, y) & P_y(x, y) \\ Q_x(x, y) & Q_y(x, y) \end{pmatrix}$$

ersetzen. Aber die Determinante dieser Matrix ist für $(x, y) = (x_0, y_0)$ ja nichts anderes als der Ausdruck in (5.77), also verschieden von Null. Daher ist die Matrix (5.94) tatsächlich invertierbar, und hieraus folgt die Anwendbarkeit von Satz 5.66 zum Beweis von Satz 5.62.

Zum Schluss wollen wir noch einmal auf Extremalprobleme mit Nebenbedingungen zurückkommen, wie wir sie in Beispiel 5.41 betrachtet haben. Dort haben wir das Problem behandelt, Maxima und Minima einer C^1-Funktion $f : \mathbb{R}^2 \to \mathbb{R}$ auf einer kompakten Teilmenge $K \subset \mathbb{R}^2$ zu finden, die wir als Nullstellenmenge einer anderen Funktion g darstellen können. In Beispiel 5.41 war dies der Rand des Einheitskreises, also

$$(5.95) \qquad K := \{(x, y) : x^2 + y^2 = 1\} = \{(x, y) : g(x, y) = 0\}$$

mit $g(x, y) := x^2 + y^2 - 1$. Nach dem vor Beispiel 5.41 erwähnten Ergebnis hat f als stetige Funktion auf der kompakten Menge K *immer* ein Maximum und ein Minimum, d.h. es gibt Punkte $(\overline{x}, \overline{y}) \in K$ bzw. $(\underline{x}, \underline{y}) \in K$ mit

$$(5.96) \qquad f(\overline{x}, \overline{y}) = \max\{f(x, y) : (x, y) \in K\},$$

bzw.

$$(5.97) \qquad f(\underline{x}, \underline{y}) = \min\{f(x, y) : (x, y) \in K\}.$$

Das Problem ist, dass wir die Punkte $(\overline{x}, \overline{y})$ und $(\underline{x}, \underline{y})$ nicht – wie bei lokalen Extrema im Innern – durch Nullsetzen des Gradienten und Untersuchung der Hesse-Matrix ermitteln können. In Beispiel 5.41 haben wir vielmehr die Einschränkung der Funktion f auf K als Funktion einer reellen Variablen betrachtet und dann die übliche Methode für skalare Funktionen benutzt.

Es gibt allerdings ein erheblich eleganteres Verfahren, welches auf dem Satz über implizite Funktionen beruht und *Methode der Lagrange-Multiplikatoren* genannt wird. Obwohl diese Methode nur eine *notwendige* Bedingung für das Vorliegen eines Extremums mit Nebenbedingung liefert, ist es trotzdem für die Ermittlung solcher Extrema nützlich. Wir formulieren einen entsprechenden Satz und diskutieren anschließend zwei typische Beispiele.

Satz 5.70 (Extrema mit Nebenbedingung). *Seien* $f, g : \mathbb{R}^2 \to \mathbb{R}$ *zwei stetig differenzierbare Funktionen, und die Menge*

$$K := \{(x, y) \in \mathbb{R}^2 : g(x, y) = 0\}$$

sei kompakt. In einem Punkt $(x_0, y_0) \in K$ *gelte* $\operatorname{grad} g(x_0, y_0) \neq (0, 0)$, *und die Einschränkung von* f *auf* K *habe in* (x_0, y_0) *ein Extremum. Dann gibt es ein* $\lambda \in \mathbb{R}$ *mit*[48]

$$(5.98) \qquad\qquad \operatorname{grad} f(x_0, y_0) = \lambda \operatorname{grad} g(x_0, y_0).$$

Beweis: Wegen $\operatorname{grad} g(x_0, y_0) \neq (0, 0)$ können wir o.B.d.A. annehmen, dass $g_y(x_0, y_0) \neq 0$ ist.[49] Nach Satz 5.66 finden wir daher ein $\delta > 0$ und eine eindeutig bestimmte C^1-Funktion $\varphi : (x_0 - \delta, x_0 + \delta) \to \mathbb{R}$ mit $\varphi(x_0) = y_0$ und $g(x, \varphi(x)) \equiv 0$ auf $(x_0 - \delta, x_0 + \delta)$; überdies gilt

$$(5.99) \qquad\qquad g_x(x_0, y_0) + g_y(x_0, y_0)\varphi'(x_0) = 0.$$

Da die durch $h(x) := f(x, \varphi(x))$ definierte Funktion $h : (x_0 - \delta, x_0 + \delta) \to \mathbb{R}$ nach Voraussetzung in x_0 extrem wird, gilt

$$(5.100) \qquad\qquad 0 = h'(x_0) = f_x(x_0, y_0) + f_y(x_0, y_0)\varphi'(x_0).$$

Setzen wir also

$$\lambda := \frac{f_y(x_0, y_0)}{g_y(x_0, y_0)},$$

so gilt trivialerweise $f_y(x_0, y_0) = \lambda\, g_y(x_0, y_0)$, d.h. (5.98) ist in der zweiten Komponente erfüllt. Andererseits erhalten wir aus (5.99) und (5.100)

$$f_x(x_0, y_0) = -f_y(x_0, y_0)\varphi'(x_0) = -\lambda\, g_y(x_0, y_0)\varphi'(x_0) = \lambda\, g_x(x_0, y_0),$$

d.h. (5.98) ist auch in der ersten Komponente erfüllt. ∎

Beispiel 5.71. Sei $f(x, y) := -(x^2 + y^2)^2 + x^2 - y^2$ wie in Beispiel 5.41. Dort hatten wir gesehen, dass f in $(0, 0)$ einen Sattelpunkt sowie in $(1/\sqrt{2}, 0)$ und $(-1/\sqrt{2}, 0)$ je ein lokales Maximum besitzt. Bei der Suche nach Extrema auf der Einheitskreisscheibe haben wir dann noch bewiesen, dass f auf der kompakten Menge (5.95) in $(1, 0)$ und $(-1, 0)$ je ein Maximum und in $(0, 1)$ und $(0, -1)$ je ein Minimum hat.

Setzen wir $g(x, y) := x^2 + y^2 - 1$ wie in (5.95), so ist der Einheitskreisrand gerade die Nullstellenmenge von g, und dort gilt $\operatorname{grad} g(x, y) = (2x, 2y) \neq (0, 0)$; daher können wir

---

[48]In der Sprache der Linearen Algebra bedeutet (5.98), dass die Vektoren $\operatorname{grad} f(x_0, y_0)$ und $\operatorname{grad} g(x_0, y_0)$ *kollinear* sind, also in dieselbe oder entgegengesetzte Richtung zeigen.

[49]Falls dagegen $g_y(x_0, y_0) = 0$ und $g_x(x_0, y_0) \neq 0$ ist, benutzen wir Aufgabe 5.51.

Satz 5.70 anwenden. In der Tat, für die beiden Maxima $(1,0)$ und $(-1,0)$ bekommen wir

$$\operatorname{grad} f(\pm 1, 0) = (\mp 2, 0), \qquad \operatorname{grad} g(\pm 1, 0) = (\pm 2, 0),$$

so dass (5.98) mit $\lambda := -1$ erfüllt ist. Analog erhalten wir für die beiden Minima $(0,1)$ und $(0,-1)$

$$\operatorname{grad} f(0, \pm 1) = (0, \mp 6), \qquad \operatorname{grad} g(0, \pm 1) = (0, \pm 2),$$

so dass (5.98) mit $\lambda := -3$ erfüllt ist. $\qquad\qquad\qquad\qquad\qquad\qquad\qquad\heartsuit$

In Satz 5.36 haben wir (in Verbindung mit Aufgabe 5.31) eine Methode aus der Linearen Algebra benutzt (Eigenwerte einer symmetrischen 2×2-Matrix), um elegant ein Ergebnis aus der Analysis (Extrema einer differenzierbaren Funktion zweier Variabler) zu beweisen. Im folgenden Beispiel ist es umgekehrt: Wir benutzen eine Methode aus der Analysis (Extrema mit Nebenbedingungen für Funktionen zweier Variabler), um elegant ein Ergebnis aus der Linearen Algebra (Eigenwerte einer symmetrischen 2×2-Matrix) zu beweisen.

Beispiel 5.72. Sei H wie in (5.33) eine 2×2-Matrix, wobei wir voraussetzen, dass H *symmetrisch* ist, also $\gamma = \beta$ ist. Die zugehörige quadratische Form (5.34) hat in diesem Fall die spezielle Form

$$q_H(x, y) = \alpha x^2 + 2\beta xy + \delta y^2.$$

Wir suchen Extrema der Funktion $f := q_H$ unter der Nebenbedingung $g(x, y) := x^2 + y^2 - 1 = 0$, d.h. auf der Menge (5.95). Nach der Bemerkung vor Beispiel 5.41 sichern die Kompaktheit von (5.95) und die Stetigkeit von f die *Existenz* solcher Extrema, d.h. es gibt sicher Punkte $(\overline{x}, \overline{y}), (\underline{x}, \underline{y}) \in K$, die (5.96) bzw. (5.97) erfüllen. Die genaue Position dieser Punkte kann man mit demselben Verfahren wie in Beispiel 5.41 berechnen, aber das wollen wir hier gar nicht wissen. Uns interessiert vielmehr die Information aus Satz 5.70, dass es reelle Zahlen $\overline{\lambda}$ und $\underline{\lambda}$ gibt mit

$$(5.101) \qquad \overline{\lambda}(2\overline{x}, 2\overline{y}) = \overline{\lambda} \operatorname{grad} g(\overline{x}, \overline{y}) = \operatorname{grad} q_H(\overline{x}, \overline{y})$$

und

$$(5.102) \qquad \underline{\lambda}(2\underline{x}, 2\underline{y}) = \underline{\lambda} \operatorname{grad} g(\underline{x}, \underline{y}) = \operatorname{grad} q_H(\underline{x}, \underline{y}).$$

Man rechnet nun leicht aus, dass

$$\operatorname{grad} q_H(x, y) = (2\alpha x + 2\beta y, 2\beta x + 2\delta y) = 2H(x, y)$$

ist (vgl. Aufgabe 5.35); daher können wir (5.101) und (5.102) mit der Abkürzung $\overline{z} := (\overline{x}, \overline{y})$ bzw. $\underline{z} := (\underline{x}, \underline{y})$ zusammenfassen zu

$$(5.103) \qquad H\overline{z} = \overline{\lambda}\,\overline{z}, \qquad H\underline{z} = \underline{\lambda}\,\underline{z}.$$

Die Beziehung (5.103) besagt aber nichts anderes, als dass *die symmetrische Matrix H immer zwei reelle Eigenwerte besitzt.*[50] Diesen wichtigen Existenzsatz der Linearen

---

[50] Natürlich ist hierbei nicht ausgeschlossen, dass die beiden Eigenwerte zusammenfallen; dies ist offensichtlich genau für $\delta = \alpha$ und $\beta = 0$ der Fall, d.h. wenn $H = \alpha E$ ein Vielfaches der Einheitsmatrix (A.62) ist.

Algebra haben wir also mit Hilfe einer rein analytischen Überlegung gewonnen, nämlich aus Satz 5.70.   ♡

5.6. Aufgaben zu Kapitel 5. Über die folgenden Aufgaben zu diesem Kapitel hinaus findet man weitere Aufgaben z.B. in [7,8,10,11,14,16].

Aufgabe 5.1. Sei $X = \mathbb{R}^2$. Finden Sie $\overline{M}$, M^o und ∂M für die Teilmengen

(a) $M = \mathbb{Q} \times \mathbb{Q}$,   (b) $M = \mathbb{Z} \times \mathbb{Z}$,   (c) $M = (\mathbb{R} \setminus \mathbb{Q}) \times \mathbb{N}$,

(d) $M = \mathbb{Q} \times [0,1]$,   (e) $M = (\mathbb{R} \setminus \mathbb{Q}) \times (0,1)$,   (f) $M = \mathbb{Q} \times C$,

wobei C die Cantormenge (4.2) bezeichne.

Aufgabe 5.2. Drei Funktionen $f : (\mathbb{R} \setminus \{0\}) \times \mathbb{R} \to \mathbb{R}$, $g : (\mathbb{R} \setminus \{0\}) \times (\mathbb{R} \setminus \{0\}) \to \mathbb{R}$ und $h : \mathbb{R}^2 \setminus \{(0,0)\} \to \mathbb{R}$ seien definiert durch

$$f(x,y) := \frac{e^{xy} - 1}{x}, \qquad g(x,y) := \frac{\sin xy}{xy}, \qquad h(x,y) := \frac{\sin xy}{x^2 + y^2}.$$

Welche dieser drei Funktionen sind im Punkt $(0,0)$ radialstetig? Welche besitzen einen Grenzwert in $(0,0)$ (und sind daher in $(0,0)$ stetig ergänzbar)?

Aufgabe 5.3. Überprüfen Sie, welche der Grenzwerte (5.4), (5.7) oder (5.8) für die folgenden Funktionen $f : \mathbb{R}^2 \to \mathbb{R}$ in $(x_0, y_0) := (0,0)$ existieren:

(a) $f(x,y) := \begin{cases} y + x \sin \dfrac{1}{y} & \text{für } y \neq 0, \\ 0 & \text{für } y = 0. \end{cases}$

(b) $f(x,y) := \begin{cases} x + y \sin \dfrac{1}{x} & \text{für } x \neq 0, \\ 0 & \text{für } x = 0. \end{cases}$

(c) $f(x,y) := \begin{cases} x \sin \dfrac{1}{y} + y \sin \dfrac{1}{x} & \text{für } (x,y) \neq (0,0), \\ 0 & \text{für } (x,y) = (0,0). \end{cases}$

(d) $f(x,y) := \begin{cases} \dfrac{xy}{x^2 + y^2} + y \sin \dfrac{1}{x} & \text{für } x \neq 0, \\ 0 & \text{für } x = 0. \end{cases}$

(e) $f(x,y) := \begin{cases} \dfrac{xy}{x^2 + y^2} + x \sin \dfrac{1}{y} & \text{für } y \neq 0, \\ 0 & \text{für } y = 0. \end{cases}$

Aufgabe 5.4. Beweisen Sie, dass die Funktion aus Beispiel 5.31 stetig in $(0,0)$ ist.

Aufgabe 5.5. Sei $f : \mathbb{R}^2 \to \mathbb{R}$ definiert durch

$$f(x,y) := \begin{cases} e^{-y^2/x} & \text{für } x \neq 0, \\ 1 & \text{für } x = 0. \end{cases}$$

Zeigen Sie, dass f im Nullpunkt radialstetig ist. Ist f im Nullpunkt sogar stetig?

Aufgabe 5.6. Sei $f : \mathbb{R}^2 \to \mathbb{R}$ definiert durch

$$f(x,y) := \begin{cases} \dfrac{e^{-1/x^2} y}{e^{-2/x^2} + y^2} & \text{für } (x,y) \neq (0,0), \\ 0 & \text{für } (x,y) = (0,0). \end{cases}$$

Zeigen Sie, dass sich bei Annäherung an $(0,0)$ auf jeder Kurve $y = cx^{m/n}$ ($c \in \mathbb{R}$ beliebig, $m, n \in \mathbb{N}$ teilerfremd) der Wert Null ergibt, wobei im Falle einer geraden Zahl n nur $x \geq 0$ betrachtet wird. Zeigen Sie weiter, dass f in $(0,0)$ nicht stetig ist.

Aufgabe 5.7. Beweisen Sie die Behauptung aus Beispiel 5.6.

Aufgabe 5.8. Sei $f : \mathbb{R}^2 \to \mathbb{R}$ definiert durch $f(x,y) := \sqrt{|x^2 - y^2|}$. Bestimmen Sie alle Richtungen (u,v), bzgl. derer f in $(0,0)$ eine Richtungsableitung besitzt.

Aufgabe 5.9. Sei $f : \mathbb{R}^2 \to \mathbb{R}$ definiert wie in Beispiel 5.10 und $g : \mathbb{R}^2 \to \mathbb{R}$ durch

$$g(x,y) := \begin{cases} \dfrac{x^3}{x^2 + y^2} & \text{für } (x,y) \neq (0,0), \\ 0 & \text{für } (x,y) = (0,0). \end{cases}$$

Welche dieser beiden Funktionen sind im Punkt $(0,0)$ stetig, welche partiell differenzierbar, welche stetig partiell differenzierbar? Welche besitzen in $(0,0)$ Richtungsableitungen?

Aufgabe 5.10. Sei $f : \mathbb{R}^2 \to \mathbb{R}$ definiert durch

$$f(x,y) := \begin{cases} (x^2 + y^2) \sin \dfrac{1}{\sqrt{x^2 + y^2}} & \text{für } (x,y) \neq (0,0), \\ 0 & \text{für } (x,y) = (0,0). \end{cases}$$

Zeigen Sie, dass beide partiellen Ableitungen f_x und f_y von f überall existieren, aber in $(0,0)$ unstetig sind. Vergleichen Sie dies mit Beispiel 2.8 aus Kapitel 2.

Aufgabe 5.11. Zeigen Sie, dass die Funktion f aus Beispiel 5.5 Richtungsableitungen $D_{(u,v)}f(0,0)$ in jeder Richtung (u,v) besitzt, obwohl sie in $(0,0)$ unstetig ist.

Aufgabe 5.12. Berechnen Sie die ersten und zweiten partiellen Ableitungen der durch

(a) $f(x,y) := e^x \cos y,$ (b) $f(x,y) := e^x \sin y,$ (c) $f(x,y) := x^3 y + e^{xy}$

definierten Funktionen $f : \mathbb{R}^2 \to \mathbb{R}$.

Aufgabe 5.13. Welche Funktionen aus Tabelle 5.5 sind in $(0,0)$ total differenzierbar?

Aufgabe 5.14. Zeigen Sie, dass alle zweiten partiellen Ableitungen der Funktion aus Beispiel 5.27 in $(0,0)$ existieren und Null sind. Sind die ersten partiellen Ableitungen in $(0,0)$ stetig?

Aufgabe 5.15. Sei $f : \mathbb{R}^2 \to \mathbb{R}$ definiert durch

$$f(x,y) := \begin{cases} \dfrac{x^3 - 3xy^2}{x^2 + y^2} & \text{für } (x,y) \neq (0,0), \\ 0 & \text{für } (x,y) = (0,0). \end{cases}$$

Zeigen Sie, dass die partiellen Ableitungen $f_x(0,0)$ und $f_y(0,0)$ existieren. Ist f stetig in $(0,0)$? Sind f_x und f_y stetig in $(0,0)$?

Aufgabe 5.16. Sei $g : \mathbb{R} \to \mathbb{R}$ stetig differenzierbar, $c \in \mathbb{R} \setminus \{0\}$ und

$$f(x,t) := \frac{1}{2c} \int_{x-ct}^{x+ct} g(s)\, ds.$$

Für welche Werte von c ist f eine Lösung der Gleichung $f_{xx} = f_{tt}$?

Aufgabe 5.17. Sei $G \subseteq \mathbb{R}^2$ ein Gebiet. Eine Funktion $f : G \to \mathbb{R}$ heißt *harmonisch* auf G, falls

$$\Delta f(x,y) := \frac{\partial^2}{\partial x^2} f(x,y) + \frac{\partial^2}{\partial y^2} f(x,y) \equiv 0 \qquad ((x,y) \in G)$$

gilt. Der Operator Δ wird hierbei *Laplace-Operator* genannt. Bestimmen Sie alle Konstanten $a,b,c,d,e,f \in \mathbb{R}$, für die das Polynom aus Beispiel 5.28 auf $\mathbb{R}^2$ harmonisch ist.

Aufgabe 5.18. Berechnen Sie die ersten und zweiten partiellen Ableitungen der durch

$$\text{(a) } f(x,y) := \log \sqrt{x^2 + y^2}, \qquad \text{(b) } g(x,y) := \arctan \frac{y}{x}$$

definierten Funktionen f und g auf ihrem jeweiligen Definitionsbereich. Sind diese Funktionen harmonisch?

Aufgabe 5.19. Welche der folgenden Teilmengen $M \subseteq \mathbb{R}^2$ sind konvex?

(a) $M = \mathbb{R}^2$,   (b) $M = \{(x,y) : x + y > 1\}$,   (c) $M = \mathbb{R}^2 \setminus \{(0,0)\}$,

(d) $M = \mathbb{R} \times \mathbb{R}^+$,   (e) $M = \{(x,y) : 4x^2 + y^2 \leq 9\}$,   (f) $M = \{(x,y) : 4x^2 > 1\}$.

Aufgabe 5.20. Sei $G \subseteq \mathbb{R}^2$ ein konvexes Gebiet, und $f \in C^1(G)$ habe die Eigenschaft, dass $f_y(x,y) \equiv 0$ auf G gelte. Beweisen Sie, dass f dann nur von x abhängt.

Aufgabe 5.21. Eine Funktion $f : M \to \mathbb{R}$ heißt *positiv homogen* vom Grad $p \in \mathbb{R}^+$, falls $f(tx, ty) = t^p f(x,y)$ für alle $t > 0$ und $(x,y) \in M$ gilt, für die (tx, ty) in M liegt. Zeigen Sie, dass eine stetig differenzierbare Funktion f, die positiv homogen vom Grad p ist, die Bedingung

$$D_{(x,y)} f(x,y) = p f(x,y)$$

erfüllt, wobei $D_{(x,y)} f(x,y)$ die Richtungsableitung von f in (x,y) und in Richtung (x,y) bezeichne. Testen Sie dies anhand der positiv homogenen Funktionen aus Beispiel 5.7 und Beispiel 5.8.

Aufgabe 5.22. Eine Funktion $f : M \to \mathbb{R}$ heißt *lokal positiv homogen* vom Grad $p \in \mathbb{R}^+$, falls es zu jedem Punkt $(x, y) \in M$ eine Umgebung $U_\delta(x, y)$ gibt, auf der f positiv homogen vom Grad p ist (s. Aufgabe 5.21).

Sei $M := \mathbb{R}^2 \setminus (\{2\} \times [0, \infty))$ und $f : M \to \mathbb{R}$ definiert durch

$$f(x, y) := \begin{cases} \dfrac{y^3}{x} & \text{für } x > 2 \text{ und } y > 0, \\ y^2 & \text{sonst.} \end{cases}$$

Zeigen Sie, dass f auf M lokal positiv homogen vom Grad 2 ist, aber nicht positiv homogen.

Aufgabe 5.23. Untersuchen Sie die drei Funktionen aus Aufgabe 5.12 auf Maxima und Minima.

Aufgabe 5.24. Untersuchen Sie die durch $f(x, y) := \sin xy$ definierte Funktion $f : \mathbb{R}^2 \to \mathbb{R}$ auf kritische Punkte, Extrema und Sattelpunkte.

Aufgabe 5.25. Sei $f : \mathbb{R}^2 \to \mathbb{R}$ definiert durch $f(x, y) := 2x^2 + 2y^2 - e^{xy}$. Zeigen Sie, dass f genau ein lokales Extremum besitzt, und dass dieses ein lokales Minimum ist. Ist es sogar ein globales Minimum?

Aufgabe 5.26. Sei $M := \mathbb{R}^2 \setminus \{(x, -x) : x \in \mathbb{R}\}$ und $f : M \to \mathbb{R}$ definiert durch

$$f(x, y) := -\frac{x^2 + 2y^2}{(x + y)^2}.$$

Untersuchen Sie f auf Maxima, Minima und Sattelpunkte.

Aufgabe 5.27. Sei $M := \{(p, q) \in \mathbb{R}^2 : p^2 > 4q\}$. Für $(p, q) \in M$ bezeichne $f(p, q)$ die größte reelle Nullstelle der Gleichung $x^2 + px + q = 0$. Berechnen Sie die ersten und zweiten partiellen Ableitungen von f. Hat f kritische Punkte?

Aufgabe 5.28. Berechnen Sie die ersten und zweiten partiellen Ableitungen der durch $f(x, y) := xe^{xy}$ definierten Funktion f. Hat f kritische Punkte?

Aufgabe 5.29. Sei $f : \mathbb{R}^2 \to \mathbb{R}$ definiert durch

$$f(x, y) := x^2 e^{y/3}(y - 3) - \frac{1}{2}y^2.$$

Bestimmen Sie $\operatorname{grad} f(x, y)$ und $Hf(x, y)$ sowie das quadratische Taylor-Polynom (5.37) von f in $(x_0, y_0) = (0, 0)$.

Aufgabe 5.30. Sei $f : \mathbb{R}^2 \to \mathbb{R}$ definiert durch

$$f(x, y) := \begin{cases} (x^2 + y^2)^2 \sin \dfrac{1}{\sqrt{x^2 + y^2}} & \text{für } (x, y) \neq (0, 0), \\ 0 & \text{für } (x, y) = (0, 0). \end{cases}$$

Bestimmen Sie $\operatorname{grad} f(x, y)$ und $Hf(x, y)$ sowie das quadratische Taylor-Polynom (5.37) von f in den Punkten $(0, 0)$ und $(\pi/2, 0)$.

Aufgabe 5.31. Die *Eigenwerte* der Matrix (5.33) sind definiert als die beiden Lösungen λ_1 und λ_2 der quadratischen Gleichung

$$\det\left(H - \lambda E\right) = \lambda^2 - (\alpha + \delta)\lambda + (\alpha\delta - \beta\gamma) = 0;$$

hierbei bezeichne $\det A$ wie üblich die Determinante (A.57) einer Matrix A und E die Einheitsmatrix (A.62). Nach einer bekannten Formel gilt also

$$\lambda_1 = \frac{1}{2}\left(\alpha + \delta + \sqrt{(\alpha - \delta)^2 + 4\beta\gamma}\right), \qquad \lambda_2 = \frac{1}{2}\left(\alpha + \delta - \sqrt{(\alpha - \delta)^2 + 4\beta\gamma}\right).$$

(a) Wie vereinfacht sich diese Darstellung im Falle einer *symmetrischen* Matrix H?

(b) Zeigen Sie, dass eine symmetrische Matrix genau dann positiv definit ist, wenn λ_1 und λ_2 beide positiv sind, negativ definit ist, wenn λ_1 und λ_2 beide negativ sind, und indefinit ist, wenn λ_1 und λ_2 beide nicht Null sind, aber verschiedenes Vorzeichen haben.

Aufgabe 5.32. Seien H und q_H wie in (5.33) bzw. (5.34) definiert, wobei H symmetrisch sei. Zeigen Sie, dass H genau dann positiv definit ist, wenn $\alpha > 0$ und $\det H > 0$ gilt, negativ definit ist, wenn $\alpha < 0$ und $\det H > 0$ gilt, positiv semidefinit ist, wenn $\alpha \geq 0$ und $\det H \geq 0$ gilt, negativ semidefinit ist, wenn $\alpha \leq 0$ und $\det H \geq 0$ gilt, und indefinit ist, wenn $\det H < 0$ gilt.

Aufgabe 5.33. Unter welchen Bedingungen ist die Matrix (5.32) positiv semidefinit, und wie verhält sich dann das Polynom aus Beispiel 5.28?

Aufgabe 5.34. Berechnen Sie die Hesse-Matrix $Hf(0,0)$ für die Funktion f aus Beispiel 5.30.

Aufgabe 5.35. Sei H eine 2×2-Matrix wie in (5.33), und sei $q_H : \mathbb{R}^2 \to \mathbb{R}$ die zugehörige quadratische Form (5.34). Beweisen Sie, dass q_H in jedem Punkt der Ebene total differenzierbar ist mit

$$Dq_H(x_0, y_0) = 2\begin{pmatrix} \alpha & \beta \\ \gamma & \delta \end{pmatrix}\begin{pmatrix} x_0 \\ y_0 \end{pmatrix} = \begin{pmatrix} 2\alpha x_0 + 2\beta y_0 \\ 2\gamma x_0 + 2\delta y_0 \end{pmatrix}.$$

Existieren auch die höheren partiellen Ableitungen der Funktion q_H?

Aufgabe 5.36. Bestimmen Sie Lage und Art der Extremstellen der durch $f(x, y) := (x^3 + 3x^2 + 1)\cosh y$ definierten Funktion $f : \mathbb{R}^2 \to \mathbb{R}$. Geben Sie in diesen Extremstellen das quadratische Taylor-Polynom (5.37) an.

Aufgabe 5.37. Man beweise für $f, g \in C^2(\mathbb{R}^2)$ die Gleichheiten

$$\operatorname{grad}\left(f \cdot g\right) = g\operatorname{grad} f + f\operatorname{grad} g$$

und

$$\Delta(f \cdot g) = f\Delta g + 2\langle\operatorname{grad} f, \operatorname{grad} g\rangle + g\Delta f,$$

wobei $\langle \cdot, \cdot \rangle$ das Skalarprodukt (5.2) bezeichne und Δf wie in Aufgabe 5.17 definiert sei. Welchen Formeln im skalaren Fall entsprechen diese Gleichheiten?

Aufgabe 5.38. In dieser Aufgabe veranschaulichen wir eine wichtige Methode (genannt *Methode der kleinsten Quadrate*), eine Kurve an eine Menge von Punkten anzupassen. Zu den drei Punkten $(x_1, y_1) := (0, 2)$, $(x_2, y_2) := (1, -5)$ und $(x_3, y_3) := (2, 4)$ bestimmen Sie

(a) diejenige Gerade $y = \alpha x + \beta$, die die Summe der Quadrate der senkrechten Abstände $d_i := |y_i - (\alpha x_i + \beta)|$ $(i = 1, 2, 3)$ von diesen Punkten zur Geraden minimiert;

(b) diejenige Parabel $y = \alpha x^2 + \beta$, die die Summe der Quadrate der senkrechten Abstände $d_i := |y_i - (\alpha x_i^2 + \beta)|$ $(i = 1, 2, 3)$ von diesen Punkten zur Parabel minimiert.

Aufgabe 5.39. Berechnen Sie das quadratische Taylor-Polynom (5.37) für die Funktionen $f(x, y) := g(x)h(y)$ mit

(a) $g(x) := \sin x$, $h(y) := \cos y$,   (b) $g(x) := \sinh x$, $h(y) := \cosh y$,

(c) $g(x) := (x - 1)^2$, $h(y) := e^{3y}$,   (d) $g(x) := \log(1 + x^2)$, $h(y) := 1 + y$

jeweils in $(x_0, y_0) = (0, 0)$ und bestätigen Sie die Kleinheitsbedingung (5.38) für das Restglied $R(h, k)$, indem sie die ersten Terme der Taylor-Reihen (2.87) der Faktorfunktionen g und h miteinander multiplizieren.

Aufgabe 5.40. Sei $f : \mathbb{R}^2 \to \mathbb{R}$ definiert durch

$$f(x, y) := \begin{cases} (y - e^{-1/x^2})(y - 3e^{-1/x^2}) & \text{für } x \neq 0, \\ y^2 & \text{für } x = 0. \end{cases}$$

Zeigen Sie, dass die Einschränkung von f auf jede Kurve $y = cx^{m/n}$ $(c \in \mathbb{R}$ beliebig, $m, n \in \mathbb{N}$ teilerfremd) eine Funktion $y = g(x)$ darstellt, die in $x = 0$ ein lokales Minimum besitzt. Zeigen Sie weiter, dass f demgegenüber in $(0, 0)$ kein lokales Extremum besitzt.

Aufgabe 5.41. Konstruieren Sie Funktionen $f, g, h \in C^2(\mathbb{R}^2)$ mit folgenden Eigenschaften:

(a) Der Nullpunkt ist kritischer Punkt von f und es gilt $f_{xx}(0, 0) < 0$ und $f_{yy}(0, 0) < 0$, aber trotzdem hat f im Nullpunkt kein Maximum.

(b) Im Nullpunkt hat g ein lokales Minimum, welches aber kein globales Minimum ist, und g hat nirgends ein Maximum.

(c) Im Nullpunkt hat h ein lokales Minimum, welches aber kein globales Minimum ist, und der Nullpunkt ist der einzige kritische Punkt von h.

Aufgabe 5.42. Beweisen Sie, dass durch

$$d^{\#}((x, y), (u, v)) := \sqrt{|x - u|} + \sqrt{|y - v|}$$

eine Metrik auf dem $\mathbb{R}^2$ definiert ist. Zeigen Sie, dass die zugehörige „Einheitskreisscheibe"

$$E^{\#} := \{(x, y) \in \mathbb{R}^2 : d^{\#}((x, y), (0, 0)) \leq 1\}$$

nicht konvex ist. Wie sieht die Menge $E^{\#}$ aus?

Aufgabe 5.43. Beweisen Sie, dass die Menge $X = C([a,b])$ mit der Metrik (5.50) ein vollständiger metrischer Raum ist.

Aufgabe 5.44. Beweisen Sie, dass die Menge $X = C^1([a,b])$ mit der Metrik (5.52) ein vollständiger metrischer Raum ist.

Aufgabe 5.45. Sei (X,d) ein metrischer Raum und $\Phi : X \to X$ eine stetige Abbildung. Sei $(x_n)_n$ eine Folge in X, die gegen einen Punkt $x_* \in X$ konvergiert. Beweisen Sie, dass dann die Folge $(\Phi(x_n))_n$ gegen den Punkt $\Phi(x_*)$ konvergiert, indem Sie die Idee des Beweises von Satz A.20 aus dem Anhang imitieren.

Aufgabe 5.46. Sei $\Phi : \mathbb{R} \setminus \{0\} \to \mathbb{R}$ definiert durch

$$\Phi(x) := \frac{x^2 + 1}{x}.$$

Finden Sie abgeschlossene Intervalle $I \subset \mathbb{R}$, die von Φ in sich abgebildet werden. Zeigen Sie, dass Φ auf I der schwachen Kontraktionsbedingung (5.58) genügt, aber nicht der Kontraktionsbedingung (5.56) mit einem $L < 1$.

Aufgabe 5.47. Für $\alpha > 0$ sei $f_\alpha : [0, 1 + \sqrt{\alpha}\,] \to \mathbb{R}$ definiert durch $f_\alpha(x) := \sqrt{\alpha + x}$.
(a) Für welche α bildet f_α das Intervall $[0, 1 + \sqrt{\alpha}\,]$ in sich ab?
(b) Für welche α ist f_α eine Kontraktion auf $[0, 1 + \sqrt{\alpha}\,]$?
(c) Für welche α hat f_α einen Fixpunkt in $[0, 1 + \sqrt{\alpha}\,]$?

Aufgabe 5.48. Sei $f : [1,2] \to [1,2]$ definiert durch

$$f(x) := \frac{x+2}{x+1} \qquad (1 \le x \le 2).$$

Bestimmen Sie die kleinste Kontraktionskonstante und den eindeutigen Fixpunkt von f in $[1,2]$.

Aufgabe 5.49. Sei $M \subseteq \mathbb{R}^2$ und $f : M \to \mathbb{R}$ eine Funktion. Analog zur Definition in Abschnitt 1.5 nennen wir f *gleichmäßig stetig auf* M, falls es zu jedem $\varepsilon > 0$ ein $\delta > 0$ gibt derart, dass aus $(x_1, y_1), (x_2, y_2) \in M$ und $\|(x_1, y_1) - (x_2, y_2)\| < \delta$ stets $|f(x_1, y_1) - f(x_2, y_2)| < \varepsilon$ folgt.
Beweisen Sie, dass im Falle $M = [a,b] \times [c,d]$ jede auf M stetige Funktion dort sogar gleichmäßig stetig ist. Orientieren Sie sich hierbei an Satz 1.74.

Aufgabe 5.50. Sei $G \subseteq \mathbb{R}^2$ ein Gebiet, und seien $\mathbf{v} : G \to \mathbb{R}^2$ und $\mathbf{w} : \mathbf{v}(M) \to \mathbb{R}^2$ zwei Vektorfelder. Beweisen Sie, dass dann für die Jacobi-Matrix (5.74) der Komposition $\mathbf{w} \circ \mathbf{v} : G \to \mathbb{R}^2$ die *Kettenregel*

$$J_{\mathbf{w} \circ \mathbf{v}}(x,y) = J_{\mathbf{w}}(\mathbf{v}(x,y)) J_{\mathbf{v}}(x,y)$$

wobei die beiden Matrizen rechts gemäß der Formel (A.60) aus dem Anhang multipliziert werden.

Aufgabe 5.51. Beweisen Sie das folgende Analogon zu Satz 5.66: Sei $G \subseteq \mathbb{R}^2$ ein Gebiet und $f : G \to \mathbb{R}$ eine stetig differenzierbare reellwertige Funktion zweier Variabler mit $f(x_0, y_0) = 0$ und $f_x(x_0, y_0) \neq 0$ für ein $(x_0, y_0) \in G$. Dann ist die Gleichung $f(x, y) = 0$ bei (x_0, y_0) lokal auflösbar nach x, d.h. es gibt ein $\delta > 0$ und eine eindeutig bestimmte differenzierbare Funktion $\psi : (y_0 - \delta, y_0 + \delta) \to \mathbb{R}$ derart, dass $\psi(y_0) = x_0$ ist und $f(\psi(y), y) \equiv 0$ für $|y - y_0| < \delta$ gilt. Die Ableitung von ψ in y_0 erfüllt hierbei die zu (5.89) analoge Gleichheit

$$\psi'(y_0) = -\frac{f_y(x_0, y_0)}{f_x(x_0, y_0)}.$$

Aufgabe 5.52. Beweisen Sie die folgende Erweiterung von Satz 5.66: Ist unter den Voraussetzungen von Satz 5.66 sogar $f \in C^2(G)$, so ist auch die auflösende Funktion φ in (5.86) zweimal differenzierbar. Drücken Sie auch die zweite Ableitung $\varphi''(x_0)$ mittels der partiellen Ableitungen von f aus.

Aufgabe 5.53. Beweisen Sie (mit der Schreibweise von Aufgabe 5.52), dass im Falle $\varphi \in C^2((x_0 - \delta, x_0 + \delta))$ aus $\varphi'(x_0) = 0$ die Gleichheit

$$\varphi''(x_0) = -\frac{f_{xx}(x_0, y_0)}{f_y(x_0, y_0)}$$

folgt, wobei wie in (5.89) $y_0 := \varphi(x_0)$ sei. Benutzen Sie dieses Ergebnis, um eine hinreichende Bedingung dafür herzuleiten, dass die (5.86) auflösende Funktion φ in x_0 ein lokales Maximum oder Minimum besitzt.

Aufgabe 5.54. Finden Sie das globale Maximum und Minimum der Funktion aus Beispiel 5.22 auf dem kompakten Quadrat $[0, 1] \times [0, 1]$.

Aufgabe 5.55. Sei $f : \mathbb{R}^2 \to \mathbb{R}$ definiert durch $f(x, y) := x^2(1 - x^2) - 2y^2$.

(a) Bestimmen Sie die Nullstellenmenge $N(f)$ und die kritischen Punkte von f.

(b) Untersuchen Sie, ob f lokale Maxima, Minima oder Sattelpunkte besitzt.

(c) In welchen Punkten $(x_0, y_0) \in N(f)$ ist die Gleichung $f(x, y) = 0$ gemäß Satz 5.66 nach y auflösbar?

Aufgabe 5.56. Beantworten Sie dieselben Fragen wir in Aufgabe 5.55 für $f(x, y) := (y^2 - x^2 + 1)(y - x)$.

Aufgabe 5.57. Beantworten Sie dieselben Fragen wir in Aufgabe 5.55 für $f(x, y) := e^y + y^3 + x^3 + x^2 - 1$.

Aufgabe 5.58. Sei f definiert wie in Aufgabe 5.57. Zeigen Sie unter Benutzung des Ergebnisses aus Aufgabe 5.53, dass die (5.86) auflösende Funktion φ in $x_1 := 0$ ein lokales Maximum und in $x_2 := -2/3$ ein lokales Minimum besitzt.

Aufgabe 5.59. Bestimmen Sie unter Benutzung von Satz 5.70 die Fläche des größten achsenparallelen Rechtecks innerhalb der Ellipse mit der Funktionsgleichung $b^2x^2 + a^2y^2 = a^2b^2$.

Aufgabe 5.60. Sei E die Ellipse mit der Funktionsgleichung $x^2 + xy + y^2 = 5$. Bestimmen Sie unter Benutzung von Satz 5.70 die Punkte auf E, die den größten bzw. kleinsten Abstand von $(0,0)$ haben.

Aufgabe 5.61. Sei G die durch die Funktionsgleichung $g(x) = \alpha x + \beta$ definierte Gerade in der Ebene und (x_0, y_0) ein nicht auf G liegender Punkt. Ermitteln Sie denjenigen Punkt auf G, der (x_0, y_0) am nächsten liegt, indem Sie

(a) eine geometrische Überlegung unter Benutzung des Skalarprodukts (5.2) anstellen;

(b) die durch $(x, y) \mapsto \|(x, y) - (x_0, y_0)\|$ definierte Distanzfunktion minimieren.

Berechnen Sie in (b) auch den entsprechenden Multiplikator λ aus Satz 5.70.

Aufgabe 5.62. Bestimmen Sie alle lokalen und globalen Extrema der durch $f(x, y) := x^2 y$ definierten Funktion unter der Nebenbedingung $\|(x, y)\| = 2$.

Aufgabe 5.63. Bestimmen Sie mittels Satz 5.70 alle Punkte, die als Extremstellen für die gegebene Funktion f unter der jeweiligen Nebenbedingung $g(x, y) = 0$ in Frage kommen:

(a) $f(x, y) := x^2 + y^2$, $g(x, y) := 5x^2 + 15y^2 - 8xy - 18$;

(b) $f(x, y) := x^2 + y^2$, $g(x, y) := x^3 + y^3 - 1$;

(c) $f(x, y) := 3x^2 y$, $g(x, y) := 4x^2 + 9y^2 - 36$.

Aufgabe 5.64. Zeigen Sie, dass (x_0, y_0) ein Sattelpunkt für die durch $f(x, y) := x^2 + y^2 - 10x - 8y + 4xy + 10$ definierte Funktion $f : \mathbb{R}^2 \to \mathbb{R}$ ist. Bestimmen Sie $m \in \mathbb{R}$ so, dass die Schnittkurve des Graphen $\Gamma(f)$ (s. (5.6)) von f mit der Ebene $E := \{(x, y) : y = m(x - 1) + 2\}$ in (x_0, y_0) ein Maximum bzw. ein Minimum hat.

Kapitel 6. Höherdimensionale Integrale

Nach dem Studium stetiger und differenzierbarer Funktionen mehrerer Variabler untersuchen wir in diesem Kapitel integrierbare Funktionen mehrerer Variabler. Hierbei sind zwei Integralbegriffe wichtig, die beide das Riemannintegral aus dem dritten Kapitel verallgemeinern, nämlich einerseits Doppelintegrale reellwertiger Funktionen über zweidimensionale Gebiete und andererseits Wegintegrale von Vektorfeldern über Kurven. Ein wichtiger Satz, der diese beiden Integralbegriffe in sehr harmonischer Weise verknüpft, ist der Satz von Green, den wir im dritten Abschnitt formulieren und beweisen werden. Im vierten Abschnitt werfen wir noch einmal einen Blick auf die in den Abschnitten 2.4 und 5.4 betrachteten Anfangswertprobleme.

6.1. Doppelintegrale und iterierte Integrale. Wir betrachten nun integrierbare Funktionen, die auf beschränkten Teilmengen $M \subset \mathbb{R}^2$ definiert sind. Diese Teilmengen setzen wir als so speziell voraus, dass wir die Definition (und Berechnung!) solcher Integrale auf die des gewöhnlichen Riemann-Integrals auf Intervallen zurückführen können, welches wir ausführlich in Kapitel 3 betrachtet haben.

Zunächst setzen wir voraus, dass M eine sehr spezielle Teilmenge der Ebene ist, nämlich ein Rechteck $M = [a,b] \times [c,d]$. In diesem Fall können wir sofort alle Definitionen imitieren, mit deren Hilfe wir das eindimensionale Riemann-Integral in Abschnitt 3.1 eingeführt haben.

Definition 6.1. Ist $Z_1 = \{s_0, s_1, \ldots, s_{m-1}, s_m\} \in \mathcal{Z}([a,b])$ eine Zerlegung von $[a,b]$, und ist $Z_2 = \{t_0, t_1, \ldots, t_{n-1}, t_n\} \in \mathcal{Z}([c,d])$ eine Zerlegung von $[c,d]$, so nennen wir die Menge

$$(6.1) \qquad Z := Z_1 \times Z_2 = \{(s_i, t_j) : i = 0, 1, \ldots, m, \; j = 0, 1, \ldots, n\}$$

eine *Zerlegung von* $M := [a,b] \times [c,d]$. Mit $\mathcal{Z}(M)$ bezeichnen wir die Menge aller solcher Zerlegungen von M. Ist $f : M \to \mathbb{R}$ eine beschränkte Funktion, so setzen wir für $i = 1, 2, \ldots, m$ und $j = 1, 2, \ldots, n$ in Analogie zu (3.1)

$$M_{ij} := \sup \{f(s,t) : s_{i-1} \le s \le s_i, t_{j-1} \le t \le t_j\}$$

und

$$m_{ij} := \inf \{f(s,t) : s_{i-1} \le s \le s_i, t_{j-1} \le t \le t_j\}$$

sowie

$$\mathcal{O}(f; Z) := \sum_{i=1}^{m} \sum_{j=1}^{n} M_{ij}(s_i - s_{i-1})(t_j - t_{j-1})$$

und

$$\mathcal{U}(f; Z) := \sum_{i=1}^{m} \sum_{j=1}^{n} m_{ij}(s_i - s_{i-1})(t_j - t_{j-1})$$

und nennen $\mathcal{O}(f; Z)$ die *Obersumme* und $\mathcal{U}(f; Z)$ die *Untersumme* von f bzgl. Z. Schließlich setzen wir noch

$$(6.2) \quad \mathcal{O}(f) := \inf \{\mathcal{O}(f; Z) : Z \in \mathcal{Z}(M)\}, \qquad \mathcal{U}(f) := \sup \{\mathcal{U}(f; Z) : Z \in \mathcal{Z}(M)\}$$

© Springer-Verlag GmbH Deutschland, ein Teil von Springer Nature 2021
J. Appell, *Analysis in Beispielen und Gegenbeispielen*,
https://doi.org/10.1007/978-3-662-63433-2_6

und nennen $\mathcal{O}(f)$ das *Oberintegral* und $\mathcal{U}(f)$ das *Unterintegral* von f über M. Im Falle $\mathcal{O}(f) = \mathcal{U}(f)$ nennen wir die Funktion f *integrierbar* (genauer: *Riemann-integrierbar*) über M und schreiben hierfür $f \in R(M)$. □

Wie im eindimensionalen Fall bezeichnen wir den gemeinsamen Wert des Ober- und Unterintegrals (falls er existiert!) mit

$$(6.3) \qquad\qquad \mathcal{O}(f) = \mathcal{U}(f) =: \int_M f(x,y)\, d(x,y)$$

und nennen ihn das *Integral* (genauer: *Riemann-Integral*) von f über M. Geometrisch können wir uns die Ober- und Untersummen in Definition 6.1 als Volumen einer Ansammlung kleiner Quader (oder Prismen) mit den Rechtecken $[s_{i-1}, s_i] \times [t_{j-1}, t_j]$ als Grundflächen und den Zahlen M_{ij} bzw. m_{ij} als Höhen vorstellen. Der vom Graphen einer beschränkten Funktion $f : M \to \mathbb{R}$ und dem Rechteck $[a,b] \times [c,d]$ in der xy-Ebene begrenzte Körper ist natürlich (außer im trivialen Fall einer konstanten Funktion) kein so regulärer Quader mehr, aber er lässt sich beliebig gut durch solche Quaderansammlungen approximieren, falls f integrierbar ist. Im Spezialfall der konstanten Funktion $f(x) \equiv 1$ können wir das Integral

$$(6.4) \qquad\qquad Fl(M) := \int_M d(x,y)$$

übrigens nicht nur als Volumen des „Prismas" mit Grundfläche M und Höhe 1 interpretieren, sondern natürlich ebenso gut als Fläche der ebenen Menge M.

Wie zu Beginn des dritten Kapitels stellt sich auch hier die Frage, welche Funktionen f überhaupt integrierbar sind, d.h. wann $f \in R(M)$ für eine gegebene Rechteckmenge $M = [a,b] \times [c,d]$ gilt. Ohne Beweis[1] bemerken wir, dass *jede stetige Funktion* $f : [a,b] \times [c,d] \to \mathbb{R}$ *integrierbar ist*; dies ist ein zu Satz 3.6 paralleles Ergebnis. Ein zu Satz 3.5 paralleles Ergebnis können wir allerdings nicht erwarten, da es in der Ebene keine vernünftige Ordnung gibt und es daher sinnlos ist, von monotonen Funktionen mehrerer Variabler zu reden.

Wir beginnen mit einem einfachen Beispiel, bei dem sich einige Ober- und Untersummen recht schnell berechnen lassen.

Beispiel 6.2. Sei $M := [1,3] \times [1,2]$ und $f : M \to \mathbb{R}$ definiert durch $f(x,y) := x + y - 2$. Für die speziellen (äquidistanten) Zerlegungen $Z_1 := \{1, \frac{3}{2}, 2, \frac{5}{2}, 3\} \in \mathcal{Z}([1,3])$ und $Z_2 := \{1, \frac{4}{3}, \frac{5}{3}, 2\} \in \mathcal{Z}([1,2])$ bekommen wir

$$Z = Z_1 \times Z_2 = \{(1,1), (1,\tfrac{4}{3}), (1,\tfrac{5}{3}), (1,2), (\tfrac{3}{2},1), (\tfrac{3}{2},\tfrac{4}{3}), (\tfrac{3}{2},\tfrac{5}{3}), (\tfrac{3}{2},2), (2,1), (2,\tfrac{4}{3}),$$
$$(2,\tfrac{5}{3}), (2,2), (\tfrac{5}{2},1), (\tfrac{5}{2},\tfrac{4}{3}), (\tfrac{5}{2},\tfrac{5}{3}), (\tfrac{5}{2},2), (3,1), (3,\tfrac{4}{3}), (3,\tfrac{5}{3}), (3,2)\} \in \mathcal{Z}(M).$$

Da sowohl $x \mapsto f(x,y)$ als auch $y \mapsto f(x,y)$ eine monoton wachsende stetige Funktion ist, wird das Supremum M_{ij} in der Ecke oben rechts und das Infimum m_{ij} in der Ecke

---

[1]Der Beweis geht genauso wie der von Satz 3.6 und benutzt die Tatsache, dass aus der Stetigkeit einer Funktion f auf einem kompakten Rechteck $[a, b] \times [c, d]$ ihre gleichmäßige Stetigkeit folgt, s. Aufgabe 5.49.

unten links auf dem Rechteck $[s_{i-1}, s_i] \times [t_{j-1}, t_j]$ angenommen, d.h. für $i = 1, 2, 3, 4$ und $j = 1, 2, 3$ gilt

$$M_{ij} = f(s_i, t_j) = s_i + t_j - 2, \qquad m_{ij} = f(s_{i-1}, t_{j-1}) = s_{i-1} + t_{j-1} - 2,$$

oder einzeln ausgerechnet

$$M_{11} = \tfrac{5}{6},\ M_{12} = \tfrac{7}{6},\ M_{13} = \tfrac{3}{2},\ M_{21} = \tfrac{4}{3},\ M_{22} = \tfrac{5}{3},\ M_{23} = 2,$$

$$M_{31} = \tfrac{11}{6},\ M_{32} = \tfrac{13}{6},\ M_{33} = \tfrac{5}{2},\ M_{41} = \tfrac{7}{3},\ M_{42} = \tfrac{8}{3},\ M_{43} = 3$$

bzw.

$$m_{11} = 0,\ m_{12} = \tfrac{1}{3},\ m_{13} = \tfrac{2}{3},\ m_{21} = \tfrac{1}{2},\ m_{22} = \tfrac{5}{6},\ m_{23} = \tfrac{7}{6},$$

$$m_{31} = 1,\ m_{32} = \tfrac{4}{3},\ m_{33} = \tfrac{5}{3},\ m_{41} = \tfrac{3}{2},\ m_{42} = \tfrac{11}{6},\ m_{43} = 3.$$

Für die Ober- und Untersumme erhalten wir wegen $s_i - s_{i-1} \equiv \tfrac{1}{2}$ und $t_j - t_{j-1} \equiv \tfrac{1}{3}$ also

$$\mathcal{O}(f; Z) = \sum_{i=1}^{4} \sum_{j=1}^{3} M_{ij}(s_i - s_{i-1})(t_j - t_{j-1}) = \frac{1}{6} \sum_{i=1}^{4} \sum_{j=1}^{3} M_{ij}$$

$$= \frac{1}{6} \left[\frac{5}{6} + \frac{7}{6} + \frac{3}{2} + \frac{4}{3} + \frac{5}{3} + 2 + \frac{11}{6} + \frac{13}{6} + \frac{5}{2} + \frac{7}{3} + \frac{8}{3} + 3 \right] = \frac{23}{6}$$

und

$$\mathcal{U}(f; Z) = \sum_{i=1}^{4} \sum_{j=1}^{3} m_{ij}(s_i - s_{i-1})(t_j - t_{j-1}) = \frac{1}{6} \sum_{i=1}^{4} \sum_{j=1}^{3} m_{ij}$$

$$= \frac{1}{6} \left[0 + \frac{1}{3} + \frac{2}{3} + \frac{1}{2} + \frac{5}{6} + \frac{7}{6} + 1 + \frac{4}{3} + \frac{5}{3} + \frac{3}{2} + \frac{11}{6} + \frac{13}{6} \right] = \frac{13}{6}.$$

Damit ist die Differenz $\mathcal{O}(f; Z) - \mathcal{U}(f; Z) = 5/3$ der Ober- und Untersumme noch recht groß, was bei der „Grobheit" der Zerlegung Z kein Wunder ist. In Aufgabe 6.1 werden wir unter Benutzung feinerer Zerlegungen als der in diesem Beispiel betrachteten jeweils Ober- und Untersummen von f erhalten, die näher beieinanderliegen.   ♡

Natürlich stellt sich die Frage, ob und wie man ein Integral über ein Rechteck einfacher berechnen kann, d.h. ohne Benutzung von Ober- und Untersummen. Das ist in der Tat möglich, und meistens sogar recht leicht, und zwar über sog. *iterierte Integrale*. Man betrachtet statt des „zweidimensionalen" Integrals (6.3) nämlich einfach die „iterierten eindimensionalen" Integrale

$$(6.5) \qquad I_1 := \int_a^b \left\{ \int_c^d f(x, y)\, dy \right\} dx$$

bzw.

$$(6.6) \qquad I_2 := \int_c^d \left\{ \int_a^b f(x, y)\, dx \right\} dy.$$

Mit anderen Worten, man „friert" eine Variable ein und integriert zunächst bzgl. der anderen Variablen, anschließend dann bzgl. der wieder „aufgetauten" Variablen.[2]

---

[2]In Analogie zur partiellen Differentiation könnte man dies sinnvollerweise als „partielle Integration" bezeichnen: leider ist dieser Name schon für ein wohlbekanntes Berechnungsverfahren von Integralen über Intervallen besetzt, welches wir in Abschnitt 3.3 besprochen haben.

Natürlich stellt sich sofort die Frage, ob in (6.5) und (6.6) immer dasselbe herauskommt (und auch noch dasselbe wie in (6.3)), d.h. ob stets die Gleichheit

$$(6.7) \qquad \int_a^b \int_c^d f(x,y)\, dy\, dx = \int_c^d \int_a^b f(x,y)\, dx\, dy = \int_M f(x,y)\, d(x,y)$$

gilt. Der nächste Satz zeigt, dass dies jedenfalls immer dann richtig ist, wenn die zu integrierende Funktion f stetig ist.[3]

Satz 6.3. *Sei $f : [a,b] \times [c,d] \to \mathbb{R}$ eine stetige Funktion. Dann gilt die Gleichheit (6.7), d.h. man darf die Integration bzgl. x und die Integration bzgl. y in beliebiger Reihenfolge ausführen.*

Beweis: Wir zeigen zunächst, dass die durch

$$(6.8) \qquad F_1(x) := \int_c^d f(x,y)\, dy \qquad (a \le x \le b)$$

definierte Funktion $F_1 : [a,b] \to \mathbb{R}$ und die durch

$$(6.9) \qquad F_2(y) := \int_a^b f(x,y)\, dx \qquad (c \le y \le d)$$

definierte Funktion $F_2 : [c,d] \to \mathbb{R}$ beide stetig sind. Nach Aufgabe 5.49 ist f auf $[a,b] \times [c,d]$ gleichmäßig stetig, d.h. zu $\varepsilon > 0$ finden wir ein $\delta > 0$ derart, dass für $a \le x_1, x_2 \le b$ und $c \le y_1, y_2 \le d$ mit $||(x_1,y_1) - (x_2,y_2)|| < \delta$ stets $|f(x_1,y_1) - f(x_2,y_2)| < \varepsilon$ ausfällt. Aus $|x_1 - x_2| < \delta$ folgt aber auch $||(x_1,y) - (x_2,y)|| < \delta$ und somit

$$|F_1(x_1) - F_1(x_2)| = \left| \int_c^d [f(x_1,y) - f(x_2,y)]\, dy \right|$$
$$\le \int_c^d |f(x_1,y) - f(x_2,y)|\, dy < (d-c)\varepsilon.$$

Damit haben wir bewiesen, dass die Funktion (6.8) stetig (sogar gleichmäßig stetig) auf $[a,b]$ ist. Der Beweis für die Funktion (6.9) verläuft analog. Als stetige Funktion ist aber sowohl F_1 über $[a,b]$ als auch F_2 über $[c,d]$ integrierbar, und es ist nur noch die Gleichheit

$$\int_a^b F_1(x)\, dx = \int_c^d F_2(y)\, dy$$

zu zeigen; dies werden wir später (nämlich im Anschluss an Satz 6.10 unten) machen. Hieraus folgt dann auch die letzte Gleichheit in (6.7). ■

Wir bringen zwei Beispiele zur Illustration von Satz 6.3. Das daran anschließende Beispiel 6.6 zeigt, dass ein zu Satz 6.3 analoger Satz für uneigentliche Integrale dagegen *nicht* gilt.

---

[3]Der folgende Satz 6.3 gilt schon unter viel allgemeineren Bedingungen an f; für die nachfolgenden Beispiele und Gegenbeispiele genügt er uns jedoch in der angegebenen engen Form.

Beispiel 6.4. Sei $f : [1,3] \times [1,2] \to \mathbb{R}$ definiert wie in Beispiel 6.2, also $f(x,y) = x + y - 2$. Hier bekommen wir einerseits[4]

$$F_1(x) = \int_1^2 f(x,y)\,dy = \int_1^2 (x + y - 2)\,dy = \left[xy + \frac{y^2}{2} - 2y\right]_{y=1}^{y=2} = x - \frac{1}{2},$$

also

$$I_1 = \int_1^3 \int_1^2 f(x,y)\,dy\,dx = \int_1^3 F_1(x)\,dx = \int_1^3 \left(x - \frac{1}{2}\right)\,dx = \left[\frac{x^2}{2} - \frac{x}{2}\right]_1^3 = 3.$$

Andererseits ist

$$F_2(y) = \int_1^3 f(x,y)\,dx = \int_1^3 (x + y - 2)\,dx = \left[\frac{x^2}{2} + xy - 2x\right]_{x=1}^{x=3} = 2y,$$

also

$$I_2 = \int_1^2 \int_1^3 f(x,y)\,dx\,dy = \int_1^2 F_2(y)\,dy = \int_1^2 2y\,dy = \left[y^2\right]_1^2 = 3,$$

in Übereinstimmung mit Satz 6.3.   ♡

Beispiel 6.5. Sei $f : [0,1] \times [0,1] \to \mathbb{R}$ definiert durch $f(x,y) := \sqrt{x} - y^2$. Hier bekommen wir einerseits

$$F_1(x) = \int_0^1 f(x,y)\,dy = \int_0^1 \sqrt{x}\,dy - \int_0^1 y^2\,dy = \sqrt{x} - \left[\frac{1}{3}y^3\right]_0^1 = \sqrt{x} - \frac{1}{3},$$

also

$$I_1 = \int_0^1 \int_0^1 f(x,y)\,dy\,dx = \int_0^1 F_1(x)\,dx = \int_0^1 \sqrt{x}\,dx - \frac{1}{3} = \frac{2}{3} - \frac{1}{3} = \frac{1}{3}.$$

Andererseits ist

$$F_2(y) = \int_0^1 f(x,y)\,dx = \int_0^1 \sqrt{x}\,dx - \int_0^1 y^2\,dx = \left[\frac{2}{3}x\sqrt{x}\right]_0^1 - y^2 = \frac{2}{3} - y^2,$$

also

$$I_2 = \int_0^1 \int_0^1 f(x,y)\,dx\,dy = \int_0^1 F_2(y)\,dy = \frac{2}{3} - \int_0^1 y^2\,dy = \frac{2}{3} - \frac{1}{3} = \frac{1}{3}$$

in Übereinstimmung mit Satz 6.3.   ♡

Beispiel 6.6. Sei $f : [0,1] \times [0,1] \to \mathbb{R}$ definiert durch

$$f(x,y) := \begin{cases} \dfrac{1}{y^2} & \text{für } 0 < x < y < 1, \\[2mm] -\dfrac{1}{x^2} & \text{für } 0 < y < x < 1, \\[2mm] 0 & \text{sonst.} \end{cases}$$

---

[4]Bei der Auswertung des Integrals an der oberen und unteren Grenze schreiben wir hier und im folgenden immer die Integrationsvariable (hier: y) oben und unten an die eckige Klammer, damit man sie von der noch verbleibenden Variablen (hier: x) unterscheiden kann. Falls ohnehin nur eine Variable auftritt (wie am Schluss der folgenden Formel für I_1), ist das natürlich nicht nötig.

Für $0 < x < 1$ gilt dann einerseits

$$F_1(x) = \int_0^1 f(x,y)\,dy = -\int_0^x \frac{dy}{x^2} + \int_x^1 \frac{dy}{y^2} = \left[-\frac{1}{x} - \frac{1}{y}\right]_{y=x}^{y=1} = -1,$$

also

$$I_1 = \int_0^1 \int_0^1 f(x,y)\,dy\,dx = \int_0^1 (-1)\,dx = -1.$$

Für $0 < y < 1$ gilt aber andererseits

$$F_2(y) = \int_0^1 f(x,y)\,dx = \int_0^y \frac{dx}{y^2} - \int_y^1 \frac{dx}{x^2} = \left[\frac{1}{y} + \frac{1}{x}\right]_{x=y}^{x=1} = 1,$$

also

$$I_2 = \int_0^1 \int_0^1 f(x,y)\,dx\,dy = \int_0^1 1\,dy = 1.$$

Die Erklärung für die Verschiedenheit der Integrale liegt natürlich darin, dass f in Punkten des Randes und der Diagonalen des Quadrats $[0,1] \times [0,1]$ unstetig ist. $\heartsuit$

Wir betonen, dass die Funktionen F_1 aus (6.8) und F_2 aus (6.9) in Beispiel 6.6 sogar *stetig* (da konstant) sind. Trotzdem können wir die iterierten Integrale in (6.7) nicht vertauschen, weil die ursprüngliche Funktion f ja unstetig und daher Satz 6.3 nicht anwendbar ist.

Wir betrachten nun eine Verallgemeinerung, die darin besteht, dass der Integrationsbereich nicht mehr ein Rechteck sein muss. Im folgenden nennen wir eine Menge $M \subset \mathbb{R}^2$ einen *horizontalen Normalbereich* über $[a,b]$, falls sie sich in der Form

(6.10) $$M = \{(x,y) : a \leq x \leq b,\ c(x) \leq y \leq d(x)\}$$

mit zwei stetigen Funktionen $c, d : [a,b] \to \mathbb{R}$ darstellen lässt, die auf $[a,b]$ der Bedingung $c(x) \leq d(x)$ genügen. Entsprechend nennen wir M einen *vertikalen Normalbereich* über $[c,d]$, falls M sich in der Form

(6.11) $$M = \{(x,y) : c \leq y \leq d,\ a(y) \leq x \leq b(y)\}$$

mit zwei stetigen Funktionen $a, b : [c,d] \to \mathbb{R}$ darstellen lässt, die auf $[c,d]$ der Bedingung $a(y) \leq b(y)$ genügen. Geometrisch ist ein horizontaler Normalbereich also die Menge aller Punkte der Ebene, die links und rechts von zwei senkrechten Geraden, oben und unten dagegen von den Graphen zweier stetiger Funktionen begrenzt werden. Ein vertikaler Normalbereich ist dann eine Punktemenge, die oben und unten „gerade" begrenzt ist, links und rechts dagegen „krumm".[5] Natürlich ist jedes Rechteck $M = [a,b] \times [c,d]$ sowohl ein vertikaler Normalbereich über $[c,d]$ (mit $a(y) \equiv a$ und $b(y) \equiv b$) als auch ein horizontaler Normalbereich über $[a,b]$ (mit $c(x) \equiv c$ und $d(x) \equiv d$).

---

[5]Manche Autoren fordern statt der Bedingung $c(x) \leq d(x)$ in (6.10) bzw. $a(y) \leq b(y)$ in (6.11) übrigens die stärkere Bedingung $c(x) < d(x)$ bzw. $a(y) < b(y)$; das schließt aber wichtige Beispiele aus, wie etwa unsere Beispiele 6.7 und 6.8 unten.

Sei $M \subset \mathbb{R}^2$ ein horizontaler Normalbereich mit der Darstellung (6.10) und $f : M \to \mathbb{R}$ eine stetige Funktion. Dann können wir das iterierte Integral

$$(6.12) \qquad I_1 := \int_a^b \left\{ \int_{c(x)}^{d(x)} f(x,y) \, dy \right\} dx$$

betrachten. Ist M auch als vertikaler Normalbereich in der Form (6.11) darstellbar, so können wir andererseits das iterierte Integral

$$(6.13) \qquad I_2 := \int_c^d \left\{ \int_{a(y)}^{b(y)} f(x,y) \, dx \right\} dy$$

berechnen. Ohne Beweis bemerken wir, dass im Falle einer *stetigen* Funktion in (6.12) und (6.13) wieder dasselbe herauskommt. Diesen gemeinsamen Wert bezeichnet man dann wieder als *Integral von f über M* und schreibt dafür

$$(6.14) \qquad I_1 = I_2 = \int_M f(x,y) \, d(x,y).$$

Die Berechnung eines Integrals über einen zweidimensionalen Normalbereich wird also wie bei Rechtecken auf die sukzessive Berechnung zweier eindimensionaler Integrale zurückgeführt. Allerdings sind die iterierten Integrale (6.12) und (6.13) komplizierter als die iterierten Integrale (6.5) und (6.6), weil die inneren Integrationsgrenzen variabel sind. Für den Spezialfall der konstanten Funktion $f(x,y) \equiv 1$ können wir das Integral (6.14) wie in (6.4) als Fläche des Normalbereichs M interpretieren.

Beispiel 6.7. Sei

$$M := \{(x,y) : 0 \leq x \leq 1, \, x^2 \leq y \leq x\}$$

und $f : M \to \mathbb{R}$ definiert durch $f(x,y) := x^2 - y^2$. Da M schon als horizontaler Normalbereich (mit $c(x) := x^2$ und $d(x) := x$) dargestellt ist, erhalten wir aus (6.12)

$$\int_{x^2}^x (x^2 - y^2) \, dy = \left[x^2 y - \frac{1}{3} y^3 \right]_{y=x^2}^{y=x} = \frac{1}{3} x^6 - x^4 + \frac{2}{3} x^3,$$

also

$$\begin{aligned} I_1 &= \int_0^1 \int_{x^2}^x (x^2 - y^2) \, dy \, dx = \int_0^1 \left(\frac{1}{3} x^6 - x^4 + \frac{2}{3} x^3 \right) dx \\ &= \left[\frac{1}{21} x^7 - \frac{1}{5} x^5 + \frac{1}{6} x^4 \right]_0^1 = \frac{1}{21} - \frac{1}{5} + \frac{1}{6} = \frac{1}{70}. \end{aligned}$$

(6.15)

Hierbei ist beim iterierten Integral in (6.15) zuerst das innere Integral bzgl. y auszurechnen, anschließend das äußere Integral bzgl. x. Wir können M aber auch als vertikalen Normalbereich darstellen, nämlich in der Form

$$M = \{(x,y) : 0 \leq y \leq 1, \, y \leq x \leq \sqrt{y}\},$$

also mit $a(y) := y$ und $b(y) := \sqrt{y}$. In diesem Fall erhalten wir

$$\int_y^{\sqrt{y}} (x^2 - y^2)\, dx = \left[\frac{1}{3}x^3 - y^2 x\right]_{x=y}^{x=\sqrt{y}} = \frac{1}{3}y\sqrt{y} - y^2\sqrt{y} + \frac{2}{3}y^3,$$

also

$$I_2 = \int_0^1 \int_y^{\sqrt{y}} (x^2 - y^2)\, dx\, dy = \int_0^1 \left(\frac{1}{3}y\sqrt{y} - y^2\sqrt{y} + \frac{2}{3}y^3\right) dy$$

$$= \left[\frac{2}{15}y^2\sqrt{y} - \frac{2}{7}y^3\sqrt{y} + \frac{1}{6}y^4\right]_0^1 = \frac{2}{15} - \frac{2}{7} + \frac{1}{6} = \frac{1}{70}.$$

Wie oben bemerkt, muss das Ergebnis natürlich dasselbe sein, d.h. unabhängig von der Darstellung von M als horizontaler oder vertikaler Normalbereich.　　　　　　♡

Beispiel 6.8. Sei $M = \{(x,y) : x^2 + y^2 \le 1\}$ die abgeschlossene Einheitskreisscheibe und $f : M \to \mathbb{R}$ definiert durch

(6.16)　　　　　　　　　　　$f(x,y) := \sqrt{1 - x^2 - y^2}.$

Wir wollen das Integral von f über M berechnen. Geometrisch interpretiert ist der Graph von f die obere Hälfte der Einheitssphäre[6] im $\mathbb{R}^3$. Da das Volumen der ganzen Einheitskugel im $\mathbb{R}^3$ bekanntlich $4\pi/3$ beträgt, sollte als Wert des gesuchten Integrals $2\pi/3$ herauskommen.

Wir fassen M zunächst als horizontalen Normalbereich

$$M = \{(x,y) : -1 \le x \le 1,\ -\sqrt{1-x^2} \le y \le \sqrt{1-x^2}\}$$

auf, also mit den Funktionen $c(x) := -\sqrt{1-x^2}$ und $d(x) := \sqrt{1-x^2}$ für $-1 \le x \le 1$. Wegen der Symmetrie des Integrationsgebiets und der nur quadratisch auftretenden Terme von x und y in (6.16) genügt es wiederum, sich auf den oberen rechten Kreissektor

$$M^+ := \{(x,y) : 0 \le x \le 1,\ 0 \le y \le \sqrt{1-x^2}\}$$

zu beschränken; das gesuchte Integral ist dann das Vierfache des Integrals

$$I_1 := \int_{M^+} f(x,y)\, d(x,y) = \int_0^1 \int_0^{\sqrt{1-x^2}} \sqrt{1 - x^2 - y^2}\, dy dx.$$

Aus Abschnitt 3.2 wissen wir, dass die Funktion $g(y) := \sqrt{c^2 - y^2}$ für $c > 0$ und $-c \le y \le c$ die Funktion

$$G(y) = \frac{1}{2}y\sqrt{c^2 - y^2} + \frac{1}{2}c^2 \arcsin\frac{y}{c} \qquad (|y| \le c)$$

als Stammfunktion besitzt; mit $c := \sqrt{1-x^2}$ bekommen wir also

$$\int_0^{\sqrt{1-x^2}} \sqrt{1 - x^2 - y^2}\, dy = \int_0^c \sqrt{c^2 - y^2}\, dy = \frac{1}{2}c^2 \arcsin 1 = \frac{c^2\pi}{4} = \frac{(1-x^2)\pi}{4}.$$

---

[6]Eine *Sphäre* ist stets Rand einer *Kugel*, die Einheitssphäre also speziell Rand der Einheitskugel.

Damit ergibt sich nach anschließender Integration bzgl. x

$$I_1 = \int_0^1 \frac{(1-x^2)\pi}{4}\,dx = \frac{\pi}{4}\int_0^1 (1-x^2)\,dx = \frac{\pi}{6}$$

wie behauptet. Genauso können wir M aber auch als vertikalen Normalbereich

$$M = \{(x,y) : -1 \le y \le 1,\ -\sqrt{1-y^2} \le x \le \sqrt{1-y^2}\}$$

auffassen, also mit den Funktionen $a(y) := -\sqrt{1-y^2}$ und $b(y) := \sqrt{1-y^2}$ für $-1 \le y \le 1$. Wie oben können wir uns auf den oberen rechten Kreissektor

$$M^+ := \{(x,y) : 0 \le y \le 1,\ 0 \le x \le \sqrt{1-y^2}\}$$

beschränken; das gesuchte Integral ist dann das Vierfache des Integrals

$$I_2 := \int_{M^+} f(x,y)\,d(x,y) = \int_0^1 \int_0^{\sqrt{1-y^2}} \sqrt{1-x^2-y^2}\,dxdy.$$

Da alle auftretenden Integrale und Funktionen symmetrisch in x und y sind, ist klar, dass das Ergebnis dasselbe ist wie vorher. ♡

Beispiel 6.9. Dieses Beispiel kleiden wir in die Form einer geometrischen Frage: Für gegebene reelle Zahlen r und R mit $0 < r \le R$ berechne man das Volumen des Zylinderabschnitts mit der Gleichung $x^2 + y^2 = r^2$, der zwischen der xy-Ebene und der Ebene mit der Gleichung $y + z = R$ im $\mathbb{R}^3$ liegt.

Im Raum $\mathbb{R}^3$ wird der betrachtete Körper also unten von der Kreisscheibe $K := \{(x,y,0) : x^2 + y^2 \le r^2\}$ in der xy-Ebene und oben von der schiefen Ebene $E := \{(x,y,z) : z = R - y\}$ begrenzt, die die xy-Ebene in der Geraden $y = R$ durchdringt. Das Volumen des Körpers ist demzufolge durch das Integral

$$I := \int_K (R-y)\,d(x,y)$$

gegeben. Da K bzgl. der x-Achse symmetrisch ist, folgt sofort

$$\int_K y\,d(x,y) = 0;$$

also ist einfach

$$I = \int_K R\,d(x,y) = R\int_K d(x,y) = R \cdot Fl(K) = \pi R r^2,$$

denn das letzte Integral ist nach (6.4) ja nichts anderes als der Flächeninhalt der Kreisscheibe K. In diesem Beispiel konnten wir das zweidimensionale Integral also aufgrund einfacher geometrischer Überlegungen ausrechnen, ohne auf iterierte Integrale zurückgreifen zu müssen. ♡

Wir kehren zurück zum Spezialfall eines Rechtecks $M = [a,b] \times [c,d]$. Man könnte die Aussage aus Satz 6.3 als hinreichende Bedingung für „Integration unter dem Integralzeichen" interpretieren. Entsprechend gibt der folgende Satz 6.10 eine Bedingung an, unter der die Gleichheit

$$(6.17) \qquad \frac{d}{dx}\int_c^d f(x,y)\,dy = \int_c^d \left[\frac{\partial}{\partial x}f(x,y)\right]\,dy,$$

gilt, d.h. die „Differentiation unter dem Integralzeichen" erlaubt ist.[7]

Satz 6.10. *Sei $f : [a, b] \times [c, d] \to \mathbb{R}$ eine stetige Funktion, die bzgl. der ersten Variablen stetig partiell differenzierbar ist. Dann gilt die Gleichheit (6.17), d.h. man darf die Differentiation bzgl. x und die Integration bzgl. y in beliebiger Reihenfolge ausführen.*

Beweis: Sei wieder $F_1 : [a, b] \to \mathbb{R}$ die in (6.8) definierte Funktion, und sei $x_0 \in [a, b]$; wir zeigen, dass F_1 in x_0 differenzierbar ist mit

$$(6.18) \qquad F_1'(x_0) = \int_c^d f_x(x_0, y) \, dy.$$

Sei $\varepsilon > 0$. Da die partielle Ableitung f_x nach Voraussetzung auf $[a, b] \times [c, d]$ stetig ist, ist sie dort sogar gleichmäßig stetig (Aufgabe 5.49). Wie im Beweis des vorigen Satzes können wir also ein $\delta > 0$ wählen derart, dass aus $|x - x_0| < \delta$ stets $|f_x(x, y) - f_x(x_0, y)| < \varepsilon$ folgt. Für beliebiges $x \neq x_0$ erhalten wir zunächst

$$(6.19) \qquad \begin{aligned} \frac{F_1(x) - F_1(x_0)}{x - x_0} &= \int_c^d \frac{f(x, y) - f(x_0, y)}{x - x_0} \, dy \\ &= \int_c^d \left[\frac{f(x, y) - f(x_0, y)}{x - x_0} - f_x(x_0, y) \right] dy + \int_c^d f_x(x_0, y) \, dy. \end{aligned}$$

Nach dem Mittelwertsatz von Lagrange (Satz 2.25) finden wir ein ξ zwischen x_0 und x mit

$$f(x, y) - f(x_0, y) = f_x(\xi, y)(x - x_0).$$

Für $|x - x_0| < \delta$ ist auch $|\xi - x_0| < \delta$, also $|f_x(\xi, y) - f(x_0, y)| < \varepsilon$. Einsetzen in (6.19) liefert

$$\begin{aligned} \left| \frac{F_1(x) - F_1(x_0)}{x - x_0} - \int_c^d f_x(x_0, y) \, dy \right| &= \left| \int_c^d \left[\frac{f(x, y) - f(x_0, y)}{x - x_0} - f_x(x_0, y) \right] dy \right| \\ &= \left| \int_c^d [f_x(\xi, y) - f_x(x_0, y)] \, dy \right| \leq \int_c^d |f_x(\xi, y) - f_x(x_0, y)| \, dy < (d - c)\varepsilon. \end{aligned}$$

Dies zeigt, dass der Differenzenquotient zu Beginn von (6.19) beliebig nahe an das Integral rechts in (6.18) gebracht werden kann, wenn nur x hinreichend nahe genug an x_0 liegt, und das ist gerade die Behauptung. ∎

Es ist völlig klar, dass eine (6.17) entsprechende Formel für die Ableitung nach y gilt, also

$$(6.20) \qquad \frac{d}{dy} \int_a^b f(x, y) \, dx = \int_a^b \left[\frac{\partial}{\partial y} f(x, y) \right] dx,$$

falls f stetig und bzgl. der zweiten Variablen stetig differenzierbar ist. Die Gleichheit (6.17) erlaubt es uns übrigens, den noch ausstehenden Beweis der Gleichheit (6.7) aus Satz 6.3 nachzuliefern. Hierzu definieren wir eine Funktion $\varphi : [a, b] \to \mathbb{R}$ durch

$$\varphi(x) := \int_c^d \left\{ \int_a^x f(t, y) \, dt \right\} dy.$$

---

[7]In manchen Büchern wird die Gleichheit (6.17) als *Leibnizregel* bezeichnet; wir benutzen diesen missverständlichen Namen nicht, weil viele Regeln so genannt werden.

Dann ist φ stetig differenzierbar mit $\varphi(a) = 0$ und $\varphi(b) = I_2$ gemäß (6.6). Nach Satz 6.10 und dem Ersten Hauptsatz der Infinitesimalrechnung (Satz 3.12) bekommen wir

$$\varphi'(x) = \int_c^d \left\{ \frac{\partial}{\partial x} \int_a^x f(t, y)\, dt \right\} dy = \int_c^d f(x, y)\, dy = F_1(x)$$

mit F_1 wie in (6.8). Eine anschließende Anwendung des Zweiten Hauptsatzes (Satz 3.13) ergibt nach Integration über $[a, b]$

$$\int_a^b F_1(x)\, dx = \int_a^b \varphi'(x)\, dx = \varphi(b) = \int_c^d F_2(y)\, dy,$$

und das war gerade zu zeigen.

Es ist interessant zu bemerken, dass man den Satz von Schwarz über die Gleichheit der gemischten zweiten partiellen Ableitungen (Satz 5.29) als Folgerung aus Satz 6.10 ableiten kann. Um dies einzusehen, nehmen wir an, dass eine Funktion $f \in C^1(\mathbb{R}^2)$ in einer Umgebung $U_\delta(x_0, y_0)$ eines Punktes (x_0, y_0) eine stetige zweite Ableitung f_{yx} besitze. Nach dem Zweiten Hauptsatz der Infinitesimalrechnung (Satz 3.13) gilt dann

$$(6.21) \qquad f(x, y) = \int_{y_0}^y \frac{\partial}{\partial t} f(x, t)\, dt + f(x, y_0) \quad (|x - x_0| < \delta).$$

Eine Anwendung von (6.17) (für f_t statt f) auf (6.21) liefert dann

$$(6.22) \qquad \frac{\partial}{\partial x} f(x, y) = \int_{y_0}^y \frac{\partial}{\partial x} \frac{\partial}{\partial t} f(x, t)\, dt + \frac{\partial}{\partial x} f(x, y_0).$$

Leiten wir dies noch partiell nach y ab, so verschwindet der letzte Summand in (6.22), während die Ableitung des Integrals wieder nach dem Ersten Hauptsatz (Satz 3.12) gleich dem Integranden an der oberen Integrationsgrenze wird, also

$$\frac{\partial}{\partial y} \frac{\partial}{\partial x} f(x, y) = \frac{\partial}{\partial y} \int_{y_0}^y \frac{\partial}{\partial x} \frac{\partial}{\partial t} f(x, t)\, dt + \frac{\partial}{\partial y} \frac{\partial}{\partial x} f(x, y_0) = \frac{\partial}{\partial x} \frac{\partial}{\partial y} f(x, y).$$

Dies ist aber gerade die Aussage von Satz 5.29: Auch die zweite Ableitung f_{xy} existiert, und sie stimmt auf $U_\delta(x_0, y_0)$ mit f_{yx} überein.

Wir bringen nun einige Beispiele, welche die Nützlichkeit der Formel (6.17) illustrieren. Anschließend zeigen wir mit einem weiteren Beispiel, dass die Gleichheit (6.17) i.a. nicht richtig ist, falls nicht alle Voraussetzungen von Satz 6.10 erfüllt sind.

Beispiel 6.11. Sei $f : [0, 1] \times [0, 2] \to \mathbb{R}$ definiert durch $f(x, y) := xe^{xy}$. Um die linke Seite von (6.17) zu berechnen, müssen wir f zunächst bzgl. y integrieren und bekommen

$$\int_0^2 f(x, y)\, dy = \int_0^2 xe^{xy}\, dy = [e^{xy}]_{y=0}^{y=2} = e^{2x} - 1,$$

da der Integrand die Stammfunktion $y \mapsto e^{xy}$ besitzt. Anschließende Differentiation bzgl. x liefert

$$\frac{d}{dx} \int_0^2 f(x, y)\, dy = \frac{d}{dx} \left(e^{2x} - 1 \right) = 2e^{2x}.$$

Um andererseits die rechte Seite von (6.17) zu berechnen, müssen wir f zunächst bzgl. x differenzieren und bekommen $f_x(x,y) = e^{xy} + xye^{xy}$. Da diese Funktion bzgl. y die Stammfunktion $y \mapsto ye^{xy}$ besitzt, bekommen wir nach dem Zweiten Hauptsatz der Infinitesimalrechnung (Satz 3.13)

$$\int_0^2 f_x(x,y)\,dy = \int_0^2 \left(e^{xy} + xye^{xy}\right)dy = [ye^{xy}]_{y=0}^{y=2} = 2e^{2x},$$

also dasselbe wie vorher, so wie es Satz 6.10 voraussagt.   ♡

Beispiel 6.12. In Aufgabe 3.16 wurde gezeigt, dass für $\alpha > 1$ die Gleichheit

$$\int_0^\pi \frac{dy}{\alpha - \cos y} = \frac{\pi}{\sqrt{\alpha^2 - 1}}$$

gilt. Wir wollen hieraus mittels Satz 6.10 das Integral

$$I := \int_0^\pi \frac{dy}{(2 - \cos y)^2}$$

berechnen. Setzen wir $f(\alpha, y) := 1/(\alpha - \cos y)$, so bekommen wir für die Ableitung von f nach der ersten Variablen

$$f_\alpha(\alpha, y) = -\frac{1}{(\alpha - \cos y)^2},$$

also nach Satz 6.10

$$\int_0^\pi \frac{\partial}{\partial \alpha} \frac{dy}{\alpha - \cos y} = \frac{d}{d\alpha} \int_0^\pi \frac{dy}{\alpha - \cos y} = \frac{d}{d\alpha} \frac{\pi}{\sqrt{\alpha^2 - 1}} = \frac{\pi\alpha}{(\alpha^2 - 1)^{3/2}}.$$

Speziell für $\alpha = 2$ ergibt sich also das gesuchte Integral zu $2\pi/3\sqrt{3}$.   ♡

Beispiel 6.13. In Beispiel 3.33 haben wir das von einer Konstanten $c > 0$ abhängige Integral

$$I_c := \int_0^c t^2 \cos t\,dt$$

recht unelegant mittels zweimaliger partieller Integration berechnet; das Ergebnis war $I_c = (c^2 - 2)\sin c + 2c\cos c$. Nun berechnen wir dasselbe Integral noch einmal eleganter unter Benutzung von Satz 6.10. Dazu definieren wir eine Funktion $f : [1,2] \times [0,c] \to \mathbb{R}$ durch $f(x,t) := \cos xt$. Sei weiter

(6.23) $$g(x) := \int_0^c f(x,t)\,dt = \int_0^c \cos xt\,dt.$$

Zweimalige Anwendung von Satz 6.10 liefert dann

$$-\int_0^c t\sin xt\,dt = \int_0^c \frac{\partial}{\partial x} \cos xt\,dt = \frac{d}{dx} \int_0^c \cos xt\,dt = g'(x)$$

und

$$-\int_0^c t^2 \cos xt\,dt = \int_0^c \frac{\partial^2}{\partial x^2} \cos xt\,dt = \frac{d^2}{dx^2} \int_0^c \cos xt\,dt = g''(x).$$

Das gesuchte Integral ist also einfach $I_c = -g''(1)$. Andererseits können wir die Funktion (6.23) direkt ausrechnen, denn es gilt

$$g(x) = \int_0^c \cos xt \, dt = \left[\frac{\sin xt}{x} \right]_{t=0}^{t=c} = \frac{\sin cx}{x},$$

also

$$g'(x) = -\frac{\sin cx}{x^2} + \frac{c \cos cx}{x}, \qquad g''(x) = \frac{2 \sin cx}{x^3} - \frac{2c \cos cx}{x^2} - \frac{c^2 \sin cx}{x}.$$

Hiermit bekommen wir $I_c = -g''(1) = -2\sin c + 2c\cos c + c^2 \sin c$ in Übereinstimmung mit dem Ergebnis aus Beispiel 3.33. ♡

Natürlich gilt eine (6.17) entsprechende Formel für Ableitungen höherer Ordnung (falls diese existieren und stetig sind), d.h.

$$(6.24) \qquad \frac{d^n}{dx^n} \int_c^d f(x,y) \, dy = \int_c^d \left[\frac{\partial^n}{\partial x^n} f(x,y) \right] dy.$$

Im nächsten Beispiel zeigen wir, wie die Gleichheit (6.24) die Berechnung eines Integrals erleichtern kann.

Beispiel 6.14. Die Aufgabe bestehe darin, für $n \in \mathbb{N}$ die durch

$$(6.25) \qquad g_n(x) := \int_0^x t^n e^{-t} \, dt \qquad (0 \le x \le 1)$$

definierte Funktion $g_n : [0,1] \to \mathbb{R}$ zu berechnen. Natürlich können wir dies durch wiederholte partielle Integration tun, aber das wird mit wachsendem n immer aufwendiger. Eleganter ist es, eine Funktion $f : [0,1] \times [0,1] \to \mathbb{R}$ durch

$$f(x,y) := \int_0^x e^{-ty} \, dt$$

zu definieren. Diese Funktion können wir explizit angeben, denn es ist ja

$$(6.26) \qquad f(x,y) = -\frac{1}{y} \left[e^{-ty} \right]_{t=0}^{t=x} = \frac{1 - e^{-xy}}{y}.$$

Nun betrachten wir die partiellen Ableitungen von f bzgl. y und bekommen nach Satz 6.10

$$\frac{\partial}{\partial y} f(x,y) = \int_0^x \frac{\partial}{\partial y} e^{-ty} \, dt = -\int_0^x t e^{-ty} \, dt,$$

$$\frac{\partial^2}{\partial y^2} f(x,y) = \int_0^x \frac{\partial^2}{\partial y^2} e^{-ty} \, dt = \int_0^x t^2 e^{-ty} \, dt$$

und allgemein für $n \in \mathbb{N}$

$$(6.27) \qquad \frac{\partial^n}{\partial y^n} f(x,y) = \int_0^x \frac{\partial^n}{\partial y^n} e^{-ty} \, dt = (-1)^n \int_0^x t^n e^{-ty} \, dt,$$

wie man leicht durch Induktion nachweist. Ein Vergleich mit (6.25) zeigt also, dass

$$(6.28) \qquad\qquad g_n(x) = (-1)^n \frac{\partial^n}{\partial y^n} f(x,1)$$

ist, und dies kann man ausrechnen, indem man die partiellen Ableitungen von (6.26) nach y berechnet und anschließend $y = 1$ setzt. Beispielsweise ist $g_1(x) = -1 + e^{-x} + xe^{-x}$ und $g_2(x) = 2 - 2e^{-x} - xe^{-x} - x^2e^{-x}$.   ♡

Beispiel 6.15. In diesem Beispiel sind nicht alle Voraussetzungen von Satz 6.10 erfüllt. Sei $f : [0,1] \times [0,1] \to \mathbb{R}$ definiert durch

$$f(x,y) := \begin{cases} \dfrac{x^3}{y^2} e^{-x^2/y} & \text{für } 0 < y \le 1, \\[2mm] 0 & \text{für } y = 0. \end{cases}$$

Man kann leicht zeigen, dass die Funktion f partiell stetig im Sinne der Definition 5.9 auf $[0,1] \times [0,1]$ ist; insbesondere gilt bei Annäherung an $(0,0)$ auf den Achsen

$$\lim_{x \to 0} f(x,0) = \lim_{y \to 0} f(0,y) = 0.$$

Allerdings ist f in $(0,0)$ *nicht stetig*, denn nähert man sich dem Nullpunkt etwa auf der Parabel $y = x^2$ (für $x > 0$), so erhält man

$$\lim_{x \to 0+} f(x,x^2) = \lim_{x \to 0+} \frac{1}{x} \frac{1}{e} = \infty.$$

Diese Funktion hat also bei $(0,0)$ ein ähnlich pathologisches Verhalten wie die aus Beispiel 5.12. Sie ist allerdings bzgl. x partiell differenzierbar mit

$$(6.29) \qquad \frac{\partial}{\partial x} f(x,y) = \begin{cases} e^{-x^2/y} \left(\dfrac{3x^2}{y^2} - \dfrac{2x^4}{y^3} \right) & \text{für } 0 < y \le 1, \\[2mm] 0 & \text{für } y = 0. \end{cases}$$

Für $0 \le x \le 1$ betrachten wir jetzt die Funktion

$$g(x) := \int_0^1 f(x,y)\, dy = x^3 \int_0^1 \frac{e^{-x^2/y}}{y^2}\, dy = \left[xe^{-x^2/y} \right]_{y=0}^{y=1} = xe^{-x^2}.$$

Dann ist

$$g'(x) = e^{-x^2}(1 - 2x^2) \qquad (0 \le x \le 1),$$

also insbesondere $g'(0) = 1$. Mit (6.29) bekommen wir weiter für $x > 0$

$$\int_0^1 \frac{\partial}{\partial x} f(x,y)\, dy = 3x^2 \int_0^1 \frac{e^{-x^2/y}}{y^2}\, dy - 2x^4 \int_0^1 \frac{e^{-x^2/y}}{y^3}\, dy = e^{-x^2}(1 - 2x^2) = g'(x),$$

während für $x = 0$

$$\int_0^1 \frac{\partial}{\partial x} f(0,y)\, dy = \int_0^1 0\, dy = 0$$

ist. Damit erhalten wir

$$(6.30) \qquad g'(0) = 1 \neq 0 = \int_0^1 \frac{\partial}{\partial x} f(0, y)\, dy,$$

d.h. die Gleichheit (6.17) ist für $x = 0$ nicht erfüllt. Die Erklärung für (6.30) liegt natürlich darin, dass f auf dem Quadrat $[0, 1] \times [0, 1]$ zwar partiell differenzierbar, aber nicht stetig partiell differenzierbar ist. $\qquad\qquad\qquad\qquad\qquad\qquad\qquad\qquad\heartsuit$

So wie wir in (6.12) und (6.13) sozusagen Integrale mit variablen Grenzen und Integranden zweier Variabler integriert haben, wollen wir solche Integrale nunmehr differenzieren und dabei eine wichtige Verallgemeinerung von Satz 6.10 erhalten. Sei dazu $k : [a, b] \times [c, d] \to \mathbb{R}$ eine stetige Funktion zweier Variabler, die bzgl. der ersten Variablen stetig differenzierbar ist. Seien weiter $u, v : [a, b] \to [c, d]$ differenzierbar. Wir betrachten dann die durch[8]

$$(6.31) \qquad F(x) := \int_{u(x)}^{v(x)} k(x, y)\, dy \qquad (a \leq x \leq b)$$

definierte Funktion $F : [a, b] \to \mathbb{R}$. Im Falle konstanter Integrationsgrenzen, also $u(x) \equiv c$ und $v(x) \equiv d$ wissen wir nach Satz 6.10 schon, dass die Funktion (6.31) dann differenzierbar ist. Im folgenden Satz beweisen wir eine Verallgemeinerung dieses Ergebnisses auf den Fall variabler Integrationsgrenzen:

Satz 6.16. *Sei $k : [a, b] \times [c, d] \to \mathbb{R}$ eine stetige Funktion, die bzgl. der ersten Variablen stetig partiell differenzierbar ist, und seien $u, v : [a, b] \to [c, d]$ differenzierbar. Dann ist die durch (6.31) definierte Funktion F differenzierbar und es gilt*

$$(6.32) \qquad \begin{aligned} F'(x) &= \frac{d}{dx} \int_{u(x)}^{v(x)} k(x, y)\, dy \\ &= k(x, v(x))v'(x) - k(x, u(x))u'(x) + \int_{u(x)}^{v(x)} \frac{\partial}{\partial x} k(x, y)\, dy. \end{aligned}$$

Beweis: Wir definieren eine Funktion dreier Variabler $\Phi : [a, b] \times [c, d] \times [c, d] \to \mathbb{R}$ durch

$$\Phi(x, u, v) := \int_u^v k(x, y)\, dy \qquad (a \leq x \leq b,\ c \leq u, v \leq d);$$

es gilt also

$$(6.33) \qquad F(x) = \Phi(x, u(x), v(x)).$$

Einerseits bekommen wir für die partiellen Ableitungen Φ_u und Φ_v dann aus dem Ersten Hauptsatz der Infinitesimalrechnung (Satz 3.12)

$$\frac{\partial}{\partial u} \Phi(x, u, v) = -k(x, u), \qquad \frac{\partial}{\partial v} \Phi(x, u, v) = k(x, v).$$

---

[8] Wir benutzen für den Integranden hier statt $f(x, y)$ ausnahmsweise einen anderen Buchstaben, nämlich $k(x, y)$, um eine Verwirrung im anschließenden Anwendungsbeispiel zu vermeiden. Der Buchstabe k ist insofern gerechtfertigt, als man solche Integranden wie in (6.31) oft als *Kernfunktionen* bezeichnet.

Andererseits können wir aus Satz 6.10 schließen, dass die partielle Ableitung Φ_x stetig ist[9] und die Gleichheit

$$\frac{\partial}{\partial x}\Phi(x,u,v) = \frac{\partial}{\partial x}\int_u^v k(x,y)\,dy = \int_u^v \frac{\partial}{\partial x}k(x,y)\,dy$$

erfüllt. Nach dem in Beispiel 5.18 berechneten Ergebnis bekommen wir mithin in Kombination mit (6.33)

$$F'(x) = \Phi_x(x,u(x),v(x)) + \Phi_u(x,u(x),v(x))u'(x) + \Phi_v(x,u(x),v(x))v'(x)$$

$$= \int_{u(x)}^{v(x)} \frac{\partial}{\partial x}k(x,y)\,dy - k(x,u(x))u'(x) + k(x,v(x))v'(x),$$

und das ist gerade die Behauptung (6.32). ∎

Satz 6.16 enthält zwei wichtige Spezialfälle, die wir weiter oben schon betrachtet haben: Hängt die Funktion k in Satz 6.16 nicht von x, sondern nur von y ab, so verschwindet der letzte Term auf der rechten Seite von (6.32) und wir erhalten

$$F'(x) = \frac{d}{dx}\int_{u(x)}^{v(x)} k(y)\,dy = k(v(x))v'(x) - k(u(x))u'(x),$$

also (3.22) aus Beispiel 3.16. Im Falle konstanter Integrationsgrenzen, also $u(x) \equiv c$ und $v(x) \equiv d$, verschwinden dagegen der erste und der zweite Term auf der rechten Seite von (6.32) und wir erhalten

$$F'(x) = \frac{d}{dx}\int_c^d k(x,y)\,dy = \int_c^d \left[\frac{\partial}{\partial x}k(x,y)\right]\,dy,$$

also (6.17) aus Satz 6.10. Dies erspart uns natürlich nicht den Beweis von Satz 6.10, da wir diesen im Beweis von Satz 6.16 benutzt haben.

Als Anwendung von Satz 6.16 kehren wir noch einmal zum Begriff der Integralfunktion F_a einer stetigen Funktion $f : [a,b] \to \mathbb{R}$ zurück, die wir in (3.17) eingeführt haben. Wie dort interpretieren wir die Zuordnung $f \mapsto F_a$ als eine Abbildung $J : C([a,b]) \to C^1([a,b])$, also

$$J(f)(x) = \int_a^x f(t)\,dt \qquad (a \le x \le b),$$

deren *Linksinverse* nach Satz 3.12 nichts anderes als das Bilden der Ableitung ist, also die durch

$$D(f)(x) = f'(x) \qquad (a \le x \le b)$$

definierte Abbildung $D : C^1([a,b]) \to C([a,b])$. Es ist klar, dass wir beim zweimaligen Anwenden von D die zweite Ableitung erhalten, d.h. $D^2(f)(x) = f''(x)$, aber wie können wir das Ergebnis der zweimaligen Anwendung von J möglichst einfach darstellen? Nach Definition von J ist natürlich

(6.34) $$J^2(f)(x) = \int_a^x J(f)(t)\,dt = \int_a^x \left\{\int_a^t f(s)\,ds\right\}dt.$$

---

[9]Dies zeigt man ähnlich wie in Satz 6.10 unter Ausnutzung der Tatsache, dass die Funktion k auf dem kompakten Rechteck $[a,b] \times [c,d]$ gleichmäßig stetig ist.

Wir behaupten, dass wir dies einfacher in der Form

$$(6.35) \qquad J^2(f)(x) = \int_a^x (x-t)f(t)\,dt$$

schreiben können und beweisen dies mittels Satz 6.16. Dazu bezeichnen wir das letzte (iterierte) Integral in (6.34) mit $g(x)$ und die rechte Seite von (6.35) mit $h(x)$. Offensichtlich gilt $g(a) = h(a) = 0$ sowie nach dem Ersten Hauptsatz der Infinitesimalrechnung (Satz 3.12)

$$g'(x) = \frac{d}{dx} \int_a^x \left\{ \int_a^t f(s)\,ds \right\} dt = \int_a^x f(s)\,ds.$$

Der Ausdruck $h(x)$ in (6.35) hat aber genau die Form (6.31) mit $k(x,t) := (x-t)f(t)$, $u(x) \equiv a$ und $v(x) := x$. Nach (6.32) gilt also

$$h'(x) = k(x,x)v'(x) + \int_a^x \frac{\partial}{\partial x}(x-t)f(t)\,dt = \int_a^x f(t)\,dt,$$

da $k(x,x) = 0$ und $k_x(x,t) = f(t)$ ist. Damit haben die Funktionen g und h auf $[a,b]$ dieselbe Ableitung, und in a stimmen sie überein. Aus Satz 2.32 folgt also, dass sie auf ganz $[a,b]$ übereinstimmen, d.h. es gilt (6.35).

Aus unserer Rechnung folgt unmittelbar, dass $(D^2 \circ J^2)(f) = f$ für alle $f \in C([a,b])$ gilt, d.h. D^2 ist linksinvers zu J^2. Etwas allgemeiner kann man ebenfalls mit Satz 6.16 zeigen (s. Aufgabe 6.7), dass das n-fache Bilden der Integralfunktion in der Form

$$J^n(f)(x) = \frac{1}{(n-1)!} \int_a^x (x-t)^{n-1}f(t)\,dt \qquad (a \leq x \leq b)$$

geschrieben werden kann, und hierbei ist natürlich wieder $(D^n \circ J^n)(f) = f$ für alle $f \in C([a,b])$, d.h. es gilt

$$\frac{1}{(n-1)!}\frac{d^n}{dx^n} \int_a^x (x-t)^{n-1}f(t)\,dt = f(x) \qquad (a \leq x \leq b).$$

6.2. Vektorfelder und Kurvenintegrale.

In diesem und dem nächsten Abschnitt wollen wir eine Art höherdimensionales Analogon des Ersten und Zweiten Hauptsatzes der Infinitesimalrechnung herleiten, den wir im skalaren Fall ausführlich in Abschnitt 3.3 diskutiert haben. Der Hauptsatz macht im wesentlichen zwei Aussagen: Einerseits können wir eine Stammfunktion F einer stetigen Funktion, die ja stets integrierbar ist, über ihr Integral gewinnen, indem wir einfach

$$(6.36) \qquad F(x) := \int_a^x f(t)\,dt$$

setzen (Satz 3.12); andererseits können wir, falls wir eine Stammfunktion F kennen, das Integral von $f = F'$ durch

$$(6.37) \qquad \int_a^b f(x)\,dx = \int_a^b F'(x)\,dx = F(b) - F(a)$$

berechnen (Satz 3.13). Wir betonen noch einmal, dass die Stetigkeit von f hierfür eine unnötig starke Voraussetzung ist, wie einfache Beispiele zeigen.

Eine Stammfunktion F einer Funktion $f : \mathbb{R} \to \mathbb{R}$ ist einfach durch die Beziehung $F' = f$ definiert. Dies ist nicht unmittelbar auf den Fall einer Funktion $f : \mathbb{R}^2 \to \mathbb{R}$ übertragbar, denn diese hat ja *zwei* (partielle) Ableitungen. Aus diesem Grund müssen wir ab jetzt „vektorwertige" Funktionen betrachten, so wie wir es schon in Abschnitt 5.5 getan haben:

Definition 6.17. Sei $G \subseteq \mathbb{R}^2$ ein Gebiet und $\mathbf{v} : M \to \mathbb{R}^2$ ein Vektorfeld mit Komponentenfunktionen P und Q, also $\mathbf{v}(x, y) = (P(x, y), Q(x, y))$. Dann nennt man eine Funktion $\Phi : G \to \mathbb{R}$ eine *Stammfunktion* von $\mathbf{v}$ auf G, falls $\mathbf{v} = \operatorname{grad} \Phi$ auf G gilt, d.h. ausgeschrieben

$$(6.38) \qquad \frac{\partial}{\partial x}\Phi(x, y) = P(x, y), \quad \frac{\partial}{\partial y}\Phi(x, y) = Q(x, y) \qquad ((x, y) \in G).$$

Hat ein Vektorfeld $\mathbf{v} : G \to \mathbb{R}^2$ eine solche Stammfunktion, so nennt man $\mathbf{v}$ *konservativ* (oder ein *Potentialfeld* oder *Gradientenfeld*) auf G und Φ ein *Potential* zu $\mathbf{v}$ auf G. In diesem Fall schreiben wir in Analogie zu Definition 2.15 hierfür $\mathbf{v} \in St(G)$. $\square$

Die einfache Forderung $f = F'$ an eine Stammfunktion im skalaren Fall wird hier also durch die viel restriktivere Forderung $\mathbf{v} = \operatorname{grad} \Phi$ ersetzt, d.h. die beiden Gleichheiten in (6.38) müssen *simultan* erfüllt sein. Dass dies in der Tat eine starke Bedingung ist, zeigt schon das folgende sehr einfache Beispiel:

Beispiel 6.18. Wir definieren ein Vektorfeld $\mathbf{v} : \mathbb{R}^2 \to \mathbb{R}^2$ durch[10]

$$(6.39) \qquad\qquad\qquad \mathbf{v}(x, y) := (-y, x).$$

Dieses Vektorfeld hat also die Komponenten $P(x, y) = -y$ und $Q(x, y) = x$, und offensichtlich gilt $P, Q \in C^2(\mathbb{R}^2)$. Angenommen, $\mathbf{v}$ besäße eine Stammfunktion Φ auf $\mathbb{R}^2$, d.h. es gälte

$$\frac{\partial}{\partial x}\Phi(x, y) = -y, \quad \frac{\partial}{\partial y}\Phi(x, y) = x \qquad ((x, y) \in \mathbb{R}^2).$$

Für die gemischten zweiten partiellen Ableitungen erhalten wir dann

$$\frac{\partial^2}{\partial y \partial x}\Phi(x, y) = -1 \neq 1 = \frac{\partial^2}{\partial x \partial y}\Phi(x, y) \qquad ((x, y) \in \mathbb{R}^2),$$

im Widerspruch zu Satz 5.29. Dies zeigt, dass $\mathbf{v}$ keine Stammfunktion haben kann, also nicht konservativ ist. $\heartsuit$

Beispiel 6.18 zeigt einen bemerkenswerten Unterschied zwischen dem Begriff der Stammfunktion in einer oder mehreren Variablen: *Selbst wenn ein Vektorfeld mehrerer Variabler nicht nur stetig, sondern beliebig oft differenzierbar[11] ist, muss es keine Stammfunktion besitzen.* Es muss also noch eine andere Bedingung außer der Stetigkeit erfüllt

---

[10]Im folgenden werden wir wir das Vektorfeld (6.39) als *Drehungsfeld* bezeichnen, denn die Anwendung von $\mathbf{v}$ auf einen Vektor (x, y) der Ebene dreht diesen um $\pi/2$ gegen den Uhrzeigersinn.

[11]Das soll heißen, dass seine Komponenten partielle Ableitungen beliebig hoher Ordnung besitzen.

sein, damit eine Stammfunktion existiert. Im dritten Kapitel haben wir gesehen, dass Stammfunktionen etwas mit Integralen zu tun haben. So ähnlich ist es auch hier, nur dass entsprechende Integrale hier komplizierter zu definieren sind. Hierzu müssen wir zunächst den (intuitiv klaren) Begriff einer Kurve in der Ebene präzisieren, den wir in „naiver Weise" schon benutzt haben:

Definition 6.19. Sei $M \subseteq \mathbb{R}^2$. Eine *Kurve* (oder ein *Weg*) *in* M ist eine stetige Abbildung $\gamma : [a, b] \to M$. Ist γ sogar stetig differenzierbar auf $[a, b]$, so heißt γ eine *glatte Kurve*. Die Menge

$$(6.40) \qquad C := \gamma([a, b]) = \{\gamma(t) : a \le t \le b\}$$

heißt das *Bild* (oder die *Spur*) *der Kurve* γ in M. Im Falle $\gamma(a) = \gamma(b)$ heißt γ eine *geschlossene Kurve*. Gilt darüberhinaus $\gamma(s) \ne \gamma(t)$ für $a \le s < t \le b$ (d.h. es gibt keine Überschneidungspunkte), so nennt man γ eine *einfach geschlossene Kurve*. Ist $\gamma : [a, b] \to \mathbb{R}^2$ eine glatte Kurve, so nennt man die Zahl

$$(6.41) \qquad L(\gamma) := \int_a^b \|\dot{\gamma}(t)\| \, dt$$

die *Länge* der Kurve γ, wobei $\| \cdot \|$ die Euklidische Norm (5.1) sei und der Punkt über γ die Ableitung nach der Variablen $t \in [a, b]$ bezeichne. $\qquad\qquad\square$

Ist $\gamma : [a, b] \to \mathbb{R}^2$ eine glatte Kurve, so ist die Abbildung $t \mapsto \|\dot{\gamma}(t)\|$ eine stetige Funktion, nach Satz 1.53 also beschränkt auf $[a, b]$. Hieraus folgt, dass *eine glatte Kurve immer eine endliche Länge hat.*

Beispiel 6.20. Wir betrachten zwei einfache Kurven, die im Punkt $(1, 0)$ auf der x-Achse starten und im Punkt $(0, 1)$ auf der y-Achse enden, und deren Länge wir aus der Geometrie schon kennen. Zunächst sei C der Viertelkreisbogen mit der Parametrisierung $\gamma(t) := (\cos t, \sin t)$ für $0 \le t \le \pi/2$, der die Punkte $(1, 0)$ und $(0, 1)$ verbindet. Wegen $\dot{\gamma}(t) = (-\sin t, \cos t)$ ist $\|\dot{\gamma}(t)\| = \sqrt{\sin^2 t + \cos^2 t} \equiv 1$, also

$$L(\gamma) = \int_0^{\pi/2} \|\dot{\gamma}(t)\| \, dt = \int_0^{\pi/2} 1 \, dt = \frac{\pi}{2}.$$

Wählen wir als Kurve dagegen die Strecke $\tilde{C}$ mit der Parametrisierung $\tilde{\gamma}(t) := (1 - t, t)$ für $0 \le t \le 1$, die dieselben Punkte $(1, 0)$ und $(0, 1)$ verbindet, so erhalten wir wegen $\dot{\tilde{\gamma}}(t) \equiv (-1, 1)$

$$(6.42) \qquad L(\gamma) = \int_0^1 \|\dot{\gamma}(t)\| \, dt = \int_0^1 \sqrt{2} \, dt = \sqrt{2}.$$

Beide Ergebnisse stimmen mit unseren elementaren geometrischen Schulkenntnissen überein: Der Einheitskreisrand hat die Länge 2π, und ein rechtwinkliges Dreieck mit Kathetenlänge 1 hat die Hypothenusenlänge $\sqrt{2}$. $\qquad\qquad\heartsuit$

Im folgenden betrachten wir nur glatte Kurven, ohne dies besonders zu betonen.[12] Man beachte, dass wir eine Kurve als *Abbildung* definiert haben; die Kurve γ darf also nicht

---

[12]Es ist nützlich, dies dahingehend zu verallgemeinern, dass man auch *stückweise glatte Kurven* zulässt, d.h. solche, die sich aus stetig differenzierbaren Stücken stetig zusammensetzen lassen. Wichtige Beispiele sind Polygonzüge. So hätten wir in Beispiel 6.20 die Punkte $(1, 0)$ und $(0, 1)$ auch durch die horizontale Strecke von $(1, 0)$ nach $(0, 0)$ und anschließend durch die vertikale Strecke von $(0, 0)$ nach $(0, 1)$ verbinden können, was wir der Leserin als Übungsaufgabe empfehlen.

mit ihrem Bild (6.40) verwechselt werden, die ja eine Teilmenge von M (und damit der Ebene) ist. Natürlich können verschiedene Kurven dasselbe Bild in der Ebene ergeben; z.B. sind für $k \in \mathbb{Z} \setminus \{0\}$ die (geschlossenen) Kurven

$$(6.43) \qquad \gamma_k : [0, 2\pi] \to \mathbb{R}^2, \qquad \gamma_k(t) := (\cos kt, \sin kt)$$

für verschiedenes k auch verschieden, aber sie haben alle dasselbe Bild: Jedesmal ist die Menge in (6.40) der Einheitskreisrand

$$(6.44) \qquad C = \gamma_k([0, 2\pi]) = \{(x, y) \in \mathbb{R}^2 : x^2 + y^2 = 1\},$$

nur eben $|k|$-mal positiv ($k > 0$) oder negativ ($k < 0$) durchlaufen.[13] Man nennt γ auch die *Parametrisierung* der Menge (6.40); zwei Parametrisierungen $\gamma : [a, b] \to \gamma([a, b])$ und $\tilde{\gamma} : [\tilde{a}, \tilde{b}] \to \tilde{\gamma}([\tilde{a}, \tilde{b}])$ heißen *äquivalent*, falls es eine streng monoton wachsende stetig differenzierbare Abbildung $\varphi : [a, b] \to [\tilde{a}, \tilde{b}]$ gibt mit $\gamma = \tilde{\gamma} \circ \varphi$. In Beispiel (6.43) wird also der Einheitskreisrand für jedes k anders parametrisiert, d.h. durch paarweise nichtäquivalente Parametrisierungen.

Da eine Kurve γ als Abbildung mit Werten in der Ebene zwei Komponenten besitzt, bezeichnen wir diese im folgenden mit α und β; es gilt also $\gamma(t) = (\alpha(t), \beta(t))$ für alle t aus dem Parameterbereich $[a, b]$. Die Formel (6.41) können wir dann ausführlicher in der Form

$$(6.45) \qquad L(\gamma) = \int_a^b \sqrt{\dot{\alpha}(t)^2 + \dot{\beta}(t)^2} \, dt$$

schreiben. Eine solche Kurve mit Komponentenfunktionen α und β haben wir übrigens schon im Beweis von Satz 5.17 betrachtet.

Zur Übung berechnen wir nun noch die Längen der Kurven (6.43) für jedes $k \neq 0$, die ja alle den Einheitskreisrand parametrisieren. Wegen $\dot{\gamma}_k(t) = (-k \sin kt, k \cos kt)$ ist

$$||\dot{\gamma}_k(t)|| = \sqrt{k^2 \sin^2 kt + k^2 \cos^2 kt} = |k|,$$

also

$$L(\gamma_k) = \int_0^{2\pi} ||\dot{\gamma}_k(t)|| \, dt = \int_0^{2\pi} |k| \, dt = 2|k|\pi.$$

Auch dies stimmt perfekt mit unserer Anschauung überein: Durchläuft man den Einheitskreisrand k-mal (und zwar egal, ob positiv oder negativ), so hat der zurückgelegte Weg die Länge $2|k|\pi$.

Dass man eine Kurve (als Abbildung) nicht mit ihrem Bild verwechseln darf, zeigt auch die Tatsache, dass man aus der Glattheit einer Kurve (in dem Sinne, dass ihre Komponenten C^1-Funktionen sind) *nicht* schließen darf, dass auch ihr Bild in der Ebene besonders „regelmäßig" aussieht. In der Tat, wir können den Streckenzug C von $(1, 0)$ über $(1, 1)$ nach $(0, 1)$ natürlich besonders einfach durch die Kurve

$$(6.46) \qquad \gamma(t) := \begin{cases} (1, t) & \text{für } 0 \le t \le 1, \\ (2 - t, 1) & \text{für } 1 \le t \le 2 \end{cases}$$

---

[13]Positiv bedeutet hier *gegen den Uhrzeigersinn* (englisch *counterclockwise*), negativ dagegen *im Uhrzeigersinn* (englisch *clockwise*).

parametrisieren; diese Funktion γ ist dann auf $[0,2]$ zwar stetig, aber in $t=1$ nicht differenzierbar, also nicht glatt. Wir können denselben Streckenzug C aber auch glatt (sogar C^∞) parametrisieren, indem wir geschickt die Brückenfunktion aus Beispiel 2.22 benutzen. In der Tat, sei $f : [0,1] \to \mathbb{R}$ die Brückenfunktion (2.41) für $a=0$ und $b=1$, also

$$f(t) = \exp\left[-\frac{1}{t^2}\exp\left(-\frac{1}{(1-t)^2}\right)\right],$$

die eine C^∞-Funktion mit $f(0)=0$ und $f(1)=1$ ist. Definieren wir dann $\tilde\gamma : [0,2] \to \mathbb{R}^2$ durch

$$\tilde\gamma(t) := \begin{cases} (1,f(t)) & \text{für } 0 \le t \le 1, \\[2mm] (1-f(t-1),1) & \text{für } 1 \le t \le 2, \end{cases}$$

so ist $\tilde\gamma$ tatsächlich eine C^∞-Kurve, die wie (6.46) das Bild C hat.[14] Die Tatsache, dass C eine „Ecke" in $(1,1)$ hat, darf uns also nicht dazu verleiten anzunehmen, man könne C nicht glatt parametrisieren.[15]

Auch das Umgekehrte ist übrigens möglich: Man kann eine „extrem regulär" aussehende Figur C durch eine „sehr irreguläre" Funktion parametrisieren. In der Tat, parametrisieren wir den Einheitskreisrand (6.44) durch (6.43), so hat er die Länge $2|k|\pi$, und dies können wir beliebig groß machen. Man kann sogar Kurven *unendlicher Länge* finden, die den Einheitskreisrand parametrisieren. Sei etwa f die stetige Funktion aus Beispiel 1.16, eingeschränkt auf das Intervall $[0,1/\pi]$, also

$$f(t) = \begin{cases} t\sin\dfrac{1}{t} & \text{für } 0 < t \le \frac{1}{\pi}, \\[2mm] 0 & \text{für } t=0. \end{cases}$$

Damit ist durch

$$\gamma(t) := (\cos f(t), \sin f(t)) \qquad (0 \le t \le \tfrac{1}{\pi})$$

eine stetige, aber nicht glatte Kurve $\gamma : [0,1/\pi] \to C$ definiert. Da die Funktion f auf keinem Intervall der Form $[0,b]$ mit $b>0$ von beschränkter Variation ist, hat γ keine endliche Länge.[16]

In der nächsten Definition stellen wir zwei Operationen mit Kurven vor, nämlich eine Verknüpfung und eine Umkehrung:

Definition 6.21. Seien $\gamma_1 : [a,b] \to \mathbb{R}^2$ und $\gamma_2 : [a,b] \to \mathbb{R}^2$ zwei Kurven, die o.B.d.A. über demselben Intervall $[a,b]$ parametrisiert seien und $\gamma_1(b) = \gamma_2(a)$ erfüllen mögen. Dann ist die *zusammengesetzte Kurve* $\gamma_2 * \gamma_1 : [a,b] \to \mathbb{R}^2$ definiert durch

$$(6.47) \qquad (\gamma_2 * \gamma_1)(t) := \begin{cases} \gamma_1(2t-a) & \text{für } a \le t \le \frac{1}{2}(a+b), \\[2mm] \gamma_2(2t-b) & \text{für } \frac{1}{2}(a+b) \le t \le b. \end{cases}$$

---

[14]Etwas salopp könnte man die Glattheit von $\tilde\gamma$ hier so beschreiben, dass sich $\tilde\gamma(t)$ für $t<1$ dem Punkt $(1,1)$ „extrem langsam" von unten nähert, in $(1,1)$ „stehenbleibt" und dann die Richtung wechselt, um schließlich für $t>1$ „extrem langsam" wieder loszulaufen.

[15]Solche „Pathologien" können unter der Zusatzvoraussetzung $\dot\gamma(t) \ne 0$ nicht auftreten; daher wird diese Voraussetzung üblicherweise getroffen.

[16]Solche Kurven haben wir in Abschnitt 4.4 als *nicht rektifizierbar* bezeichnet, allerdings nur im speziellen Fall $\gamma(t) = (t, \beta(t))$, d.h. wenn C Graph einer skalaren Funktion ist. Einen Zusammenhang mit Funktionen beschränkter Variation zweier Variabler findet man in den Aufgaben 6.31 – 6.33.

Ist $\gamma : [a, b] \to \mathbb{R}^2$ eine Kurve, so heißt die durch

(6.48) $\gamma^-(t) := \gamma(a + b - t)$

definierte Kurve γ^- die zur γ *inverse* (oder *rückläufige*) *Kurve*. $\square$

Geometrisch kann man sich die Zusammensetzung (6.47) zweier Kurven so vorstellen, dass zunächst die erste Kurve γ_1 „mit doppelter Geschwindigkeit" durchlaufen wird, dann die zweite Kurve γ_2 ebenfalls „mit doppelter Geschwindigkeit", und schließlich beide Kurven in $\gamma_1(b) = \gamma_2(a)$ miteinander „verklebt" werden. Die geometrische Idee von (6.48) ist ebenfalls klar: Die ursprüngliche Kurve γ wird einfach in entgegengesetzter Richtung durchlaufen, und insbesondere ist $\gamma^-(a) = \gamma(b)$ sowie $\gamma^-(b) = \gamma(a)$.

Beispiel 6.22. Kehren wir die beiden Kurven γ und $\tilde\gamma$ aus Beispiel 6.20 um, so erhalten wir die Kurven

$$\gamma^-(t) = \gamma(\tfrac{\pi}{2} - t) = (\cos(\tfrac{\pi}{2} - t), \sin(\tfrac{\pi}{2} - t)) = (\sin t, \cos t) \qquad (0 \le t \le \tfrac{\pi}{2})$$

bzw.

$$\tilde\gamma^-(t) = \gamma(1 - t) = (t, 1 - t) \qquad (0 \le t \le 1).$$

Es ist völlig klar, dass diese Kurven dieselbe Länge haben wie die jeweilige Originalkurve. Das ist immer so, denn mit der Substitution $s := a + b - t$ ist ja

$$L(\gamma^-) = \int_a^b \|\dot\gamma^-(t)\| \, dt = \int_a^b \|\dot\gamma(a + b - t)\| \, dt$$

$$= -\int_b^a \|\dot\gamma(s)\| \, ds = \int_a^b \|\dot\gamma(s)\| \, ds = L(\gamma).$$

Interessant ist auch, die Kurven aus (6.43) umzukehren oder miteinander zu verknüpfen; hier erhalten wir nach (6.48) für $k \in \mathbb{Z} \setminus \{0\}$

$$\gamma_k^-(t) = (\cos(2\pi - kt), \sin(2\pi - kt)) = (\cos(-kt), \sin(-kt)) = (\cos kt, -\sin kt),$$

und nach (6.47) für $m, n \in \mathbb{Z}$

$$(\gamma_n * \gamma_m)(t) = \begin{cases} \gamma_m(2t) = (\cos 2mt, \sin 2mt) & \text{für } 0 \le t \le \pi, \\ \gamma_n(2t - 2\pi) = (\cos 2nt, \sin 2nt) & \text{für } \pi \le t \le 2\pi. \end{cases}$$

Es gilt also $\gamma_k^- = \gamma_{-k}$, und $\gamma_n * \gamma_m$ ist äquivalent zu γ_{m+n}, wie es unsere Anschauung auch nahelegt.[17] $\heartsuit$

Nach diesen Vorbereitungen können wir nun ein „Kurvenintegral" eines Vektorfelds f über beliebige Kurven definieren; der Einfachheit halber beschränken wir uns – wie schon oben angekündigt – durchweg auf glatte Kurven:

---

[17]In der Sprache der Algebra kann man das so interpretieren, dass die Menge der (Äquivalenzklassen von) Kurven (6.43) mit der Verknüpfung (6.47) und der Inversenbildung (6.48) eine *Gruppe* bildet, die mittels der Zuordnung $k \mapsto \gamma_k$ isomorph zur additiven Gruppe der ganzen Zahlen ist. Diese Isomorphie spielt übrigens auch in der Komplexen Analysis unter dem Stichwort *Windungszahl* eine wichtige Rolle.

Definition 6.23. Sei $\gamma : [a, b] \to M$ eine glatte Kurve in $M \subseteq \mathbb{R}^2$ mit Komponenten-funktionen α und β. Sei weiter $\mathbf{v} : M \to \mathbb{R}^2$ ein Vektorfeld mit Komponentenfunktionen $P : M \to \mathbb{R}$ und $Q : M \to \mathbb{R}$. Mit Γ bezeichnen wir die Äquivalenzklasse der Parame-trisierung γ. Dann wird das *Kurvenintegral* (oder *Linienintegral* oder *Wegintegral*) von $\mathbf{v}$ über Γ definiert durch

(6.49)
$$\int_\Gamma \mathbf{v}\, d\gamma := \int_a^b \langle \mathbf{v}(\gamma(t)), \dot\gamma(t) \rangle \, dt$$
$$= \int_a^b P(\alpha(t), \beta(t))\dot\alpha(t) \, dt + \int_a^b Q(\alpha(t), \beta(t))\dot\beta(t) \, dt.$$

Hierbei bezeichne der Punkt über γ, α und β wie vorher jeweils die Ableitung nach der Variablen[18] $t \in [a, b]$. Falls $\gamma : [a, b] \to M$ eine *geschlossene* Kurve in M ist, bezeichnen wir das entsprechende Kurvenintegral mit

(6.50)
$$\oint_\Gamma \mathbf{v}\, d\gamma = \int_a^b \langle \mathbf{v}(\gamma(t)), \dot\gamma(t) \rangle \, dt,$$

also mit einem kleinen Kreis am Integralsymbol.   □

Natürlich ist Definition 6.23 auf den ersten Blick problematisch, denn die rechte Seite von (6.49) (oder (6.50)) scheint ja von der Parametrisierung γ abzuhängen. Man kann sich aber leicht davon überzeugen, dass dies nicht so ist, wenn man zwei *äquivalente* Parametrisierungen betrachtet.[19] In der Tat, sei $\tilde\gamma : [\tilde a, \tilde b] \to M$ eine weitere Parametri-sierung derselben Kurve mit den Komponenten $\tilde\alpha$ und $\tilde\beta$, und sei $\varphi : [a, b] \to [\tilde a, \tilde b]$ eine streng monoton wachsende differenzierbare Abbildung mit $\gamma = \tilde\gamma \circ \varphi$. Dann bekommen wir nach der Kettenregel (2.15) für die Ableitung nach t

$$\dot\alpha(t) = \dot{\tilde\alpha}(\varphi(t))\dot\varphi(t), \qquad \dot\beta(t) = \dot{\tilde\beta}(\varphi(t))\dot\varphi(t)$$

und weiter nach Substitution $s := \varphi(t)$ mittels der Transformationsformel (3.36) für Integrale

$$\int_a^b P(\alpha(t), \beta(t))\dot\alpha(t) \, dt = \int_a^b P(\tilde\alpha(\varphi(t)), \tilde\beta(\varphi(t)))\dot{\tilde\alpha}(\varphi(t))\dot\varphi(t) \, dt$$
$$= \int_{\tilde a}^{\tilde b} P(\tilde\alpha(s), \tilde\beta(s))\dot{\tilde\alpha}(s) \, ds$$

sowie

$$\int_a^b Q(\alpha(t), \beta(t))\dot\beta(t) \, dt = \int_a^b Q(\tilde\alpha(\varphi(t)), \tilde\beta(\varphi(t)))\dot{\tilde\beta}(\varphi(t))\dot\varphi(t) \, dt$$
$$= \int_{\tilde a}^{\tilde b} Q(\tilde\alpha(s), \tilde\beta(s))\dot{\tilde\beta}(s) \, ds.$$

Natürlich muss man bei Änderung der Parametrisierung darauf achten, dass wirklich dieselbe Kurve parametrisiert wird. Wir illustrieren dies an einem Beispiel.

---

[18]Man kann sich t physikalisch als Zeit vorstellen; dann beschreibt die Kurve γ sozusagen einen Massenpunkt, der sich beim Verstreichen der Zeit von a nach b auf der Ebene bewegt.

[19]Dies rechtfertigt auch den Index Γ an den Integralen auf der linken Seite von (6.49) und (6.50).

Beispiel 6.24. Wir betrachten noch einmal das Drehungsfeld (6.39) aus Beispiel 6.18, welches wir über den Einheitskreisrand integrieren wollen. Als Kurve wählen wir γ_k wie in (6.43), die zugehörige Äquivalenzklasse bezeichnen wir mit Γ_k. Hier ist $\alpha_k(t) = \cos kt$, $\dot\alpha_k(t) = -k\sin kt$, $\beta(t) = \sin kt$ und $\dot\beta_k(t) = k\cos kt$, also bekommen wir

$$
\begin{aligned}
(6.51) \quad \oint_{\Gamma_k} \mathbf{v}\, d\gamma &= -k\int_0^{2\pi} P(\cos kt, \sin kt)\sin kt\, dt + k\int_0^{2\pi} Q(\cos kt, \sin kt)\cos kt\, dt \\
&= k\int_0^{2\pi}\sin^2 kt\, dt + k\int_0^{2\pi}\cos^2 kt\, dt = k\int_0^{2\pi}\left[\sin^2 kt + \cos^2 kt\right] dt = 2k\pi.
\end{aligned}
$$

Wie erwartet hängt also das Ergebnis von k ab, denn γ_m und γ_n sind für $m \neq n$ ja verschiedene Kurven. Fixieren wir allerdings eine Parametrisierung, etwa $\gamma_1(t) = (\cos t, \sin t)$ mit $0 \leq t \leq 2\pi$, und gehen wir zu der von γ_1 verschiedenen Parametrisierung

$$\tilde\gamma_1(s) = (\tilde\alpha_1(s), \tilde\beta_1(s)) := (\cos 2\pi s^2, \sin 2\pi s^2) \qquad (0 \leq s \leq 1)$$

über, so sind die Parametrisierungen γ_1 und $\tilde\gamma_1$ äquivalent (d.h. $\tilde\gamma_1 \in \Gamma_1$), denn es gilt $\gamma_1 = \tilde\gamma_1 \circ \varphi$ mit

$$\varphi(t) = \sqrt{\frac{t}{2\pi}} \qquad (0 \leq t \leq 2\pi).$$

In der Tat erhalten wir wegen $\dot{\tilde\alpha}_1(s) = -4\pi s\sin 2\pi s^2$ und $\dot{\tilde\beta}_1(s) = 4\pi s\cos 2\pi s^2$ für das neu parametrisierte Kurvenintegral

$$\oint_{\Gamma_1} \mathbf{v}\, d\tilde\gamma$$

$$= -\int_0^1 P(\cos 2\pi s^2, \sin 2\pi s^2)4\pi s\sin 2\pi s^2\, ds + \int_0^1 Q(\cos 2\pi s^2, \sin 2\pi s^2)4\pi s\cos 2\pi s^2\, ds$$

$$= 4\pi\int_0^1 s\sin^2 2\pi s^2\, ds + 4\pi\int_0^1 s\cos^2 2\pi s^2\, ds = 4\pi\int_0^1 s\, ds = 2\pi.$$

Dies ist dasselbe Ergebnis, welches wir für $k = 1$ in (6.51) erhalten haben, was wegen der Äquivalenz der Parametrisierungen γ_1 und $\tilde\gamma_1$ nicht verwunderlich ist.   ♡

Wir stellen nun (ohne Beweis) einige Eigenschaften von Kurvenintegralen zusammen, die wir in Zukunft noch benötigen werden.

Satz 6.25. *Seien $\gamma, \gamma_1, \gamma_2 : [a, b] \to \mathbb{R}^2$ Kurven mit zugehörigen Äquivalenzklassen Γ, Γ_1 und Γ_2. Seien weiter $\mathbf{v}, \mathbf{w} : \mathbb{R}^2 \to \mathbb{R}^2$ zwei Vektorfelder und $\lambda \in \mathbb{R}$. Dann gelten die folgenden Rechenregeln:*

(a) *Das Kurvenintegral über das Vektorfeld $\mathbf{v} + \mathbf{w}$ existiert und es gilt*

$$(6.52) \qquad \int_\Gamma (\mathbf{v} + \mathbf{w})\, d\gamma = \int_\Gamma \mathbf{v}\, d\gamma + \int_\Gamma \mathbf{w}\, d\gamma.$$

(b) *Das Kurvenintegral über das Vektorfeld $\lambda\mathbf{v}$ existiert und es gilt*

$$(6.53) \qquad \int_\Gamma (\lambda\mathbf{v})\, d\gamma = \lambda\int_\Gamma \mathbf{v}\, d\gamma.$$

(c) *Umkehrung der Kurve γ ergibt*

$$(6.54) \qquad \int_{\Gamma^-} \mathbf{v}\, d\gamma = -\int_{\Gamma} \mathbf{v}\, d\gamma.$$

(d) *Für die Zusammensetzung der Kurven γ_1 und γ_2 ergibt sich*

$$(6.55) \qquad \int_{\Gamma_2 * \Gamma_1} \mathbf{v}\, d\gamma = \int_{\Gamma_1} \mathbf{v}\, d\gamma + \int_{\Gamma_2} \mathbf{v}\, d\gamma.$$

Man beachte die Analogie zu den Rechenregeln für das übliche Riemann-Integral über Intervallen, wie wir sie in Satz 3.7 zusammengestellt haben: Die Eigenschaften (a) – (d) aus Satz 6.25 sind vollkommen parallel zu den Eigenschaften (a), (b), (e) und (f) aus Satz 3.7. Wie dort nennen wir (6.52) die *Additivität* und (6.53) die *Homogenität* des Kurvenintegrals bzgl. des zu integrierenden Vektorfelds. Die Eigenschaften (6.54) und (6.55) können wir so interpretieren, dass die Abbildung, die (bei festgehaltenem Vektorfeld $\mathbf{v}$) jeder Kurve γ das Integral (6.49) zuordnet, die Umkehrung (6.48) und die Zusammensetzung (6.47) respektiert.

Auch ein Analogon für die Standardabschätzung (3.14) kann man angeben, nämlich die *Standardabschätzung für Kurvenintegrale*

$$(6.56) \qquad \left| \int_{\Gamma} \mathbf{v}\, d\gamma \right| \leq L(\gamma) \sup\{\|\mathbf{v}(\gamma(t))\| : a \leq t \leq b\}.$$

Die Analogie zu (3.14) ist offensichtlich: Die Länge $b-a$ des Integrationswegs $[a, b]$ muss durch die Länge $L(\gamma)$ gemäß (6.41) der Kurve γ ersetzt werden, und das Supremum der (Absolutbeträge der) Funktionswerte von f auf $[a, b]$ durch das Supremum der (Normen der) Funktionswerte von $\mathbf{v}$ auf γ.

Beispiel 6.26. Wir illustrieren die Eigenschaften (c) und (d) aus Satz 6.25 anhand des Drehungsfeldes (6.39) aus Beispiel 6.18. Seien dazu $\gamma_1, \gamma_2, \gamma_3 : [0, 1] \to \mathbb{R}^2$ die drei durch

$$\gamma_1(t) := (1 - t, t), \quad \gamma_2(t) := (1 - t, 0), \quad \gamma_3(t) := (0, t)$$

definierten Kurven. Dann ist das Bild von γ_1 die Verbindungsstrecke von $(1, 0)$ nach $(0, 1)$, das Bild von γ_2 die Verbindungsstrecke von $(1, 0)$ nach $(0, 0)$ und das Bild von γ_3 die Verbindungsstrecke von $(0, 0)$ nach $(0, 1)$. Für das Kurvenintegral bzgl. γ_1 erhalten wir einerseits

$$\int_{\Gamma_1} \mathbf{v}\, d\gamma = \int_0^1 \langle \mathbf{v}(\gamma_1(t)), \dot{\gamma}_1(t) \rangle\, dt = \int_0^1 (t + 1 - t)\, dt = 1,$$

für das Kurvenintegral bzgl. der rückwärts durchlaufenen Kurve γ_1^- andererseits

$$\int_{\Gamma_1^-} \mathbf{v}\, d\gamma = \int_0^1 \langle \mathbf{v}(\gamma_1^-(t)), \dot{\gamma}_1^-(t) \rangle\, dt = \int_0^1 (t - 1 - t)\, dt = -1,$$

in Übereinstimmung mit Satz 6.25 (c). Setzen wir die Wege γ_2 und γ_3 gemäß (6.47) zum Weg $\gamma_3 * \gamma_2 : [0, 1] \to \mathbb{R}^2$ zusammen, so bekommen wir

$$\gamma(t) := (\gamma_3 * \gamma_2)(t) = \begin{cases} \gamma_2(2t) = (1 - 2t, 0) & \text{für } 0 \leq t \leq \frac{1}{2}, \\ \gamma_3(2t - 1) = (0, 2t - 1) & \text{für } \frac{1}{2} \leq t \leq 1. \end{cases}$$

Für die Kurvenintegrale bzgl. γ_2, γ_3 und $\gamma_3 * \gamma_2$ ergibt sich also

$$\int_{\Gamma_2} \mathbf{v} \, d\gamma = \int_0^1 \langle \mathbf{v}(\gamma_2(t)), \dot{\gamma}_2(t) \rangle \, dt = 0, \quad \int_{\Gamma_3} \mathbf{v} \, d\gamma = \int_0^1 \langle \mathbf{v}(\gamma_3(t)), \dot{\gamma}_3(t) \rangle \, dt = 0$$

und ebenso

$$\int_\Gamma \mathbf{v} \, d\gamma = \int_{\Gamma_3 * \Gamma_2} \mathbf{v} \, d\gamma = \int_0^1 \langle \mathbf{v}(\gamma(t)), \dot{\gamma}(t) \rangle \, dt = 0,$$

in Übereinstimmung mit Satz 6.25 (d). Da die Wege γ_1 und $\gamma = \gamma_3 * \gamma_2$ beide in $(1, 0)$ starten und in $(0, 1)$ enden, ist $\gamma^- * \gamma_1$ ein *geschlossener* Weg mit Anfangs- und Endpunkt in $(1, 0)$. Nach den Rechenregeln (6.54) und (6.55) gilt also

$$\oint_{\Gamma^- * \Gamma_1} \mathbf{v} \, d\gamma = \int_{\Gamma_1} \mathbf{v} \, d\gamma + \int_{\Gamma^-} \mathbf{v} \, d\gamma = \int_{\Gamma_1} \mathbf{v} \, d\gamma - \int_\Gamma \mathbf{v} \, d\gamma = 1 - 0 = 1.$$

Es kann also durchaus passieren, dass ein Kurvenintegral über einen geschlossenen Weg von Null verschieden ist; daher gilt keine zu (3.12) analoge Formel. Später (s. Satz 6.27 unten) werden wir noch sehen, warum das so ist.

Wir nutzen die Gelegenheit, gleich auch noch die Abschätzung (6.56) für dieses Beispiel zu überprüfen. Für das Supremum auf der rechten Seite von (6.56) erhalten wir zunächst mit einer einfachen Rechnung

$$(6.57) \qquad \sup_{0 \leq t \leq 1} \|\mathbf{v}(\gamma_1(t))\| = \sup_{0 \leq t \leq 1} \|\mathbf{v}(\gamma_2(t))\| = \sup_{0 \leq t \leq 1} \|\mathbf{v}(\gamma_3(t))\| = 1.$$

Da die Kurvenintegrale von $\mathbf{v}$ über Γ_2 und Γ_3 Null sind, ist nur das Kurvenintegral über Γ_1 interessant. Mit (6.42) und (6.57) bekommen wir hier dann die rwecht uninteressante Abschätzung $1 \leq \sqrt{2}$ für (6.56). $\qquad \heartsuit$

Das wichtigste Problem, welches bei der Berechnung von Kurvenintegralen eine Rolle spielt, ist das folgende:

- *Unter welchen Voraussetzungen an ein Vektorfeld* $\mathbf{v} : M \to \mathbb{R}^2$ *hängt das Kurvenintegral* (6.49) *nur vom Anfangspunkt* $\gamma(a)$ *und Endpunkt* $\gamma(b)$, *nicht aber vom Integrationsweg* γ *ab?*

Etwas genauer können wir diese Frage folgendermaßen formulieren. Seien γ_1 und γ_2 zwei (o.B.d.A. über demselben Intervall $[a, b]$ parametrisierte) Kurven in $M \subseteq \mathbb{R}^2$, die denselben Anfangspunkt und Endpunkt haben (d.h. es gilt $\gamma_1(a) = \gamma_2(a) =: (x_a, y_a)$ und $\gamma_1(b) = \gamma_2(b) =: (x_b, y_b)$), aber verschiedene Bilder $C_1 \subset M$ und $C_2 \subset M$. Unter welchen Voraussetzungen an ein Vektorfeld $\mathbf{v} : M \to \mathbb{R}^2$ gilt dann

$$\int_{\Gamma_1} \mathbf{v} \, d\gamma = \int_{\Gamma_2} \mathbf{v} \, d\gamma,$$

d.h. das Integral von $\mathbf{v}$ hängt nur von (x_a, y_a) und (x_b, y_b), nicht aber vom Integrationsweg ab? Falls das so ist, benutzen wir die Schreibweise

$$(6.58) \qquad \int_\Gamma \mathbf{v}\, d\gamma =: \int_{(x_a, y_a)}^{(x_b, y_b)} \mathbf{v}\, d\gamma$$

für das Kurvenintegral über einen beliebigen Weg γ, der die beiden Punkte (x_a, y_a) und (x_b, y_b) verbindet. Der nächste Satz gibt eine vollständige Antwort auf die soeben gestellte Frage in Form einer notwendigen und hinreichenden Bedingung und ist von fundamentaler Bedeutung in der Theorie der Kurvenintegrale:

Satz 6.27 (Hauptsatz über Kurvenintegrale). *Sei $G \subseteq \mathbb{R}^2$ ein Gebiet, und sei $\mathbf{v} : G \to \mathbb{R}^2$ ein Vektorfeld mit Komponenten P und Q. Dann sind die folgenden drei Aussagen äquivalent:*

(a) Ist $\gamma : [a, b] \to G$ eine geschlossene Kurve mit Äquivalenzklasse Γ, so ist das Kurvenintegral (6.50) von $\mathbf{v}$ über Γ Null.

(b) Ist $\gamma : [a, b] \to G$ eine beliebige Kurve mit Äquivalenzklasse Γ, so hängt das Kurvenintegral (6.49) von $\mathbf{v}$ über Γ nur von $\gamma(a)$ und $\gamma(b)$ ab, aber nicht von $\gamma(t)$ für $a < t < b$, also vom Verlauf der Kurve in G.

(c) Das Vektorfeld $\mathbf{v}$ ist ein Gradientenfeld, d.h. es gibt ein $\Phi : G \to \mathbb{R}$ mit $\mathbf{v} = \operatorname{grad} \Phi$.

Beweis: Wir beweisen die Behauptung zyklisch, d.h. in der Form (a) $\Rightarrow$ (b) $\Rightarrow$ (c) $\Rightarrow$ (a). O.B.d.A. können wir dabei voraussetzen, dass $[a, b] = [0, 1]$ ist.

Gelte (a), und seien $\gamma_1 : [0, 1] \to G$ und $\gamma_2 : [0, 1] \to G$ zwei Kurven in G mit denselben Anfangs- und Endpunkten, also mit $\gamma_1(0) = \gamma_2(0)$ und $\gamma_1(1) = \gamma_2(1)$. Die durch

$$\gamma(t) := (\gamma_2 * \gamma_1^-)(t) = \begin{cases} \gamma_1(2t) & \text{für } 0 \le t \le \frac{1}{2}, \\ \gamma_2(2 - 2t) & \text{für } \frac{1}{2} \le t \le 1 \end{cases}$$

definierte Kurve $\gamma : [0, 1] \to G$ ist dann wegen $\gamma_1(1) = \gamma_2(1)$ wohldefiniert und wegen $\gamma(0) = \gamma_1(0) = \gamma_2(0) = \gamma(1)$ geschlossen. Nach (a) und den Rechenregeln (6.54) und (6.55) für Kurvenintegrale gilt also für die entsprechenden Äquivalenzklassen Γ_1, Γ_2 und Γ

$$\int_{\Gamma_1} \mathbf{v}\, d\gamma - \int_{\Gamma_2} \mathbf{v}\, d\gamma = \oint_\Gamma \mathbf{v}\, d\gamma = 0,$$

und dies ist gerade die Behauptung (b).

Gelte nun (b), und sei $(x_0, y_0) \in G$ fest. Wir zeigen die Existenz einer Stammfunktion für $\mathbf{v}$, indem wir sie direkt angeben. Dazu definieren wir $\Phi(x, y)$ für beliebiges $(x, y) \in G$ durch

$$(6.59) \qquad \Phi(x, y) := \int_{(x_0, y_0)}^{(x, y)} \mathbf{v}\, d\gamma,$$

wobei wir die Schreibweise (6.58) benutzt haben, was ja nach Voraussetzung (b) legitim ist. Wir müssen zeigen, dass Φ eine Stammfunktion für $\mathbf{v}$ auf G ist, d.h. dass $\operatorname{grad} \Phi(x, y) = \mathbf{v}(x, y)$ gilt.

Für $h \neq 0$ gilt nach (6.59) und wegen der Additivitätseigenschaft (6.55) von Kurvenintegralen bzgl. zusammengesetzter Wege

$$\Phi(x+h,y) - \Phi(x,y) = \int_{(x_0,y_0)}^{(x+h,y)} \mathbf{v}\,d\gamma - \int_{(x_0,y_0)}^{(x,y)} \mathbf{v}\,d\gamma = \int_{(x,y)}^{(x+h,y)} \mathbf{v}\,d\gamma.$$

Wegen der Wegunabhängigkeit können wir als Integrationsweg beim letzten Integral insbesondere die waagrechte Strecke von (x,y) nach $(x+h,y)$ wählen, die am einfachsten durch die lineare Parametrisierung $\gamma(t) = (x+th,y)$ $(0 \leq t \leq 1)$ beschrieben werden kann und wegen der Offenheit von G für kleines h ganz in G verläuft. Nach dem Mittelwertsatz der Integralrechnung (Satz 3.10) ist dann

$$\int_{(x,y)}^{(x+h,y)} \mathbf{v}\,d\gamma = \int_0^1 P(\gamma(t))\dot{\gamma}(t)\,dt = h\int_0^1 P(x+th,y)\,dt = hP(x+\tau h,y)$$

mit einem geeigneten $\tau \in (0,1)$. Im Grenzübergang $h \to 0$ bekommen wir daher

$$\frac{\partial}{\partial x}\Phi(x,y) = \lim_{h\to 0}\frac{\Phi(x+h,y) - \Phi(x,y)}{h} = \lim_{h\to 0} P(x+\tau h,y) = P(x,y).$$

Genauso erhalten wir für $k \neq 0$ durch Betrachtung der senkrechten Strecke von (x,y) nach $(x,y+k)$ mit der linearen Parametrisierung $\gamma(t) = (x,y+tk)$ $(0 \leq t \leq 1)$ die Gleichheit

$$\frac{\partial}{\partial y}\Phi(x,y) = \lim_{k\to 0}\frac{\Phi(x,y+k) - \Phi(x,y)}{h} = Q(x,y).$$

Insgesamt gilt also $\operatorname{grad}\Phi(x,y) = (P(x,y),Q(x,y)) = \mathbf{v}(x,y)$ wie behauptet. Da $(x,y) \in G$ beliebig gewählt war, ist Φ tatsächlich eine Stammfunktion für $\mathbf{v}$ auf G.

Nun setzen wir (c) voraus, d.h. die Existenz einer C^1-Funktion $\Phi : G \to \mathbb{R}$ mit $\operatorname{grad}\Phi(x,y) = \mathbf{v}(x,y)$ für alle $(x,y) \in G$. Ist dann $\gamma : [0,1] \to G$ eine beliebige Kurve in G mit $\gamma(0) = \gamma(1)$, so bekommen wir nach Satz 3.12 und Satz 5.17

$$\int_\Gamma \mathbf{v}\,d\gamma = \int_0^1 \langle \mathbf{v}(\gamma(t)),\dot{\gamma}(t)\rangle\,dt = \int_0^1 \langle \operatorname{grad}\Phi(\gamma(t)),\dot{\gamma}(t)\rangle\,dt$$
$$= \int_0^1 \frac{d}{dt}\Phi(\gamma(t))\,dt = \Phi(\gamma(1)) - \Phi(\gamma(0)) = 0,$$

womit (a) und damit der gesamte Satz bewiesen ist.   ∎

Satz 6.27 zeigt, warum Gradientenfelder so wichtig sind: Muss man ein solches Feld über einen komplizierten Weg integrieren, so kann man den komplizierten durch einen beliebigen einfachen Weg (natürlich mit demselben Anfangs- und Endpunkt) ersetzen und bekommt dasselbe Integral. Kennt man sogar ein Potential Φ dieses Gradientenfeldes, so geht es – wie der Beweis der Implikation (c) $\Rightarrow$ (a) zeigt – sogar noch schneller, weil dann einfach die Differenz $\Phi(\gamma(b)) - \Phi(\gamma(a))$ der Wert dieses Integrals ist.[20] In

[20]Wie schon bemerkt, kann man physikalisch die Stammfunktion Φ des Vektorfeldes $\mathbf{v}$ als Potential deuten. Die Implikation (c) $\Rightarrow$ (a) in Satz 6.27 bedeutet dann, dass in einem *konservativen* Feld jedes Wegintegral als Potentialdifferenz zwischen dem Wert am Ende und am Anfang des Weges gedeutet werden kann. Im Falle eines elektrischen Feldes ist dies dann die *Spannung*, im Falle eines Gravitationsfeldes die *potentielle Energie*.

dieser Hinsicht kann man die Gleichheit

$$\int_\Gamma \operatorname{grad} \Phi \, d\gamma = \Phi(\gamma(1)) - \Phi(\gamma(0))$$

als perfekte „höherdimensionale" Analogie zur Gleichheit (6.37) interpretieren.

Für ein Gradientenfeld $\mathbf{v}$ kann man ein Potential von $\mathbf{v}$ prinzipiell auf mehrere Arten ermitteln. Erstens kann man versuchen, durch „scharfes Hinsehen" eine Funktion Φ zu erraten, die die beiden Bedingungen (6.38) simultan erfüllt. Zweitens kann man etwas systematischer aus (6.38) ein Potential errechnen, indem man $\Phi(x, y)$ zuerst als eine Stammfunktion von $P(\cdot, y)$ *bzgl. der Variablen x* ansetzt, also

$$\Phi(x, y) := \int_{x_0}^{x} P(s, y) \, ds + \alpha(y),$$

wobei α eine unbekannte Funktion ist, die *nur von y abhängt*. Anschließend bekommt man aus

$$Q(x, y) = \frac{\partial}{\partial y} \Phi(x, y) = \frac{\partial}{\partial y} \int_{x_0}^{x} P(s, y) \, ds + \frac{d}{dy} \alpha(y)$$

eine Bedingung an die Ableitung von α, über die man α selbst ermitteln kann. Natürlich kann man auch umgekehrt vorgehen: Zuerst setzt man $\Phi(x, y)$ als eine Stammfunktion von $Q(x, \cdot)$ *bzgl. der Variablen y* an, also

$$\Phi(x, y) := \int_{y_0}^{y} Q(x, t) \, dt + \beta(x),$$

wobei β eine unbekannte Funktion ist, die *nur von x abhängt*. Anschließend bekommt man aus

$$P(x, y) = \frac{\partial}{\partial x} \Phi(x, y) = \frac{\partial}{\partial x} \int_{y_0}^{y} Q(x, t) \, dt + \frac{d}{dx} \beta(x)$$

eine Bedingung an die Ableitung von β, über die man β selbst ermitteln kann.

Eine dritte Methode, die zwar aufwendiger ist, aber sicher zum Ziel führt, ist die Berechnung des Potentials in (x, y) direkt als Kurvenintegral über einen Weg, der einem fest gewählten Punkt (x_0, y_0) mit (x, y) verbindet. Natürlich wird man einen solchen Weg möglichst einfach wählen, um den Rechenaufwand gering zu halten. Liegt etwa die Verbindungsstrecke[21]

$$\Sigma := \{((1 - t)x_0 + tx, (1 - t)y_0 + ty) : 0 \le t \le 1\}$$

zwischen (x_0, y_0) und (x, y) vollständig in G, so kann man das Potential einfach in der Form

$$\Phi(x, y) = \int_0^1 \langle \mathbf{v}((1 - t)x_0 + tx, (1 - t)y_0 + ty), (x - x_0, y - y_0) \rangle \, dt$$

$$= (x - x_0) \int_0^1 P((1 - t)x_0 + tx, (1 - t)y_0 + ty) \, dt$$

$$+ (y - y_0) \int_0^1 Q((1 - t)x_0 + tx, (1 - t)y_0 + ty) \, dt$$

---

[21]Dies ist beispielsweise in *konvexen Gebieten*, s. Definition 5.43, stets der Fall. In solchen Gebieten hat man darüberhinaus auch ein sehr einfaches Mittel an der Hand zu entscheiden, ob es tatsächlich ein Potential gibt, s. Satz 6.30 unten.

ansetzen. Dies haben wir ja im Beweis von Satz 6.27 schon getan (und werden es im Beweis des folgenden Satzes 6.30 wieder tun).

Wir illustrieren Satz 6.27 und die daran anschließenden Bemerkungen mit zwei Beispielen; im ersten Beispiel sind alle drei Bedingungen aus Satz 6.27 erfüllt, im zweiten Beispiel sind sie alle verletzt.

Beispiel 6.28. Sei $G = \mathbb{R}^2$ und $\mathbf{v} : G \to \mathbb{R}^2$ definiert durch $\mathbf{v}(x,y) := (x^2 + y^2, 2xy)$. Man errät leicht, dass $\mathbf{v}$ ein Gradientenfeld ist, wobei man als Potential von $\mathbf{v}$ die Funktion $\Phi(x,y) := \frac{1}{3}x^3 + xy^2$ wählen kann. Nach Satz 6.27 (a) ist also das Integral von $\mathbf{v}$ über jede geschlossene Kurve Null. In der Tat, wählen wir als geschlossene Kurve z.B. den Einheitskreisrand C mit der Parametrisierung $\gamma(t) = (\cos t, \sin t)$ für $0 \le t \le 2\pi$, so erhalten wir wegen $\dot{\gamma}(t) = (-\sin t, \cos t)$ und wegen $\frac{d}{dt} \cos^3 t = -3\cos^2 t \sin t$

$$\oint_\Gamma \mathbf{v}\, d\gamma = -\int_0^{2\pi} [\cos^2 t + \sin^2 t] \sin t\, dt + 2\int_0^{2\pi} \cos t \sin t \cos t\, dt$$

$$= -\int_0^{2\pi} \sin t\, dt + 2\int_0^{2\pi} \cos^2 t \sin t\, dt = \left[\cos t - \frac{2}{3}\cos^3 t\right]_0^{2\pi} = 0.$$

Nach Satz 6.27 (b) ist aber auch jedes Integral von $\mathbf{v}$ über eine beliebige Kurve nur von deren Anfangs- und Endpunkt abhängig, nicht aber von deren Verlauf. In der Tat, wählen wir als Kurve z.B. den Viertelkreisbogen mit der Parametrisierung $\gamma(t) := (\cos t, \sin t)$ für $0 \le t \le \pi/2$, der die Punkte $(1,0)$ und $(0,1)$ verbindet, so erhalten wir mit derselben Rechnung wie vorher

$$\int_{(1.0)}^{(0.1)} \mathbf{v}\, d\gamma = \int_\Gamma \mathbf{v}\, d\gamma = \left[\cos t - \frac{2}{3}\cos^3 t\right]_0^{\pi/2} = -1 + \frac{2}{3} = -\frac{1}{3}.$$

Wählen wir als Kurve dagegen die Strecke $\tilde{C}$ mit der Parametrisierung $\tilde{\gamma}(t) := (1 - t, t)$ für $0 \le t \le 1$, die dieselben Punkte $(1,0)$ und $(0,1)$ verbindet, so erhalten wir

$$\int_{(1.0)}^{(0.1)} \mathbf{v}\, d\gamma = \int_{\tilde{\Gamma}} \mathbf{v}\, d\gamma = \int_0^1 [(1 - t)^2 + t^2] \cdot (-1)\, dt + 2\int_0^1 (1 - t)t \cdot 1\, dt$$

$$= \int_0^1 [-4t^2 + 4t - 1]\, dt = \left[-\frac{4}{3}t^3 + 2t^2 - t\right]_0^1 = -\frac{4}{3} + 2 - 1 = -\frac{1}{3}.$$

Aber nicht nur über diese beiden einfachen Wege, sondern über beliebig komplizierte Wege, die $(1,0)$ und $(0,1)$ verbinden, kommt nach Satz 6.27 (b) *immer* der Wert $-1/3$ heraus. Wir können das Kurvenintegral aber noch viel einfacher berechnen, weil wir ja ein Potential von $\mathbf{v}$ kennen, nämlich einfach als Wert des Potentials am Endpunkt $(0,1)$ minus Wert des Potentials am Anfangspunkt $(1,0)$. Tatsächlich ergibt sich

$$\Phi(0,1) - \Phi(1,0) = \left[\frac{1}{3}x^3 + xy^2\right]_{(x,y)=(1.0)}^{(x,y)=(0.1)} = -\frac{1}{3}$$

in Übereinstimmung mit dem im Beweis von Satz 6.27 Gezeigten.   ♡

Beispiel 6.29. Sei $G = \mathbb{R}^2$ und $\mathbf{v}$ das Drehungsfeld (6.39), also $\mathbf{v}(x,y) = (-y, x)$. Aus Beispiel 6.18 wissen wir schon, dass $\mathbf{v}$ kein Potential hat (also ist Bedingung (c) nicht erfüllt), und aus Beispiel 6.26 wissen wir, dass es geschlossene Kurven gibt so, dass das Kurvenintegral von **v** über diese Kurven nicht Null ist (also ist Bedingung (a) nicht erfüllt).

Um zu zeigen, dass auch Bedingung (b) nicht erfüllt ist, betrachten wir noch einmal die Kurve $\gamma(t) = (\cos t, \sin t)$ für $0 \leq t \leq \pi/2$, deren Bild der positiv durchlaufene Viertelkreisbogen mit dem Anfangspunkt $(1,0)$ und dem Endpunkt $(0,1)$ ist. Für das Integral ergibt sich dann

$$\int_\Gamma \mathbf{v}\, d\gamma = \int_0^{\pi/2} [\sin^2 t + \cos^2 t]\, dt = \frac{\pi}{2}.$$

Nun verbinden wir $(1,0)$ und $(0,1)$ andererseits wieder durch die Strecke mit der Parametrisierung $\tilde{\gamma}(t) := (1-t, t)$ für $0 \leq t \leq 1$. Dann erhalten wir für das Integral

$$\int_{\tilde{\Gamma}} \mathbf{v}\, d\gamma = \int_0^1 [P(1-t, t) \cdot (-1) + Q(1-t, t) \cdot 1]\, dt = \int_0^1 1\, dt = 1.$$

Dass wir hier etwas anderes herausbekommen, ist nicht verwunderlich, denn das Vektorfeld **v** hat ja kein Potential. ♡

Ist das Vektorfeld **v** komplizierter als die in den letzten beiden Beispielen betrachteten, so ist Satz 6.27 nur von beschränktem Nutzen. In der Tat, um (a) oder (b) zu verifizieren, müsste man theoretisch alle möglichen Kurvenintegrale ausrechnen können, und um (c) zu verifizieren, müsste man ja ein Potential berechnen oder „erraten" können. Daher erhebt sich die Frage, ob man es einem Vektorfeld **v** auch „direkt ansehen" kann, ob es ein Gradientenfeld ist oder nicht.

Zum Glück gibt es hierfür tatsächlich ein sehr einfaches Kriterium, jedenfalls auf gewissen Mengen, die wir aus Definition 5.43 schon kennen:

Satz 6.30. *Sei $G \subseteq \mathbb{R}^2$ ein konvexesGebiet, und sei $\mathbf{v}: G \to \mathbb{R}^2$ ein Vektorfeld mit Komponenten P und Q. Dann sind die drei Aussagen aus Satz 6.27 allesamt noch äquivalent zu der Aussage*

(d) *Für alle $(x,y) \in G$ gilt die Gleichheit*

$$(6.60) \qquad \frac{\partial}{\partial y} P(x,y) = \frac{\partial}{\partial x} Q(x,y)$$

Beweis: Wir zeigen die Äquivalenz von (d) mit Bedingung (c) aus Satz 6.27, also der Existenz eines Potentials. Gelte zunächst (c), und sei Φ ein Potential zu **v** auf G, d.h. $\Phi_x = P$ und $\Phi_y = Q$. Nach Satz 5.29 bekommen wir dann $P_y = \Phi_{yx} = \Phi_{xy} = Q_x$, also (d). Man beachte, dass wir hier die Konvexität von G noch nicht benutzt haben; also ist (d) schon auf beliebigen Gebieten notwendig für (c).

Für die umgekehrte Implikation sei nun G konvex mit (o.B.d.A.) $(0,0) \in G$, und es gelte (d). Für beliebiges $(x,y) \in G$ definieren wir

$$(6.61) \qquad \Phi(x,y) := x \int_0^1 P(tx, ty)\, dt + y \int_0^1 Q(tx, ty)\, dt$$

und zeigen, dass $\operatorname{grad} \Phi(x, y) = \mathbf{v}(x, y)$ auf G gilt. Hierzu benutzen wir Satz 6.10 (oder Satz 6.16) für die Ableitung der Integrale in (6.61) nach t. In der Tat, nach der Produktregel für die Ableitung ist

$$(6.62) \qquad \Phi_x(x, y) = \int_0^1 P(tx, ty)\, dt + x \int_0^1 t P_x(tx, ty)\, dt + y \int_0^1 t Q_x(tx, ty)\, dt.$$

Wegen (6.60) können wir die Funktion Q_x im letzten Integral in (6.62) durch die Funktion P_y ersetzen und erhalten

$$(6.63) \qquad \Phi_x(x, y) = \int_0^1 P(tx, ty)\, dt + x \int_0^1 t P_x(tx, ty)\, dt + y \int_0^1 t P_y(tx, ty)\, dt.$$

Nun gilt nach der Produkt- und Kettenregel

$$\frac{d}{dt}\left(t P(tx, ty)\right) = P(tx, ty) + t P_x(tx, ty)x + t P_y(tx, ty)y,$$

und diese drei Summanden stehen genau als Integranden auf der rechten Seite von (6.63). Nach dem Zweiten Hauptsatz der Infinitesimalrechnung (Satz 3.13) ist mithin

$$\Phi_x(x, y) = \int_0^1 \frac{d}{dt}\left(t P(tx, ty)\right)\, dt = \left[t P(tx, ty)\right]_0^1 = P(x, y),$$

und das war gerade die Behauptung. Diese Überlegung können wir natürlich für die partielle Ableitung von (6.61) nach y wiederholen und erhalten wieder wegen (6.60)

$$\Phi_y(x, y) = x \int_0^1 t P_y(tx, ty)\, dt + \int_0^1 Q(tx, ty)\, dt + y \int_0^1 t Q_y(tx, ty)\, dt$$

$$= x \int_0^1 t Q_x(tx, ty)\, dt + \int_0^1 Q(tx, ty)\, dt + y \int_0^1 t Q_y(tx, ty)\, dt.$$

Wiederum unter Benutzung der Gleichheit

$$\frac{d}{dt}\left(t Q(tx, ty)\right) = Q(tx, ty) + t Q_x(tx, ty)x + t Q_y(tx, ty)y$$

ergibt dies nach dem Zweiten Hauptsatz (Satz 3.13), angewandt auf $t \mapsto t Q(tx, ty)$,

$$\Phi_y(x, y) = \int_0^1 \frac{d}{dt}\left(t Q(tx, ty)\right)\, dt = \left[t Q(tx, ty)\right]_0^1 = Q(x, y).$$

Damit haben wir gezeigt, dass $\Phi_x = P$ und $\Phi_y = Q$, also $\operatorname{grad} \Phi = \mathbf{v}$ gilt. Man beachte, dass wir hier tatsächlich die Konvexität des Gebiets G benutzt haben, denn wir müssen garantieren, dass die Verbindungsstrecke $\{(tx, ty) : 0 \leq t \leq 1\}$ zwischen $(0, 0)$ und (x, y) stets ganz in G liegt, um die Funktion (6.61) definieren zu können. Eine Abschwächung der Konvexitätsbedingung findet man in den Aufgaben 6.27 und 6.28. ∎

Die Bedingung (6.60) wird oft als *Integrabilitätsbedingung* bezeichnet, weil sie bedeutet, dass das Vektorfeld „vollständig integrierbar" ist.[22] Testen wir die Bedingung (d) aus

---

[22]Diese Bedingung hat auch eine physikalische Bedeutung: Die sogenannte *Rotation* des Vektorfelds $\mathbf{v}$ ist Null, d.h. es ist „wirbelfrei". Auf konvexen Gebieten sind also die konservativen und die wirbelfreien Felder dieselben. Wichtige Beispiele hierfür sind das elektrische Feld und das Gravitationsfeld.

Satz 6.30 anhand der Beispiele 6.28 und 6.29, so erhalten wir im ersten Beispiel

$$P_y(x,y) = 2y = Q_x(x,y),$$

im zweiten Beispiel dagegen

$$P_y(x,y) = -1 \neq 1 = Q_x(x,y).$$

In beiden Fällen ist Satz 6.30 anwendbar, weil $G = \mathbb{R}^2$ natürlich konvex ist.

Wir betonen nochmals, dass wir im ersten Teil des Beweises von Satz 6.30 die Konvexität von G überhaupt nicht benutzt haben. Das bedeutet, dass aus jeder der Bedingungen (a) – (c) auch auf nichtkonvexen Gebieten G die Bedingung (d) folgt. Dass aber die Umkehrung auf nichtkonvexen Gebieten falsch sein kann, zeigt das folgende

Beispiel 6.31. Sei $G = \mathbb{R}^2 \setminus \{(0,0)\}$ und $\mathbf{v} : G \to \mathbb{R}^2$ definiert durch[23]

$$(6.64) \qquad \mathbf{v}(x,y) := \left(-\frac{y}{x^2 + y^2}, \frac{x}{x^2 + y^2} \right).$$

Eine einfache Rechnung zeigt, dass

$$\frac{\partial}{\partial x} Q(x,y) - \frac{\partial}{\partial y} P(x,y) = \frac{\partial}{\partial x} \frac{x}{x^2 + y^2} + \frac{\partial}{\partial y} \frac{y}{x^2 + y^2}$$

$$= \frac{y^2 - x^2}{(x^2 + y^2)^2} + \frac{x^2 - y^2}{(x^2 + y^2)^2} = 0$$

ist, also genügt $\mathbf{v}$ auf ganz G der Integrabilitätsbedingung (6.60), d.h. die Bedingung (d) aus Satz 6.30 ist erfüllt. Andererseits liefert das Kurvenintegral von $\mathbf{v}$ über den geschlossenen Einheitskreisrand C (mit der üblichen Parametrisierung)

$$\int_\Gamma \mathbf{v}\,d\gamma = \int_0^{2\pi} [(-\sin t)(-\sin t) + (\cos t)(\cos t)]\,dt = 2\pi,$$

da auf C ja $x^2 + y^2 = \cos^2 t + \sin^2 t \equiv 1$ gilt. Daher ist keine der Bedingungen (a) – (c) aus Satz 6.27 erfüllt. $\heartsuit$

Wir stellen noch einmal die vier Bedingungen aus Satz 6.27 und Satz 6.30 für ein Vektorfeld $\mathbf{v} = (P,Q)$ in einer Tabelle vergleichend einander gegenüber:

$$\oint_\Gamma \mathbf{v}\,d\gamma = 0 \ (\Gamma \text{ geschlossen}) \quad \Leftrightarrow \quad \int_\Gamma \mathbf{v}\,d\gamma \text{ von } \Gamma \text{ unabhängig}$$

$$\Updownarrow \qquad\qquad\qquad\qquad\qquad \Downarrow$$

$$\mathbf{v} \text{ Gradientenfeld} \quad \Rightarrow \quad \frac{\partial P}{\partial y} \equiv \frac{\partial Q}{\partial x}$$

Tab. 6.1: Existenz eines Potentials

[23]Eine Verallgemeinerung dieses Vektorfeldes werden wir in Aufgabe 6.23 untersuchen.

Wie Beispiel 6.31 zeigt, kann man auf allgemeinen Gebieten G die beiden Implikationspfeile unten und rechts nicht umkehren; auf konvexen Gebieten sind allerdings alle vier in Tabelle 6.1 angegebenen Bedingungen äquivalent.

Im folgenden Abschnitt 6.3 werden wir eine tiefere Einsicht in die Natur der Integrabilitätsbedingung durch einen Satz gewinnen, der Doppelintegrale (eingeführt in Abschnitt 6.1) mit Kurvenintegralen (eingeführt in diesem Abschnitt) verbindet.

6.3. Der Greensche Satz. In diesem Abschnitt werden wir eine tiefliegende Verbindung zwischen Doppelintegralen über einem beschränkten Gebiet $G \subset \mathbb{R}^2$ einerseits und Kurvenintegralen über den Rand ∂G von G andererseits herleiten. Dazu setzen wir voraus, dass G sowohl ein horizontaler als auch ein vertikaler Normalbereich mit der zusätzlichen Eigenschaft ist, dass jede senkrechte oder waagrechte Gerade in der xy-Ebene den Rand des Gebietes G in höchstens zwei Punkten schneidet. Hieraus folgt insbesondere, dass in der Darstellung

(6.65) $$G = \{(x,y) : a \leq x \leq b, \, c(x) \leq y \leq d(x)\}$$

von G als horizontaler Normalbereich mit $c, d : [a, b] \to \mathbb{R}$ zusätzlich $c(a) = d(a)$ und $c(b) = d(b)$ gilt, und dass entsprechend in der Darstellung

(6.66) $$G = \{(x,y) : c \leq y \leq d, \, a(y) \leq x \leq b(y)\}$$

von G als vertikaler Normalbereich mit $a, b : [c, d] \to \mathbb{R}$ zusätzlich $a(c) = b(c)$ und $a(d) = b(d)$ gilt. Ein Kreis oder eine Ellipse erfüllen also diese Bedingung, ein Quadrat oder ein Rechteck dagegen nicht.[24] Mit Γ bezeichnen wir die Äquivalenzklasse aller Parametrisierungen des Randes ∂G von G, den wir uns als positiv durchlaufene geschlossene Kurve denken. Als Parametrisierung von Γ können wir dann entweder die Kombination der Funktionen c und d in (6.65) oder die Kombination der Funktionen a und b in (6.66) nehmen.[25]

Das folgende wichtige Ergebnis wird in der Literatur als *Greenscher Satz*[26] (in der Ebene) bezeichnet; er stellt die angekündigte Verbindung zwischen einem Doppelintegral über ein Gebiet und einem Kurvenintegral über den Rand dieses Gebietes her:

Satz 6.32. *Sei* $\mathbf{v} : \overline{G} \to \mathbb{R}^2$ *ein Vektorfeld mit den Komponenten* P *und* Q. *Dann gilt mit den oben eingeführten Bezeichnungen die Gleichheit*

(6.67) $$\oint_\Gamma \mathbf{v} \, d\gamma = \int_G [Q_x(x,y) - P_y(x,y)] \, d(x,y).$$

Beweis: Mit der Darstellung des Randes ∂G durch die Funktionen c und d aus (6.65) bekommen wir nach dem Zweiten Hauptsatz der Infinitesimalrechnung (Satz 3.13),

---

[24]Der fundamentale Satz 6.32 weiter unten gilt allerdings auch für beliebige Normalbereiche: allerdings ist dann die Parametrisierung des Randes aufwendiger, weil man sie stückweise definieren muss.

[25]Hierbei ist zu beachten, dass die Graphen der Funktionen d und a „rückwärts" durchlaufen werden müssen, damit sich wirklich eine geschlossene Kurve ergibt.

[26]nach George Green (1793-1841).

angewandt auf die Funktion $y \mapsto P(x, y)$, einerseits

$$(6.68) \quad \int_G P_y(x, y) \, d(x, y) = \int_a^b \left\{ \int_{c(x)}^{d(x)} P_y(x, y) \, dy \right\} dx$$

$$= \int_a^b \left[P(x, d(x)) - P(x, c(x)) \right] dx = -\int_a^b P(x, c(x)) \, dx - \int_b^a P(x, d(x)) \, dx.$$

Benutzen wir andererseits die Darstellung des Randes ∂G durch die Funktionen a und b aus (6.66) in Kombination mit dem Zweiten Hauptsatz, angewandt auf die Funktion $x \mapsto Q(x, y)$, so erhalten wir

$$(6.69) \quad \int_G Q_x(x, y) \, d(x, y) = \int_c^d \left\{ \int_{a(y)}^{b(y)} Q_x(x, y) \, dx \right\} dy$$

$$= \int_c^d \left[Q(b(y), y) - Q(a(y), y) \right] dy = \int_d^c Q(a(y), y) \, dy + \int_c^d Q(b(y), y) \, dy.$$

Subtrahieren wir (6.68) von (6.69), so erhalten wir
$$(6.70)$$
$$\int_G \left[Q_x(x, y) - P_y(x, y) \right] d(x, y)$$

$$= \int_d^c Q(a(y), y) \, dy + \int_c^d Q(b(y), y) \, dy + \int_a^b P(x, c(x)) \, dx + \int_b^a P(x, d(x)) \, dx$$

$$= \int_\Gamma \left[P(x, y) \, dx + Q(x, y) \, dy \right] = \oint_\Gamma \mathbf{v} \, d\gamma,$$

weil die iterierten Integrale in (6.70) genau die geschlossene Kurve Γ parametrisieren. ∎

Wir können Satz 6.32 in gewissem Sinn als ein *zweidimensionales Analogon zum Zweiten Hauptsatz der Infinitesimalrechnung* (Satz 3.13) ansehen. In der Tat, wenn wir (6.67) geeignet interpretieren, indem wir alles „um eine Dimension reduzieren", so wird aus dem beschränkten Gebiet $G \subset \mathbb{R}^2$ ein Intervall $(a, b) \subset \mathbb{R}$, aus dem Vektorfeld $\mathbf{v} : \overline{G} \to \mathbb{R}^2$ eine skalare Funktion $f : [a, b] \to \mathbb{R}$, aus dem Doppelintegral rechts in (6.67) das einfache Riemann-Integral der Ableitung f' über $[a, b]$, und aus dem Randintegral links in (6.67) die Auswertung von f an den Integrationsgrenzen a und b, also die Differenz $f(b) - f(a)$. Damit nimmt (6.67) die Form

$$f(b) - f(a) = \int_a^b f'(t) \, dt$$

an, und das ist nichts anderes als (6.37). Zur Illustration von Satz 6.32 bringen wir nun zwei einfache Beispiele.

Beispiel 6.33. Sei G das durch die beiden Parabeln $y = x^2$ und $x = y^2$ eingeschlossene Gebiet, und sei $\mathbf{v} : \overline{G} \to \mathbb{R}^2$ definiert durch $\mathbf{v}(x, y) := (2xy - x^2, x + y^2)$. Die Darstellung (6.65) von G hat dann die Form

$$G = \{(x, y) : 0 \le x \le 1, \, x^2 \le y \le \sqrt{x}\},$$

und die Darstellung (6.66) von G hat aus Symmetriegründen die analoge Form

$$G = \{(x,y) : 0 \le y \le 1, \, y^2 \le x \le \sqrt{y}\}.$$

Der Rand ∂G von G (interpretiert als geschlossene Kurve mit positiver Orientierung) lässt sich dann als Kombination der beiden Parametrisierungen $\gamma_1(t) := (t, t^2)$ $(0 \le t \le 1)$ und $\gamma_2(t) := ((1-t)^2, 1-t)$ $(0 \le t \le 1)$ darstellen, also durch die Parametrisierung

$$\gamma(t) := (\gamma_2 * \gamma_1)(t) = \begin{cases} \gamma_1(2t) = (2t, 4t^2) & \text{für } 0 \le t \le \frac{1}{2}, \\ \gamma_2(2t-1) = ((2-2t)^2, 2-2t) & \text{für } \frac{1}{2} \le t \le 1. \end{cases}$$

Das linke Integral in (6.67) wird damit zu

$$\oint_\Gamma \mathbf{v}\, d\gamma = \int_{\Gamma_1} \mathbf{v}\, d\gamma + \int_{\Gamma_2} \mathbf{v}\, d\gamma$$

$$= \int_0^1 \langle \mathbf{v}(\gamma_1(t)), \dot{\gamma}_1(t) \rangle\, dt + \int_0^1 \langle \mathbf{v}(\gamma_2(t)), \dot{\gamma}_2(t) \rangle\, dt$$

$$= \int_0^1 \left[(2t^3 - t^2) \cdot 1 + (t + t^4) \cdot 2t \right]\, dt$$

$$- \int_0^1 \left[(2(1-t)^3 - (1-t)^4) \cdot 2(1-t) + ((1-t)^2 + (1-t)^2) \cdot 1 \right]\, dt$$

$$= \int_0^1 \left[2t^3 + t^2 + 2t^5 \right]\, dt - \int_0^1 \left[4(1-t)^4 - 2(1-t)^5 + 2(1-t)^2 \right]\, dt$$

$$= \left[\frac{1}{2}t^4 + \frac{1}{3}t^3 + \frac{1}{3}t^6 \right]_0^1 - \left[-\frac{4}{5}(1-t)^5 + \frac{1}{3}(1-t)^6 - \frac{2}{3}(1-t)^3 \right]_0^1 = \frac{7}{6} - \frac{17}{15} = \frac{1}{30}.$$

Andererseits hat das rechte Integral in (6.67) die Form

$$\int_G \left[Q_x(x,y) - P_y(x,y) \right]\, d(x,y) = \int_G \left[1 - 2x \right]\, d(x,y)$$

$$= \int_0^1 \left\{ \int_{x^2}^{\sqrt{x}} (1 - 2x)\, dy \right\}\, dx = \int_0^1 \left[\sqrt{x} - 2x\sqrt{x} - x^2 + 2x^3 \right]\, dx$$

$$= \left[\frac{2}{3}x\sqrt{x} - \frac{4}{5}x^2\sqrt{x} - \frac{1}{3}x^3 + \frac{1}{2}x^4 \right]_0^1 = \frac{2}{3} - \frac{4}{5} - \frac{1}{3} + \frac{1}{2} = \frac{1}{30},$$

und somit haben wir die Gleichheit (6.67) bestätigt.   ♡

Beispiel 6.34. Sei $\mathbf{v}$ das Drehungsfeld aus Beispiel 6.18, also $\mathbf{v}(x,y) := (-y, x)$. In Beispiel 6.29 haben wir berechnet, dass das Kurvenintegral von $\mathbf{v}$ über den Viertelkreisbogen von $(1,0)$ nach $(0,1)$ mit der Parametrisierung $\gamma_1(t) := (\cos t, \sin t)$ $(0 \le t \le \pi/2)$ den Wert $\pi/2$ hat, während das Kurvenintegral von $\mathbf{v}$ über die gerade Verbindungsstrecke von $(1,0)$ nach $(0,1)$ mit der Parametrisierung $\gamma_2(t) := (1-t, t)$ $(0 \le t \le 1)$ den Wert 1 hat. Kombinieren wir diese beiden Kurven zu einem geschlossenen Weg Γ, indem wir die zweite Kurve rückwärts durchlaufen, so erhalten wir mit $\gamma(t) := (\gamma_2^- * \gamma_1)(t)$

$$\oint_\Gamma \mathbf{v}\, d\gamma = \int_{\Gamma_1} \mathbf{v}\, d\gamma - \int_{\Gamma_2} \mathbf{v}\, d\gamma = \frac{\pi}{2} - 1.$$

Wir zeigen nun, wie wir dasselbe Ergebnis mit Satz 6.32 erhalten können. Zunächst ist das vom Bild von γ eingeschlossene Gebiet G gemäß (6.65) darstellbar als

$$G = \left\{ (x,y) : 0 \le x \le 1,\, 1 - x \le y \le \sqrt{1 - x^2} \right\}$$

und gemäß (6.66) darstellbar als

$$G = \left\{ (x,y) : 0 \le y \le 1,\, 1 - y \le x \le \sqrt{1 - y^2} \right\}.$$

Wegen $Q_x(x,y) \equiv 1$ und $P_y(x,y) \equiv -1$ bekommen wir dann

$$\int_G [Q_x(x,y) - P_y(x,y)]\, d(x,y) = 2 \int_G d(x,y) = 2Fl(G).$$

Aber die Fläche von G ist einfach die Differenz der Fläche des Viertelkreises mit Radius 1, also $\pi/4$, und der Fläche des Dreiecks mit den Ecken in $(0,0)$, $(1,0)$ und $(0,1)$, also $1/2$. Damit erhalten wir tatsächlich

$$2Fl(G) = 2 \left(\frac{\pi}{4} - \frac{1}{2} \right) = \frac{\pi}{2} - 1$$

wie behauptet.   ♡

Im Lichte von Satz 6.32 wird nun auch klarer, warum das Erfülltsein der Integrabilitätsbedingung (6.60) in einem konvexen Gebiet G äquivalent zur Tatsache ist, dass Kurvenintegrale über geschlossene Wege in G Null sind: Dies liegt einfach daran, dass dann der Integrand des Doppelintegrals rechts in (6.67) identisch verschwindet! Gleichzeitig kann das Vektorfeld (6.64) als Beispiel dafür dienen, dass der Greensche Satz nicht auf Gebieten „mit Löchern" gilt. In der Tat, ist G die „punktierte Kreisscheibe" $G := \{(x,y) : 0 < x^2 + y^2 < 1\}$, so erfüllt das Vektorfeld (6.64), wie wir gezeigt haben, auf G die Integrabilitätsbedingung (6.60), und daher ist die rechte Seite von (6.67) Null. Andererseits ist die linke Seite von (6.67) *nicht* Null, wie wir in Beispiel 6.31 gesehen haben.

Über diese theoretischen Erkenntnisse hinaus hat Satz 6.32 durchaus auch praktische Anwendungen. Eine davon stellen wir im folgenden Satz vor.

Satz 6.35. *Sei C eine einfach geschlossene positiv orientierte Kurve in der Ebene mit Parametrisierung γ, und sei G das von C begrenzte Innengebiet. Dann kann man die Fläche von G mittels der Gleichheit*

(6.71)
$$Fl(G) = \frac{1}{2} \oint_\Gamma \mathbf{v}\, d\gamma$$

berechnen, wobei $\mathbf{v} : \mathbb{R}^2 \to \mathbb{R}^2$ das Drehungsfeld (6.39) sei.

Beweis: Wegen $Q_x(x,y) = 1$ und $P_y(x,y) = -1$ ist

$$\oint_\Gamma \mathbf{v}\, d\gamma = \int_G [Q_x(x,y) - P_y(x,y)]\, d(x,y) = 2 \int_G d(x,y) = 2Fl(G),$$

und wir können dieselbe Argumentation wie in Beispiel 6.34 benutzen.   ■

Beispiel 6.36. Schon aus der Schule dürfte bekannt sein, dass die Ellipse

$$E := \{(x,y) : b^2 x^2 + a^2 y^2 \le a^2 b^2\}$$

mit Mittelpunkt in $(0,0)$ und Halbachsen a und b die Fläche πab besitzt. Wir bestätigen dies unter Anwendung der Gleichheit (6.71). Der Rand dieser Ellipse kann durch $\gamma(t) :=$ $(a\cos t, b\sin t)$ $(0 \le t \le 2\pi)$ parametrisiert werden. Damit wird das Integral in (6.71) zu

$$\oint_\Gamma \mathbf{v}\, d\gamma = \int_0^{2\pi} \langle \mathbf{v}(\gamma(t)), \dot\gamma(t)\rangle\, dt = \int_0^{2\pi} [(-b\sin t)(-a\sin t) + (a\cos t)(b\cos t)]\, dt$$

$$= ab \int_0^{2\pi} \left[\sin^2 t + \cos^2 t\right]\, dt = 2ab\pi,$$

und die Hälfte davon ist tatsächlich der gesuchte Flächeninhalt. Im Spezialfall eines Kreises (d.h. für $a = b = r$) ergibt sich der Flächeninhalt πr^2.   ♡

6.4. Noch einmal: Anfangswertprobleme. In Abschnitt 2.4 hatten wir vier Klassen elementar lösbarer Differentialgleichungen betrachtet, nämlich Gleichungen mit getrennten Variablen

$$(6.72) \qquad\qquad\qquad y' = \frac{g(x)}{h(y)},$$

homogene Gleichungen

$$(6.73) \qquad\qquad\qquad y' = k\left(\frac{y}{x}\right),$$

lineare Gleichungen

$$(6.74) \qquad\qquad\qquad y' = p(x)y + q(x),$$

und schließlich Bernoulli-Gleichungen

$$(6.75) \qquad\qquad\qquad y' = p(x)y + q(x)y^\alpha.$$

Hierbei waren g, h, k, p und q gegebene stetige Funktionen, und y ist die unbekannte Funktion, die die jeweilige Differentialgleichung erfüllen soll. Wie wir gesehen haben, lässt sich (6.73) stets umformen in (6.72) und (6.75) in (6.74); daher sind die Gleichung mit getrennten Variablen (6.72) und die lineare Gleichung (6.74) von besonderem Interesse.

In diesem Abschnitt werden wir diese beiden Gleichungen noch einmal untersuchen und zeigen, wie sich die in Satz 2.59 und Satz 2.63 ermittelten Lösungen ganz einfach durch Anwendung der Theorie stetiger Vektorfelder gewinnen lassen. Zunächst benötigen wir einen neuen Begriff.

Definition 6.37. Sei $\mathbf{v} : \mathbb{R}^2 \to \mathbb{R}^2$ ein Vektorfeld mit Komponentenfunktionen $P, Q \in C^1(\mathbb{R}^2)$, also $\mathbf{v}(x, y) = (P(x, y), Q(x, y))$. Dann heißt die Differentialgleichung

$$(6.76) \qquad\qquad P(x, y) + Q(x, y)y' = 0$$

exakt, falls $\mathbf{v}$ ein Potentialfeld ist, d.h. falls es ein skalares Feld $\Phi : \mathbb{R}^2 \to \mathbb{R}$ gibt mit $\mathbf{v} = \operatorname{grad} \Phi$. $\qquad\Box$

Da wir der Einfachheit halber angenommen haben, dass das Vektorfeld auf der ganzen Ebene $\mathbb{R}^2$ definiert ist, können wir Satz 6.30 anwenden und erhalten die notwendige und hinreichende Bedingung (6.60) für die Exaktheit der Differentialgleichung (6.76). Aus unseren Ergebnissen des letzten Abschnitts erhalten wir also unmittelbar den folgenden

Satz 6.38. *Für die Differentialgleichung* (6.76) *sei die Integrabilitätsbedingung* (6.60) *erfüllt. Dann ist die Gesamtheit der Lösungen* $y = \varphi(x)$ *von* (6.76) *in impliziter Form durch*

$$(6.77) \qquad\qquad \Phi(x, \varphi(x)) = c \qquad (c \in \mathbb{R})$$

gegeben, wobei Φ *ein beliebiges Potential des Vektorfeldes* $\mathbf{v} = (P, Q)$ *sei. Die Lösung des Anfangswertproblems*

$$(6.78) \qquad\qquad \left\{ \begin{array}{l} P(x, y) + Q(x, y)y' = 0, \\ y(x_0) = y_0 \end{array} \right.$$

ist hierbei durch das spezielle Potential Φ *gegeben, das die Zusatzbedingung* $\Phi(x_0, y_0) = 0$ *erfüllt.*

Beweis: Ableiten der Gleichung (6.77) nach x ergibt nach Satz 5.17

$$0 = \frac{d}{dx}\Phi(x, \varphi(x)) = \Phi_x(x, \varphi(x)) + \Phi_y(x, \varphi(x))\varphi'(x)$$

$$= P(x, \varphi(x)) + Q(x, \varphi(x))\varphi'(x),$$

also erfüllt φ die Differentialgleichung (6.76). Setzen wir das Potential Φ wie in Abschnitt 6.2 als Kurvenintegral mit unterer Grenze (x_0, y_0) an, also

$$\Phi(x, y) := \int_{(x_0, y_0)}^{(x, y)} \mathbf{v}\, d\gamma,$$

so gilt trivialerweise $\Phi(x_0, y_0) = 0$, d.h. $\varphi(x_0) = y_0$. $\qquad\blacksquare$

Wir zeigen nun, wie wir die Lösungsformel für die Differentialgleichung (6.72) aus Satz 2.59 sehr einfach aus dem soeben bewiesenen Satz 6.38 herleiten können. Offenbar können wir (6.72) in der Form (6.76) schreiben, indem wir $P(x, y) := g(x)$ und $Q(x, y) := -h(y)$ setzen. Wegen $P_y(x, y) = Q_x(x, y) \equiv 0$ ist diese Differentialgleichung stets exakt. Ein Potential Φ des Vektorfeldes $\mathbf{v} = (P, Q)$ muss die beiden Bedingungen

$$\frac{\partial}{\partial x}\Phi(x, y) = P(x, y) = g(x), \qquad \frac{\partial}{\partial y}\Phi(x, y) = Q(x, y) = -h(y)$$

erfüllen, also muss
$$\Phi(x, y) = G(x) + \alpha(y) = -H(y) + \beta(x)$$

sein, wobei G eine Stammfunktion zu g ist, H eine Stammfunktion zu h ist, die Funktion α nur von y und die Funktion β nur von x abhängt. Die naheliegende Wahl $\alpha(y) = -H(y)$ und $\beta(x) = G(x)$ ergibt $\Phi(x, y) = G(x) - H(y)$, also

$$G(x) - H(\varphi(x)) = c \qquad (c \in \mathbb{R})$$

als allgemeine Lösung von (6.72) in impliziter Form. Dies stimmt genau mit dem überein, was wir in Satz 2.59 herausbekommen haben.

Jetzt wenden wir uns der linearen Gleichung (6.74) zu. Auch diese Gleichung kann man natürlich in der Form (6.76) schreiben, wenn wir $P(x, y) := p(x)y + q(x)$ und $Q(x, y) := -1$ setzen. Leider ist diese Gleichung wegen $P_y(x, y) = p(x)$ und $Q_x(x, y) \equiv 0$ aber nur dann exakt, wenn $p(x) \equiv 0$ ist, und dann sind die Variablen schon getrennt und wir landen wieder bei der Differentialgleichung (6.72). Durch eine einfachen Trick kann man aber solche Gleichungen exakt „machen"; dies erfordert zunächst wieder einen neuen Begriff:

Definition 6.39. Ist die Differentialgleichung (6.76) nicht exakt, so heißt eine Funktion $\mu \in C^1(\mathbb{R}^2)$ ein *integrierender Faktor* für (6.76), falls die Gleichung

$$(6.79) \qquad \mu(x, y)P(x, y) + \mu(x, y)Q(x, y)y' = 0$$

exakt ist. □

Es kann also vorkommen, dass eine unexakte Differentialgleichung dadurch exakt wird, dass man sie einfach mit einer geeigneten Funktion μ multipliziert. Wiederum nach Satz 6.30 ist für die Exaktheit von (6.79) die Integrabilitätsbedingung

$$(6.80) \qquad \frac{\partial}{\partial y}[\mu(x, y)P(x, y)] = \frac{\partial}{\partial x}[\mu(x, y)Q(x, y)]$$

notwendig und hinreichend. Ausrechnen von (6.80) mit der Produktregel und Umordnen der Terme ergibt die äquivalente Bedingung

$$(6.81) \qquad \mu(x, y)\,[P_y(x, y) - Q_x(x, y)] = \mu_x(x, y)Q(x, y) - \mu_y(x, y)P(x, y).$$

Hierbei sind zwei Spezialfälle von besonderem Interesse, von denen wir den ersten zum Studium der linearen Differentialgleichung (6.74) verwenden können:

Satz 6.40. *Hängt die Funktion*

$$\sigma(x) := \frac{P_y(x, y) - Q_x(x, y)}{Q(x, y)}$$

nicht von y ab, sondern nur von x, so besitzt die Differentialgleichung (6.76) einen integrierende Faktor μ, der ebenfalls nur von x abhängt, nämlich

$$(6.82) \qquad \mu(x) = e^{S(x)},$$

wobei S eine beliebige Stammfunktion zu σ sei. Hängt analog die Funktion

$$\tau(y) := \frac{P_y(x,y) - Q_x(x,y)}{P(x,y)}$$

nicht von x ab, sondern nur von y, so besitzt die Differentialgleichung (6.76) einen integrierende Faktor μ, der ebenfalls nur von y abhängt, nämlich

$$(6.83) \qquad \mu(y) = e^{-T(y)},$$

wobei T eine beliebige Stammfunktion zu τ sei.

Beweis: Wir bemerken zunächst, dass im Falle der Gültigkeit der Integrabilitätsbedingung $P_y = Q_x$ natürlich $\sigma(x) = \tau(y) \equiv 0$ ist, d.h. dann finden wir sogar einen konstanten integrierenden Faktor.[27] Wir setzen nun voraus, dass die Funktion σ tatsächlich nur von x abhängt und machen den *Ansatz* $\mu = \mu(x)$. Unter Benutzung von (6.81) bekommen wir dann

$$(6.84) \qquad \sigma(x) = \frac{P_y(x,y) - Q_x(x,y)}{Q(x,y)} = \frac{\mu_x(x,y)}{\mu(x,y)} - \frac{\mu_y(x,y)}{\mu(x,y)} \frac{P(x,y)}{Q(x,y)}.$$

Da die Funktion μ nur von x abhängen soll, ist $\mu_x(x,y) = \mu'(x)$ und $\mu_y(x,y) \equiv 0$, d.h. (6.84) vereinfacht sich zu

$$(6.85) \qquad \sigma(x) = \frac{P_y(x,y) - Q_x(x,y)}{Q(x,y)} = \frac{\mu'(x)}{\mu(x)}.$$

Das ist aber eine Differentialgleichung mit getrennten Variablen für die Funktion μ, die wir direkt lösen können. Ist S irgendeine Stammfunktion zu σ, so folgt aus (6.85)

$$S(x) = \log \mu(x)$$

und damit nach Exponentieren (6.82). Der Beweis im Falle, dass die angegebene Funktion τ nur von y abhängt, verläuft analog. ∎

Wir zeigen nun, wie man Satz 6.40 auf die lineare Differentialgleichung (6.74) anwenden kann. Wie schon bemerkt, ist diese Gleichung wegen wegen $P_y(x,y) = p(x)$ und $Q_x(x,y) \equiv 0$ im allgemeinen nicht exakt. Allerdings hängt die oben eingeführte Funktion

$$\sigma(x) = \frac{P_y(x,y) - Q_x(x,y)}{Q(x,y)} = \frac{p(x) - 0}{-1} = -p(x)$$

hier tatsächlich nur von x ab, daher ist nach dem soeben Bewiesenen durch

$$\mu(x) = e^{-P(x)}$$

ein ebenfalls nur von x abhängiger integrierender Faktor gegeben, wobei natürlich P eine Stammfunktion zu p sei. Eine direkte Rechnung bestätigt, dass die Gleichung

$$\mu(x)P(x,y) + \mu(x)Q(x,y)y' = (p(x)y + q(x))e^{-P(x)} - e^{-P(x)}y' = 0$$

---

[27]Wir können dann $\mu(x,y) \equiv 1$ wählen; mit anderen Worten, wir brauchen gar keinen integrierenden Faktor, weil die Gleichung (6.76) ja schon exakt ist.

nun in der Tat exakt ist, denn es gilt

$$\frac{\partial}{\partial y}(p(x)y + q(x))e^{-P(x)} = p(x)e^{-P(x)} = \frac{\partial}{\partial x}(-e^{-P(x)}).$$

Das Vektorfeld $\mathbf{v} = (\tilde{P}, \tilde{Q})$ mit den Komponenten $\tilde{P}(x,y) = (p(x)y + q(x))e^{-P(x)}$ und $\tilde{Q}(x,y) = -e^{-P(x)}$ hat also ein Potential Φ, welches wir wieder „erraten" können. Wegen

$$\frac{\partial}{\partial y}\Phi(x,y) = \tilde{Q}(x,y) = -e^{-P(x)}$$

muss zunächst

$$\Phi(x,y) = -ye^{-P(x)} + \alpha(x)$$

mit einer beliebigen differenzierbaren Funktion α sein, die nur von x abhängt. Ableiten nach x ergibt

$$ye^{-P(x)}p(x) + \alpha'(x) = \frac{\partial}{\partial x}\Phi(x,y) = \tilde{P}(x,y) = (p(x)y + q(x))e^{-P(x)},$$

und hieraus folgt notwendig $\alpha'(x) = q(x)e^{-P(x)}$. Damit bekommen wir dasselbe Ergebnis wie in Satz 2.63: Ist α eine Stammfunktion der Funktion qe^{-P}, so ist durch

$$\Phi(x,y) = \alpha(x) - ye^{-P(x)} = c \qquad (c \in \mathbb{R})$$

die allgemeine Lösung von (6.74) in impliziter Form gegeben. Aufgelöst nach y ergibt dies

$$y = \alpha(x)e^{P(x)} - ce^{P(x)},$$

also genau dasselbe, was wir in Satz 2.63 bekommen haben.

Wir beschließen diesen Abschnitt mit zwei Beispielen, die die Nützlichkeit von Satz 6.40 nochmals unterstreichen.

Beispiel 6.41. Wir betrachten das Anfangswertproblem

(6.86)
$$\begin{cases} 1 - x^2y + (x^2y - x^3)y' = 0, \\ y(1) = 1 + \sqrt{3} \end{cases}$$

auf der rechten Halbebene $M := \{(x,y) \in \mathbb{R}^2 : x \geq 1\}$. Die Gleichung in (6.86) passt in keine der vier Kategorien (6.72) – (6.75) und ist wegen

$$P_y(x,y) - Q_x(x,y) = \frac{\partial}{\partial y}(1 - x^2y) - \frac{\partial}{\partial x}(x^2y - x^3) = 2x^2 - 2xy$$

auch nicht exakt. Allerdings hängt die Funktion

$$\sigma(x) = \frac{P_y(x,y) - Q_x(x,y)}{Q(x,y)} = \frac{2x^2 - 2xy}{x^2y - x^3} = -\frac{2}{x}$$

nur von x ab, daher ist

$$\mu(x) = e^{S(x)} = e^{-2\log x} = \frac{1}{x^2}.$$

ein ebenfalls nur von x abhängiger integrierender Faktor. In der Tat ist die mit $\mu(x)$ multiplizierte Gleichung

$$\frac{1}{x^2} - y + (y - x)y' = 0$$

nunmehr exakt, weil die neuen Komponentenfunktionen $\tilde{P}(x, y) = \frac{1}{x^2} - y$ und $\tilde{Q}(x, y) = y - x$ auf M die Integrabilitätsbedingung $\tilde{P}_y = -1 = \tilde{Q}_x$ erfüllen.

Sei nun $\mathbf{v}(x, y) := (\tilde{P}(x, y), \tilde{Q}(x, y))$ das Vektorfeld mit diesen Komponentenfunktionen. Berechnen wir gemäß Satz 6.38 das entsprechende Potential Φ von $\mathbf{v}$, welches der Zusatzbedingung $\Phi(1, 1 + \sqrt{3}) = 0$ genügt, so erhalten wir mit der naheliegenden linearen Parametrisierung[28] $\gamma(t) := (1 - t + tx, 2 - 2t + ty)$, deren Ableitung nach t die Form $\dot{\gamma}(t) = (x - 1, y - 2)$ hat, als Ergebnis

$$\Phi(x, y) = \int_{(1, 1+\sqrt{3})}^{(x, y)} \mathbf{v}\, d\gamma = -\frac{1}{x} - xy + \frac{1}{2}y^2.$$

Man überzeugt sich leicht davon, dass dann $\Phi_x = \tilde{P}$ und $\Phi_y = \tilde{Q}$ auf M gilt, und dass die Lösung des Anfangswertproblems (6.86) tatsächlich in impliziter Form durch

$$\Phi(x, y) = -\frac{1}{x} - xy + \frac{1}{2}y^2 = 0$$

gegeben ist. Dies kann man, wenn man will, sogar noch explizit nach y auflösen. $\heartsuit$

Beispiel 6.42. Nun betrachten wir das Anfangswertproblem

$$(6.87) \qquad \begin{cases} y^2 + (xy - 1)y' = 0, \\ y(0) = 1 \end{cases}$$

auf der oberen Halbebene $M := \{(x, y) \in \mathbb{R}^2 : y \geq 1\}$. Die Gleichung in (6.87) passt ebenfalls in keine der vier Kategorien (6.72) – (6.75) und ist wegen

$$P_y(x, y) - Q_x(x, y) = \frac{\partial}{\partial y}y^2 - \frac{\partial}{\partial x}(xy - 1) = y$$

auch nicht exakt. Allerdings hängt die Funktion

$$\tau(y) = \frac{P_y(x, y) - Q_x(x, y)}{P(x, y)} = \frac{1}{y}$$

hier nur von y ab, daher ist

$$\mu(y) = e^{-T(x)} = e^{-\log y} = \frac{1}{y}$$

ein ebenfalls nur von y abhängiger integrierender Faktor. In der Tat ist die mit $\mu(y)$ multiplizierte Gleichung

$$y + \left(x - \frac{1}{y}\right)y' = 0$$

---

[28]Wir können die Parametrisierung so wählen, weil M offensichtlich konvex ist.

nunmehr exakt, weil die neuen Komponentenfunktionen $\tilde{P}(x,y) = y$ und $\tilde{Q}(x,y) = x - \frac{1}{y}$ auf M jetzt die Integrabilitätsbedingung $\tilde{P}_y = 1 = \tilde{Q}_x$ erfüllen.

Sei nun wieder $\mathbf{v}(x,y) := (\tilde{P}(x,y), \tilde{Q}(x,y))$ das Vektorfeld mit diesen Komponentenfunktionen. Berechnen wir gemäß Satz 6.38 das entsprechende Potential Φ von $\mathbf{v}$, welches der Zusatzbedingung $\Phi(0,1) = 0$ genügt, so erhalten wir, wiederum mit der naheliegenden linearen Parametrisierung $\gamma(t) := (tx, 1 - t + ty)$, deren Ableitung nach t die Form $\dot{\gamma}(t) = (x, y-1)$ hat, als Ergebnis

$$\Phi(x,y) = \int_{(0,1)}^{(x,y)} \mathbf{v} \, d\gamma = xy - \log y.$$

Man überzeugt sich leicht davon, dass dann $\Phi_x = \tilde{P}$ und $\Phi_y = \tilde{Q}$ auf M gilt, und dass die Lösung des Anfangswertproblems (6.87) tatsächlich in impliziter Form durch

$$\Phi(x,y) = xy - \log y = 0$$

gegeben ist. Dies kann man jedoch nicht explizit nach y auflösen. $\heartsuit$

Weitere Anwendungen der Sätze 6.38 und 6.40 findet man in den Aufgaben 6.45 – 6.51.

6.5. Aufgaben zu Kapitel 6. Über die folgenden Aufgaben zu diesem Kapitel findet man weitere Aufgaben z.B. in [7,8,10,14,16].

Aufgabe 6.1. Berechnen Sie Ober- und Untersumme für die Funktion aus Beispiel 6.2 bzgl. der Zerlegung $Z_{m,n} = \{s_0, s_1, \ldots, s_{m-1}, s_m\} \times \{t_0, t_1, \ldots, t_{n-1}, t_n\}$, wobei

$$1 = s_0 < s_1 < \ldots < s_m = 3, \qquad 1 = t_0 < t_1 < \ldots < t_n = 2$$

jeweils äquidistante Zerlegungen von $[1,3]$ bzw. $[1,2]$ seien. Bestätigen Sie mit diesen Zerlegungen das Ergebnis aus Beispiel 6.4.

Aufgabe 6.2. Skizzieren Sie den Integrationsbereich M und berechnen Sie das Integral der angegebenen Funktion f über M:

(a) $f(x,y) := xy^2$ auf $M := \{(x,y) \in \mathbb{R}^2 : 0 \leq x \leq 1, 0 \leq y \leq 3 - 2x\}$;

(b) $f(x,y) := x + y^2$ auf $M := \{(x,y) \in \mathbb{R}^2 : \frac{y^2}{4} \leq x \leq \frac{y}{2} + 6\}$;

(c) $f(x,y) := xy$ auf $M := \{(x,y) \in \mathbb{R}^2 : 0 \leq y \leq 4, \sqrt{y} \leq x \leq 6 - y\}$;

(d) $f(x,y) := \dfrac{1}{(x+y)^3}$ auf $M := \{(x,y) \in \mathbb{R}^2 : 1 \leq y \leq 2, 2 \leq x + y \leq 5\}$.

Aufgabe 6.3. Berechnen Sie das Integral

$$\int_M (\sqrt{x} - y^2) \, d(x,y),$$

wobei $M := \{(x,y) : 0 \leq x \leq 1, x^2 \leq y \leq \sqrt[4]{x}\}$ sei. Skizzieren Sie auch den Integrationsbereich.

Aufgabe 6.4. Berechnen Sie das Integral

$$\int_M (x^2 - y) \, d(x, y),$$

wobei $M := \{(x, y) : -1 \leq x \leq 1, -x^2 \leq y \leq x^2\}$ sei. Skizzieren Sie auch den Integrationsbereich.

Aufgabe 6.5. Berechnen Sie das Integral

$$\int_M (xy - y^3) \, d(x, y),$$

wobei $M := \{(x, y) : 0 \leq y \leq 1, -1 \leq x \leq y\}$ sei. Skizzieren Sie auch den Integrationsbereich.

Aufgabe 6.6. Berechnen Sie die folgenden iterierten Integrale und skizzieren Sie den jeweiligen Integrationsbereich:

(a) $\displaystyle\int_0^1 \int_0^1 e^{x+y} \, dy \, dx,$ 　　　　　　(b) $\displaystyle\int_0^{\pi/2} \int_0^{\pi/2} e^{x+y} \sin(x + y) \, dy \, dx,$

(c) $\displaystyle\int_{-1}^3 \int_{x^2}^{2x+3} 2\sqrt{y - x^2} \, dy \, dx,$ 　　　(d) $\displaystyle\int_1^2 \int_0^{y+1} x \log y \, dx \, dy,$

(e) $\displaystyle\int_1^e \int_1^{ey} \log \frac{x}{y} \, dx \, dy,$ 　　　　(f) $\displaystyle\int_1^{e^2} \int_{\pi/4y}^{\pi/2y} \cos xy \, dx \, dy.$

Aufgabe 6.7. Leiten Sie für stetiges $f : [a, b] \to \mathbb{R}$ aus der in (6.35) bewiesenen Formel

$$\int_a^x \left\{ \int_a^{x_1} f(t) \, dt \right\} dx_1 = \int_a^x (x - t) f(t) \, dt \qquad (a \leq x \leq b)$$

eine entsprechende Formel für das allgemeine Integral

$$\int_a^x \left\{ \int_a^{x_1} \left\{ \int_a^{x_2} \cdots \left\{ \int_a^{x_n} f(t) \, dt \right\} dx_n \cdots \right\} dx_2 \right\} dx_1$$

her.

Aufgabe 6.8. Sei $F : \mathbb{R}^+ \to \mathbb{R}$ definiert durch

$$F(t) := \int_t^{t^2} \frac{\sin xt}{x} \, dx \qquad (t > 0).$$

Untersuchen Sie, ob die Ableitung F' existiert, und berechnen Sie sie gegebenenfalls.

Aufgabe 6.9. Berechnen Sie das Integral

$$\int_0^1 \frac{y - 1}{\log y} \, dy,$$

indem Sie Satz 6.10 auf die durch

$$f(\alpha) := \int_0^1 \frac{y^\alpha - 1}{\log y}\, dy \qquad (\alpha > 0)$$

definierte Funktion $f : \mathbb{R}^+ \to \mathbb{R}$ anwenden.

Aufgabe 6.10. Bestimmen Sie diejenigen Konstanten a und b, für die das Integral

$$f(a,b) := \int_0^\pi [\sin t - (at^2 + bt)]^2\, dt$$

minimal wird.

Aufgabe 6.11. Für welche Gerade mit der Gleichung $g(x) = \alpha x + \beta$ wird das Integral

$$F(\alpha, \beta) := \int_0^{100} \left[\sqrt{x} - g(x)\right]^2 dx$$

minimal?

Aufgabe 6.12. Für welche Gerade mit der Gleichung $g(x) = \alpha x + \beta$ wird das Integral

$$G(\alpha, \beta) := \int_0^1 [e^x - g(x)]^2\, dx$$

minimal?

Aufgabe 6.13. Berechnen Sie die Ableitung der durch

$$g(y) := \int_{\sin y}^{\tan y} (x^2 + y)\, dx$$

definierten Funktion dort, wo sie existiert.

Aufgabe 6.14. Berechnen Sie die ersten beiden Ableitungen f' und f'' der durch

(a) $f(x) := \int_0^x e^{-xt}\, dt,$ (b) $f(x) := \int_0^x \frac{1 + t^2 x}{1 + t^3}\, dt,$ (c) $f(x) := \int_x^{x^2} \frac{\log(1 + xt)}{t}\, dt$

definierten Funktionen f da, wo sie existieren.

Aufgabe 6.15. Bestätigen Sie die Formeln (6.17) und (6.20) für die Funktion f aus Beispiel 6.8.

Aufgabe 6.16. Beweisen Sie (6.27) durch Induktion.

Aufgabe 6.17. Berechnen Sie das Kurvenintegral

$$I(\Gamma) = \int_\Gamma (x^2(1 - y), y - \frac{1}{3}x^3)\, d\gamma$$

entlang der folgenden Wege und kommentieren Sie das Ergebnis:

(a) Streckenzug von $(0,0)$ über $(1,0)$ nach $(1,1)$;

(b) geradlinig von $(0,0)$ nach $(1,1)$;

(c) geradlinig von $(0,0)$ nach $(2,0)$ und anschließend längs $y = (x-2)^2$ bis zu $(1,1)$;

(d) längs des Dreiecksrandes von $(0,0)$ über $(1,0)$ und $(1,1)$ nach $(0,0)$.

Aufgabe 6.18. Ein Vektorfeld $\mathbf{v}: \mathbb{R}^2 \to \mathbb{R}^2$ sei gegeben durch $\mathbf{v}(x,y) := (y^2, 2xy - e^y)$. Zeigen Sie, dass $\mathbf{v}$ ein Gradientenfeld ist, und berechnen Sie das Kurvenintegral von $\mathbf{v}$ über drei selbstgewählte Wege, die die Punkte $(-1,0)$ und $(1,0)$ verbinden.

Aufgabe 6.19. Finden Sie ein Potential Φ für das Vektorfeld aus Aufgabe 6.18 und berechnen Sie $\Phi(1,0) - \Phi(-1,0)$. Kommentieren Sie das Ergebnis.

Aufgabe 6.20. Integrieren Sie die durch

$$\text{(a) } \mathbf{v}_1(x,y) := (y^2 + y, 2xy - e^y), \qquad \text{(b) } \mathbf{v}_2(x,y) := (y^2 + x, 2xy - e^y)$$

gegebenen Vektorfelder $\mathbf{v}_1, \mathbf{v}_2 : \mathbb{R}^2 \to \mathbb{R}^2$ über dieselben Wege, die Sie in Aufgabe 6.18 gewählt haben. Kommentieren Sie das Ergebnis.

Aufgabe 6.21. Welche der folgenden Vektorfelder $\mathbf{v}: \mathbb{R}^2 \to \mathbb{R}^2$ haben ein Potential?

$$\text{(a) } \mathbf{v}(x,y) := (x^2 + y, x - y^2), \qquad \text{(b) } \mathbf{v}(x,y) := (\cos x \cosh y, \sin x \sinh y),$$

$$\text{(c) } \mathbf{v}(x,y) := (xe^y, -ye^x), \qquad \text{(d) } \mathbf{v}(x,y) := (xe^x \cos y, ye^x \cos y).$$

Aufgabe 6.22. Berechnen Sie für diejenigen Vektorfelder $\mathbf{v}$ aus der vorigen Aufgabe 6.21, die ein Potential besitzen, das Kurvenintegral von $\mathbf{v}$ von $(0,0)$ nach $(1,1)$ über jweils zwei selbstgewählte Wege.

Aufgabe 6.23. Für $p \in \mathbb{N}_0$ sei $\mathbf{v}_p : \mathbb{R}^2 \setminus \{(0,0)\} \to \mathbb{R}^2$ das durch

$$\mathbf{v}_p(x,y) := \left(-\frac{y}{||(x,y)||^p}, \frac{x}{||(x,y)||^p} \right)$$

definierte Vektorfeld (vgl. Beispiel 6.18 für $p = 0$ und Beispiel 6.31 für $p = 2$). Zeigen Sie, dass $\mathbf{v}_p$ auf $\mathbb{R}^2 \setminus \{(0,0)\}$ nicht konservativ ist, indem Sie

(a) direkt nachweisen, dass $\mathbf{v}_p$ kein Potential hat;

(b) das geschlossene Kurvenintegral von $\mathbf{v}_p$ über den Einheitskreisrand (mit der üblichen Parametrisierung) berechnen.

Aufgabe 6.24. Welche der durch

$$\text{(a) } \mathbf{v}(x,y) := (2xy, x^2), \quad \text{(b) } \mathbf{v}(x,y) := (e^y, xe^y), \quad \text{(c) } \mathbf{v}(x,y) := (\sin xy, \cos xy)$$

definierten Vektorfelder $\mathbf{v}: \mathbb{R}^2 \to \mathbb{R}^2$ sind Gradientenfelder? Bestimmen Sie gegebenenfalls ein Potential für $\mathbf{v}$.

Aufgabe 6.25. Für die drei Vektorfelder aus Aufgabe 6.24 berechnen Sie das Kurvenintegral von $(0,0)$ nach $(1,1)$ einmal über die Strecke $y = x$ $(0 \leq x \leq 1)$ und anschließend über den Parabelbogen $y = x^2$ $(0 \leq x \leq 1)$. Kommentieren Sie das Ergebnis.

Aufgabe 6.26. Für $\alpha, \beta \in \mathbb{R}$ sei ein Vektorfeld $\mathbf{v}_{\alpha,\beta} : \mathbb{R}^2 \to \mathbb{R}^2$ definiert durch

$$\mathbf{v}_{\alpha,\beta}(x,y) := (x^3 - \alpha x y^2, \beta x^2 y - y^3).$$

Zeigen Sie, dass $\mathbf{v}_{\alpha,\beta}$ genau dann ein Gradientenfeld ist, wenn $\alpha = \beta$ gilt, und finden Sie in diesem Fall ein Potential von $\mathbf{v}_{\alpha,\alpha}$ auf $\mathbb{R}^2$. Bestätigen Sie weiter durch direkte Rechnung, dass das geschlossene Kurvenintegral von $\mathbf{v}_{\alpha,\alpha}$ über den Einheitskreisrand (mit der üblichen Parametrisierung) Null ist.

Aufgabe 6.27. Ein Gebiet $G \subseteq \mathbb{R}^2$ heißt *sternförmig* bzgl. $(x_0, y_0) \in G$, wenn aus $(x,y) \in G$ auch $((1 - \lambda)x_0 + \lambda x, (1 - \lambda)y_0 + \lambda y) \in G$ für alle $\lambda \in [0,1]$ folgt, d.h. mit einem Punkt (x,y) enthält G auch die gesamte Verbindungsstrecke zwischen (x_0, y_0) und (x,y). Weiter sei

$$\Sigma(G) := \{(x_0, y_0) \in G : G \text{ ist sternförmig bzgl. } (x_0, y_0)\}.$$

(a) Geben Sie Beispiele für Gebiete $G \subset \mathbb{R}^2$, die nicht konvex, aber sternförmig bzgl. $(0,0)$ sind.

(b) Finden Sie Gebiete $G \subset \mathbb{R}^2$ mit $\Sigma(G) = G$ bzw. $\Sigma(G) \subset G$ bzw. $\Sigma(G) = \emptyset$.

Aufgabe 6.28. Gilt Satz 6.30 auch für sternförmige Gebiete? Gilt die Behauptung aus Aufgabe 5.20 für sternförmige Gebiete?

Aufgabe 6.29. Eine Menge $M \subseteq \mathbb{R}^2$ heiße *zerlegbar*, wenn es zwei nichtleere offene Mengen $A, B \subset \mathbb{R}^2$ mit $A \cap B \cap M = \emptyset$ und $(A \cup B) \cap M = M$ gibt, andernfalls *unzerlegbar*. Wir erinnern daran, dass eine Menge $M \subseteq \mathbb{R}^2$ *zusammenhängend* heißt, falls man zu je zwei Punkten $(x_0, y_0), (x_1, y_1) \in M$ eine Kurve $\gamma : [0,1] \to M$ finden kann mit $\gamma(0) = (x_0, y_0)$ und $\gamma(1) = (x_1, y_1)$.

(a) Zeigen Sie, dass jede zusammenhängende Menge M unzerlegbar ist.

(b) Sei $M := \Gamma(f)$ der Graph der Funktion f aus Beispiel 1.14 über $[-1, 1]$, also

$$M = \{(x,y) : -1 \leq x \leq 1, \, y = \sin \tfrac{1}{x}\}.$$

Zeigen Sie, dass M unzerlegbar, aber nicht zusammenhängend ist.

Aufgabe 6.30. Mit der Terminologie aus der vorigen Aufgabe 6.29 beweisen Sie, dass jede *offene* unzerlegbare Menge zusammenhängend ist.

Aufgabe 6.31. Sei $\gamma : [a, b] \to \mathbb{R}^2$ eine Kurve in der Ebene, und sei $Z = \{t_0, t_1, \ldots, t_m\}$ eine Zerlegung des Intervalls $[a, b]$. In Analogie zu Definition 1.43 setzen wir

$$Var(\gamma; Z, [a,b]) := \sum_{j=1}^{m} \|\gamma(t_j) - \gamma(t_{j-1})\|$$

sowie

$$Var(\gamma; [a,b]) := \sup\{Var(\gamma; Z, [a,b]) : Z \in \mathcal{Z}([a,b])\},$$

wobei $\mathcal{Z}([a,b])$ wie in Definition 1.42 die Menge aller Zerlegungen von $[a,b]$ bezeichne. Ist $Var(\gamma;[a,b])$ endlich, so nennen wir die Kurve γ *rektifizierbar*. Seien α und β die Komponenten von γ, d.h. $\gamma(t) = (\alpha(t), \beta(t))$. Beweisen Sie, dass γ genau dann rektifizierbar ist, wenn $\alpha \in BV([a,b])$ und $\beta \in BV([a,b])$ gilt.

Aufgabe 6.32. Beweisen Sie, dass eine glatte Kurve γ (d.h. $\alpha, \beta \in C^1([a,b])$) stets rektifizierbar ist. Gibt es in diesem Fall eine Beziehung zwischen der Kurvenlänge (6.41) von γ (vgl. auch (6.45)) und der Gesamtvariation $Var(\gamma;[a,b])$ gemäß Aufgabe 6.31?

Aufgabe 6.33. Sei $\gamma : [a,b] \to \mathbb{R}^2$ eine rektifizierbare Kurve. In Analogie zu (1.54) definieren wir dann eine Funktion $v_\gamma : [a,b] \to \mathbb{R}$ durch

$$v_\gamma(t) := Var(\gamma;[a,t]);$$

diese Funktion wird auch die *Bogenlängenfunktion* zu γ genannt. Beweisen Sie folgende Eigenschaften dieser Funktion:

(a) v_γ ist stetig und monoton wachsend auf $[a,b]$;

(b) v_γ ist f.ü. differenzierbar auf $[a,b]$ mit $v'_\gamma(t) = \|\dot{\gamma}(t)\|$.

Aufgabe 6.34. Seien $G \subseteq \mathbb{R}^3$ ein Gebiet und $\mathbf{v} : G \to \mathbb{R}^3$ ein (dreidimensionales) Vektorfeld mit stetig differenzierbaren Komponenten P, Q und R, also

$$\mathbf{v}(x,y,z) = (P(x,y,z), Q(x,y,z), R(x,y,z)).$$

Die *Divergenz* von $\mathbf{v}$ auf G ist dann das durch

$$\operatorname{div}\mathbf{v}(x,y,z) := P_x(x,y,z) + Q_y(x,y,z) + R_z(x,y,z)$$

definierte skalare Feld $\operatorname{div}\mathbf{v} : G \to \mathbb{R}$. Beweisen Sie für ein skalares Feld $\Phi \in C^1(G)$ die Produktregel

$$\operatorname{div}(\Phi(x,y,z)\mathbf{v}(x,y,z)) = \Phi(x,y,z)\operatorname{div}\mathbf{v}(x,y,z) + \mathbf{v}(x,y,z)\operatorname{grad}\Phi(x,y,z).$$

Was ergibt diese Formel im speziellen Fall $\mathbf{v}(x,y,z) = (x,y,z)$?

Aufgabe 6.35. Seien $G \subseteq \mathbb{R}^3$ und $\mathbf{v} : G \to \mathbb{R}^3$ wie in Aufgabe 6.34. Die *Rotation* von $\mathbf{v}$ auf G ist dann das durch

$$\operatorname{rot}\mathbf{v}(x,y,z) := (R_y(x,y,z)-Q_z(x,y,z), P_z(x,y,z)-R_x(x,y,z), Q_x(x,y,z)-P_y(x,y,z))$$

definierte Vektorfeld $\operatorname{rot}\mathbf{v} : G \to \mathbb{R}^3$. Zeigen Sie, dass im Falle $P, Q, R \in C^2(G)$ stets $\operatorname{div}\operatorname{rot}\mathbf{v}(x,y,z) \equiv 0$ gilt. (Physikalisch interpretiert bedeutet dies, dass ein Wirbelfeld stets „quellenfrei" ist.)

Aufgabe 6.36. Mit der Notation aus Aufgabe 6.35 zeigen Sie, dass für ein skalares Feld $\Phi \in C^2(G)$ stets $\operatorname{rot}\operatorname{grad}\Phi(x,y,z) \equiv 0$ gilt. (Physikalisch interpretiert bedeutet dies, dass ein konservatives Vektorfeld stets „wirbelfrei" ist.)

Aufgabe 6.37. Sei $P : \mathbb{R}^2 \to \mathbb{R}$ zweimal stetig differenzierbar und harmonisch (s. Aufgabe 5.17). Beweisen Sie, dass dann das Vektorfeld

$$\mathbf{v}(x,y) := (-P_y(x,y), P_x(x,y)) \qquad ((x,y) \in \mathbb{R}^2)$$

ein Potential besitzt. Zeigen Sie weiter, dass dieses Potential (bis auf eine additive Konstante) in der Schreibweise (6.58) durch

$$Q(x,y) := \int_{(0,0)}^{(x,y)} \mathbf{v}\, d\gamma$$

gegeben ist. Ist auch Q harmonisch?

Aufgabe 6.38. Illustrieren Sie Aufgabe 6.37 anhand der Beispiele

(a) $P(x,y) := x^2 - y^2$,   (b) $P(x,y) := e^x \cos y$,   (c) $P(x,y) := xe^x \cos y - ye^x \sin y$.

Aufgabe 6.39. Analog zu Aufgabe 5.17 ist der Laplace-Operator für zweimal stetig differenzierbare Funktionen dreier Variabler $\Phi : \mathbb{R}^3 \to \mathbb{R}$ durch

$$\Delta\Phi = \frac{\partial^2 \Phi}{\partial x^2} + \frac{\partial^2 \Phi}{\partial y^2} + \frac{\partial^2 \Phi}{\partial z^2}$$

definiert. Wie können Sie in diesem Fall $\Delta\Phi$ durch den Gradienten von Φ und die Divergenz aus Aufgabe 6.34 ausdrücken?

Aufgabe 6.40. Eine zweimal stetig differenzierbare Funktion $\Phi : G \to \mathbb{R}$ heißt *harmonisch* auf einem Gebiet $G \subseteq \mathbb{R}^3$, falls $\Delta\Phi(x,y,z) \equiv 0$ auf M gilt (vgl. Aufgabe 5.17 und Aufgabe 6.39). Für welche $n \in \mathbb{N}$ ist die durch

$$\Phi(x,y,z) := \frac{1}{\|(x,y,z)\|^n} = \frac{1}{(x^2+y^2+z^2)^{n/2}} \qquad ((x,y,z) \neq (0,0,0))$$

definierte Funktion Φ harmonisch auf $G := \mathbb{R}^3 \setminus \{(0,0,0)\}$?

Aufgabe 6.41. Berechnen Sie die vom Intervall $[0,\pi]$ auf der x-Achse und dem Sinusbogen $y = \sin x$ begrenzte Fläche
(a) mittels Satz 3.13;   (b) mittels Satz 6.35.

Aufgabe 6.42. Lösen Sie dasselbe Problem wie in Aufgabe 6.41 für die Funktion $y = \log x$ über dem Intervall $[1,2]$.

Aufgabe 6.43. Berechnen Sie die Doppelintegrale aus Aufgabe 6.2, indem Sie sie mit dem Greenschen Satz auf Kurvenintegrale über den Rand von M zurückführen.

Aufgabe 6.44. Berechnen Sie das Doppelintegral aus Aufgabe 6.5, indem Sie es mit dem Greenschen Satz auf Kurvenintegrale über den Rand von M zurückführen.

Aufgabe 6.45. Untersuchen Sie, welche der folgenden Differentialgleichungen exakt sind, und geben Sie deren allgemeine Lösung an:

(a) $y^2 + 2xy + (x^2 + 2xy)y' = 0$,   (b) $3x(x+y)^2 + (2x^3 + 3x^2 y)y' = 0$,

(c) $y^3 y' + x^3 + x^2 yy' + xy^2 = 0$,   (d) $xy' = 2x\cos x^2 - y$,

(e) $x^2 + y - xy' = 0$,   (f) $(1 - x^2)y' = xy + \frac{x}{y}$,

(g) $y - 2x\sin x^2 + (x + \cos y)y' = 0$,   (h) $2xyy' + y^2 = x^2$.

Aufgabe 6.46. Bestimmen Sie für diejenigen Differentialgleichungen der vorigen Aufgabe 6.45, die nicht exakt sind, einen integrierenden Faktor der Form $\mu = \mu(x)$ oder $\mu = \mu(y)$ (falls ein solcher existiert).

Aufgabe 6.47. Zeigen Sie, dass die Differentialgleichung

$$\sin(x+y) + (1+y')x\cos(x+y) = 0$$

auf der ganzen Ebene exakt ist, und geben Sie ihre allgemeine Lösung an.

Aufgabe 6.48. Gibt es ein α, für das die Bernoullische Differentialgleichung (6.75) einen nur von x oder nur von y abhängenden integrierenden Faktor besitzt?

Aufgabe 6.49. Zeigen Sie, dass die Differentialgleichung

$$y\cos x + 2xe^y + (\sin x + x^2 e^y - 1)y' = 0$$

exakt ist, und geben Sie die allgemeine Lösung dieser Gleichung an.

Aufgabe 6.50. Zeigen Sie, dass die Differentialgleichung

$$3xy + y^2 + (x^2 + xy)y' = 0$$

nicht exakt ist, dass sie aber einen nur von x abhängenden integrierenden Faktor besitzt. Lösen Sie anschließend die Differentialgleichung.

Aufgabe 6.51. Lösen Sie die Differentialgleichung aus Aufgabe 6.50 noch einmal, indem Sie den integrierenden Faktor $\mu(x, y) := 1/(2x^2 y + xy^2)$ verwenden. Handelt es sich um dieselbe Lösung, die Sie in Aufgabe 6.50 mit einem anderen integrierenden Faktor ermittelt haben?

Aufgabe 6.52. Lösen Sie die Differentialgleichung

$$2x + 5 + (2y + 5)y' = 0$$

mit möglichst vielen Methoden.

Aufgabe 6.53. Zeigen Sie, dass die Differentialgleichung

$$y\cos x + 2xe^y + (\sin x + x^2 e^y - 1)y' = 0$$

exakt ist, und finden Sie eine implizite Lösung.

Aufgabe 6.54. Für welche $a \in \mathbb{R}$ ist die Differentialgleichung

$$ax^3 y + (x^4 + y^2)y' = 0$$

exakt? Finden Sie für diese Werte von a eine Lösung.

Aufgabe 6.55. Lösen Sie die homogenen Differentialgleichungen

$$y' = \frac{y}{x}, \qquad y' = -\frac{x}{y},$$

indem Sie sie als exakte Differentialgleichungen betrachten.

Aufgabe 6.56. Lösen Sie das Anfangswertproblem

$$\begin{cases} 2(x + 2y + 1) + 4(x + 3y + 2)y' = 0, \\ y(0) = -1 \end{cases}$$

mit möglichst vielen Methoden.

Aufgabe 6.57. Zeigen Sie, dass die Differentialgleichung

$$(2x^2y + y^3) + (x^3 + 2xy^2)y' = 0$$

nicht exakt ist, es aber einen integrierenden Faktor der Form $\mu = \mu(xy)$ gibt.

Anhang: Einige Ergänzungen

In diesem Anhang stellen wir noch einmal einige der wichtigsten Begriffe, Methoden und Ergebnisse zusammen, die wir in der Einleitung nur kurz erwähnt, aber im Verlauf des Buchs öfter benutzt haben. Wichtige Ergebnisse, die wir als Sätze formulieren, beweisen wir gleichwohl nicht, da sie außerhalb der Themen dieses Buches liegen und uns nur als Hilfsmittel dienen. Die an Details interessierten Leserinnen verweisen wir auf die einführenden Bücher [1-3].

A1. Abbildungen. Sind P und Q zwei beliebige nichtleere Mengen, so kann man sich eine *Funktion* von P nach Q als eine *Zuordnung* $f : P \to Q$ denken, die jedem Element $x \in P$ *genau ein* Element $y = f(x) \in Q$ zuordnet; man schreibt hierfür auch $f : x \mapsto f(x)$. Statt Funktion sagt man auch *Abbildung*, besonders dann, wenn man den geometrischen Charakter dieser Funktion hervorheben will. Die Menge P heißt die *Startmenge* oder der *Definitionsbereich*, die Menge Q die *Zielmenge* der Funktion f.

In der Beziehung $y = f(x)$ nennt man y das *Bild* von x (unter f) und umgekehrt x ein *Urbild* von y (unter f).[1] Diese Begriffe benutzt man auch für Teilmengen: Für $M \subseteq P$ nennt man die Teilmenge von Q

$$(A.1) \qquad f(M) := \{f(x) : x \in M\}$$

das *Bild von M unter f* und für $N \subseteq Q$ die Teilmenge von P

$$(A.2) \qquad f^{-1}(N) := \{x : f(x) \in N\}$$

das *Urbild von N unter f*. Während also $f(x)$ immer nur *ein einziges Element* aus der Zielmenge Q ist, kann $f^{-1}(\{y\})$ entweder leer, einelementig oder sogar eine mehrelementige Teilmenge von P sein. Zwischen Bildern und Urbildern von Mengen unter Abbildungen gelten die Beziehungen

$$(A.3) \qquad f(f^{-1}(N)) \subseteq N, \qquad f^{-1}(f(M)) \supseteq M,$$

bei denen die Inklusionen durchaus strikt sein können. So zeigt das Beispiel $f(x) = \exp x = e^x$ mit $N = \mathbb{R}$, dass die erste Inklusion in (A.3) strikt sein kann,[2] denn hier gilt $f(f^{-1}(N)) = (0, \infty) \subset N$. Entsprechend zeigt das Beispiel $f(x) = x^2$ mit $M = \{1, 2\}$, dass auch die zweite Inklusion in (A.3) strikt sein kann, denn hier gilt $f^{-1}(f(M)) = \{1, -1, 2, -2\} \supset M$.

Ist $f : P \to Q$ eine Funktion, so nennt man die Menge $f(P)$ den *Wertebereich* von f. Diese Menge muss sorgfältig von der Zielmenge Q von f unterschieden werden, denn

---

[1] Es ist kein Zufall, dass wir hier den bestimmten Artikel *das Bild*, aber den unbestimmten Artikel *ein Urbild* verwenden. Nach Definition des Funktionsbegriffs ist das Bild y ja immer eindeutig, aber das Urbild x muss es nicht sein, denn es kann mehrere Elemente x geben, die $y = f(x)$ erfüllen. Bei der Schreibweise $f(M)$ oder $f^{-1}(N)$ sind diese Mengen dagegen immer eindeutig bestimmt.

[2] Die Funktion $x \mapsto e^x$, die *Exponentialfunktion* genannt wird, ist eine der wichtigsten Funktionen der Analysis; Funktionen der Form $x \mapsto a^x$ mit einer anderen positiven Basis a, die oft in der Schule betrachtet werden, spielen demgegenüber in der Analysis fast keine Rolle.

© Springer-Verlag GmbH Deutschland, ein Teil von Springer Nature 2021
J. Appell, *Analysis in Beispielen und Gegenbeispielen*,
https://doi.org/10.1007/978-3-662-63433-2

sie kann durchaus kleiner als Q sein. Beispielsweise haben wir soeben die Funktion $f : \mathbb{R} \to \mathbb{R}$ mit $f(x) = x^2$, betrachtet, bei der $Q = \mathbb{R}$ ist, aber $f(P) = f(\mathbb{R}) = [0, \infty) = \{y \in \mathbb{R} : y \geq 0\}$. Während also nach Definition einer Funktion $f : P \to Q$ jedes $x \in P$ als Urbild auftritt, muss nicht jedes $y \in Q$ als Bild auftreten. Dies gibt Anlass zu folgender wichtigen Definition.

Definition A.1. Hat eine Funktion $f : P \to Q$ die Eigenschaft, dass es zu *jedem* $y \in Q$ ein $x \in P$ mit $y = f(x)$ gibt (d.h., es gilt $f(P) = Q$), so nennt man f *surjektiv*.[3] Die Surjektivität von f ist also gleichbedeutend mit einer Existenzaussage: *Die Gleichung*

$$(A.4) \qquad\qquad\qquad f(x) = y$$

besitzt für jedes $y \in Q$ mindestens[4] eine Lösung $x \in P$. □

Neben der Surjektivität ist der folgende Begriff für Abbildungen von fundamentaler Bedeutung:

Definition A.2. Sei $f : P \to Q$ eine Funktion; hat dann jedes y höchstens ein Urbild, so nennt man f *injektiv*. Die Injektivität einer Funktion f können wir also formal dadurch definieren, dass für alle $x_1, x_2 \in P$ aus $f(x_1) = f(x_2)$ stets $x_1 = x_2$ folgt.[5] Die Injektivität von f ist gleichbedeutend mit der folgenden Eindeutigkeitsaussage: *Die Gleichung* (A.4) *besitzt für jedes $y \in Q$ höchstens[6] eine Lösung $x \in P$.* □

Ist eine Abbildung $f : P \to Q$ sowohl surjektiv als auch injektiv, so nennt man sie *bijektiv*. Die Bijektivität bedeutet also, dass es zu jedem $y \in Q$ *genau ein* $x \in P$ mit (A.4) gibt. In diesem Fall definiert man die *inverse Abbildung* (oder *Umkehrabbildung*) zu f durch $f^{-1}(y) := x$. Es gelten dann für alle $x \in P$ und $y \in Q$ die Beziehungen

$$(A.5) \qquad\qquad f^{-1}(f(x)) = x, \qquad f(f^{-1}(y)) = y.$$

Sind P, Q und R Mengen und $f : P \to Q$ und $g : Q \to R$ Abbildungen, so nennt man die durch

$$(A.6) \qquad\qquad (g \circ f)(x) := g(f(x)) \qquad (x \in P)$$

definierte Abbildung $g \circ f : P \to R$ bekanntlich die *Verknüpfung* (auch *Hintereinanderausführung, Verkettung* oder *Komposition* genannt)[7] von f und g. Bezeichnen wir mit id_M die *identische Abbildung* (oder *Identität*) auf einer Menge M, so können wir die beiden Gleichheiten in (A.5) also auch kürzer durch $f^{-1} \circ f = id_P$ und $f \circ f^{-1} = id_Q$ ausdrücken.

---

[3]Ist $f : P \to Q$ surjektiv, so spricht man auch von einer Abbildung „von P *auf* Q", während man bei einer beliebigen Abbildung die Sprechweise „von P *in* Q" benutzt. In dem Kunstwort „surjektiv" steckt übrigens die französische Präposition *sur* = auf.

[4]Hier ist über die Eindeutigkeit der Lösung nichts gesagt, d.h., es kann für ein y durchaus mehrere Lösungen x geben: dies wird ja auch durch das Wort „mindestens" ausgedrückt.

[5]Äquivalent hierzu ist natürlich, dass für alle $x_1, x_2 \in P$ aus $x_1 \neq x_2$ stets $f(x_1) \neq f(x_2)$ folgt.

[6]Hier ist über die Existenz der Lösung nichts gesagt, d.h., es kann für ein y durchaus keine Lösung x geben: dies wird ja auch durch das Wort „höchstens" ausgedrückt.

[7]Für $g \circ f$ hat sich die Sprechweise „g nach f" oder (etwas infantil) „g Kringel f" eingebürgert.

Zur Illustration dieser Begriffe betrachten wir einige einfache Beispiele von Funktionen $f : \mathbb{R} \to \mathbb{R}$.

Beispiel A.3. Wir untersuchen einige Funktionen $f : \mathbb{R} \to \mathbb{R}$ auf Surjektivität und Injektivität:

(a) Sei $f : \mathbb{R} \to \mathbb{R}$ definiert durch $f(x) := x^3$. Dann ist f bijektiv, denn für jedes $y \in \mathbb{R}$ (auch für negative y!) hat die Gleichung (A.4) die eindeutige reelle Lösung $x = \sqrt[3]{y}$ für $y \geq 0$ und $x = -\sqrt[3]{-y}$ für $y < 0$.

(b) Sei $f : \mathbb{R} \to \mathbb{R}$ definiert durch $f(x) := x^2$. Dann ist f nicht surjektiv, weil die Gleichung (A.4) für $y < 0$ keine Lösung besitzt. Aber injektiv ist f auch nicht, weil z.B. $f(-1) = f(1)$ gilt.

(c) Sei $f : \mathbb{R} \to \mathbb{R}$ definiert durch $f(x) := \exp x$. Diese Funktion ist nicht surjektiv, da sie nur positive Werte annimmt; die Gleichung (A.4) ist also für $y \leq 0$ nicht lösbar. Allerdings ist f injektiv, denn aus $\exp x_1 = \exp x_2$, also $\exp(x_1 - x_2) = 1$ folgt $x_1 - x_2 = 0$, also $x_1 = x_2$.

(d) Sei $f : \mathbb{R} \to \mathbb{R}$ definiert durch $f(x) := x^3 - x$. Dann ist f zwar surjektiv,[8] aber nicht injektiv, weil z.B. $f(-1) = f(1)$ gilt.

(e) Wir definieren eine Funktion ent : $\mathbb{R} \to \mathbb{R}$ („Ganzteilfunktion") dadurch, dass wir jeder reellen Zahl x die größte ganze Zahl k zuordnen, die kleiner oder gleich x ist, also

$$(A.7) \qquad \qquad \text{ent } x := \max\{k \in \mathbb{Z} : k \leq x\}.$$

Beispielsweise ist $\text{ent } 2 = 2$, $\text{ent }(3/2) = 1$, $\text{ent }(-3/2) = -2$, $\text{ent } \pi = 3$ und $\text{ent }(-\pi) = -4$. Diese Funktion ist nicht surjektiv, weil sie nur ganze Zahlen als Werte annimmt, d.h. es ist $\text{ent }(\mathbb{R}) = \mathbb{Z}$. Die Gleichung (A.4) ist also für $y \in \mathbb{R} \setminus \mathbb{Z}$ nicht lösbar. Natürlich ist die Funktion ent auch nicht injektiv, da z.B. $\text{ent } 1/3 = \text{ent } 2/3$ gilt. $\heartsuit$

In der folgenden Tabelle stellen wir die Eigenschaften der Funktionen f aus Beispiel A.1 zusammen.

Funktion $f : \mathbb{R} \to \mathbb{R}$	surjektiv	injektiv	bijektiv
$f(x) = x^3$	ja	ja	ja
$f(x) = x^2$	nein	nein	nein
$f(x) = \exp x$	nein	ja	nein
$f(x) = x^3 - x$	ja	nein	nein
$f(x) = \text{ent } x$	nein	nein	nein

Tab. A.1: Eigenschaften einiger Abbildungen

---

[8]Dies hängt mit der Stetigkeit und Koerzitivität von f zusammen, s. Tabelle 1.2.

Übrigens kann man die Injektivität, Surjektivität und Bijektivität einer Funktion f : $\mathbb{R} \to \mathbb{R}$ sehr schön „geometrisch" an einer Eigenschaft des Graphen von f überprüfen: Die Funktion f ist genau dann injektiv [bzw. surjektiv bzw. bijektiv], wenn jede horizontale Gerade den Graphen von f höchstens [bzw. mindestens bzw. genau] einmal schneidet.

Übrigens hängen die Surjektivität und Injektivität einer Abbildung $f : P \to Q$ eng mit den Inklusionen (A.3) zusammen: Ist f surjektiv, so gilt in der ersten Inklusion in (A.3) für alle $M \subseteq P$ Gleichheit, und ist f injektiv, so gilt in der zweiten Inklusion in (A.3) für alle $N \subseteq Q$ Gleichheit. Nicht zufällig haben wir also die Funktionen (b) und (c) für strikte Inklusionen in (A.3) ausgewählt.

Ein wichtiger Begriff, der mit bijektiven Abbildungen zusammenhängt, ist der der „Gleichmächtigkeit" von Mengen. Wir nennen zwei Mengen P und Q *gleichmächtig*, wenn es eine bijektive Abbildung $f : P \to Q$ gibt. Bei endlichen Mengen entspricht dieser Begriff genau unserer Intuition: Zwei endliche Mengen, etwa $P = \{a_1, a_2, \ldots, a_m\}$ und $Q = \{b_1, b_2, \ldots, b_n\}$ sind genau dann gleichmächtig, wenn $m = n$ gilt. Bei unendlichen Mengen führt uns diese Intuition in die Irre:

Beispiel A.4. Die Menge $\mathbb{N}$ aller natürlichen Zahlen ist gleichmächtig zur Menge $2\mathbb{N}$ aller geraden Zahlen, denn durch $f(n) := 2n$ ist eine bijektive Abbildung $f : \mathbb{N} \to 2\mathbb{N}$ gegeben.[9]

Wir können diese Merkwürdigkeit auch noch etwas anders ausdrücken: *Eine unendliche Menge kann gleichmächtig zu einer ihrer echten Teilmengen sein.*[10] Ebenso ist $\mathbb{Z}$ gleichmächtig zu $\mathbb{N}$, denn wir können eine bijektive Funktion $f : \mathbb{N} \to \mathbb{Z}$ finden, etwa indem wir

$$(A.8) \qquad f(1) := 0, \; f(2) := 1, \; f(3) := -1, \; f(4) := 2, \; f(5) := -2, \ldots$$

setzen. Dies gelingt uns natürlich nur, weil wir durch die Unendlichkeit von $\mathbb{Z}$ „genügend Platz haben", um die Elemente auf eine echte Teilmenge bijektiv „zu verteilen". Aber auch das kartesische Produkt $\mathbb{N} \times \mathbb{N}$ ist zur Menge $\mathbb{N}$ selbst gleichmächtig, denn die durch

$$(A.9) \qquad\qquad\qquad f(m, n) := 2^{m-1}(2n - 1)$$

definierte Abbildung $f : \mathbb{N} \times \mathbb{N} \to \mathbb{N}$ ist tatsächlich bijektiv, weil wir jede natürliche Zahl eindeutig als Produkt einer Zweierpotenz und einer ungeraden Zahl schreiben können. Noch interessanter ist die Tatsache, dass auch die Menge $\mathbb{Q}$ aller rationalen Zahlen gleichmächtig zu $\mathbb{N}$ ist.[11] Ein zentrales Ergebnis mit wichtigen Auswirkungen auf viele Teile der Analysis besagt, dass die Menge $\mathbb{R}$ der reellen Zahlen *nicht* gleichmächtig zu $\mathbb{N}$ ist.

Wir beschließen diesen Abschnitt mit einem Beispiel, welches zeigt, dass ein Intervall gleichviele Elemente behält, wenn wir ihm einen Randpunkt „wegnehmen":

---

[9]Ein Nichtmathematiker würde dem entgegenhalten, dass es doch eigentlich „doppelt so viele" natürliche wie gerade Zahlen gibt: diese falsche Argumentation zeigt aber nur, dass wir mit unendlichen Mengen nicht umgehen können.

[10]Dies kann man übrigens geradezu als *Definition* unendlicher Mengen nehmen.

[11]Mengen, die zur Menge der natürlichen Zahlen gleichmächtig sind (wie die Menge der ganzen oder rationalen Zahlen) nennt man *abzählbar unendlich*.

Beispiel A.5. Wir behaupten, dass die beiden Intervalle

$$(0,1] = \{x \in \mathbb{R} : 0 < x \leq 1\}, \qquad (0,1) = \{y \in \mathbb{R} : 0 < y < 1\}$$

gleichmächtig sind, obwohl das zweite – oberflächlich betrachtet – ein Element „weniger" besitzt als das zweite.
In der Tat, definieren wir eine Funktion $f : (0,1] \to (0,1)$ durch[12]

$$f(x) := \begin{cases} \dfrac{3}{2} - x & \text{für } \dfrac{1}{2} < x \leq 1, \\[2mm] \dfrac{3}{4} - x & \text{für } \dfrac{1}{4} < x \leq \dfrac{1}{2}, \\[2mm] \dfrac{3}{8} - x & \text{für } \dfrac{1}{8} < x \leq \dfrac{1}{4}, \\[2mm] \dots\dots\dots \\[2mm] \dfrac{3}{2^n} - x & \text{für } \dfrac{1}{2^n} < x \leq \dfrac{1}{2^{n-1}}, \end{cases}$$

so kann man zeigen, dass f tatsächlich bijektiv ist. Dies folgt im wesentlichen aus der Tatsache, dass die Funktion f das Intervall $(2^{-n}, 2^{-n+1}]$ streng monoton fallend (und damit injektiv) auf das Intervall $[2^{-n}, 2^{-n+1})$ abbildet. ♡

A2. Induktion. Das sog. *Induktionsprinzip* ist ein wichtiges Beweisprinzip, welches oft angewandt wird, wenn man eine Aussage über alle natürlichen Zahlen trifft. Hierunter versteht man Folgendes.

Angenommen, wir wollen eine gewisse Eigenschaft p für alle natürlichen Zahlen nachweisen, d.h., wir wollen zeigen, dass die Aussage $p(1), p(2), \dots, p(n), \dots$ wahr ist. Dies macht man dann so, dass man nur zwei Dinge nachweist:

- Erstens: Man beweist die Aussage für die Zahl 1.

- Zweitens: Man zeigt, dass aus der Gültigkeit der Aussage für eine Zahl $k \in \mathbb{N}$ auch ihre Gültigkeit für die nachfolgende Zahl $k + 1$ folgt.

Den ersten Teil bezeichnet man als *Induktionsbeginn*, den zweiten als *Induktionsschritt* oder auch *Induktionsschluss*. Aus dem Induktionsbeginn $p(1)$ folgt dann nämlich unter Benutzung des Induktionsschlusses $p(2)$; hieraus folgt nach nochmaliger Anwendung des Induktionsschlusses $p(3)$, und so weiter; man erreicht so „potenziell" jede natürliche Zahl. Dabei ist der Induktionsbeginn, also der direkte Beweis von $p(1)$, i.a. der einfachere Teil, aber man darf ihn deswegen nicht unterschätzen, denn ohne diesen wird die Induktion eventuell falsch.[13] Wegen der Wichtigkeit des Induktionsprinzips bringen wir nun gleich mehrere Beispiele.

---

[12]Wir empfehlen der Leserin ausdrücklich, sich den Graphen dieser Funktion klarzumachen und die Umkehrfunktion $f^{-1} : (0,1) \to (0,1]$ auszurechnen. Es ist eine bemerkenswerte Tatsache, dass man eine solche Bijektion $f : (0,1] \to (0,1)$ niemals *stetig* wählen kann, wie wir in Abschnitt 1.4 gezeigt haben.

[13]Man könnte den Induktionsbeginn auch sehr suggestiv als *Induktionsverankerung* bezeichnen, denn er ist der „Startpunkt" des Induktionsbeweises, während der Induktionsschritt das „Fortbewegungsmittel" ist.

Beispiel A.6. Wir behaupten, dass für alle natürlichen Zahlen n die Gleichheit

$$(A.10) \qquad 1 + 2 + 3 + \ldots + n = \frac{n(n+1)}{2}.$$

gilt. Hier bedeutet $p(n)$ also, dass n die Gleichung (A.10) erfüllt. Die Aussage $p(1)$ ist einfach die Gleichheit $1 = 1 \cdot 2/2$, was offenbar richtig ist. Wir *setzen jetzt voraus*, dass $p(k)$ gilt, also

$$(A.11) \qquad 1 + 2 + 3 + \ldots + k = \frac{k(k+1)}{2},$$

und bekommen daraus

$$1 + 2 + 3 + \ldots + k + 1 = \frac{k(k+1)}{2} + k + 1 = \frac{(k+1)(k+2)}{2},$$

wobei wir beim ersten Gleichheitszeichen (A.11) benutzt haben, und dies ist gerade $p(k+1)$. Nach dem Prinzip der vollständigen Induktion ist die Gleichheit (A.10) also für alle $n \in \mathbb{N}$ richtig. $\heartsuit$

Für Anwendungen sind einige Verallgemeinerungen von (A.10) nützlich, in denen man Summen höherer Potenzen natürlicher Zahlen betrachtet. Beispielsweise kann man die Gleichheiten

$$1^2 + 2^2 + 3^2 + \ldots + n^2 = \frac{1}{6}n(n+1)(2n+1) \qquad (n \in \mathbb{N})$$

und

$$1^3 + 2^3 + 3^3 + \ldots + n^3 = \frac{1}{4}n^2(n+1)^2 \qquad (n \in \mathbb{N})$$

ebenfalls leicht per Induktion beweisen. Ein Vergleich der letzten Gleichheit mit (A.10) liefert übrigens die durchaus bemerkenswerte Beziehung

$$1^3 + 2^3 + 3^3 + \ldots + n^3 = (1 + 2 + 3 + \ldots + n)^2.$$

Im folgenden Beispiel beweisen wir eine wichtige Ungleichung, die in der Analysis an vielen Stellen von Nutzen ist.

Beispiel A.7. Sei h eine festgewählte reelle Zahl mit $h \geq -1$. Wir behaupten, dass die Ungleichung

$$(A.12) \qquad (1+h)^n \geq 1 + nh$$

für alle $n \in \mathbb{N}$ richtig ist. Die Abschätzung (A.12) wird oft in der Analysis verwandt und in der Literatur *Bernoullische Ungleichung* genannt.

Für $n = 1$ ergibt sich $1 + h$ auf beiden Seiten von (A.12), also ist (A.12) für $n = 1$ richtig. Wir setzen jetzt voraus, dass (A.12) für festes $k \in \mathbb{N}$ gilt, also

$$(A.13) \qquad (1+h)^k \geq 1 + kh.$$

Einsetzen von $k + 1$ liefert dann

$$
\begin{aligned}
(1+h)^{k+1} &= (1+h)^k(1+h) \geq (1+kh)(1+h) \\
&= 1 + kh + h + kh^2 \geq 1 + (k+1)h,
\end{aligned}
$$
(A.14)

wobei wir beim ersten $\geq$-Zeichen in (A.14) die Induktionsvoraussetzung (A.13) und $h \geq -1$ benutzt haben. Nach dem Prinzip der vollständigen Induktion ist die Abschätzung (A.12) also für alle $n \in \mathbb{N}$ richtig. ♡

Beispiel A.8. Sei $q \neq 1$ eine festgewählte reelle Zahl. Wir behaupten, dass die Gleichheit

$$
\frac{q^n - 1}{q - 1} = \sum_{j=0}^{n-1} q^j = 1 + q + q^2 + \ldots + q^{n-2} + q^{n-1}
$$
(A.15)

für alle $n \in \mathbb{N}$ richtig ist. Für $n = 1$ ergibt sich auf beiden Seiten von (A.15) eine 1, also ist der Induktionsbeginn richtig. Wir setzen jetzt voraus, dass (A.15) für festes $k \in \mathbb{N}$ gilt, also

$$
\frac{q^k - 1}{q - 1} = \sum_{j=0}^{k-1} q^j.
$$
(A.16)

Einsetzen von $k + 1$ liefert dann

$$
\begin{aligned}
\frac{q^{k+1} - 1}{q - 1} &= \frac{q^{k+1} - q^k}{q - 1} + \frac{q^k - 1}{q - 1} \\
&= q^k \frac{q - 1}{q - 1} + \frac{q^k - 1}{q - 1} = q^k + \sum_{j=0}^{k-1} q^j = \sum_{j=0}^{k} q^j,
\end{aligned}
$$
(A.17)

wobei wir beim vorletzten Gleichheitszeichen in (A.17) die Induktionsvoraussetzung (A.16) benutzt haben. Nach dem Prinzip der vollständigen Induktion ist die Gleichheit (A.15) also für alle $n \in \mathbb{N}$ richtig. ♡

Beispiel A.9. Wir behaupten, dass für alle $n \in \mathbb{N}$ die Abschätzung

$$
n^n \leq (n!)^2 \leq n^{2n}
$$
(A.18)

gilt. Die rechte Abschätzung in (A.18) ist offensichtlich, denn $n!$ besteht ja aus dem Produkt aller Zahlen von 1 bis n, während n^n aus dem n-fachen Produkt von n mit sich selbst besteht. Nur die linke Abschätzung in (A.18) bedarf also eines Beweises, und dies machen wir mit Induktion.

Zunächst wenden wir (A.12) auf $h := -1/(n+1)$ an, so erhalten wir die Abschätzung

$$
\frac{n^n}{(n+1)^n} = \left(\frac{n+1}{n+1} - \frac{1}{n+1}\right)^n = \left(1 - \frac{1}{n+1}\right)^n \geq 1 - n\frac{1}{n+1} = \frac{1}{n+1},
$$
(A.19)

die wir gleich noch benötigen werden. Für $n = 1$ steht in (A.18) überall eine 1, also ist der Induktionsbeginn richtig. Wir setzen jetzt voraus, dass $n^n \leq (n!)^2$ für festes $n \in \mathbb{N}$ gilt, und erhalten beim Übergang zu $n + 1$ dann

$$
((n+1)!)^2 = (n+1)^2(n!)^2 \geq (n+1)^2 n^n,
$$
(A.20)

wobei wir beim $\geq$-Zeichen in (A.20) die Induktionsvoraussetzung benutzt haben. Mittels (A.19) können wir den letzten Ausdruck weiter abschätzen durch

$$(n+1)^2 n^n = \frac{n^n}{(n+1)^n}(n+1)^{n-2} \geq \frac{(n+1)^{n-2}}{n+1} = (n+1)^{n+1}.$$

Nach dem Prinzip der vollständigen Induktion ist die Abschätzung (A.18) also für alle $n \in \mathbb{N}$ richtig.   ♡

Es ist übrigens nicht immer so, dass ein Induktionsbeweis eine Aussage über *alle* natürlichen Zahlen liefert, sondern manchmal nur über *alle ab einer gewissen Zahl n_0*. Dann übernimmt diese Zahl n_0 statt der 1 die Rolle des Induktionsbeginns. Als Beispiel kann die Abschätzung $2^n \leq n!$ dienen, die erst ab $n_0 := 4$ richtig ist.

Neben dem oben besprochenen Induktionsprinzip findet man in der Literatur auch das folgende *modifizierte Induktionsprinzip*: Man zeigt zunächst wie vorher die Gültigkeit einer Aussage p für $n = 1$, also $p(1)$, aber beim Induktionsschritt setzen wir, etwas anders als vorher, die Gültigkeit aller Aussagen $p(1), p(2), p(3), \ldots, p(k)$ (und nicht nur die von $p(k)$) voraus, um dann auf die Gültigkeit von $p(k+1)$ zu schließen. Wie vorher kann man hieraus folgern, dass die Aussage p für alle natürlichen Zahlen gilt. Scheinbar ist dies stärker als das erstgenannte Induktionsprinzip; es zeigt sich aber, dass beide Induktionsprinzipien in Wirklichkeit *äquivalent* sind. Darüber hinaus sind sie zu einer weiteren Aussage äquivalent, die uns vollkommen offensichtlich erscheint. Wir fassen dies in einem Satz zusammen:

Satz A.10. *Die folgenden drei Aussagen sind äquivalent:*

(a) *Es gilt das Prinzip der vollständigen Induktion;*

(b) *es gilt das modifizierte Prinzip der vollständigen Induktion;*

(c) *jede nichtleere Menge $M \subseteq \mathbb{N}$ hat ein Minimum.*

Man nennt eine Teilmenge $N \subseteq \mathbb{N}$ *induktiv*, falls sie die 1 enthält und außerdem zusammen mit jeder Zahl k auch deren Nachfolger $k+1$. In dieser Terminologie können wir das Induktionsprinzip auch so formulieren, dass die einzige induktive Teilmenge von $\mathbb{N}$ die ganze Menge $\mathbb{N}$ selbst ist.

A3. Binomialkoeffizienten. Eng mit den in Beispiel A.9 betrachteten Fakultäten $n!$ hängt der folgende Begriff zusammen:

Definition A.11. Für $n, k \in \mathbb{N}_0$ mit $k \leq n$ nennt man die natürliche Zahl

(A.21) $$\binom{n}{k} := \frac{n!}{k!(n-k)!} = \frac{n \cdot (n-1) \cdot (n-2) \cdots \cdot (n-k+1)}{1 \cdot 2 \cdot 3 \cdots \cdot k}$$

Binomialkoeffizient (gesprochen: „n über k”).   □

Der Ausdruck (A.21) gibt die Anzahl der Möglichkeiten an, aus n Objekten k verschiedene Objekte (ohne Berücksichtigung der Reihenfolge) auszuwählen. Zum Beispiel gibt es

$$\binom{49}{6} = \frac{49!}{6!43!} = \frac{49 \cdot 48 \cdot 47 \cdot 46 \cdot 45 \cdot 44}{1 \cdot 2 \cdot 3 \cdot 4 \cdot 5 \cdot 6} = 13.983.816$$

Möglichkeiten, aus $\{1, 2, 3, \ldots, 49\}$ genau 6 Zahlen auszuwählen. Daher ist die Wahrscheinlichkeit, beim Ankreuzen von sechs Zahlen im Lotto „sechs Richtige" zu erzielen, etwa $1/14.000.000$ (und damit ungefähr genauso hoch, als wenn man gar nicht spielt).

Eine ähnliche, aber etwas kompliziertere Fragestellung ist die folgende: Wie hoch ist die Wahrscheinlichkeit, dass man ein Skatblatt bekommt, in dem vier Karten eines vorher festgelegten gleichen Typs (etwa vier Buben oder vier Asse) vorkommen? Um das auszurechnen, halten wir zunächst fest, dass die Anzahl der überhaupt möglichen Skatblätter durch

$$\binom{32}{10} = \frac{32!}{10!22!} = \frac{32 \cdot 31 \cdot 30 \cdot 29 \cdot 28 \cdot 27 \cdot 26 \cdot 25 \cdot 24 \cdot 23}{1 \cdot 2 \cdot 3 \cdot 4 \cdot 5 \cdot 6 \cdot 7 \cdot 8 \cdot 9 \cdot 10}$$

$$= \frac{234.102.015.512.000}{362.880} = 64.512.240$$

gegeben ist, weil es 32 Spielkarten gibt und man beim Skat 10 davon bekommt. Sind von den 10 ausgegebenen Karten 4 gleichen Typs, so hat man für die restlichen 6 noch

$$\binom{28}{6} = \frac{28!}{6!22!} = \frac{28 \cdot 27 \cdot 26 \cdot 25 \cdot 24 \cdot 23}{1 \cdot 2 \cdot 3 \cdot 4 \cdot 5 \cdot 6} = \frac{271.252.800}{720} = 376.740$$

Möglichkeiten. Die gesuchte Wahrscheinlichkeit ist also

$$\frac{376.740}{64.512.240} \approx 0{,}00584,$$

d.h. etwas höher als ein halbes Prozent.

Der Name Binomialkoeffizient erklärt sich dadurch, dass der Ausdruck (A.21) bei der Berechnung des „Binoms"

$$(a + b)^n = \sum_{k=0}^{n} \binom{n}{k} a^{n-k} b^k$$

$$= a^n + \binom{n}{1} a^{n-1}b + \binom{n}{2} a^{n-2}b^2 + \ldots$$

(A.22)

$$\ldots + \binom{n}{n-2} a^2 b^{n-2} + \binom{n}{n-1} ab^{n-1} + b^n$$

$$= a^n + na^{n-1}b + \frac{n(n-1)}{2} a^{n-2}b^2 + \ldots + \frac{n(n-1)}{2} a^2 b^{n-2} + nab^{n-1} + b^n.$$

vorkommt. Ein wichtiger Spezialfall (nämlich $a = 1$) ist

$$(1 + b)^n = \sum_{k=0}^{n} \binom{n}{k} b^k$$

(A.23)

$$= 1 + \binom{n}{1} b + \binom{n}{2} b^2 + \ldots + \binom{n}{n-2} b^{n-2} + \binom{n}{n-1} b^{n-1} + b^n$$

$$= 1 + nb + \frac{n(n-1)}{2} b^2 + \ldots + \frac{n(n-1)}{2} b^{n-2} + nb^{n-1} + b^n.$$

Übrigens erhalten wir aus (A.23) die Bernoullische Ungleichung, jedenfalls für $b \geq 0$, wenn wir $(1+b)^n$ durch die ersten beiden Terme am Schluss von (A.23) abschätzen und beachten, dass alle folgenden Terme nichtnegativ sind.

Für die Binomialkoeffizienten (A.21) gilt eine Reihe wichtiger Rechenregeln, zum Beispiel

$$\binom{n}{k} = \binom{n}{n-k}, \qquad \binom{n}{k} + \binom{n}{k+1} = \binom{n+1}{k+1},$$

(A.24)
$$\binom{n}{0} + \binom{n}{1} + \ldots + \binom{n}{n} = 2^n,$$

$$\binom{n}{0} - \binom{n}{1} + - \ldots + (-1)^n \binom{n}{n} = 0$$

und
$$\binom{n}{0}^2 + \binom{n}{1}^2 + \binom{n}{2}^2 + \ldots + \binom{n}{n}^2 = \binom{2n}{n}.$$

Alle diese Regeln kann man mittels vollständiger Induktion beweisen.

Wie erwähnt gibt der Binomialkoeffizient (A.20) die Anzahl der Möglichkeiten wieder, aus n Objekten $k \leq n$ Objekte auszuwählen. Das kann man auch als die Anzahl der k-elementigen Teilmengen einer Menge aus n Elementen deuten. Für die Anzahl der Elemente der *gesamten* Potenzmenge ergibt sich dann nach der Rechenregel (A.24) für Binomialkoeffizienten oben gerade 2^n.

Es gibt noch weitere „Auswahlkoeffizienten" dieser Art, die wir kurz besprechen wollen.[14] Ist es zum Beispiel wichtig, aus n Objekten k Objekte *unter Beachtung der Reihenfolge* auszuwählen, so erhält man natürlich mehr Möglichkeiten als in (A.21). In der Tat, ein einziges Element kann man auf n Arten auswählen, ein weiteres aus den verbleibenden auf $n-1$ Arten und allgemein k Elemente auf

(A.25)
$$k! \binom{n}{k} = \frac{n!}{(n-k)!} = n \cdot (n-1) \cdot (n-2) \cdots (n-k+1)$$

Arten. Ein außermathematisches Anwendungsbeispiel für (A.25) könnte so aussehen:

Beispiel A.12. Ein Kaninchenzüchterverein mit 30 anwesenden Mitgliedern möchte aus seiner Mitte einen fünfköpfigen Vorstand wählen, bestehend aus dem 1. Vorsitzenden, dem 2. Vorsitzenden, dem Kassenwart, dem Schriftwart und dem Kaninchenwart. Wie viele Möglichkeiten gibt es hierfür? Die Antwort lautet nach (A.25): Es gibt genau $30 \cdot 29 \cdot 28 \cdot 27 \cdot 26 = 17.100.720$ Möglichkeiten. Das kann man sich auch direkt klar machen: Zunächst gibt es ja

$$\binom{30}{5} = \frac{30 \cdot 29 \cdot 28 \cdot 27 \cdot 26}{1 \cdot 2 \cdot 3 \cdot 4 \cdot 5} = 142.506$$

---

[14]Das Teilgebiet der Mathematik, in dem man sich mit solchen Problemen beschäftigt, ist die *Kombinatorik*.

Möglichkeiten, überhaupt 5 Personen aus 30 Personen auszuwählen, und dann gibt es für *jede* solche Auswahl wiederum $5! = 120$ Möglichkeiten, die zu besetzenden Ämter zu verteilen. Die Gesamtzahl aller Besetzungs-Konstellationen ist also $142.506 \cdot 120 = 17.100.720$. ♡

Die Zahl (A.25) können wir auch als Anzahl der möglichen *k-tupel* von Elementen einer n-elementigen Menge deuten, wobei Wiederholungen verboten sind, d.h., in jedem k-tupel darf ein Element der n-elementigen Menge nur einmal vorkommen. Bekanntlich kommt es bei k-tupeln auf die *Reihenfolge* der Komponenten an, während die Reihenfolge der Elemente einer Menge irrelevant ist. Das erklärt auch noch mal, warum es mehr k-tupel als k-elementige Teilmengen gibt. Lassen wir in den k-tupeln auch noch Wiederholungen zu, was bei Mengen ja ohnehin ausgeschlossen ist, so erhalten wir n^k Möglichkeiten. Zum Beispiel kann man mit der digitalen Einheit Byte, die ja aus 8 Bits besteht, insgesamt $2^8 = 256$ Zeichen darstellen, was in der bekannten ASCII-Tabelle zum Ausdruck kommt.

A4. Zahlenfolgen. Eine *Zahlenfolge* (genauer: Folge rationaler oder reeller Zahlen) kann man sich einfach als eine Abbildung $f : \mathbb{N} \to \mathbb{Q}$ bzw. $f : \mathbb{N} \to \mathbb{R}$ vorstellen. Statt $f(n)$ benutzt man bei solchen Folgen die Schreibweise $(a_n)_n$ oder $(a_n)_{n \in \mathbb{N}}$ oder $(a_1, a_2, a_3, \ldots)$. Insbesondere soll mit der letzten Schreibweise[15] zum Ausdruck gebracht werden, dass es – im Gegensatz zu einer Menge – bei einer Folge sehr wohl auf die *Reihenfolge* ankommt, in der die Folgenelemente $a_1, a_2, a_3, \ldots$ „aufgezählt" werden. Man muss also sorgfältig zwischen einer Folge $(a_1, a_2, a_3, \ldots)$ und ihrem Wertebereich $\{a_1, a_2, a_3, \ldots\}$ unterscheiden; z.B. sind die beiden Folgen $(1, 2, 3, 4, 4, 4, 4, 4, 4, \ldots)$ und $(1, 3, 2, 4, 4, 4, 4, 4, 4, \ldots)$ durchaus voneinander verschieden, haben aber denselben (endlichen) Wertebereich $\{1, 2, 3, 4\}$.

Für reelle Zahlenfolgen können wir wie bei Funktionen die folgenden *Monotonie*- und *Beschränktheits-Eigenschaften* definieren:

Definition A.13. Eine Folge $(a_n)_n$ in $\mathbb{R}$ heißt *monoton wachsend* [bzw. *streng monoton wachsend* bzw. *monoton fallend* bzw. *streng monoton fallend*], wenn für alle $n \in \mathbb{N}$ die Abschätzung $a_n \leq a_{n+1}$ [bzw. $a_n < a_{n+1}$ bzw. $a_n \geq a_{n+1}$ bzw. $a_n > a_{n+1}$] gilt.

Eine Folge $(a_n)_n$ in $\mathbb{R}$ heißt *von oben beschränkt* [bzw. *von unten beschränkt*], falls es eine Konstante c gibt mit $a_n \leq c$ [bzw. $a_n \geq c$] für alle $n \in \mathbb{N}$. Ist $(a_n)_n$ sowohl von oben als auch von unten beschränkt, so nennen wir $(a_n)_n$ einfach *beschränkt*. □

Beispiel A.14. Die Folge $(a_n)_n$ mit $a_n := \frac{1}{n}$, also

$$(a_1, a_2, a_3, a_4, \ldots) = (1, \tfrac{1}{2}, \tfrac{1}{3}, \tfrac{1}{4}, \ldots)$$

ist beschränkt und streng monoton fallend, die Folge $(a_n)_n$ mit

$$(a_1, a_2, a_3, a_4, \ldots) = (1, 1, \tfrac{1}{2}, \tfrac{1}{2}, \tfrac{1}{3}, \tfrac{1}{3}, \ldots)$$

---

[15]Im Hinblick auf diese Schreibweise kann man sich eine Folge $(a_1, a_2, a_3, \ldots)$ etwas salopp als einen „unendlich langen Vektor" vorstellen, in Analogie zum „normalen Vektor" $(a_1, a_2, a_3, \ldots, a_n)$ mit n Komponenten.

ist auch beschränkt sowie monoton fallend, aber nicht streng monoton fallend, und die Folge $(a_n)_n$ mit $a_n := (-1)^n$, also

$$(A.26) \qquad (a_1, a_2, a_3, a_4, \ldots) = (-1, 1, -1, 1, -1, 1, \ldots)$$

ist zwar beschränkt, aber weder monoton steigend noch monoton fallend.   ♡

Beispiel A.15. Wir definieren eine rationale Zahlenfolge durch

$$(A.27) \qquad a_n := \left(1 + \frac{1}{n}\right)^n.$$

Da alle Folgenglieder a_n positiv sind, ist $(a_n)_n$ von unten beschränkt. Etwas mühsamer ist es zu zeigen, dass $(a_n)_n$ auch von oben beschränkt ist (z.B. durch 3). Mit Hilfe der Bernoullischen Ungleichung (A.12) kann man schießlich beweisen, dass stets $a_{n+1} \geq a_n$ ist, d.h. die Folge $(a_n)_n$ ist monoton wachsend. Diese Folge spielt in der Analysis eine sehr wichtige Rolle.   ♡

Definition A.16. Sei entweder $M = \mathbb{Q}$ oder $M = \mathbb{R}$. Man nennt eine Folge $(a_n)_n$ in M *konvergent gegen* $a \in M$ und schreibt

$$(A.28) \qquad a_n \to a \ (n \to \infty) \quad \text{oder} \quad \lim_{n \to \infty} a_n = a,$$

falls man zu jedem $\varepsilon > 0$ ein $n_0 \in \mathbb{N}$ finden kann derart, dass für $n \geq n_0$ stets $|a_n - a| < \varepsilon$ gilt. Die Zahl a heißt dann der *Grenzwert* der Folge $(a_n)_n$. Anschaulich bedeutet dies, dass die Folgenglieder a_n „beliebig nahe beim Grenzwert a liegen", wenn wir nur ihre Indizes n groß genug wählen. Eine Folge, die nicht konvergent ist, bezeichnet man als *divergent*.

Nahe damit verwandt, aber verschieden, ist der folgende Begriff. Eine *Cauchy-Folge* in M ist eine Folge $(a_n)_n$ in M mit folgender Eigenschaft: Zu jedem $\varepsilon > 0$ können wir ein $n_0 \in \mathbb{N}$ finden derart, dass für $m, n \geq n_0$ stets $|a_m - a_n| < \varepsilon$ gilt. Anschaulich bedeutet dies, dass die Folgenglieder a_m und a_n „beliebig nahe beieinander liegen", wenn wir nur ihre Indizes m und n groß genug wählen.   □

Gibt es eine Beziehung zwischen konvergenten Folgen und Cauchy-Folgen? Ja, denn man sieht leicht, dass jede konvergente Folge auch Cauchy-Folge ist! Um dies einzusehen, sei $(a_n)_n$ eine konvergente Folge in M mit Grenzwert a. Zu $\varepsilon > 0$ können wir also ein $n_0 \in \mathbb{N}$ wählen derart, dass $|a_n - a| < \varepsilon$ für alle $n \geq n_0$ ist. Damit bekommen wir für beliebige Indizes $m, n \geq n_0$ nach der Dreiecksungleichung aber

$$|a_m - a_n| = |a_m - a + a - a_n| \leq |a_m - a| + |a - a_n| < \varepsilon + \varepsilon = 2\varepsilon,$$

d.h. $(a_n)_n$ ist Cauchy-Folge. Es ist eine der wichtigsten Ergebnisse der Analysis, dass *die Umkehrung des eben bewiesenen Sachverhalts im Falle $M = \mathbb{R}$ gilt, im Falle $M = \mathbb{Q}$ aber nicht*. In der Menge der rationalen Zahlen gibt es also Cauchy-Folgen, die nicht konvergieren, während das in der Menge der reellen Zahlen nicht passieren kann![16]

---

[16]Diese Eigenschaft der Menge der reellen Zahlen nennt man ihre *Vollständigkeit*; sie ist einer der Hauptgründe, warum man nicht in der Menge der rationalen Zahlen Analysis treibt, sondern in der Menge der reellen Zahlen, obwohl die rationalen Zahlen (als „Brüche") doch viel einfacher zu handhaben sind.

Beispiel A.17. Sei $(a_n)_n$ die in (A.27) definierte Folge. Offensichtlich besteht sie nur aus rationalen Zahlen, ist also eine Folge in $\mathbb{Q}$. In Kürze (s. Satz A.18) werden wir sehen, dass diese Folge konvergiert, also auch eine Cauchy-Folge ist. Allerdings liegt ihr Grenzwert[17] nicht in $\mathbb{Q}$. ♡

Nach der Klärung der Beziehungen zwischen Cauchy-Folgen und konvergenten Folgen interessiert uns nun eine weitere Frage: Gibt es eine Beziehung zwischen Konvergenz und einer der Eigenschaften aus Definition A.13? Einige Beziehungen gibt es tatsächlich; wir fassen sie im folgenden Satz zusammen:

Satz A.18. *Jede konvergente Folge ist beschränkt, jede von oben beschränkte und monoton wachsende Folge ist konvergent, und jede von unten beschränkte und monoton fallende Folge ist ebenfalls konvergent.*

Wir machen einige Kommentare zu diesem wichtigen Ergebnis. Zunächst zeigt die Folge (A.26), dass aus der Beschränktheit einer Folge nicht ihre Konvergenz folgt, d.h. die erste Behauptung aus Satz A.18 ist nicht umkehrbar. Nichtsdestoweniger ist die Kontraposition dieser Behauptung sehr nützlich zum Nachweis der Divergenz: Eine unbeschränkte Folge kann nicht konvergieren.

Die beschränkte, aber divergente Folge (A.26) zeigt ausserdem, dass man auf die Monotonievoraussetzung in Satz A.18 nicht verzichten darf. Auch die Monotonie allein (d.h. ohne Beschränktheit) impliziert nicht die Konvergenz, wie das einfache Beispiel der Folge $(1, 2, 3, 4, \ldots)$ aller natürlichen Zahlen zeigt. Wir fassen die Monotonie-, Beschränktheits- und Konvergenzeigenschaften einiger typischer Folgen wieder in einer Tabelle zusammen:

Folge $a_n =$	monoton	beschränkt	konvergent
$1/n$	ja	ja	ja
n	ja	nein	nein
$(-1)^n$	nein	ja	nein
$(-1)^n/n$	nein	ja	ja
$(-1)^n n$	nein	nein	nein

Tab. A.2: Eigenschaften einiger Folgen

Obwohl beschränkte Folgen nicht konvergieren müssen, haben sie doch eine Besonderheit: Sie enthalten stets *konvergente Teilfolgen*.[18] Beispielsweise hat die beschränkte divergente Folge (A.26) die konvergenten Teilfolgen $(a_{2k})_k = (1, 1, 1, 1, \ldots)$ oder

---

[17]Ihr Grenzwert ist bekanntlich die *Eulersche Zahl* $e = 2,718281828\ldots$, die irrational (sogar transzendent) ist.

[18]Eine *Teilfolge* einer Folge $(a_n)_n$ hat die Form $(a_{n_k})_k$, wobei die Indizes n_k streng monoton ausgewählt werden müssen, also $n_1 < n_2 < n_3 < \ldots < n_k < \ldots$ erfüllen müssen. Das erwähnte Ergebnis, dass beschränkte Folgen immer konvergente Teilfolgen besitzen, ist der sog. *Satz von Bolzano-Weierstraß*.

$(a_{2k-1})_k = (-1, -1, -1, -1, \ldots)$ (und viele mehr), während die unbeschränkte Folge $(a_n)_n = (1, 2, 3, 4, \ldots)$ aller natürlichen Zahlen keine konvergente Teilfolge besitzt.

Wir betrachten nun noch zwei spezielle Folgen, deren Konvergenz sich nicht auf den ersten Blick erschließt.

Beispiel A.19. Sei $x > 0$ eine beliebige positive reelle Zahl. Wir behaupten, dass

$$(A.29) \qquad \lim_{n \to \infty} \sqrt[n]{x} = 1$$

gilt. Hierzu nehmen wir zunächst $x > 1$ an; dann ist $a_n := \sqrt[n]{x} - 1 \geq 0$. Nach der Bernoullischen Ungleichung (A.12) erhalten wir dann $x = (1 + a_n)^n \geq 1 + na_n$, also nach Umformung

$$0 \leq a_n \leq \frac{x-1}{n}.$$

Aber da der letzte Term in dieser Abschätzung für $n \to \infty$ gegen 0 geht, konvergiert auch die Folge $(a_n)_n$ gegen 0, und das war gerade die Behauptung. Den Fall $x < 1$ können wir durch Übergang zu $1/x$ auf den bereits bewiesenen Fall zurückführen, und der Fall $x = 1$ ist trivial.

Wir bemerken, dass die Folge (A.29) im Falle $0 < x < 1$ monoton wächst, im Falle $x = 1$ konstant ist, und im Falle $x > 1$ monoton fällt.

Noch erstaunlicher als die Konvergenz von (A.29) ist die Tatsache, dass auch

$$(A.30) \qquad \lim_{n \to \infty} \sqrt[n]{n} = 1$$

ist, denn der Ausdruck unter der Wurzel ist ja selbst unbeschränkt. Zum Beweis von (A.30) gehen wir ähnlich vor wie im Beweis von (A.29) und betrachten die durch $b_n := \sqrt[n]{n} - 1$ definierte Folge $(b_n)_n$. Schätzen wir $(1 + b_n)^n$ hier durch den dritten Term in (A.23) ab, so erhalten wir

$$n = (1 + b_n)^n \geq \frac{n(n-1)}{2} b_n^2,$$

also wieder nach Umformung

$$0 \leq b_n^2 \leq \frac{2}{n-1},$$

woraus mir derselben Begründung wie oben folgt, dass die Folge $(b_n)_n$ gegen 0 konvergiert. $\heartsuit$

Wir erwähnen noch zwei weitere Ergebnisse, die die Nützlichkeit des Folgenbegriffs unterstreichen. Das erste Ergebnis besagt, dass man den Abschluss $\overline{M}$ einer Menge $M \subseteq \mathbb{R}$ (s. Definition 1.1) bequem mit Hilfe von Folgen charakterisieren kann: Es gilt genau dann $x_0 \in \overline{M}$, wenn in M eine Folge $(x_n)_n$ existiert mit $x_n \to x_0$ für $n \to \infty$, d.h. wenn man x mit Elementen aus M „approximieren" kann.[19] Um dies einzusehen, muss man in Definition 1.1 einfach $\delta := 1/n$ setzen und demgemäß Punkte $x_n \in (M \setminus \{x_0\}) \cap (x_0 - 1/n, x_0 + 1/n)$ wählen.

---

[19]Dies präzisiert unsere sehr vage Formulierung nach Definition 1.1, ein Häufungspunkt von M liege „unendlich dicht" an M.

Das zweite Ergebnis zeigt, dass man die Stetigkeit einer Funktion in einem Punkt (Definition 1.3) mittels Folgen äquivalent charakterisieren kann; wir formulieren dies in einem Satz:

Satz A.20. *Seien $M \subseteq \mathbb{R}$, $f : M \to \mathbb{R}$ eine Funktion und $x_0 \in M$. Dann ist f genau dann in x_0 stetig, wenn für jede Folge $(x_n)_n$ in M aus der Konvergenz von $(x_n)_n$ gegen x_0 die Konvergenz von $(f(x_n))_n$ gegen $f(x_0)$ folgt, d.h. wenn die Gleichheit*

$$(A.31) \qquad f\left(\lim_{n \to \infty} x_n\right) = \lim_{n \to \infty} f(x_n)$$

folgt.

Die Idee des Beweises der Gleichheit (A.31) unter der Voraussetzung der Stetigkeit von f besteht darin, dass man zunächst zu gegebenem $\varepsilon > 0$ ein $\delta > 0$ wählt derart, dass aus $|x_n - x_0| < \delta$ stets $|f(x_n) - f(x_0)| < \varepsilon$ folgt. Anschließend kann man dann $n_0 \in \mathbb{N}$ so bestimmen, dass $|x_n - x_0| < \delta$ für alle $n \geq n_0$ gilt. Die Umkehrung dieses Sachverhalts beweist man am bequemsten indirekt, d.h. unter der Annahme der Unstetigkeit von f in x_0 konstruiert man eine Folge $(x_n)_n$ derart, dass zwar $(x_n)_n$ gegen x_0, aber $(f(x_n))_n$ nicht gegen $f(x_0)$ konvergiert.

Man nennt übrigens die durch (A.31) ausgedrückte Gleichheit die *Folgenstetigkeit*[20] der Funktion f. Satz A.20 besagt also, dass Stetigkeit und Folgenstetigkeit *äquivalente* Eigenschaften sind.

Zur Illustration von Satz A.20 beschließen wir diesen Abschnitt mit einem weiteren Beispiel.

Beispiel A.21. Sei $f : [0, \infty) \to \mathbb{R}$ eine stetige Funktion mit der Eigenschaft, dass

$$(A.32) \qquad f(x^2) = f(x) \qquad (x \geq 0)$$

gelte. Wir behaupten, dass f dann konstant sein muss. In der Tat, aus (A.32) folgt sofort, dass auch

$$f(x) = f(x^{1/2}) = f(x^{1/4}) = \ldots = f(x^{1/2^n}) = \ldots \qquad (x > 0)$$

für alle $n \in \mathbb{N}$ gilt. Da aber die Folge $(x^{1/2^n})_n$ für jedes $x > 0$ nach Beispiel A.19 gegen 1 konvergiert und wir f als stetig vorausgesetzt haben, folgt aus Satz A.20 sofort $f(x) = f(1)$. Wegen der Stetigkeit von f in Null gilt dies auch noch für $x = 0$, und daher ist f konstant. ♡

Man sieht leicht, dass das Ergebnis aus Beispiel A.21 nicht gilt, falls wir die Stetigkeitsvoraussetzung an f fallenlassen. Beispielsweise können wir die Einschränkung der Signumfunktion (1.8) auf die Halbachse $[0, \infty)$ betrachten, d.h. $f(0) := 0$ und $f(x) = 1$ für $x > 0$; sie erfüllt (A.32), ist aber nicht konstant.

A5. Zahlenreihen. Reihen sind spezielle Folgen, nämlich solche die sich in der Form $(s_n)_n$ mit der sog. *Partialsumme* $s_n := a_1 + a_2 + a_3 + \ldots + a_n$ schreiben lassen. Konvergiert

---

[20] Die Folgenstetigkeit von f bedeutet also, dass man f beliebig „unter das Limeszeichen" bei Folgenkonvergenz ziehen darf.

eine solche Reihe gegen eine Zahl s, so benutzt man hierfür bekanntlich das Symbol

$$(A.33) \qquad\qquad s = \lim_{n \to \infty} \sum_{k=1}^{n} a_k =: \sum_{k=1}^{\infty} a_k.$$

Aus Satz A.18 folgt insbesondere, dass die Reihe (A.33) im Falle, dass alle a_k nicht-negativ sind, genau dann konvergiert, wenn die zugehörige Partialsummenfolge $(s_n)_n$ von oben beschränkt ist. Als unmittelbare Anwendung dieses Ergebnisses betrachten wir zwei Beispiele.

Beispiel A.22. Für festes $q \geq 0$ sei $a_k := q^k$, d.h. uns interessiert das Konvergenzverhalten der Reihe[21]

$$(A.34) \qquad\qquad s := \sum_{k=0}^{\infty} q^k$$

in Abhängigkeit von q. Für $q = 1$ ist $s_n = n$, die Reihe (A.34) nach dem oben Gesagten also sicher divergent. Im Falle $q \neq 1$ können wir die Gleichheit (A.15) benutzen und erhalten

$$s_n = \sum_{k=0}^{n} q^k = \frac{q^{n+1} - 1}{q - 1}.$$

Da der Term q^{n+1} genau im Falle $q < 1$ gegen Null geht, können wir daraus schließen, dass die Reihe (A.34) (im Falle $q \geq 0$) für $q < 1$ konvergiert und für $q \geq 1$ divergiert. Im Konvergenzfall können wir ihren Grenzwert sogar ausrechnen, denn aus $q^{n+1} \to 0$ für $n \to \infty$ folgt[22]

$$(A.35) \qquad\qquad s := \sum_{k=0}^{\infty} q^k = \lim_{n \to \infty} \frac{q^{n+1} - 1}{q - 1} = \frac{1}{1 - q}.$$

Man kann übrigens zeigen, dass die Einschränkung $q \geq 0$ unwesentlich ist. Auch für negatives q hat die Reihe (A.34) ein ähnliches Konvergenzverhalten: Sie konvergiert für $q > -1$ und divergiert für $q \leq -1$. Insgesamt konvergiert die geometrische Reihe (A.34) also genau für $|q| < 1$.   ♡

Beispiel A.23. Die Zahlenreihe

$$(A.36) \qquad\qquad \sum_{k=0}^{\infty} \frac{1}{k!} = 1 + \frac{1}{1!} + \frac{1}{2!} + \frac{1}{3!} + \ldots + \frac{1}{n!} + \ldots$$

konvergiert, da die Folge ihrer Partialsummen wegen

$$\sum_{k=0}^{n} \frac{1}{k!} = 1 + \frac{1}{1!} + \frac{1}{2!} + \ldots + \frac{1}{n!} \leq 1 + 1 + \frac{1}{2} + \ldots + \frac{1}{2^{n-1}} \leq 3$$

---

[21]Diese Reihe heißt bekanntlich *geometrische Reihe*. Dass wir hier die Summation mit $k = 0$ beginnen statt mit $k = 1$, hat keine tiefere Bedeutung, sondern ist nur Konvention. Falls wir mit $k = 1$ beginnen, ändert sich natürlich nicht das Konvergenzverhalten der Reihe, wohl aber ihr Grenzwert.

[22]Beginnen wir die Summation bei $k = 1$, so kommt als Grenzwert $q/(1 - q)$ heraus statt $1/(1 - q)$.

beschränkt ist. Überraschenderweise konvergiert die Reihe (A.36) gegen genau denselben Grenzwert wie die Folge (A.27), nämlich gegen die Eulersche Zahl e, obwohl sie völlig anders aussieht.[23]											♡

Das zentrale Problem bei einer gegebenen Reihe besteht darin zu entscheiden, ob sie konvergiert oder divergiert; hierfür stehen viele sog. *Konvergenzkriterien* zur Verfügung, die zum Teil notwendig, zum Teil hinreichend, und zum Teil beides sind. Wir wählen ein besonders wichtiges Kriterium aus, welches *Verdünnungskriterium* genannt wird und auf Reihen (A.33) angewandt werden kann, bei denen die erzeugende Folge $(a_k)_k$ eine monoton fallende positive Nullfolge ist.

Satz A.24. *Sei $(a_k)_k$ eine monoton fallende positive Nullfolge, d.h.*

$$a_1 \geq a_2 \geq a_3 \geq \ldots \geq a_n \geq \ldots \to 0 \qquad (n \to \infty).$$

Dann konvergiert die Reihe (A.33) *genau dann, wenn die „verdünnte" Reihe*

$$(A.37) \qquad \sum_{j=0}^{\infty} 2^j a_{2^j} = a_1 + 2a_2 + 4a_4 + 8a_8 + \ldots + 2^m a_{2^m} + \ldots$$

konvergiert.

Satz A.24 sagt nichts über die Konvergenz oder Divergenz der Reihe (A.33) aus, sondern behauptet nur, dass die Reihen (A.33) und (A.37) entweder *beide konvergieren* oder *beide divergieren*. Die Reihe (A.37) heißt hierbei „Verdünnung" der Reihe (A.33), weil wir ja nur sehr sparsam Elemente a_k aus (A.33) auswählen, nämlich nur solche, bei denen der Index k eine Zweierpotenz ist. Zur Kompensation dieser Auswahl bekommt jedes solche Element a_{2^j} dann seinen Index als „Gewicht" angehängt.

Satz A.24 ist besonders dann von Nutzen, wenn die verdünnte Reihe (A.37) einfacher zu handhaben ist als die ursprüngliche Reihe (A.33). Hierzu betrachten wir ein einfaches, aber sehr nützliches und oft benutztes Beispiel:

Beispiel A.25. Sei $p > 0$ eine beliebige positive reelle Zahl. Wir behaupten, dass die Reihe

$$(A.38) \qquad \sum_{k=1}^{\infty} \frac{1}{k^p}$$

genau für $p > 1$ konvergiert und für $p \leq 1$ divergiert.[24]

Zum Beweis benutzen wir Satz A.24. In der Tat, die verdünnte Reihe zu (A.38) ist wegen $a_k = k^{-p}$ hier

$$\sum_{j=0}^{\infty} 2^j a_{2^j} = \sum_{j=0}^{\infty} 2^j \frac{1}{2^{pj}} = \sum_{j=0}^{\infty} 2^{j-pj} = \sum_{j=0}^{\infty} \left(2^{1-p} \right)^j.$$

---

[23] Aus diesem Grunde wird die Reihe (A.36) manchmal auch als *Exponentialreihe* bezeichnet. Übrigens konvergiert (A.36) erheblich schneller gegen e als (A.27), weswegen man der Reihe (A.36) in Anwendungen den Vorzug gibt.

[24] Der „Schwellenwert" $p = 1$, bei dem (bei fallendem p) die konvergente Reihe (A.38) „umschlägt" in eine divergente Reihe, ist besonders interessant; sie heißt *harmonische Reihe*.

Aber dies ist nichts anderes als eine geometrische Reihe der Form (A.34) mit $q := 2^{1-p}$, von der wir wissen, dass sie genau für $|q| < 1$ konvergiert, also für $1 - p < 0$.   ♡

Neben dem Verdünnungssatz spielen noch zwei Konvergenzkriterien eine wichtige Rolle, die i.a. als *Wurzelkriterium* und *Quotientenkriterium* bezeichnet werden. Wir fassen diese beiden Kriterien im folgenden Satz zusammen:[25]

Satz A.26. *Wir setzen voraus, dass die beiden Grenzwerte*

$$(A.39) \qquad \alpha := \lim_{k \to \infty} \sqrt[k]{|a_k|}, \qquad \beta := \lim_{k \to \infty} \frac{|a_{k+1}|}{|a_k|}$$

existieren. Gilt dann $\alpha < 1$ oder $\beta < 1$, so ist die Reihe (A.33) konvergent; gilt dagegen $\alpha > 1$ oder $\beta > 1$, so ist die Reihe (A.33) divergent. Im Falle $\alpha = 1$ und $\beta = 1$ ist keine Aussage möglich.

Mit diesem einfachen Kriterium können wir z.b. sofort sehen, dass die Exponentialreihe (A.36) konvergiert, denn für $a_k = 1/k!$ bekommen wir

$$\beta = \lim_{k \to \infty} \frac{|a_{k+1}|}{|a_k|} = \lim_{k \to \infty} \frac{k!}{(k+1)!} = \lim_{k \to \infty} \frac{1}{k+1} = 0.$$

Die Größe der Zahlen α und β entscheiden also über das Konvergenz- und Divergenzverhalten der Reihe (A.33) in Form notwendiger bzw. hinreichender Kriterien. Wir fassen diese Kriterien in der folgenden Tabelle noch einmal kompakter zusammen.

$$\begin{array}{ccccc}
\alpha < 1 & \Longrightarrow & (A.33) \text{ konvergiert} & \Longrightarrow & \alpha \leq 1 \\[2mm]
\beta < 1 & \Longrightarrow & (A.33) \text{ konvergiert} & \Longrightarrow & \beta \leq 1
\end{array}$$

Tab. A.3: Wurzelkriterium und Quotientenkriterium

Interessant ist die letzte Aussage aus Satz A.26, nach der im Falle $\alpha = 1$ und $\beta = 1$ nicht über Konvergenz oder Divergenz der Reihe (A.33) entschieden werden kann. Zur Illustration kann hier die Reihe (A.37) aus Beispiel A.25 dienen: In der Tat bekommen wir hier für $a_k = 1/k^p$

$$\alpha = \lim_{k \to \infty} \sqrt[k]{|a_k|} = \lim_{k \to \infty} \frac{1}{\sqrt[k]{k^p}} = 1$$

sowie

$$\beta = \lim_{k \to \infty} \frac{|a_{k+1}|}{|a_k|} = \lim_{k \to \infty} \frac{k^p}{(k+1)^p} = 1,$$

und zwar *unabhängig von p*! Wir wissen aber, dass das Konvergenzverhalten der Reihe (A.33) sehr wohl von p abhängt. Dieses Beispiel zeigt auch, dass keiner der vier Implikationspfeile in Tabelle A.3 umgekehrt werden kann. Wir illustrieren Satz A.26 mit einem typischen Beispiel:

---

[25]Wir weisen ausdrücklich darauf hin, dass Satz A.26 nur eine sehr einfache Variante des Wurzel- bzw. Quotientenkriteriums darstellt.

Beispiel A.27. Sei $c \in \mathbb{R}$ eine beliebige reelle Zahl. Wir behaupten, dass die Reihe

$$(A.40) \qquad \qquad \sum_{k=1}^{\infty} \frac{c^k}{k!}$$

dann konvergiert. In der Tat, hier bekommen wir für den zweiten Grenzwert in (A.39)

$$\beta = \lim_{k \to \infty} \frac{k!}{|c^k|} \frac{|c^{k+1}|}{(k+1)!} = \lim_{k \to \infty} \frac{|c|}{k+1} = 0,$$

daher ist die Reihe (A.40) nach dem Quotientenkriterium konvergent. Wir hätten auch das Wurzelkriterium anwenden können, denn es ist

$$\alpha = \lim_{k \to \infty} \frac{|c|}{\sqrt[k]{k!}} \leq \lim_{k \to \infty} \frac{|c|}{\sqrt[k]{k^{k/2}}} = \lim_{k \to \infty} \frac{|c|}{\sqrt{k}} = 0,$$

weil nach (A.18) ja $k! \geq k^{k/2}$ gilt. $\heartsuit$

Zum Schluss dieses Abschnitts betrachten wir noch kurz *Funktionenfolgen*, d.h. Folgen $(f_n)_n$ von Funktionen $f_n : M \to \mathbb{R}$ mit einem gemeinsamen Definitionsbereich $M \subseteq \mathbb{R}$ (meist ein Intervall). Für solche Folgen sind vor allem die folgenden zwei verschiedene Typen von Konvergenz wichtig:

Definition A.28. Eine Folge von Funktionen $f_n : M \to \mathbb{R}$ heißt *auf M punktweise konvergent* gegen eine Funktion $f : M \to \mathbb{R}$, falls wir zu jedem $\varepsilon > 0$ und alle $x \in M$ ein $n_0 \in \mathbb{N}$ finden können derart, dass für $n \geq n_0$ stets $|f_n(x) - f(x)| < \varepsilon$ gilt. Demgegenüber heißt eine solche Folge *auf M gleichmäßig konvergent* gegen $f : M \to \mathbb{R}$, falls wir zu jedem $\varepsilon > 0$ ein $n_0 \in \mathbb{N}$ finden können derart, dass für $n \geq n_0$ stets

$$(A.41) \qquad \qquad \sup_{x \in M} |f_n(x) - f(x)| < \varepsilon$$

gilt. $\square$

Es ist klar, dass gleichmäßige Konvergenz punktweise Konvergenz impliziert: Während die punktweise Konvergenz von $(f_n)_n$ gegen f auf M lediglich bedeutet, dass die Zahlenfolge $(f_n(x))_n$ für jedes $x \in M$ gegen die Zahl $f(x)$ konvergiert, geschieht dies bei gleichmäßiger Konvergenz sozusagen an allen Stellen $x \in M$ „mit derselben Geschwindigkeit".

Der folgende Satz enthält eines von vielen Ergebnissen, welche die große Bedeutung gleichmäßiger Konvergenz in der Analysis verdeutlichen.

Satz A.29. *Sind alle Funktionen $f_n : M \to \mathbb{R}$ stetig und konvergiert $(f_n)_n$ gleichmäßig auf M gegen eine Funktion f, so ist auch $f : M \to \mathbb{R}$ stetig.*

Satz A.29 ist nicht nur von großem theoretischen Interesse, sondern gibt auch ein praktisches Hilfsmittel an die Hand, um zu zeigen, dass eine punktweise konvergente Funktionenfolge *nicht* gleichmäßig konvergiert. Das folgende einfache Beispiel möge dies illustrieren.

Beispiel A.30. Sei $f_n : [0,1] \to \mathbb{R}$ definiert durch $f_n(x) := x^n$. Offensichtlich konvergiert $(f_n)_n$ auf $[0,1]$ punktweise gegen die charakteristische Funktion $f = \chi_{\{1\}}$, also $f(x) = 0$ für $0 \leq x < 1$ und $f(1) = 1$. Da diese Funktion unstetig ist, kann die Konvergenz nach Satz A.29 auf $[0,1]$ nicht gleichmäßig sein. Dies kann man auch leicht direkt zeigen: Das Supremum in (A.41) hat in diesem Fall ja für jedes n den Wert 1.   ♡

Natürlich kann man statt Funktionenfolgen auch *Funktionenreihen* der Form

$$(A.42) \qquad\qquad f(x) := \sum_{k=1}^{\infty} g_k(x) \qquad (x \in M)$$

betrachten. Die Grenzfunktion f ist in diesem Fall (falls sie existiert!) ja nichts anderes als der Grenzwert der Folge der Partialsummen

$$(A.43) \qquad\qquad f_n(x) := \sum_{k=1}^{n} g_k(x). \qquad (x \in M)$$

Die Theorie solcher Funktionenreihen ist weit entwickelt und sehr wichtig; wir gehen hier nicht näher darauf ein. Wir erwähnen lediglich das folgende Ergebnis, welches wir z.B. bei der Konstruktion der Funktion (1.38) in Satz 1.31 benutzt haben: Gilt $|g_k(x)| \leq a_k$ für alle $k \in \mathbb{N}$ und $x \in M$, und ist die Reihe (A.27) über die Folge $(a_k)_k$ konvergent, so konvergiert die Funktionenfolge (A.43) auf M gleichmäßig gegen die Funktion (A.42).

A6. Normen. Eine Norm ist eine Abbildung, die einem Element eines Vektorraums eine Art „Länge" zuordnet und dabei die Eigenschaften des Absolutbetrags $x \mapsto |x|$ auf der reellen Achse verallgemeinert. Die genaue Definition lautet wie folgt:

Definition A.31. Sei X ein Vektorraum[26] über dem Körper $\mathbb{R}$ der reellen Zahlen. Eine Abbildung $\|\cdot\| : X \to [0,\infty)$ heißt *Norm* auf X, wenn sie die drei Bedingungen

$$(A.44) \qquad\qquad \|x\| = 0 \iff x = 0,$$

$$(A.45) \qquad\qquad \|x + y\| \leq \|x\| + \|y\|$$

und

$$(A.46) \qquad\qquad \|\lambda x\| = |\lambda| \, \|x\|$$

erfüllt. Die Bedingung (A.44) heißt *Definitheit*, die Bedingung (A.45) *Subadditivität* und die Bedingung (A.46) *Homogenität*. Ist $\|\cdot\|$ eine Norm auf einem Vektorraum X, so nennt man das Paar $(X, \|\cdot\|)$ einen *normierten Raum*.   □

Man sieht sofort, dass der normierte Raum $(\mathbb{R}, |\cdot|)$ für Definition A.31 „Modell gestanden" hat. Schon wenn man von der reellen Achse $\mathbb{R}$ zur Ebene $X = \mathbb{R}^2$ übergeht, kann

---

[26]Wir setzen voraus, dass die Leserin aus der Linearen Algebra mit Vektorräumen vertraut ist. Im Text sind wir schon auf unendlichdimensionale Vektorräume gestoßen, etwa in den Fußnoten 7 und 12 im dritten Kapitel.

man den Absolutbetrag auf verschiedene Art und Weise verallgemeinern, z.B. indem man wie in (5.1)

$$(A.47) \qquad \|(x,y)\| := \sqrt{x^2 + y^2}$$

oder

$$(A.48) \qquad \|(x,y)\|^* := |x| + |y|$$

oder auch

$$(A.49) \qquad \|(x,y)\|_* := \max\{|x|, |y|\}$$

setzt. Aus naheliegenden Gründen nennt man (A.47) *Euklidische Norm*, (A.48) *Summennorm* und (A.49) *Maximumnorm* auf der Ebene.[27] Die Einschränkung dieser drei Normen auf die reelle Achse (d.h. $y = 0$) ergibt immer den üblichen Absolutbetrag, aber in der Ebene hängt die „Länge" eines Vektors i.a. von der Auswahl der Norm ab. So erhalten wir für den Vektor $(x,y) = (3,4)$ beispielsweise $\|(x,y)\| = 5$, $\|(x,y)\|^* = 7$ und $\|(x,y)\|_* = 4$.

Wichtiger im Hinblick auf Anwendungen in der Analysis sind allerdings *unendlichdimensionale* normierte Räume. Wir bringen zwei typische Beispiele:

Beispiel A.32. Auf dem Vektorraum $X = C([a,b])$ können wir eine Norm durch

$$(A.50) \qquad \|f\| := \max_{a \le x \le b} |f(x)|$$

oder auch durch

$$(A.51) \qquad \|f\|^* := \int_a^b |f(x)|\, dx$$

definieren. Allerdings hat die Norm (A.51) „schlechtere" Eigenschaften als die Norm (A.50), wie wir in Beispiel 5.51 gesehen haben. Zwei stetige Funktionen können bzgl. dieser beiden Normen natürlich wieder verschiedene „Längen" haben; z.B. hat die Funktion $f(x) = x$ (über dem Intervall $[a,b] = [0,1]$) jeweils die Norm $\|f\| = 1$ bzw. $\|f\|^* = 1/2$. ♡

Beispiel A.33. Auf dem Vektorraum $X = C^1([a,b])$ können wir eine Norm durch

$$(A.52) \qquad \|f\|_* := \max_{a \le x \le b} |f(x)| + \max_{a \le x \le b} |f'(x)|$$

definieren, oder auch wieder die Einschränkung der Norm (A.50) vom größeren Raum $C([a,b])$ auf den Raum $C^1([a,b])$. Hier hat die Norm (A.50) „schlechtere" Eigenschaften als die Norm (A.52), wie wir ebenfalls in Beispiel 5.51 gesehen haben. Die schon im vorigen Beispiel betrachtete Funktion $f(x) = x$ (wieder über dem Intervall $[a,b] = [0,1]$) hat in der Norm (A.52) die „Länge" $\|f\|_* = 2$. ♡

In der Analysis von Funktionen mehrerer Variabler wird fast ausschließlich die Euklidische Norm (A.47) benutzt. Sie hat gegenüber den Normen (A.48) und (A.49) nämlich den Vorteil, dass sie vom *Skalarprodukt*

$$(A.53) \qquad \langle z, w \rangle := xu + yv \qquad (z = (x,y), w = (u,v) \in \mathbb{R}^2)$$

---

[27]Es ist klar, wie man die drei Normen (A.47), (A.48) und (A.49) auf höherdimensionale Räume verallgemeinern kann.

erzeugt wird. Es gilt nämlich

$$||z|| = \sqrt{\langle z, z\rangle} \qquad (z \in \mathbb{R}^2),$$

und umgekehrt kann man das Skalarprodukt durch die Norm in der Form

$$\langle z, w\rangle = \frac{1}{4}\left(||z + w|| + ||z - w||\right) \qquad (z, w \in \mathbb{R}^2)$$

ausdrücken. Das Skalarprodukt (A.54) ist *symmetrisch*, d.h.

$$\langle z, w\rangle = \langle w, z\rangle \qquad (z, w \in \mathbb{R}^2)$$

und *linear*, d.h.

$$\langle \lambda z + \mu w, \zeta\rangle = \lambda\langle z, \zeta\rangle + \mu\langle w, \zeta\rangle \qquad (z, w, \zeta \in \mathbb{R}^2; \ \lambda, \mu \in \mathbb{R}).$$

Seine wichtigste Eigenschaft ist aber die sog. *Cauchy-Schwarz-Ungleichung*

(A.54) $$|\langle z, w\rangle| \leq ||z||\,||w|| \qquad (z, w \in \mathbb{R}^2).$$

Wählt man in (A.54) insbesondere $z = (\cos\theta, \sin\theta)$, so bekommt man wegen $||z|| = 1$ speziell

(A.55) $$|\langle z, w\rangle| = |\langle(\cos\theta, \sin\theta), (u, v)\rangle| \leq ||w|| = \sqrt{u^2 + v^2} \qquad (w \in \mathbb{R}^2).$$

Diese wichtige Abschätzung haben wir im Beweis von Satz 4.29 im vierten Kapitel benutzt.

A7. Matrizen. Eine *Matrix* ist – salopp gesprochen – ein rechteckiges Zahlenschema. Für die uns interessierenden Probleme genügt uns ein spezieller Fall, nämlich der einer quadratischen 2×2-Matrix

(A.56) $$A = \begin{pmatrix} a & b \\ c & d \end{pmatrix}$$

mit reellen Zahlen a, b, c, d als Einträgen. Einer solchen Matrix kann man verschiedene numerische Charakteristiken zuordnen, von denen die *Determinante*

(A.57) $$\det A := ad - bc$$

und die *Spur*

(A.58) $$\mathrm{spur}\, A := a + d$$

die wichtigsten sind. Insbesondere gibt uns die Determinante ein sehr einfaches Instrument an die Hand, mit dem wir die Invertierbarkeit der Matrix (A.56) überprüfen können. Hierzu müssen wir zunächst Operationen mit Matrizen einführen.

Definition A.34. Die *Summe* zweier Matrizen ist definiert durch

(A.59) $$\begin{pmatrix} a & b \\ c & d \end{pmatrix} + \begin{pmatrix} \alpha & \beta \\ \gamma & \delta \end{pmatrix} := \begin{pmatrix} a + \alpha & b + \beta \\ c + \gamma & d + \delta \end{pmatrix},$$

das *Produkt* durch

$$(A.60) \qquad \begin{pmatrix} a & b \\ c & d \end{pmatrix} \begin{pmatrix} \alpha & \beta \\ \gamma & \delta \end{pmatrix} := \begin{pmatrix} a\alpha + b\gamma & a\beta + b\delta \\ c\alpha + d\gamma & c\beta + d\delta \end{pmatrix}.$$

Hat eine Matrix A die Form (A.36), so definiert man insbesondere das Produkt von A mit einem Vektor $z := (x, y) \in \mathbb{R}^2$ durch[28]

$$(A.61) \qquad Az = \begin{pmatrix} a & b \\ c & d \end{pmatrix} \begin{pmatrix} x \\ y \end{pmatrix} := \begin{pmatrix} ax + by \\ cx + dy \end{pmatrix}.$$

Eine einfache Rechnung zeigt, dass $\text{spur}\,(A + B) = \text{spur}\,A + \text{spur}\,B$ sowie $\det(AB) = (\det A)(\det B)$ gilt, d.h. die Spur ist additiv und die Determinante ist multiplikativ. □

Während die Summe (A.59) trivialerweise kommutativ ist, ist es das Produkt (A.60) nicht, wie einfache Beispiele zeigen. Außerdem kann man die Multiplikation (A.60) i.a. nicht „umkehren", denn es gibt bzgl. (A.60) viele sog. *Nullteiler*. So ist beispielsweise

$$\begin{pmatrix} 0 & 1 \\ 0 & 0 \end{pmatrix} \begin{pmatrix} 0 & 1 \\ 0 & 0 \end{pmatrix} = \begin{pmatrix} 0 & 0 \\ 0 & 0 \end{pmatrix},$$

d.h. das „Quadrat" A^2 einer Matrix A kann die Nullmatrix sein, ohne dass A selbst die Nullmatrix ist.[29]

Damit stellt sich die Frage, ob es überhaupt invertierbare Matrizen gibt. Wir erinnern daran, dass eine Matrix B *invers* zur Matrix (A.56) heißt, wenn $AB = E$ und $BA = E$ gilt, wobei E die *Einheitsmatrix*

$$(A.62) \qquad E := \begin{pmatrix} 1 & 0 \\ 0 & 1 \end{pmatrix}$$

bezeichne. Hierauf gibt der folgende Satz Auskunft:

Satz A.35. *Die Matrix (A.56) ist genau dann invertierbar, wenn ihre Determinante von Null verschieden ist. In diesem Fall hat die inverse Matrix die Form*

$$(A.63) \qquad A^{-1} = \frac{1}{\det A} \begin{pmatrix} d & -b \\ -c & a \end{pmatrix}.$$

Im Falle einer 2×2-Matrix kann man die Inverse also besonders einfach hinschreiben: Die Elemente auf der Hauptdiagonalen tauschen die Plätze, die Elemente auf der Nebendiagonalen ändern ihr Vorzeichen, und alles wird dann noch durch die Determinante geteilt. Im Falle einer größeren Matrix ist die Berechnung der inversen Matrix erheblich aufwendiger.

---

[28] Wer schon etwas Lineare Algebra kennt, weiß, dass man die Matrix (A.56) als lineare Abbildung auf der Ebene deuten kann, und (A.61) gibt dann die Wirkung einer solchen linearen Abbildung auf einen Vektor der Ebene an.

[29] In der Sprache der Algebra drückt man das so aus, dass die Menge aller Matrizen mit der Addition (A.59) und der Multiplikation (A.60) ein *nichtkommutativer Ring* ist, der wegen der Existenz von Nullteilern allerdings kein Körper ist.

Die Bedeutung der Inversionsformel (A.63) liegt u.a. darin, dass man mit ihrer Hilfe die Lösungen des *linearen Gleichungssystems* $Az = w$ mit einem unbekannten Vektor $z :=$ (x, y) und einer gegebenen rechten Seite $w := (u, v)$ berechnen kann. Ausgeschrieben hat dieses System nach (A.61) in Vektorschreibweise die Form

$$\begin{pmatrix} a & b \\ c & d \end{pmatrix} \begin{pmatrix} x \\ y \end{pmatrix} = \begin{pmatrix} u \\ v \end{pmatrix}$$

oder in Komponentenschreibweise die Form

(A.64) $$\begin{cases} ax + by = u, \\ cx + dy = v. \end{cases}$$

Aus (A.63) folgt dann, dass dieses Gleichungssystem genau dann (eindeutig) lösbar ist, wenn $\det A \neq 0$ ist; in diesem Falle ist

$$\begin{pmatrix} x \\ y \end{pmatrix} = \frac{1}{\det A} \begin{pmatrix} d & -b \\ -c & a \end{pmatrix} \begin{pmatrix} u \\ v \end{pmatrix}$$

in Vektorschreibweise bzw.

(A.65) $$\begin{cases} x = \dfrac{du - bv}{ad - bc}, \\ y = \dfrac{-cu + av}{ad - bc} \end{cases}$$

in Komponentenschreibweise die gesuchte Lösung.

Eine weitere wichtige Charakteristik einer Matrix, die stark algebraische Züge trägt, sind ihre *Eigenwerte*. Dies sind die Nullstellen λ_1 und λ_2 des sog. *charakteristischen Polynoms*

(A.66) $$p_A(\lambda) := \det (A - \lambda E) = \det \begin{pmatrix} a - \lambda & b \\ c & d - \lambda \end{pmatrix} = \lambda^2 - (a + d)\lambda + ad - bc.$$

Man sieht, dass das charakteristische Polynom einer 2×2-Matrix wieder sehr einfach aufgebaut ist: Es ist ein quadratisches Polynom der üblichen Form $\lambda^2 + p\lambda + q$ mit $p = -\operatorname{spur} A$ und $q = \det A$.

Bekanntlich kann ein solches Polynom nichtreelle Nullstellen haben, auch wenn alle Einträge der Matrix (und damit auch ihre Spur und ihre Determinante) reell sind. Eine erfreuliche Ausnahme bilden *symmetrische Matrizen*, d.h. solche, bei denen in (A.56) $b = c$ ist. In diesem Fall liefert nämlich die bekannte Schülerformel für die Nullstellen von (A.66)

(A.67) $$\lambda_{1/2} = \frac{a + d}{2} \pm \frac{\sqrt{(a + d)^2 - 4ad + 4b^2}}{2} = \frac{a + d}{2} \pm \frac{\sqrt{(a - d)^2 + 4b^2}}{2},$$

und der Ausdruck unter der Wurzel kann nicht negativ werden.[30] Dort, wo wir in diesem Buch Eigenwerte von Matrizen benötigen (s. Abschnitt 5.3), sind diese Matrizen aufgrund eines tiefliegenden Ergebnisses (Satz 5.29) automatisch symmetrisch, so dass wir uns um komplexe Eigenwerte nicht kümmern müssen.

---

[30]Er kann aber natürlich Null werden, nämlich genau für $a = d$ und $b = 0$, d.h. wenn A ein Vielfaches der Einheitsmatrix E ist. In diesem Fall hat A den doppelten Eigenwert $\lambda = a$.

Literaturhinweise

Im folgenden geben und kommentieren wir eine Liste weiterführender Literatur, die uns sehr gut geeignet erscheint, um den Stoff dieses Buches zu ergänzen und zu vertiefen. Dabei nennen wir, soweit vorhanden, deutsche Ausgaben von Lehrbüchern in der jeweils neuesten Auflage.

Die in diesem Buch vorausgesetzten Grundlagen, die wir in der Einleitung aufgezählt haben, kann man sich anhand der drei einführenden Bücher

[1] K. APPELL, J. APPELL: *Mengen – Zahlen – Zahlbereiche*, Spektrum Akademischer Verlag, Heidelberg 2005; Zbl. 1085.00001.

[2] H. KOCH: *Einführung in die Mathematik*, Springer, Berlin 2004; Zbl. 1040.00001.

[3] K. REISS, G. SCHMIEDER: *Basiswissen Zahlentheorie*, Springer-Verlag, Berlin 2014; Zbl. 1283.11002.

aneignen, wobei das dritte Buch einen größeren Akzent auf klassische Zahlentheorie legt. Hervorragende „Klassiker" zur Analysis, die man wärmstens empfehlen kann, sind

[4] E. HEWITT, K. STROMBERG: *Real and Abstract Analysis*, Springer, Berlin 1975; Zbl. 0307.28001.

[5] W. RUDIN: *Analysis*, Oldenbourg-Verlag, München 2009; Zbl. 1213.26002.

[6] W. RUDIN: *Reelle und Komplexe Analysis*, Oldenbourg-Verlag, München 1999; 0954.26001.

[7] H. HEUSER: *Lehrbuch der Analysis 1/2*, Teubner-Verlag, Stuttgart 2006; Zbl. 1126.26001.

Hierbei ist das dritte Buch eine wesentlich erweiterte Fassung des zweiten. Das Heuser-Buch ist sehr ausführlich gehalten und bespricht viele Ergebnisse sehr gründlich, die wir hier nur gestreift haben.

In den letzten Jahren sind weitere sehr gute deutschsprachige Werke zur Analysis erschienen, von denen wir besonders die Bücher

[8] E. BEHRENDS: *Analysis 1/2*, Vieweg-Verlag, Braunschweig 2011; Zbl. 1226.26008.

[9] K. FRITZSCHE: *Grundkurs Analysis 1/2*, Spektrum Akademischer Verlag, Heidelberg 2020; Zbl. 1432.26001.

[10] G. KÖHLER: *Analysis*, Heldermann-Verlag, Lemgo 2006; Zbl. 1101.26001.

empfehlen. Hierbei kommt das Köhler-Buch unserem in Aufbau und Stil am nächsten. Alle drei Bücher kann man sehr gut nutzen, um sich z.B. die wichtigsten Ergebnisse über Folgen und Reihen anzueignen, die in diesem Buch ja nicht zur Sprache kommen.

Mehrere der in diesem Buch reichlich angebotenen Beispiele und Gegenbeispiele haben wir den Büchern

© Springer-Verlag GmbH Deutschland, ein Teil von Springer Nature 2021
J. Appell, *Analysis in Beispielen und Gegenbeispielen*,
https://doi.org/10.1007/978-3-662-63433-2

[11] B. R. GELBAUM, J. M. H. OLMSTEDT: *Counterexamples in Analysis*, Holden Day, San Francisco 2003: Zbl. 1085.26002.

[12] R. KANNAN, C. K. KRUEGER: *Advanced Analysis on the Real Line*, Springer, Berlin 1996; Zbl. 0855.26001.

[13] A. C. M. VAN ROOIJ, W. H. SCHIKHOF: *A Second Course on Real Functions*, Cambridge Univ. Press, Cambridge 1982; Zbl. 0474.26001.

entnommen, die noch erheblich raffiniertere und tieferliegende Themen besprechen. Insbesondere werden die Gegenbeispiele aus dem wunderbaren Gelbaum-Olmstedt-Buch in

[14] J. M. H. OLMSTEDT: *Advanced Calculus*, Appleton Century-Crofts, New York 1961

in einen größeren Zusammenhang gestellt. Wer die in Kapitel 4 besprochenen Themen (Nullmengen, magere Mengen, Beziehungen zwischen diesen usw.) vertiefen will, sei auf das Buch

[15] J. C. OXTOBY: *Maß und Kategorie*, Springer, Berlin 1971; Zbl. 0217.09202.

verwiesen. Dort werden diese Themen allerdings in einem größeren Rahmen und auf recht hohem Niveau diskutiert. Wem schließlich unsere zahlreichen Übungsaufgaben noch nicht reichen, der sei auf den Klassiker

[16] M. R. SPIEGEL: *Mathematical Analysis* (Schaum-Serie), McGraw-Hill, New York 1963

verwiesen, der wie fast alle Bände dieser Reihe eine unerschöpfliche Quelle von Aufgaben darstellt. Schließlich verweisen wir Leserinnen, die des Russischen mächtig sind, auf das wunderbare Buch

[17] A. N. BAKHVALOV, M. I. D'YACHENKO, K. S. KAZARYAN, P. CIFUENTES, P. L. UL'YANOV: *Real Analysis in Exercises* (Russian), Fizmatlit, Moscow 2005

das bisher leider noch nicht ins Englische übersetzt wurde.

Symbolverzeichnis

© Springer-Verlag GmbH Deutschland, ein Teil von Springer Nature 2021
J. Appell, *Analysis in Beispielen und Gegenbeispielen*,
https://doi.org/10.1007/978-3-662-63433-2

$L(\Gamma(f); Z)$ (Polygonzug) 237

$L(\Gamma(f))$ (Graphenlänge) 238

$L(\gamma)$ (Kurvenlänge) 345

$Lu(M)$ (Funktionenklasse) 224

$\lambda(M)$ (Maß von M) 211

$\overline{M}$ (Abschluss von M) 9

M^o (Inneres von M) 9

∂M (Rand von M) 9

$M(f)$ (spezielle Menge) 243

$Mon(M)$ (Funktionenklasse) 29

$Mon^+(M)$ (Funktionenklasse) 29

$Mon^-(M)$ (Funktionenklasse) 29

$\nu(f; I)$ (Oszillation) 147

$\mathcal{O}(f)$ (Oberintegral) 145, 327

$\mathcal{O}(f; Z)$ (Obersumme) 145, 327

$\omega_f(t)$ (Stetigkeitsmodul) 71

$\omega(f; I)$ (Oszillation) 146

$\omega(f; x)$ (Oszillation) 180

ϕ (Cantor-Funktion) 223

ψ (Cantor-Funktion) 224

$q_H(x, y)$ (quadratisches Funktional) 287

$R(M)$ (Funktionenklasse) 146

$R_n(x; x_0)$ (Taylor-Restglied) 118

rel x (spezielle Funktion) 15

rot $\mathbf{v}$ (Rotation) 375

sgn x (spezielle Funktion) 13

spur A (Spur von A) 400

$St(M)$ (Funktionenklasse) 84

$\Sigma(G)$ (spezielle Menge) 374

$T_n(x)$ (Taylor-Polynom) 117

$T_\infty(x)$ (Taylor-Reihe) 121

$U(f)$ (Unstetigkeitsmenge) 24

$U_k(f)$ (Unstetigkeitsmenge) 24

$U_\delta(x_0, y_0)$ (δ-Umgebung) 265

$UC(M)$ (Funktionenklasse) 56

$\mathcal{U}(f)$ (Unterintegral) 145, 327

$\mathcal{U}(f; Z)$ (Untersumme) 145, 327

$\mathbf{v}(x, y)$ (Vektorfeld) 307

v_f (Variationsfunktion) 41

v_γ (Bogenlängenfunktion) 375

$Var(f; [a, b])$ (Totalvariation) 41

$Var(f; Z, [a, b])$ (Variation) 41

$Var_q(f; Z, [a, b])$ (Variation) 264

$Var(\gamma; [a, b])$ (Totalvariation) 375

$Var(\gamma; Z, [a, b])$ (Variation) 375

$\chi_M(x)$ (spezielle Funktion) 17

$\|(x, y)\|$ (spezielle Norm) 399

$\|(x, y)\|^*$ (spezielle Norm) 399

$\|(x, y)\|_*$ (spezielle Norm) 399

$\langle z, w \rangle$ (Skalarprodukt) 399

$ZP(f)$ (Zunahmemenge) 33

$Zw(M)$ (Funktionenklasse) 52

$\mathfrak{Z}([a, b])$ (Zerlegungen) 41

$\lim\limits_{x \to x_0} f(x)$ (Grenzwert) 12

$\lim\limits_{x \to \infty} f(x)$ (uneigentlicher Grenzwert) 37

$\dfrac{d}{dx} f(x)$ (Ableitung) 73

$\dfrac{\partial}{\partial x} f(x, y)$ (partielle Ableitung) 272

$\displaystyle\int_a^b f(x)\, dx$ (Integral) 146

$\displaystyle\int_a^\infty f(x)\, dx$ (uneigentliches Integral) 188

$\displaystyle\int_M f(x, y)\, d(x, y)$ (Doppelintegral) 328

$\displaystyle\int_\Gamma \mathbf{v}\, d\gamma$ (Kurvenintegral) 348

$\displaystyle\oint_\Gamma \mathbf{v}\, d\gamma$ (geschlossenes Kurvenintegral) 349

Beispielverzeichnis

Im folgenden stellen wir eine Liste wichtiger und überraschender Beispiele und Gegenbeispiele ("Best of") zusammen. Naturgemäß enthält diese Liste nicht einfach Rechenbeispiele, die ein bestimmtes Ergebnis illustrieren sollen, sondern in erster Linie Gegenbeispiele, die beispielsweise die Notwendigkeit gemachter Voraussetzungen klarstellen oder naheliegende, aber falsche Vermutungen widerlegen.

Beispiel 1.11. Eine Funktion $f : \mathbb{R} \to \mathbb{R}$, die in jedem Punkt unstetig ist.

Beispiel 1.12. Eine Funktion $f : \mathbb{R} \to \mathbb{R}$, die auf $\mathbb{Q}$ unstetig und auf $\mathbb{R} \setminus \mathbb{Q}$ stetig ist.

Beispiel 1.14. Eine Funktion $f : \mathbb{R} \to \mathbb{R}$, die auf $\mathbb{R} \setminus \{0\}$ stetig und in 0 unstetig ist.

Beispiel 1.15. Eine Funktion $f : \mathbb{R} \to \mathbb{R}$, die auf $\mathbb{R} \setminus \{0\}$ unstetig und in 0 stetig ist.

Beispiel 1.30. Eine monoton steigende Funktion $f : [0, 1] \to [0, 1]$, die genau in den Punkten $1/n$ ($n = 2, 3, 4, \ldots$) unstetig ist.

Beispiel 1.34. Eine stetige Funktion $f : \mathbb{R} \to \mathbb{R}$, die auf keinem Intervall monoton ist.

Beispiel 1.45. Eine Funktion $f : [0, 1] \to \mathbb{R}$ von beschränkter Variation, die auf keinem Intervall monoton ist.

Beispiel 1.46. Eine stetige Funktion $f : [0, 1] \to \mathbb{R}$ von unbeschränkter Variation.

Beispiel 1.47. Zwei Funktionen $f, g : [0, 1] \to [0, 1]$ von beschränkter Variation, deren Komposition $g \circ f$ von unbeschränkter Variation ist.

Beispiel 1.55. Zu einer vorgegebenen nicht abgeschlossenen Menge $M \subseteq \mathbb{R}$ eine stetige Funktion $f : M \to \mathbb{R}$, die nicht beschränkt ist.

Beispiel 1.56. Zu einer vorgegebenen nicht beschränkten Menge $M \subseteq \mathbb{R}$ eine stetige Funktion $f : M \to \mathbb{R}$, die nicht beschränkt ist.

Beispiel 1.57. Zu einer vorgegebenen beschränkten, aber nicht abgeschlossenen Menge $M \subseteq \mathbb{R}$ eine stetige beschränkte Funktion $f : M \to \mathbb{R}$ ohne Maximum.

Beispiel 1.58. Zu einer vorgegebenen abgeschlossenen, aber nicht beschränkten Menge $M \subseteq \mathbb{R}$ eine stetige beschränkte Funktion $f : M \to \mathbb{R}$ ohne Maximum.

Beispiel 1.59. Eine (unstetige) Funktion $f : [0, 1] \to \mathbb{R}$, die nicht beschränkt ist.

Beispiel 1.60. Eine (unstetige) beschränkte Funktion $f : [0, 1] \to \mathbb{R}$ ohne Maximum und Minimum.

© Springer-Verlag GmbH Deutschland, ein Teil von Springer Nature 2021
J. Appell, *Analysis in Beispielen und Gegenbeispielen*,
https://doi.org/10.1007/978-3-662-63433-2

Beispiel 1.61. Eine (unstetige) Funktion $f : [0,1] \to \mathbb{R}$, die auf keinem Intervall beschränkt ist.

Beispiel 1.62. Eine (unstetige) beschränkte Funktion $f : [0,1] \to \mathbb{R}$, die auf keinem Intervall ein Maximum oder Minimum hat.

Beispiel 1.64. Eine stetige Funktion $f : [0,2] \cap \mathbb{Q} \to \mathbb{Q}$, die nicht die Zwischenwerteigenschaft besitzt.

Beispiel 1.67. Zwei Funktionen $f, g : \mathbb{R} \to \mathbb{R}$ mit der Zwischenwerteigenschaft, deren Differenz $f - g$ aber nicht die Zwischenwerteigenschaft besitzt.

Beispiel 1.71. Eine abgeschlossene, aber nicht beschränkte Menge $M \subseteq \mathbb{R}$ und eine stetige Funktion $f : M \to \mathbb{R}$, die auf M nicht gleichmäßig stetig ist.

Beispiel 1.72. Eine beschränkte, aber nicht abgeschlossene Menge $M \subseteq \mathbb{R}$ und eine stetige Funktion $f : M \to \mathbb{R}$, die auf M nicht gleichmäßig stetig ist.

Beispiel 1.76. Eine gleichmäßig stetige Funktion $f : \mathbb{R} \to \mathbb{R}$, deren Quadrat f^2 auf $\mathbb{R}$ nicht gleichmäßig stetig ist.

Beispiel 2.9. Eine stetige Funktion $f : \mathbb{R} \to \mathbb{R}$, die in keinem Punkt differenzierbar ist.

Beispiel 2.13. Eine bijektive, streng monotone und stetig differenzierbare Funktion $f : [-1,1] \to [-1,1]$, deren Umkehrfunktion nicht überall differenzierbar ist.

Beispiel 2.18. Eine Funktion $f : [0,1] \to \mathbb{R}$, die in 0 stetig differenzierbar, aber nicht zweimal differenzierbar ist.

Beispiel 2.19. Eine Funktion $f : [0,1] \to \mathbb{R}$, die in 0 zweimal differenzierbar, aber nicht zweimal stetig differenzierbar ist.

Beispiel 2.33. Eine differenzierbare Funktion $f : \mathbb{R} \to \mathbb{R}$, die in 0 die Bedingung $f'(0) > 0$ erfüllt, die aber auf keinem Intervall um 0 monoton wächst.

Beispiel 2.37. Eine stetig differenzierbare Funktion $f : \mathbb{R} \to \mathbb{R}$, die in 0 ein globales Minimum besitzt, deren Ableitung aber in jeder Umgebung von 0 sowohl positive als auch negative Werte annimmt.

Beispiel 2.47. Zwei differenzierbare Funktionen $f, g : \mathbb{R} \to \mathbb{R}$ derart, dass von den beiden Grenzwerten

$$\lim_{x \to 0} \frac{f(x)}{g(x)}, \qquad \lim_{x \to 0} \frac{f'(x)}{g'(x)}$$

der erste existiert, der zweite aber nicht.

Beispiel 2.48. Zwei differenzierbare Funktionen $f, g : \mathbb{R} \to \mathbb{R}$ derart, dass von den beiden Grenzwerten

$$\lim_{x\to\infty} \frac{f(x)}{g(x)}, \qquad \lim_{x\to\infty} \frac{f'(x)}{g'(x)}$$

der erste existiert, der zweite aber nicht.

Beispiel 2.49. Eine differenzierbare Funktion $f : \mathbb{R} \to \mathbb{R}$ derart, dass von den beiden Grenzwerten

$$\lim_{x\to\pm\infty} f(x), \qquad \lim_{x\to\pm\infty} f'(x)$$

der erste existiert und 0 ist, der zweite aber nicht.

Beispiel 2.71. Ein Anfangswertproblem der Form

$$y' = f(y), \quad y(0) = 0$$

mit stetiger rechter Seite f, das auf jedem Intervall um 0 unendlich viele Lösungen besitzt.

Beispiel 3.22. Eine unstetige integrierbare Funktion $f : [0,1] \to \mathbb{R}$, die die Zwischenwerteigenschaft und eine Stammfunktion besitzt.

Beispiel 3.23. Eine unstetige integrierbare Funktion $f : [0,1] \to \mathbb{R}$, die die Zwischenwerteigenschaft besitzt, aber keine Stammfunktion.

Beispiel 3.24. Eine nicht integrierbare Funktion $f : [0,1] \to \mathbb{R}$, die die Zwischenwerteigenschaft und eine Stammfunktion besitzt.

Beispiel 3.25. Eine nicht integrierbare Funktion $f : [0,1] \to \mathbb{R}$, die die Zwischenwerteigenschaft besitzt, aber keine Stammfunktion.

Beispiel 3.26. Eine Funktion $f : [0,1] \to \mathbb{R}$ mit einer Stammfunktion, deren Quadrat f^2 keine Stammfunktion besitzt.

Beispiel 3.27. Eine Funktion $f : [0,1] \to \mathbb{R}$ mit einer Stammfunktion und eine stetige Funktion $g : [0,1] \to \mathbb{R}$ derart, dass das Produkt fg keine Stammfunktion besitzt.

Beispiel 3.28. Eine Funktion $f : [0,1] \to \mathbb{R}$ mit einer Stammfunktion und eine stetige Funktion $g : \mathbb{R} \to \mathbb{R}$ derart, dass die Komposition $g \circ f$ keine Stammfunktion besitzt.

Beispiel 3.54. Zwei integrierbare Funktionen $f, g : [0,1] \to [0,1]$ derart, dass die Komposition $g \circ f$ nicht integrierbar ist.

Beispiel 3.55. Eine stetige Funktion $f : [0,1] \to [0,1]$ und eine integrierbare Funktion $g : [0,1] \to [0,1]$ derart, dass die Komposition $g \circ f$ nicht integrierbar ist.

Beispiel 3.72. Eine differenzierbare Funktion $f : [0,1] \to [0,1]$ derart, dass die Funktion $|f'| : [0,1] \to [0,1]$ nicht integrierbar, sondern nur uneigentlich integrierbar ist.

Beispiel 3.73. Eine differenzierbare Funktion $f : [0, 1] \to [0, 1]$ derart, dass die Funktion $|f'| : [0, 1] \to [0, 1]$ nicht einmal uneigentlich integrierbar ist.

Beispiel 4.3. Eine Funktion $f : [0, 1] \to \mathbb{R}$, die auf einer kompakten nirgends dichten Nullmenge unstetig (und daher integrierbar) ist.

Beispiel 4.4. Eine Funktion $f : [0, 1] \to \mathbb{R}$, die auf einer kompakten nirgends dichten Menge vom positiven Maß unstetig (und daher nicht integrierbar) ist.

Beispiel 4.11. Eine stetige monoton wachsende surjektive Funktion $f : [0, 1] \to [0, 1]$, die Nullmengen nicht in Nullmengen überführt.

Beispiel 4.16. Eine stetige streng monoton wachsende Funktion $f : [0, 1] \to [0, 1]$, die magere Mengen nicht in magere Mengen überführt.

Beispiel 4.19. Eine absolutstetige monoton wachsende Funktion $f : [0, 1] \to [0, 1]$, die nicht Lipschitz-stetig ist.

Beispiel 4.20. Ein Homöomorphismus $f : [0, 1] \to [0, 1]$ von beschränkter Variation, der nicht absolutstetig ist.

Beispiel 4.23. Eine Funktion $f : [0, 1] \to \mathbb{R}$ beschränkter Variation, die Nullmengen in Nullmengen überführt, aber nicht stetig ist.

Beispiel 4.24. Eine stetige Funktion $f : [0, 1] \to \mathbb{R}$, die Nullmengen in Nullmengen überführt, aber nicht von beschränkter Variation ist.

Beispiel 4.25. Eine stetige Funktion $f : [0, 1] \to \mathbb{R}$ beschränkter Variation, die Nullmengen nicht in Nullmengen überführt.

Beispiel 4.26. Zwei stetige Funktionen $f, g : \mathbb{R} \to \mathbb{R}$, die Nullmengen in Nullmengen überführen, deren Summe $f + g$ aber nicht Nullmengen in Nullmengen überführt.

Beispiel 4.27. Eine Lipschitz-stetige Funktion $f : [0, 1] \to \mathbb{R}$ und eine absolutstetige Funktion $g : \mathbb{R} \to \mathbb{R}$ derart, dass die Komposition $g \circ f$ nicht absolutstetig ist.

Beispiel 4.32. Eine differenzierbare Funktion $f : [0, 1] \to \mathbb{R}$ mit einer beschränkten, nicht integrierbaren Ableitung.

Beispiel 4.37. Eine stetig differenzierbare streng monoton wachsende Funktion $f : [0, 1] \to \mathbb{R}$, deren Ableitung auf einer überabzählbaren Menge Null ist.

Beispiel 4.38. Eine Funktion $f : \mathbb{R} \to \mathbb{R}$, die fast überall Null ist, aber jedes offene Intervall (a, b) auf ganz $\mathbb{R}$ abbildet und daher in keinem Punkt stetig ist.

Beispiel 5.5. Eine Funktion $f : \mathbb{R}^2 \to \mathbb{R}$, die auf $(\mathbb{R} \setminus \{0\}) \times \mathbb{R}$ stetig ist, aber nicht auf ganz $\mathbb{R}^2$.

Beispiel 5.7. Eine Funktion $f : \mathbb{R}^2 \to \mathbb{R}$, bei der die iterierten Grenzwerte

$$\lim_{x \to 0} \lim_{y \to 0} f(x,y), \qquad \lim_{y \to 0} \lim_{x \to 0} f(x,y)$$

existieren, aber verschieden sind.

Beispiel 5.8. Eine Funktion $f : \mathbb{R}^2 \to \mathbb{R}$, bei der die iterierten Grenzwerte

$$\lim_{x \to 0} \lim_{y \to 0} f(x,y), \qquad \lim_{y \to 0} \lim_{x \to 0} f(x,y)$$

existieren und gleich sind, der Grenzwert

$$\lim_{(x,y) \to (0,0)} f(x,y)$$

aber nicht existiert.

Beispiel 5.10. Eine in $(0,0)$ unstetige Funktion $f : \mathbb{R}^2 \to \mathbb{R}$, bei der beide partiellen Funktionen $f(\cdot, 0) : \mathbb{R} \to \mathbb{R}$ und $f(0, \cdot) : \mathbb{R} \to \mathbb{R}$ in 0 stetig sind.

Beispiel 5.11. Eine radialstetige Funktion $f : \mathbb{R}^2 \to \mathbb{R}$, die in $(0,0)$ unstetig ist.

Beispiel 5.12. Eine radialstetige Funktion $f : \mathbb{R}^2 \to \mathbb{R}$, die bei $(0,0)$ unbeschränkt ist.

Beispiel 5.21. Eine in $(0,0)$ unstetige Funktion $f : \mathbb{R}^2 \to \mathbb{R}$, bei der in $(0,0)$ alle Richtungsableitungen existieren.

Beispiel 5.25. Eine in $(0,0)$ partiell differenzierbare, aber nicht total differenzierbare Funktion $f : \mathbb{R}^2 \to \mathbb{R}$.

Beispiel 5.27. Eine in $(0,0)$ zweimal partiell differenzierbare, aber nicht radialstetige Funktion $f : \mathbb{R}^2 \to \mathbb{R}$.

Beispiel 5.30. Eine in $(0,0)$ zweimal partiell differenzierbare Funktion $f : \mathbb{R}^2 \to \mathbb{R}$, deren gemischte zweite Ableitungen f_{xy} und f_{yx} verschieden sind.

Beispiel 5.31. Eine Funktion $f : \mathbb{R}^2 \to \mathbb{R}$, bei der in $(0,0)$ die reinen zweiten partiellen Ableitungen f_{xx} und f_{yy} existieren, die gemischten zweiten partiellen Ableitungen f_{yx} und f_{yx} aber nicht.

Beispiel 5.33. Eine C^∞-Funktion $f : \mathbb{R}^2 \to \mathbb{R}$, bei der die ersten Ableitungen $f_x(0,0)$ und $f_y(0,0)$ beide Null und die zweiten Ableitungen f_{xx}, f_{yy}, f_{yx} und f_{yx} alle positiv sind, aber in $(0,0)$ kein lokales Minimum vorliegt.

Beispiel 5.39. Eine C^∞-Funktion $f : \mathbb{R}^2 \to \mathbb{R}$, bei der in $(0,0)$ kein lokales Minimum vorliegt, obwohl ihre Einschränkung auf jede Gerade durch $(0,0)$ als Funktion einer Variablen in 0 ein Minimum besitzt.

Beispiel 5.42. Ein Gebiet $G \subset \mathbb{R}^2$ und eine Funktion $f : G \to \mathbb{R}$, bei der $f_y(x, y) \equiv 0$ auf G gilt, obwohl f von y abhängt.

Beispiel 6.6. Eine Funktion $f : [0, 1] \times [0, 1] \to \mathbb{R}$, bei der die iterierten Integrale

$$\int_0^1 \int_0^1 f(x, y) \, dx \, dy \qquad \int_0^1 \int_0^1 f(x, y) \, dy \, dx$$

existieren, aber verschieden sind.

Beispiel 6.15. Eine partiell differenzierbare Funktion $f : [0, 1] \times [0, 1] \to \mathbb{R}$, für die

$$\frac{d}{dx} \int_0^1 f(x, y) \, dy \neq \int_0^1 \frac{\partial}{\partial x} f(x, y) \, dy$$

gilt.

Beispiel 6.31. Ein Gebiet $G \subset \mathbb{R}^2$ und ein Vektorfeld $\mathbf{v} : G \to \mathbb{R}^2$, das die Integrabilitätsbedingung erfüllt, bei der aber Kurvenintegrale vom Integrationsweg abhängen.

Stichwortverzeichnis

© Springer-Verlag GmbH Deutschland, ein Teil von Springer Nature 2021
J. Appell, *Analysis in Beispielen und Gegenbeispielen*,
https://doi.org/10.1007/978-3-662-63433-2

Printed in the United States
by Baker & Taylor Publisher Services